教育部高等学校电子信息类专业教学指导委员会规划教材
高等学校电子信息类专业系列教材

Principle and Application of STC Microcontroller

Analysis and Design from Component, Assembly, C to Operation System

STC单片机原理及应用

——从器件、汇编、C到操作系统的分析和设计

（立体化教程）

（第2版）

何宾　编著
He Bin

清华大学出版社
北京

内 容 简 介

本书是为单片机相关课程教学而编写的教材。全书共分为17章，主要内容包括：单片机和嵌入式系统基础知识，STC单片机硬件知识，STC单片机软件开发环境，数值表示及转换，STC单片机架构，STC单片机CPU指令系统，STC单片机汇编语言编程模型，STC单片机C语言编程模型，STC单片机时钟、复位和电源模式原理及实现，STC单片机比较器原理及实现，STC单片机计数器和定时器原理及实现，STC单片机异步串行收发器原理及实现，STC单片机ADC原理及实现，STC单片机增强型PWM发生器原理及实现，STC单片机SPI原理及实现，STC单片机CCP/PCA/PWM模块原理及实现，RTX51操作系统原理及实现。

针对国内高校单片机课程教学中普遍存在的理论讲解不透彻、实践教学不系统的缺点，本书从器件、汇编语言、C语言和操作系统四个角度对STC新一代单片机进行了全方位的解读，将单片机课程中的各个知识点进行融会贯通。该教材的一大特色就是理论和实际并重，不仅介绍单片机的应用，而且更加突出学习方法，教给读者系统学习微处理器和嵌入式系统的思路和方法。这样，为读者将来学习基于其他处理器的嵌入式系统打下坚实的基础。为了方便教师的教学和学生的自学，本书提供了大量的设计案例，并对这些设计案例进行了深入的分析。

本书可作为高职和本科院校单片机课程的教材，也可作为STC单片机竞赛、单片机认证考试的参考用书。对于从事单片机应用的工程师来说，本书也是很好的参考用书。

图书在版编目(CIP)数据

STC单片机原理及应用：从器件、汇编、C到操作系统的分析和设计：立体化教程/何宾编著. —2版. —北京：清华大学出版社，2019(2023.1重印)
(高等学校电子信息类专业系列教材)
ISBN 978-7-302-49233-7

Ⅰ. ①S… Ⅱ. ①何… Ⅲ. ①单片微型计算机－高等学校－教材 Ⅳ. ①TP368.1

中国版本图书馆CIP数据核字(2017)第331868号

责任编辑：盛东亮
封面设计：李召霞
责任校对：时翠兰
责任印制：宋 林

出版发行：清华大学出版社
网 址：http://www.tup.com.cn，http://www.wqbook.com
地 址：北京清华大学学研大厦A座 **邮 编**：100084
社 总 机：010-83470000 **邮 购**：010-62786544
投稿与读者服务：010-62776969，c-service@tup.tsinghua.edu.cn
质量反馈：010-62772015，zhiliang@tup.tsinghua.edu.cn
课件下载：http://www.tup.com.cn，010-83470236
印 装 者：北京嘉实印刷有限公司
经 销：全国新华书店
开 本：185mm×260mm **印 张**：31.5 **插 页**：2 **字 数**：767千字
版 次：2015年6月第1版 2019年1月第2版 **印 次**：2023年1月第8次印刷
定 价：89.00元

产品编号：076828-01

高等学校电子信息类专业系列教材

序

FOREWORD

我国电子信息产业销售收入总规模在2013年已经突破12万亿元，行业收入占工业总体比重已经超过9%。电子信息产业在工业经济中的支撑作用凸显，更加促进了信息化和工业化的高层次深度融合。随着移动互联网、云计算、物联网、大数据和石墨烯等新兴产业的爆发式增长，电子信息产业的发展呈现了新的特点，电子信息产业的人才培养面临着新的挑战。

(1) 随着控制、通信、人机交互和网络互联等新兴电子信息技术的不断发展，传统工业设备融合了大量最新的电子信息技术，它们一起构成了庞大而复杂的系统，派生出大量新兴的电子信息技术应用需求。这些"系统级"的应用需求，迫切要求具有系统级设计能力的电子信息技术人才。

(2) 电子信息系统设备的功能越来越复杂，系统的集成度越来越高。因此，要求未来的设计者应该具备更扎实的理论基础知识和更宽广的专业视野。未来电子信息系统的设计越来越要求软件和硬件的协同规划、协同设计和协同调试。

(3) 新兴电子信息技术的发展依赖于半导体产业的不断推动，半导体厂商为设计者提供了越来越丰富的生态资源，系统集成厂商的全方位配合又加速了这种生态资源的进一步完善。半导体厂商和系统集成厂商所建立的这种生态系统，为未来的设计者提供了更加便捷却又必须依赖的设计资源。

教育部2012年颁布了新版《高等学校本科专业目录》，将电子信息类专业进行了整合，为各高校建立系统化的人才培养体系，培养具有扎实理论基础和宽广专业技能的、兼顾"基础"和"系统"的高层次电子信息人才给出了指引。

传统的电子信息学科专业课程体系呈现"自底向上"的特点，这种课程体系偏重对底层元器件的分析与设计，较少涉及系统级的集成与设计。近年来，国内很多高校对电子信息类专业课程体系进行了大力度的改革，这些改革顺应时代潮流，从系统集成的角度，更加科学合理地构建了课程体系。

为了进一步提高普通高校电子信息类专业教育与教学质量，贯彻落实《国家中长期教育改革和发展规划纲要(2010—2020年)》和《教育部关于全面提高高等教育质量若干意见》(教高〔2012〕4号)的精神，教育部高等学校电子信息类专业教学指导委员会开展了"高等学校电子信息类专业课程体系"的立项研究工作，并于2014年5月启动了《高等学校电子信息类专业系列教材》(教育部高等学校电子信息类专业教学指导委员会规划教材)的建设工作。其目的是为推进高等教育内涵式发展，提高教学水平，满足高等学校对电子信息类专业人才培养、教学改革与课程改革的需要。

本系列教材定位于高等学校电子信息类专业的专业课程，适用于电子信息类的电子信息工程、电子科学与技术、通信工程、微电子科学与工程、光电信息科学与工程、信息工程及其相近专业。经过编审委员会与众多高校多次沟通，初步拟定分批次(2014—2017年)建设约100门课程教材。本系列教材将力求在保证基础的前提下，突出技术的先进性和科学的前沿性，体现创新教学和工程实践教学；将重视系统集成思想在教学中的体现，鼓励推陈出新，采用“自顶向下”的方法编写教材；将注重反映优秀的教学改革成果，推广优秀的教学经验与理念。

为了保证本系列教材的科学性、系统性及编写质量，本系列教材设立顾问委员会及编审委员会。顾问委员会由教指委高级顾问、特约高级顾问和国家级教学名师担任，编审委员会由教育部高等学校电子信息类专业教学指导委员会委员和一线教学名师组成。同时，清华大学出版社为本系列教材配置优秀的编辑团队，力求高水准出版。本系列教材的建设，不仅有众多高校教师参与，也有大量知名的电子信息类企业支持。在此，谨向参与本系列教材策划、组织、编写与出版的广大教师、企业代表及出版人员致以诚挚的感谢，并殷切希望本系列教材在我国高等学校电子信息类专业人才培养与课程体系建设中发挥切实的作用。

吕志伟 教授

推荐序

FOREWORD

21 世纪全球全面进入了计算机智能控制与计算的时代，而其中的一个重要方向就是以单片机为代表的嵌入式计算机控制与计算。由于最适合中国读者入门的 8051 单片机有 30 多年的应用历史，绝大部分工科院校均开设有该课程，目前有几十万名对该单片机十分熟悉的工程师可以相互交流开发经验，有大量的经典电路和程序可以直接移植，从而极大地降低了开发风险，提高了开发效率，这也是 STC 宏晶科技（南通国芯微电子有限公司）生产基于 8051 系列单片机产品的巨大优势。

Intel 8051 技术诞生于 20 世纪 70 年代，已不可避免地面临着落伍的危险，如果不对其进行大规模创新，我国的单片机教学与应用就会陷入被动局面。为此，STC 宏晶科技对 8051 单片机进行了全面的技术升级与创新，经历了 STC89/90、STC10/11、STC12、STC15 系列，累计发布上百种产品：全部采用 Flash 技术（可反复编程 10 万次以上）和 ISP/IAP（在系统可编程/在应用可编程）技术；针对抗干扰进行了专门设计，超强抗干扰；进行了特别加密设计（例如 STC15 系列现仍无法解密）；对传统 8051 进行了全面提速，指令速度甚至提高了 24 倍；大幅度提高了集成度，如集成了 A/D 转换器、CCP/PCA/PWM（PWM 还可当 D/A 转换器使用）、高速同步串行通信端口 SPI、高速异步串行通信端口 UART、定时器、看门狗、内部高精准时钟（±1%温漂，－40～＋85℃，可彻底省掉昂贵的外部晶振）、内部高可靠复位电路（可彻底省掉外部复位电路）、大容量 SRAM、大容量 EEPROM、大容量 Flash 程序存储器等。针对高校教学，STC15 系列一个单芯片就是一个仿真器，定时器改造为支持 16 位自动重载（学生只需学一种模式），串行口通信波特率计算改造为[系统时钟/4/(65536 重装数)]，极大地简化了教学方式，针对实时操作系统 RTOS 推出了不可屏蔽的 16 位自动重载定时器，并且在最新的 STC-ISP 烧录软件中提供了大量易用的工具，如范例程序、定时器计算器、软件延时计算器、波特率计算器、头文件、指令表、Keil 仿真设置等。封装也从传统的 PDIP40 发展到 DIP8/DIP16/DIP20/SKDIP28，SOP8/SOP16/SOP20/SOP28，TSSOP20/TSSOP28，DFN8/QFN28/QFN32/QFN48/QFN64，LQFP32/LQFP48/LQFP64S/LQFP64L，每个芯片的 I/O 口从 6 到 62 个不等，价格从 0.89 元到 5.9 元不等，极大地方便了客户选型和设计。

2014 年 4 月，STC 宏晶科技重磅推出了 STC15W4K32S4 系列单片机——宽电压工作范围，可直接通过 USB 接口进行 ISP 下载编程，集成了更多的 SRAM(4KB)，定时器 7 个（5 个普通定时器＋CCP 定时器 2），串口（4 个），集成了更多的高功能部件（如比较器、带死区控制的 6 路 15 位专用 PWM 等）；开发了功能强大的 STC-ISP 在线编程软件，包含了项目发布、脱机下载、RS-485 下载、程序加密后传输下载等功能，并已申请专利。IAP15W4K58S4

一个芯片就是一个仿真器(OCD,ICE),首次实现一个芯片就可以仿真(彻底抛弃了J-Link/D-Link),售价仅5.6元。

STC全力支持我国的单片机/嵌入式系统教育事业,STC大学推广计划正如火如荼地进行中,陆续开展向普通高等学校电子信息、自动化等相关专业赠送可仿真的STC15系列实验箱(仿真芯片IAP15W4K58S4),共建STC高性能单片机联合实验室的项目。部分已建或在建STC高性能单片机联合实验室高校有:上海交通大学、复旦大学、同济大学、浙江大学、南京大学、东南大学、武汉大学、吉林大学、哈尔滨工业大学、哈尔滨工业大学(威海)、东北大学、兰州大学、西安交通大学、西北工业大学、西北农林科技大学、南开大学、天津大学、中山大学、厦门大学、山东大学、四川大学、成都电子科技大学、中南大学、湖南大学、中国农业大学、中国海洋大学、中央民族大学、北京师范大学、北京航空航天大学、南京航空航天大学、沈阳航空航天大学、南昌航空大学、北京理工大学、大连理工大学、华南理工大学、南京理工大学、武汉理工大学、华东理工大学、太原理工大学、上海理工大学、浙江理工大学、河南理工大学、东华理工大学、兰州理工大学、成都理工大学、天津理工大学、天津工业大学、哈尔滨理工大学、哈尔滨工程大学、合肥工业大学、北京工业大学、南京工业大学、浙江工业大学、广东工业大学、沈阳工业大学、河南工业大学、北京化工大学、北京科技大学、北京工商大学、华北电力大学(北京)、华北电力大学(保定)、长安大学、西南大学、西南交通大学、福州大学、南昌大学、东华大学、上海大学、苏州大学、江南大学、河海大学、江苏大学、安徽大学、新疆大学、石河子大学、齐齐哈尔大学、中北大学、河北大学、河南大学、黑龙江大学、扬州大学、南通大学、宁波大学、深圳大学、北京林业大学、南京林业大学、东北林业大学、南京农业大学、大连海事大学、西安电子科技大学、杭州电子科技大学、桂林电子科技大学、南京邮电大学、西安邮电大学、西安科技大学、河南科技大学、天津财经大学、南京财经大学、首都师范大学、华南师范大学、陕西师范大学、上海师范大学、沈阳师范大学、河南师范大学、中国计量学院、中国石油大学、中国矿业大学等国内著名高校。

对大学计划与单片机教学的看法

STC大学计划正有步骤地向前推进中,已在国内数十所高校成立了联合实验室。上海交通大学、西安交通大学、浙江大学、山东大学等高校的多位知名教授也正在基于STC 1T 8051创作全新的教材。

现在学校的学生是应该首先学习32位的微控制器还是8位的8051单片机呢?我觉得还是8051单片机比较合适。因为高校的嵌入式课程一般只有48学时,学生如果能充分利用这些学时,把8051单片机学懂,真正做出产品,工作以后就能触类旁通了。但是,如果只给他们48学时去学习ARM,学生不能完全学懂,最多只能搞些函数调用,培养不出真正能动手的人才。所以,还是应该以8位单片机入门。C语言最好与8051单片机融合教学,尽早开始此课程(比如在一年级开始学习)。等到三年级,学有余力的学生可以再选修32位的嵌入式课程。

对大学工科非计算机专业C语言教学的看法

现在工科非计算机专业讲C语言课程时往往存在"在空中飘着,落不着地"的情形,学完之后不知道干什么。以前我们学习BASIC/C语言,学完后用DOS系统,在DOS下开发软件。而现在的学生学完C语言,还要从Windows去返回DOS运行,所学的C语言也不能在8051单片机上运行。嵌入式C语言有多个版本,国内流行Keil C;现我们也在开发自己的C编译器。我们现在推动教学改革,将单片机和C语言(嵌入式C语言、面向控制的C语言)安排在同一门课程,在一年级的第一学期就开设,学生学完后就知道将来能干啥了,一年级的第二学期再开设Windows下的C++语言开发课程,正好利用我们的单片机C语言给它奠定的基础。学习过模电、数电(FPGA)、数据结构、实时操作系统(RTOS)、自动控制原理、数字信号处理等课程后,在大三再开一门综合电子系统设计课程,这样就循序渐进地培养出能真正动手实践的人才了。我们现在主要的工作是推动工科非计算机专业高校教学改革,何宾老师的这本教材就是我们教学改革研究成果的优秀代表。

感谢Intel公司发明了经久不衰的8051体系结构,感谢何宾老师撰写这本具备改革特色的新书,保证了中国30年来的单片机教学与世界同步。

我们将本教材确定为STC公司大学计划推荐教材、STC单片机大赛指定教材。采用本书作为教材的院校将优先免费获得我们提供的可仿真的STC15系列实验箱(主控芯片IAP15W4K58S4)。

最后,希望广大教师和学生"明知山有虎,偏向虎山行!"

姚永平(STC MCU Limited)

第2版前言

PREFACE

本书是在《STC 单片机原理及应用——从器件、汇编、C 到操作系统的分析和设计(立体化教程)》一书的基础上修订而成的。修改内容主要包括:

(1) 增加的第 1 章,专门介绍嵌入式系统的基础知识。使学生在学习单片机的理论知识之前,就能对单片机和嵌入式系统之间的关系有一个宏观的了解。

(2) 为了帮助读者全面理解 STC 单片机的硬件和软件开发所涉及的知识,在介绍单片机基础理论知识之前,专门增加了第 2 章 STC 单片机硬件知识和第 3 章 STC 单片机软件开发环境两章,并且通过一个简单的应用程序开发来帮助读者理解单片机的架构和应用。

(3) 遵循由浅入深的原则,对 STC 单片机外设的讲解顺序进行了调整,从最简单的比较器开始到最复杂的 CCP 模块为止。这样,更加便于教师的教学和学生的自学。

(4) 在第 14 章介绍增强型 PWM 模块时,增加了步进电机硬件设计和软件驱动开发的内容,使读者对单片机在电机驱动和控制中的应用有更深入的认知。

在修订的过程中,很多教师和学生提出了宝贵的修改建议,这些建议使本书内容更加丰富,结构更加紧凑,并且使理论和实践结合更加紧密,学以致用。在此,对这些教师和学生一并表示感谢。

作　者

2019 年 1 月于北京

第1版前言

PREFACE

作者第一次接触 8051 单片机是在 1997 年，当时还在读书，忙于考研，只是验证了老师给出来的几个程序，并没有认真地学习这门课程。后来由于科研的原因，接触的基本是高端的 Xilinx 可编程门阵列(FPGA)和 TI 的数字信号处理器(DSP)。时隔多年，再次系统研究 STC 单片机，已经是站在更高的高度上全面地理解和看待它。整个数字世界从低层次到高层次，依次是半导体开关电路、组合逻辑电路、状态机、CPU、汇编语言、高级语言、操作系统和应用程序，这就是学习和认知的路线。学习 STC 单片机也就是这条路线，当你掌握了这条路线的时候，你会发现 STC 单片机乐趣无穷。

2014 年 12 月与 STC 的负责人姚永平先生在教育部信息中心举办的 STC 单片机决赛的评审现场再次会面，期间姚总希望我能编写一本 STC 单片机方面的教材。这对我来说压力是很大的，这是因为在国内图书市场上，关于单片机的书籍不下上百种，而且有几本单片机的书非常畅销。虽然此前我已经系统编写过电子设计自动化方面的整套书籍，但是编写单片机课程的教材对我来说也是一种挑战。在正式编写前，姚总建议我找到目前市场上几本比较畅销的单片机书。当我找到这些书时，发现目前的单片机教材和书籍都存在各种问题，不能很好地解决当前国内单片机课程教学所面临的困局。工程师编写的单片机教材过于应用化，条理性有所欠缺；而高校教师所编写的单片机教材又过于理论化，并且内容比较陈旧。

在我编写单片机教材期间，姚总多次提到用 STC 单片机作为 C 语言教学平台的想法，这个想法与我不谋而合。作者曾连续三年在第三学期给大学一年级电子信息类专业的学生进行为期一周的 C 语言实训课程教学，我发现情况就是在前期的 C 语言课程教学中老师讲的虽然很卖力，但是学生还是反映很抽象听不懂，似乎 C 语言课程都成了本科生掌握计算机最基本编程知识的障碍。很明显问题症结就是学生面对的是机器，无法有效地和这个机器进行交流，他们不知道如何用人的思维与计算机对话。解决这些困扰唯一的方法，就是让他们能够知道 CPU 如何运行、如何管理存储器、CPU 如何控制外设。而传统 C 语言教学使用的 PC 又不能提供让学生看到这些细节的条件。虽然经过短时间的强化练习，学生对 C 语言的掌握程度有了很大的提高，但是离教学要求仍然有相当大的差距。我就一直在想，能不能在 C 语言实训中引入一些好的硬件平台来帮助学生学习 C 语言？这个问题一直困扰着我。但是，当我在编写这本单片机教材的过程中，眼前一亮，发现 STC 8051 单片机确实是个非常好的平台，因为 CPU 中的运算器和控制器、系统存储器、外设等能让学习者一览无余，再加上神一般的 Keil μVision5 软件集成开发环境，通过 μVision5 提供的调试器环境把单片机内部细节看个清清楚楚明明白白，它将 C 语言中抽象的指针、数组和函数等语法通过图、表、变量监控窗口全部都表示出来了。作者在编写第 6 章时，通过调试器提供的功能，把C语言中抽象的语法真正地介绍清楚了。

8051单片机自面世到现在经历了30多年，单片机课程教学中抛弃8051单片机的呼声日益高涨，因为很多人认为8051落伍了。因此，他们希望一上来就开始学习更高级的处理器。但是，8051(尤其是改进后的STC系列8051单片机)带给初学者，特别是国内高校的学生，是完善的生态系统，包括开放的CPU内部结构、完全公开的指令系统、大量的应用设计案例、容易入手的μVision5软件集成开发环境等，这些都是初学嵌入式系统最好的素材。我们经常说，简单的不一定是落后的。对于初学者来说，东西越简单学习起来就越容易入门，学习的知识更加系统且更有条理。

在编写本教材时，融入了作者在编写EDA工程系列丛书时所获取的大量新的知识，力图最大限度地挖掘STC单片机的性能和特点。在本书编写完成的时候，终于可以说这句话了：STC单片机是高职和本科学生，甚至是研究生学习嵌入式系统最好的入门级学习素材，也是相关专业学生必须掌握的最基本的计算机软件和硬件知识及技能。

在编写这本书的时候，以下面的思想为主线，以期待能更加透彻地表达"原理"和"应用"之间的关系。

(1) 这本书既然讲的是单片机的原理和应用，首先就必须要讲清楚单片机的原理。在单片机的原理中，最重要的就是讲清楚8051 CPU的内部结构和指令系统，使得学生学会如何分析一个新的CPU、CPU的共性等，以及指令系统的作用是什么、指令系统和CPU之间的关系等问题。

(2) 关于在学习单片机的时候，是否还有讲解汇编语言的必要性的问题，最近在教育界有很大的争论。这里必须强调，汇编语言是了解CPU结构最重要的途径。在实际应用中，可以不使用汇编语言，但是必须让学生知道汇编语言在整个计算机系统中所起的作用，至少也要让学生通过编写简单的汇编语言彻底地理解和掌握CPU内部的结构。这是因为如果学生不能很好地掌握CPU的内部结构，即使将来他们使用C语言等高级语言开发单片机，也很难编写出高效率的程序代码。

(3) 对于应用部分来说，既要保留传统的应用例子，又应该引入一些新的可以反映最新信息发展技术的综合性的例子。这样，才能将单片机中的各个知识点联系在一起，以提高分析和解决问题的能力。

(4) 能不能学好单片机一方面取决于教师能不能把单片机的理论真正地讲透，更重要的是学生能不能充分地在实践中进行学习。业界工程师常说，单片机是玩好的，不是教好的，可见实践在单片机学习中的重要性。

本书从开始编写到完稿历时近半年，全书共分为15章，以STC公司目前新推出的IAP15W4K58S4单片机为平台，以Keil最新的μVision5集成开发环境为软件平台，亲自设计大小案例近100个，这些设计例子都通过上述的硬件和软件进行了调试和测试。

为了方便教师的教学和学生的自学，配套提供了该教材的教学课件和所用设计实例的完整设计文件，以及视频教学资源，这些资源均可以进入清华大学出版社网站本书页面下进行下载(http://www.tup.com.cn)。

在本书的编写过程中参考了STC公司最新的技术文档和手册，以及STC学习板原理图和PCB图，在此对STC公司表示衷心的感谢。在本书编写的过程中，集宁师范学院物理系聂阳老师参加编写了第13～15章的内容，作者的学生李宝隆、张艳辉负责部分章节的编写工作，黎文娟对本书的全部稿件进行了初步的完善和修改，以及本科生吴瑞楠、陈宁帮助作者制作了本书的教学课件，并对书稿提出了宝贵的建议。在本书编写的过程中，得到了STC公司多位员工的热心帮助，特别是得到了STC公司姚永平先生的支持，他对作者在编写本书过程中遇到的各种问题进行了耐心细致的回答。在本书出版的过程中，也得到了清华大学出版社的大力支持，在此表示深深的感谢。

由于编者水平有限，编写时间仓促，书中难免有疏漏之处，敬请读者批评指正。

作　者

2015年5月于北京

学习说明

STUDY SHOWS

本书视频课堂地址

配书高清视频可到作者的网络课堂观看学习，网址：

http://www.gpnewtech.com/study/stc

本书教学课件(PPT)及工程文件下载地址

北京汇众新特科技有限公司，网址：http://www.gpnewtech.com/download/stc

注意：所有教学课件及工程文件仅限购买本书读者学习使用，不得以任何方式传播！

本书作者联络方式

何宾的网站：http://www.gpnewtech.com

何宾的电子邮件：hb@gpnewtech.com

本书配套硬件平台

(1) STC公司官方捐赠实验箱

(2) 北京汇众新特科技有限公司开发的GPNT-SMK-1平台

STC公司赠送仿真器和实验箱事宜联络方式

STC公司官网：http://www.stcmcu.com，http://www.gxwmcu.com

市场及服务支持热线：0513-55012928 0513-55012929

目录
CONTENTS

第1章 单片机和嵌入式系统基础知识

CHAPTER 1

本章介绍单片机的基础知识，内容包括嵌入式系统的基本概念、8051微控制器的内部结构、8051单片机硬件开发平台、运行第一个8051单片机程序、8051单片机编程语言。

通过对单片机基础知识的介绍，帮助读者初步理解嵌入式系统和单片机的概念。

1.1 嵌入式系统的基本概念

随着信息技术的不断发展，嵌入式系统(embedded system)越来越多地出现在人们的日常生活中。美国电气和电子工程师协会(Institute of Electrical and Electronics Engineers)将其定义为用于控制、监视或者辅助操作机器和设备的装置。更具体地说，嵌入式系统是以具体应用为导向的，以计算机技术为核心的，根据具体应用对硬件和软件系统量身定做的便于携带的微型计算机系统。

1.1.1 嵌入式系统的主要特点

典型的应用了嵌入式系统的设备有移动电话、智能手表和平板电脑等，如图1.1所示。这些基于嵌入式技术所构建的电子产品具有以下的共同特点：

(1) 体积小，重量轻。例如，iPhone手机可以放在我们衣服的口袋中，智能手表可以戴在我们的手腕上，平板电脑可以拿在我们的手上。

(2) 功耗低。体积很小的电池就可以为这些设备提供充足的电量。当这些设备处于待机状态时，电池可以为这些设备提供几天的电量。

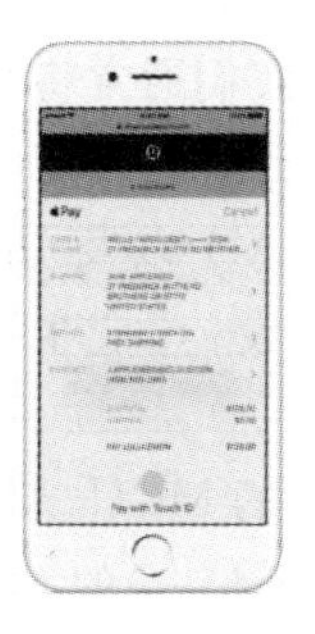

(a) iPhone手机

(b) 智能手表

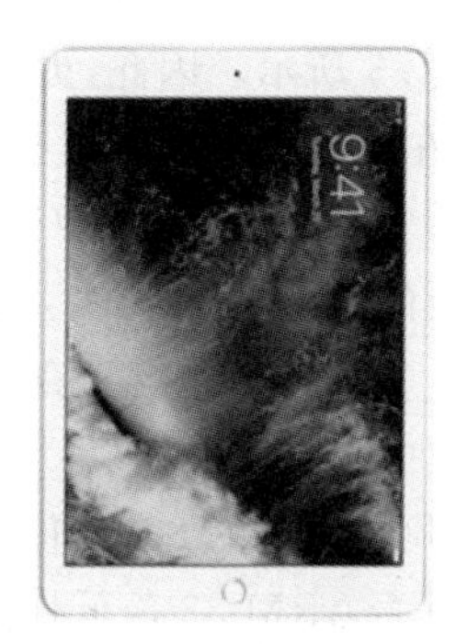

(c) 平板电脑

图1.1 基于嵌入式技术所构建的电子产品

(3) 成本较低。例如,花费不到2000元,就可以购买到一个能满足一般要求的平板电脑。

(4) 丰富的应用支持。例如,苹果手机提供了大量的应用支持,如用于移动支付、移动互联、移动交流等的应用。

1.1.2 嵌入式技术的构成

嵌入式技术是构建嵌入式系统的核心,在系统层面的概念上说,它包含软件和硬件两个部分,如图1.2所示。

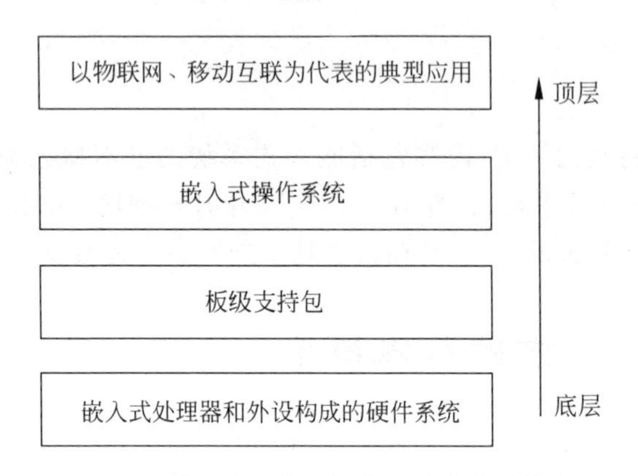

图1.2 嵌入式系统的软件和硬件体系结构

1. 嵌入式系统的硬件

构成嵌入式系统的硬件主要包括如下几类。

1) 嵌入式处理器(Embedded Processor)

嵌入式处理器与中央处理单元(Central Processing Unit,CPU)有所不同,主要体现在以下方面:

(1) CPU是单个处理器核,性能高,同时功耗也大。例如,Intel公司基于X86结构的CPU内核广泛用于个人计算机和笔记本电脑中。需要注意的是,Intel公司量产的包含多个CPU核的芯片已经不是传统意义上的CPU,因为CPU需要额外的存储器系统和外设的支持。

(2) 对于嵌入式处理器而言,根据应用场合的不同,性能也有所不同,其功耗要小于CPU,但是性能比CPU差。例如,英伟达公司的高性能图睿2嵌入式处理器不但集成了ARM Cortex-A9双核CPU,而且还提供了高速缓存、USB接口、图像处理器、图像信号处理器等,如图1.3所示。因此,更严格地说,它是片上系统(System on Chip,SoC)。

此外,在嵌入式系统中还有一类性能相对较低的嵌入式处理器,我们通常将其称为微控制器(Micro Control Unit,MCU),也称为单片机。其主要特点包括:①它只有一个处理器内核。典型的例子有ARM公司的Cortex-M0、Cortex-M3、Cortex-M4以及Intel公司的8051 CPU;②其内部包含了存储器块、输入输出(I/O)模块和其他外设;③它主要应用于工业控制领域中。

例如,我们所说的8051单片机就是指使用了MCS-51 CPU内核的MCU,ARM单片机就是指使用了ARM 32位低性能处理器内核(如Cortex-M0、Cortex-M0+)的MCU。

综上所述,不管是CPU、高性能嵌入式处理器还是MCU,它们都是专用集成电路芯片(Application Specific Integrated Circuits, ASIC),属于“芯片”的范畴。

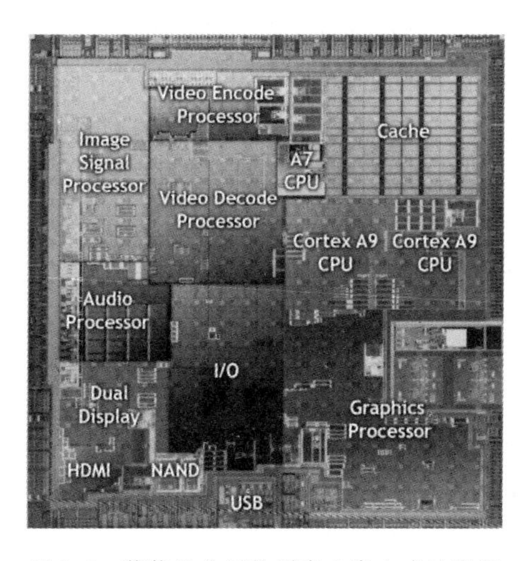

图 1.3 英伟达公司的图睿 2 嵌入式处理器

注：Video Encode Processor——视频编码处理器；Video Decode Processor——视频解码处理器；Audio Processor——音频处理器；Dual Display——双显示器；Image Signal Processor——图像信号处理器；Graphics Processor——图像处理器

2）供电系统

用于为嵌入式系统提供电源。通过为嵌入式处理器提供不同的电源管理模式，来满足嵌入式系统高性能和低功耗的要求。

3）外部存储器系统

除了嵌入式处理器芯片提供的片内存储器外，还可以通过嵌入式处理器提供的外部存储器接口，扩展大容量的存储器以满足高性能嵌入式系统的应用要求。比如，运行 iOS 和安卓操作系统的嵌入式系统就需要应用大容量的 DDR 存储器系统。

4）外部设备

通过嵌入式处理器芯片提供的外设接口，与外部设备进行连接，比如 USB 接口、以太网接口等。

2. 嵌入式系统的软件

一个完整的嵌入式系统软件主要包括板级支持包（Board Support Package，BSP）、嵌入式实时操作系统（Real-Time OS，RTOS）和应用程序（APP）。

（1）板级支持包提供了对外设的驱动支持以及与操作系统的接口。板级支持包与操作系统之间互相独立。

（2）嵌入式实时操作系统。与个人计算机或笔记本电脑使用的 Windows 操作系统相比，由于嵌入式系统的内存储器资源以及所使用的处理器性能的限制，需要对嵌入式实时操作系统进行裁剪，以同时满足实时性和占用最少存储器资源的要求。

（3）应用程序。在操作系统上，应用程序开发者编写的满足不同嵌入式应用要求的应用程序。

需要注意的是，低性能的 MCU 嵌入式应用不需要嵌入式实时操作系统的支持。这样，程序员就可以直接在板级支持包上通过调用应用程序接口（API）来编写应用程序，这就是我们经常说的“裸奔”。

在 MCU 上直接“裸奔”的主要缺点有：①在不同 MCU 之间移植程序将变得异常困难；②对于 APP 开发人员而言，需要掌握不同的 MCU 的架构和指令集的细节问题，极大地提高了开发难度；③由于没有操作系统的支持，无法实现多任务、分时的运行要求。

因此，即使对于像 MCU 这样低性能的嵌入式处理器而言，都会有一个很小的操作系统提供多任务的运行支持。比如，对于 8051 单片机而言，Keil μVision 集成开发环境就提供了 RTX Tiny51 操作系统的支持。

思考与练习 1-1：说明嵌入式系统的定义。

思考与练习 1-2：说明 CPU 和 MCU 的区别。

思考与练习 1-3：说明嵌入式和单片机的区别。

思考与练习 1-4：说明在一个嵌入式系统中，完整的软件所包含的内容。

思考与练习 1-5：说明在嵌入式系统中不搭载操作系统，直接“裸奔”的缺点。

1.2 8051 微控制器的内部架构

前面在介绍嵌入式系统时已经提到，微控制器(MCU)是构建嵌入式系统的一种典型的嵌入式处理器芯片。这个芯片内部集成了构成小型计算机系统的基本功能部件。本书将以 8051 微控制器(MCU，单片机)为原型，介绍 MCU 的内部结构，如图 1.4 所示。

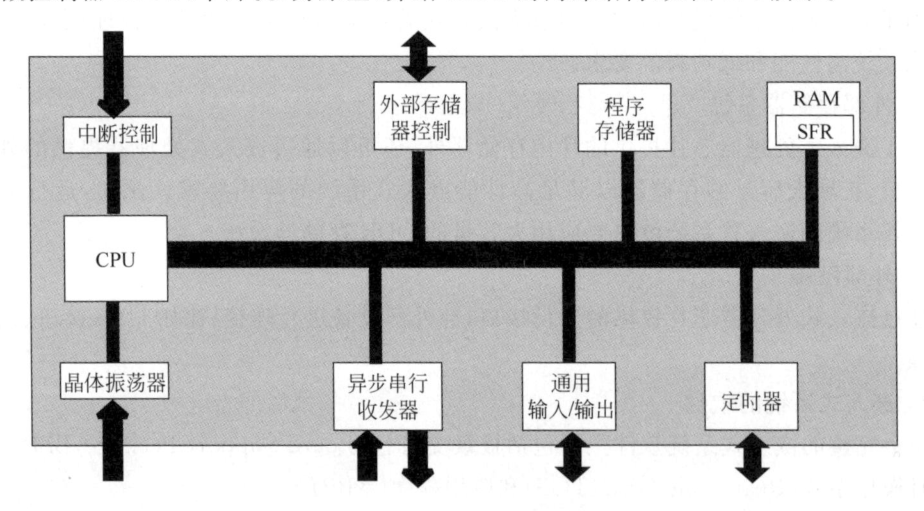

图 1.4 8051 单片机内部简化结构

从图中可知，其主要功能模块包括：中央处理单元、程序存储器、随机访问存储器、中断系统、计数器/定时器、外设接口模块，以及连接各个功能部件的总线。

1. 中央处理单元

中央处理单元是单片机系统的大脑和中枢，它可以完成以下基本功能：

(1) 与不同地址空间的不同类型的存储器交换信息。通过对存储器的读和写操作，完成 CPU 和存储器的信息交换。

(2) 执行逻辑和算术指令。基本的指令包括：加/减运算、逻辑按位或运算、逻辑按位与运算、逻辑按位异或运算、移位运算等。

2. 程序存储器

程序存储器用于保存将要执行的程序代码。例如,8051 单片机内提供的程序存储器采用了非易失性工艺,即一旦把将要运行的程序"烧写"(固化)到程序存储器中,它就会一直存在,而不依赖于单片机处于上电还是断电的状态。只有将新的程序"烧写"(固化)到程序存储器中,才会覆盖掉上一次"烧写"(固化)在程序存储器中的程序。

从工艺上来说,大多数单片机的程序存储器采用 Flash 工艺,极少数的单片机采用一次可编程(One-Time-Programmable,OTP)工艺。当采用 Flash 工艺时,设计者可以多次修改和固化程序;当采用 OTP 工艺时,一旦程序固化,设计者就再也没有机会修改程序。

3. 随机访问存储器

随机访问存储器(Random Access Memory,RAM)用于"暂存"程序中临时需要保存的数据,它采用易失性工艺,即 8051 单片机处于断电状态时,RAM 内的数据将全部丢失。STC 8051 单片机提供了用于不同目的的 RAM,包括片内基本 RAM、片内扩展 RAM 以及可以通过并行总线扩展的外部 RAM。通过使用不同的指令,访问这些 RAM 资源。

4. 中断系统

中断系统用于 CPU 对紧急事件的处理进程。当 CPU 正在执行当前程序时,若外部设备发出了紧急事件的请求(即通常所说的中断请求信号),如果 CPU 允许立即处理当前紧急事件,则 CPU 暂时停止运行(打断)当前正在执行的程序,并对紧急事件进行处理。这一过程就是通常所说的用于处理紧急事件的程序,即中断服务程序。

当 CPU 开始处理外部紧急事件时,中断系统会通知外部设备 CPU 已经开始处理紧急事件。这样,外部设备会做出相应的判断。

5. 定时器/计数器

在单片机中,定时器/计数器单元是最基本的功能单元之一。通过这个单元,可以对不同的事件进行同步。例如,当定时器中的计数值到达预先设置的初值时,就会产生定时器中断信号,通过这个信号,外部设备可以做出相应的判断。

6. 外部设备接口模块

尽管 STC 是全球最大的 8051 MCU 生产厂商,它提供的不同系列的 8051 单片机的外部接口模块也不尽相同。但是,它提供了通用的输入/输出(General Purpose Input & Output,GPIO)和 RS-232 接口。

根据产品的应用范围,STC 公司不同系列的 8051 单片机还提供了一些个性化的外设。例如,STC15 系列单片机中就集成了模拟-数字转换器(Analog to Digital Converter,ADC)模块。

7. 总线

总线是一组相关逻辑信号的集合。目前大多数计算机系统都是基于总线的结构。总线包括:控制总线、地址总线和数据总线。

对于 8051 单片机系统而言,总线分为内部总线和外部总线,其中:

(1) 内部总线用于连接芯片内各个模块单元,如图 1.4 所示。

(2) 外部总线用于将外设连接到单片机上。STC 公司的 8051 单片机提供了外部并行总线,通过该总线可以为 8051 单片机扩展外部存储器资源,也可以同时连接多个外部设备。通过外部并行总线,可以显著地提高 8051 单片机内 CPU 访问外部设备的速度和吞吐量。

思考与练习 1-6:说明在 8051 单片机中所包含的主要功能单元,以及它们各自实现的任务。

思考与练习 1-7：说明在 8051 单片机内，程序存储器所采用的工艺以及随机访问存储器所采用的工艺。

1.3 8051 单片机硬件开发平台

本节所介绍的三款 8051 单片机硬件开发平台均采用了 STC 公司最新的硬件可仿真的 IAP15W4K58S4 单片机芯片。STC 公司提供的单片机开发平台如图 1.5 所示。本书作者开发的单片机开发平台 GPNT-SMK-1 和 GPNT-SMK-2 如图 1.6 和图 1.7 所示。

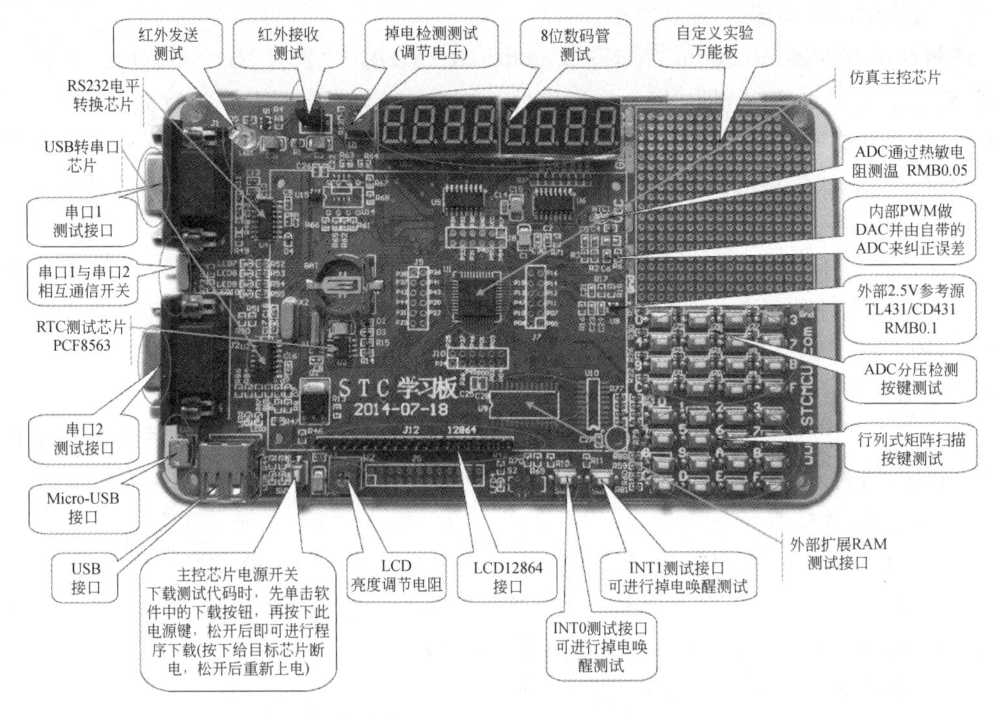

图 1.5 STC 官方提供的开发平台

图 1.6 GPNT-SMK-1 开发平台外观

图 1.7　GPNT-SMK-2 开发平台外观

注：(1) 这些开发平台均通过个人计算机或笔记本的 USB 接口供电。

(2) 本书给出的所有设计例子，除特殊声明外均可运行在这两款口袋式 STC 单片机开发板上。

(3) 这三款单片机开发平台的相关设计资料，读者均可通过下面的网址下载：http://www.edawiki.com。

1.4　运行第一个 8051 单片机程序

本节将以 GPNT-SMK-1 开发平台为例，介绍在实际单片机目标系统上运行设计的步骤。在运行第一个 8051 单片机程序之前，需要配置所需要的硬件和软件环境，配置步骤主要包括：

(1) 在 GPNT-SMK-1 开发板左侧找到标识为 U9 的 Mini USB 接口(母头)。将 USB 电缆(其中一端包含 Mini USB 接口公头)的两端分别与开发板上的 Mini USB 接口(母头)和个人计算机/笔记本电脑上的 USB 接口(母头)进行连接。通过个人计算机/笔记本电脑的 USB 接口，为 GPNT-SMK-1 单片机硬件开发平台供电。

(2) 在本书所提供的资料的文件夹下，找到 USB 电缆驱动程序子目录。打开该子目录后，进入 USB to UART Driver 子目录。在该子目录下，进入 CH340-CH341 子目录。在该子目录下找到安装程序 ch341ser，安装 USB-UART 的串口驱动程序(一般可自动安装)。

注：如果在安装过程中遇到问题，读者可以参考该目录下的驱动安装帮助手册。

(3) 找到并打开本书所提供的资料下的 STC-ISP-15xx-V6.85D 软件，如图 1.8 所示。

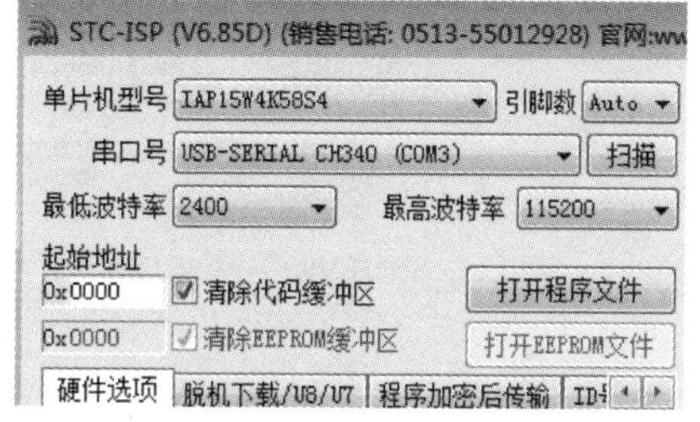

图 1.8　STC-ISP 软件界面

(4) 在“单片机型号”右侧的下拉框中，默认选择 IAP15W4K58S4。如果显示的不是该器件型号，请读者通过右侧下拉框重新选择单片机型号为 IAP15W4K58S4。

(5) 在图1.8所示的界面中,在"串口号"右侧的下拉框中,选择USB-SERIAL CH340(COM3)选项。

注:所显示的串口号与读者的计算机配置有关,可能会与本书给出的串口号有所不同,请读者根据自己计算机给出的串口号进行设置。

(6) 通过"最低波特率"和"最高波特率"右侧的下拉框,设置最低波特率和最高波特率参数。

注:① 默认将最低波特率设置为2400,最高波特率设置为115 200。

② 在"单片机型号"右侧的下拉框中,确认选中的是IAP15W4K58S4。

(7) 单击图1.8中的"打开程序文件"按钮,出现打开程序代码文件对话框。在该对话框中,定位本书配套资源的路径,即\stc_mcu_test,找到并选择名字为top.hex的文件。

(8) 按下GPNT-SMK-1硬件开发平台上标识为电源开关的按钮,使得单片机硬件开发平台处于断电状态。当单片机开发平台断电时,只有标记为USB电源指示的绿色LED处于"亮"状态,而标记为系统电源指示的绿色LED灯处于"灭"状态。

(9) 单击STC-ISP(V6.85D)软件左侧下方的"下载/编程"按钮。在该软件右下方的窗口中出现"正在检测目标单片机..."提示信息,如图1.9所示。

图1.9 检测单片机界面

(10) 按下GPNT-SMK-1开发平台上标识为电源开关的按钮,给单片机硬件开发平台加电。当给单片机硬件开发平台上电后,标记为USB电源指示的绿色LED处于"亮"状态,并且标记为系统电源指示的绿色LED灯也处于"亮"状态,表示单片机系统处于正常工作状态。

(11) 此时,通过STC-ISP软件自动将hex文件下载到IAP15W4K58S4单片机程序存储器内。同时,在STC-ISP(V6.85D)软件右下方的窗口中出现编程过程中的信息。

(12) 当给STC单片机IAP15W4K58S4编程成功后,即top.hex文件成功下载到STC单片机的片内Flash中时,提示"操作成功!"的消息,如图1.10所示。

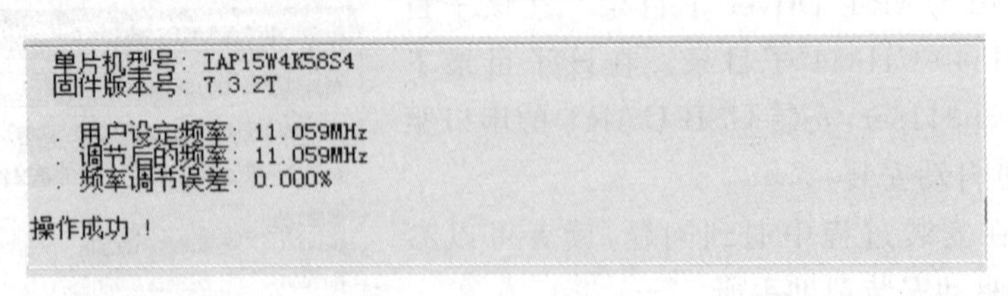

图1.10 完成对单片机编程后的提示信息

(13) 观察STC开发板上外设的工作情况。此时,GPNT-SMK-1开发板上的四个LED处于闪烁状态,同时蜂鸣器随着四个LED的闪烁发出"嘀呜"声。

(14) 给单片机硬件平台断电,然后再重新加电后,GPNT-SMK-1开发平台上的四个

LED 处于闪烁状态,同时蜂鸣器随着四个 LED 的闪烁发出“嘀鸣”声,与烧写完程序后的工作状态一致。这是因为 STC 单片机内部提供了采用 Flash 工艺的非易失性程序存储器。

思考与练习 1-8:识别三款开发平台上的 8051 单片机型号。

思考与练习 1-9:说明软件对 8051 单片机所起的作用,以及软件和硬件之间的关系。(提示:单独的 8051 单片机芯片没有任何意义,就是一个芯片而已,但是当它运行不同的程序时,就变成了可以实现不同用途的嵌入式系统,进一步说,软件离不开硬件,硬件也离不开软件,二者是相辅相成的关系。)

1.5　8051 单片机编程语言

如图 1.11 所示,从系统结构来说,8051 单片机语言分为四个不同的层次,包括:微指令控制序列、机器语言、汇编语言和高级语言。

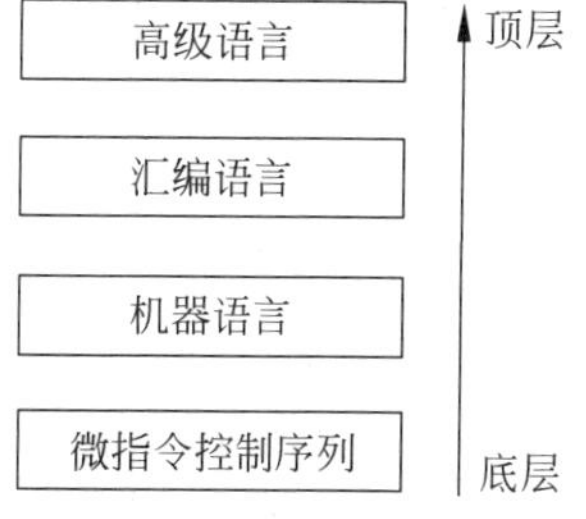

图 1.11　单片机编程语言体系结构

1. 微指令控制序列

微指令控制序列存在于 CPU 内部,单片机应用开发人员无法微指令控制序列。本质上,CPU 就是通过由有限的自动状态机所构成的微指令控制器对其内部的寄存器、存储器和 ALU 等参与具体数据处理的功能单元“发号施令”。例如,要实现对 8051 单片机 CPU 内的两个寄存器的数据进行相加的操作,CPU 内的微指令控制器会发出一系列的控制序列,这些控制序列在 CPU 主时钟的控制下,按顺序先后给出,这就是时序。微指令控制序列属于数字逻辑中组合逻辑和时序逻辑的范畴。只有设计 8051 单片机芯片的工程师,才会接触到微指令控制序列。

下面给出微指令控制序列控制两个数据相加过程的形式化描述:

(1) 选择某个寄存器,读取加数;

(2) 选择另一个寄存器,读取被加数;

(3) 将这两个操作数送到 ALU;

(4) 根据功能,选择 ALU 执行加法运算;

(5) ALU 产生运算的结果和标志,比如:零标志、符号标志、进位标志和溢出标志等;

(6) 根据指令的要求,将运算的结果保存到寄存器或者存储器中。

可以看出,一个简单的加法运算,要产生一系列的控制序列。这也是通常所说的译码和执行指令的过程。

2. 机器语言

从上文可以知道,使用单片机从事开发的应用工程师根本不需要知道微指令控制序列,他只要告诉 CPU 执行加法操作即可,也就是不需要掌握 CPU 内部结构的具体实现方式。保存在单片机内程序存储器中的由 0 和 1 构成的序列,称为机器语言(也称为机器代码)。通过取出相应的机器指令(机器代码),就可以实现加法运算。

在 8051 单片机中,ACC 累加器和一个常数(立即数)相加的机器语言的格式,如图 1.12 所示。从图中可以看出,机器语言是由 0 和 1 构成的二进制序列。这个序列(机器指令)中包含操作码和操作数两个部分。

0 0	1 0	0 1 0 0	immediate data

图 1.12　单片机机器语言格式

1）操作码

操作码告诉CPU需要执行的操作。该指令的操作码用二进制表示为$(00100100)_2$，用十六进制表示为$(24)_{16}$。操作码部分包含了操作的类型编码，同时也包含了一部分的操作数，指明了参与加法运算的一个数来自ACC寄存器中。

2）操作数

操作数是操作的对象。操作对象包括：立即数（常数）、寄存器和存储器等。在图1.12中，immediate data表示立即数（常数），占用了1字节（8比特），表示参与加法运算的另一个数的具体取值。

但是，纯粹意义上的机器语言对程序员太难理解了，这是因为使用单片机从事开发的应用工程师是CPU的使用者，而不是CPU的设计者，他们根本不可能从二进制代码的排列中看出机器语言所描述的逻辑操作行为。而且，他们很难记住这些0和1组成的二进制机器语言序列。

3. 汇编语言

为了帮助应用工程师从更抽象的行为级上理解CPU所执行的操作，计算机软件设计人员开发了一套基于助记符描述CPU指令系统的方法。通过汇编语言助记符指令，软件应用开发人员可以将这些助记符所表示的CPU指令组合在一起，构成一个复杂的称为“程序”的软件代码来控制CPU的运行。

通过汇编器（软件工具），可以将使用汇编语言助记符描述的指令转换成使用机器语言描述的机器指令。用汇编助记符描述机器指令的完整的格式为：

[标号：]　　助记符　　[操作数]　　[；注释]

其中，标号用来表示一行指令；助记符表示CPU所要执行的操作；操作数为与操作行为有关的操作对象。

现在用汇编语言来描述图1.12给出的机器指令：

```
ADD A, #25
```

其中：ADD表示数据相加操作；A表示目的操作数，即ACC累加器；#25表示源操作数。

这个助记符汇编指令所表示的是，将立即数（常数）25和ACC累加器内所保存的数相加，并将得到的结果保存在ACC累加器中。可以看到，在汇编语言（助记符）级上理解CPU的指令操作，更加直观，而且无须知道指令二进制的具体表示形式。因此，显著降低了软件程序开发人员基于单片机开发应用程序的难度。

但是，由于汇编语言下面是机器语言，所以使用汇编语言开发具体软件应用的工程师必须很清楚CPU的指令集、寄存器单元和存储器映射等烦琐的硬件规则。虽然其执行效率与机器语言相当，但是使用汇编语言开发复杂应用的效率很低。由于很多软件开发人员根本不了解CPU的具体内部结构，所以对他们而言，使用汇编语言开发应用并不比直接使用机器语言编程有更多的优势。

但是，汇编语言仍然非常重要。重要性体现在：

（1）对理解 CPU 内部的结构和运行的原理非常重要。

（2）很多与 CPU 打交道的软件驱动程序，尤其是操作系统的初始引导代码必须用汇编语言开发，这是因为以 C 语言为代表的高级语言的语法并不能一一对应到机器指令，也就是无法实现某些机器指令的功能。

（3）一些对程序执行时间比较苛刻的场合也需要使用汇编语言进行开发，这样能显著减少程序的运行时间，提高代码的执行效率。

4. 高级语言

值得高兴的是，目前，MCU 的软件集成开发工具（如 Keil μVision）支持使用 C 语言对单片机的程序进行开发。C 语言不能直接运行在 CPU 上，它必须通过编译器和连接器（软件工具）的处理，最终生成可执行代码，也就是转换成机器语言，才能在 CPU 上运行。

从图 1.11 中可以看出，与 C 语言相比，汇编语言更接近于机器语言。因此，使用以 C 语言为代表的高级语言所编写的代码的运行效率不可能比用汇编语言编程的运行效率高。所以，如果想让用 C 语言所编写的代码和用汇编语言编写的代码有一样高的代码执行效率，需要 C 语言程序员使用各种程序设计技巧提高 C 语言代码的设计效率，并且调整编译工具的优先级设置选项，以满足代码长度和运行时间的双重要求。

代码长度和运行时间是单片机程序设计的两个最基本的要求，即：

（1）要求程序代码尽可能地短，这样可以大大节省所占用的程序存储器的空间，减少对程序存储器空间的要求。

（2）程序代码的运行尽量满足实时性的要求，这样在程序的执行过程中可以实时地响应不同外设的要求。虽然对程序进行优化会让高级语言程序员耗费很多的精力，但是他们再也不用和底层硬件直接打交道了。

现在越来越多的厂商提供了硬件的应用程序接口（Application Program Interface，API）函数。这样，程序员可以不用知道更多的硬件实现细节，只需关心如何使用 API 来编写代码使硬件工作，这样就大大提高了应用开发的效率。

下面以两个 8 位数相加为例，说明 C 语言、汇编语言和机器语言之间的关系：

```
void main()
  {
    char a = 10,b = 80,c;
    c = a + b;
  }
```

这段代码的反汇编代码（汇编语言）、机器指令（机器语言）与 C 语言之间的对应关系如图 1.13 所示。

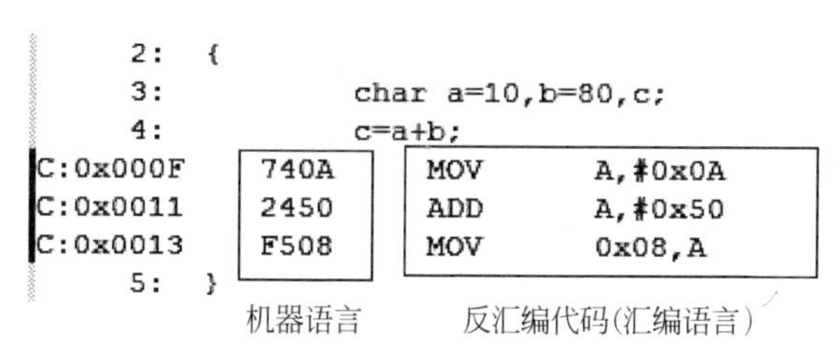

图 1.13　C 语言、汇编语言与机器语言之间的关系

正如上面所提到的那样，8051 单片机代码设计者必须能够很好地处理好汇编语言和 C 语言的关系。

思考与练习 1-10：单片机编程语言的四个层次为________、________、________和________。

思考与练习 1-11：机器语言/汇编语言指令中，包含________和________。

思考与练习 1-12：请说明在单片机程序设计中，使用 C 语言编程/汇编语言编程的优势。

对于 8051 单片机而言，应该从电子系统的高层次来认知，而不仅仅只从单片机本身来认知。这是因为由 8051 单片机所构成的电子系统，包括了软件和硬件两大部分。软件包含汇编语言设计、C 语言程序设计、操作系统、数据结构、算法(数字信号处理和控制理论)的知识，硬件包含了模拟电子技术、数字逻辑、处理器、接口、ADC 和 DAC、电路设计的知识。

本书的编写就是基于 8051 单片机系统这个层次，虽然单片机所涉及的知识点较多，但是仍然有一条主线，即正确认识处理器架构、处理器和指令集之间的关系、汇编语言和 C 语言之间的关系、接口与外设之间的关系。

在学习单片机这门课程的时候应该紧密围绕这三大主题，即软件和硬件的协同设计、软件和硬件的协同仿真、软件和硬件的协同调试，这样才能把握整个单片机的精髓。

第2章 STC单片机硬件知识

CHAPTER 2

本章将对STC单片机进行简单介绍，内容包括：STC单片机发展历史、STC单片机IAP和ISP、STC单片机命名规则及封装、STC单片机的架构及功能、STC单片机的I/O驱动原理、STC单片机硬件下载电路设计和STC单片机电源系统设计。

通过本章内容的介绍，读者可以从整体上掌握STC公司单片机的硬件系统框架，为后续开发单片机应用打下基础。

2.1 STC单片机发展历史

STC micro(宏晶科技公司)于1999年成立。创始人姚永平给它取了三个中文名字——香港宏晶科技有限公司、深圳宏晶科技有限公司和江苏国芯科技有限公司(前身为南通国芯微电子有限公司)。经过15年的发展，目前成为全球最大的8051单片机设计公司，全球规模达到150余人，研发团队达到30余人。STC即将在南通面积高达8000平方米的STC全球运营总部投入使用。

STC公司具有0.35μm 、0.18μm、0.13μm和90nm的高阶数模混合集成电路设计技术，目前设计的芯片在TSMC上海流片生产，在南通富士通封装。

注：(1) TSMC-台湾积体电路制造公司，简称台积电，成立于1987年，是全球第一家，也是全球最大的专业集成电路制造服务(晶圆)的代工企业。

(2) 南通富士通微电子股份有限公司，成立于1997年，是中国大陆本土最大的封装厂，专业提供从芯片测试、封装，到成品测试的服务。

自2006年以来，根据用户的不同需求，STC相继推出了不同系列的8051单片机，如表2.1所示。

表2.1 STC 8051单片机的发展历史

年份	推出产品
2004年	STC公司推出STC89C52RC/STC89C58RD+系列8051单片机
2006年	STC公司推出STC12C5410AD和STC12C2052AD系列8051单片机
2007年	STC公司相继推出STC89C52/STC89C58、STC90C52RC/STC90C58RD+、STC12C5608AD/STC12C5628AD、STC11F02E、STC10F08XE、STC11F60XE、STC12C5201AD、STC12C5A60S2系列8051单片机
2009年	STC公司推出STC90C58AD系列8051单片机

续表

年份	推出产品
2010 年	STC 公司推出 STC15F100W/STC15F104W 系列 8051 单片机
2011 年	STC 公司推出 STC15F2K60S2/IAP15F2K16S2 系列 8051 单片机
2014 年	STC 公司相继推出 STC15W401AS/IAP15W413AS、STC15W1K16S/IAP15W1K29S、STC15W404S/IAP15W413S、STC15W100/IAP15W105、STC15W4K32S4/IAP15W4K58S4 系列 8051 单片机
2016 年	STC 公司相继推出 STC8A8K64S4A12、STC8A4K64S2A12、STC8F2K64S4、STC8F2K32S2、STC8F2K64S2、STC8F1K08S2A10 和 STC8F1K08S2 系列单片机

注：(1) 本书使用的是 STC 公司 2014 年推出的可硬件仿真的 8051 单片机-IAP15W4K58S4，同时介绍了最新的 STC8 系列单片机的内容。

(2) IAP15W4K58S4 的开发流程与最新 STC8 系列开发流程完全相同。

2.2 STC 单片机 IAP 和 ISP

当软件开发人员使用 Keil μVision 集成开发环境完成软件代码的编写和调试后，就需要使用 STC 公司提供的 STC-ISP 软件工具将最终的程序固化到 8051 单片机内部的程序存储器中。

很明显，在本地完成程序的固化后，就可以将基于 STC 8051 单片机开发的电子产品(系统)交付给最终的用户。但是，也存在另一种情况，当最终的电子产品交付客户使用一段时间后，需要对产品的软件程序进行更新，但是由于种种原因设计人员又不能到达现场更新产品软件，此时就需要使用其他更新方式。例如，通过网络进行远程更新。

因此，将在本地固化程序的方式称为在系统编程(In System Programming，ISP)；而将另一种固化程序的方式称为在应用编程(In Application Programming，IAP)。

1. ISP

通过单片机专用的串行编程接口和 STC 提供的专用串口下载器固化程序软件，对单片机内部的 Flash 存储器进行编程。一般来说，实现 ISP 只需要很少的外部电路的辅助。

2. IAP

IAP 技术是从结构上将 Flash 存储器映射为两个存储空间。当运行一个存储体空间的用户程序时，可对另一个存储空间进行重新编程。然后，将控制权从一个存储空间切换到另一个存储空间。与 ISP 相比，IAP 的实现方式更加灵活。例如，可利用 USB 电缆和 USB-UART 转换芯片将 STC 单片机接到计算机的 USB 接口(在计算机上会虚拟出一个串口)，并且通过软件开发人员自行开发的软件工具对 STC 单片机内部的存储器进行编程。

也可以这样理解，支持 ISP 方式的单片机，不一定支持 IAP 方式；但是，支持 IAP 方式的单片机，一定支持 ISP 方式。ISP 方式应该是 IAP 方式的一个特殊的“子集”。

注：(1) 关于 ISP 和 IAP 的详细原理，将在后续章节进行说明。

(2) 在 STC 单片中，前缀为 STC 的单片机，不支持 IAP 固化程序方式；而前缀为 IAP 的单片机，支持 IAP 固化程序方式。

思考与练习 2-1：在 STC 单片机中，ISP 表示________，IAP 表示________。

2.3 STC单片机命名规则及封装

本节将介绍STC单片机的命名规则及封装形式。

2.3.1 命名规则

本节将介绍STC公司15系列单片机和STC8系列单片机命名规则。

1. 15系列单片机命名规则

STC公司15系列单片机用以下符号格式进行标识：

xxx 15 x x xx x-- xx x -xxx x

① ② ③ ④ ⑤ ⑥ ⑦ ⑧ ⑨ ⑩

其中：

① 表示STC、IAP或者IRC，具体含义如下：

STC：设计者不可以将用户程序区的程序Flash作为EEPROM使用，但有专门的EEPROM。

IAP：设计者可以将用户程序区的程序Flash作为EEPROM使用。

IRC：设计者可以将用户程序区的程序Flash作为EEPROM使用，其中包含ADC的16引脚以上的封装可以外接晶体振荡器，如果选择内部振荡器，内部只能采用24MHz时钟。

② 表示是STC公司15系列单片机，当工作在相同的工作频率时，其速度是普通8051的8～12倍。

③ 表示单片机工作电压，用F、L和W表示，具体含义如下：

F表示Flash，工作电压为3.8～5.5V。

L表示低电压，工作电压为2.4～3.6V。

W表示宽电压，工作电压为2.5～5.5V。

注：最低电压和工作频率有关。当单片机的工作频率较高时，建议将最低电压控制在2.7V以上。

④ 用于标识单片机内SRAM存储空间的容量。

当该位为一位数字时，容量以128字节为单位计算，计算时用数字乘以单位。比如：当该位为数字4时，表示SRAM存储空间的容量为128×4=512字节。

当容量超过1KB(1024字节时)，用1K、4K表示，其单位为字节。

⑤ 表示单片机内程序存储器的大小，如：01表示1KB；02表示2KB；03表示3KB；04表示4KB；16表示16KB；24表示24KB；29表示29KB等。

⑥ 表示单片机的一些特殊功能，用W、S、AS、PWM、AD、S4表示，具体含义如下：

W：表示有掉电唤醒专用定时器。

S：表示有串口。

AS/PWM/AD：表示有1组高速异步串行通信接口；SPI功能；内部EEPROM功能；A/D转换功能(PWM还能当作D/A转换器使用)；CCP/PWM/PCA功能。

S4：表示有4组高速异步串行通信接口；SPI功能；内部EEPROM功能；A/D转换功能(PWM还能当作D/A转换器使用)；CCP/PWM/PCA功能。

⑦ 表示单片机工作频率。比如：28表示该款单片机的最高工作频率为28MHz。

⑧ 表示单片机工作的温度范围，用C、I表示，具体含义如下：

C表示商业级，其工作温度为0～70℃；

I表示工业级，其工作温度为－40～85℃。

⑨ 表示单片机封装类型。例如，LQFP、PDIP、SOP、SKDIP、QFN。

⑩ 表示单片机的引脚个数。例如，64、48、44、40、32、28等。

下面通过一个例子，来说明STC 15系列单片机的命名规则，如图2.1所示。

IAP 15W4K58S4
30I-PDIP40
1446HGF462.CB

图2.1 15系列单片机类型标识

该类型单片机标识的含义如下：

(1) IAP表示该单片机支持应用编程模式。

(2) 15表示该单片机是15系列的单片机。

(3) W表示宽范围供电电压，为2.7～5.5V。

(4) 4K表示单片机内SRAM的容量为4KB，即4096字节。

(5) 58表示程序存储器的容量为58KB，即58×1024字节。

(6) S4表示该单片机提供4组高速异步串行通信口(可同时并行使用)；SPI功能；内部EEPROM功能；A/D转换功能(PWM还可作为D/A转换器使用)；CCP/PWM/PCA功能。

(7) 30表示该单片机的最高工作频率为30MHz。

(8) I表示该单片机为工业级器件，工作温度为－40～85℃。

(9) PDIP表示该单片机为传统的双列直插式封装结构。

(10) 40表示该单片机一共有40个引脚。

(11) 1446表示年份和周数，即2014年第46周。

(12) HGF462.C表示晶圆批号，这个标识与芯片制造厂商有关。

(13) B表示STC单片机当前的版本号。

2. STC8系列单片机命名规则

STC8系列单片机用下列符号格式进行标识：

STC	8X	xK	64	Sx	Ax
①	②	③	④	⑤	⑥

其中：

① 含义与15系列单片机相同。

② 8X表示两个子系列，即8F和8A。具体含义如下：

8F表示STC8F系列(没有AVcc、AGnd和AVref引脚)。

8A 表示 STC8A 系列(有 AVcc、AGnd 和 AVref 引脚)。

③ 表示 SRAM 的容量,8K 表示 8KB,2K 表示 2KB,1K 表示 1KB。

④ 表示 Flash 空间大小,64 表示 64KB,32 表示 32KB,16 表示 16KB。

⑤ 表示独立串口个数,S4 表示 4 个独立串口,S2 表示 2 个独立串口,S 表示 1 个独立串口。

⑥ 表示 ADC 精度,A12 表示 12 位 ADC,A10 表示 10 位 ADC。

注:STC8 系列单片机采用宽电压供电,即 2.0～5.5V。

下面通过一个例子,来说明 STC8 系列单片机的命名规则,如图 2.2 所示。该类型单片机标识的含义为:

STC
8A8K64S4A12
28I-LQFP44
1638A665280.XC

图 2.2 STC8 系列单片机类型标识

(1) 8A 表示该芯片有独立的 AVcc、AGnd 和 AVref 引脚,专用于片内的 12 位高精度 ADC。

(2) 8K 表示该芯片的片内 SRAM 容量为 8KB。

(3) 64 表示片内程序存储空间容量为 64KB。

(4) S4 表示该单片机提供了 4 个串口。

(5) A12 表示该单片机内部提供了 12 位 ADC 模块。

(6) 28 表示该单片机的最高工作频率为 28MHz。

(7) I 表示该单片机为工业级器件,工作温度为－40～85℃。

(8) LQFP44 表示该单片机采用了薄型四方扁平式封装,一共有 44 个引脚。

(9) 1638 表示年份和周数,即 2016 年第 38 周。

(10) A665280.X 表示晶圆批号,这个标识与芯片制造厂商相关。

(11) C 表示单片机当前的版本号。

思考与练习 2-2:请说明单片机 IAP15W4K58S4 标识的含义。

思考与练习 2-3:请说明单片机 STC8A4K64S4A12 标识的含义。

2.3.2 封装类型

从封装类型上来说,STC 单片机主要有双列直插式封装(Dual Inline-pin Package,DIP)和表面贴装(Surface Mounted Devices,SMD)两种类型封装。选择不同封装的单片机芯片时,需要考虑封装对电气特性和印制电路板设计的影响。

1. 双列直插式封装

双列直插式封装,也称为双列直插式封装技术,如图 2.3 所示。早期的集成电路芯片大多采用双列直插式封装。DIP 封装的引脚按逆时针顺序排列,芯片的第一个引脚位于图 2.4 中所示的位置。采用 DIP 封装的集成电路芯片有两排引脚,需要插入到具有 DIP 结构的芯片插座上。当然,也可以直接插在有相同焊孔数和几何排列的电路板上进行焊接。

图 2.3 DIP 结构样式

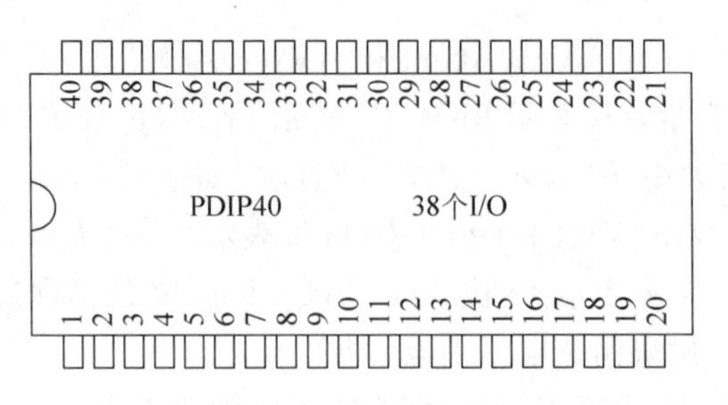

图 2.4　DIP 引脚分布

2. 薄型四方扁平式封装

采用薄型四方扁平式封装(Low-profile Quad Flat Package,LQFP)的集成电路芯片引脚之间距离很小,引脚很细,如图 2.5 所示。LQFP 封装的引脚按逆时针顺序排列,芯片的第一个引脚位于图 2.6 中所示的位置。

图 2.5　LQFP 结构样式

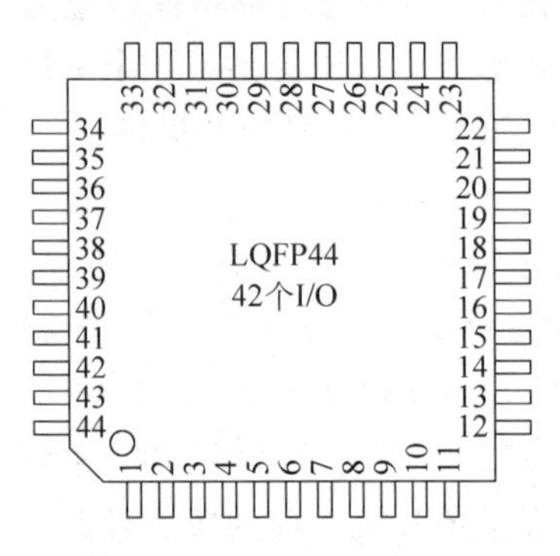

图 2.6　LQFP 引脚分布

3. 小外形封装

小外形封装(Small Out-Line Package,SOP)是一种很常见的元器件形式,是表面贴装型封装中的一种,引脚从封装两侧引出呈海鸥翼状(L 字形),如图 2.7 所示。SOP 封装的引脚按逆时针顺序排列,芯片的第一个引脚位于图 2.8 中所示的位置。

图 2.7　SOP 结构样式

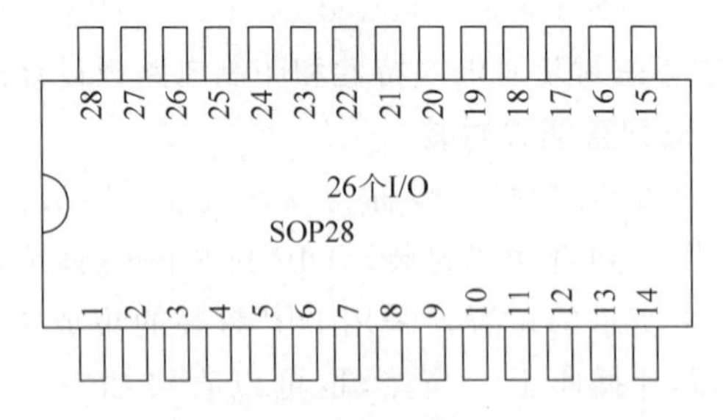

图 2.8　SOP 引脚分布

4. 薄的缩小型小外形封装

薄的缩小型小外形封装(Thin Shrink Small Outline Package,TSSOP),比 SOP 封装薄,引脚更密,相同功能的情况下封装尺寸更小,如图 2.9 所示。典型的 TSSOP 封装有 TSSOP8、TSSOP20、

图 2.9　TSSOP 结构样式

TSSOP24、TSSOP28 等。

注：TSSOP 封装引脚分布和 SOP 封装引脚分布一样。

5. 方形扁平无引脚封装

方形扁平无引脚(Quad Flat No-lead,QFN)封装是表面贴装型封装中的一种,现在多称为 LCC,如图 2.10 所示。QFN 封装的引脚按逆时针顺序排列,芯片的第一个引脚位于图 2.11 中所示的位置。

(a) 正面

(b) 背面

图 2.10 QFN 结构样式

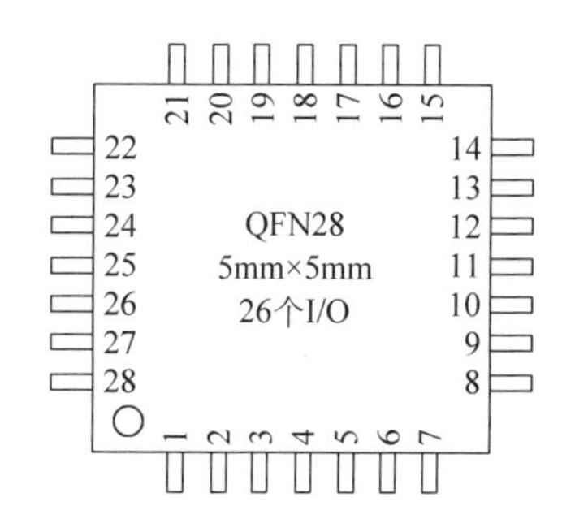

图 2.11 QFN 引脚分布

思考与练习 2-4：请查阅资料并说明,为什么 STC 单片机会越来越多地采用贴片式封装结构(提示,从电气特性、寄生效应、PCB 布局等方面考虑)。

2.3.3 引脚定义

本节将以 IAP15W4K58S4 单片机为例,说明不同封装中各个引脚的定义,如表 2.2 所示。

表 2.2 IAP15W4K58S4 单片机引脚定义和功能

引脚编号			引脚名字	引脚说明
PDIP40	LQFP44	LQFP64		
1	40	59	P0.0/AD0/RxD3	(1) P0.0：标准 I/O 口 (2) AD0：地址/数据总线(复用,第 0 位) (3) RxD3：串口 3 数据接收端口
2	41	60	P0.1/AD1/TxD3	(1) P0.1：标准 I/O 口 (2) AD1：地址/数据总线(复用,第 1 位) (3) TxD3：串口 3 数据发送端口
3	42	61	P0.2/AD2/RxD4	(1) P0.2：标准 I/O 口 (2) AD2：地址/数据总线(复用,第 2 位) (3) RxD4：串口 4 数据接收端口
4	43	62	P0.3/AD3/TxD4	(1) P0.3：标准 I/O 口 (2) AD3：地址/数据总线(复用,第 3 位) (3) TxD4：串口 4 数据发送端口
5	44	63	P0.4/AD4/T3CLKO	(1) P0.4：标准 I/O 口 (2) AD4：地址/数据总线(复用,第 4 位) (3) T3CLKO：定时器/计数器 3 的时钟输出

续表

引脚编号			引脚名字	引脚说明
PDIP40	LQFP44	LQFP64		
6	1	2	P0.5/AD5/T3/PWMFLT_2	(1) P0.5：标准 I/O 口 (2) AD5：地址/数据总线(复用，第 5 位) (3) T3：定时器/计数器 3 的时钟输入 (4) PWMFLT_2：PWM 异常停机控制引脚(可选的第 2 个引脚位置)
7	2	3	P0.6/AD6/T4CLKO/PWM7_2	(1) P0.6：标准 I/O 口 (2) AD6：地址/数据总线(复用，第 6 位) (3) T4CLKO：定时器/计数器 4 的时钟输出 (4) PWM7_2：脉冲宽度调制输出通道 7(可选的第 2 个引脚位置)
8	3	4	P0.7/AD7/T4/PWM6_2	(1) P0.7：标准 I/O 口 (2) AD7：地址/数据总线(复用，第 7 位) (3) T4：定时器/计数器 4 的时钟输入 (4) PWM6_2：脉冲宽度调制输出通道 6(可选的第 2 个引脚位置)
9	4	9	P1.0/ADC0/CCP1/RXD2	(1) P1.0：标准 I/O 口 (2) ADC0：ADC 输入通道 0 (3) CCP1：外部信号捕获、高速脉冲输出及脉冲宽度调制输出通道 1 (4) RXD2：串口 2 数据接收端
10	5	10	P1.1/ADC1/CCP0/TXD2	(1) P1.1：标准 I/O 口 (2) ADC1：ADC 输入通道 1 (3) CCP0：外部信号捕获、高速脉冲输出及脉冲宽度调制输出通道 0 (4) TXD2：串口 2 数据发送端
11	7	12	P1.2/ADC2/SS/EC1/CMPO	(1) P1.2：标准 I/O 口 (2) ADC2：ADC 输入通道 2 (3) SS：SPI 同步串口的从机选择信号 (4) EC1：CCP/PCA 计数器外部脉冲输入引脚 (5) CMPO：比较器比较结果输出引脚
12	8	13	P1.3/ADC3/MOSI	(1) P1.3：标准 I/O 口 (2) ADC3：ADC 输入通道 3 (3) MOSI：SPI 接口的主设备输出/从设备输入引脚
13	9	14	P1.4/ADC4/MISO	(1) P1.4：标准 I/O 口 (2) ADC4：ADC 输入通道 4 (3) MISO：SPI 接口的主设备输入/从设备输出引脚

续表

引脚编号			引脚名字	引脚说明
PDIP40	LQFP44	LQFP64		
14	10	15	P1.5/ADC5/SCLK	(1) P1.5：标准I/O口 (2) ADC5：ADC输入通道5 (3) SCLK：SPI接口的时钟信号
15	11	16	P1.6/ADC6/RxD_3/XTAL2/MCLKO_2/PWM6	(1) P1.6：标准I/O口 (2) ADC6：ADC输入通道6 (3) RxD_3：串口1数据接收端(可选的第3个引脚位置) (4) XTAL2：外接无源晶体振荡器的一端。当外接有源晶体振荡器时，该引脚将输入到XTAL1的时钟进行输出 (5) MCLKO_2：主时钟输出(可选的第2个引脚位置)。输出频率为SYSCLK/1、SYSCLK/2、SYSCLK/4、SYSCLK/6 注：SYSCLK为系统时钟频率 (6) PWM6：脉冲宽度调制通道6
16	12	17	P1.7/ADC7/TxD_3/XTAL1/PWM7	(1) P1.7：标准I/O口 (2) ADC7：ADC输入通道7 (3) TxD_3：串口1数据发送端(可选的第3个引脚位置) (4) XTAL1：外接无源晶体振荡器的一端。当直接使用外部时钟源时，该引脚是外部时钟源的输入端 (5) PWM7：脉冲宽度调制通道7
32	30	45	P2.0/A8/RSTOUT_LOW	(1) P2.0：标准I/O口 (2) A8：地址总线(第8位) (3) RSTOUT_LOW：上电后，输出低电平，在复位期间输出也为低电平，用户可以用软件将其设置为高电平或低电平，如果要读取外部状态，可将该端口先置高后再读
33	31	46	P2.1/A9/SCLK_2/PWM3	(1) P2.1：标准I/O口 (2) A9：地址总线(第9位) (3) SCLK_2：SPI同步串行接口的时钟信号(可选的第2个引脚位置) (4) PWM3：脉冲宽度调制通道3
34	32	47	P2.2/A10/MISO_2/PWM4	(1) P2.2：标准I/O口 (2) A10：地址总线(第10位) (3) MISO_2：SPI同步串行接口的主设备输入/从设备输出(可选的第2个引脚位置) (4) PWM4：脉冲宽度调制通道4

续表

引脚编号			引脚名字	引脚说明
PDIP40	LQFP44	LQFP64		
35	33	48	P2.3/A11/MOSI_2/PWM5	(1) P2.3：标准 I/O 口 (2) A11：地址总线(第 11 位) (3) MOSI_2：SPI 同步串行口的主设备输出/从设备输入(可选的第 2 个引脚位置) (4) PWM5：脉冲宽度调制通道 5
36	34	49	P2.4/A12/ECI_3/SS_2/PWMFLT	(1) P2.4：标准 I/O 口 (2) A12：地址总线(第 12 位) (3) ECI_3：CCP/PCA 计数器的外部脉冲输入引脚(可选的第 3 个引脚位置) (3) SS_2：SPI 接口的从设备选择信号(可选的第 2 个引脚的位置) (4) PWMFLT：PWM 异常停机控制引脚
37	35	50	P2.5/A13/CCP0_3	(1) P2.5：标准 I/O 口 (2) A13：地址总线(第 13 位) (3) CCP0_3：外部信号捕获、高速脉冲输出及脉冲宽度调制输出通道 0(可选的第 3 个引脚位置)
38	36	51	P2.6/A14/CCP1_3	(1) P2.6：标准 I/O 口 (2) A14：地址总线(第 14 位) (3) CCP1_3：外部信号捕获、高速脉冲输出及脉冲宽度调制输出通道 1(可选的第 3 个引脚位置)
39	37	52	P2.7/A15/PWM2_2	(1) P2.7：标准 I/O 口 (2) A15：地址总线(第 15 位) (3) PWM2_2：脉冲宽度调制输出通道 2(可选的第 2 个引脚位置)
21	18	27	P3.0/RxD/$\overline{\text{INT4}}$/T2CLKO	(1) P3.0：标准 I/O 口 (2) RxD：串口 1 数据接收端 (3) $\overline{\text{INT4}}$：外部中断 4(只能下降沿触发中断，该引脚支持掉电唤醒功能) (4) T2CLKO：T2 的时钟输出
22	19	28	P3.1/TxD/T2	(1) P3.1：标准 I/O 口 (2) TxD：串口 1 数据发送端 (3) T2：定时器/计数器 2 的外部输入引脚
23	20	29	P3.2/INT0	(1) P3.2：标准 I/O 口 (2) INT0：外部中断 0(既可上升沿，也可以下降沿触发中断，该引脚支持掉电唤醒)
24	21	30	P3.3/INT1	(1) P3.3：标准 I/O 口 (2) INT1：外部中断 1(既可上升沿，也可以下降沿触发中断，该引脚支持掉电唤醒)

续表

引脚编号			引脚名字	引脚说明
PDIP40	LQFP44	LQFP64		
25	22	31	P3.4/T0/T1CLKO/ECI_2	(1) P3.4：标准I/O口 (2) T0：定时器/计数器0的外部输入引脚 (3) T1CLKO：定时器/计数器1的时钟输出 (4) ECI_2：CCP/PCA计数器的外部脉冲输入(可选的第2个引脚位置)
26	23	34	P3.5/T1/T0CLKO/CCP0_2	(1) P3.5：标准I/O口 (2) T1：定时器/计数器1的外部输入引脚 (3) T0CLKO：定时器/计数器0的时钟输出 (4) CCP0_2：外部信号捕获、高速脉冲输出及脉冲宽度调制输出通道0(可选的第2个引脚位置)
27	24	35	P3.6/$\overline{\text{INT2}}$/RxD_2/CCP1_2	(1) P3.6：标准I/O口 (2) $\overline{\text{INT2}}$：外部中断2(只能下降沿触发中断，该引脚支持掉电唤醒功能) (3) RxD_2：串口1数据接收端(可选的第2个输出引脚位置) (4) CCP1_2：外部信号捕获、高速脉冲输出及脉冲宽度调制输出通道1(可选的第2个引脚位置)
28	25	36	P3.7/$\overline{\text{INT3}}$/TxD_2/PWM2	(1) P3.7：标准I/O口 (2) $\overline{\text{INT3}}$：外部中断3(只能下降沿触发中断，该引脚支持掉电唤醒功能) (3) TxD_2：串口1数据发送端(可选的第二个引脚位置) (4) PWM2：脉冲宽度调制输出通道2
—	17	22	P4.0/MOSI_3	(1) P4.0：标准I/O口 (2) MOSI_3：SPI接口的主设备输出/从设备输入(可选的第3个引脚位置)
29	26	41	P4.1/MISO_3	(1) P4.1：标准I/O口 (2) MISO_3：SPI接口的主设备输入/从设备输出(可选的第3个引脚位置)
30	27	42	P4.2/$\overline{\text{WR}}$/PWM5_2	(1) P4.2：标准I/O口 (2) $\overline{\text{WR}}$：外部数据存储器写脉冲 (3) PWM5_2：脉冲宽度调制输出通道5(可选的第2个引脚位置)
—	28	43	P4.3/SCLK_3	(1) P4.3：标准I/O口 (2) SCLK_3：SPI接口的时钟信号(可选的第3个引脚位置)

续表

引脚编号			引脚名字	引脚说明
PDIP40	LQFP44	LQFP64		
31	29	44	P4.4/ $\overline{RD}$/PWM4_2	(1) P4.4：标准 I/O 口 (2) $\overline{RD}$：外部数据存储器读脉冲 (3) PWM4_2：脉冲宽度调制输出通道 4(可选的第 2 个引脚位置)
40	38	57	P4.5/ ALE/PWM3_2	(1) P4.5：标准 I/O 口 (2) ALE：外部数据存储器地址锁存 (3) PWM3_2：脉冲宽度调制输出通道 3(可选的第 2 个引脚位置)
—	39	58	P4.6/RxD2_2	(1) P4.6：标准 I/O 口 (2) RxD2_2：串口 2 数据接收端(可选的第 2 个引脚位置)
--	6	11	P4.7/TxD2_2	(1) P4.7：标准 I/O 口 (2) TxD2_2：串口 2 数据发送端(可选的第 2 个引脚位置)
—	—	32	P5.0/RxD3_2	(1) P5.0：标准 I/O 口 (2) RxD3_2：串口 3 数据接收端(可选的第 2 个引脚位置)
—	—	33	P5.1/TxD3_2	(1) P5.1：标准 I/O 口 (2) TxD3_2：串口 3 数据发送端(可选的第 2 个引脚位置)
—	—	64	P5.2/RxD4_2	(1) P5.2：标准 I/O 口 (2) RxD4_2：串口 4 数据接收端(可选的第 2 个引脚位置)
—	—	1	P5.3/TxD4_2	(1) P5.3：标准 I/O 口 (2) TxD4_2：串口 4 数据发送端(可选的第 2 个引脚位置)
17	13	18	P5.4/RST/MCLKO/SS_3 /CMP−	(1) P5.4：标准 I/O 口 (2) RST：复位引脚，高电平复位 (3) MCLKO：主时钟输出。输出频率为 SYSCLK/1、SYSCLK/2、SYSCLK/4、SYSCLK/6 注：SYSCLK 为系统时钟频率 (4) SS_3：SPI 接口的从设备选择信号引脚(可选的第 3 个引脚位置) (5) CMP−：比较器反相输入端
19	15	20	P5.5/CMP+	(1) P5.5：标准 I/O 口 (2) CMP+：比较器同相输入端
—	—	5	P6.0	P6.0：标准 I/O 口
—	—	6	P6.1	P6.1：标准 I/O 口
—	—	7	P6.2	P6.2：标准 I/O 口

续表

引脚编号			引脚名字	引脚说明
PDIP40	LQFP44	LQFP64		
—	—	8	P6.3	P6.3：标准 I/O 口
—	—	23	P6.4	P6.4：标准 I/O 口
—	—	24	P6.5	P6.5：标准 I/O 口
—	—	25	P6.6	P6.6：标准 I/O 口
—	—	26	P6.7	P6.7：标准 I/O 口
—	—	37	P7.0	P7.0：标准 I/O 口
—	—	38	P7.1	P7.1：标准 I/O 口
—	—	39	P7.2	P7.2：标准 I/O 口
—	—	40	P7.3	P7.3：标准 I/O 口
—	—	53	P7.4	P7.4：标准 I/O 口
—	—	54	P7.5	P7.5：标准 I/O 口
—	—	55	P7.6	P7.6：标准 I/O 口
—	—	56	P7.7	P7.7：标准 I/O 口
18	14	19	VCC	单片机供电电源正极
20	16	21	GND	单片机供电电源负极

注：(1) Px.y 表示第 x 组的第 y+1 个引脚(标识以 0 开始)。

(2) ADx 表示数据/地址线的第 x 位(标识以 0 开始)。

(3) 对于 STC8 系列单片机不同的引脚定义请参阅本书所提供的设计资源。

思考与练习 2-5：对于标识为 P2.5 的引脚，所对应的是单片机________端口的________引脚。

思考与练习 2-6：对于标识为 RxD_2/RxD_3 的引脚 2/3 表示为________。

(提示，表示信号 RxD 可选择设置在第 2 个或者第 3 个可用的引脚位置上，也就是可以通过 SFR 内寄存器的设置，选择 RxD 所使用的引脚位置。)

2.4 STC 单片机的架构及功能

本节将以 STC 公司的 IAP15W4K58S4 单片机为例，对 STC 单片机的架构和功能进行说明，如图 2.12 所示。

注：(1) 该型单片机属于 STC15W4K32S4 系列，该系列单片机提供了系统在线仿真、系统在线编程、无须专用仿真器，以及可远程升级的功能。

(2) IAP15W4K58S4 单片机本身就是仿真芯片。

2.4.1 单片机实现的功能

STC15W4K32S4 系列单片机的主要特点包括：

(1) 片内集成高达 4KB 容量的 RAM 数据存储空间。

(2) 采用了增强型 8051 CPU 内核，达到 1 个时钟/1 个机器周期的性能，比传统的 8051 速度快 7～12 倍，比 STC 早期的 1T 系列单片机(如 STC12/11/10 系列)快 20%。

注：在计算机中，为了便于管理，常把一条指令的执行过程划分为若干个阶段，每一阶

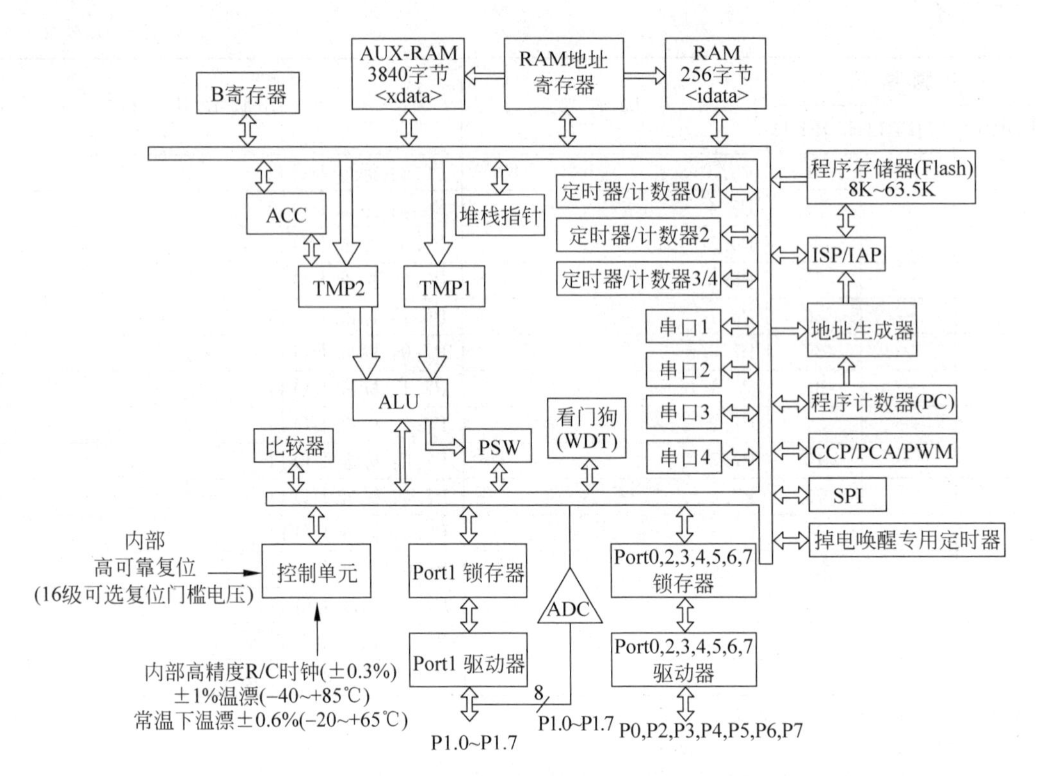

图 2.12 STC15W4K32S4 系列单片机的内部结构

段完成一项工作。例如，取指令、存储器读、存储器写等，这每一项工作称为一个基本操作。完成一个基本操作所需要的时间称为机器周期。

一般情况下，一个机器周期由若干个状态周期组成。通常用内存中读取一个指令字的最短时间来规定 CPU 周期。

注：时钟周期，又称为振荡周期，是处理操作的最基本单位。

(3) 采用宽电压供电技术，其工作电压为 2.5～5.5V。

注：当单片机工作在较高时钟频率时，建议其工作电压为 2.7～5.5V。

(4) 采用低功耗设计技术，该系列单片机可以工作在：低速模式、空闲模式、掉电模式。

注：当工作在掉电模式时，可通过外部中断或者内部掉电唤醒定时器唤醒。

(5) 内置高可靠复位电路，不需要外部复位。当使用 ISP 编程时，提供 16 级可选的复位门槛电压。

(6) 内置 R/C 时钟电路，无须使用外部晶体振荡器。当使用 ISP 编程时，内部时钟频率为 5～35MHz。振荡器频率特性为：①在正常温度时，温漂为±0.3%；②在－40～＋85℃时，温漂为±1%；③在－20～＋65℃时，温漂为±0.6%。

注：也可以使用外部有源或者无源晶体振荡器产生的时钟作为单片机的输入时钟信号。STC 推荐使用内部的 R/C 时钟电路。

(7) 提供了大量的掉电唤醒资源，包括：INT0/INT1(上升沿/下降沿中断均可)，INT2/INT3/INT4(下降沿中断)；CCP0/CCP1/RxD/RxD2/RxD3/RxD4/T0/T1/T2/T3/T4 引脚；内部掉电唤醒专用定时器。

(8) 该系列单片机提供了16KB、32KB、40KB、48KB、56KB、58KB、61KB和63.5KB容量的片内Flash程序存储器，擦写次数可达10万次以上。

(9) 片内大容量EEPROM功能，擦写次数可达10万次以上。

(10) 芯片集成了8通道10位的高速模拟-数字转换器(Analog to Digital Converter, ADC)，采样速度可达30万次采样/秒。

(11) 芯片集成比较器模块。可以用作1路ADC，并可用作掉电检测；支持外部引脚CMP+与外部引脚CMP-进行比较，可产生中断，并可在引脚CMPO上产生输出(可设置极性)；也支持外部引脚CMP+与内部带隙电压进行比较。

(12) 片内集成6通道15位带死区控制的专用高精度脉冲宽度调制(Pulse Width Modulation, PWM)模块。此外，还提供了2通道CCP模块，通过它的高速脉冲输出功能可实现2路11～16位PWM。它们可以用来实现以下功能，即8路数字到模拟转换器(Digital to Analog Converter, DAC)功能；2个16位定时器功能；2个外部中断(支持上升沿/下降沿中断)功能。

注：CCP是英文单词的缩写，即Capture(捕获)、Compare(比较)和PWM(脉冲宽度调制)。

(13) 片内集成最多7个定时器/计数器模块，其中：5个16位可重载定时器/计数器，包括：T0/T1/T2/T3/T4(T0和T1与普通8051单片机的定时器/计数器模块兼容)，均可实现时钟输出。通过引脚MCLKO，可以将分频(分频因子为1、2、4、16)后的系统时钟SYSCLK输出。此外，2路CCP也可实现2个定时器功能。

(14) 片内提供可编程时钟输出功能。实现对内部系统时钟，或者连接到外部引脚的时钟进行分频后输出。其中，P3.5引脚输出定时器/计数器0的时钟T0CLKO；P3.4引脚输出定时器/计数器1的时钟T1CLKO；P3.0引脚输出定时器/计数器2的时钟T2CLKO；P0.4引脚输出定时器/计数器3的时钟T3CLKO；P0.6引脚输出定时器/计数器4的时钟T4CLKO；P5.4引脚对外输出分频后的系统时钟SYSCLK。

注：① 前面5个定时器/计数器的输出时钟，可实现1～65536级分频。

② 对于15系列8个引脚封装的单片机而言，在P3.4引脚输出分频后的系统时钟SYSCLK。

(15) 片内集成4个完全独立的超高速串口/UART。

注：通过分时复用的方法，可当作9个串口。

(16) 片内集成硬件看门狗定时器(Watch Dog Timer, WDT)模块。

(17) 该系列单片机采用了先进的指令集架构，100%兼容普通8051指令集。此外，提供了硬件乘法/除法指令。

(18) 该系列单片机提供了通用输入/输出(General Purpose Input/Output, GPIO)资源，根据不同器件，可提供26、30、42、38、46、62个GPIO端口。当对单片机复位后，将GPIO配置为准双向I/O口或弱上拉模式，这与传统的8051单片机一致。在复位后，可以通过模式寄存器将GPIO设置为4种模式，即准双向口/弱上拉、强推挽/强上拉、仅为输入/高阻以及开漏。每个I/O口驱动能力最大可达到20mA，但整个芯片的电流最大不能超过120mA。

2.4.2 STC单片机的架构

STC是system chip的缩写，意味着随着半导体工艺的不断演进和发展，在摩尔定律指引的框架范围内，STC公司的8051单片机芯片内将要集成越来越多的外设。并且，芯片性能不断提高，价格不断降低。例如，STC公司最新的STC8系列单片机性能又有了很大的提升，主要体现在：

(1) 依次顺序执行完全部的111条指令仅需要147个时钟，而传统的8051则需要1944个时钟。

(2) 内部提供了3个可选的时钟源，即内部24MHz高精度IRC时钟、内部32kHz的低速IRC、外部4～33MHz晶振或外部时钟信号。

(3) 提供两种低功耗模式，即IDLE模式和STOP模式。

(4) 与IAP15W4K58S4相比，数字外设功能进一步增强(4个串口、5个定时器、4组PCA、8组增强型PWM以及I^2C、SPI接口)。此外，模拟外设功能也进一步增强(速度高达800K的12位15路ADC、比较器)。

从上可知，STC的8051单片机朝着片上系统的方向发展，即集成的外设越来越多，芯片成本越来越低，器件的整体性能不断提高，这一切都提高了8051单片机的市场竞争力。

对于8051单片机开发人员而言，需要站在系统级的角度来把握整体设计思路，软件和硬件协同设计、协同仿真和协同调试是他们所需要具备的设计能力。

思考与练习2-7：STC公司的8051单片机将朝着________的方向发展，其发展符合________定律的指导框架。

思考与练习2-8：随着STC 8051单片机的集成度不断提高，________、________和________是开发者需要具备的能力。

思考与练习2-9：请说明软件和硬件协同设计的含义(提示，PWM可以使用软件模拟实现，也可以通过专用的PWM硬件模块实现，但是两者实现方法和性能有着本质的区别)。

思考与练习2-10：请说明软件和硬件的协同调试的含义。

2.5 STC单片机的I/O驱动原理

STC单片机提供了四种驱动模式，即准双向输出、强推挽输出、仅为输入(高阻)和开漏输出。理解和掌握这些驱动模式和应用场景，对于将STC单片机与外部设备正确地连接非常重要。

(1) 准双向输出配置

准双向输出模式可以用于输出和输入功能，而不需要重新配置I/O口输出状态，如图2.13所示。当端口锁存数据置为逻辑高时，驱动能力很弱，允许外部设备将其拉低(要尽量避免出现这种情况)；而当引脚的输出为低时，驱动能力很强，可吸收很大的电流。STC单片机在准双向口提供3个上拉晶体管以满足不同的要求。

第1个晶体管，称为弱上拉晶体管。当端口锁存数据置1且引脚本身为1时打开，此上拉晶体管提供基本驱动电流使准双向口输出为1。如果一个引脚输出为1并且由外部设备

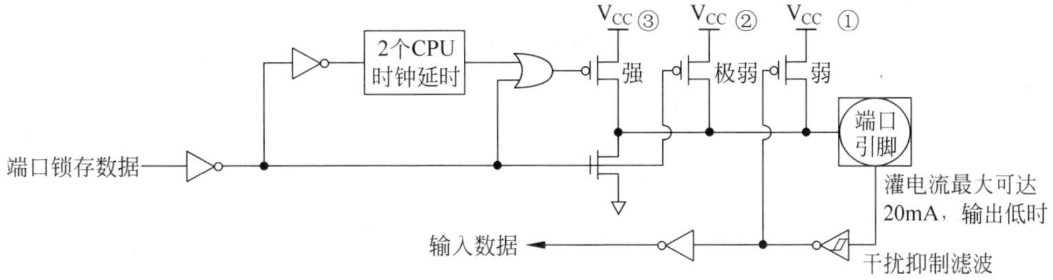

图 2.13 准双向输出配置

下拉到低时，弱上拉晶体管关闭，极弱上拉晶体管维持打开状态，为了把这个引脚强拉为低，外部设备必须有足够的灌电流使引脚上的电压降到门限电平以下。对于 5V 供电的单片机而言，弱上拉晶体管的电流大约为 250μA；对于 3.3V 供电的单片机而言，弱上拉晶体管的电流大约为 150μA。

第 2 个上拉晶体管，称为极弱上拉晶体管。当端口锁存数据置为 1 时，该晶体管导通。当引脚悬空时，这个极弱的上拉源产生很弱的上拉电流将引脚上拉到高电平。对于 5V 供电的单片机而言，极弱上拉晶体管的电流约为 18μA；对于 3.3V 单片机而言，极弱上拉晶体管的电流约为 5μA。

第 3 个上拉晶体管，称为强上拉晶体管。当端口锁存数据由 0 变化到 1 时，这个上拉晶体管用于加快准双向口由逻辑 0 到逻辑 1 的跳变过程。当出现这种情况时，强上拉打开约 2 个时钟以使引脚能够迅速地上拉到高电平。

STC 1T 系列单片机供电电压 Vcc 为 3.3V，如果在引脚施加 5V 电压，则将会有电流从引脚流向 Vcc，这样将产生额外的功耗。

注：① 建议不要在准双向口模式下向 3.3V 单片机引脚施加 5V 电压。如果出现这种情况，则需要外加限流电阻，或使用二极管/三极管做输入隔离。

② 特别要注意的是，在对准双向口读取外部设备状态前，要先将相应的端口位置为 1，才可以读到正确的外部设备状态，这点特别重要。

(2) 强推挽输出配置

强推挽输出配置的下拉结构与开漏输出以及准双向口的下拉结构相同，如图 2.14 所示。但当端口锁存数据为 1 时，经过反相器后，晶体管①导通，而晶体管②截止。因此，该配置提供持续的强上拉。推挽模式一般用于需要更大驱动电流的情况。

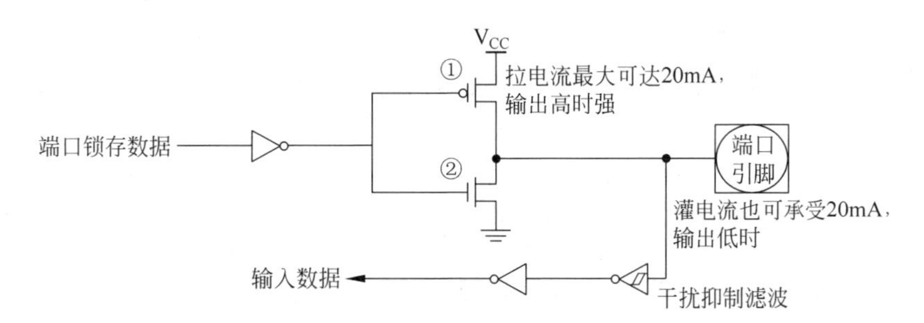

图 2.14 强推挽输出配置

(3) 仅为输入(高阻)配置

输入口带有一个施密特触发器输入以及一个干扰抑制电路,如图 2.15 所示。

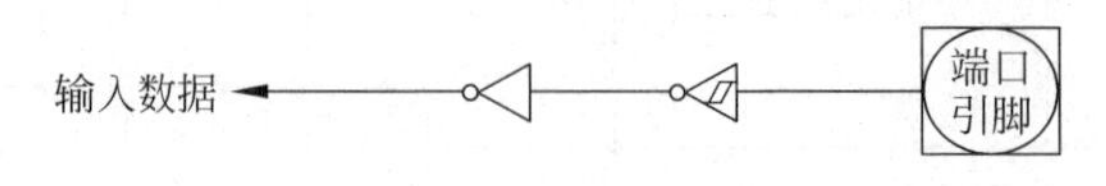

图 2.15 仅为输入配置

注:仅为输入(高阻)时,不提供吸收 20mA 电流的能力。

(4) 开漏输出配置

在开漏模式下,单片机既可以读取引脚的外部状态也可以控制对外部输出高电平或低电平。如果要正确地读取外部状态或者需要对外部输出高电平时,需要外加上拉电阻,如图 2.16 所示。

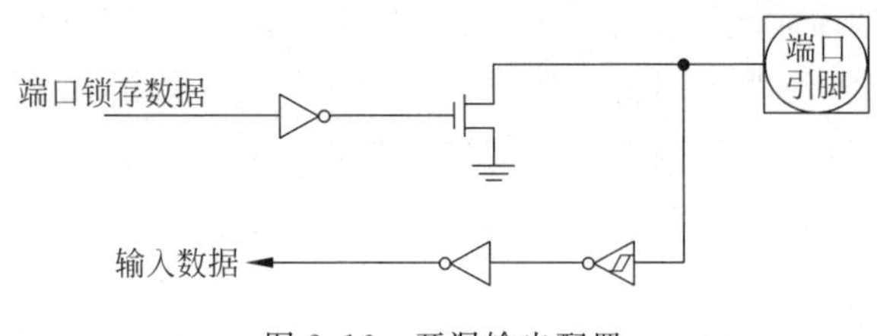

图 2.16 开漏输出配置

当端口锁存数据置为 1 时,经过反相器后变为 0,此时上拉晶体管截止(不导通)。很明显,这种配置方式需要在外部端口引脚接上拉电阻。当外接上拉电阻后,开漏模式的 I/O 口可以读取外部状态,同时还可以作为输出 I/O;当端口锁存数据置为 0 时,经过反相器后变为 1,晶体管导通,端口引脚下拉到地。

注:(1) 由于 8051 CPU 的时钟速度较高。因此,当软件执行由低变高的指令后,应加入 1~2 个空操作延迟指令,再读取外部状态。

(2) 在 STC 单片机中,可以通过 I/O 端口模式寄存器切换这些引脚的工作模式,在本书后续章节将详细介绍这些寄存器。

思考与练习 2-11:根据图 2.13,分析准双向端口的工作原理。

思考与练习 2-12:根据图 2.14,分析强推挽模式端口的工作原理。

思考与练习 2-13:根据图 2.15,分析开漏输出模式端口的工作原理。

2.6 STC 单片机硬件下载电路设计

本节将介绍 STC 公司提供的两个典型的 ISP 硬件下载电路,包括通过 USB-串口芯片的下载电路以及 USB 直接下载编程电路。

2.6.1 USB 串口芯片下载电路

通过 CH340G 芯片,实现 PC USB 口与 IAP15W4K58S4 单片机的串口连接,如图 2.17 所示(详见 GPNT-SMK-1 单片机/STC 官方开发平台原理图资料)。

特别注意，由于IAP15W4K58S4单片机的P3.0和P3.1口作为下载/仿真使用（下载和仿真时仅可以使用P3.0和P3.1口），因此STC公司建议用户将串口1放在P3.6/P3.7或者P1.6/P1.7，若坚持使用P3.0/P3.1或作为串口1进行通信，则必须在下载程序时，在STC-ISP软件中，勾选"下次冷启动"时，P3.2/P3.3为0/0时才可以下载程序。

注：(1) 内部高可靠复位，可彻底省掉外部复位电路。默认情况下，出厂时将P5.4/RST/MCLK0引脚设置为I/O口，可以通过STC-ISP软件将其设置为RST复位脚(高电平复位)。

(2) 建议在Vcc和Gnd之间就近加上电源去耦电容47μF、0.01μF，可去除电源线噪声，提高抗干扰能力。

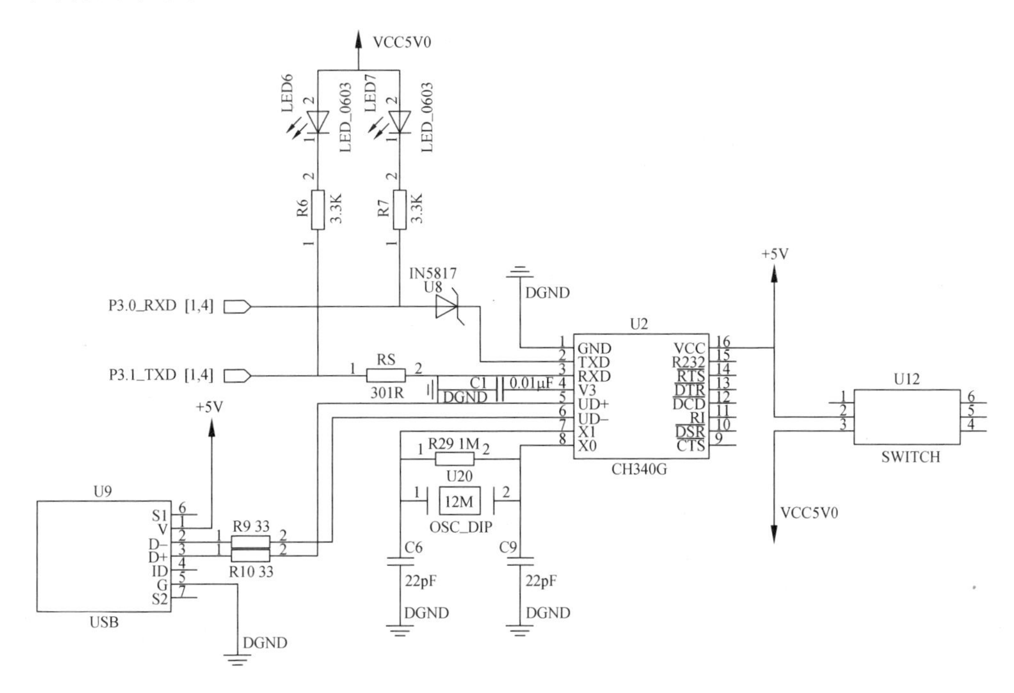

图2.17　通过USB转串口芯片CH340的STC单片机下载电路

2.6.2　USB直接下载编程电路

STC公司提供了通过USB直接下载编程电路的功能，如图2.18所示。在这种下载模式中，单片机的P3.0/P3.1直接连接到计算机USB的D+和D−信号线。

需要额外注意，可以不焊接外部晶振电路，但是建议在PCB板上设计此线路，如需使用USB直接下载模式则建议焊接该电路，该电路可用于防止在USB直接下载时由于内部时钟精度不够准确而引起的程序下载失败。

注：(1) 采用USB直接下载编程电路时，则不能实现硬件仿真/硬件在线调试功能。

(2) 使用USB直接下载方式时，要注意STC公司USB驱动程序对WINDOWS操作系统的支持程度。

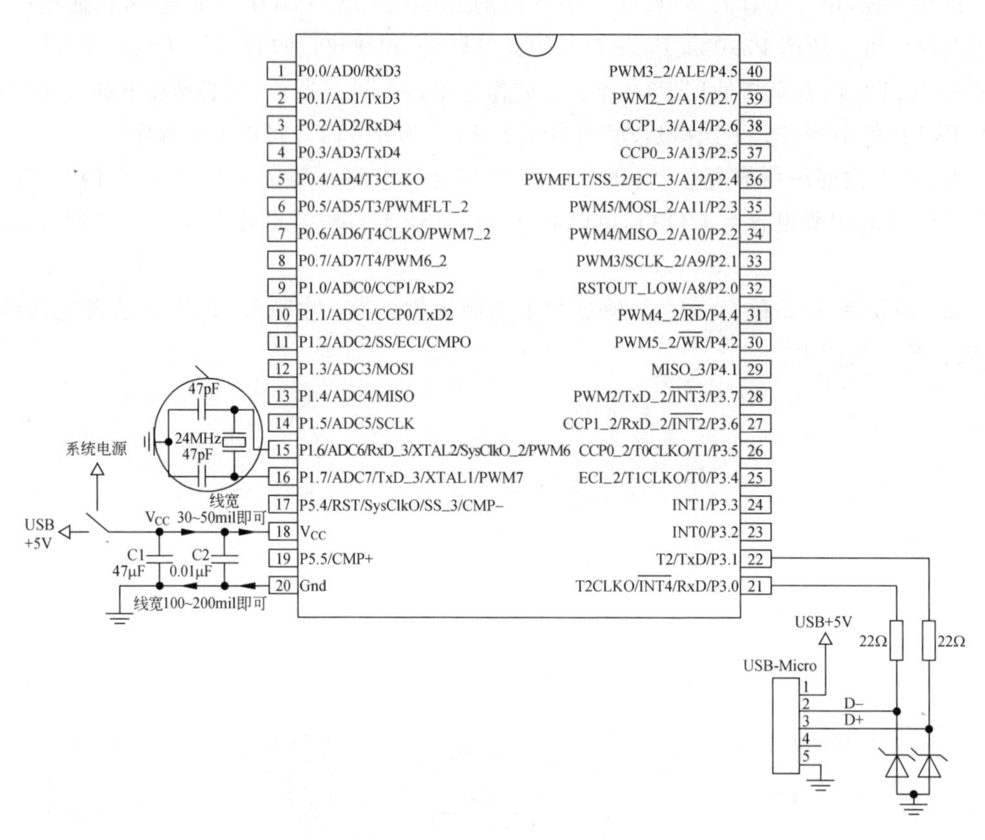

图 2.18　通过 USB 直接下载的 STC 单片机下载电路

2.7　STC 单片机电源系统设计

设计的单片机系统的电源可以由计算机 USB 供电，也可以由系统电源供电。若设计的单片机系统直接使用 USB 供电，则在将设计的单片机系统插到 PC 的 USB 口时，就会检测到 IAP15W4K58S4 单片机插入到 PC USB 接口，若第一次使用该计算机对 IAP15W4K58S4 单片机进行 ISP 下载，则该计算机会自动安装 USB 驱动程序，而 IAP15W4K58S4 单片机则处于等待状态，直到 PC 安装完驱动程序并发送“下载/编程”命令给它。

若开发的单片机系统使用系统电源供电，则该单片机系统必须在停电(即关闭系统电源)后才能插到 PC USB 口。在单片机系统插到 PC USB 接口并且打开单片机上的系统供电电源后，会检测到 IAP15W4K58S4 单片机插入 USB 接口，若第一次使用计算机对 IAP15W4K58S4 单片机进行 ISP 下载，则该计算机会自动安装 USB 驱动程序，而 IAP15W4K58S4 单片机则自动处于等待状态，直到 PC 安装完驱动程序，并且发送“下载/编程”命令给单片机系统。

注：本书提供的硬件开发平台均采用 USB 直接供电方式。

第3章 STC单片机软件开发环境

CHAPTER 3

本章将简要介绍一下用于开发 STC 8051 单片机所需要的 Keil μVision5 集成开发环境,以及该集成开发环境的设计流程,并通过一个简单的 C 语言设计实例说明 Keil μVision5 的基本开发流程。

通过本章内容,可以初步了解 STC 8051 单片机的软件开发环境,并初步掌握由 Keil μVision5 实现单片机程序开发的基本设计流程。

3.1 Keil μVision 集成开发环境介绍

Keil 公司于 2014 年推出了最新的集成开发环境 μVision5,它是一个基于 Windows 操作系统(32 位/64 位)的开发平台。

3.1.1 软件功能介绍

μVision5 提供了功能强大的编辑器,并且提供了管理工程的功能。μVision5 集成了用于开发嵌入式应用的所有工具,包括: C/C++编译器、宏汇编器、链接器/定位器和 HEX 文件生成器。通过该集成开发环境提供的下列功能,可以帮助程序员加速开发的过程:

(1) 全功能的源代码编辑器。

(2) 用于配置开发工具的元件库。

(3) 用于创建和维护工程的工程管理器。

(4) 用于对嵌入式设计文件进行处理的汇编器、编译器和链接器。

(5) 用于所有开发环境设置的对话框界面。

(6) 集成了带有高速 CPU 和外设仿真器的源码级和汇编器级调试器工具。

(7) 用于对目标硬件进行软件调试的高级 GDI 接口,以及 Keil ULINK 调试适配器。

(8) 用于将应用程序下载到 Flash 存储器的 Flash 编程工具。

(9) 手册、在线帮助、器件手册和用户指南。

注: STC 使用自己专用的 STC-ISP 工具将应用程序下载到 STC 单片机的 Flash 存储器中。

μVision5 集成开发环境和调试器是整个 Keil 开发工具链的中心,它们提供了大量的特性以帮助程序开发人员快速完成嵌入式应用的开发。

μVision5 提供了建立模式(Build Mode),用于创建应用程序,以及调试模式(Debug

Mode)，用于调试应用程序。通过 μVision5 集成的仿真器或者实际的硬件系统，设计者可以对应用程序进行调试。比如：通过 STC 提供的下载工具 STC-ISP 和 USB 下载电缆，设计者可以在实际系统上通过 Keil 集成开发环境对应用程序进行在线调试。

注：并不是所有的 STC15 系列单片机都支持硬件调试功能，设计者可以参考 STC15 系列单片机手册以了解是否支持对单片机进行硬件仿真。本书介绍的 IAP15W4K58S4 和 STC8 系列单片机均支持对单片机的硬件仿真(在线调试)功能。

3.1.2 软件的下载

为方便对本书后续内容的学习，本节将介绍 μVision5 软件的下载方法，下载 μVision5 集成开发环境的步骤主要包括：

注：在进行下面的过程前，必须保证网络正常连接。

(1) 在 IE 浏览器中，输入 http://www.keil.com，登录 Keil 官网。

(2) 在打开的 Keil 官网左侧的 Software Downloads 下找到并单击 Product Downloads，如图 3.1 所示。

(3) 在打开的页面中，出现 Download Products 页面。在该页面中，单击 C51，如图 3.2 所示。

(4) 打开 C51 界面，该界面提供了列表，需要填写相关信息，如图 3.3 所示。

注：凡是标识黑体的项，都需要提供信息，E-mail 信息必须真实有效。

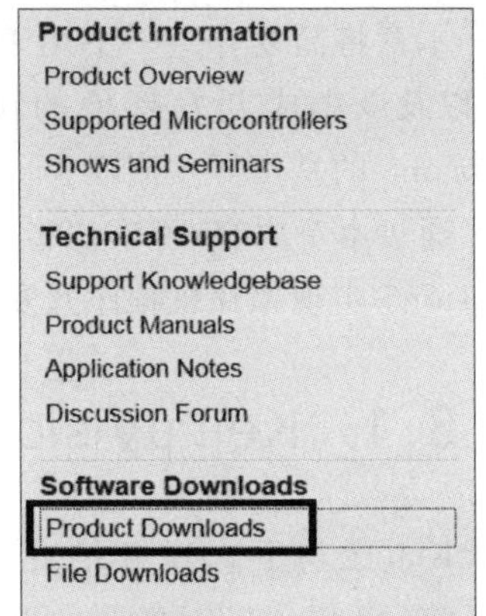

图 3.1 进入下载界面入口(一)

(5) 当填写必要的信息后，单击该页面下方的 Submit 按钮。

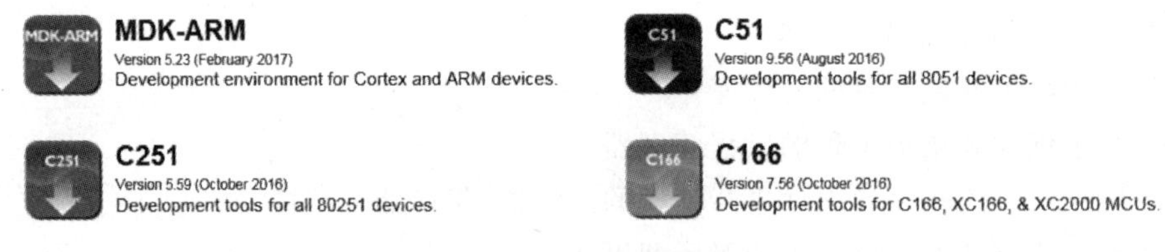

图 3.2 进入下载界面入口(二)

(6) 出现新的界面。在该界面下，单击 C51V956.EXE 图标，如图 3.4 所示。

(7) 出现提示信息，单击保存按钮，出现浮动菜单，如图 3.5 所示。在浮动菜单内，选择另存为，将下载的安装包保存到读者指定的路径下。

至此，成功地下载 μVision5 安装包文件。

3.1.3 软件的安装

本节将介绍 μVision5 软件的安装方法，安装 μVision5 集成开发环境的步骤主要包括：

(1) 在保存安装包的路径下，双击安装包图标 c51v956，开始安装软件。

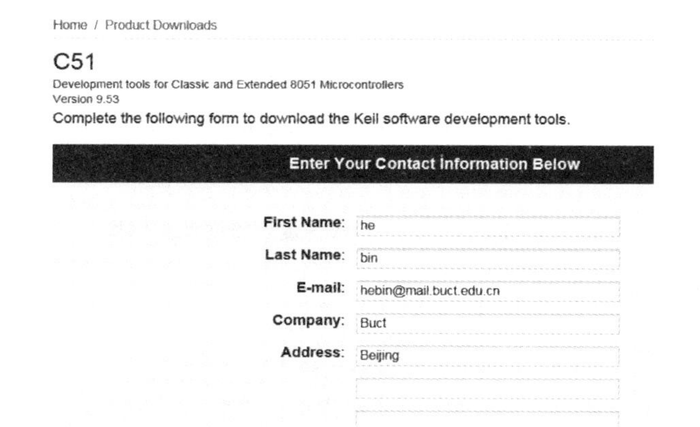

图 3.3　进入下载界面入口(三)

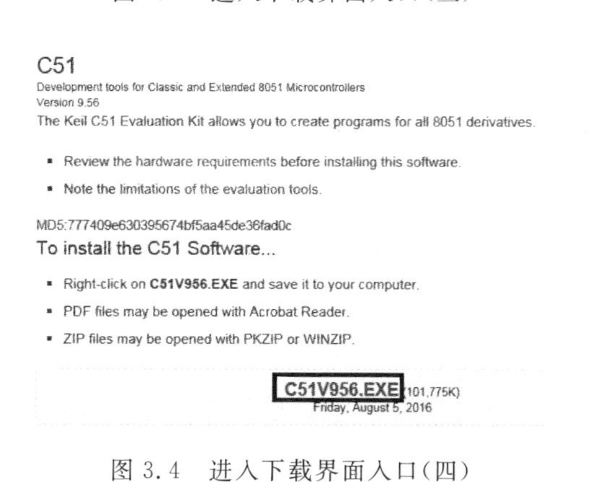

图 3.4　进入下载界面入口(四)

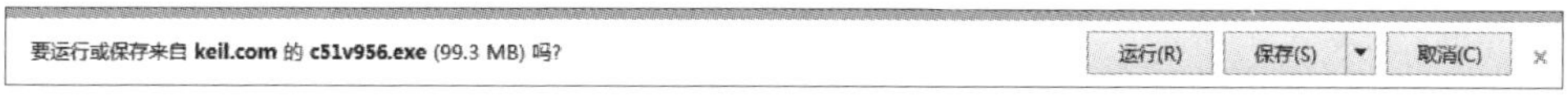

要运行或保存来自 keil.com 的 c51v956.exe (99.3 MB) 吗?　运行(R)　保存(S)　取消(C)

图 3.5　保存安装包提示信息

注：在安装过程中，使用了默认的安装路径 c:\Keil_v5。

(2) 按照安装过程中的提示信息，完成软件的安装。

(3) 当安装成功后，可以看到在 Windows 7 操作系统的开始菜单下，出现 Keil μVision5 图标，如图 3.6(a)所示；或者在 Windows 7 操作系统桌面上出现图标，如图 3.6(b)所示。

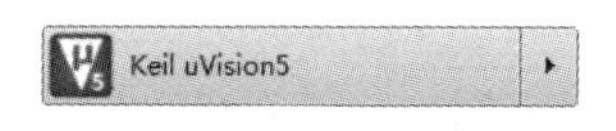

(a) 开始菜单中的μVision5图标　　(b) 桌面上的图标

图 3.6　成功安装 μVision5 后的图标

注：(1) 在安装完成后需要获取许可文件，否则在对程序进行处理时会出现异常情况。

(2) 打开 Keil μVision 集成开发环境后，在主界面主菜单下，选择 File→License

Management 选项，出现 License Management 对话框界面。在该界面中，添加 License 许可证文件，读者可以在本书提供的资料中获取添加许可证的方法。

当安装完 Keil μVision5 后，在默认安装路径 c:\keil_v5 路径下，给出了该集成开发环境的文件夹结构，如表 3.1 所示。

表 3.1　Keil μVision 集成开发环境文件夹结构

文件夹	内　　容
c:\Keil_v5\UV4	μVision 命令文件
c:\Keil_v5\C51	C51 工具链的默认基本文件夹
c:\Keil_v5\C51\ASM	用于宏汇编器的汇编器源文件模板和包含文件
c:\Keil_v5\C51\BIN	μVision 工具链的可执行文件
c:\Keil_v5\C51\Examples	示例程序
c:\Keil_v5\C51\FlashMon	用于 Flash 监控器和预配置版本的配置文件
c:\Keil_v5\C51\HLP	用于 μVision/C51 的在线文档
c:\Keil_v5\C51\INC	用于 C 编译器的包含文件
c:\Keil_v5\C51\ISD51	用于 ISD51 在系统调试器和预配置版本的文件
c:\Keil_v5\C51\LIB	运行库和 MCU 启动文件
c:\Keil_v5\C51\Mon51	用于 Monitor-51(用于传统 8051 单片机)的配置文件
c:\Keil_v5\C51\Mon390	用于 Monitor-390(用于达拉斯连续模式)的配置文件
c:\Keil_v5\C51\RtxTiny2	RTX51 Tiny V2 实时操作系统

3.1.4　导入 STC 单片机元件库

在 Keil μVision 集成开发环境中完成 STC 单片机软件开发流程前，需要将 STC 公司的单片机元件库导入到 Keil μVision 集成开发环境中，导入 STC 单片机元件库的步骤主要包括：

(1) 在本书提供的资料中，找到并双击 STC 公司提供的 stc-isp-15xx-v6.86c.exe 文件，打开主界面，如图 3.7 所示。

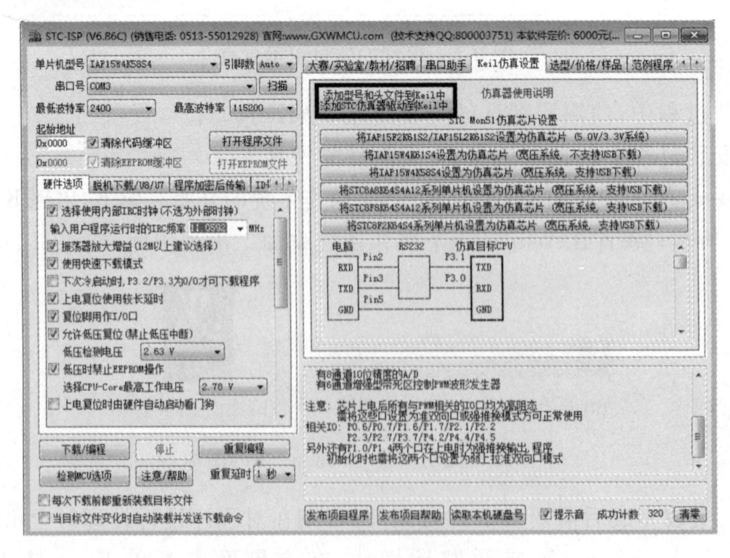

图 3.7　STC-ISP 软件主界面

（2）在该界面内的右侧窗口中，单击“Keil 仿真设置”标签。在该标签页面下，单击“添加型号和头文件到 Keil 中，添加 STC 仿真器驱动到 Keil 中”按钮，如图 3.7 所示。

（3）出现浏览文件夹对话框界面。在该界面中，出现“请选择 Keil 的安装目录(例如：C：\Keil)(目录下必须有 C51 目录和 UVx 目录存在)”提示信息，如图 3.8 所示。

（4）在该界面中，将路径定位到 c:\keil_v5 目录下。

注：读者根据自己安装的 μVision5 路径选择所指向的路径。

（5）单击 OK 按钮。

（6）出现添加 STC-MCU 器件成功的消息对话框界面。

至此，成功地将 STC 单片机的元器件库添加到 μVision5 集成开发环境中。

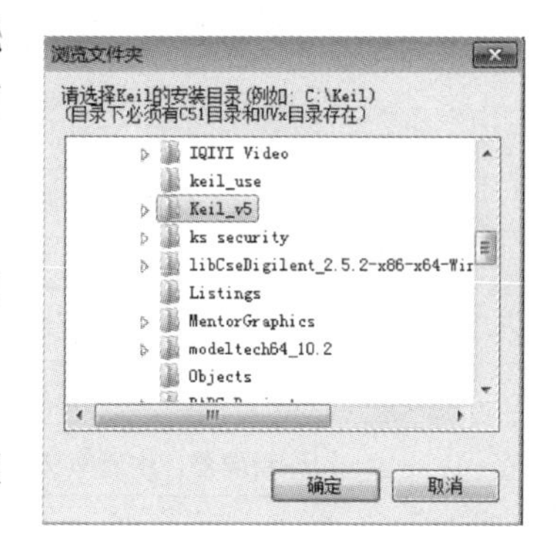

图 3.8　选择路径界面

注：STC 单片机的头文件保存在 c:\Keil_v5\C51\INC\STC 目录下。

3.1.5　软件的启动

本节将介绍 μVision5 软件的启动方法，启动 μVision5 集成开发环境的步骤主要包括：

（1）在 Windows 7 操作系统中，在开始菜单下，单击 Keil μVision5 图标，或者在 Windows 7 操作系统桌面上，单击 Keil μVision5 图标。

（2）出现 Keil μVision5 启动界面，如图 3.9 所示。

图 3.9　μVision5 启动提示信息

3.2　Keil μVision 软件开发流程介绍

通过 Keil μVision 集成开发环境开发 STC 8051 单片机软件程序的流程如图 3.10 所示。从 STC 单片机应用的角度而言，程序开发的任务包含两个方面：

（1）编写硬件驱动，并提供应用程序接口函数 API。

（2）基于 API 编写应用程序，使得单片机系统能满足应用要求。

传统情况下，8051 单片机的程序开发都是直接面向于底层硬件的，即先编写硬件驱动，

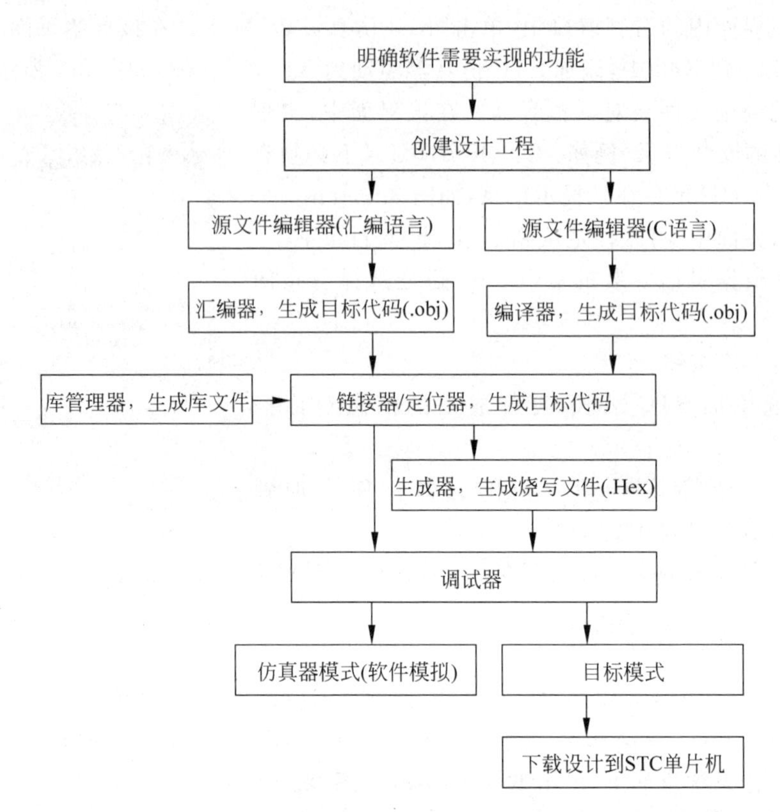

图 3.10 通过 Keil μVision 集成开发环境开发 STC 8051 单片机软件程序的流程

然后基于硬件驱动进行编写，也就是我们通常所说的“裸奔”。这种开发方法的最大局限性在于程序的可移植性较差、维护成本高。此外，由于这种开发方式没有使用操作系统进行支持，很难实现多任务的协同分时处理。

随着单片机应用程序开发要求的不断提高，程序设计思想也发生了明显的变化，主要体现在：

(1) 使用 API 函数封装底层具体的硬件，而应用程序开发者只需要调用这些 API 函数即可，这样就显著降低了应用程序对底层的依赖性，使得应用程序具有更好的可移植性。

(2) 在单片机程序开发中，引入操作系统的支持，这样可以支持多任务的分时协同同步处理，显著提高了复杂应用程序的可靠性。

3.2.1 明确软件需求

对于编写软件代码的程序员而言，在开始编写软件代码前，需要明确并完成下面的要求：

(1) 了解所提供的硬件的性能。

(2) 了解 STC 单片机的软件开发环境 Keil μVision5 所能实现的功能。

(3) 明确软件代码所要实现的功能。

(4) 绘制用于表示软件代码实现过程的数据流程图和程序流程图。

(5) 进一步明确程序的概要设计和详细设计方案。

3.2.2 创建设计工程

在使用 Keil μVision 集成开发环境创建设计工程时，需要完成下面的任务：

(1) 指定工程所在的路径和文件夹。

(2) 命名工程。

(3) 从单片机元器件库中，找到 STC 单片机元器件库，并添加软件开发所使用的单片机型号。

3.2.3 编写汇编/C 程序代码

在创建完设计工程后，需要编写汇编/C 程序代码，包括：

(1) 如果使用汇编语言开发软件代码，则添加汇编源文件；如果使用 C 语言开发软件代码，则添加 C 源文件。

(2) 通过 Keil μVision 集成开发环境提供的编辑器，在源文件中输入汇编/C 语言代码。

在程序设计中，软件代码是指与 C/汇编语言相关的文件类型，包括：.h 头文件、.c 文件和.a51 汇编文件等。

(3) 编写完汇编/C 程序代码后，保存设计源文件。

3.2.4 汇编器对汇编语言的处理

汇编器允许程序员使用 MCU 助记符指令编写程序代码。在一些对速度、代码长度和对硬件控制的精确程度有要求的应用中，必须使用汇编语言编写代码。Keil 开发环境中的汇编器软件工具将汇编语言助记符翻译/转换为可执行的机器码，同时支持源码级符号调试，以及对宏处理的强大能力。

汇编器将汇编代码源文件翻译成可重定位的目标模块，以及可以创建带有符号表和交叉引用细节的列表文件。并且，将完整的行号、符号和类型信息写到所生成的文件中。通过这些信息，可以在调试器中准确地显示程序变量，行号则用于 μVision 调试器和第三方调试工具的源代码级调试。

Keil 汇编器支持不同类型的宏处理器(取决于结构)：

(1) 标准宏处理器(Standard Macro Processor，SMP)。它是一种比较容易使用的宏处理器，允许在汇编程序中使用与其他汇编器兼容的语法规则来定义和使用宏。

(2) 宏处理语言(Macro Processing Language，MPL)。它是字符串替换工具，与 Intel 的 ASM-51 宏处理器兼容。MPL 包含一些预定义的宏处理器函数，它提供了一些有用的操作，比如：字符串操作和数字处理。

在程序设计中，使用宏减少了开发和维护时间。汇编器提供的宏处理器还具有其他特点，包括根据命令行命令对汇编程序进行有条件汇编。代码部分的有条件汇编可以帮助程序员设计出最短长度的代码，同时也允许从相同的汇编源文件中生成不同的应用程序代码。

3.2.5 C 编译器对 C 语言的处理

Keil ANSI C 编译器可以用于为 STC 8051 结构的单片产生快速压缩的代码。与通过汇编器转换的汇编语言相比，采用通过 C 编译器转换的 C 语言编程同样可以得到高效率的

目标代码。对于程序员而言,与采用汇编语言编写代码相比,使用以C语言为代表的高级语言编写代码具有下面的优势:

(1) 不要求掌握处理器指令集的知识,只要求最初级的处理器架构知识。

(2) 由编译器负责寄存器的分配、不同存储器类型和数据类型的寻址。

(3) 当程序接收到正规的结构时,可以将其分解成不同的函数,这样就有利于源代码的重用,使得应用程序结构更好。

(4) 将带有指定操作的不同选择进行组合,可以提高程序的可读性。

(5) 所使用的关键字和操作函数更接近人的思维习惯。

(6) 极大地缩短了软件开发和调试的时间。

(7) C运行库包含很多标准的例程,比如:格式化输出、数字类型转换和浮点算术运算。

(8) 由于采用了模块化的程序结构,因此很容易将已经存在的程序包含到新的程序中。

(9) 由于C语言遵循ANSI标准,因此它非常容易移植,即很容易将应用从一个处理器架构移植到另一个处理器架构中。

3.2.6 库管理器生成库文件

库管理器创建和维护目标模块库,这些目标模块库由C编译器和汇编器创建。库文件提供了一个便捷的方式,用于引用和组合大量可以被链接器使用的模块。

通过使用库,链接器可以解析用于当前程序的外部变量和函数,提取库中的模块。如果需要的话,可以将其添加到当前的应用程序中。在应用程序中,没有被调用的那些模块中的例程不会出现在最终的输出文件中。链接器从库中所提取的目标模块可以像其他模块那样被正确地处理。

在程序设计中,使用库的好处主要包括安全、运行速度快以及能够将代码长度降到最小。库可以提供大量的函数和例程,不需要给出源代码。

程序员使用μVision工程管理器提供的库管理器建立的是库文件,而不是可执行程序。可以在Options for Target对话框的output标签页面下,选中Create Library前面的复选框,或者通过命令提示符调用库管理器。

3.2.7 链接器生成绝对目标模块文件

链接器/定位器将目标模块组合为一个可执行程序,它解析外部和共同的引用,并且为可重定位的程序段分配绝对地址。链接器处理由编译器和汇编器所创建的目标模块,并且自动包含所需要的库模块。

程序员可以从命令行调用链接器,或者让μVision自动调用它。默认的链接器命令可以适配大多数的应用程序,无须使用额外的选项。但是,它也可以为应用程序指定设置。

注:在Keil μVision完成编译和链接,生成目标文件后,会生成下面的文件:

(1) .lst:对应文件在编译器中的行号,占用的代码空间等。

(2) .lnp:对应项目,包含了什么文件,生成什么文件等信息。

(3) 无后缀文件:这个是最终生成的文件。

(4) .obj:是编译器生成的目标文件。

(5).m51：这个文件很重要，可以用文本编辑器打开。当软件设计中出现问题时，必须通过这个文件才能分析这些问题，比如覆盖分析，混合编程时查看函数段名等，里面都是链接器的连接信息，例如有哪些代码段、数据段，都是多大，被定位到单片机哪个地址，哪个函数调用了哪个函数，没有调用哪个函数，工程代码总大小，内存使用总大小等。

3.2.8 目标到 HEX 转换器

目标到 HEX 转换器用于将链接器所创建的绝对目标模块转换为 Intel 十六进制文件。Intel 十六进制文件是 ASCII 文件，它对应用程序的十六进制表示。通过 STC 公司提供的 stc-isp 软件，可以将 Intel 十六进制文件写到 STC 单片机的程序存储器 Flash 中。

3.2.9 调试器调试目标代码

μVision 集成开发环境中集成了图形化的调试器，它提供的特性包括：

(1) 不同单步模式的 C 源代码级或者汇编代码级的程序执行。

(2) 访问复杂断点的多重断点选项。

(3) 用于查看和修改存储器、变量和 MCU 寄存器的窗口。

(4) 列出了用于调用栈窗口的程序调用树。

(5) 用于查看片上控制器外设状态细节的外设对话框。

(6) 用于调试命令入口的命令提示符和类似 C 的脚本语言。

(7) 记录了运行程序时间统计信息的执行统计。

(8) 用于安全性比较苛刻的应用测试的代码覆盖统计。

(9) 记录和显示变量和外设 I/O 信号值的逻辑分析仪。

该调试器提供了下面两种工作模式，包括仿真器模式和目标模式。

1. 仿真器模式

仿真器模式将调试器配置为只用于软件产品，即精确的模拟目标系统，包括指令和片上外设。这允许在有可用的真实硬件平台之前，提前对应用程序代码进行测试，这样可以加速嵌入式系统的软件开发过程。在仿真器模式下，调试器提供的特性包括：

(1) 允许在没有实际硬件平台的情况下，在计算机上对代码进行测试。

(2) 软件进行早期的功能调试，改善软件整体可靠性。

(3) 允许设置硬件调试器不允许的断点。

(4) 相对于添加了噪声的硬件调试器仿真可以提供优化的输入信号。

(5) 允许贯穿信号处理算法的单步运行。当 MCU 停止时，会阻止外部信号。

(6) 使对会破坏真实外设的失败场景的检查更加容易。

2. 目标模式

在目标模式下，调试器将与真实的 STC 单片机硬件系统进行连接。使用调试界面下已经提供的 STC Monitor-51 Driver 驱动程序对 STC 单片机系统进行调试。通过 USB-串口电缆，将 PC 的 USB 口和 STC 单片机的串口进行连接，通过 STC 单片机串口对实际硬件目标系统进行调试。

思考与练习 3-1：在对编程语言(汇编/C)的处理过程中，编译器/汇编器的作用是________。

思考与练习 3-2：在对所生成的目标代码处理时，链接器的作用是________________。

思考与练习 3-3：对单片机进行的调试，分为________模式和________模式，它们各自的作用。(提示：分为仿真器模式和目标模式，也称为软件仿真模式和硬件调试模式，有些也称之为脱机调试和连机调试模式。)

3.3 Keil μVision 基本开发流程的实现

本节将通过一个简单的C语言程序，对C语言程序框架，以及开发流程进行详细说明。内容包括：建立新的设计工程、添加新的C语言文件、设计建立、下载程序到目标系统、硬件在线调试。

3.3.1 建立新的设计工程

本节将建立新的设计工程，建立新设计工程的步骤主要包括：

(1) 打开 μVision5 集成开发环境。

(2) 在 μVision5 集成开发环境主界面主菜单下，选择 Project→New μVision Project…。

(3) 出现 Create New Project 对话框界面。选择并定位到合适的路径，然后在文件名右侧的文本框中输入 top。

注：① 表示该工程的名字是 top.uvproj。

② 可在本书所提供资料的\stc_example\例子 3-1 目录下，在 Keil μVision5 集成开发环境下打开该设计。

(4) 单击 OK 按钮。

(5) 出现 Select a CPU Data Base File 对话框界面。在该界面中的下拉框中，选择 STC MCU Database 选项。

(6) 单击 OK 按钮。

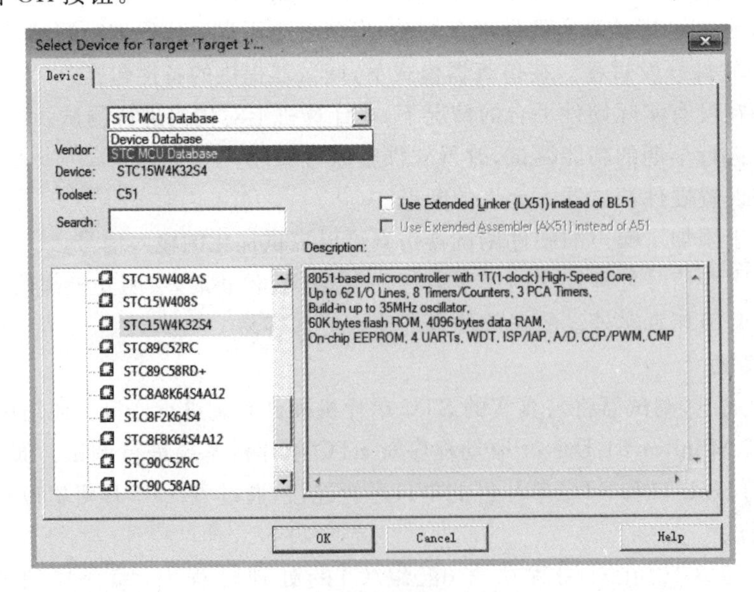

图 3.11 器件选择界面

(7) 出现 Select Device for Target'Target 1'...对话框界面,如图 3.11 所示。在该界面上方的下拉框中,选择 STC MCU Database。然后,在下面的左侧窗口中找到并展开 STC 前面的"+"。可以看到以列表的形式给出了可用的 STC 单片机型号。在展开项中,找到并选择 STC15W4K32S4。

注:① 全书涉及的是 STC 公司的 IAP15W4K58S4 单片机。该单片机属于 STC15W4K32S4 系列。

② 当使用 STC8 系列单片机时,根据使用的硬件平台选择所对应的单片机型号即可。

(8) 单击 OK 按钮。

(9) 出现 Copy'STARTUP. A51' to Project Folder and Add File to Project? 对话框界面。该界面提示是否在当前设计工程中添加 STARTUP. A51 文件。

(10) 单击"否(N)"按钮。

(11) 在主界面左侧窗口中,选择 Project 标签。在该标签窗口下,给出了工程信息,如图 3.12 所示。

图 3.12 新建工程界面

其中,顶层文件夹名字为 Target1。在该文件夹下,存在一个 Source Group 1 子目录。

3.3.2 添加新的 C 语言文件

本节将为当前工程添加新的 C 语言文件。添加 C 语言文件的步骤主要包括:

(1) 在图 3.12 的 Project 窗口界面下,选择 Source Group 1,右击,出现浮动菜单。在浮动菜单内,选择 Add New Item to Group 'Source Group 1'选项。

(2) 出现 Add New Item to Group'Source Group 1'对话框界面,如图 3.13 所示,按下面设置参数:

① 在该界面左侧窗口中,选中 C File(. c)。

② 在 Name 右侧的文本框中输入 main。

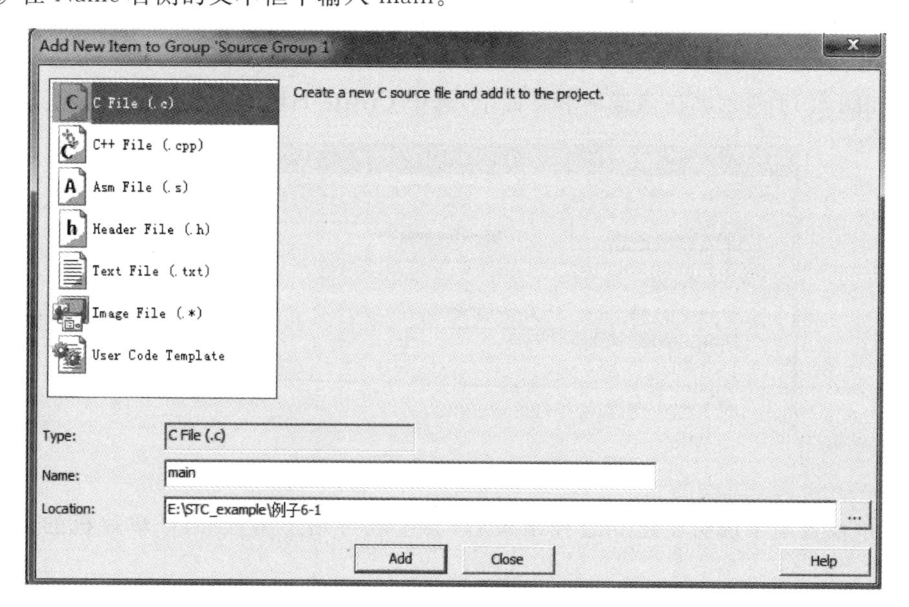

图 3.13 选择 C 语言文件模板

注：① 该C语言的文件名称为main.c。

② 如果使用汇编语言编程，则选择Asm File(.s)。

(3) 单击Add按钮。

(4) 在图3.12所示的Project窗口中，在Source Group 1子目录下添加了名字为main.c的C语言文件。

(5) 在右侧窗口中，自动打开了main.c文件。

(6) 输入C程序代码，如代码清单3-1所示。

代码清单3-1 main.c文件

```
sfr P4  = 0xc0;                        //定义 P4 端口的地址
sbit P46 = P4 ^ 6;                     //定义 P4.6 引脚
void main()
{
    long int i = 0;
    while(1)
    {
      P46 = 0;                         //设置 P4.6 引脚为低
        for(i = 0; i < 100000; i++);   //延迟
      P46 = 1;                         //设置 P4.6 引脚为高
        for(i = 0; i < 100000; i++);   //延迟
  }
}
```

(7) 保存设计代码。

3.3.3 设计建立

本节将对设计建立(Build)参数进行设置，并实现对设计的建立过程，其步骤主要包括：

(1) 在如图3.12所示的窗口中，选中Target 1文件夹，并右击，出现浮动菜单。在浮动菜单内，选中Options for Target 'Target 1'...选项。

(2) 出现Options for Target 'Target 1'对话框界面。在该对话框界面下，选中Output选项卡，如图3.14所示。在该选项卡界面下，选中Create HEX File的复选框。

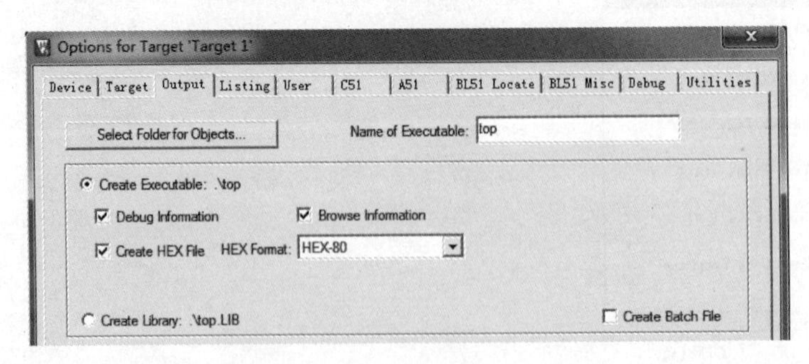

图3.14 Output标签页下的选项

注：该设置用于说明在建立过程结束后，会生成可用于编程STC单片机的十六进制HEX文件。

(3) 单击OK按钮，退出目标选项对话框界面。

(4) 在主界面主菜单下，选择 Project→Build target。开始对设计进行建立的过程。在下面的 Build Output 窗口中给出了建立过程的信息，如图 3.15 所示。从该窗口输出的信息可知，建立过程包括编译(compile)、链接(link)，并且最终生成 top.hex 文件。

```
Build Output
Build target 'Target 1'
compiling main.c...
linking...
Program Size: data=13.0 xdata=0 code=166
creating hex file from ".\Objects\top"...
".\Objects\top" - 0 Error(s), 0 Warning(s).
Build Time Elapsed:  00:00:01
```

图 3.15　建立过程中输出的信息

3.3.4　下载程序到目标系统

本节将使用 STC 公司专用的下载工具 STC-ISP，将 top.hex 文件下载到单片机的片内程序存储器中，主要步骤包括：

(1) 打开 STC-ISP(V6.86C)软件工具。

(2) 通过 USB 电缆将 STC 单片机硬件开发平台和 PC 连接。

(3) 单击"打开程序"按钮，定位到\stc_example\例子 3-1\Objects 目录下，选择 top.hex 文件。

(4) 单击 STC-ISP 软件左下方的下载/编程按钮。

(5) 操作目标系统的上电按钮，使得单片机系统先断电，然后再上电。

(6) STC-ISP 工具自动将 top.hex 文件下载到单片机 IAP15W4K58S4 的程序存储器中。

思考与练习 3-4：观察开发平台上 LED 的状态，验证设计是否成功。

3.3.5　硬件在线调试

硬件在线调试(硬件仿真)是 IAP15W4K58S4 提供的一个重要的功能，通过硬件在线调试能够发现软件仿真时不能探测到的一些更深层次的设计问题。比如：当程序不能响应外部中断的时候，可能有以下几种情况，全局中断没有使能；对应的外部中断没有使能；中断服务程序代码有问题(没有进入中断服务程序；没有从中断服务程序正常返回)，这些可能性只有通过硬件在线调试功能才能确认。因此，软件仿真绝不能代替硬件在线调试。

本节将通过该设计实例，介绍硬件在线调试的基本设计流程，主要步骤包括：

(1) 保持定位在刚才的 top.hex 文件目录下，并且使 STC 单片机开发平台通过 USB 正确连接到 PC 的 USB 接口。

(2) 打开 STC-ISP 软件，在该软件工具右侧找到并打开 Keil 仿真设置选项卡，如图 3.16 所示。在该选项卡设置界面中，单击"将 IAP15W4K58S4 设置为仿真芯片(宽压系统，支持 USB 下载)"按钮。

(3) 给 STC 单片机开发平台执行先断电，然后再上电的操作。将 top.hex 文件成功下载到 STC 单片机中。

(4) 在 Keil μVision 集成开发环境的 project 窗口中，单击 Target，出现浮动菜单。在

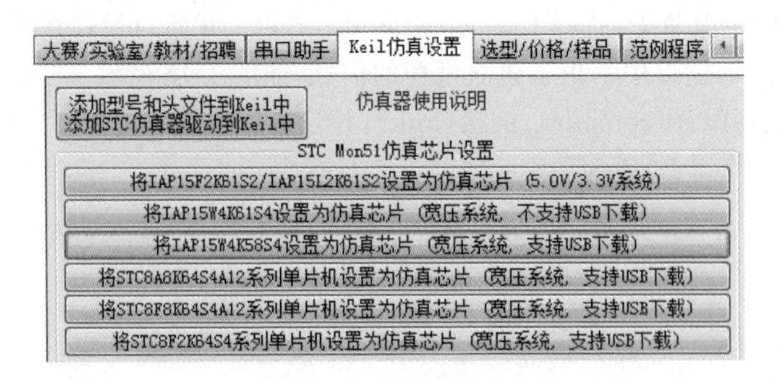

图 3.16 Keil 仿真设置入口

浮动菜单内,选择 Options for Target ‘Target 1’...选项。

(5) 在 Options for Target ‘Target 1’对话框界面中,单击 Debug 标签,如图 3.17 所示。在该标签界面中,将默认选中 Use Simulator 前面的复选框切换到选择 Use:的复选框。并且在 Use:的下拉框中选择 STC Monitor-51 Driver。

注:Use Simulator 用于软件仿真(脱机仿真),而 Use:STC Monitor-51 Driver 用于硬件仿真(在线调试)。

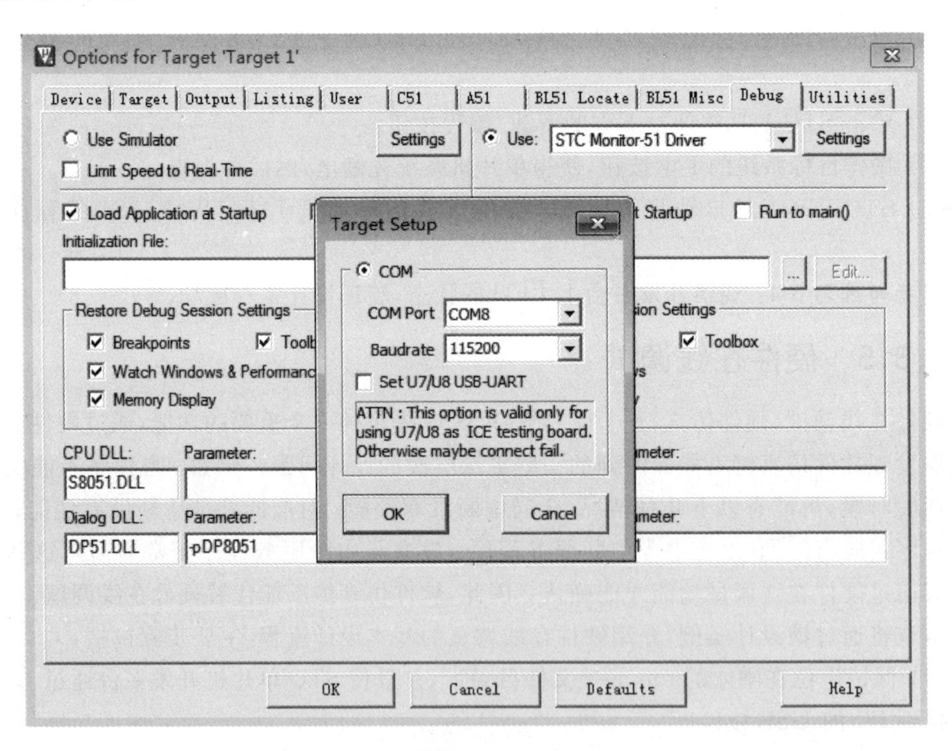

图 3.17 Keil 仿真目标设置

(6) 单击下拉框右侧的 Settings 按钮。出现 Target Setup 对话框界面。特别要注意,在该界面中所选择的 COM Port 应该与 STC-ISP 软件中所检测到的串口号相同,在此处使用的 COM8 设置,需要按照自己 PC 的串口号进行,Baudrate(波特率)使用默认设置 115200。

(7) 单击 OK 按钮，退出 Target Setup 对话框界面。

(8) 单击 OK 按钮，退出 Options for Target 'Target 1'对话框界面。

(9) 打开 main.c 文件，单击第 9 行和第 11 行所对应的灰色区域，为第 9 行和第 11 行代码设置断点。

(10) 在 Keil μVision 集成开发环境主界面主菜单下，选择 Debug→Start/Stop Debug Session 选项，进入调试器界面。

(11) 在调试界面内，按 F5 键，进行硬件断点调试(见图 3.18)。此时可以观察 STC 硬件开发平台上 LED 灯的变化情况。

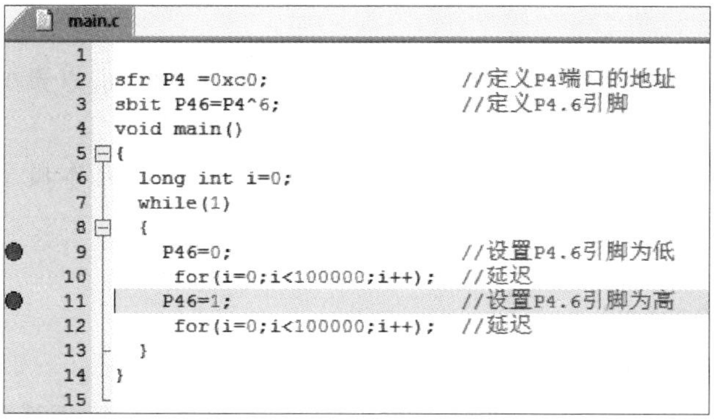

```
main.c
1
2  sfr P4 =0xc0;                          //定义P4端口的地址
3  sbit P46=P4^6;                         //定义P4.6引脚
4  void main()
5  {
6    long int i=0;
7    while(1)
8    {
9      P46=0;                             //设置P4.6引脚为低
10      for(i=0;i<100000;i++);            //延迟
11     P46=1;                             //设置P4.6引脚为高
12      for(i=0;i<100000;i++);            //延迟
13   }
14 }
15
```

图 3.18　在 C 源文件上设置断点

(12) 当调试完成后，通过再次选择 Debug→Start/Stop Debug Session 选项，退出调试器界面。

思考与练习 3-5：硬件在线调试体现软件和硬件协同调试的重要思想，通过尝试执行纯软件仿真，比较并体会两者的联系和区别。

第4章 数值表示及转换

CHAPTER 4

本章介绍了数值表示方法及转换方法，内容包括常用码制、正数表示方法、正数码制转换、负数表示方法、负数补码的计算、定点数表示和浮点数表示。

在单片机CPU系统和程序设计中，经常会用到数值表示的基本概念和运算方法，是系统学习后续单片机内容的基础，读者务必要掌握本章内容。

4.1 常用码制

数字逻辑工作在开关状态下，即二进制状态。为了满足不同的运算需求，人们又制定了使用八进制、十进制和十六进制表示数字的规则。十进制是日常生活中经常使用到的一种记数规则。

4.1.1 二进制码制

二进制是以2为基数的进位制，即逢2进1，如表4.1所示。在计算机系统中，采用二进制记数规则。这是因为采用二进制记数，只使用0和1两个数字符号，这样非常简单方便，并且很容易通过半导体元器件实现逻辑0和逻辑1两个状态。通过将0和1进行组合，就可以表示任意一个二进制数。

为了表示方便，在C/C++语言中，二进制数以0b开头，如0b1011、0b010111；在汇编语言中，二进制数以B/b结尾，如1011B/1011b、010111B/01011b。

4.1.2 十进制码制

十进制是以10为基数的进位制，即逢10进1，如表4.1所示。在十进制记数规则中，只出现0～9这十个数字。通过将这些数字进行组合，就可以表示任意一个十进制数。

在计算机系统中，对十进制数的表示没有特殊的要求。

4.1.3 八进制码制

八进制是以8为基数的进位制，即逢8进1，如表4.1所示。在八进制记数规则中，只使用0～7这八个数字。通过将这些数字进行组合，就可以表示任何一个八进制数。

为了表示方便，在C/C++语言中，八进制数以0开头，如0123、0675；在汇编语言中，八进制数以O/o结尾，如123O/123o、675O/675o。

4.1.4 十六进制码制

十六进制是以16为基数的进位制，即逢16进1，如表4.1所示。在十六进制记数规则中，只使用数字0～9和字母A/a、B/b、C/c、D/d、E/e、F/f表示。

注意： A/a、B/b、C/c、D/d、E/e、F/f对应于十进制数的10～15。

为了表示方便，在C/C++语言中，十六进制数以0x开头，如0x1234、0xE1DD；在汇编语言中，十六进制数以H结尾，如1234H、E1DDH。

注意： 这种对应关系，只限制在非负的整数范围。对于负数整数的表示方法，将在后面进行详细的说明。

表4.1 不同进制数之间的对应关系

十进制数	二进制数	八进制数	十六进制数
0	0000	0	0
1	0001	1	1
2	0010	2	2
3	0011	3	3
4	0100	4	4
5	0101	5	5
6	0110	6	6
7	0111	7	7
8	1000	10	8
9	1001	11	9
10	1010	12	A
11	1011	13	B
12	1100	14	C
13	1101	15	D
14	1110	16	E
15	1111	17	F
16	10000	20	10
17	10001	21	11
18	10010	22	12
19	10011	23	13
20	10100	24	14

从表4.1中可以得出一些结论：

(1) 为什么在十六进制计数系统中，大于9小于16的数字使用字符A/a、B/b、C/c、D/d、E/e、F/f表示？这是因为如果不用A/a表示10，而用10表示的话，会出现理解上的错误，十六进制中的10对应于十进制数16，而不是对应于十进制数的10。

(2) 观察八进制计数系统，八进制的0～7分别对应于二进制低三位的000～111；八进制的10～17也分别对应于二进制计数系统中低三位的000～111。也就是说，连续的八进制数，其循环周期为8。因此，如果将二进制数从最低位开始，每三个数字为一组进行划分，就可以将二进制数转换成八进制数。例如，对于一个二进制数10011000010，将其从最低位开始,每三个数字划分为一组,得到划分后的二进制数"10,011,000,010",可以直接得到所对应的八进制数2302。

(3) 观察十六进制计数系统,十六进制的0～F分别对应于二进制低四位的0000～1111;十六进制的10～1F也分别对应于二进制计数系统中低四位的0000～1111。也就是说,连续的十六进制数,其循环周期为16。因此,如果将二进制数从最低位开始,每四个数字为一组进行划分,就可以将二进制数转换成十六进制数。例如,对于一个二进制数10011000010,将其从最低位开始,每四个数字划分为一组,得到划分后的二进制数"100,1100,0010",可以直接得到所对应的十六进制数4C2。

4.1.5 BCD码

BCD码(binary-coded decimal)也称二进码十进数或二-十进制代码,用4位二进制数来表示1位十进制数中的0～9这10个数码,BCD码是一种二进制数字编码形式,用二进制编码表示十进制代码。

BCD码可分为有权码和无权码两类:有权BCD码有8421码、2421码、5421码,其中8421码是最常用的;无权BCD码有余3码、Gray码(**注意**:Gray码并不是BCD码)等。

1. 8421

8421 BCD码是最基本和最常用的BCD码,它和四位自然二进制码相似,各位的权值为8、4、2、1,故称为有权BCD码。与四位自然二进制码不同的是,它只选用了四位二进制码中前10组代码,即用0000～1001分别代表它所对应的十进制数,不使用余下的六组编码。

2. 5421和2421

5421 BCD码和2421 BCD码为有权BCD码,它们从高位到低位的权值分别为5、4、2、1和2、4、2、1。在这两种有权BCD码中,有的十进制数码存在两种加权方法,例如,5421 BCD码中的数字5,既可以用1000表示,也可以用0101表示;2421 BCD码中的数字6,既可以用1100表示,也可以用0110表示。这说明5421 BCD码和2421 BCD码的编码方案并不唯一。

3. 余3码

余3码是8421 BCD码的每个码组加3(0011)形成的。常用于BCD码的运算电路中。

4. Gray码

Gray码也称循环码、格雷码,其最基本的特性是任何相邻的两组代码中,仅有一位数字不同,因而又叫单位距离码。

4.2 正数表示方法

本节介绍正数的表示方法,内容包括正整数的表示和正小数的表示。

4.2.1 正整数的表示

下面更进一步地说明不同进制数的表示方法:

(1) 对于一个四位十进制数7531,用10的幂次方表示为

$$7\times10^3+5\times10^2+3\times10^1+1\times10^0$$

(2) 对于一个五位二进制数 10101，用 2 的幂次方表示为

$$1\times2^4+0\times2^3+1\times2^2+0\times2^1+1\times2^0$$

该二进制数等价于十进制数 21。

(3) 对于一个三位八进制数 327，用 8 的幂次方表示为

$$3\times8^2+2\times8^1+7\times8^0$$

该八进制数等价于十进制数 215。

(4) 对于一个四位十六进制数 13AF，用 16 的幂次方表示为

$$1\times16^3+3\times16^2+\mathrm{A}\times16^1+\mathrm{F}\times16^0$$

注意： A 等效于十进制数 10，F 等效于十进制数 15。

该十六进制数等价于十进制数 5039。

推广总结：

(1) 对于一个 N 位的二进制数，最低位记为第 0 位，最高位记为第 $N-1$ 位。其计算公式为

$$Y=S_{N-1}\cdot2^{N-1}+S_{N-2}\cdot2^{N-2}+\cdots+S_1\cdot2^1+S_0\cdot2^0$$

其中，S_i 为第 i 位二进制数的值，取值为 0 或者 1；2^i 为第 i 位二进制数的权值；Y 为等效的十进制数。

(2) 对于一个 N 位的八进制数，最低位记为第 0 位，最高位记为第 $N-1$ 位。其计算公式为

$$Y=S_{N-1}\cdot8^{N-1}+S_{N-2}\cdot8^{N-2}+\cdots+S_1\cdot8^1+S_0\cdot8^0$$

其中，S_i 为第 i 位八进制数的值，取值范围为 0～7；8^i 为第 i 位八进制数的权值；Y 为等效的十进制数。

(3) 对于一个 N 位的十六进制数，最低位为第 0 位，最高位为第 $N-1$ 位。其计算公式为

$$Y=S_{N-1}\cdot16^{N-1}+S_{N-2}\cdot16^{N-2}+\cdots+S_1\cdot16^1+S_0\cdot16^0$$

其中，S_i 为第 i 位十六进制数的值，取值范围为 0～9、A～F；16^i 为第 i 位十六进制数的权值；Y 为等效的十进制数。

从上面的表示方法可以得到一个重要的结论，即不同进制的数就是数字和对应的权值相乘，然后进行相加所得到的最终结果。

4.2.2 正小数的表示

前面介绍了使用其他进制表示十进制正整数的方法。那么，对于一个十进制的正小数又该如何表示呢？

(1) 对于一个 3 位十进制小数 0.714，用 10 的幂次方表示为

$$7\times10^{-1}+1\times10^{-2}+4\times10^{-3}$$

(2) 对于一个 5 位二进制小数 0.10101，用 2 的幂次方表示为

$$1\times2^{-1}+0\times2^{-2}+1\times2^{-3}+0\times2^{-4}+1\times2^{-5}$$

其等效于十进制小数 0.65625。

推广总结：

对于一个 N 位的二进制小数，最高位为第 0 位，最低位为第 $N-1$ 位。其计算公式为

$$Y = S_0 \cdot 2^{-1} + S_1 \cdot 2^{-2} + S_2 \cdot 2^{-3} + \cdots + S_{N-1} \cdot 2^{-N}$$

其中，S_i 为第 i 位二进制小数的值，取值范围为 0 或者 1；$2^{-(i+1)}$ 为第 i 位二进制小数的权值；Y 为等效的十进制小数。

从上面的计算过程可以看出，二进制整数和二进制小数的区别在于，二进制整数的权值为整数，二进制小数的权值为小数。

注意：对于一个既包含整数部分，又包含小数部分的二进制正数来说，就是将整数部分和小数部分分别用整数二进制计算公式和小数二进制计算公式表示。

4.3 正数码制转换

4.3.1 十进制整数转换成其他进制数

本节介绍十进制整数转换成二进制数和十六进制数的方法。

1. 十进制整数转换成二进制数的方法

将十进制正整数转换成对应的二进制数的方法主要包括长除法和比较法。

1）长除法

采用长除法，除数始终为 2，将十进制进行分解，直到商为 0 结束。然后，按顺序将最后得到的余数排在最高位，而最先得到的余数排在最低位。

【例 4-1】 使用长除法将十进制整数 59 转换成所对应的二进制数。

59÷2 ＝ 29 … 1

29÷2 ＝ 14 … 1

14÷2 ＝ 7 … 0

7÷2 ＝ 3 … 1

3÷2 ＝ 1 … 1

1÷2 ＝ 0 … 1

注意：…前面的数字表示商，…后面表示的数字为余数。

所以，十进制正整数 59 所对应的二进制数为 111011。

2）比较法

也就是让需要转换的正整数和不同的二进制权值进行比较。

(1) 当需要转换的正整数大于所对应的二进制权值时，得到 1，并且将转换的正整数减去二进制权值得到余数。然后，再用得到的余数与下一个二进制权值进行比较。

(2) 当需要转换的数小于所对应的二进制权值时，得到 0，并且不做任何处理。

【例 4-2】 使用比较法将十进制整数 59 转换成所对应的二进制数。

通过比较法，如表 4.2 所示，得到十进制正整数 59 所对应的二进制数为 111011。

表 4.2 比较法将十进制正整数转换为二进制数

比较的数	59	59	27	11	3	3	1
二进制权值	2^6(64)	2^5(32)	2^4(16)	2^3(8)	2^2(4)	2^1(2)	2^0(1)
对应的二进制值	0	1	1	1	0	1	1
余数	59	27	11	3	3	1	0

从以上两种方法可以看出，比较法比长除法更容易理解，显著降低了运算量。并且，只要改变比较的权值，就可以得到十进制转换成其他进制的计算方法。

2. 十进制整数转换成十六进制数的方法

将十进制正整数转换成对应的十六进制数的方法主要包括长除法和比较法。

1）长除法

采用长除法，除数始终为 16，将十进制数进行分解，直到商为 0 结束。然后，按顺序将最后得到的余数排在最高位，而最先得到的余数排在最低位。

【例 4-3】 使用长除法将十进制整数 4877 转换成所对应的十六进制数。

4877÷16=304…13(D)

304÷16=19…0

19÷16=1…3

1÷16=0…1

注意：…前面的数字表示商，…后面表示的数字为余数。

所以，十进制正整数 4877 所对应的十六进制数为 130D。

2）比较法

比较法就是让需要转换的正整数和不同的十六进制权值进行比较。

（1）当需要转换的正整数大于所对应的十六进制权值时，得到商，并且转换的正整数减去十六进制权值与商的积得到余数。然后，再用得到的余数与下一个十六进制权值进行比较。

（2）当需要转换的数小于所对应的十六进制权值时，得到 0，并且不做任何处理。

【例 4-4】 使用比较法将十进制整数 4877 转换成所对应的十六进制数。

通过比较法，如表 4.3 所示，得到十进制正整数 4877 所对应的十六进制数为 130D。

表 4.3　比较法将十进制正整数转换为十六进制数

比较的数	4877	781	13	13
十六进制权值	16^3(4096)	16^2(256)	16^1(16)	16^0(1)
对应的十六进制值	1	3	0	D
余数	781	13	13	0

4.3.2　十进制小数转换成二进制数

将十进制小数转换成二进制数的方法主要包括长乘法和比较法。

1. 长乘法

将小数乘以 2，取其整数部分的结果。然后，再用计算后的小数部分依此重复计算，算到小数部分全为 0 为止。在读取整数部分的结果时，最先得到的整数放在小数的最高有效位，而最后得到的整数放在小数的最低有效位。

【例 4-5】 使用长乘法将一个十进制小数 0.8125 转换成所对应的二进制小数。

0.8125×2=1.625　　取整是 1

0.625×2=1.25　　取整是 1

0.25×2=0.5　　取整是 0

0.5×2=1.0　　取整是 1

所以,十进制小数 0.8125 所对应的二进制小数表示为 0.1101。

2. 比较法

也就是让需要转换的小数和所对应的二进制权值进行比较。

(1) 当需要转换的小数大于所对应的二进制权值时,得到 1,并且将转换的小数减去所对应的二进制权值得到余数。然后,再用得到的余数与下一个二进制权值进行比较。

(2) 当需要转换的小数小于所对应的二进制权值时,得到 0,并且不做任何处理。

【例 4-6】 使用比较法将一个十进制小数 0.8125 转换成所对应的二进制数。

通过比较法,如表 4.4 所示,得到十进制小数 0.8125 所对应的二进制数为 0.1101。

表 4.4 比较法将十进制小数转换为二进制小数

比较的数	0.8125	0.3125	0.0625	0.0625
二进制权值	2^{-1}(0.5)	2^{-2}(0.25)	2^{-3}(0.125)	2^{-4}(0.0625)
对应的二进制值	1	1	0	1
余数	0.3125	0.0625	0.0625	0

思考与练习 4-1:完成下面整数的转换(使用最少的位数):

(1) $(35)_{10}=(\_\_\_\_\_\_\_\_)_2=(\_\_\_\_\_\_\_\_)_{16}=(\_\_\_\_\_\_\_\_)_8$

(2) $(213)_{10}=(\_\_\_\_\_\_\_\_)_2=(\_\_\_\_\_\_\_\_)_{16}=(\_\_\_\_\_\_\_\_)_8$

(3) $(1034)_{10}=(\_\_\_\_\_\_\_\_)_2=(\_\_\_\_\_\_\_\_)_{16}=(\_\_\_\_\_\_\_\_)_8$

思考与练习 4-2:完成下面正数的转换(使用最少的位数):

(1) $(13.076)_{10}=(\_\_\_\_\_\_\_\_)_2$

(2) $(247.0678)_{10}=(\_\_\_\_\_\_\_\_)_2$

4.4 负数表示方法

前面介绍的是正数的表示方法。但是,在日常的计算过程中,计算机也会大量地遇到负数的情况。例如:对于 5−3 的减法运算,可以写成 5+(−3)。这样,减法运算就变成了加法运算。但是,正数变成了负数。

在数字系统中,用于执行算术运算功能的部件经常需要处理负数。所以,必须要定义一种表示负数的方法。一个字长为 N 位的二进制系统(如计算机)总共可以表示 2^N 个十进制整数,可以使用 $2^N/2$ 个二进制数表示十进制的非负整数(包括零和正整数),使用 $2^N/2$ 个二进制数表示十进制的负整数。在实际的数字系统(如计算机)中,将 N 位字长的二进制数中的一个比特位用作一个符号位,以区分正数和负数。通常,将 N 位字长二进制数的最高有效位(Most Significant Bit,MSB)作为符号位。当 MSB 取值为 1 时,该二进制数表示十进制的负数;当 MSB 取值为 0 时,该二进制数表示十进制的正数。

在所有可能的负数二进制编码方案中,经常使用符号幅度表示法和二进制补码表示法。

4.4.1 符号幅度表示法

当采用符号幅度表示法时,N 位字长二进制数的 MSB 表示符号位,剩下的 $N-1$ 位表示幅度,如图 4.1(a)所示。对于一个字长为 8 位的二进制数来说,当采用符号幅度表示法时，十进制的正整数 16 用二进制数表示为 00010000，而十进制的负整数－16 用二进制数表示为 10010000。这种表示方法，比较直观并且很容易理解。

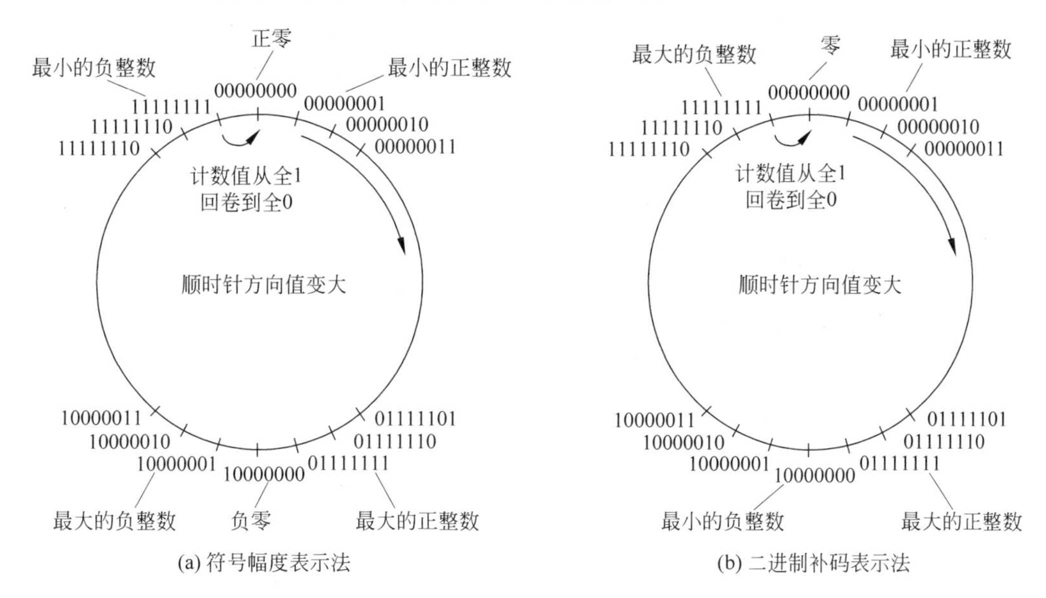

图 4.1　8 位负整数的两种不同表示法

但是，符号幅度表示法用在数字系统中表示负数时，最不利的方面体现在：

(1) 最大的正整数将出现在二进制数所表示范围近一半的地方，后面紧跟着负零，然后是最大的负整数，如图 4.1(a)所示。

(2) 最小的负整数出现在二进制数可表示范围的末尾，如图 4.1(a)所示。很明显，在最小的十进制负整数(－127)后面，由于二进制数位宽(字长)的限制，最小的十进制负整数－127(二进制表示为 11111111)将回卷到正零(二进制表示为 00000000)。由于从最小的十进制负整数－127 将跳变到正零，出现了表示数的不连续问题。

(3) 在幅度符号表示法中，二进制数 00000000 表示为正零(符号位为 0 表示正数)，10000000 表示为负零(符号位为 1 表示负数)。因此，出现了对零这个整数的两种不同表示方法。

因此，一个更好的负整数表示方法应该将最大的负整数、零和最小的正整数放在相邻的位置，即数的表示应具有连续性，并且消除对零的两种不同表示方法。

4.4.2　补码表示法

由于符号幅度表示法存在明显的缺陷，因此引入了二进制补码表示法，如图 4.1(b)所示。在采用二进制补码表示法时，MSB 仍是符号位，MSB 取值为 1 表示负数，MSB 取值为 0 表示正数。在这种表示法中，整数 0 只由一个 N 位字长的全零二进制数表示，因此消除了在幅度符号表示法中对整数 0 的两种不同表示方法。在补码表示法中，除了零以外，其余的 2^N-1 个数表示正整数和负整数。由于 2^N-1 是奇数，而$\lceil (2^N-1)/2 \rceil$个二进制数表示十进制数中的负整数，其余的$\lfloor (2^N-1)/2 \rfloor$个二进制数表示十进制数中的正整数。换句话说，可以表示的十进制负整数比可以表示的十进制正整数要多一个数。在该例子中，由于使用

8位字长的二进制数表示十进制整数，因此可以表示的十进制负整数范围是－128～－1，可以表示的十进制正整数的范围是＋1～＋127，此外还包含一个十进制整数0。

采用二进制补码表示负数唯一的缺点就是不直观，但是消除了符号幅度表示法所存在的所有缺陷。因此，在实际的数字系统中通常采用二进制补码来表示负数。对于一个字长为N位的二进制数来说，其可以表示的十进制整数的范围是：$-2^{N-1}\sim 2^{N-1}-1$。

4.5 负数补码的计算

本节介绍负数补码的计算方法，内容包括负整数补码的计算和负小数补码的计算。

4.5.1 负整数补码的计算

负整数二进制补码的计算主要有下面的两种方法。

1. 原码转补码

将一个正数转换为与一个二进制补码编码同样幅度的负数。其步骤包括：

(1) 将该负数所对应的正数按位全部取反。

(2) 将取反后的结果加1。

【例4-7】 将＋17转换为－17的二进制补码。

(1) 对应的＋17的原码为00010001。

(2) 按位取反后变成11101110。

(3) 结果加1，变成11101111。

【例4-8】 将－35转换为＋35的二进制补码。

(1) 对应的－35的补码为11011101。

(2) 按位取反后变成00100010。

(3) 结果加1，变成00100011。

【例4-9】 将－127转换为＋127的二进制补码。

(1) 对应的－127的补码为10000001。

(2) 按位取反后变成01111110。

(3) 结果加1，变成01111111。

【例4-10】 将＋1转换为－1的二进制补码。

(1) 对应的＋1的原码为00000001。

(2) 按位取反后变成11111110。

(3) 结果加1，变成11111111。

2. 比较法

比较法的计算步骤包括：

(1) 得到需要转换负数的最小权值，该权值为负数，以-2^i表示，使得其满足：

$$-2^i < 需要转换的负数$$

(2) 取比该权值绝对值2^i小的权值，以$2^{i-1},2^{i-2},\cdots,2^0$的幂次方表示。

(3) 需要转换的负数$+2^i$，得到了正数，以后的权值$2^{i-1},2^{i-2},\cdots,2^0$按照前面的方法和这个正数进行比较。

【例 4-11】 使用比较法得到负整数－97 所对应的二进制补码。

对于负的十进制整数－97 来说，假设使用 8 位二进制数进行表示，则其所对应的二进制补码为 10011111B，如表 4.5 所示。

表 4.5　有符号整数的二进制补码表示

转换的数	－97	31	31	31	15	7	3	1
权值	-2^7(－128)	2^6(64)	2^5(32)	2^4(16)	2^3(8)	2^2(4)	2^1(2)	2^0(1)
二进制数	1	0	0	1	1	1	1	1
余数	31	31	31	15	7	3	1	0

4.5.2　负小数补码的计算

对于负小数二进制补码来说，最容易的方法就是比较法。其方法和前面介绍负整数补码中所使用的比较法类似。步骤如下：

(1) 得到需要转换负数的最小权值，该权值为负数，以-2^0表示。

(2) 取比该权值绝对值 2^i 小的权值，以 $2^{-1}, 2^{-2}, \cdots, 2^{-N}$的幂次方表示。

(3) 需要转换的负小数＋1，得到了正数，以后的权值 $2^{-1}, 2^{-2}, \cdots, 2^{-N}$按照前面的方法和这个正数进行比较。

【例 4-12】 使用比较法得到负小数－0.03125 所对应的二进制补码，如表 4.6 所示。对于负小数－0.03125 来说，其所对应的二进制补码为 1.11111。

表 4.6　有符号小数的二进制补码表示

转换的数	－0.03125	0.96875	0.46875	0.21875	0.09375	0.03125
权值	-2^0(－1)	2^{-1}(0.5)	2^{-2}(0.25)	2^{-3}(0.125)	2^{-4}(0.0625)	2^{-5}(0.03125)
二进制数	1	1	1	1	1	1
余数	0.96875	0.46875	0.21875	0.09375	0.03125	0

思考与练习 4-3：当数据宽度为 8 位时，使用补码表示下面的负整数：

(1) －1＝________。

(2) －127＝________。

(3) －55＝________。

思考与练习 4-4：当数据宽度为 8 位时，可以表示整数的范围是________。

思考与练习 4-5：当数据宽度为 16 位时，可以表示整数的范围是________。

思考与练习 4-6：当数据宽度为 8 位时，使用补码表示下面的小数：

(1) －0.897＝________。

(2) －0.003＝________。

上面使用二进制数进行表示时，是否存在误差？如果有误差，请计算误差的大小。

4.6　定点数表示

定点数就是二进制小数点在固定位置的数。二进制小数点左边部分的位被定义为整数位，而该点右边部分的位被定义成小数位。例如，对于二进制定点小数 101.01011 来说，有

3个二进制整数位101,5个二进制小数位01011。通常表示为Q*m*.*n*格式。

其中：

(1) *m*为整数部分的二进制的位数。*m*越大,表示数的动态范围越大；反之,表示数的范围越小。

(2) *n*为小数部分的二进制的位数。*n*越大,表示数的精度越高；反之,表示数的精度越低。

对于定点数而言,$m+n$为定值。因此,只能在动态范围和小数精度之间进行权衡。

【例4-13】 将十进制数−28.65625用定点二进制的形式表示。

使用前面所介绍的比较法,将−28.65625表示成Q7.5定点二进制数1100010.01011B,如表4.7所示。

表4.7 定点数的二进制补码表示

转换的数	−28.65625	35.34375	3.34375	3.34375	3.34375	3.34375	1.34375	0.34375	0.34375	0.09375	0.09375	0.03125
权值	-2^6	2^5	2^4	2^3	2^2	2^1	2^0	2^{-1}	2^{-2}	2^{-3}	2^{-4}	2^{-5}
二进制数	1	1	0	0	0	1	0	0	1	0	1	1
余数	35.34375	3.34375	3.34375	3.34375	3.34375	1.34375	0.34375	0.34375	0.09375	0.09375	0.03125	0

思考与练习4-7：对于下面的有符号数,采用Q4.5表示：

(1) 5.678=________。

(2) −7.276=________。

4.7 浮点数表示

本节将介绍浮点数的表示方法。许多具有专用浮点单元(Float-Point Unit,FPU)的数字信号处理器中广泛使用浮点处理单元。但是不建议使用浮点处理,这是因为：

(1) 运算速度慢。

(2) 占用大量的逻辑设计资源。

但是,某些情况下FPU也是必不可少的。例如,在需要一个很大动态范围或者很高计算精度的应用场合。

此外,使用浮点可能使得设计更加简单。这是因为在定点设计中,需要最好地利用可用的动态范围。但是,在浮点设计中,不需要考虑动态范围的限制。

浮点数可以在更大的动态范围内提供更高的分辨率。通常,当定点数由于受其精度和动态范围所限不能精确表示数值时,浮点数能提供更好的解决方法。当然,也在速度和复杂度方面带来了损失。大多数的浮点数都遵循单精度或双精度的IEEE浮点标准。标准浮点数字长由一个符号位S、指数*e*和无符号(小数)的规格化尾数*m*构成,如图4.2所示。

S	指数 *e*	无符号尾数 *m*

图4.2 浮点数的格式

浮点数可以用下式描述：

$$X = (-1)^S 1.m \cdot 2^{e-bias}$$

对于 IEEE-754 标准来说，还有下面的约定：

(1) 当指数 $e=0$，尾数 $m=0$ 时，表示 0。

(2) 当指数 $e=255$，尾数 $m=0$ 时，表示无穷大。

(3) 当指数 $e=255$，尾数 $m\ !=0$ 时，表示 NaN(Not a Number，不是一个数)。

(4) 对于最接近于 0 的数，根据 IEEE-754 的约定，为了扩大对 0 值附近数据的表示能力，取阶码 $P=-126$，尾数 $m=(0.00000000000000000000001)_2$。此时该数的二进制表示为 0 00000000 00000000000000000000001。IEEE 给出了单精度和双精度格式的参数，如表 4.8 所示。

表 4.8 IEEE 的单精度和双精度格式的参数

参数	精度	
	单精度	双精度
字长	32	64
尾数	23	52
指数	8	11
偏置	127	1023

第5章 STC单片机架构

CHAPTER 5

本章详细介绍了STC单片机的架构。本章的内容主要包括STC单片机CPU内核功能单元、STC单片机存储器结构和地址空间、STC单片机中断系统原理及功能等。

本章是学习单片机最重要的内容之一。通过本章内容的学习,读者将系统学习8051 CPU核内部结构及功能,以帮助学习后续内容。

5.1 STC单片机CPU内核功能单元

8051单片机自诞生的那天开始,到现在已经持续了30多年。在这期间,人们对其性能不断地进行改进,使得其整体性能提高了10倍以上。目前,以8051 CPU内核为核心的单片机仍然发挥着其巨大的生命力。虽然8051 CPU的内核比较简单,但是以其为核心的单片机系统却包含了构成计算机系统的全部要素。图5.1给出了经典8051 CPU的结构图。

在单片机中,包含了运算器、控制器、存储器、外设和时钟系统共5个子系统。在这5个子系统中,运算器和控制器构成了8051中央处理单元(Central Processing Unit,CPU)。在8051 CPU中,运算器和控制器通过CPU内部的总线连接在一起。这样,在CPU内控制器的控制下,运算器内的各个功能部件有条不紊地按顺序工作(这里的按顺序是指按给定的时钟节拍)。在8051单片机中,CPU、存储器和外设通过CPU外部的、单片机片内的总线连接在一起。通过总线,一方面,在CPU、存储器和外设之间传输数据、地址和控制信息;另一方面,CPU、存储器和外设共享总线。因此,这种结构是典型的共享总线结构。

常说的总线是一组逻辑信号的集合。在传统计算机体系结构中,这些逻辑信号包括数据信号、地址信号和控制信号,这就是所谓的三总线结构。之所以将以8051 CPU为核心的单片机称为8位单片机,这是由于在该单片机中数据信号的宽度是8位。

STC内的8051 CPU核是高性能、运行速度经过优化的8位中央处理单元(CPU)。它100%兼容工业标准的8051 CPU。8051 CPU外围主要包括:

(1) 内部数据RAM。

(2) 外部数据空间。

(3) 特殊功能寄存器。

(4) CPU时钟分频器。

STC 8051 CPU的特性主要包括:

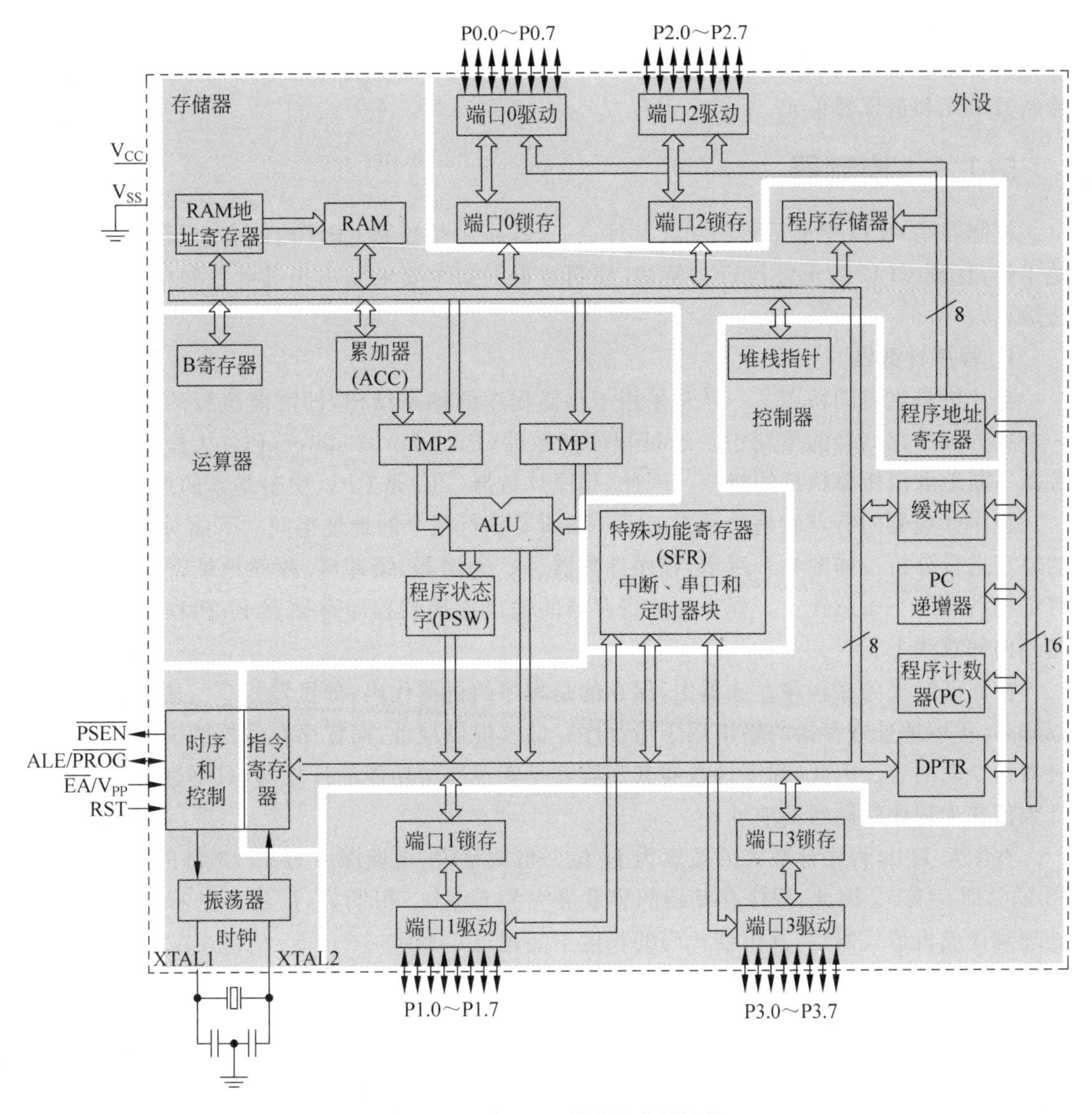

图 5.1 经典 8051 单片机内部结构

(1) 采用流水线 RISC 结构，其执行速度比工业标准 8051 快十几倍。

(2) 与工业标准 8051 指令集 100%兼容。

(3) 大多数指令使用 1 个或 2 个时钟周期执行。

(4) 256 字节的内部数据 RAM。

(5) 使用双 DPTR 扩展标准 8051 结构。

(6) 提供了片外扩展的 64KB 外部数据存储器。

注意：封装在 40 引脚以上的 STC 单片机提供此扩展功能。

(7) 提供了多达 21 个中断源。

(8) 新特殊功能寄存器可以快速访问 STC 单片机 I/O 端口，以及控制 CPU 时钟频率。

任何一个中央处理单元(CPU)都包含有控制器和运算器两大基本模块。下面将通过 STC 单片机分析 8051 CPU 的功能。

思考与练习 5-1：8051 CPU 内包含________和________两大功能部件。

思考与练习 5-2：请读者仔细分析 8051 CPU 内的各个部件与总线的连接关系，划分出控制器单元和运算器单元。

5.1.1 控制器

控制器是 CPU 中最重要的功能部件之一，其作用是控制 CPU 内的各个组成部件协调地工作，保证 CPU 的正常运行。例如，控制器根据指令要求发出正确的控制信号，实现加法运算。

1. 程序计数器

单片机最重要的特点之一就是采用了存储程序的体系结构，即需要执行的代码保存在一个称为程序存储器的单元中。通过程序计数器(Program Counter，PC)从程序存储器中源源不断地取出所要执行的指令。因此，程序计数器(PC)是 CPU 中最基本的控制部分。

程序计数器的特点就是总是指向下一条所要执行指令的地址空间。下面对程序计数器的原理进行分析。如图 5.1 所示，程序计数器、PC 递增器、缓冲区、程序地址寄存器都挂在其结构右侧的一条总线上。程序地址寄存器的输出连接到程序存储器上，而程序存储器连接到内部总线上。

前面已经提到在程序存储器中，保存的是程序的机器代码，即机器指令。从图 5.1 中可以知道，程序地址寄存器的输出用于给程序存储器提供地址，而程序存储器的输出用于提供机器指令的内容。因此，程序计数器其实质就是实现递增功能的计数器，只不过是计数器的计数值作为程序存储器的地址。

在图 5.1 中，程序计数器的宽度为 16 位。也就是说，地址深度为 2^{16}，地址的范围为 0～65 536，即 64KB。因此，程序存储器的容量最大为 64KB。很明显，所编写的程序通过软件处理翻译成机器代码后，其机器代码的长度不能超过 64KB。

程序计数器并不能总是让程序地址寄存器递增。这是因为，机器指令可以分成顺序执行和非顺序执行，如图 5.2 所示。

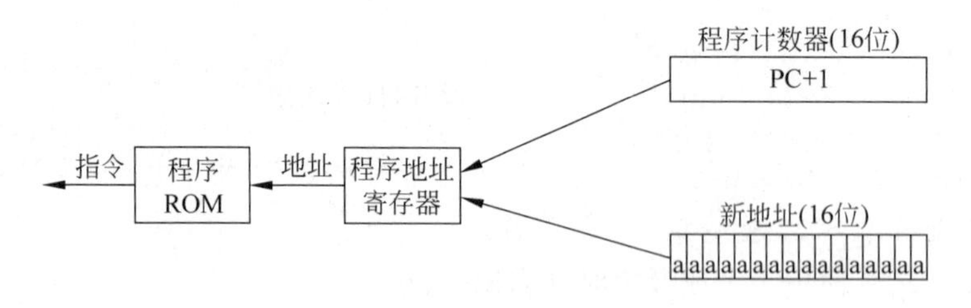

图 5.2 机器指令的执行顺序

1) 顺序执行

顺序执行是指按机器指令的前后顺序，顺序地执行指令，即把 PC+1 后的值送给程序地址寄存器，作为程序存储器的地址。然后，从程序存储器读出指令。这就是所说的程序计数器总是指向下一条要执行的指令。

2) 非顺序执行

在编写的软件代码中，经常出现条件判断语句、跳转语句、程序调用语句和中断调用等。

因此，当运行程序代码的过程中遇到这些指令时，程序的执行顺序并不是按照 PC+1－> PC 来执行程序，而是将这些语句所指向新指令所在的新目标地址赋给程序地址寄存器。

思考与练习 5-3：在单片机中，PC 总是指向________。

思考与练习 5-4：请说明程序计数器的宽度和程序代码长度之间的关系。

思考与练习 5-5：在单片机中，CPU 执行指令的顺序靠________控制。

思考与练习 5-6：在单片机中，程序的执行顺序可以通过代码中的________进行控制。

提示：运算的标志位，条件判断语句、程序调用语句和中断服务语句等，在学习完后面的 8051 指令集后进行进一步的详细说明。

2. 指令通道

指令通道包含取指单元、译码单元、执行指令单元。本质上，取指、译码和执行指令的过程就是一个有限自动状态机（Finite State Machine，FSM），也就是经常所说的微指令控制器。

1）取指单元

根据 PC 所指向的存放指令程序存储器的地址，取出指令。在 8051 单片机中，程序存储器的宽度为 8 位。由于 8051 的机器指令有 8 位、16 位或 24 位，即 1 字节、2 字节或 3 字节，所以，对于不同的指令来说，取指令所需要的时钟周期并不相同，可能需要几个时钟周期才能完成取指操作。

2）译码单元

根据取出指令的操作码部分，对指令进行翻译。这个翻译过程就是将机器指令转换成一系列的逻辑控制序列，这些控制序列将直接控制 CPU 内的运算单元。

3）执行指令单元

当完成译码过程后，根据逻辑控制序列（微指令）所产生的逻辑行为，控制运算器单元，从而完成指令需要实现的操作行为。

例如，假设此时取出一条机器指令（汇编助记符表示）：

```
ADD A,Rn
```

其机器指令的格式为：

```
0010,1rrr
```

注意：rrr 表示寄存器的编号。

该指令完成寄存器 Rn 和累加器 A 数据相加的操作。其译码和执行指令的过程应该包含：

（1）从寄存器 Rn 中取出数据送入 ALU 的一个输入端口 TMP1，表示为

```
(Rn) ->(TMP1)
```

（2）从累加器 ACC 中取出数据送入 ALU 的另一个输入端口 TMP2，表示为

```
(ACC) ->(TMP2)
```

（3）将 TMP1 和 TMP2 的数据送到 ALU 进行相加，产生结果，表示为

```
(TMP2) + (TMP1) ->(总线)
```

(4) 将 ALU 产生的结果,通过内部总线送入到 ACC 累加器中,表示为

```
(总线)->(ACC)
```

注意:虽然通常将指令通道的译码和执行指令的过程进行这样细致的划分,但实际上,译码产生控制序列的过程就是在执行指令。

思考与练习 5-7:请说明单片机中,指令通道包含________、________和________;它们的作用分别是________、________和________。

3. 流水线技术

传统 8051 单片机的指令通道采用的是串行结构,如图 5.3 所示。为了分析问题方便,下面假设每条指令的取指周期、译码周期和执行指令的周期都是一样的。当采用串行执行结构时,对于 3 条指令来说,需要 T9 个周期才能执行完成。

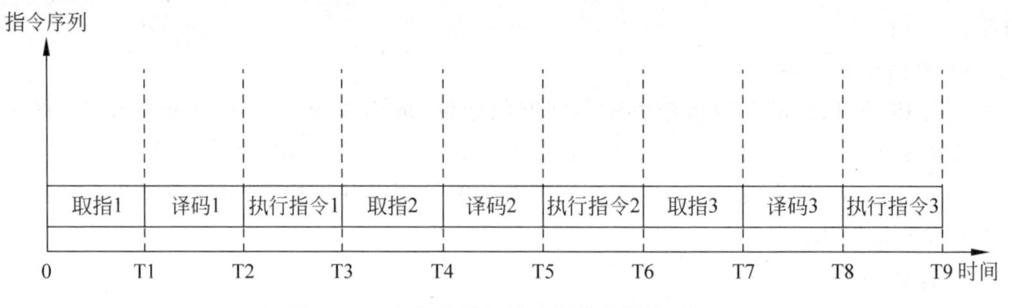

图 5.3 3 条指令执行的串行执行结构原理

与传统的 8051 CPU 取指通道相比,STC 指令通道采用了改进后的(二级/三级)流水线结构,如图 5.4 所示。下面分析指令的三级流水线通道。

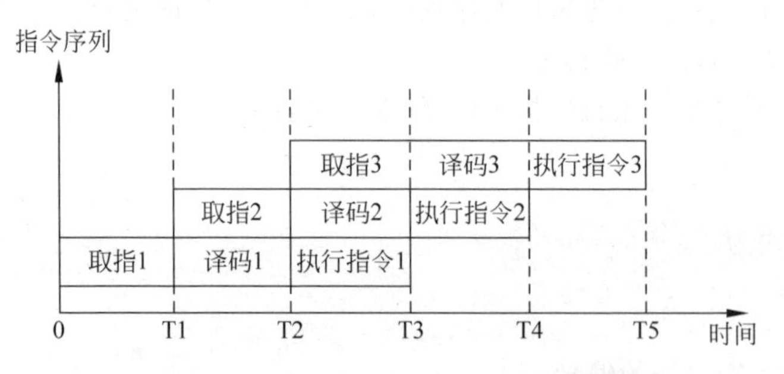

图 5.4 3 条指令执行的流水线结构原理

注意:当把译码和执行指令分开讨论时,称为三级流水线结构;而当把译码和执行指令合并在一起讨论时,称为两级流水线结构。

(1) 在 0 时刻,从 PC 指向的程序存储器中取出指令 1。

(2) 在 T1 时刻,将取出的指令 1 送到译码单元进行译码;同时,从 PC 指向的程序存储器中取出指令 2。

(3) 在 T2 时刻,将执行译码后的指令 1;同时,将已经取出的指令 2 进行译码,并从 PC 指向的程序存储器取出指令 3。

(4) 在 T3 时刻,将执行译码后的指令 2;同时,将已经取出的指令 3 进行译码。

(5) 在 T4 时刻,将执行译码后的指令 3。

从图 5.4 中可以看出，当采用三级流水线结构以后，只需要 T5 个周期就能执行完 3 条指令。基于前面的假设条件，指令通道的吞吐量提高了近 1 倍。当执行指令的数量增加时，流水线结构优势将更加明显。

思考与练习 5-8：在单片机中，指令通道采用流水线的目的是________。

思考与练习 5-9：仿照图 5.4 所示的分析过程，请给出当执行 5 条指令时的流水线结构，以及性能（吞吐量和延迟）的改善情况。

4. 双数据指针

双数据指针（DPTR）是一个 16 位的专用寄存器，由 DPL（低 8 位）和 DPH（高 8 位）组成，其地址为 82H（DPL，低字节）和 83H（DPH，高字节）。DPTR 是 8051 中唯一可以直接进行 16 位操作的寄存器。此外，也可以按照字节分别对 DPH 和 DPL 进行操作。

如果 STC 单片机没有外部数据总线，则该单片机只存在一个 16 位的数据指针，否则，如果单片机有外部数据总线，则该单片机设计了两个 16 位的数据指针 DPTR0 和 DPTR1，这两个数据指针共用一个地址空间，可以通过软件设置特殊功能寄存器（Special Function Register，SFR）中 P_SW1（地址为 A2H）的第 0 位，即数据指针选择（Data Pointer Select，DPS）来选择所使用的 DPTR，如图 5.5 所示。

助记符	地址	名字	7	6	5	4	3	2	1	0	复位值
AUXR1 P_SW1	A2H	辅助寄存器 1	S1_S1	S1_S0	CCP_S1	CCP_S0	SPI_S1	SPI_S0	0	DPS	0000,0000

图 5.5 DPTR 选择位 DPS

（1）DPS＝0，选择 DPTR0（0x83：0x82），其中：0x83 为 16 位 DPTR0 的高寄存器 DPH0；0x82 为 16 位 DPTR0 的低寄存器 DPL0。

（2）DPS＝1，选择 DPTR1（0x83：0x82），其中：0x83 为 16 位 DPTR1 的高寄存器 DPH1；0x82 为 16 位 DPTR1 的低寄存器 DPL1。

思考与练习 5-10：在 8051 单片机中，DPTR 的功能是什么？

思考与练习 5-11：在 STC 单片机中，提供了________个 DPTR，说明如何使用它们。

5. 堆栈及指针

在单片机中，有一个称为堆栈的特殊存储空间，其主要用于保存现场。典型地，当在执行程序的过程中遇到跳转指令时，就需要将当前 PC＋1 指向的下一条指令的地址保存起来，等待执行完跳转指令的时候，再将所保存的下一条指令的地址恢复到程序地址寄存器中，如图 5.6 所示。

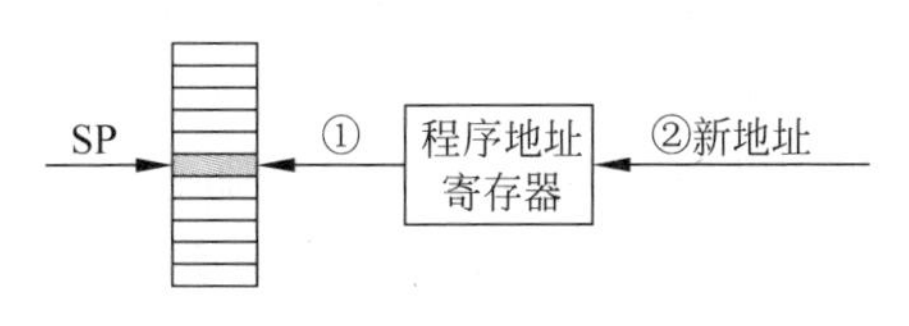

图 5.6 堆栈的操作原理

注意：图 5.6 中①、②表示操作的顺序。

在 STC 单片机中，用于控制指向存储空间位置的是一个堆栈指针（Stack Pointer，SP），它实际上就是一个 8 位的专用寄存器，该寄存器的内容就是栈顶的地址，也就是用于表示当前栈顶在内部 RAM 块中的位置。

为了更好地说明堆栈的工作原理，以三个数据 0x30、0x31 和 0x32 入栈和出栈为例，如

图 5.7 和图 5.8 所示。假设在对堆栈进行操作前，当前 SP 的内容为 0x82，也就是 SP 指向堆栈存储空间地址为 0x82 的位置。

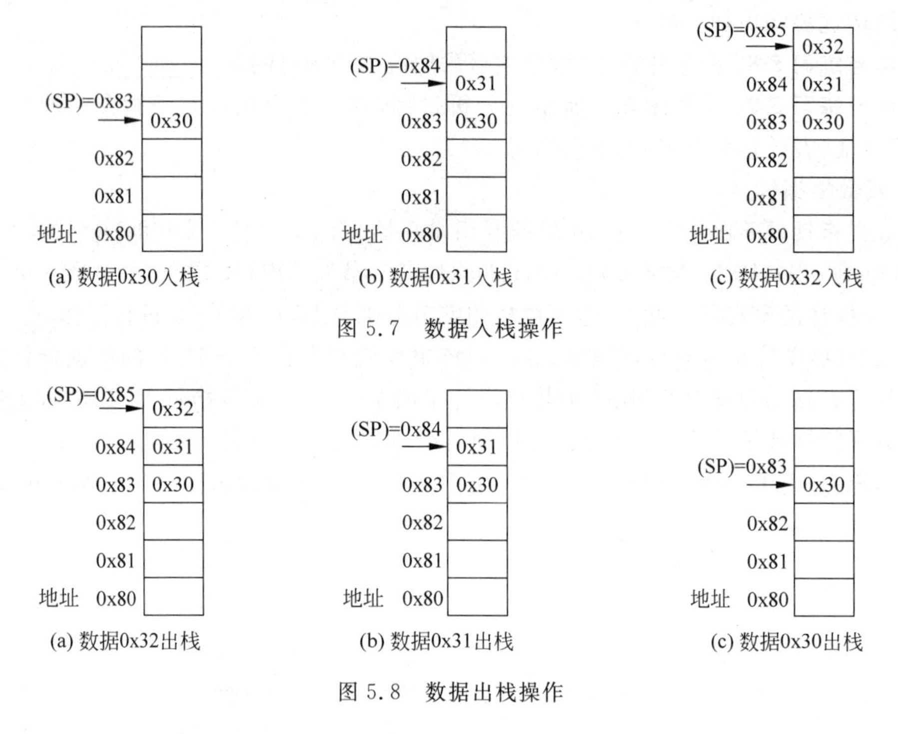

(a) 数据0x30入栈　(b) 数据0x31入栈　(c) 数据0x32入栈

图 5.7 数据入栈操作

(a) 数据0x32出栈　(b) 数据0x31出栈　(c) 数据0x30出栈

图 5.8 数据出栈操作

1）入栈操作

（1）数据 0x30 要进行入栈操作时，首先(SP)+1->(SP)，也就是 SP 内容加 1，SP 的内容变成 0x83，也就是 SP 指向堆栈存储空间地址为 0x83 的位置，然后，将数据 0x30 保存在该位置。

（2）数据 0x31 要进行入栈操作时，首先(SP)+1->(SP)，也就是 SP 内容加 1，SP 的内容变成 0x84，也就是 SP 指向堆栈存储空间地址为 0x84 的位置，然后，将数据 0x31 保存在该位置。

（3）数据 0x32 要进行入栈操作时，首先(SP)+1->(SP)，也就是 SP 内容加 1，SP 的内容变成 0x85，也就是 SP 指向堆栈存储空间地址为 0x85 的位置，然后，将数据 0x32 保存在该位置。

从上面的过程可以看出，随着数据的入栈操作，(SP)递增，SP 总是指向保存最新数据的存储器位置。也就是通常所说的 SP 总是指向栈顶的位置。

2）出栈操作

（1）数据 0x32 要进行出栈操作时，此时 SP 指向栈顶 0x85 的位置。首先读取该位置所保存的数据 0x32，将其放置到需要恢复的寄存器中；然后，(SP)-1->(SP)，也就是 SP 内容减 1，SP 的内容变成 0x84，也就是 SP 指向堆栈存储空间地址为 0x84 的位置。

（2）数据 0x31 要进行出栈操作时，此时 SP 指向栈顶 0x84 的位置。首先读取该位置所保存的数据 0x31，将其放置到需要恢复的寄存器中；然后，(SP)-1->(SP)，也就是 SP 内容减 1，SP 的内容变成 0x83，也就是 SP 指向堆栈存储空间地址为 0x83 的位置。

(3) 数据 0x30 要进行出栈操作时，此时 SP 指向栈顶 0x83 的位置。首先读取该位置所保存的数据 0x30，将其放置到需要恢复的寄存器中；然后，(SP)－1－＞(SP)，也就是 SP 内容减 1，SP 的内容变成 0x82，也就是 SP 指向堆栈存储空间地址为 0x82 的位置。

从上面的过程可以看出，随着数据的出栈操作，SP 递减，SP 总是指向最新保存的数据的存储器的位置。也就是说 SP 总是指向栈顶的位置。

注意：(1) 当对单片机复位后，将 SP 的内容初始化为 07H。所以，实际上堆栈从 08H 的地址单元开始。考虑 08H～1FH 是工作寄存器组 1～3 的地址空间。因此，在编写程序代码的过程中如果使用到堆栈存储空间，则建议最好把 SP 的内容改为 80H 以上的值。

(2) SP 寄存器位于 SFR 空间的 0x81 的存储位置。当上电时，将 SP 的内容设置为 0x07。

思考与练习 5-12：请说明 5 个数据 0x06、0x68、0x90、0x10 和 0x00 入栈和出栈的过程，并用图进行描述。

5.1.2　运算器

运算器用于执行丰富的数据操作功能。在 STC 单片机中，8051 CPU 内的运算器包括 8 位算术逻辑单元、累加器、B 寄存器、程序状态字。

1. 8 位算术逻辑单元

在 8051 CPU 内的运算器中，最核心的部件就是算术逻辑单元(Arithmetic and Logic Unit，ALU)。8051 CPU 内的 ALU 宽度为 8 位，它可以实现的功能包括：

1) 算术运算

实现 8 位加、减、乘和除运算。

2) 其他运算

实现递增、递减、BCD 十进制调整和比较运算。

3) 逻辑运算

实现逻辑与(AND)、逻辑或(OR)、逻辑异或(XOR)、逻辑取反(NOT)和旋转/移位操作。

4) 按位运算

置位、复位、取补，如果没有置位则不执行跳转操作，如果置位则执行跳转操作，并且执行清除操作以及移入/移出进位标志寄存器的操作。

2. 累加器

累加器(Accumulator，ACC)，也简写为 A，用于保存大多数指令运算结果。累加器位于特殊功能寄存器(Special Function Register，SFR)地址为 0xE0 的位置。

3. B 寄存器

在乘法和除法操作中，B 寄存器有特殊用途；而在其他情况，它用于通用寄存器。B 寄存器位于特殊功能寄存器(SFR)地址为 0xF0 的位置。

1) 乘法操作

参与乘法运算的一个操作数保存在 B 寄存器中，另一个保存在 A 寄存器中。并且，在乘法运算后，所得乘积的高8位保存在B寄存器中，而乘积的低8位保存在A寄存器中。

2）除法操作

参与除法运算的被除数保存在A寄存器中，除数保存在B寄存器中。并且，在除法运算后，所得的商保存在A寄存器中，而余数保存在B寄存器中。

思考与练习 5-13：在8051单片机内，当进行乘法/除法运算时，会使用________和________寄存器。

思考与练习 5-14：当实现乘法运算时，高8位结果保存在________，低8位结果保存在________。

思考与练习 5-15：当实现除法运算时，商保存在________，余数保存在________。

4. 程序状态字

在程序状态字(Program Status Word，PSW)寄存器中，保存一些具有特殊含义的比特位，这些位反映当前8051 CPU内的工作状态。该寄存器位于SFR地址为0xD0的位置。表5.1给出了PSW寄存器的内容。

表5.1　PSW寄存器内容

比特位	7	6	5	4	3	2	1	0
名字	CY	AC	F0	RS1	RS0	OV	RSV	P

其每位的含义为：

1）CY

进位标志。算术和位指令操作影响该位。在进行加法运算时，如果最高位有进位；或者在进行减法运算时，如果最高位有借位，则将CY设置为1，否则设置为0。

2）AC

辅助进位标志。ADD、ADDC、SUBB指令影响该位。在进行加法运算时，如果第3位向第4位有进位；或者在进行减法运算时，如果第3位向第4位有借位，则将AC设置为1，否则设置为0。设置辅助进位标志的目的是便于BCD码加法、减法运算的调整。

3）F0

通用标志位。

4）RS1和RS0

寄存器组选择位。用于选择不同的寄存器组，其含义如表5.2所示。

表5.2　RS1和RS0工作寄存器组的选择位含义

RS1	RS0	当前使用的工作寄存器组(R0～R7)
0	0	0组(00H～07H)
0	1	1组(08H～0FH)
1	0	2组(10H～17H)
1	1	3组(18H～1FH)

5）OV

溢出标志。ADD、ADDC、SUBB、MUL 和 DIV 指令影响该位状态。在后面会详细说明。

6）RSV

保留位。

7）P

奇偶标志位。在每条指令执行后，设置或者清除该比特位，该位用于表示累加器 ACC 中 1 的个数。如果 ACC 中有奇数个 1，则将 P 设置为 1；否则，如果 ACC 中有偶数个 1(包括 0 个 1 的情况)，则将 P 设置为 0。

思考与练习 5-16：在 8051 单片机中，PSW 表示________，作用是________，它包含________、________、________、________、________、________和________位。

5.1.3 特殊功能寄存器

STC 系列单片机除了提供传统 8051 单片机的标准寄存器外，还提供了特殊功能寄存器(SFR)。

实际上，SFR 是具有特殊功能的 RAM 区域，它是多个控制寄存器和状态寄存器的集合，如表 5.3 所示。这些寄存器用于对 STC 单片机内的各个功能模块进行管理、控制和监视。

注意：(1) STC15 系列单片机的 SFR 和高 128 字节的 RAM 共用相同的地址范围，都使用 80H～FFH 的区域。因此，需要使用直接寻址方式访问 SFR。

(2) 只有当 SFR 内寄存器地址能够被 8 整除时才可以进行位操作，即表 5.3 中灰色区域可以进行位操作，其他区域不可以进行位操作。

表 5.3 SFR 的映射空间(STC15W4K32S4 系列单片机)

地址	0/8	1/9	2/A	3/B	4/C	5/D	6/E	7/F	地址
0xF8	P7	CH	CCAP0H	CCAP1H	CCAP2H				0xFF
0xF0	B	PWMC FG	PCA_PWM0	PCA_PWM1	PCA_PWM0	PWMCR	PWMIF	PWMF DCR	0xF7
0xE8	P6	CL	CCAP0L	CCAP1L	CCAP2L				0xEF
0xE0	ACC	P7M1	P7M0				CMPCR1	CMPCR2	0xE7
0xD8	CCON	CMOD	CCAPM0	CCAPM1	CCAPM2				0xDF
0xD0	PSW	T4T3M	T4H RL_TH4	T4L RL_TL4	T3H RL_TH3	T3L RL_TL3	T2H RL_TH2	T2L RL_TL2	0xD7
0xC8	P5	P5M1	P5M0	P6M1	P6M0	SPSTAT	SPCTL	SPDAT	0xCF
0xC0	P4	WDT_CONTR	IAP_DATA	IAP_ADDRH	IAP_ADDRL	IAP_CMD	IAP_TRIG	IAP_CONTR	0xC7
0xB8	IP	SADEN	P_SW2		ADC_CONTR	ADC_RES	ADC_RESL		0xBF

续表

地址	0/8	1/9	2/A	3/B	4/C	5/D	6/E	7/F	地址
0xB0	P3	P3M1	P3M0	P4M1	P4M0	IP2	IP2H	IPH	0xB7
0xA8	IE	SADDR	WKTCL WKTCL_CNT	WKTCH WKTCH_CNT	S3CON	S3BUF		1E2	0xAF
0xA0	P2	BUS_SPEED	AUXR1 P_SW1						0xA7
0x98	SCON	SBUF	S2CON	S2BUF		P1ASF			0x9F
0x90	P1	P1M1	P1M0	P0M1	P0M0	P2M1	P2M0	CLK_DIV PCON2	0x97
0x88	TCON	TMOD	TL0 RL_TL0	TL1 RL_TL1	TH0 RL_TH0	TH1 RL_TH1	AUXR	INT_CLKO AUXR2	0x8F
0x80	P0	SP	DPL	DPH	S4CON	S4BUF		PCON	0x87

思考与练习 5-17：在 8051 单片机中，SFR 表示________，它________(属于/不属于) RAM 的一部分，其作用是________。

注意：本节仅对 SFR 中端口控制寄存器和 CPU 时钟分频器的功能进行说明，其他寄存器的功能在后续章节中进行详细说明。

1. 端口模式控制寄存器

在 SFR 中，提供了用于对单片机 P0 端口、P1 组端口、P2 组端口、P3 组端口、P4 组端口、P5 组端口、P6 组端口和 P7 组端口模式控制的控制寄存器。下面以 P0 端口模式控制寄存器为例，说明模式端口控制寄存器的设置方法。

注：(1) LQFP 64 脚封装的 STC 单片机才有 P6 组端口和 P7 组端口；

(2) 单片机的 P5 组端口只有 6 位有效，即 P5.0～P5.5，而其余端口都是 8 位有效，即 Px.0～Px.7(x 表示端口号，x=0,1,2,3,4,6 或 7)。

P0 端口模式控制寄存器包括 P0M0 和 P0M1 寄存器。

1) P0M0 寄存器

P0M0 寄存器(地址 94H)也称为端口 0 模式配置寄存器 0，对该寄存器中每位的说明如表 5.4 所示，复位值为 0x00。

表 5.4 P0M0 寄存器

比特	B7	B6	B5	B4	B3	B2	B1	B0
名字	P0M0.7	P0M0.6	P0M0.5	P0M0.4	P0M0.3	P0M0.2	P0M0.1	P0M0.0

2) P0M1 寄存器

P0M1 寄存器(地址 93H)也称为端口 0 模式配置寄存器 1，对该寄存器中每位的说明如表 5.5 所示，复位值为 0x00。

表 5.5 P0M1 寄存器

比特	B7	B6	B5	B4	B3	B2	B1	B0
名字	P0M1.7	P0M1.6	P0M1.5	P0M1.4	P0M1.3	P0M1.2	P0M1.1	P0M1.0

P0M0.x 和 P0M1.x 组合起来用于控制 P0 口的方向和驱动模式，如表 5.6 所示。

表 5.6 P0M1.x 和 P0M0.x 的组合含义

P0M1	P0M0	含 义
0	0	准双向端口，与传统 8051 I/O 模式兼容。其灌电流可达 20mA，拉电流为 270μA(由于制造误差，拉电流实际在 150～270μA)
0	1	推挽输出，即强上拉输出，电流可达到 20mA，因此在使用时需要接入限流电阻
1	0	仅为输入(高阻)
1	1	开漏(Open Drain)，内部上拉电阻断开。在该模式下，既可以读外部状态也可以对外输出高电平/低电平。因此，需要加上拉电阻，否则读不到外部状态，也不能对外输出高电平

注：表中的 x 对应于端口 0 的每个引脚。

对于 P1 端口、P2 端口、P3 端口、P4 端口、P6 端口和 P7 端口，模式寄存器的含义与 P0 端口相同，如表 5.7 所示。

表 5.7 端口模式寄存器的地址和复位值

模式寄存器的名字	功能	SFR 地址(十六进制)	复位值(二进制)
P1M0	P1 端口 P1M0 模式寄存器	92H	00010001
P1M1	P1 端口 P1M1 模式寄存器	91H	11000000
P2M0	P2 端口 P2M0 模式寄存器	96H	00000000
P2M1	P2 端口 P2M1 模式寄存器	95H	10001110
P3M0	P3 端口 P3M0 模式寄存器	B2H	00000000
P3M1	P3 端口 P3M1 模式寄存器	B1H	10000000
P4M0	P4 端口 P4M0 模式寄存器	B4H	00000000
P4M1	P4 端口 P4M1 模式寄存器	B3H	00110100
P5M0	P5 端口 P5M0 模式寄存器	CAH	xx000000
P5M1	P5 端口 P5M1 模式寄存器	C9H	xx000000
P6M0	P6 端口 P6M0 模式寄存器	CCH	00000000
P6M1	P6 端口 P6M1 模式寄存器	CBH	00000000
P7M0	P7 端口 P7M0 模式寄存器	E2H	00000000
P7M1	P7 端口 P7M1 模式寄存器	E1H	00000000

2. 端口寄存器

通过端口寄存器，STC 单片机可以读取端口状态，或者向端口写数据。这里以 P0 端口寄存器为例进行说明。

1) P0 端口寄存器(地址 80H)

P0 寄存器中每一个比特位与 STC 单片机外部 P0 组内的引脚一一对应，如表 5.8 所示，复位值为 0xFF。

表 5.8 P0 端口寄存器

比特	B7	B6	B5	B4	B3	B2	B1	B0
名字	P0.7	P0.6	P0.5	P0.4	P0.3	P0.2	P0.1	P0.0

2) 其他端口寄存器

其他端口寄存器的地址和复位值，如表 5.9 所示。

表 5.9 其他端口寄存器的地址和复位值

端口寄存器的名字	功能	SFR 地址(十六进制)	复位值(二进制)
P1	P1 端口寄存器	90H	11111111
P2	P2 端口寄存器	A0H	11111111
P3	P3 端口寄存器	B0H	11111111
P4	P4 端口寄存器	C0H	11111111
P5	P5 端口寄存器	C8H	xx111111
P6	P6 端口寄存器	E8H	11111111
P7	P7 端口寄存器	F8H	11111111

3. 时钟分频器

CPU 分频器允许 CPU 运行在不同的速度。用户通过配置 SFR 地址为 0x97 位置的 CLK_DIV(PCON2)寄存器来控制 8051 内 CPU 的时钟频率,复位值为 00000000B,如表 5.10 所示。

表 5.10 CLK_DIV(PCON2)寄存器

比特位	B7	B6	B5	B4	B3	B2	B1	B0
名字	MCKO_S1	MCKO_S0	ADRJ	Tx_Rx	MCLKO_2	CLKS2	CLKS1	CLKS0

其中,B2～B0 比特位 CLKS2～CLKS0 用于对主时钟进行分频,如表 5.11 所示。

表 5.11 CLKS2～CLKS0 各位的含义

CLKS2	CLKS1	CLKS0	含 义
0	0	0	主时钟频率/1
0	0	1	主时钟频率/2
0	1	0	主时钟频率/4
0	1	1	主时钟频率/8
1	0	0	主时钟频率/16
1	0	1	主时钟频率/32
1	1	0	主时钟频率/64
1	1	1	主时钟频率/128

注意:主时钟可以是内部的 R/C 时钟,也可以是外部输入时钟/外部晶体振荡器产生的时钟,如图 5.9 所示。

此外,CLK_DIV 寄存器中的 MCKO_S1 和 MCKO_S0 比特位用于控制在 STC 单片机引脚 MCLKO(P5.4)或者 MCLKO_2(P1.6)输出不同频率的时钟,如表 5.12 所示。

表 5.12 MCKO_S1 和 MCKO_S0 比特位的含义

MCKO_S1	MCKO_S0	含 义
0	0	主时钟不对外输出时钟
0	1	输出时钟,输出时钟频率=SYSclk 时钟频率
1	0	输出时钟,输出时钟频率=SYSclk 时钟频率/2
1	1	输出时钟,输出时钟频率=SYSclk 时钟频率/4

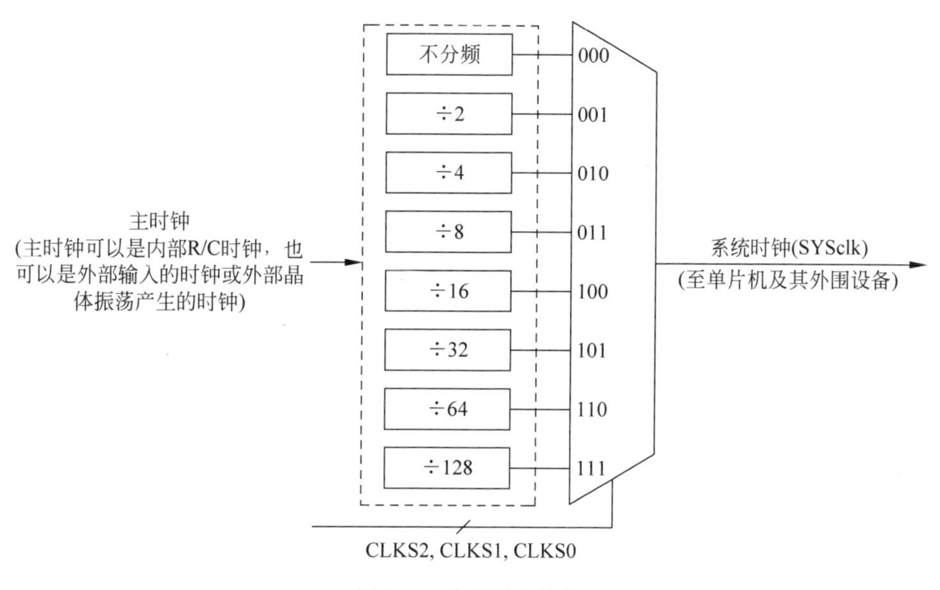

图 5.9 分频时钟结构

注意：(1) SYSclk 为系统时钟。

(2) STC15W 系列单片机通过 CLK_DIV 寄存器的 B3 位(MCLKO_2)选择在 MCLKO/P5.4 口对外输出时钟，还是在 MCLKO_2/XTAL2/P1.6 口对外输出时钟，如表 5.13 所示。

表 5.13 时钟输出端口选择

MCLKO_2	含 义
0	在 MCLKO/P5.4 口对外输出时钟
1	在 MCLKO_2/XTAL2/P1.6 口对外输出时钟

思考与练习 5-18：在 STC 8051 单片机中，CLK_DIV 寄存器的功能是________。

5.2 STC 单片机存储器结构和地址空间

本节将介绍 STC 单片机存储器结构和地址空间，内容包括程序 Flash 存储器、内部数据 RAM 存储器和外部数据存储器。

5.2.1 程序 Flash 存储器

本节将介绍程序存储器空间映射和程序存储器特点。

1. 程序存储器空间映射

STC 单片机程序存储器空间位于 0x0000～0xFFFF 的地址范围。16 位的程序计数器(PC)指向下一条将要执行的指令。8051 CPU 只能通过 MOVC 指令从程序空间读取数据。

注意：在 STC15W4K32S4 系列的单片机内部集成了 8～61KB 容量的 Flash 程序存储器，如表 5.14 所示。

表 5.14　STC15W4K32S4 系列存储器空间分配

类　　型	程序存储器
STC15W4K08S4	0x0000～0x1FFF(8KB)
STC15W4K16S4	0x0000～0x3FFF(16KB)
STC15W4K24S4	0x0000～0x5FFF(24KB)
STC15W4K32S4	0x0000～0x7FFF(32KB)
STC15W4K40S4	0x0000～0x9FFF(40KB)
STC15W4K48S4	0x0000～0xBFFF(48KB)
STC15W4K56S4	0x0000～0xDFFF(56KB)
STC15W4K60S4	0x0000～0xEFFF(60KB)
IAP15W4K61S4	0x0000～0xF3FF(61KB)

当复位时,程序计数器(PC)的内容为 0x0000。因此,从程序存储器地址为 0x0000 的地方开始执行程序。此外,中断服务程序的入口地址(也称为中断向量)也保存在程序存储器低地址空间内。在程序存储器中,每个中断都有一个固定的入口地址。当外部中断进入 8051 CPU 并得到响应后,8051 CPU 就自动跳转到相应的中断入口地址执行中断服务程序,具体见后面的详细说明。

2. 程序存储器特点

STC 单片机内的程序存储器可以保存用户程序、数据和表格信息,其具有下面的特点:

(1) 提供 10 万次以上擦写能力。

(2) 低压保护功能,即在低压状态下,禁止对程序存储器进行擦除和编程。

(3) 程序存储器对外不提供读电路,因而有效地防止对用户程序的破解。

(4) 只有对程序存储器进行擦除操作后,才能对其进行编程操作。

(5) 在对程序存储器编程时,可以将程序代码乱序后存放。

(6) 程序存储器的最后 7 字节设置全球唯一的 ID 号。

(7) 以扇区为单位擦除。

(8) 以字节为单位进行编程。

(9) STC 单片机提供了通过通用异步串口,对 Flash 进行擦除、编程和代码加密的能力。

思考与练习 5-19:在 STC 单片机中,程序存储器的作用是________。当访问程序存储器时,使用________指令。

5.2.2　数据 Flash 存储器

STC 系列单片机内部提供了大容量的数据 Flash 存储器,用于实现电可擦除的只读存储器(Electrically Erasable Programmable Read-Only Memory,EEPROM)的功能。数据 Flash 存储器和程序 Flash 存储器空间是分开的。其特点主要包括:

(1) 通过 ISP/IAP 技术可以将内部的数据 Flash 当作 EEPROM 使用。

(2) 擦写次数在 10 万次以上。

(3) 以扇区为单位,每个扇区包含 512 字节。

(4) 数据存储器的擦除操作是按扇区进行的。

注意：由于 EEPROM 是以扇区为单位管理，所以数据存储器的擦除操作也是按扇区进行的。因此，建议同一次修改的数据保存在同一个扇区，不是同一次修改的数据需要保存在不同扇区。

表 5.15 给出了 STC15W4K32S4 系列单片机数据 Flash(EEPROM)空间容量和地址。

表 5.15 STC15W4K32S4 系列单片机数据 Flash(EEPROM)空间容量和地址

型号	EEPROM 容量	扇区数	用 IAP 字节读时，数据 Flash 的起始扇区首地址	用 IAP 字节读时，数据 Flash 的结束扇区末尾地址	用 MOVC 指令读时，数据 Flash 的起始扇区首地址	用 MOVC 指令读时，数据 Flash 的结束扇区末尾地址
STC15W4K16S4	42KB	84	0x0000	0xA7FF	0x4C00	0xF3FF
STC15W4K32S4	26KB	52	0x0000	0x67FF	0x8C00	0xF3FF
STC15W4K40S4	18KB	36	0x0000	0x47FF	0xAC00	0xF3FF
STC15W4K48S4	10KB	20	0x0000	0x27FF	0xCC00	0xF3FF
STC15W4K56S4	2KB	4	0x0000	0x07FF	0xEC00	0xF3FF
IAP15W4K61S4	—	122	0x0000	0xF3FF	—	—
IRC15W4K63S4	—	126	0x0000	0xFBFF	—	—

注意：后两个系列特殊，用户可以在用户程序区直接修改用户程序，所有 Flash 空间均可作数据 Flash(EEPROM)修改。没有专门的数据 Flash，但是用户可以将用户程序区的程序 Flash 当作数据 Flash 使用，使用时不要擦除自己的有效程序。

注意：对于其他类型的单片机数据 Flash 的容量和映射关系，请参阅 STC 提供的单片机数据手册。

5.2.3 内部数据 RAM 存储器

STC15 系列的单片机内部集成了 RAM 存储器，可用于存放程序执行的中间结果和过程数据。以 STC15W4K32S4 系列单片机为例，在单片机内部集成了 4KB 的 RAM 内部数据存储器。在逻辑和物理上，将其分为两个地址空间：

(1) 内部 RAM，其容量为 256 字节。

(2) 内部扩展 RAM，其容量为 3840 字节。

1. 内部 RAM

STC15 系列单片机内部 RAM 空间可以分成三个部分，如图 5.10 所示。

1) 低 128 字节 RAM(兼容传统 8051)

这部分的存储空间既可采用直接寻址方式又可采用间接寻址方式。这部分 RAM 区域也称为通用 RAM 区域，如图 5.11 所示。这个区域分为工作寄存器组区域、可位寻址区域、用户 RAM 和堆栈区。

(1) 工作寄存器组区域。该区域的地址从 0x00～0x1F，占用 32 字节单元。在 8051 CPU 内提供了 4 组工作寄存器，每组称为一个寄存器组。

每个寄存器组包含 8 个工作寄存器区，范围是 R0～R7，但是它们属于不同的物理空间。通过使用不同的寄存器组，可以提高运算的速度。在工作寄存器组区内提供 4 组寄存器，是因为 1 组寄存器往往不能满足应用的要求。在前面已经说明，通过 PSW 中的 RS1 和 RS0 位，设置当前所使用的寄存器组。

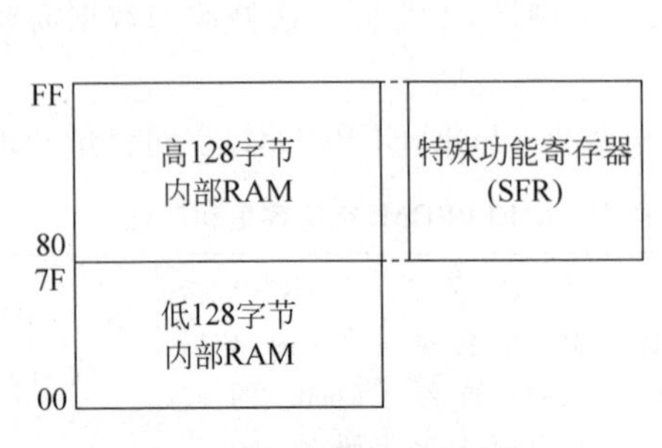

图 5.10　内部 RAM 结构

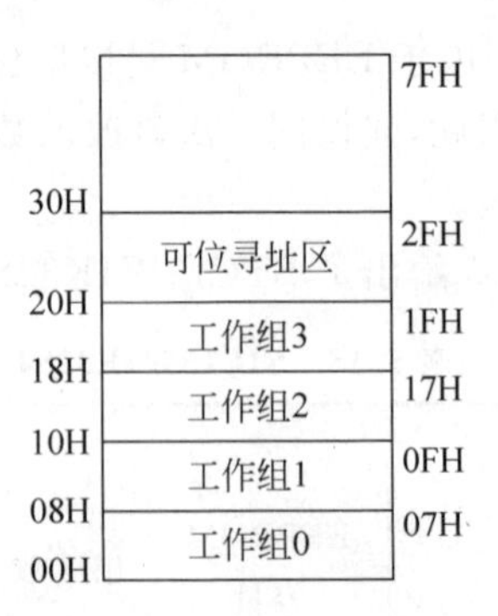

图 5.11　低 128 字节的内部 RAM

(2) 可位寻址区域。在地址 0x20～0x2F 的 16 字节的区域中,可实现按位寻址。也就是说,可以对这 16 个单元中的每一位进行单独的寻址,这个区域一个有 128 位,所对应的地址范围是 0x00～0x7F,而内部 RAM 低 128 字节的地址范围也是 0x00～0x7F。但是,两者之间存在本质的区别,这是因为,位地址指向的是一个位,而字节地址指向的是一个字节单元,在程序中是通过不同的指令进行区分的。

(3) 用户 RAM 和堆栈区。在地址 0x30～0xFF 区域(包含了高 128 字节区域)是用户的 RAM 和堆栈区,可以采用直接寻址或者间接寻址的方式访问该区域。

2) 高 128 字节 RAM(Intel 在 8052 中扩展了高 128 字节 RAM)

这部分区域虽然和 SFR 区域的地址范围重合,都在 0x80～0xFF 的区域。但是,它们在物理上是相互独立的,通过不同的寻址方式来区分它们。对于高 128 字节 RAM 区域来说,只能采用间接寻址方式。

3) 特殊功能寄存器

特殊功能寄存器在本章前面进行了详细的说明。对于 SFR 来说,只能采用直接寻址的方式。

思考与练习 5-20:在 STC 8051 单片机中,内部数据 RAM 分为________、________和________三部分。

思考与练习 5-21:在 STC 8051 单片机的内部数据 RAM 的高 128 字节复用________和________区域,可分别通过________方式访问它们。

思考与练习 5-22:在 STC 8051 单片机中,共有________组寄存器,使用________来选择它们中的一组。

2. 内部扩展 RAM

在 STC15W4K32S4 系列的单片机中,除了集成 256 字节的内部 RAM 外,还集成了 3840 字节的扩展 RAM 区,其地址范围是 0x0000～0x0EFF。在该系列单片机中,访问内部 RAM 的方法和传统 8051 单片机访问外部扩展 RAM 的方法一致,但是不影响单片机外部 P0 口(数据总线和高 8 位地址总线)、P2 口(低 8 位地址总线)、P4.2/$\overline{WR}$、P4.4/$\overline{RD}$和 P4.5/ALE 信号线。

在 STC 系列单片机中,通过下面方式访问内部扩展 RAM。

(1) 使用汇编语言,通过 MOVX 指令访问内部扩展 RAM 区域,访问的指令为

```
MOVX  @DPTR
```

或者

```
MOVX  @Ri
```

(2) 使用C语言,通过使用xdata声明存储类型来访问内部扩展RAM区域。

在STC系列单片机中,由SFR内地址为0x8E的辅助寄存器AUXR控制,如表5.16所示。在该寄存器中的EXTRAM位控制是否可以访问该区域,如图5.12所示。当复位时,该寄存器的值为00000001B。

表5.16 辅助寄存器AUXR各位的含义

比特位	B7	B6	B5	B4	B3	B2	B1	B0
名字	T0x12	T1x12	UAR_M0x6	T2R	T2_C/T	T2x12	EXTRAM	S1ST2

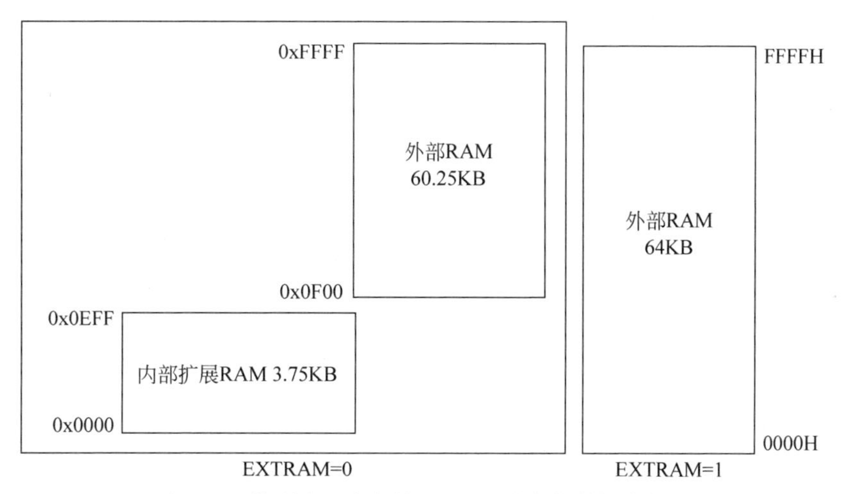

图5.12 控制访问内部扩展RAM或外部数据存储器

其中:

(1) EXTRAM为0时,可以访问内部扩展的RAM。在STC15W4K32S4系列单片机中,通过指令

```
MOVX  @DPTR
```

访问0x0000~0x0EFF单元(3840字节)。

当访问地址超过0x0F00时,总是访问外部数据存储器。

注意:指令MOVX @Ri只能访问0x00~0xFF单元。

(2) EXTRAM为1时,禁止访问内部扩展RAM,此时指令

```
MOVX @DPTR/MOVX @Ri
```

的使用同普通8052单片机。

思考与练习5-23:在STC 8051单片机中,提供了________容量的内部扩展RAM,其地址为________,可使用________指令来访问它们。

注意：从上面可以看出来，访问片内扩展 RAM 和外部数据存储器的方式是一样的，只不过前者在 STC 8051 单片机的内部，而后者在 STC 8051 单片机的外部。

5.2.4 外部数据存储器

本节将介绍外部数据存储器，内容包括外部数据存储器访问控制和外部数据存储器访问时序。

1. 外部数据存储器访问控制

STC15 系列 40 引脚以上的单片机具有扩展 64KB 外部数据存储器和 I/O 口的能力。当访问 STC 单片机外扩的数据存储器时，$\overline{WR}$和$\overline{RD}$信号有效。在 STC15 系列单片机中，增加了一个用于控制外部数据存储器数据总线速度的特殊功能寄存器 BUS_SPEED。该寄存器在 SFR 地址为 0xA1 的位置，如表 5.17 所示。当复位时，该寄存器设置为 xxxxxx10B。

表 5.17 BUS_SPEED 寄存器各位含义

比特位	B7	B6	B5	B4	B3	B2	B1	B0
名字	—	—	—	—	—	—	EXRTS[1:0]	

其中，EXRTS[1:0]比特位的含义如表 5.18 所示。

表 5.18 EXRTS[1:0]比特位的含义

EXRTS[1:0]	建立/保持/读和写时钟周期个数
00	1
01	2
10	4
11	8

2. 外部数据存储器访问时序

为了方便读者理解外部数据存储器的访问原理，给出了读写外部数据存储器的时序，如图 5.13 所示。

由于 STC 单片机的低 8 位地址线和数据线引脚复用在 P0[7:0]端口上，因此在 XADRL 建立和保持周期内，P0[7:0]端口上产生出所要访问外部数据存储器的低 8 位地址。P0[7:0]产生的低 8 位地址和 P2[7:0]产生的高 8 位地址拼成一个 16 位的地址。它可以访问的外部数据存储器的地址范围为 0x0000～0xFFFF，即 64KB 的范围。

(1) 对于写操作而言，在 XADRL 保持结束后，在 P0[7:0]端口上产生将要写到外部数据存储器的 8 位数据 dataout_to_xram[7:0]。

(2) 对于读操作而言，在 XADRL 保持结束后，在 P0[7:0]端口上出现外部数据存储器返回的 8 位读数据 dataout_from_xram[7:0]。

更进一步的：

(1) 对于 STC15 系列的单片机来说，写指令的时间长度等于

$$T_{\text{XADRL建立}} + T_{\text{XADRL保持}} + T_{\text{数据建立}} + T_{\text{写周期}} + T_{\text{数据保持}}$$

(2) 对于 STC15 系列的单片机来说，读指令的时间长度等于

$$T_{\text{XADRL建立}} + T_{\text{XADRL保持}} + T_{\text{数据建立}} + T_{\text{读数据保持}}$$

注意：(1) 建立时间是指在有效触发沿之前，数据/地址有效的时间。

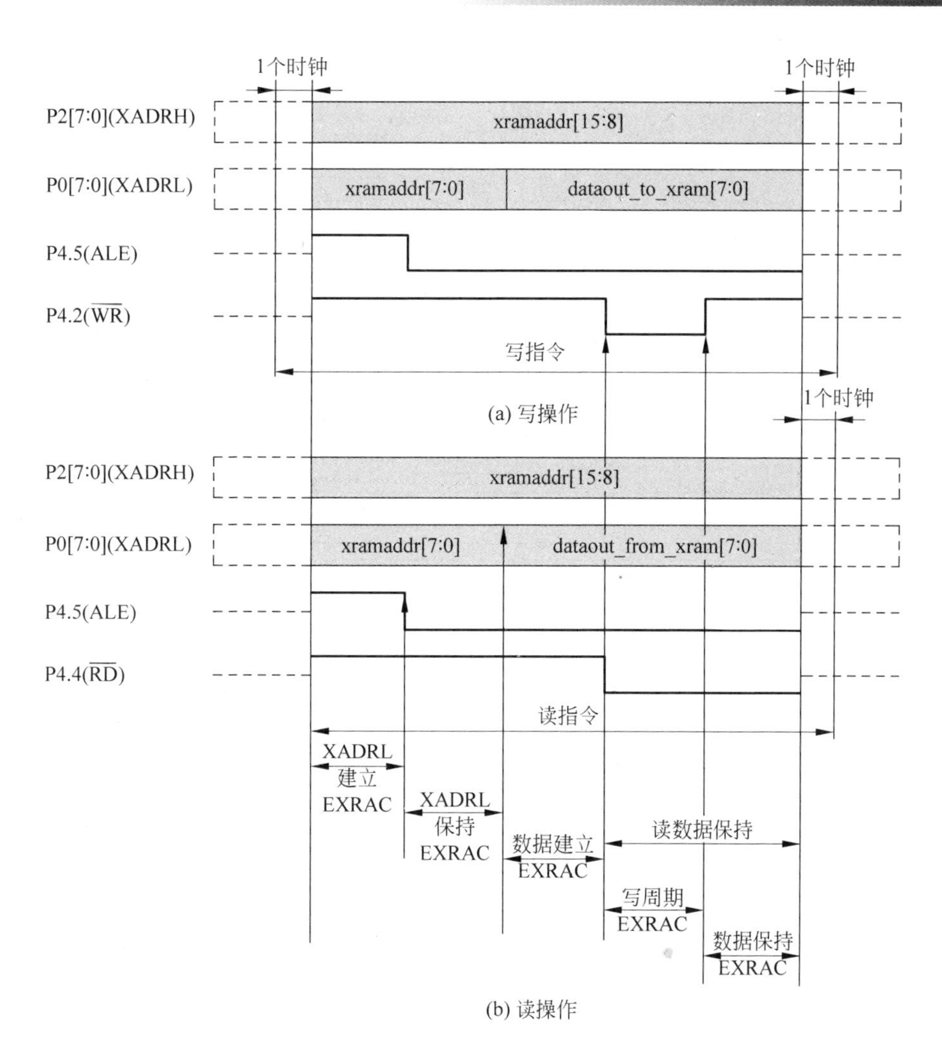

图 5.13 外部存储器的写和读操作时序

(2) 保持时间是指在有效触发沿之后，数据/地址有效的时间。

3. 单片机和外部数据存储器的硬件电路

由于单片机上的低 8 位地址和 8 位数据复用在 P0 端口上，因此需要将复用的低 8 位地址和 8 位数据分离。在实际应用中，通过使用 74HC573 器件将地址和数据进行分离，如图 5.14 所示。

图 5.14 中，74HC573 是 8 位带 3 态输出的锁存器，其功能如表 5.19 所示。

表 5.19 74HC573 输入和输出关系

输入			输出 Q
EN	LE	D	
0	1	1	1
0	1	0	0
0	0	×	Q_0
1	×	×	Z

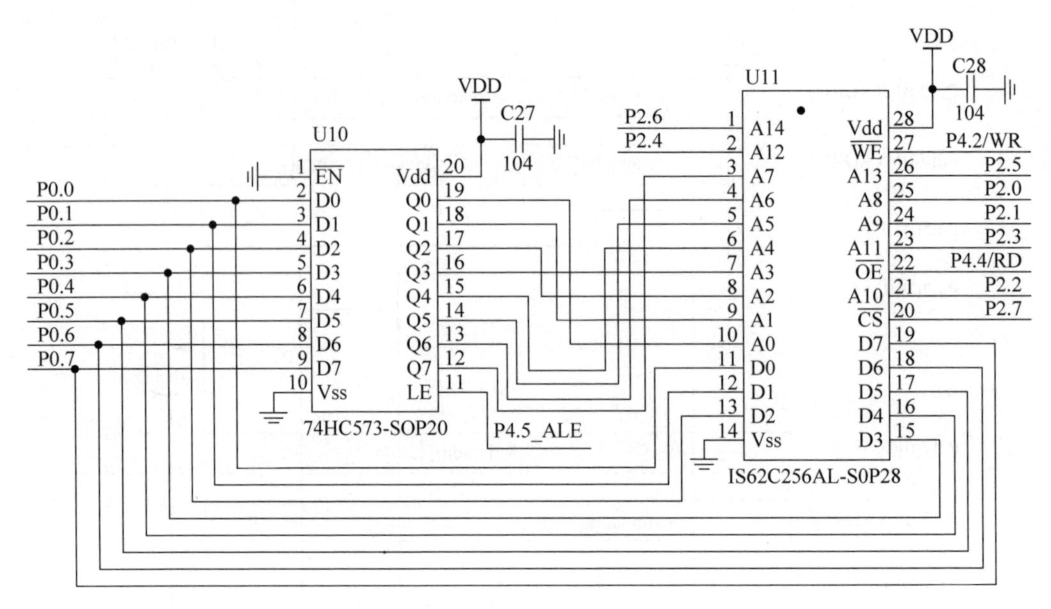

图 5.14　扩展外部 32KB 存储器的电路结构

在设计中，74HC573 器件的 LE 引脚与 STC 单片机 P4.5/ALE 引脚连接。根据图 5.13 所示的时序，当 ALE 为高时，P0[7:0]端口给出的是用于访问外部数据存储器的低 8 位地址。通过这个器件，就产生出可以连接到外部型号为 IS62C256 SRAM 存储器的低 8 位地址；而 STC 单片机的 P2[7:0]端口直接产生用于访问外部数据存储器的高 8 位地址。

P0[7:0]端口和需要访问的外部数据存储器的 8 位数据线直接进行连接。此外，P2.7 引脚可作为访问外部存储器的片选信号。

5.3　STC 单片机中断系统原理及功能

本节介绍 STC 8051 单片机中断原理及功能，内容包括中断原理、中断系统结构、中断优先级处理、中断优先级控制寄存器、中断向量表。

5.3.1　中断原理

STC 单片机中的中断系统是为了 8051 CPU 具有实时处理外界紧急事件能力而设置的一种机制。

当 8051 CPU 正在处理某个事件的时候，即正在正常执行一段程序代码时，外界发生了紧急事件，这个紧急事件可以通过 STC 单片机的外部引脚或内部信号送给 8051 CPU，8051 CPU 就需要做出判断是不是需要立即处理这个紧急事件。如果 CPU 允许立即处理这个事件，则暂时停止当前正在执行的程序代码，而跳转到用于处理该紧急事件的程序代码，即通常所说的中断服务程序。当处理完紧急事件，也就是执行完处理该紧急事件的程序代码后，再继续处理前面所打断的正常执行的程序代码。这个过程称为中断，如图 5.15 所示。下面对这个过程进行说明：

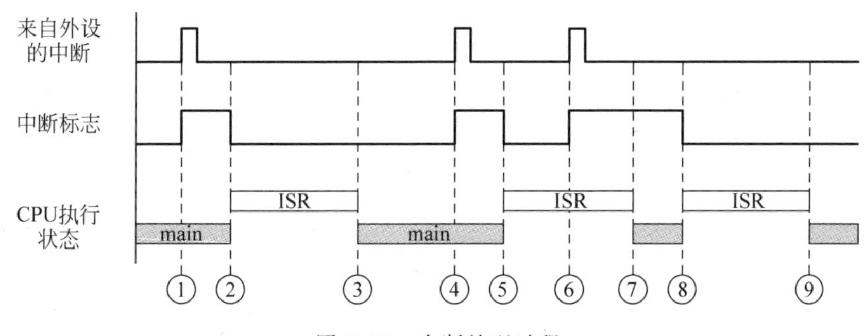

图 5.15　中断处理过程

① 外设在中断线上产生脉冲。中断控制器设置中断标志，并向 CPU 发出请求。

② CPU 响应并开始执行中断服务程序(Interrupt Service Routine，ISR)。中断控制器在进入 ISR 入口时，清除中断标志。

③ CPU 从中断返回。

④ 外设在中断线上产生脉冲。中断控制器设置中断标志，并向 CPU 发出请求。

⑤ CPU 响应并开始执行中断服务程序 ISR。中断控制器在进入 ISR 入口时，清除中断标志。

⑥ 当正在执行 ISR 时，外设在中断线上产生脉冲。中断控制器设置中断待处理标志。

⑦ CPU 从中断服务程序返回。当设置中断标志时，中断控制器产生一个中断。

⑧ CPU 开始执行 ISR。中断控制器在进入 ISR 入口时，清除中断标志。

⑨ CPU 从中断服务程序返回。

注：④～⑨表示中断嵌套。

为了方便读者对后续内容的学习，下面对中断系统的一些术语进行说明：

1) 中断系统

在 STC 单片机中，用于实现中断过程的功能部件称为中断系统。

2) 中断源

可以打断当前正在执行程序的紧急事件称为中断源。

3) 中断优先级

当有多个紧急事件同时需要 8051 CPU 进行处理时，就存在 CPU 到底先处理哪个紧急事件的问题。在 8051 CPU 中，为这些紧急事件设置了优先级。也就是 8051 CPU 总是先处理优先级最高的紧急事件，总是最后处理优先级最低的紧急事件。

对于具有相同优先级的紧急事件来说，将按照产生事件的前后顺序进行处理。

4) 中断嵌套

当 8051 CPU 正在处理一个中断源的时候，即正在执行相应的中断服务程序时，外部又出现了一个优先级更高的紧急事件需要进行处理。如果 8051 CPU 允许，则暂停处理当前正在执行的中断处理程序，转而去执行用于处理优先级更高的紧急事件的中断服务程序。这种允许高优先级中断打断当前中断处理程序的机制称为中断嵌套，如图 5.16 所示。

注意：不允许中断嵌套的中断系统则称为单级中断系统。

思考与练习 5-24：在 STC 8051 单片机中，中断定义为________。

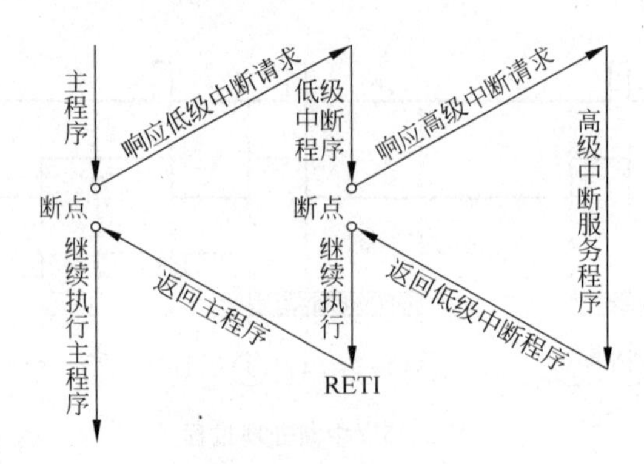

图 5.16 中断嵌套结构

思考与练习 5-25：在 STC 8051 单片机中，中断源定义为________。

思考与练习 5-26：在 STC 8051 单片机中，中断优先级定义为________。

思考与练习 5-27：如果允许 CPU 响应中断请求，请用图表示 CPU 响应并处理中断的过程。

5.3.2 中断系统结构

在 STC15W4K32S 系列的单片机中，提供了 21 个中断源，如图 5.17 所示。

(1) 外部中断 0(INT0)。

(2) 定时器 0 中断。

(3) 外部中断 1(INT1)。

(4) 定时器 1 中断。

(5) 串口 1 中断。

(6) A/D 转换中断。

(7) 低电压检测(LVD)中断。

(8) CCP/PWM/PCA 中断。

(9) 串口 2 中断。

(10) SPI 中断。

(11) 外部中断 2($\overline{\text{INT2}}$)。

(12) 外部中断 3($\overline{\text{INT3}}$)。

(13) 定时器 2 中断。

(14) 外部中断 4($\overline{\text{INT4}}$)。

(15) 串口 3 中断。

(16) 串口 4 中断。

(17) 定时器 3 中断。

(18) 定时器 4 中断。

(19) 比较器中断。

(20) PWM 中断。

(21) PWM 异常检测中断。

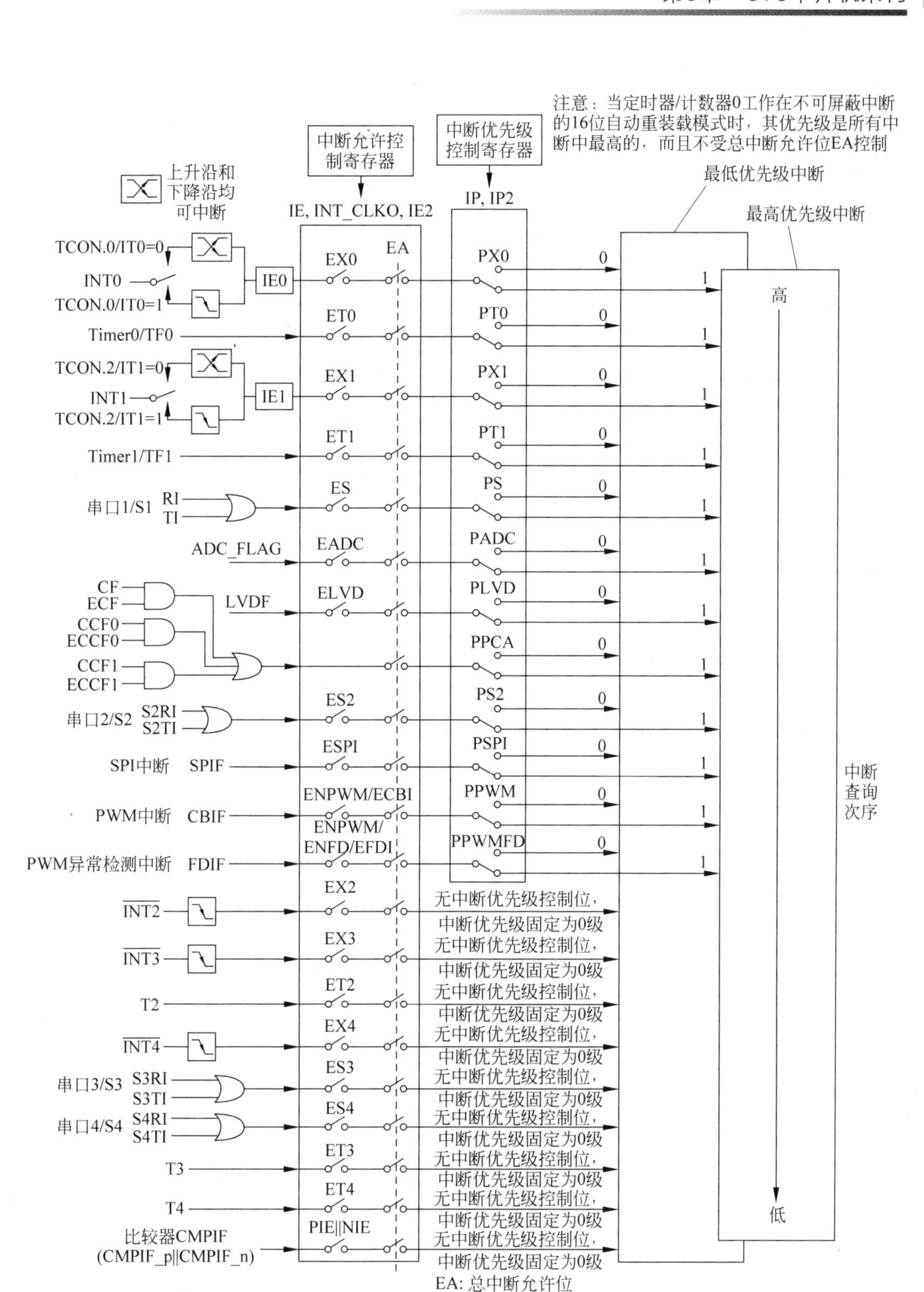

注意：当定时器/计数器0工作在不可屏蔽中断的16位自动重装载模式时，其优先级是所有中断中最高的，而且不受总中断允许位EA控制
中断允许控制寄存器
中断优先级控制寄存器
上升沿和下降沿均可中断
IE, INT_CLKO, IE2
IP, IP2
最低优先级中断
最高优先级中断
TCON.0/IT0=0
INT0
TCON.0/IT0=1
IE0
Timer0/TF0
TCON.2/IT1=0
INT1
TCON.2/IT1=1
IE1
Timer1/TF1
串口1/S1 RI TI
ADC_FLAG
CF ECF CCF0 ECCF0 CCF1 ECCF1
LVDF
串口2/S2 S2RI S2TI
SPI中断 SPIF
PWM中断 CBIF
PWM异常检测中断 FDIF
INT2
INT3
T2
INT4
串口3/S3 S3RI S3TI
串口4/S4 S4RI S4TI
T3
T4
比较器CMPIF (CMPIF_p||CMPIF_n)
EX0 EA ET0 EX1 ET1 ES EADC ELVD ES2 ESPI ENPWM/ECBI ENPWM/ENFD/EFDI EX2 EX3 ET2 EX4 ES3 ES4 ET3 ET4 PIE||NIE
PX0 PT0 PX1 PT1 PS PADC PLVD PPCA PS2 PSPI PPWM PPWMFD
高
低
中断查询次序
无中断优先级控制位，中断优先级固定为0级
EA: 总中断允许位

图 5.17　中断系统结构

从图 5.17 中可以看出，在这 21 个中断中，外部中断 2、外部中断 3、定时器 2 中断、外部中断 4、串口 3 中断、串口 4 中断、定时器 3 中断、定时器 4 中断和比较器中断的优先级总是固定为最低优先级(0 级)外，其他的中断都具有两个中断优先级，可以实现两级中断嵌套。另外，用户可以通过中断允许寄存器 IE 的 B7 比特位 EA，以及相应中断的允许位，使能或者禁止 8051 CPU 响应该中断。通常把 8051 CPU 禁止响应中断称为屏蔽中断(中断屏蔽)。下面对用于使能或者禁止中断的寄存器进行说明。

1. IE 寄存器

在 STC15W4K32S4 系列单片机内，8051 CPU 是否允许和禁止响应所有中断源，以及是否允许每一个中断源，这都是由内部的中断允许寄存器 IE 控制，如表 5.20 所示。该寄存器位于 SFR 地址为 0xA8 的位置。当复位时，将该寄存器设置为 00000000B。

表 5.20　中断允许寄存器 IE 的各位含义

比特位	B7	B6	B5	B4	B3	B2	B1	B0
名字	EA	ELVD	EADC	ES	ET1	EX1	ET0	EX0

注意：该寄存器可以位寻址。

表中：

1) EA

8051 CPU 的全局中断使能控制位。当该位为 1 时，表示 CPU 可以响应各种不同类型的紧急事件(中断)；当该位为 0 时，表示 CPU 禁止响应任何类型的紧急事件(中断)。

2) ELVD

低电压检测中断允许位。当该位为 1 时，表示允许低电压检测产生中断事件；当该位为 0 时，表示禁止低电压检测产生中断事件。

3) EADC

ADC 转换中断允许位。当该位为 1 时，表示允许 ADC 转换产生中断事件；当该位为 0 时，表示禁止 ADC 转换产生中断事件。

4) ES

串行接口 1 中断允许位。当该位为 1 时，表示允许串行接口 1 产生中断事件；当该位为 0 时，表示禁止串行接口 1 产生中断事件。

5) ET1

定时/计数器 T1 的溢出中断允许位。当该位为 1 时，表示允许 T1 溢出产生中断事件；当该位为 0 时，表示禁止 T1 溢出产生中断事件。

6) EX1

外部中断 1 中断允许位。当该位为 1 时，表示允许外部中断 1 产生中断事件；当该位为 0 时，表示禁止外部中断 1 产生中断事件。

7) ET0

定时/计数器 T0 的溢出中断允许位。当该位为 1 时，表示允许 T0 溢出产生中断事件；当该位为 0 时，表示禁止 T0 溢出产生中断事件。

8) EX0

外部中断 0 中断允许位。当该位为 1 时，表示允许外部中断 0 产生中断事件；当该位为 0 时，表示禁止外部中断 0 产生中断事件。

2. IE2 寄存器

该寄存器用于使能和禁止其他紧急事件，该寄存器位于 SFR 地址为 0xAF 的位置，如表 5.21 所示。当复位时，该寄存器的内容设置为 x0000000B。

表 5.21 中断允许寄存器 IE2 的各位含义

比特位	B7	B6	B5	B4	B3	B2	B1	B0
名字	—	ET4	ET3	ES4	ES3	ET2	ESPI	ES2

其中：

1）ET4

定时器 4 中断允许位。当该位为 1 时，表示允许定时器 4 产生中断事件；当该位为 0 时，表示禁止定时器 4 产生中断事件。

2）ET3

定时器 3 中断允许位。当该位为 1 时，表示允许定时器 3 产生中断事件；当该位为 0 时，表示禁止定时器 3 产生中断事件。

3）ES4

串行接口 4 中断允许位。当该位为 1 时，表示允许串行接口 4 产生中断事件；当该位为 0 时，表示禁止串行接口 4 产生中断事件。

4）ES3

串行接口 3 中断允许位。当该位为 1 时，表示允许串行接口 3 产生中断事件；当该位为 0 时，表示禁止串行接口 3 产生中断事件。

5）ET2

定时器 2 中断允许位。当该位为 1 时，表示允许定时器 2 产生中断事件；当该位为 0 时，表示禁止定时器 2 产生中断事件。

6）ESPI

SPI 接口中断允许位。当该位为 1 时，表示允许 SPI 接口产生中断事件；当该位为 0 时，表示禁止 SPI 接口产生中断事件。

7）ES2

串行接口 2 中断允许位。当该位为 1 时，表示允许串行接口 2 产生中断事件；当该位为 0 时，表示禁止串行接口 2 产生中断事件。

3. INT_CLKO 寄存器

外部中断允许和时钟输出寄存器。该寄存器是 STC15 系列单片机新增加的寄存器，该寄存器位于 SFR 地址为 0x8F 的位置，如表 5.22 所示。当复位时，该寄存器的内容设置为 x0000000B。

表 5.22 中断允许和时钟输出寄存器 INT_CLKO 的各位含义

比特位	B7	B6	B5	B4	B3	B2	B1	B0
名字	—	EX4	EX3	EX2	MCKO_S2	T2CLKO	T1CLKO	T0CLKO

注意：在此只介绍和中断有关的比特位。

表中：

1) EX4

外部中断4中断允许位。当该位为1时，表示允许外部中断4产生中断事件；当该位为0时，表示禁止外部中断4产生中断事件。

注意：外部中断4只能通过下降沿进行触发。

2) EX3

外部中断3中断允许位。当该位为1时，表示允许外部中断3产生中断事件；当该位为0时，表示禁止外部中断3产生中断事件。

注意：外部中断3只能通过下降沿进行触发。

3) EX2

外部中断2中断允许位。当该位为1时，表示允许外部中断2产生中断事件；当该位为0时，表示禁止外部中断2产生中断事件。

注意：外部中断2只能通过下降沿进行触发。

4. TCON寄存器

TCON寄存器称为定时器/计数器控制寄存器，如表5.23所示，该寄存器位于SFR地址为0x88的位置。当复位时，该寄存器的内容设置为00000000B。

表5.23 定时器/计数器控制寄存器TCON的各位含义

比特位	B7	B6	B5	B4	B3	B2	B1	B0
名字	TF1	TR1	TF0	TR0	IE1	IT1	IE0	IT0

注意：这里只介绍和中断有关的比特位含义。

表中：

1) IE1

外部中断1(INT1/P3.3)中断请求标志。当该位为1时，外部中断1向CPU请求中断。当CPU响应该中断后，由硬件自动清除该位。

2) IT1

外部中断1中断源类型选择位。当该位为0时，表示INT1/P3.3引脚上的上升沿或者下降沿信号均可以触发外部中断1；当该位为1时，表示外部中断1为下降沿触发方式。

3) IE0

外部中断0(INT0/P3.2)中断请求标志。当该位为1时，外部中断0向CPU请求中断。当CPU响应该中断后，由硬件自动清除该位。

4) IT0

外部中断0中断源类型选择位。当该位为0时，表示INT0/P3.2引脚上的上升沿或者下降沿信号均可以触发外部中断0；当该位为1时，表示外部中断0为下降沿触发方式。

对于上面的寄存器来说：

(1) 对于IE寄存器的设置操作，可以通过下面的位操作指令：

```
SETB BIT
CLR BIT
```

或通过下面的字节操作指令实现：

```
MOV IE, #DATA
ANL IE,#DATA
ORL IE,#DATA
MOV IE,A
```

(2) 对于 IE2 和 INT_CLKO 寄存器的设置操作，只能通过字节操作指令完成。

5.3.3 中断优先级处理

中断控制器提供了中断优先级处理的能力为每个中断分配不同的优先级。下面分析不同优先级的处理。

1. 先后产生中断

如果一个 8051 CPU 确认需要响应中断 INTB，而 CPU 此时正在执行另一个中断 INTA，这里有三种可能性用于处理这种情况。

(1) 如果 INTA 的优先级比 INTB 低，则：

① 在当前 INTA 正在执行的指令上停下来，即暂时停止运行 INTA。

② 将 INTA 的现场入栈，即保护现场，CPU 开始转向执行 INTB。

③ 当执行完 INTB 后，CPU 跳转到刚才中断执行 INTA 指令的地方，继续执行 INTA。

(2) 如果 INTA 的优先级比 INTB 高，则：

① INTB 一直等待，直到执行完 INTA。

② 一旦执行完 INTA 后，立即开始执行 INTB。

(3) 如果 INTA 和 INTB 有相同的优先级，则：

① 如果正在执行 INTA，则 INTB 等待执行完 INTA。当执行完 INTA 后，开始执行 INTB。

② 如果正在执行 INTB，则 INTA 等待执行完 INTB。当执行完 INTB 后，开始执行 INTA。

2. 同时产生中断

(1) 如果 INTA 优先级低于 INTB，则 INTB 获得仲裁权，开始执行。

(2) 如果 INTA 优先级高于 INTB，则 INTA 获得仲裁权，开始执行。

(3) 如果 INTA 和 INTB 有相同的优先级，则具有低索引值的中断获得仲裁权，开始执行。

5.3.4 中断优先级控制寄存器

传统 8051 单片机具有两个中断优先级，即最高优先级和最低优先级，可以实现两级中断嵌套。在 STC15 系列单片机中，通过设置特殊功能寄存器 IP1 和 IP2 中的相应位，可以将部分中断设为带有 2 个中断优先级，除外部中断 2($\overline{INT2}$)、外部中断 3($\overline{INT3}$)和外部中断 4($\overline{INT4}$)以外，可以将其他所有中断请求源设置为 2 个优先级。

1. 中断优先级寄存器 IP1

该寄存器用于设置部分中断源的优先级，其位于 SFR 地址为 0xB8 的位置，如表 5.24 所示。当复位时，该寄存器的内容设置为 00000000B。

表 5.24 中断优先级寄存器 IP1 各位的含义

比特位	B7	B6	B5	B4	B3	B2	B1	B0
名字	PPCA	PLVD	PADC	PS	PT1	PX1	PT0	PX0

注意：该寄存器可位寻址。

表中：

1) PPCA

PCA 中断优先级控制位。当该位为 0 时，PCA 中断为最低优先级(优先级 0)；当该位为 1 时，PCA 中断为最高优先级(优先级 1)。

2) PLVD

低电压检测中断优先级控制位。当该位为 0 时，低电压检测中断为最低优先级(优先级 0)；当该位为 1 时，低电压检测中断为最高优先级(优先级 1)。

3) PADC

ADC 中断优先级控制位。当该位为 0 时，ADC 转换中断为最低优先级(优先级 0)；当该位为 1 时，ADC 转换中断为最高优先级(优先级 1)。

4) PS

串口 1 中断优先级控制位。当该位为 0 时，串口 1 中断为最低优先级(优先级 0)；当该位为 1 时，串口 1 中断为最高优先级(优先级 1)。

5) PT1

定时器 1 中断优先级控制位。当该位为 0 时，定时器 1 中断为最低优先级(优先级 0)；当该位为 1 时，定时器 1 中断为最高优先级(优先级 1)。

6) PX1

外部中断 1 中断优先级控制位。当该位为 0 时，外部中断 1 为最低优先级(优先级 0)；当该位为 1 时，外部中断 1 为最高优先级(优先级 1)。

7) PT0

定时器 0 中断优先级控制位。当该位为 0 时，定时器 0 中断为最低优先级(优先级 0)；当该位为 1 时，定时器 0 中断为最高优先级(优先级 1)。

8) PX0

外部中断 0 中断优先级控制位。当该位为 0 时，外部中断 0 为最低优先级(优先级 0)；当该位为 1 时，外部中断 0 为最高优先级(优先级 1)。

2. 中断优先级寄存器 IP2

该寄存器用于设置部分中断源的优先级，其位于 SFR 地址为 0xB5 的位置，如表 5.25 所示。当复位时，该寄存器的内容设置为 xxx00000B。

表 5.25 中断优先级寄存器 IP2 各位的含义

比特位	B7	B6	B5	B4	B3	B2	B1	B0
名字	—	—	—	PX4	PPWMFD	PPWM	PSPI	PS2

注意：该寄存器不可位寻址。

表中：

1）PX4

外部中断 4 中断优先级控制位。当该位为 0 时，外部中断 4 为最低优先级（优先级 0）；当该位为 1 时，外部中断 4 为最高优先级（优先级 1）。

2）PPWMFD

PWM 异常检测中断优先级控制位。当该位为 0 时，PWM 异常检测中断为最低优先级（优先级 0）；当该位为 1 时，PWM 异常检测中断为最高优先级（优先级 1）。

3）PPWM

PWM 中断优先级控制位。当该位为 0 时，PWM 中断为最低优先级（优先级 0）；当该位为 1 时，PWM 中断为最高优先级（优先级 1）。

4）PSPI

SPI 中断优先级控制位。当该位为 0 时，SPI 中断为最低优先级（优先级 0）；当该位为 1 时，SPI 中断为最高优先级（优先级 1）。

5）PS2

串口 2 中断优先级控制位。当该位为 0 时，串口 2 中断为最低优先级（优先级 0）；当该位为 1 时，串口 2 中断为最高优先级（优先级 1）。

思考与练习 5-28：在 STC 8051 单片机中，当有一个紧急事件需要 CPU 进行处理时，需要的前提条件是________。（提示：允许该事件发出中断请求，以及 CPU 允许响应该中断请求。）

5.3.5 中断向量表

前面提到，当 CPU 响应紧急事件的时候，要转向用于处理紧急事件的程序代码（这个程序代码通常称为中断服务程序），那问题就出现了，CPU 是如何找到用于处理紧急事件程序代码的起始地址的呢？原来在 8051 CPU 的程序存储器空间内，专门开辟了一块存储空间用于保存处理不同类型事件的程序代码的起始地址，也称为中断服务程序入口地址。

在计算机中，把这个用于保存处理不同类型事件的程序代码起始地址的存储空间称为中断向量表。实际上，中断向量表就是程序存储器中的一块特定的存储空间而已，只不过这个存储空间的位置已经事先规定好了，用户不可以修改中断向量表所在地址空间的位置。

但是，用户可以做的工作是可以修改中断向量表中每个中断向量的内容，也就是为处理每个不同类型事件的程序代码指定起始地址，这就是所说的中断映射，如图 5.18 所示。中断源、中断向量和中断号的对应关系，如表 5.26 所示。

表 5.26　中断源、中断向量和中断号的对应关系

中断源	中断向量	中断号(C 语言编程使用)
外部中断 0	0x0003	0
定时器 0	0x000B	1
外部中断 1	0x0013	2
定时器 1	0x001B	3
串口(UART)1	0x0023	4
ADC 中断	0x002B	5
低电压检测(LVD)	0x0033	6
可编程计数器阵列(PCA)	0x003B	7
串口(UART)2	0x0043	8
同步串口 SPI	0x004B	9
外部中断 2	0x0053	10
外部中断 3	0x005B	11
定时器 2	0x0063	12
外部中断 4	0x0083	16
串口(UART)3	0x008B	17
串口(UART)4	0x0093	18
定时器 3	0x009B	19
定时器 4	0x00A3	20
比较器	0x00AB	21
PWM	0x00B3	22
PWM 异常检测	0x00BB	23

注：中断向量表中的每个中断向量的内容实质上是一条指向中断服务程序入口地址的跳转指令。

从图 5.18 中可以看到，程序 Flash 存储空间的低地址区已经分配了中断向量表，所以这个区域禁止保存用户程序代码。因此，用户程序经常保存在程序 Flash 存储空间起始地址为 0x100 的地方。在程序存储器地址为 0x0000 的位置有一条跳转指令，用于避开中断向量表的区域。

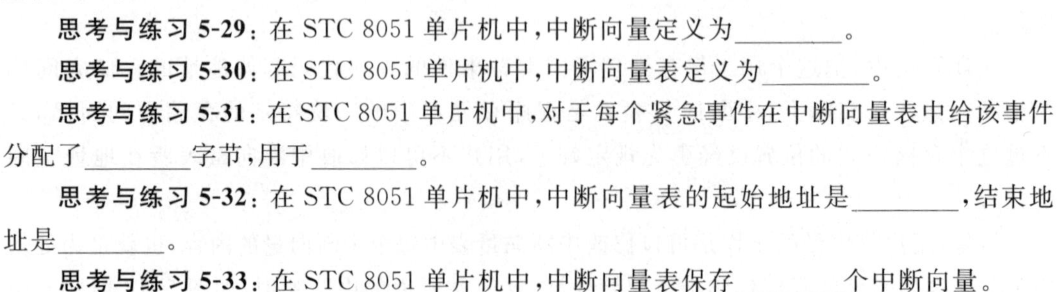

思考与练习 5-29：在 STC 8051 单片机中，中断向量定义为________。

思考与练习 5-30：在 STC 8051 单片机中，中断向量表定义为________。

思考与练习 5-31：在 STC 8051 单片机中，对于每个紧急事件在中断向量表中给该事件分配了________字节，用于________。

思考与练习 5-32：在 STC 8051 单片机中，中断向量表的起始地址是________，结束地址是________。

思考与练习 5-33：在 STC 8051 单片机中，中断向量表保存________个中断向量。

程序Flash存储器空间
地址0x0000
地址0x0003
LJMP指令
地址高8位
地址低8位
外部中断0的中断向量。其内容为指向中断服务程序入口地址的跳转指令(该ISR用于处理外部中断0产生的中断事件)
…
地址0x000B
LJMP指令
地址高8位
地址低8位
定时器0的中断向量。其内容为指向中断服务程序入口地址的跳转指令(该ISR用于处理定时器0产生的中断事件)
…
地址0x0013
LJMP指令
地址高8位
地址低8位
外部中断1的中断向量。其内容为指向中断服务程序入口地址的跳转指令(该ISR用于处理外部中断1产生的中断事件)
…
地址0x001B
LJMP指令
地址高8位
地址低8位
定时器1的中断向量。其内容为指向中断服务程序入口地址的跳转指令(该ISR用于处理定时器1产生的中断事件)
…
地址0x0023
LJMP指令
地址高8位
地址低8位
串口1的中断向量。其内容为指向中断服务程序入口地址的跳转指令(该ISR用于处理串口1产生的中断事件)
…
地址0x002B
LJMP指令
地址高8位
地址低8位
ADC的中断向量。其内容为指向中断服务程序入口地址的跳转指令(该ISR用于处理ADC产生的中断事件)
…
地址0x0033
LJMP指令
地址高8位
地址低8位
低电压检测的中断向量。其内容为指向中断服务程序入口地址的跳转指令(该ISR用于处理低电压检测产生的中断事件)
…
地址0x003B
LJMP指令
地址高8位
地址低8位
PCA的中断向量。其内容为指向中断服务程序入口地址的跳转指令(该ISR用于处理可编程计数阵列产生的中断事件)
…
地址0x0043
LJMP指令
地址高8位
地址低8位
串口2的中断向量。其内容为指向中断服务程序入口地址的跳转指令(该ISR用于处理串口2产生的中断事件)
…
地址0x004B
LJMP指令
地址高8位
地址低8位
SPI的中断向量。其内容为指向中断服务程序入口地址的跳转指令(该ISR用于处理SPI产生的中断事件)
…

图 5.18 中断向量表

地址	内容	说明
地址0x0053	LJMP指令	外部中断2的中断向量。其内容为指向中断服务程序入口地址的跳转指令(该ISR用于处理外部中断2产生的中断事件)
	地址高8位	
	地址低8位	
	…	
地址0x005B	LJMP指令	外部中断3的中断向量。其内容为指向中断服务程序入口地址的跳转指令(该ISR用于处理外部中断3产生的中断事件)
	地址高8位	
	地址低8位	
	…	
地址0x0063	LJMP指令	定时器2的中断向量。其内容为指向中断服务程序入口地址的跳转指令(该ISR用于处理定时器2产生的中断事件)
	地址高8位	
	地址低8位	
	…	
地址0x0083	LJMP指令	外部中断4的中断向量。其内容为指向中断服务程序入口地址的跳转指令(该ISR用于处理外部中断4产生的中断事件)
	地址高8位	
	地址低8位	
	…	
地址0x008B	LJMP指令	串口3的中断向量。其内容为指向中断服务程序入口地址的跳转指令(该ISR用于处理串口3产生的中断事件)
	地址高8位	
	地址低8位	
	…	
地址0x0093	LJMP指令	串口4的中断向量。其内容为指向中断服务程序入口地址的跳转指令(该ISR用于处理串口4产生的中断事件)
	地址高8位	
	地址低8位	
	…	
地址0x009B	LJMP指令	定时器3的中断向量。其内容为指向中断服务程序入口地址的跳转指令(该ISR用于处理定时器3产生的中断事件)
	地址高8位	
	地址低8位	
	…	
地址0x00A3	LJMP指令	定时器4的中断向量。其内容为指向中断服务程序入口地址的跳转指令(该ISR用于处理定时器4产生的中断事件)
	地址高8位	
	地址低8位	
	…	
地址0x00AB	LJMP指令	比较器的中断向量。其内容为指向中断服务程序入口地址的跳转指令(该ISR用于处理比较器产生的中断事件)
	地址高8位	
	地址低8位	
	…	
地址0x00B3	LJMP指令	PWM的中断向量。其内容为指向中断服务程序入口地址的跳转指令(该ISR用于处理PWM产生的中断事件)
	地址高8位	
	地址低8位	
	…	
地址0x00BB	LJMP指令	PWM异常的中断向量。其内容为指向中断服务程序入口地址的跳转指令(该ISR用于处理PWM异常产生的中断事件)
	地址高8位	
	地址低8位	
	…	

图 5.18 (续)

第 6 章 STC 单片机 CPU 指令系统

CHAPTER 6

本章介绍了 STC 单片机 CPU 指令系统，主要内容包括 STC 单片机 CPU 寻址模式和 STC 单片机 CPU 指令集。

CPU 指令系统反映了 8051 CPU 的结构。当指令系统确定后，CPU 内核的结构就确定了。通过对 STC 单片机 CPU 寻址模式和指令系统的学习，进一步掌握 STC 单片机 CPU 的结构和接口功能，为后续学习汇编语言和 C 语言程序设计方法打下基础。

特别需要强调的是，只有掌握了 STC 单片机 8051 CPU 的结构及其指令系统后，才能使所编写的软件程序在运行时达到最高的性能要求。

6.1 STC 单片机 CPU 寻址模式

一条机器指令包含两部分，即操作码和操作数。操作码的目的是对被操作对象进行处理。典型地，对被操作对象实现逻辑与或非运算、加减乘除运算等。在机器/汇编语言指令中，将操作对象称为操作数。

在 STC 8051 单片机中，这些被操作的对象（操作数）可以保存在 CPU 的内部寄存器、片内 Flash 程序存储器、片内 RAM、片内扩展 RAM 或者片外存储器中，也可能仅是一个常数（它作为指令的一部分存在）。

因此，就需要预先确定一些规则，一方面使得操作数可以保存在这些区域内；另一方面，CPU 可以找到它们。在 STC 8051 单片机中，将 CPU 寻找操作对象（操作数）所保存位置的方式称为寻址模式。

在 STC 8051 单片机中，操作对象包括立即数、直接位地址、程序地址、直接地址、间接地址、特殊的汇编器符号。这些操作对象和寻址模式相关。

需要说明的是，特殊汇编器符号用来表示 8051 CPU 的内部功能寄存器，不可以修改这些符号。在 8051 单片机常用的寄存器符号有：

(1) A 表示 8051 的累加器 ACC。

(2) DPTR 表示 16 位的数据指针，指向外部数据空间或者代码存储空间。

(3) PC 表示 16 位的程序计数器，指向下一条将要执行指令的地址。

(4) C 表示进位标志 CY。

(5) AB 表示 A 和 B 寄存器对，用于乘和除操作。

(6) R0～R7 表示当前所使用寄存器组内的 8 个 8 位通用寄存器。

(7) SP表示堆栈指针。

(8) DPS表示数据指针选择寄存器。

STC15系列单片机采用的是8051 CPU内核，所以其寻址模式和传统的8051单片机是一样的。

6.1.1 立即数寻址模式

一些指令直接加载常数的值，而不是地址。例如指令：

```
MOV A, #3AH
```

功能：将8位的十六进制立即数3A送给累加器A，如图6.1所示。

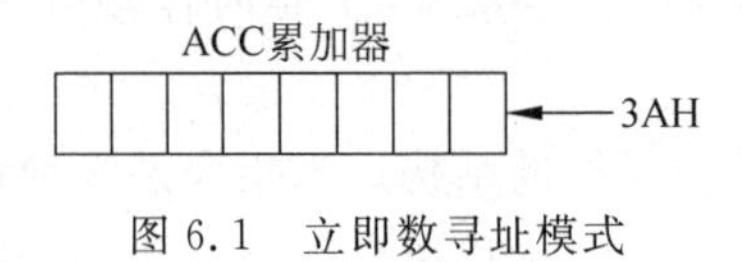

图6.1 立即数寻址模式

6.1.2 直接寻址模式

操作数由一个直接8位地址域指定。当使用这种模式时，只能访问片内RAM和特殊功能寄存器SFR。例如指令：

```
MOV A,3AH
```

功能：将片内RAM中地址为3AH单元内的数据送给累加器A，如图6.2所示。

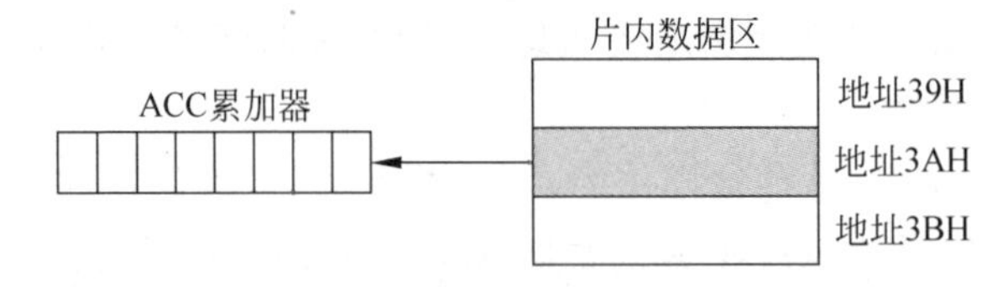

图6.2 直接寻址模式

注意：和MOV A，#3AH指令的区别。如果操作数前带"#"符号，则操作数表示的是一个立即数，是立即数寻址方式。而操作数前面不带"#"符号，则操作数表示的是存储器的地址，3A是存储器的地址，表示把存储器地址为3A单元的内容送到累加器A中。

6.1.3 间接寻址模式

由指令指定一个寄存器，该寄存器包含操作数的地址。寄存器R0和R1用来指定8位地址，数据指针寄存器(DPTR)用来指定16位的地址。例如指令：

```
ANL A,@R1
```

假设累加器A的内容为31H，R1寄存器的内容为60H，即(R1)=60H，则以60H作为存储器的地址，将60H地址单元的内容与累加器A中的数31H进行逻辑与运算，运算结果存放在累加器A中，如图6.3所示。

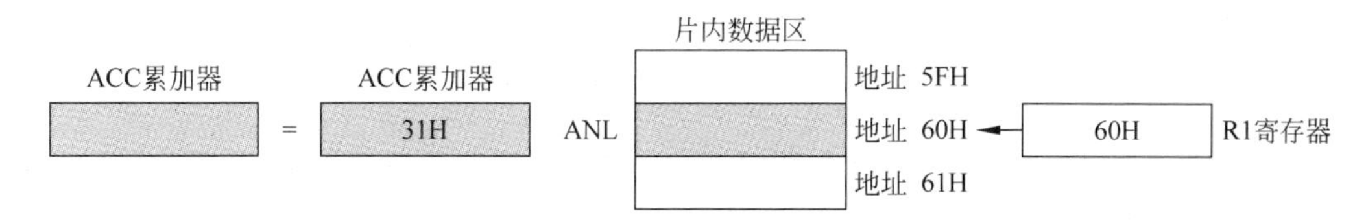

图 6.3 间接寻址模式

6.1.4 寄存器寻址模式

某些特定指令用来访问寄存器组中的 R0～R7 寄存器、累加器 A、通用寄存器 B、地址寄存器和进位 CY。由于这些指令不需要地址域，因此这些指令访问效率更高。例如指令：

```
INC R0
```

功能：将寄存器 R0 的内容加 1，再送回 R0，如图 6.4 所示(假设当前寄存器 R0 中的数为 50H)。

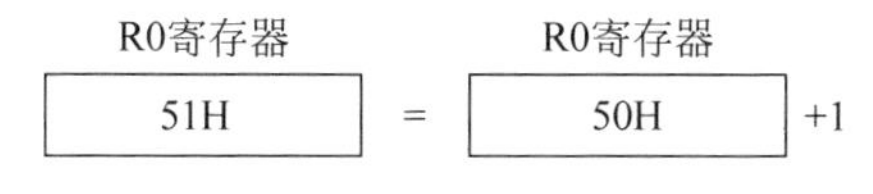

图 6.4 寄存器寻址模式

6.1.5 相对寻址模式

相对寻址时将程序计数器(PC)中的当前值与指令中第二字节给出的数相加，其结果作为转移指令的目的转移地址。PC 中的当前值为基地址，指令第二字节给出的数作为偏移量。由于目的地址是相对于 PC 中的基地址而言，所以这种寻址方式称为相对寻址。偏移量为带符号的数，范围为－128～＋127。这种寻址方式主要用于跳转指令。例如指令：

```
JC 80H
```

注意：该指令为两字节，操作码 JC 占用一字节，80H 占用另一字节。

功能：当进位标志为 1 时，则进行跳转，如图 6.5 所示。

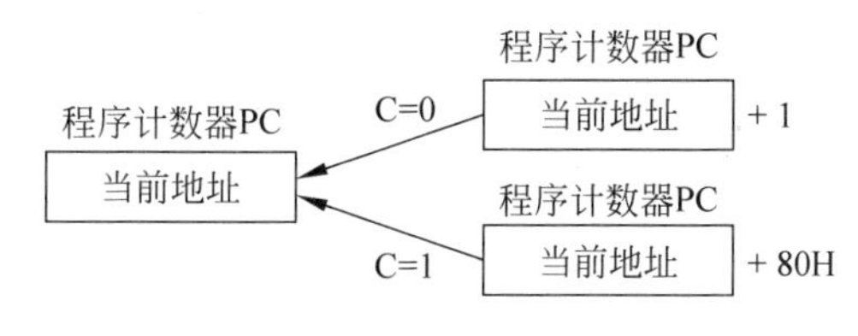

图 6.5 相对寻址模式

6.1.6 变址寻址模式

变址寻址模式使用数据指针作为基地址，累加器值作为偏移地址来读取程序 Flash 存储器。例如指令：

```
MOVC A,@A+DPTR
```

功能：将 DPTR 和 A 的内容相加所得到的值作为程序存储器的地址，并将该地址单元的内容送 A，如图 6.6 所示。

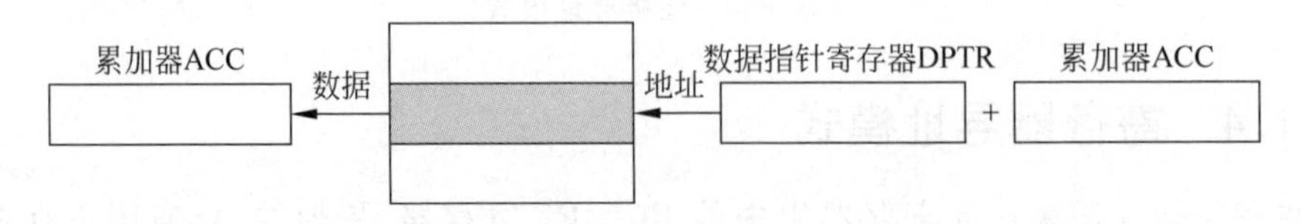

图 6.6 变址寻址模式

6.1.7 位寻址模式

位寻址是对一些内部数据存储器 RAM 和特殊功能寄存器 SFR 进行位操作时的寻址模式。在进行位操作时，指令操作数直接给出该位的地址，然后根据操作码的类型对该位进行操作。在这种模式下，操作数是 256 比特中的某一位。例如指令：

```
MOV C,2BH
```

功能：把位寻址区位地址为 2BH 的位状态送进位标志 C，如图 6.7 所示。

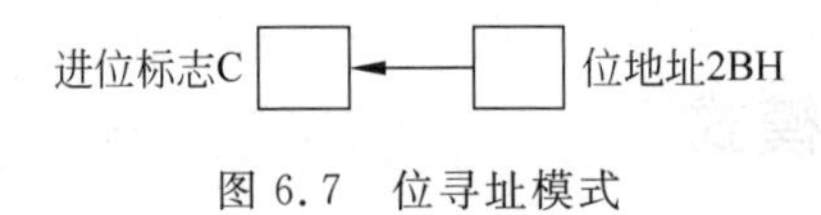

图 6.7 位寻址模式

思考与练习 6-1：在 STC 8051 单片机中，共有________种寻址模式。

思考与练习 6-2：请说明在 STC 8051 单片机中，操作数可以存放的位置。

思考与练习 6-3：在 STC 8051 单片机中，寻址模式是指________。

思考与练习 6-4：参考 STC 寻址模式和 STC 单片机 CPU 指令集，说明下面指令的寻址模式：

(1) MOV DPTR,#1234H，寻址模式________。

(2) MUL AB，寻址模式________。

(3) SETB C，寻址模式________。

(4) MOV A,12H，寻址模式________。

(5) MOVC A,@A+PC，寻址模式________。

(6) LJMP 100H，寻址模式________。

(7) MOV A,@R1，寻址模式________。

6.2 STC 单片机 CPU 指令集

STC15 系列单片机内的 8051 CPU 指令集包含 111 条指令，这些指令与传统的 8051 指令完全兼容，但是大幅度提高了执行指令的时间效率。表现在：

(1) 采用了 STC-Y5 超高速 CPU 内核，在相同的时钟频率下，速度又比 STC 早期的 IT 系列单片机(如 STC12 系列/STC11 系列/STC10 系列)快 20%。

(2) 典型地，其中 INC DPTR 和 MUL AB 指令的执行速度大幅提高 24 倍。

(3) 在指令集中有 22 条指令，这些指令可以在一个周期内执行完，平均速度提高 8～12 倍。

(4) 将 111 条指令全部执行完一遍所需的时钟周期数为 283，而传统的 8051 单片机将 111 条指令全部执行完所需要的时钟周期数为 1944。

按照所实现的功能，将 STC15 单片机内 8051 CPU 指令集分为算术指令、逻辑指令、数据传送指令、布尔指令、程序分支指令。

6.2.1　算术指令

算术指令支持直接、间接、寄存器、立即数和寄存器指定指令寻址方式。算术模式用于加、减、乘、除、递增和递减操作。

1. 加法指令

1) ADD A,Rn

该指令将寄存器 Rn 的内容和累加器 A 的内容相加，结果保存在累加器 A 中，如表 6.1 所示。并设置 CY 标志、AC 标志，以及溢出标志 OV。

表 6.1　ADD A,Rn 指令的内容

助记符	操作	标志	机器码	字节数	周期数
ADD A,Rn	(PC)← (PC) + 1 (A)← (A) + (Rn)	CY,AC,OV	00101rrr	1	1

(1) 当和的第 3 位和第 7 位有进位时，分别将 AC、CY 标志置位，否则置 0。

(2) 对于带符号运算数，当和的第 7 位与第 6 位中有一位进位，而另一位不产生进位时，溢出标志 OV 置位，否则清 0。或者可以这样说，当两个正数相加时，相加的结果为负数；或当两个负数相加时，相加的结果为正数时，在这两种情况下设置 OV 为 1。

注意：rrr 为寄存器的编号，因此机器码范围是 28H～2FH。

【例 6-1】 假设累加器 A 中的数据为 C3H，R0 寄存器中的数据为 AAH。执行指令：

```
ADD A,R0
```

结果：

(A)=6DH,(AC)=0,(CY)=1,(OV)=1

注意：()表示内容。

计算过程为

```
    1100,0011
 +  1010,1010
 ─────────────
  1,0110,1101
```

2）ADD A,direct

该指令将直接寻址单元的内容和累加器 A 的内容相加，结果保存在累加器 A 中，如表 6.2 所示。CY、AC、OV 标志的设置同上。

表 6.2　ADD A,direct 指令的内容

助记符	操作	标志	操作码	字节数	周期数
ADD A,direct	(PC) ← (PC) + 2 (A) ← (A) + (direct)	CY,AC,OV	00100101	2	2

注意：在操作码后面跟着一字节的直接地址。

3）ADD A,@Ri

该指令将间接寻址单元的内容和累加器 A 的内容相加，结果保存在累加器 A 中，如表 6.3 所示。CY、AC、OV 标志的设置同上。

表 6.3　ADD A,@Ri 指令的内容

助记符	操作	标志	操作码	字节数	周期数
ADD A,@Ri	(PC)← (PC) + 1 (A)← (A) + ((Ri))	CY,AC,OV	0010011i	1	2

注意：i 表示 R0 或者 R1。当 i=0 时，表示 R0 寄存器；当 i=1 时，表示 R1 寄存器。

4）ADD A,#data

该指令将一个立即数和累加器 A 的内容相加，结果保存在累加器 A 中，如表 6.4 所示。CY、AC、OV 标志的设置同上。

表 6.4　ADD A,#data 指令的内容

助记符	操作	标志	操作码	字节数	周期数
ADD A,#data	(PC)← (PC) + 2 (A)← (A) + data	CY,AC,OV	00100100	2	2

注意：在操作码后面跟着一字节的立即数。

5）ADDC A,Rn

该指令将寄存器 Rn 的内容与累加器 A 的内容及进位标志 CY 的内容相加，结果保存在累加器 A 中，如表 6.5 所示。CY、AC、OV 标志的设置同上。

表 6.5　ADDC A,Rn 指令的内容

助记符	操作	标志	操作码	字节数	周期数
ADDC A,Rn	(PC)← (PC) + 1 (A)← (A) +(C)+ (Rn)	CY,AC,OV	00111rrr	1	1

注意：rrr 为寄存器的编号，因此机器码范围是 38H～3FH。

【例 6-2】　假设累加器 A 中的数据为 C3H，R0 寄存器中的数据为 AAH，进位标志为 1 时，执行指令：

```
ADDC A,R0
```

结果：

(A)=6EH,(AC)=0,(CY)=1,(OV)=1

注意：计算过程为

```
  1100,0011
  1010,1010
+         1
-----------
1,0110,1110
```

6) ADDC A,direct

该指令将直接寻址单元的内容与累加器 A 的内容及进位标志 CY 中的内容相加，结果保存在累加器 A 中，如表 6.6 所示。CY、AC、OV 标志的设置同上。

表 6.6 ADDC A,direct 指令的内容

助记符	操作	标志	操作码	字节数	周期数
ADDC A,direct	(PC)← (PC) + 2 (A)← (A) +(C) + (direct)	CY,AC,OV	00110101	2	2

注意：在操作码后面跟着一字节的直接地址。

7) ADDC A,@Ri

该指令将间接寻址单元的内容与累加器 A 的内容及进位标志 CY 中的内容相加，结果保存在累加器 A 中，如表 6.7 所示。CY、AC、OV 标志的设置同上。

表 6.7 ADDC A,@Ri 指令的内容

助记符	操作	标志	操作码	字节数	周期数
ADDC A,@Ri	(PC)← (PC) + 1 (A)← (A) +(C) + ((Ri))	CY,AC,OV	0011011i	1	2

注意：i 表示 R0 或者 R1。当 i=0 时，表示 R0 寄存器；当 i=1 时，表示 R1 寄存器。

8) ADDC A,#data

该指令将一个立即数与累加器 A 的内容及进位标志 CY 中的内容相加，结果保存在累加器 A 中，如表 6.8 所示。CY、AC、OV 标志的设置同上。

表 6.8 ADDC A,#data 指令的内容

助记符	操作	标志	操作码	字节数	周期数
ADDC A,#data	(PC)← (PC) + 2 (A)← (A) +(C)+ data	CY,AC,OV	00110100	2	2

注意：在操作码后面跟着一字节的立即数。

2. 减法指令

1) SUBB A,Rn

该指令从累加器 A 中减去寄存器 Rn 和进位标志 CY 内的内容，将结果保存在累加器 A 中，如表 6.9 所示。

表 6.9 SUBB A,Rn 指令的内容

助记符	操作	标志	操作码	字节数	周期数
SUBB A,Rn	(PC)← (PC) + 1 (A)← (A) − (C) − (Rn)	CY,AC,OV	10011rrr	1	1

(1) 如果第 7 位需要一个借位，则设置进位(借位)标志；否则，清除 CY 标志。

注意：如果在执行指令前，已经设置了 CY 标志，则表示前面的多个步骤需要一个借位。这样，从累加器中减去进位标志以及源操作数。

(2) 如果第 3 位需要一个借位，则设置 AC 标志；否则，清除 AC 标志。

(3) 如果第 6 位需要借位，而第 7 位没有借位；或者第 7 位有借位，而第 6 位没有借位，在这两种情况下都会设置 OV 标志。或者可以这样说，当减去有符号的整数时，当一个正数减去一个负数，产生一个负数结果时；或者一个负数减去一个正数时，产生一个正数结果时，设置 OV 标志。

注意：rrr 为寄存器的编号，因此机器码范围是 98H～9FH。

【例 6-3】 假设累加器 A 中的数据为 C9H，R2 寄存器中的数据为 54H，进位标志为 1 时，执行指令：

```
SUBB A,R2
```

结果：

(A)=74H,(AC)=0,(CY)=0,(OV)=1。

注意：计算过程为

```
    1100,1001
    0101,0100
 −          1
 ─────────────
    0111,0100
```

2) SUBB A,direct

该指令从累加器 A 中减去直接寻址单元的内容和进位标志 CY 的内容，然后结果保存在累加器 A 中，如表 6.10 所示。CY、AC、OV 标志的设置同上。

表 6.10 SUBB A,direct 指令的内容

助记符	操作	标志	操作码	字节数	周期数
SUBB A,direct	(PC)← (PC) + 2 (A)← (A) − (C) − (direct)	CY,AC,OV	10010101	2	2

注意：在操作码后面跟着一字节的直接地址。

3) SUBB A,@Ri

该指令从累加器 A 中减去间接寻址单元的内容和进位标志 CY 的内容,然后结果保存在累加器 A 中,如表 6.11 所示。CY、AC、OV 标志的设置同上。

表 6.11 SUBB A,@Ri 指令的内容

助记符	操作	标志	操作码	字节数	周期数
SUBB A,@Ri	(PC)← (PC) + 1 (A)← (A) − (C) − ((Ri))	CY,AC,OV	1001011i	1	2

注意:i 表示 R0 或者 R1。当 i=0 时,表示 R0 寄存器;当 i=1 时,表示 R1 寄存器。

4) SUBB A,#data

该指令从累加器 A 中减去一个立即数和进位标志 CY 的内容,然后结果保存在累加器 A 中,如表 6.12 所示。CY、AC、OV 标志的设置同上。

表 6.12 SUBB A,#data 指令的内容

助记符	操作	标志	操作码	字节数	周期数
SUBB A,#data	(PC)← (PC) + 2 (A)← (A) − (C) − data	CY,AC,OV	10010100	2	2

注意:操作码后面跟着一字节的立即数。

3. 递增指令

1) INC A

该指令将累加器 A 的内容加 1,结果保存在累加器 A 中,如表 6.13 所示。若累加器 A 的结果为 0xFF,在执行完该指令后,将其内容设置为 0。

表 6.13 INC A 指令的内容

助记符	操作	标志	操作码	字节数	周期数
INC A	(PC)← (PC) + 1 (A)← (A) + 1	N	00000100	1	1

2) INC Rn

该指令将寄存器 Rn 的内容加 1,结果保存在 Rn 中,如表 6.14 所示。若 Rn 的结果为 0xFF,在执行完该指令后,将其内容设置为 0。

表 6.14 INC Rn 指令的内容

助记符	操作	标志	操作码	字节数	周期数
INC Rn	(PC)← (PC) + 1 (Rn)← (Rn) + 1	N	00001rrr	1	2

注意:rrr 为寄存器的编号,因此机器码是 08H~0FH。

3) INC direct

该指令将直接寻址单元的内容加 1,结果保存在直接地址单元中,如表 6.15 所示。若直接地址单元的结果为 0xFF,在执行完该指令后,将其内容设置为 0。

表 6.15 INC direct 指令的内容

助记符	操作	标志	操作码	字节数	周期数
INC direct	(PC)← (PC) + 2 (direct)← (direct) + 1	N	00000101	2	3

注意：在操作码后面跟着一字节的直接地址。

4) INC @Ri

该指令将间接寻址单元的内容加 1，结果保存在间接地址单元中，如表 6.16 所示。若间接地址单元的结果为 0xFF，则将其内容设置为 0。

表 6.16 INC @Ri 指令的内容

助记符	操作	标志	操作码	字节数	周期数
INC @Ri	(PC)← (PC) + 1 ((Ri)) ← ((Ri)) + 1	N	0000011i	1	3

注意：i 表示 R0 或者 R1。当 i=0 时，表示 R0 寄存器；当 i=1 时，表示 R1 寄存器。

5) INC DPTR

该指令将 DPTR 的内容加 1，结果保存在 DPTR 中，如表 6.17 所示。若 DPTR 的结果为 0xFFFF，在执行完该指令后，将其内容设置为 0x0000。

表 6.17 INC DPTR 指令的内容

助记符	操作	标志	操作码	字节数	周期数
INC DPTR	(PC)← (PC) + 1 (DPTR)← (DPTR) + 1	N	10100011	1	1

【例 6-4】 假设寄存器 R0 中的数据为 7EH，内部 RAM 地址为 7EH 和 7FH 单元的数据分别为 FFH 和 40H，即(7E)=FFH，(7F)=40H，则当执行指令：

```
INC @R0     ; 内部 RAM 地址为 7EH 单元的内容加 1,变成 00H
INC R0      ;寄存器 R0 中的数据变为 7FH
INC @R0     ;内部 RAM 地址为 7FH 单元的内容加 1,变成 41H
```

结果：

(R0)=7FH，内部 RAM 地址为 7EH 和 7FH 单元的数据变为 00H 和 41H。

4. 递减指令

1) DEC A

该指令将累加器 A 的内容减 1，结果保存在累加器 A 中，如表 6.18 所示。如果累加器 A 中的内容为 0，在执行完该指令后，变为 0xFF。

表 6.18 DEC A 指令的内容

助记符	操作	标志	操作码	字节数	周期数
DEC A	(PC)← (PC) + 1 (A) ← (A) −1	N	00010100	1	1

2）DEC Rn

该指令将寄存器 Rn 的内容减 1，结果保存在寄存器 Rn 中，如表 6.19 所示。如果 Rn 的内容为 0，在执行完该指令后，变为 0xFF。

表 6.19 DEC Rn 指令的内容

助记符	操作	标志	操作码	字节数	周期数
DEC Rn	(PC)← (PC) + 1 (Rn)← (Rn)－1	N	00011rrr	1	2

注意：rrr 为寄存器的编号，因此机器码范围是 18H～1FH。

3）DEC direct

该指令将直接寻址单元的内容减 1，结果保存在直接地址单元中，如表 6.20 所示。如果直接寻址单元的内容为 0，在执行完该指令后，变为 0xFF。

表 6.20 DEC direct 指令的内容

助记符	操作	标志	操作码	字节数	周期数
DEC direct	(PC)← (PC) + 2 (direct) ← (direct)－1	N	00010101	2	3

注意：在操作码后面跟着一字节的直接地址。

4）DEC @Ri

该指令将间接寻址单元的内容减 1，结果保存在间接地址单元中，如表 6.21 所示。如果间接寻址单元的内容为 0，在执行完该指令后，变为 0xFF。

表 6.21 DEC @Ri 指令的内容

助记符	操作	标志	操作码	字节数	周期数
DEC @Ri	(PC)← (PC) + 1 ((Ri)) ← ((Ri))－1	N	0001011i	1	3

注意：i 表示 R0 或者 R1。当 i＝0 时，表示 R0 寄存器；当 i＝1 时，表示 R1 寄存器。

【例 6-5】 假设寄存器 R0 中的数据为 7FH，内部 RAM 地址为 7EH 和 7FH 单元的数据分别为 40H 和 00H，即(7F)＝00H，(7E)＝40H，则当执行指令：

```
DEC @R0                          ; 内部 RAM 地址为 7FH 单元的内容减 1，变成 FFH
DEC R0                           ;寄存器 R0 中的数据变为 7EH
DEC @R0（此时的 R0 中的数据应该是 40H）  ; 内部 RAM 地址为 7EH 单元的内容减 1，变成 3FH
```

结果：

(R0)＝7EH，内部 RAM 地址为 7EH 和 7FH 单元的数据变为 FFH 和 3FH。

5. 乘法指令

MUL AB 指令将累加器 A 和寄存器 B 中的两个无符号 8 位二进制数相乘，所得的 16 位乘积的低 8 位结果保存在累加器 A 中，高 8 位结果保存在寄存器 B 中，如表 6.22 所示。

如果乘积大于255，则溢出标志OV置1；否则OV清零。在执行该指令时，总是清除进位标志CY。

表6.22 MUL AB指令的内容

助记符	操作	标志	操作码	字节数	周期数
MUL AB	(PC)← (PC) + 1 (A)← (A) × (B)结果的第7位～第0位 (B)← (A) × (B)结果的第15位～第8位	CY,OV	10100100	1	2

【例6-6】 假设累加器A中的数据为$(80)_{10}$=50H，寄存器B中的数据为$(160)_{10}$=A0H，则执行指令：

```
MUL AB
```

结果：乘积为$(12800)_{10}$=3200H，(A)=00H，(B)=32H，(CY)=0，(OV)=1。

注意：计算过程为

```
        01010000
       ×10100000
       ---------
        00000000
       00000000
      00000000
     00000000
    00000000
   01010000
  00000000
+01010000
----------------
 011001000000000
```

6. 除法指令

DIV AB指令用累加器A中的无符号整数除以寄存器B中无符号整数，所得的商保存在累加器A中，余数保存在寄存器B中，如表6.23所示。当除数(B寄存器的内容)为0时，结果不定，溢出标志OV置1。在执行该指令时，清除进位标志CY。

表6.23 DIV AB指令的内容

助记符	操作	标志	操作码	字节数	周期数
DIV AB	(PC)← (PC) + 1 $(A)_{15-8}$ ← (A)/(B) $(B)_{7-0}$ ← (A)/(B)	CY,OV	10000100	1	6

【例6-7】 假设累加器A中的数据为$(251)_{10}$=FBH，寄存器B中的数据为$(18)_{10}$=12H，则执行指令：

```
DIV AB
```

结果：(A)=0DH，(B)=11H，(CY)=0，(OV)=0。

注意：计算过程为

```
                00001101
        00010010/11111011
                -10010
                --------
                 11010
                -10010
                --------
                  100011
                 -010010
                --------
                   10001
```

7. BCD调整指令

DA A指令的功能是对BCD码的加法结果进行调整。两个压缩型BCD码按十进制数相加后，需经此指令的调整才能得到压缩型BCD码的和数，如表6.24所示。

表6.24 DA A指令的内容

助记符	操　　作	标志	操作码	字节数	周期数
DA A	(PC)← (PC) + 1 如果{[($A_{3\text{-}0}$) > 9] ∨ [(AC) = 1]}，则 ($A_{3\text{-}0}$) ← ($A_{3\text{-}0}$) + 6 如果{[($A_{7\text{-}4}$) > 9] ∨ [(C) = 1]}，则 ($A_{7\text{-}4}$) ← ($A_{7\text{-}4}$) + 6	CY	11010100	1	3

本指令是根据A的最初数值和程序状态字PSW的状态，决定对A进行加06H、60H或66H操作的。

注意：如果前面没有使用加法运算，则不能直接使用DA指令。此外，如果前面执行的是减法运算，则DA指令也不起任何作用。

【例6-8】 假设累加器A中的数据为56H，表示十进制数56的BCD码。寄存器R3的内容为67H，表示十进制数67的BCD码。进位标志为1，则执行指令：

```
ADDC A,R3          //累加器 A 的结果为 BEH,(AC) = 0,(CY) = 0
DA A               //表示十进制数的 124
```

结果表示为(A)=124。

注意：

因为在执行完ADDC指令后，(A)=BEH。

$(A)_{3\text{-}0}>9$，所以$(A)_{3\text{-}0}+6\rightarrow(A)_{3\text{-}0}=4H$，向第4位有进位。

$(A)_{7\text{-}4}>9$，所以$(A)_{7\text{-}4}+6+$进位$\rightarrow(A)_{7\text{-}4}=2H$，最高位有进位。

思考与练习6-5：假定(A)=66H，(R0)=55H，(55H)=FFH，执行指令：

```
ADD A, @R0
```

(A)=________，(CY)=________，(OV)=________。

思考与练习 6-6：如果(A)＝60H，(B)＝73H，(CY)＝1 时，执行指令：

```
ADDC A, B
```

(A)＝________，(CY)＝________，(OV)＝________。

思考与练习 6-7：如果(A)＝3DH，(B)＝4EH，执行指令：

```
MUL AB
```

(A)＝________，(B)＝________。

6.2.2 逻辑指令

逻辑指令执行布尔操作，如逻辑与、逻辑或、逻辑异或操作，对累加器内容进行旋转，累加器半字交换。

1. 逻辑与指令

1) ANL A，Rn

该指令将累加器 A 的内容和寄存器 Rn 的内容做逻辑与操作，结果保存在累加器 A 中，如表 6.25 所示。

表 6.25 ANL A，Rn 指令的内容

助记符	操作	标志	操作码	字节数	周期数
ANL A，Rn	(PC)← (PC) ＋ 1 (A)← (A) ∧ (Rn)	N	01011rrr	1	1

注意：rrr 为寄存器的编号，因此机器码范围是 58H～5FH。

【例 6-9】 假设累加器 A 中的数据为 C3H，寄存器 R0 的内容为 55H，则执行指令：

```
ANL A,R0
```

结果：

累加器 A 中的数据为 41H。

注意：计算过程为

```
  11000011
 ∧01010101
 ----------
  01000001
```

【例 6-10】 执行指令

```
ANL P1, #01110011B
```

结果：

将端口 1 的第 7 位、第 3 位和第 2 位清零。

2) ANL A，direct

该指令将累加器 A 的内容和直接寻址单元的内容做逻辑与操作，结果保存在累加器 A

中,如表6.26所示。

表6.26　ANL A,direct指令的内容

助记符	操作	标志	操作码	字节数	周期数
ANL A,direct	(PC)← (PC) + 2 (A)← (A) ∧ (direct)	N	01010101	2	2

注意:在操作码后面跟着一字节的直接地址。

3) ANL A, @Ri

该指令将累加器A的内容和间接寻址单元中的内容做逻辑与操作,结果保存在累加器A中,如表6.27所示。

表6.27　ANL A,@Ri指令的内容

助记符	操作	标志	操作码	字节数	周期数
ANL A,@Ri	(PC)← (PC) + 1 (A)← (A) ∧ ((Ri))	N	0101011i	1	2

注意:i表示R0或者R1。当i=0时,表示R0寄存器;当i=1时,表示R1寄存器。

4) ANL A, #data

该指令将累加器A的内容和立即数做逻辑与操作,结果保存在累加器A中,如表6.28所示。

表6.28　ANL A,#data指令的内容

助记符	操作	标志	操作码	字节数	周期数
ANL A,#data	(PC)← (PC) + 2 (A)← (A) ∧ data	N	01010100	2	2

注意:在操作码后面跟着一字节的立即数。

5) ANL direct, A

该指令将累加器A的内容和直接寻址单元的内容做逻辑与操作,结果保存在直接寻址单元中,如表6.29所示。

表6.29　ANL direct,A指令的内容

助记符	操作	标志	操作码	字节数	周期数
ANL direct, A	(PC)← (PC) + 2 (direct)← (direct) ∧ (A)	N	01010010	2	3

注意:在操作码后面跟着一字节的直接地址。

6) ANL direct, #data

该指令对立即数和直接寻址单元的内容做逻辑与操作,结果保存在直接寻址单元中,如表6.30所示。

表 6.30　ANL direct,#data 指令的内容

助记符	操作	标志	操作码	字节数	周期数
ANL direct, #data	(PC)← (PC) + 3 (direct) ← (direct) ∧ data	N	01010011	3	3

注意:在操作码后面跟着一字节的直接地址和一字节的立即数。

2. 逻辑或指令

1) ORL A, Rn

该指令将累加器 A 的内容和寄存器 Rn 中内容做逻辑或操作,结果保存在累加器 A 中,如表 6.31 所示。

表 6.31　ORL A,Rn 指令的内容

助记符	操作	标志	操作码	字节数	周期数
ORL A,Rn	(PC)← (PC) + 1 (A)← (A) ∨ (Rn)	N	01001rrr	1	1

注意:rrr 为寄存器的编号,因此机器码范围是 48H～4FH。

【例 6-11】 假设累加器 A 中的数据为 C3H,寄存器 R0 的内容为 55H,则执行指令:

```
ORL A,R0
```

结果:

累加器 A 中的数据为 D7H。

注意:计算过程为

```
  11000011
∨ 01010101
----------
  11010111
```

【例 6-12】 执行指令

```
ORL P1, #00110010B
```

结果:

将端口 1 的第 5 位、第 4 位和第 1 位置 1。

2) ORL A, direct

该指令将累加器 A 的内容和直接寻址单元的内容做逻辑或操作,结果保存在累加器 A 中,如表 6.32 所示。

表 6.32　ORL A,direct 指令的内容

助记符	操作	标志	操作码	字节数	周期数
ORL A,direct	(PC)← (PC) + 2 (A)← (A) ∨ (direct)	N	01000101	2	2

注意:在操作码后面跟着一字节的直接地址。

3) ORL A, @Ri

该指令将累加器 A 的内容和间接寻址单元中内容做逻辑或操作,结果保存在累加器 A 中,如表 6.33 所示。

表 6.33 ORL A,@Ri 指令的内容

助记符	操作	标志	操作码	字节数	周期数
ORL A,@Ri	(PC)← (PC) + 1 (A)← (A) ∨ ((Ri))	N	0100011i	1	2

注意: i 表示 R0 或者 R1。当 i=0 时,表示 R0 寄存器; 当 i=1 时,表示 R1 寄存器。

4) ORL A, #data

该指令将累加器 A 的内容和立即数做逻辑或操作,结果保存在累加器 A 中,如表 6.34 所示。

表 6.34 ORL A,#data 指令的内容

助记符	操作	标志	操作码	字节数	周期数
ORL A,#data	(PC)← (PC) + 2 (A)← (A) ∨ data	N	01000100	2	2

注意: 在操作码后面跟着一字节的立即数。

5) ORL direct,A

该指令将直接寻址单元的内容和累加器 A 的内容做逻辑或操作,结果保存在直接寻址单元中,如表 6.35 所示。

表 6.35 ORL direct,A 指令的内容

助记符	操作	标志	操作码	字节数	周期数
ORL direct,A	(PC) ← (PC) + 2 (direct) ← (direct) ∨ (A)	N	01000010	2	3

注意: 在操作码后面跟着一字节的直接地址。

6) ORL direct, #data

该指令将直接寻址单元中内容和立即数做逻辑或操作,结果保存在直接寻址单元中,如表 6.36 所示。

表 6.36 ORL direct,#data 指令的内容

助记符	操作	标志	操作码	字节数	周期数
ORL direct,#data	(PC)← (PC) + 3 (direct)← (direct) ∨ data	N	01000011	3	3

注意: 在操作码后面跟着一字节的直接地址和一字节的立即数。

3. 逻辑异或指令

1) XRL A,Rn

该指令将累加器 A 的内容和寄存器 Rn 的内容做逻辑异或操作,结果保存在累加器 A 中,如表 6.37 所示。

表 6.37 XRL A,Rn 指令的内容

助记符	操作	标志	操作码	字节数	周期数
XRL A,Rn	(PC)← (PC) + 1 (A)← (A) ⊻ (Rn)	N	01101rrr	1	1

注意:rrr 为寄存器的编号,因此机器码范围是 68H~6FH。

【例 6-13】 假设累加器 A 中的数据为 C3H,寄存器 R0 的内容为 AAH,则执行指令:

```
XRL A,R0
```

结果:

累加器 A 中的数据为 69H。

注意:计算过程为

$$\begin{array}{r} 11000011 \\ \veebar \quad 10101010 \\ \hline 01101001 \end{array}$$

【例 6-14】 执行指令

```
XRL P1, #00110001B
```

结果:

将端口 1 的第 5 位、第 4 位和第 0 位取反。

2) XRL A, direct

该指令将累加器 A 的内容和直接寻址单元的内容做逻辑异或操作,结果保存在累加器 A 中,如表 6.38 所示。

表 6.38 XRL A,direct 指令的内容

助记符	操作	标志	操作码	字节数	周期数
XRL A,direct	(PC)← (PC) + 2 (A)← (A) ⊻ (direct)	N	01100101	2	2

注意:在操作码后面跟着一字节的直接地址。

3) XRL A,@Ri

该指令将累加器 A 的内容和间接寻址单元的内容做逻辑异或操作,结果保存在累加器 A 中,如表 6.39 所示。

表 6.39 XRL A,@Ri 指令的内容

助记符	操作	标志	操作码	字节数	周期数
XRL A,@Ri	(PC)← (PC) + 1 (A)← (A) ⊻ ((Ri))	N	0110011i	1	2

注意：i 表示 R0 或者 R1。当 i=0 时，表示 R0 寄存器；当 i=1 时，表示 R1 寄存器。

4) XRL A, #data

该指令将累加器 A 的内容和一个立即数做逻辑异或操作，结果保存在累加器 A 中，如表 6.40 所示。

表 6.40 XRL A,#data 指令的内容

助记符	操作	标志	操作码	字节数	周期数
XRL A,#data	(PC)← (PC) + 2 (A)← (A) ⊻ data	N	01100100	2	2

注意：在操作码后面跟着一字节的立即数。

5) XRL direct, A

该指令将直接寻址单元的内容和累加器 A 的内容做逻辑异或操作，结果保存在直接寻址的单元中，如表 6.41 所示。

表 6.41 XRL direct,A 指令的内容

助记符	操作	标志	操作码	字节数	周期数
XRL direct, A	(PC)← (PC) + 2 (direct)← (direct) ⊻ (A)	N	01100010	2	3

注意：在操作码后面跟着一字节的直接地址。

6) XRL direct, #data

该指令将直接寻址的内容和一个立即数做逻辑异或操作，结果保存在直接寻址的单元中，如表 6.42 所示。

表 6.42 XRL direct,#data 指令的内容

助记符	操作	标志	操作码	字节数	周期数
XRL direct,#data	(PC)← (PC) + 3 (direct)← (direct) ⊻ data	N	01100011	3	3

注意：在操作码后面跟着一字节的直接地址和一字节的立即数。

4. 清除指令

CLR A 指令将累加器 A 中的各位清 0，如表 6.43 所示。

表 6.43 CLR A 指令的内容

助记符	操作	标志	操作码	字节数	周期数
CLR A	(PC)← (PC) + 1 (A)← 0	N	11100100	1	1

【例 6-15】 假设累加器 A 中的数据为 5CH,则执行指令：

```
CLR A
```

结果：

(A)＝00H。

5. 取反指令

CPL A 指令将累加器 A 按位取反,即将累加器 A 各位中的逻辑 1 变成逻辑 0,逻辑 0 变成逻辑 1,如表 6.44 所示。

表 6.44　CPL A 指令的内容

助记符	操作	标志	操作码	字节数	周期数
CPL A	(PC)← (PC) ＋ 1 (A)← $(\overline{A})$	N	11110100	1	1

【例 6-16】 假设 P1 端口的数据为 5BH,则执行指令：

```
CPL P1.1
CPL P1.2
```

结果：

将 P1 端口设置为 5DH＝01011101B。

6. 移位指令

1) RL A

该指令将累加器 A 中的内容循环左移,如表 6.45 所示。

表 6.45　RL A 指令的内容

助记符	操作	标志	操作码	字节数	周期数
RL A	(PC)← (PC) ＋ 1 (A_{n+1}) ← (A_n),n ＝ 0～6 (A_0) ← (A_7)	N	00100011	1	1

【例 6-17】 假设累加器 A 的数据为 C5H(11000101B),则执行指令：

```
RL A
```

结果：

累加器 A 的数据变成 8BH＝10001011B。

2) RLC A

该指令将累加器 A 的内容和进位标志 CY 一起循环左移,如表 6.46 所示。

表 6.46　RLC A 指令的内容

助记符	操作	标志	操作码	字节数	周期数
RLC A	(PC)← (PC) + 1 (A_{n+1}) ← (A_n),n = 0~6 (A_0) ← (CY) (CY) ← (A_7)	CY	00110011	1	1

【例 6-18】 假设累加器 A 的数据为 C5H(11000101B),进位标志(CY)=0,则执行指令:

```
RLC A
```

结果:

累加器 A 的内容变成 8AH=10001010B,进位标志(CY)=1。

3) RR A

该指令将累加器 A 的内容循环右移,如表 6.47 所示。

表 6.47　RR A 指令的内容

助记符	操作	标志	操作码	字节数	周期数
RR A	(PC)← (PC) + 1 (A_n) ← (A_{n+1}),n = 0~6 (A_7) ← (A_0)	N	00000011	1	1

【例 6-19】 假设累加器 A 的数据为 C5H(11000101B),则执行指令:

```
RR A
```

结果:

累加器 A 的内容变成 E2H=11100010B。

4) RRC A

该指令将累加器 A 的内容和进位标志 CY 一起循环右移,如表 6.48 所示。

表 6.48　RRC A 指令的内容

助记符	操作	标志	操作码	字节数	周期数
RRC A	(PC)← (PC) + 1 (A_n) ← (A_{n+1}),n = 0~6 (A_7) ← (CY) (CY) ← (A_0)	CY	00010011	1	1

【例 6-20】 假设累加器 A 的数据为 C5H(11000101B),进位标志(CY)=0,则执行指令:

```
RRC A
```

结果：

累加器 A 的内容变成 62H=01100010B，进位标志(CY)=1。

7. 半字节交换指令

SWAP A 指令将累加器 A 中的半字节互换，即将累加器 A 的高、低半字节互换，如表 6.49 所示。

表 6.49 SWAP A 指令的内容

助记符	操作	标志	操作码	字节数	周期数
SWAP A	(PC)← (PC) + 1 $(A_{3\text{-}0}) \leftarrow (A_{7\text{-}4})$ $(A_{7\text{-}4}) \leftarrow (A_{3\text{-}0})$	N	11000100	1	1

【例 6-21】 假设累加器 A 的数据为 C5H(11000101B)，则执行指令：

```
SWAP A
```

结果：

累加器 A 的内容变成 5CH=01011100B。

思考与练习 6-8：如果(A)=AAH，(R0)=55H，则

(1) 执行指令

```
ANL A,R0
```

(A)=________。

(2) 执行指令

```
ORL A,R0
```

(A)=________。

(3) 执行指令

```
XRL A,R0
```

(A)=________。

(4) 执行指令

```
RL A
```

(A)=________。

6.2.3 数据传送指令

STC 单片机中的数据传送指令包括数据传输指令、堆栈操作指令和数据交换指令。

1. 数据传输指令

STC 单片机中的数据传输指令包括内部数据传输指令、外部数据传输指令和查找表传输指令。

1）内部数据传输指令

该类型数据传输指令是在任何两个内部 RAM 或者 SFR 间实现数据传输。这些指令使用直接、间接、寄存器和立即数寻址。

(1) MOV A,Rn

该指令将寄存器 Rn 中的内容复制到累加器 A 中，且 Rn 的内容不发生变化，如表 6.50 所示。

表 6.50 MOV A,Rn 指令的内容

助记符	操作	标志	操作码	字节数	周期数
MOV A, Rn	(PC)← (PC) + 1 (A)← (Rn)	N	11101rrr	1	1

注意：rrr 为寄存器的编号，因此机器码范围是 E8H～EFH。

(2) MOV A,direct

该指令将直接寻址单元的内容复制到累加器 A 中，且直接寻址单元的内容不发生变化，如表 6.51 所示。

表 6.51 MOV A,direct 指令的内容

助记符	操作	标志	操作码	字节数	周期数
MOV A, direct	(PC)← (PC) + 2 (A)← (direct)	N	11100101	2	2

注意：在操作码后面跟着一字节的直接地址。

(3) MOV A,@Ri

该指令将间接寻址单元中的内容复制到累加器 A 中，且间接寻址单元的内容不发生变化，如表 6.52 所示。

表 6.52 MOV A,@Ri 指令的内容

助记符	操作	标志	操作码	字节数	周期数
MOV A, @Ri	(PC)← (PC) + 1 (A)← ((Ri))	N	1110011i	1	2

注意：i 表示 R0 或者 R1。当 i=0 时，表示 R0 寄存器；当 i=1 时，表示 R1 寄存器。

(4) MOV A,#data

该指令将立即数复制到累加器 A 中，且立即数的内容不发生变化，如表 6.53 所示。

表 6.53 MOV A,#data 指令的内容

助记符	操作	标志	操作码	字节数	周期数
MOV A, #data	(PC)← (PC) + 2 (A)← data	N	01110100	2	2

注意：在操作码后面跟着一字节的立即数。

(5) MOV Rn, A

该指令将累加器 A 的内容复制到寄存器 Rn 中,且累加器 A 的内容不发生变化,如表 6.54 所示。

表 6.54 MOV Rn,A 指令的内容

助记符	操作	标志	操作码	字节数	周期数
MOV Rn, A	(PC)← (PC) + 1 (Rn)← (A)	N	11111rrr	1	1

注意:rrr 为寄存器的编号,因此机器码范围是 F8H~FFH。

(6) MOV Rn, direct

该指令将直接寻址单元的内容复制到寄存器 Rn 中,且直接寻址单元的内容不发生变化,如表 6.55 所示。

表 6.55 MOV Rn,direct 指令的内容

助记符	操作	标志	操作码	字节数	周期数
MOV Rn, direct	(PC)← (PC) + 2 (Rn)← (direct)	N	10101rrr	2	3

注意:rrr 为寄存器的编号,因此机器码范围是 A8H~AFH;在操作码后面跟着一字节的直接地址。

(7) MOV Rn, #data

该指令将立即数复制到寄存器 Rn 中,且立即数的内容不发生变化,如表 6.56 所示。

表 6.56 MOV Rn,#data 指令的内容

助记符	操作	标志	操作码	字节数	周期数
MOV Rn, #data	(PC)← (PC) + 2 (Rn)← data	N	01111rrr	2	2

注意:rrr 为寄存器的编号,因此机器码范围是 78H~7FH;在操作码后面跟着一字节的立即数。

(8) MOV direct, A

该指令将累加器 A 的内容复制到直接寻址单元中,且累加器 A 的内容不发生变化,如表 6.57 所示。

表 6.57 MOV direct,A 指令的内容

助记符	操作	标志	操作码	字节数	周期数
MOV direct,A	(PC)← (PC) + 2 (direct)← (A)	N	11110101	2	2

注意:在操作码后面跟着一字节的直接地址。

(9) MOV direct, Rn

该指令将寄存器 Rn 的内容复制到直接寻址单元中,且 Rn 的内容不发生变化,如

表 6.58 所示。

表 6.58 MOV direct,Rn 指令的内容

助记符	操作	标志	操作码	字节数	周期数
MOV direct, Rn	(PC)← (PC) + 2 (direct)← (Rn)	N	10001rrr	2	2

注意：rrr 为寄存器的编号，因此机器码范围是 88H～8FH；在操作码后面跟着一字节的直接地址。

(10) MOV direct, direct

该指令将直接寻址单元的内容复制到另一个直接寻址单元中，且源直接寻址单元的内容不发生变化，如表 6.59 所示。

表 6.59 MOV direct,direct 指令的内容

助记符	操作	标志	操作码	字节数	周期数
MOV direct, direct	(PC) ← (PC) + 3 (direct) ← (direct)	N	10000101	3	3

注意：在操作码后面跟着两字节的直接地址，一个是源操作数地址，另一个是目的操作数地址。

(11) MOV direct, @Ri

该指令将间接寻址单元的内容复制到直接寻址单元中，且间接寻址单元的内容不发生变化，如表 6.60 所示。

表 6.60 MOV direct,@Ri 指令的内容

助记符	操作	标志	操作码	字节数	周期数
MOV direct, @Ri	(PC)← (PC) + 2 (direct)← ((Ri))	N	1000011i	2	3

注意：i 表示 R0 或者 R1。当 i=0 时，表示 R0 寄存器；当 i=1 时，表示 R1 寄存器。在操作码后面跟着一字节的直接地址。

(12) MOV direct, #data

该指令将立即数复制到直接寻址单元中，且立即数的内容不发生变化，如表 6.61 所示。

表 6.61 MOV direct,#data 指令的内容

助记符	操作	标志	操作码	字节数	周期数
MOV direct,#data	(PC) ← (PC) + 3 (direct) ← data	N	01110101	3	3

注意：在操作码后面跟着一字节的直接地址和一字节的立即数。

(13) MOV @Ri, A

该指令将累加器 A 的内容复制到间接寻址的单元中，且累加器 A 的内容不发生变化，如表 6.62 所示。

表 6.62　MOV @Ri,A 指令的内容

助记符	操作	标志	操作码	字节数	周期数
MOV @Ri,A	(PC)← (PC) + 1 ((Ri))← (A)	N	1111011i	1	2

注意：i 表示 R0 或者 R1。当 i=0 时，表示 R0 寄存器；当 i=1 时，表示 R1 寄存器。

(14) MOV @Ri, direct

该指令将直接寻址单元的内容复制到间接寻址的寄存器中，且直接寻址寄存器内容不发生变化，如表 6.63 所示。

表 6.63　MOV @Ri,direct 指令的内容

助记符	操作	标志	操作码	字节数	周期数
MOV @Ri, direct	(PC)← (PC) + 2 ((Ri))← (direct)	N	1010011i	2	3

注意：i 表示 R0 或者 R1。当 i=0 时，表示 R0 寄存器；当 i=1 时，表示 R1 寄存器。在操作码后面跟着一字节的直接地址。

(15) MOV @Ri, #data

该指令将立即数内容复制到间接寻址单元中，且立即数的内容不发生变化，如表 6.64 所示。

表 6.64　MOV @Ri,#data 指令的内容

助记符	操作	标志	操作码	字节数	周期数
MOV @Ri, #data	(PC)← (PC) + 2 ((Ri))← data	N	0111011i	2	2

注意：i 表示 R0 或者 R1。当 i=0 时，表示 R0 寄存器；当 i=1 时，表示 R1 寄存器。在操作码后面跟着一字节的立即数。

(16) MOV DPTR, #data16

该指令将一个 16 位的立即数复制到数据指针寄存器 DPTR 中，且 16 位立即数的内容不发生变化，如表 6.65 所示。

表 6.65　MOV DPTR,#data16 指令的内容

助记符	操作	标志	操作码	字节数	周期数
MOV DPTR,#data16	(PC)← (PC) + 3 DPH← $data_{15-8}$ DPL← $data_{7-0}$	N	10010000	3	3

注意：在操作码后面跟着两字节(16 位)的立即数。

【例 6-22】　假设内部 RAM 地址为 30H 的单元的内容为 40H，而 40H 单元的内容为 10H。端口 1 的数据为 CAH(11001010B)，则执行指令：

```
MOV R0,#30H          ;将立即数30H送到寄存器R0,(R0) = 30H
MOV A,@R0            ;将30H作为指向内部RAM的地址,内部RAM地址为30H
                     ;单元的内容40H送到累加器A中
MOV R1,A             ;将累加器A的内容40H送到寄存器R1中,(R1) = 40H
MOV B,@R1            ;将40H作为指向内部RAM的地址,内部RAM地址为40H
                     ;单元的内容10H送到寄存器B中
MOV @R1,P1           ;将P1端口的内容送到R1寄存器所指向的内部RAM的
                     ;地址单元中,即内部RAM地址为40H的单元的内容变为CAH
MOV P2,P1            ;将P1端口的内容送到P2端口中,P2端口的内容变为CAH
```

2）外部数据传输指令

该类型传输指令是在累加器和8051片内扩展RAM和外部扩展RAM地址空间实现数据传输，这种传输只能使用MOVX指令。

（1）MOVX A,@Ri

该指令将外部数据存储区的一字节的内容复制到累加器A中。8位外部数据存储区地址由R0或R1确定，且外部数据存储器单元的内容不发生变化，如表6.66所示。

表6.66　MOVX A,@Ri指令的内容

助记符	操作	标志	操作码	字节数	周期数
MOVX A,@Ri	(PC)← (PC) + 1 (A)←((Ri))	N	1110001i	1	3

注意：i表示R0或者R1。当i=0时，表示R0寄存器；当i=1时，表示R1寄存器。

【例6-23】 假设有一个时分复用地址/数据线的外部RAM存储器，容量为256B，该存储器连接到STC单片机的P0端口上，端口P3用于提供外部RAM所需要的控制信号。端口P1和P2用作通用输入/输出端口。R0寄存器和R1寄存器中的数据分别为12H和34H，外部RAM地址为34H的单元内容为56H，执行指令：

```
MOVX A,@R1           ;将外部RAM地址为34H单元的内容56H送到累加器A
MOVX @R0,A           ;将累加器A的内容56送到外部RAM地址为12H的单元中
```

（2）MOVX A,@DPTR

该指令将外部数据存储区的一字节的内容复制到累加器A中。16位外部数据存储区单元的地址由DPTR寄存器确定，且外部数据存储器单元的内容不发生变化，如表6.67所示。

表6.67　MOVX A,@DPTR指令的内容

助记符	操作	标志	操作码	字节数	周期数
MOVX A, @DPTR	(PC)← (PC) + 1 (A)← (DPTR)	N	11100000	1	2

（3）MOVX @Ri, A

该指令将累加器A的内容复制到外部数据存储单元中。8位外部数据存储区地址由R0或R1确定，且累加器A中的内容不发生变化，如表6.68所示。

表 6.68　MOVX @Ri,A 指令的内容

助记符	操作	标志	操作码	字节数	周期数
MOVX @Ri，A	(PC)← (PC) + 1 ((Ri))← (A)	N	1111001i	1	4

注意：i 表示 R0 或者 R1。当 i=0 时，表示 R0 寄存器；当 i=1 时，表示 R1 寄存器。

(4) MOVX @DPTR,A

该指令将累加器 A 的内容复制到外部数据存储单元中。16 位外部数据存储区单元的地址由 DPTR 寄存器确定，且累加器 A 中的内容不发生变化，如表 6.69 所示。

表 6.69　MOVX @DPTR,A 指令的内容

助记符	操作	标志	操作码	字节数	周期数
MOVX @DPTR，A	(PC)← (PC) + 1 (DPTR)← (A)	N	11110000	1	3

3) 查找表传输指令

只在累加器和程序存储器之间实现数据传输，这种传输只能使用 MOVC 指令。

(1) MOVC A,@A+DPTR

该指令将数据指针寄存器 DPTR 和累加器 A 的内容相加所得到的存储器地址单元的内容复制到累加器 A 中，如表 6.70 所示。

表 6.70　MOVC A,@A+DPTR 指令的内容

助记符	操作	标志	操作码	字节数	周期数
MOVC A,@A+DPTR	(PC)← (PC) + 1 (A)← ((A) + (DPTR))	N	10010011	1	5

【例 6-24】　假设累加器 A 的值在 0～4，下面的子程序将累加器 A 中的值转换为用 DB 伪指令定义的 4 个值之一：

```
REL_PC: INC A
        MOVC A,@A + PC
        RET
        DB 66H
        DB 77H
        DB 88H
        DB 99H
```

如果在调用该子程序之前累加器的值为 02H，执行完该子程序后，累加器的值变为 88H。MOVC 指令之前的 INC A 指令是为了在查表时跨越 RET 而设置的。如果 MOVC 和表格之间被多字节隔开，则为了正确地读取表格，必须将相应的字节数预先加到累加器 A 上。

(2) MOVC A,@A+PC

该指令将程序计数器 PC 和累加器 A 的内容相加所得到的存储器地址单元的内容复制

到累加器 A 中，如表 6.71 所示。

表 6.71　MOVC A,@A+PC 指令的内容

助记符	操作	标志	操作码	字节数	周期数
MOVC A,@A+PC	(PC)← (PC) + 1 (A)← ((A) + (PC))	N	10000011	1	4

2. 堆栈操作指令

1) POP direct

该指令将堆栈指针 SP 所指向栈顶的内容保存到直接寻址单元中，然后执行(SP)－1→(SP)的操作，此操作不影响标志位，如表 6.72 所示。

表 6.72　POP direct 指令的内容

助记符	操作	标志	操作码	字节数	周期数
POP direct	(PC)← (PC) + 2 (direct)← ((SP)) (SP)← (SP) − 1	N	11010000	2	2

注意：在操作码后面跟着一字节的直接地址。

【例 6-25】 假设堆栈指针的初值为 32H，内部 RAM 地址 30H～32H 单元的数据分别为 20H、23H 和 01H，则执行指令：

```
POP DPH
POP DPL
```

结果：

堆栈指针的值变成 30H，(DPH)＝01H，(DPL)＝23H。

如果继续执行指令：

```
POP SP
```

则在这种特殊情况下，在写入出栈数据 20H 之前，栈指针减小到 2FH，然后再随着 20H 的写入，(SP)＝20H。

2) PUSH direct

该指令将堆栈指针(SP)＋1→(SP)指向栈顶单元，将直接寻址单元的内容送入 SP 所指向的堆栈空间，此操作不影响标志位，如表 6.73 所示。

表 6.73　PUSH direct 指令的内容

助记符	操作	标志	操作码	字节数	周期数
PUSH direct	(PC)← (PC) + 2 (SP)← (SP) + 1 ((SP))← (direct)	N	11000000	2	3

注意：在操作码后面跟着一字节的直接地址。

【例 6-26】 假设在进入中断服务程序之前堆栈指针的值为 09H,数据指针 DPTR 的值为 0123H,则执行下面的指令:

```
PUSH DPL
PUSH DPH
```

结果:

堆栈指针变成 0BH,并把数据 23H 和 01H 分别保存到内部 RAM 的 0AH 和 0BH 的存储单元中。

3. 数据交换指令

1) XCH A,Rn

该指令将累加器 A 的内容和寄存器 Rn 中的内容互相交换,如表 6.74 所示。

表 6.74 XCH A,Rn 指令的内容

助记符	操作	标志	操作码	字节数	周期数
XCH A,Rn	(PC)← (PC) + 1 (A)↔ (Rn)	N	11001rrr	1	2

注意:rrr 为寄存器的编号,因此机器码范围是 C8H～CFH。

2) XCH A, direct

该指令将累加器 A 的内容和直接寻址单元的内容互相交换,如表 6.75 所示。

表 6.75 XCH A,direct 指令的内容

助记符	操作	标志	操作码	字节数	周期数
XCH A,direct	(PC)← (PC) + 2 (A)↔ (direct)	N	11000101	2	3

注意:在操作码后面跟着一字节的直接地址。

3) XCH A,@Ri

该指令将累加器 A 的内容和间接寻址的内容互相交换,如表 6.76 所示。

表 6.76 XCH A,@Ri 指令的内容

助记符	操作	标志	操作码	字节数	周期数
XCH A,@Ri	(PC)← (PC) + 1 (A)↔ ((Ri))	N	1100011i	1	3

注意:i 表示 R0 或者 R1。当 i=0 时,表示 R0 寄存器;当 i=1 时,表示 R1 寄存器。

【例 6-27】 假设 R0 的内容为地址 20H,累加器 A 的内容为 3FH。内部 RAM 地址为 20H 单元的内容为 75H,执行指令:

```
XCH  A,@R0
```

结果:

执行该指令后，将 20H 所指向的内部 RAM 的单元的数据 75H 和累加器 A 的内容 3FH 进行交换，结果是累加器 A 的内容变成 75H，而内部 RAM 地址为 20H 单元的内容变成 3FH。

4）XCHD A，@Ri

该指令将累加器 A 的内容和间接寻址单元内容的低半字节互相交换，如表 6.77 所示。

表 6.77　XCHD A，@Ri 指令的内容

助记符	操作	标志	操作码	字节数	周期数
XCHD A，@Ri	(PC)← (PC) ＋ 1 $(A_{3\text{-}0}) \leftrightarrow ((Ri)_{3\text{-}0})$	N	1101011i	1	3

注意：i 表示 R0 或者 R1。当 i＝0 时，表示 R0 寄存器；当 i＝1 时，表示 R1 寄存器。

【例 6-28】　假设寄存器 R0 的内容为 20H，累加器 A 的内容为 36H，内部 RAM 地址为 20H 的单元内容为 75H，执行指令：

```
XCHD A,@R0
```

结果：

将 20H 所指向内部 RAM 单元的数据 75H 和累加器 A 的内容 36H 的低 4 位数据进行交换，结果是累加器 A 的内容变成 35H，而内部 RAM 地址为 20H 单元的内容变成 76H。

思考与练习 6-9：假设(30H)＝40H，(31H)＝5DH，(SP)＝15H，则执行下面的指令：

```
PUSH 30H
PUSH 31H
```

的目的是________，(SP)＝________。

6.2.4　布尔指令

8051 单片机有独立的位可寻址区域。它有 128 比特的位可寻址的 RAM 和 SFR。

1. 清除指令

1）CLR bit

该指令将目的比特位清 0，如表 6.78 所示。

表 6.78　CLR bit 指令的内容

助记符	操作	标志	操作码	字节数	周期数
CLR bit	(PC)← (PC) ＋ 2 (bit)← 0	N	11000010	2	3

注意：在操作码后面跟着一字节的位地址。

【例 6-29】　假设端口 P1 的数据为 5DH(01011101B)，执行指令：

```
CLR   P1.2
```

结果：

端口 P1 的内容为 59H(01011001B)。

2) CLR C

该指令将进位标志位CY清0,如表6.79所示。

表6.79 CLR C指令的内容

助记符	操作	标志	操作码	字节数	周期数
CLR C	(PC)← (PC) + 1 (C)← 0	CY	11000011	1	1

2. 设置指令

1) SETB bit

该指令将目标比特位置1,如表6.80所示。

表6.80 SETB bit指令的内容

助记符	操作	标志	操作码	字节数	周期数
SETB bit	(PC)← (PC) + 2 (bit)← 1	N	11010010	2	3

注意:在操作码后面跟着一字节的位地址。

2) SETB C

该指令将进位标志CY置1,如表6.81所示。

表6.81 SETB C指令的内容

助记符	操作	标志	操作码	字节数	周期数
SETB C	(PC)← (PC) + 1 (C)← 1	CY	11010011	1	1

【例6-30】 假设端口P1的数据为34H(00110100B),执行指令:

```
SETB C
SETB P1.0
```

结果:

进位标志(CY)=1,端口P1的数据变成为35H(00110101B)。

3. 取反指令

1) CPL bit

该指令将目标比特位取反,如表6.82所示。

表6.82 CPL bit指令的内容

助记符	操作	标志	操作码	字节数	周期数
CPL bit	(PC)← (PC) + 2 (bit)← $(\overline{bit})$	N	10110010	2	3

注意：在操作码后面跟着一字节的位地址。

【例 6-31】 假设端口 P1 的数据为 5BH(01011011B)，执行指令：

```
CPL P1.1
CPL P1.2
```

结果：

端口 P1 的数据变成为 5DH(01011101B)。

2) CPL C

该指令将进位标志 CY 取反。如果 CY 为 1，执行该指令后 CY 为 0；反之亦然，如表 6.83 所示。

表 6.83　CPL C 指令的内容

助记符	操作	标志	操作码	字节数	周期数
CPL C	(PC)← (PC) + 1 (C)← ($\overline{C}$)	CY	10110011	1	1

4. 逻辑与指令

1) ANL C, bit

该指令对进位标志 CY 和一个比特位做逻辑与操作，结果保存在 CY 中，如表 6.84 所示。

表 6.84　ANL C,bit 指令的内容

助记符	操作	标志	操作码	字节数	周期数
ANL C, bit	(PC)← (PC) + 2 (CY) ← (CY) ^ (bit)	CY	10000010	2	2

注意：在操作码后面跟着一字节的位地址。

2) ANL C, /bit

该指令对进位标志 CY 和一个比特位取反后做逻辑与操作，结果保存在 CY 中，如表 6.85 所示。

表 6.85　ANL C,/bit 指令的内容

助记符	操作	标志	操作码	字节数	周期数
ANL C, /bit	(PC)← (PC) + 2 (CY) ← (CY) ^ ($\overline{bit}$)	CY	10110000	2	2

注意：在操作码后面跟着一字节的位地址。

【例 6-32】 假设 P1 端口的第 0 位为 1，且累加器 A 的第 7 位为 1，同时溢出标志 OV 的内容为 0，执行指令：

```
MOV C,P1.0      ;进位标志 CY 设置为 1
ANL C,ACC.7     ;进位标志 CY 设置为 1
ANL C,/OV       ;进位标志 CY 设置为 1
```

5. 逻辑或指令

1) ORL C, bit

该指令把进位标志 CY 的内容和比特位内容做逻辑或操作,结果保存在 CY 中,如表 6.86 所示。

表 6.86 ORL C,bit 指令的内容

助记符	操作	标志	操作码	字节数	周期数
ORL C,bit	(PC)← (PC) + 2 (CY) ← (CY) ∨ (bit)	CY	01110010	2	2

注意:在操作码后面跟着一字节的位地址。

2) ORL C, /bit

该指令把进位标志 CY 的内容和比特位内容取反后做逻辑或操作,结果保存在 CY 中,如表 6.87 所示。

表 6.87 ORL C,/bit 指令的内容

助记符	操作	标志	操作码	字节数	周期数
ORL C,/bit	(PC)← (PC) + 2 (CY) ← (CY) ∨ $(\overline{bit})$	CY	10100000	2	2

注意:在操作码后面跟着一字节的位地址。

【例 6-33】 假设 P1 端口的第 0 位为 1,或者累加器 A 的第 7 位为 1,或者溢出标志 OV 的内容为 0,执行指令:

```
MOV C,P1.0        ;进位标志 CY 设置为 1
ORL C,ACC.7       ;进位标志 CY 设置为 1
ORL C,/OV         ;进位标志 CY 设置为 1
```

6. 传输指令

1) MOV C, bit

该指令把一个比特位的值复制到进位标志 CY 中,且比特位的值不发生变化,如表 6.88 所示。

表 6.88 MOV C,bit 指令的内容

助记符	操作	标志	操作码	字节数	周期数
MOV C,bit	(PC)← (PC) + 2 (CY) ← (bit)	CY	10100010	2	2

注意:在操作码后面跟着一字节的位地址。

2) MOV bit,C

该指令把进位标志 CY 的内容复制到一个比特位中,且进位标志 CY 的值不发生变化,如表 6.89 所示。

表 6.89　MOV bit,C 指令的内容

助记符	操作	标志	操作码	字节数	周期数
MOV bit,C	(PC)← (PC) + 2 (bit)← (C)	N	10010010	2	3

注意：在操作码后面跟着一字节的位地址。

【例 6-34】　假设进位标志 CY 的初值为 1，端口 P2 中的数据为 C5H(11000101B)，端口 P1 中的数据为 35H(00110101B)，执行指令：

```
MOV P1.3,C        ;P1 端口的值变为 3DH(00111101B)
MOV C,P2.3        ;进位标志 CY 设置为 0
MOV P1.2,C        ;P1 端口的值变为 39H(00111001B)
```

7. 跳转指令

1) JB bit,rel

该指令判断 bit 位中的数据是否为 1，如果为 1，则跳转到(PC) + rel 指定的目标地址；否则，程序转向下一条指令，该操作不影响标志位，如表 6.90 所示。

表 6.90　JB bit,rel 指令的内容

助记符	操作	标志	操作码	字节数	周期数
JB bit,rel	(PC)← (PC) + 3 如果(bit) = 1，则(PC) ← (PC) + rel	N	00100000	3	5

注：在使用助记符编写汇编语言程序时，Keil μVision 将助记符中的 rel 转换成程序存储空间内的一个目标地址。而在生成所对应的机器指令时，并不是直接使用 rel 所表示的目标地址，而是将其转换成一个相对偏移量 rel. address，对于该条指令而言，相对偏移量的计算方法表示为

rel. address=rel(助记符所表示的目标地址)－PC－3

其中，rel. address 对应于操作中(PC)+rel 中的 rel。

因此，读者一定要正确理解助记符中 rel 的含义，以及操作中 rel 所表示的含义。对于本条机器指令而言，操作码后面跟着一字节的位地址和一字节的偏移量 rel. address，即表示为下面的形式

0 0 1 0	0 0 0 0	bit address	rel. address

【例 6-35】　假设端口 1 的数据为 CAH(11001010B)，累加器 A 的内容为 56H (01010110B)。则执行指令：

```
JB P1.2,LABEL1      ;跳转条件不成立
JB ACC.2,LABEL2     ;跳转条件成立
```

结果：

程序跳转到标号 LABEL2 的地方执行。

2) JNB bit, rel

该指令判断 bit 中的数据是否为 0，如果为 0，则程序跳转到(PC) + rel 指定的目标地

址；否则，程序转向下一条指令，该操作不影响标志位，如表6.91所示。

表6.91　JNB bit，rel指令的内容

助记符	操作	标志	操作码	字节数	周期数
JNB bit，rel	(PC)← (PC) + 3 如果(bit) = 0，则(PC) ← (PC) + rel	N	00110000	3	5

注意：在操作码后面跟着一字节的位地址和一字节的偏移量rel。

【例6-36】 假设端口1的数据为CAH(11001010B)，累加器A的内容为56H(01010110B)。则执行指令：

```
JNB P1.3,LABEL1      ;跳转条件不成立
JNB ACC.3,LABEL2     ;跳转条件成立
```

结果：

程序跳转到标号LABEL2的地方执行。

3) JC rel

该指令判断进位标志位CY是否为1，如果为1，则跳转到(PC)+rel指定的目标地址；否则，程序转向下一条指令，该操作不影响标志位，如表6.92所示。

表6.92　JC rel指令的内容

助记符	操作	标志	操作码	字节数	周期数
JC rel	(PC)← (PC) + 2 如果(CY) = 1，则(PC) ← (PC) + rel	N	01000000	2	3

注意：在操作码后面跟着一字节的偏移量rel。

【例6-37】 假设进位标志CY为0，则执行指令：

```
JC LABEL1           ; 跳转条件不成立
CPL C               ;取反，进位标志 CY 变为 1
JC LABEL2           ;跳转条件成立
```

结果：

程序跳转到标号LABEL2的地方执行。

4) JNC rel

该指令判断进位标志位CY是否为0，如果为0，则跳转到(PC)+rel指定的目标地址；否则，程序转向下一条指令，该操作不影响标志位，如表6.93所示。

表6.93　JNC rel指令的内容

助记符	操作	标志	操作码	字节数	周期数
JNC rel	(PC)← (PC) + 2 如果(CY) = 0，则(PC) ← (PC) + rel	N	01010000	2	3

注意：在操作码后面跟着一字节的偏移量 rel。

【例 6-38】 假设进位标志 CY 为 1,则执行指令：

```
JNC LABEL1   ;跳转条件不成立
CPL C        ;取反,进位标志 CY 变为 0
JNC LABEL2   ;跳转条件成立
```

结果：

程序跳转到标号 LABEL2 的地方执行。

5) JBC bit,rel

该指令判断指定 bit 位是否为 1,如果为 1,则将该位清零,并且跳转到(PC) + rel 指定的目标地址；否则,程序转向下一条指令,该操作不影响标志位,如表 6.94 所示。

表 6.94 JBC bit,rel 指令的内容

助记符	操作	标志	操作码	字节数	周期数
JBC bit, rel	(PC)← (PC) + 3 如果(bit) = 1,则： bit← 0,(PC) ← (PC) + rel	N	00010000	3	5

注意：在操作码后面跟着一字节的位地址和一字节的偏移量 rel。

【例 6-39】 假设累加器 A 的内容为 56H(01010110B),则执行指令：

```
JBC ACC.3,LABEL1     ;跳转条件不成立
JBC ACC.2  LABEL2    ;跳转条件成立,并且将 ACC.2 清零
```

结果：

程序跳转到标号 LABEL2 的地方执行,累加器 A 的内容变为 52H(01010010B)。

6.2.5 程序分支指令

8051 支持有条件和无条件的程序分支指令,这些程序分支指令用于修改程序的执行顺序。

1. 调用指令

1) ACALL addr11

该指令无条件地调用在指定地址处的子程序。目标地址由递增 PC 的高 5 位、操作码的第 7～5 位和指令第 2 字节并置组成。所以,所调用的子程序的首地址必须与 ACALL 后面指令的第 1 字节在同一个 2KB 区域内,如表 6.95 所示。

表 6.95 ACALL addr11 指令的内容

助记符	操作	标志	操作码	字节数	周期数
ACALL addr11	(PC) ← (PC) + 2 (SP) ← (SP) + 1 ((SP)) ← (PC_{7-0}) (SP) ← (SP) + 1 ((SP)) ← (PC_{15-8}) (PC_{10-0}) ←页面地址	无	$a_{10}\,a_9\,a_8$ 10010	2	4

注意：$a_{10}a_9a_8$是11位目标地址的A_{10}～A_8位。在操作码后面带着一字节目标地址的A_7～A_0位。

【例6-40】 假设堆栈指针的初值为07H，标号SUBRTN位于程序存储器地址为0345H的位置，如果执行位于地址0123H处的指令：

```
ACALL SUBRTN
```

结果：

堆栈指针的内容变成09H，内部RAM地址为08H和09H的位置保存的内容为25H和01H，PC值变为0345H。

2) LCALL addr16

该指令无条件地调用首地址为addr16处的子程序。执行该指令时，将PC加3，以获得下一条指令的地址。然后将指令第2、第3字节所提供的16位目标地址加载到$PC_{15\text{-}0}$，程序转向子程序的首地址执行，如表6.96所示。所调用的子程序的首地址可以在64KB的范围内。

表6.96 LCALL addr16指令的内容

助记符	操作	标志	操作码	字节数	周期数
LCALL addr16	(PC)← (PC) + 3 (SP)← (SP) + 1 ((SP))← ($PC_{7\text{-}0}$) (SP)← (SP) + 1 ((SP))← ($PC_{15\text{-}8}$) (PC)← $addr_{15\text{-}0}$	N	00010010	3	4

注意：在操作码后面带着一字节目标地址的A_{15}～A_8位和一字节目标地址的A_7～A_0位。

【例6-41】 假设堆栈指针的初值为07H，标号SUBRTN位于程序存储器地址为1234H的位置，如果执行位于地址0123H处的指令：

```
LCALL SUBRTN
```

结果：

堆栈指针的内容变成09H，内部RAM地址为08H和09H的位置保存的内容为26H和01H，PC值变为1234H。

2. 返回指令

1) RET

该指令将栈顶高地址和低地址字节连续地送给PC的高字节和低字节，并把堆栈指针减2，返回ACALL或LCALL的下一条指令，继续往下执行，该指令的操作不影响标志位，如表6.97所示。

表 6.97　RET 指令的内容

助记符	操作	标志	操作码	字节数	周期数
RET	$(PC_{15\text{-}8}) \leftarrow ((SP))$ $(SP) \leftarrow (SP) - 1$ $(PC_{7\text{-}0}) \leftarrow ((SP))$ $(SP) \leftarrow (SP) - 1$	N	00100010	1	4

【例 6-42】　堆栈指针的内容为 0BH，内部 RAM 地址为 0AH 和 0BH 的位置保存的内容为 23H 和 01H，如果执行指令：

```
RET
```

结果：

堆栈指针的内容变成 09H，程序将从地址为 0123H 的地方继续执行。

2）RETI

该指令将从中断服务程序返回，并清除相应的内部中断状态寄存器。CPU 在执行 RETI 后，至少要再执行一条指令，才能响应新的中断请求，如表 6.98 所示。

表 6.98　RETI 指令的内容

助记符	操作	标志	操作码	字节数	周期数
RETI	$(PC_{15\text{-}8}) \leftarrow ((SP))$ $(SP) \leftarrow (SP) - 1$ $(PC_{7\text{-}0}) \leftarrow ((SP))$ $(SP) \leftarrow (SP) - 1$	N	00110010	1	4

【例 6-43】　堆栈指针的内容为 0BH，结束在地址 0123H 处的指令执行结束期间产生中断，内部 RAM 地址为 0AH 和 0BH 的位置保存的内容为 23H 和 01H，如果执行指令：

```
RETI
```

结果：

堆栈指针的内容变成 09H，中断返回后继续从程序代码地址为 0123H 的位置执行。

3. 无条件转移指令

1）AJMP addr11

该指令实现无条件跳转。绝对跳转操作的目标地址是由 PC 递增两次后值的高 5 位、操作码的第 7～5 位和第 2 字节并置而成，如表 6.99 所示。目标地址必须包含 AJMP 指令后第一条指令的第 1 字节在内的 2KB 范围内。

表 6.99　AJMP addr11 指令的内容

助记符	操作	标志	操作码	字节数	周期数
AJMP addr11	$(PC) \leftarrow (PC) + 2$ $(PC_{10\text{-}0}) \leftarrow$ 页面地址	N	$a_{10}a_9a_8$00001	2	3

注意：$a_{10}a_9a_8$ 是 11 位目标地址的 A_{10}～A_8 位。在操作码后面带着一字节目标地址的

$A_7 \sim A_0$ 位。

【例 6-44】 假设标号 JMPADR 位于程序存储器的 0123H 的位置，如果指令：

```
AJMP JMPADR
```

位于程序存储器地址为 0345H 的位置。

结果：

执行完该指令后，PC 的值变为 0123H。

2) LJMP addr16

该指令实现无条件长跳转操作，跳转的 16 位目的地址由指令的第 2 和第 3 字节组成，如表 6.100 所示。因此，程序指向的目标地址可以包含程序存储器的整个 64KB 空间。

表 6.100 LJMP addr16 指令的内容

助记符	操作	标志	操作码	字节数	周期数
LJMP addr16	(PC)← $addr_{15}\cdots addr_0$	N	00000010	3	4

注意：在操作码后面带着一字节目标地址的 $A_{15} \sim A_8$ 位和一字节目标地址的 $A_7 \sim A_0$ 位。

【例 6-45】 假设标号 JMPADR 位于程序存储器的 1234H 的位置，如果指令：

```
LJMP JMPADR
```

位于程序存储器地址为 1234H 的位置。

结果：

执行完该指令后，PC 的值变为 1234H。

3) SJMP rel

该指令实现无条件短跳转操作，跳转的目的地址是由 PC 递增两次后的值和指令的第 2 字节带符号的相对地址相加而成的，如表 6.101 所示。

表 6.101 SJMP rel 指令的内容

助记符	操作	标志	操作码	字节数	周期数
SJMP rel	(PC)← (PC) + 2 (PC)← (PC) + rel	N	10000000	2	3

注意：在操作码后面带着一字节的相对偏移量 rel。

【例 6-46】 假设标号 RELADR 位于程序存储器的 0123H 的位置，如果指令：

```
SJMP RELADR
```

位于程序存储器地址为 0100H 的位置。

结果：

执行完该指令后，PC 的值变为 0123H。

注：在上面这个例子中，紧接 SJMP 的下一条指令的地址是 0102H，因此跳转的偏移量为 0123H－0102H＝21H。

4）JMP @A+DPTR

该指令实现无条件的跳转操作，跳转的目标地址是将累加器A中的8位无符号数与数据指针DPTR的内容相加而得。相加运算不影响累加器A和数据指针DPTR的原内容，如表6.102所示。若相加结果大于64KB，则从程序存储器的零地址往下延续。

表6.102　JMP @A+DPTR指令的内容

助记符	操作	标志	操作码	字节数	周期数
JMP @A+DPTR	(PC)← (A) + (DPTR)	N	01110011	1	5

【例6-47】 假设累加器A中的值是偶数(0～6)。下面的指令序列将使程序跳转到位于跳转表JMP_TBL的4条AJMP指令中的某一条去执行：

```
          MOV DPTR, #JMP_TBL
          JMP @A + DPTR
JMP_TBL:  AJMP LABEL0
          AJMP LABEL1
          AJMP LABEL2
          AJMP LABEL3
```

如果开始执行上面指令时，累加器A中的值为04H，那么程序最终会跳到标号为LABEL2的地方执行。

注意：AJMP是一个2字节指令，所以在跳转表中，各个跳转指令的入口地址依次相差2字节。

4. 有条件转移指令

1）JNZ rel

该指令实现有条件跳转。判断累加器A的内容是否不为0，如果不为0，则跳转到(PC)+rel指定的目标地址；否则，程序转向下一条指令，如表6.103所示。

表6.103　JNZ rel指令的内容

助记符	操作	标志	操作码	字节数	周期数
JNZ rel	(PC)← (PC) + 2 如果(A) ≠ 0，则(PC) ← (PC) + rel	N	01110000	2	4

注意：在操作码后面带着一字节的偏移量rel。

【例6-48】 假设累加器A的内容为00H，则执行指令：

```
JNZ LABEL1          ; 跳转条件不成立
INC A               ;累加器的内容加1
JNZ LABEL2          ;跳转条件成立
```

结果：

程序跳转到标号LABEL2的地方执行。

2）JZ rel

该指令实现有条件跳转。判断累加器A的内容是否为0，如果为0，则跳转到(PC)+

rel 指定的目标地址；否则，程序转向下一条指令，如表 6.104 所示。

表 6.104　JZ rel 指令的内容

助记符	操作	标志	操作码	字节数	周期数
JZ rel	(PC)← (PC) + 2 如果(A) = 0，则(PC) ← (PC) + rel	N	01100000	2	4

注意：在操作码后面带着一字节的偏移量 rel。

【例 6-49】 假设累加器 A 的内容为 01H，则执行指令：

```
JZ LABEL1        ; 跳转条件不成立
DEC A            ;累加器的内容减 1
JZ LABEL2        ;跳转条件成立
```

结果：

程序跳转到标号 LABEL2 的地方执行。

3) CJNE A, direct, rel

该指令对累加器 A 和直接寻址单元内容相比较，若它们的值不相等，则程序转移到 (PC) + rel 指向的目标地址。若直接寻址单元的内容小于累加器内容，则清除进位标志 CY；否则，置位进位标志 CY，如表 6.105 所示。

表 6.105　CJNE A, direct, rel 指令的内容

助记符	操作	标志	操作码	字节数	周期数
CJNE A,direct,rel	(PC)← (PC) + 3 如果(A) ≠ (direct)，则 (PC)← (PC) + rel 如果(A) < (direct)，则 (CY) ← 1 否则(CY) ← 0	CY	10110101	3	5

注意：在操作码后面跟着一字节的直接地址和一字节的偏移量 rel。

4) CJNE A, #data, rel

该指令将比较累加器 A 的内容和立即数，若它们的值不相等，则程序转移(PC) + rel 指向的目标地址。进位标志 CY 设置同上，该指令不影响累加器 A 的内容，如表 6.106 所示。

表 6.106　CJNE A, #data, rel 指令的内容

助记符	操作	标志	操作码	字节数	周期数
CJNE A,#data,rel	(PC)← (PC) + 3 如果(A) ≠ data，则 (PC)← (PC) + rel 如果(A) < data，则 (CY) ← 1 否则(CY) ← 0	CY	10110101	3	4

注意：在操作码后面跟着一字节的立即数和一字节的偏移量 rel。

5）CJNE Rn，#data，rel

该指令将寄存器 Rn 的内容和立即数进行比较，若它们的值不相等，则程序转移到(PC) + rel 指向的目标地址。进位标志 CY 设置同上，如表 6.107 所示。

表 6.107　CJNE Rn，#data，rel 指令的内容

助记符	操作	标志	操作码	字节数	周期数
CJNE Rn，#data，rel	(PC)← (PC) + 3 如果(Rn) ≠ data，则 (PC)← (PC) + rel 如果（Rn） < data，则 (CY) ← 1 否则(CY) ← 0	CY	10111rrr	3	4

注意：rrr 为寄存器的编号，因此机器码范围是 B8H～BFH。在操作码后面跟着一字节的立即数和一字节的偏移量 rel。

6）CJNE @Ri，#data，rel

该指令将间接寻址的内容和立即数相比较，若它们的值不相等，则程序转移到(PC) + rel 指向的目标地址。进位标志 CY 设置同上，如表 6.108 所示。

表 6.108　CJNE @Ri，#data，rel 指令的内容

助记符	操作	标志	操作码	字节数	周期数
CJNE @Ri，#data，rel	(PC)← (PC) + 3 如果((Ri)) ≠ (direct)，则 (PC)← (PC) + rel 如果((Ri)) <data，则 (CY) ← 1 否则(CY) ← 0	CY	1011011i	3	5

注意：i 表示 R0 或者 R1。当 i=0 时，表示 R0 寄存器；当 i=1 时，表示 R1 寄存器。在操作码后面跟着一字节的立即数和一字节的偏移量 rel。

【例 6-50】　假设累加器 A 的内容为 34H，寄存器 R7 的内容为 56H。则执行指令：

```
CJNE R7,#60H,NOT_EQ
…                           ;R7 的内容为 60H
NOT_EQ:  JC     REQ_LOW     ;如果 R7 < 60H
…                           ;R7 > 60H
```

结果：

第一条指令将进位标志 CY 设置为 1，程序跳转到标号 NOT_EQ 的地方。接着测试进位标志 CY，可以确定寄存器 R7 的内容大于还是小于 60H。

7）DJNZ Rn，rel

该指令实现有条件跳转。每执行一次指令，寄存器 Rn 的内容减 1，并判断其内容是否为 0。若不为 0，则转向(PC) + rel 指向的目标地址，继续执行循环程序，否则，结束循环程序,执行下一条指令,如表6.109所示。

表6.109 DJNZ Rn,rel指令的内容

助记符	操作	标志	操作码	字节数	周期数
DJNZ Rn, rel	(PC)← (PC) + 2 (Rn)← (Rn) − 1 如果(Rn) ≠ 0,则 (PC)← (PC) + rel	N	11011rrr	2	4

注意:rrr为寄存器的编号,因此机器码范围是D8H~DFH。在操作码后面跟着一字节的偏移量rel。

8) DJNZ direct,rel

该指令实现有条件跳转。每执行一次指令,直接寻址单元的内容减1,并判断其内容是否为0。若不为0,则转向(PC) + rel指向的目标地址,继续执行循环程序,否则,结束循环程序,执行下一条指令,如表6.110所示。

表6.110 DJNZ direct,rel指令的内容

助记符	操作	标志	操作码	字节数	周期数
DJNZ direct, rel	(PC)← (PC) + 3 (direct)← (Rn) − 1 如果(direct) ≠ 0,则 (PC)← (PC) + rel	N	11010101	3	5

注意:在操作码后面跟着一字节的直接地址和一字节的偏移量rel。

【例6-51】 假设内部RAM地址为40H、50H和60H的单元分别保存着数据01H、70H和15H,则执行指令:

```
DJNZ 40H,LABEL_1
DJNZ 50H,LABEL_2
DJNZ 60H,LABEL_3
```

结果:

程序将跳转到标号LABEL_2处执行,且相应的3个RAM单元的内容变成00H、6FH和15H。

5. 空操作指令

NOP指令表示无操作,如表6.111所示。

表6.111 NOP指令的内容

助记符	操作	标志	操作码	字节数	周期数
NOP	(PC)← (PC) + 1	N	0x00	1	1

【例6-52】 假设期望在端口P2的第7位引脚上输出一个长时间的低电平脉冲,该脉冲持续5个机器周期(精确)。若仅仅使用SETB和CLR指令序列,生成的脉冲只能持续一个机器周期。因此,需要设法增加4个额外的机器周期,可以按照下面的方式实现所要求的

功能(假设在此期间没有使能中断)：

```
CLR P2.7
NOP
NOP
NOP
NOP
SETB P2.7
```

第7章 STC单片机汇编语言编程模型

CHAPTER 7

本章将介绍汇编语言编程模型，内容包括汇编语言程序结构、汇编代码中段的分配、汇编语言符号及规则、汇编语言操作数描述、汇编语言控制描述、Keil μVision5 汇编语言程序设计流程、单片机端口控制汇编语言程序设计、单片机中断汇编语言程序设计。

正如本章所起标题为汇编语言编程模型那样，本章所介绍的所有汇编语言的语法都是为能够构建在单片机上运行的程序模型服务的。

能熟练地使用本章所介绍的汇编语言语法和汇编语言助记符构建出程序模型，这个要求是很高的。当学习本章有不清楚的内容时，只有两个办法可以解决这个问题，一是再更加深入理解 8051 CPU 结构和指令系统；另一个就是多编写程序代码。

当彻底地理解和掌握汇编语言后，再学习 C 语言编程的时候，就非常容易了。这是因为此时读者已经对单片机的软件开发方法有了很深入的理解。

7.1 汇编语言程序结构

实际上，所谓的汇编语言程序就是按照一定的规则组合在一起的机器语言助记符和汇编器助记符指令。这些按一定规则组合在一起的汇编语言助记符机器指令，能通过软件开发工具的处理，转换成可以在 STC 8051 CPU 上按照设计要求运行的机器代码。

代码清单 7-1 一段完整汇编语言程序代码

```
NAME main                                  ;声明模块
my_seg SEGMENT CODE                        ;声明代码段 my_seg
          RSEG     my_seg                  ;切换到代码段 my_seg
TABLE:    DB       3,2,5,0xFF              ;声明四个常数

myprog SEGMENT CODE                        ;声明代码段 myprog
          RSEG     myprog                  ;切换到代码段 myprog
          LJMP     main                    ;在程序存储器地址 0x0000 的位置跳转
          USING    0                       ;使用第 0 组寄存器
          ORG      100H                    ;定位到代码段 100H 的位置
main:     MOV      DPTR, #TABLE            ;将 TABLE 表的地址送给 DPTR 寄存器
          MOV      A,#3                    ;将立即数 3 送到累加器 A 中
          MOVC     A,@A+DPTR               ;将(A)+(DPTR)所指向的程序 Flash 的
                                           ;内容送给累加器 A
```

```
        MOV     P1,0            ;给 P1 端口清零
        MOV     P1,A            ;将累加器 A 的内容送到 P1 端口
END
```

注意：(1) 读者可以进入本书所提供资料\STC-example\例子 7-1 目录下，打开并参考该设计。

(2) 在设计中，可以选择 AJMP main 语句，以减少程序代码长度。

7.2 汇编代码中段的分配

正如前面所提到的那样，一个由汇编语言所构建的程序代码中，包括：

(1) 绝大部分代码都是机器语言助记符。这些程序代码中的机器语言助记符经过软件工具处理后转换成机器指令(机器码)，然后保存在单片机程序存储器中。通常地，将保存程序代码的区域称为代码段(code segment)。

(2) 根据程序设计的复杂度，需要提供代码中所需数据所在的位置。这些需要操作的数据可能保存在不同的存储空间中。因此，就需要在程序中明确地说明这些数据所存放的位置。典型地，在 STC 15 系列单片机中，提供了片内基本 RAM、片内扩展 RAM 等存储单元。通常地，将保存数据的区域统称为数据段(data segment)。

(3) 在运行程序的过程中，可能还需要对 8051 CPU 内功能部件的状态进行保存和恢复操作。前面已经说明，这是由堆栈机制实现的。在这种情况下，就需要明确指出保存这些运行状态的存储空间大小和位置。

在任何一个由汇编语言编写的程序中，必须要有代码段，而其他段存在与否，由具体的程序模型决定。

思考与练习 7-1：在汇编语言程序代码中，指定(分配)段的目的是什么？

7.2.1 CODE 段

CODE 段，也称为代码段，它是用来保存程序中汇编助记符描述的机器指令部分。CODE 段放在 STC 单片机中的程序 Flash 存储空间。

CODE 段可以由 MOVC 指令，并且通过 DPTR 寄存器进行访问。下面给出定义和访问 CODE 段的代码清单。

代码清单 7-2 定义和访问 CODE 段的代码

```
my_seg SEGMENT CODE                     ;定义为 CODE 段
        RSEG    my_seg
TABLE:  DB      1,2,4,8,0x10            ;定义常数表

myprog SEGMENT CODE                     ;定义 CODE 段
        RSEG    myprog
        MOV     DPTR, #TABLE            ;加载 TABLE 的地址
        MOV     A, #3                   ;加载偏移量
        MOVC    A,@A + DPTR             ;通过 MOVC 指令访问
END
```

思考与练习 7-2：在汇编语言程序中，CODE 段的作用是什么？说明访问 CODE 段的方法。

7.2.2 BIT 段

在 8051 汇编语言中，BIT 段可以用来保存比特位，可以通过位操作指令来访问 BIT 段。

注意：可以通过位操作指令访问特殊功能寄存器 SFR。

可位寻址的地址只能是可以被 8 整除的地址。典型地，有 80H、88H、90H、98H、0A0H、0A8H、0B0H、0B8H、0C0H、0C8H、0D0H、0D8H、0E0H、0E8H、0F0H 和 0F8H 地址空间。下面给出定义和访问 BIT 段的代码清单。

代码清单 7-3　定义和访问 BIT 段的代码

```
mybits SEGMENT BIT                  ;定义 BIT 段
            RSEG    mybits
FLAG:       DBIT    1               ;保留 1 位空间
P1          DATA    90H             ; 8051 SFR 端口 1
GREEN_LED BIT P1.2                  ;在端口 P1 的第 2 引脚 P1.2 定义符号 GREEN_LED

myprog SEGMENT CODE                 ;定义为代码段
            RSEG    myprog
            LJMP    main            ;无条件跳转 main
            ORG     100H            ;定位到 100H 的位置
main:       SETB    GREEN_LED       ;P1.2 = 1
            JB      FLAG, is_on     ;到 DATA 的直接访问
            SETB    FLAG            ;设置 FLAG
            CLR     ACC.5           ;复位 ACC 的第 5 位
            ⋮
is_on:      CLR     FLAG            ;清除 FLAG
            CLR     GREEN_LED       ;P1.2 = 0
END
```

思考与练习 7-3：在汇编语言程序中，BIT 段的作用是什么？说明访问 BIT 段的方法。

7.2.3 IDATA 段

在 8051 汇编语言中，可以定义 IDATA 段。在 IDATA 段可以定义少量的变量，这些变量将最终保存在 STC 单片机的片内 RAM 高地址和低地址区域中。

注意：IDATA 的低 128 字节和 DATA 段重叠。

通过寄存器 R0 或者 R1，程序可以间接寻址保存在 IDATA 段中的变量。下面给出定义和访问 IDATA 段的代码。

代码清单 7-4　定义和访问 IDATA 段的代码

```
myvars SEGMENT IDATA                ;定义 IDATA 段
        RSEG        myvars
BUFFER: DS          100             ;保留 100 字节

myprog SEGMENT CODE                 ;定义 CODE 段
        RSEG        myprog
        LJMP        main            ;无条件跳转到 main
```

```
            ORG         100H                ;定位到 100H 位置
main:       MOV         R0,#BUFFER          ;将 BUFFER 的地址加载到 R0 寄存器
            MOV         A,@R0               ;将缓冲区的内容读到寄存器 A
            INC         R0                  ;R0 内的地址递增
            MOV         @R0,A               ;将 A 的内容写到 BUFFER+1 的存储空间
END
```

思考与练习 7-4：在汇编语言程序中，IDATA 段的作用是什么？说明访问 IDATA 段的方法。

7.2.4 DATA 段

在 8051 汇编语言中，定义了 DATA 段，该段指向 STC 单片机内部数据 RAM 的低 128 字节。通过直接和间接寻址方式，程序代码可以访问在 DATA 段中的存储器位置。下面给出定义和访问 DATA 段的代码。

代码清单 7-5　定义和访问 DATA 段的代码

```
myvar SEGMENT DATA                          ;定义 DATA 段
            RSEG        myvar
VALUE:      DS          1                   ;在 DATA 空间保存一字节

IO_PORT2    DATA        0A0H                ;特殊功能寄存器
VALUE2      DATA        20H                 ;存储器的绝对地址

myprog SEGMENT CODE                         ;定义 CODE 段
            RSEG        myprog
            LJMP        main                ;无条件跳转到 main
            ORG         100H                ;定位到 100H 的位置
main:       MOV         A,IO_PORT2          ;直接访问 DATA
            ADD         A,VALUE
            MOV         VALUE2,A
            MOV         R1,#VALUE           ;加载 VALUE 的值到 R1 寄存器
            ADD         A,@R1               ;间接访问 VALUE
END
```

思考与练习 7-5：在汇编语言程序中，DATA 段的作用是什么？说明访问 DATA 段的方法。

7.2.5 XDATA 段

在 8051 汇编语言中，定义了 XDATA 段，XDATA 段指向扩展 RAM 区域。通过寄存器 DPTR 和 MOVX 指令，程序代码就可以访问 XDATA 段。对于一个单页的 XDATA 存储空间来说，也可以通过寄存器 R0 和 R1 访问。下面给出定义和访问 XDATA 段的代码。

代码清单 7-6　定义和访问 XDATA 段的代码

```
my_seg SEGMENT XDATA                        ;定义 XDATA 段
            RSEG        my_seg
XBUFFER:    DS          2                   ;保留 2 字节存储空间
```

```
myprog SEGMENT CODE                          ;定义 CODE 段
        RSEG     myprog
        LJMP     main                        ;无条件跳转到 main
        ORG      100H                        ;定位到 100H 的位置
main:   MOV      DPTR, #XBUFFER              ;XBUFFER 的地址送到 DPTR 寄存器
        CLR      A                           ;累加器 A 清 0
        MOVX     @DPTR,A                     ;将累加器 A 的内容送给 DPTR 指向的 XBUFFER 区域
        INC      DPTR                        ;寄存器 DPTR 的内容加 1
        CLR      A                           ;累加器 A 清 0
        MOVX     @DPTR,A                     ;累加器 A 的内容送给 DPTR 指向的 XBUFFER 区域
END
```

思考与练习 7-6：在汇编语言程序中，XDATA 段的作用是什么？说明访问 XDATA 段的方法。

7.3 汇编语言符号及规则

符号是定义的一个名字，用来表示一个值、文本块、地址或者寄存器的名字。也可用符号表示常数和表达式。

7.3.1 符号的命名规则

在 AX51 汇编器中，符号最多可以由 31 个字符组成。符号中的字符可以包括：

(1) A～Z 的大写字母。

(2) a～z 的小写字母。

(3) 0～9 的数字。

(4) 空格字符。

(5) 问号字符。

注意：数字不可以作为符号的开头。

7.3.2 符号的作用

在汇编语言中，符号的作用包括：

(1) 使用 EQU 或者 SET 控制描述，将一个数值或者寄存器名赋给一个指定的符号名。例如：

```
NUMBER_FIVE      EQU      5
TRUE_FLAG        SET      1
FALSE_FLAG       SET      0
```

(2) 在汇编程序中，符号可以用来表示一个标号。

① 标号用于在程序或者数据空间内定义一个位置(地址)。

② 标号是该行的第一个字符域。

③ 标号后面必须跟着":"符号。一行只能定义一个标号。例如：

```
LABEL1:      DJNZ     R0, LABEL1
```

(3) 在汇编程序中,符号可以用于表示一个变量的位置。例如:

```
SERIAL_BUFFER  DATA  99h
```

7.4 汇编语言操作数描述

一个操作数可以是数字常数、符号名字、字符串或者一个表达式。本节对汇编语言操作数进行详细的说明。

注意:操作数不是汇编语言指令,它不产生汇编代码。

7.4.1 数字

数字以十六进制数、十进制数、八进制数和二进制数的形式指定。如果没有指定数字的形式,则默认为十进制数。

1) 十六进制数

后缀为H、h,有效数字在0~9、A~F或a~f,如0FH、0FFH。

注意:(1) 当其第一个数字在A~F时,必须加前缀0。

(2) 十六进制数也可使用C语言的表示方法,如0x12AB。

2) 十进制数

后缀为D、d(可无后缀),有效数字在0~9,如1234、20d。

3) 八进制数

后缀为O、o,有效数字在0~7,如25o、65O。

4) 二进制数

后缀为B、b,有效数字为0和1,如111b、10100011B。

注意:可以在数字之间插入符号"$",用于增加数字的可读性。例如,1$2$3$4等效于1234。

7.4.2 字符

在表达式中可以使用ASCII字符来生成数字值。表达式可以由单引号包含的两个ASCII字符组成。

注意:字符个数不能超过两个,否则在对汇编程序处理的过程中会报错。

在汇编语言的任何地方都可以使用字符,它可以用来作为立即数。例如:'A'表示0041h,'a'表示0061h。

7.4.3 字符串

字符串与汇编器描述DB将一起使用,用来定义在AX51汇编程序中的消息。字符串用一对单引号' '包含。例如:

```
KEYMSG:     DB     'Press any key to continue.'
```

该声明将在KEYMSG指向的缓冲区生成下面的十六进制数,即50h、72h、65h、73h、73h、20h、…、6Eh、75h、65h、2Eh。

7.4.4 位置计数器

在AX51汇编器中，为每个段保留了一个位置计数器。在这个计数器中，包含了指令或者数据的偏移地址。默认将位置计数器初始化为0。但是，可以用ORG描述符修改位置计数器的初值。

在表达式中，使用"$"符号，用于得到位置计数器当前的值，可以使用位置计数器确定一个字符串的长度。例如：

```
msg:            DB          'This is a message', 0
msg_len:        EQU         $ - msg
```

7.4.5 操作符

在汇编语言中，操作符可以是一元操作符，即只有一个操作数；或者二元操作符，即有两个操作数。表7.1给出了操作符的操作级别。

表7.1 操作符及优先级

优先级	操　作　符
1	( )
2	(1) NOT、HIGH、LOW (2) BYTE0、BYTE1、BYTE2、BYTE3 (3) WORD0、WORD2、MBYTE
3	一元＋、一元－
4	*、/、MOD
5	＋、－
6	SHL、SHR
7	AND、OR、XOR
8	EQ、=、NE、<>、LT、<、LTE、<=、GT、>、GTE、>=

注意：(1) 1级优先级最高，8级优先级最低。

(2) SHL表示左移运算，SHR表示右移运算。

(3) BYTEx根据x所指定操作数的位置，返回相应的字节。例如，BYTE0返回最低的字节(与LOW等效)；BYTE1返回紧挨BYTE0的字节(与HIGH等效)，如表7.2所示。

(4) WORDx根据x指定的操作数的位置，返回相应的字。例如，WORD1返回最低的字(16位)；WORD2返回最高的两字节(16位)，如表7.2所示。

表7.2 32位操作数的分配

MSB	32位操作数		LSB
BYTE3	BYTE2	BYTE1	BYTE0
WORD2		WORD1	
		HIGH	LOW

(5) MBYTEx操作符返回用于C51实时库的存储器类型信息。所得到的值是存储器类型字节。这些存储器类型字节在C51实时库中用于访问带有far存储器类型定义的

变量。

思考与练习 7-7：请读者根据这些符号的功能，给出每条指令所表示的含义：

(1) MOV R2,＃99＊45

(2) MOV R1, ＃1234＋5678

(3) MOV R1,＃12/4

(4) MOV R1, ＃(0FDh AND 03h)

(5) MOV R0,＃HIGH 1234h

(6) MOV R3,＃MBYTE far_var

(7) MOV R2,＃99 MOD 10

(8) MOV R0, ＃(1 SHL 2)

(9) MOV R0, ＃WORD2 12345678h

7.4.6 表达式

表达式是操作数和操作符的组合，该表达式由汇编器计算。没有操作符的操作数是最简单的表达式。表达式能用在操作数所要求的地方。下面通过一个例子说明表达式的用法。

代码清单 7-7 表达式用法代码清单

```
EXTRN CODE (CLAB)                            ;CODE 空间的入口
EXTRN DATA (DVAR)                            ;DATA 空间的变量

MSK          EQU      0F0H                   ;定义符号来替换 0xF0 值
VALUE        EQU      MSK - 1                ;其他常数符号值

FOO SEGMENT CODE
             RSEG     FOO
             LJMP     ENTRY
             ORG      100H
ENTRY:       MOV      A, #40H                ;用常数加载累加器
             MOV      R5, #VALUE             ;加载一个常数表示的符号值
             MOV      R3, #(0x20 AND MASK)   ;一个计算例子
             MOV      R7, #LOW (VALUE + 20H)
             MOV      R6, #1 OR (MSK SHL 4)
             MOV      R0,DVAR + 20           ;DVAR 地址加上 20,加载 R0 寄存器
             MOV      R1, #LOW (CLAB + 10)   ;加载 CLAB 地址加 10 的低部分到寄存器 R1
             MOV      R5,80H                 ;加载地址 80H ( = SFR P0)的内容到 R5 寄存器
             SETB     20H.2                  ;设置 20H.2
             END
```

7.5 汇编语言控制描述

AX51 汇编器提供了大量的控制描述，允许编程人员定义符号值，保留和初始化存储空间，控制代码的存储位置。

注意：这些描述不能和汇编助记符描述的机器指令混淆。这些描述不能产生机器代码，除了 DB、DD 和 DW 描述外，它们不影响代码存储器的内容。这些控制改变的是汇编器

的状态，定义的用户符号以及添加到目标文件的信息。

7.5.1 地址控制

地址控制描述用于控制程序计数器(PC)的指向和寄存器组的选择，地址控制描述包括EVEN、ORG和USING。

1）EVEN

迫使位置计数器指向下一个偶数地址。例如：

```
MYDATA:    SEGMENT  DATA WORD
           RSEG     MYDATA
var1:      DSB      1
EVEN
var2:      DSW      1
```

2）ORG

设置位置计数器指向一个指定的偏移量或地址。例如：

```
ORG 100h
```

3）USING

说明使用哪个寄存器组。例如：

```
USING    3    ;选择第3组寄存器
PUSH     R2   ;将第3组中的R2寄存器入栈
```

7.5.2 条件汇编

根据符号条件的真假，条件汇编控制模块的运行。条件汇编描述包括IF、ELSE、ELSEIF和ENDIF。

1）IF

条件为真，汇编模块。

2）ELSE

如果前面的IF条件为假，则汇编模块。

3）ELSEIF

如果前面的IF和ELSEIF条件为假，则汇编模块。

4）ENDIF

结束IF模块。

下面给出条件编译的例子：

```
IF (SWITCH = 1)
…
ELSEIF (SWITCH = 2)
…
ELSE
…
ENDIF
```

7.5.3 存储器初始化

存储器初始化用于为变量分配空间并进行初始化设置，也就是给出具体的数值。存储器初始化描述包括 DB、DD 和 DW。

1）DB

该描述符用于说明所分配空间的类型是字节。例如：

```
TAB:    DB      2, 3, 5, 7, 11, 13, 17, 19, ';'
```

2）DD

该描述符用于说明所分配空间的类型是双字，即 4 字节。例如：

```
VALS:  DD      12345678h, 98765432h
```

3）DW

该描述符用于说明所分配空间的类型是字，即 2 字节。例如：

```
HERE:  DW      0
```

7.5.4 分配存储器空间

分配存储器空间描述符，用于在存储器内为变量预先分配存储空间。分配存储器空间描述包括 DBIT、DS(DSB)、DSD 和 DSW。

1）DBIT

该描述符用于说明为变量所分配存储空间的类型为比特。例如：

```
A_FLAG:       DBIT       1          ;保留的存储空间为 1 位
```

2）DS(DSB)

该描述符用于说明为变量所分配存储空间的类型为字节。例如：

```
TIME:         DS         8        ;保留的存储空间为 8 字节
```

3）DSD

该描述符用于说明为变量所分配存储空间的类型为双字，即 4 字节。例如：

```
COUNT:       DSD       9          ;保留的存储空间为 36 字节
```

4）DSW

该描述符用于说明为变量所分配存储空间的类型为字，即 2 字节。例如：

```
COUNT:       DSW     9          ;保留的存储空间为 18 字节
```

7.5.5 过程声明

函数声明用于说明过程的开始和结束。过程声明描述主要包括 PROC、ENDP 和 LABEL。

1) PROC

该描述符用于定义过程的开始。

2) ENDP

该描述符用于定义过程的结束。

过程声明的格式如下:

```
过程名字  PROC  [类型]
                ;汇编助记符
                ;汇编助记符
                …
                ;
过程名字 ENDP
```

其中,类型说明用于规定所定义过程的类型,如表 7.3 所示。

表 7.3 过程的类型

类型	说 明
无	默认为 NEAR
NEAR	定义为一个 NEAR 类型的过程,采用 LCALL 或者 ACALL 指令调用
FAR	定义一个 FAR 类型过程,采用 ECALL 指令调用

3) LABEL

该描述符为符号名分配一个地址。标号后面可以跟一个":",或者不用。标号继承了当前活动代码的属性,因此不能在程序段之外使用。格式如下:

```
标号名:    LABEL  [类型]
```

7.5.6 程序链接

程序链接主要用于控制模块之间参数的传递。控制描述包括 EXTERN、NAME 和 PUBLIC。

1) EXTERN

该控制描述符用于定义一个外部的符号。其格式如下:

```
EXTERN 类:类型(符号 1,符号 2,…,符号 N)
```

其中,类表示符号所在的存储器段的类型,包括 BYTE(字节变量)、DWORD(双字变量)、FAR(远标号)、NEAR(近标号)和 WORD(字变量)。例如:

```
EXTERN  CODE:FAR (main)
EXTERN  DATA:BYTE (counter)
```

2) NAME

该控制描述符用于指定当前模块的名字。

3) PUBLIC

该控制描述符用于定义符号,用于说明其他模块会使用这些符号。例如:

```
PUBLIC   myvar,yourvar,othervar
```

注意：应该在当前的程序模块内定义每个符号。不能将寄存器和段符号指定为PUBLIC。

7.5.7 段控制

段控制主要为段分配绝对地址或者可重定位描述。段控制描述包括 BSEG、CSEG、DSEG、ISEG、RSEG 和 XSEG。

1）BSEG

该控制符用于定义一个绝对 BIT 段。例如：

```
BSEG          AT 10                ;地址 = 0x20 + 10 位 = 0x2A
DEC_FLAG:     DBIT 1               ;DEC_FLAG 为比特位类型
INC_FLAG:     DBIT 1               ;INC_FLAG 为比特位类型
```

2）CSEG

该控制符用于定义一个绝对 CODE 段。例如：

```
CSEG          AT 0003h             ;CODE 段开始的绝对地址为 0x3
VECT_0:       LJMP ISR_0           ;跳转到中断向量的位置
CSEG          AT 0x100             ;绝对地址 0x100
CRight:       DB "(C) MyCompany"   ;固定位置的字符串
CSEG          AT 1000H             ;绝对地址 0x1000
Parity_TAB:                        ;Parity_TAB 的名字
              DB     00H           ;初始化 Parity_TAB 开始的缓冲区
              DB     01H
              DB     01H
              DB     00H
```

3）DSEG

该控制符用于定义一个绝对 DATA 段。例如：

```
DSEG          AT 0x40              ;DATA 段开始的绝对地址为 40H
TMP_A:        DS   2               ;TMP_A 变量
TMP_B:        DS   4               ;TMP_B 变量
```

4）ISEG

该控制符用于定义一个绝对 IDATA 段。例如：

```
ISEG          AT 0xC0              ;IDATA 段开始的绝对地址为 0C0H
TMP_IA:       DS   2               ;TMP_IA 变量
TMP_IB:       DS   4               ;TMP_IB 变量
```

5）RSEG(段名字)

该控制符用于定义一个可重定位段。例如：

```
MYPROG SEGMENT CODE                ;定义一个段
              RSEG   MYPROG        ;选择段
```

6) XSEG

该控制符用于定义一个绝对的 XDATA 段。例如：

```
XSEG AT 1000H                           ;XDATA 段的绝对开始地址为 0x1000
OEM_NAME:     DS  25                    ;OEM_NAME 变量
PRD_NAME:     DS  25                    ;PRD_NAME 变量
```

7.5.8 杂项

杂项控制描述包含 ERROR 和 END。

(1) ERROR：产生错误消息。

(2) END：表示汇编模块的结束。

7.6 Keil μVision5 汇编语言设计流程

本节将通过一个简单的设计例子，介绍 Keil μVision5 汇编语言设计流程。内容包括建立新的设计工程、添加新的汇编语言文件、建立设计、程序软件仿真、程序硬件仿真。

注意：可以定位到本书所提供的\STC_example\keil_use 目录打开该设计。

7.6.1 建立新的设计工程

本节将建立新的设计工程。建立新设计工程的步骤主要包括：

(1) 打开 μVision5 集成开发环境。

(2) 在 μVision5 集成开发环境主界面主菜单下，选择 Project→New μVision Project 命令。

(3) 出现 Create New Project 对话框。在文件名右侧的文本框中输入 top。

注意：表示该工程的名字是 top. uvproj。

(4) 单击 OK 按钮。

(5) 出现 Select a CPU Data Base File 对话框。在下拉框中选择 STC MCU Database 选项。

(6) 单击 OK 按钮。

(7) 出现 Select Device for Target'Target 1'...对话框。在左侧的窗口中，找到并展开 STC 前面的"+"。在展开项中，找到并选择 STC15W4K32S4。

注意：全书设计使用 STC 公司的 IAP15W4K58S4 单片机。该单片机属于 STC15W4K32S4 系列。

(8) 单击 OK 按钮。

(9) 出现 Copy'STARTUP. A51' to Project Folder and Add File to Project 对话框。其提示是不是在当前设计工程中添加 STARTUP. A51 文件。

注意：在汇编语言程序设计中，不需要添加该文件。在 C 语言程序设计中，也不需要添加该文件。

(10) 单击“否”按钮。

(11) 在主界面左侧窗口中,选择 Project 选项卡。其中给出了工程信息。

其中,顶层文件夹名字为 Target1。在该文件夹下,存在一个 Source Group 1 子目录。

7.6.2　添加新的汇编语言文件

本节将为当前工程添加新的汇编语言文件。添加汇编语言文件的步骤主要包括:

(1) 在 Project 窗口界面下,选择 Source Group 1,单击鼠标右键,出现快捷菜单,选择 Add New Item to Group ‘Source Group 1’命令。

(2) 出现 Add New Item to Group‘Source Group 1’对话框,按下面设置参数:在左侧窗口中选中 Asm File(.s);在 Name 文本框中输入 main。

注意:该汇编语言的文件名字为 main.a51。

(3) 单击 Add 按钮。

(4) 在图 7.1 所示的 Project 窗口中,在 Source Group 1 子目录下添加了名字为 main.a51 的汇编语言文件。

(5) 在右侧窗口中,自动打开了 main.a51 文件。

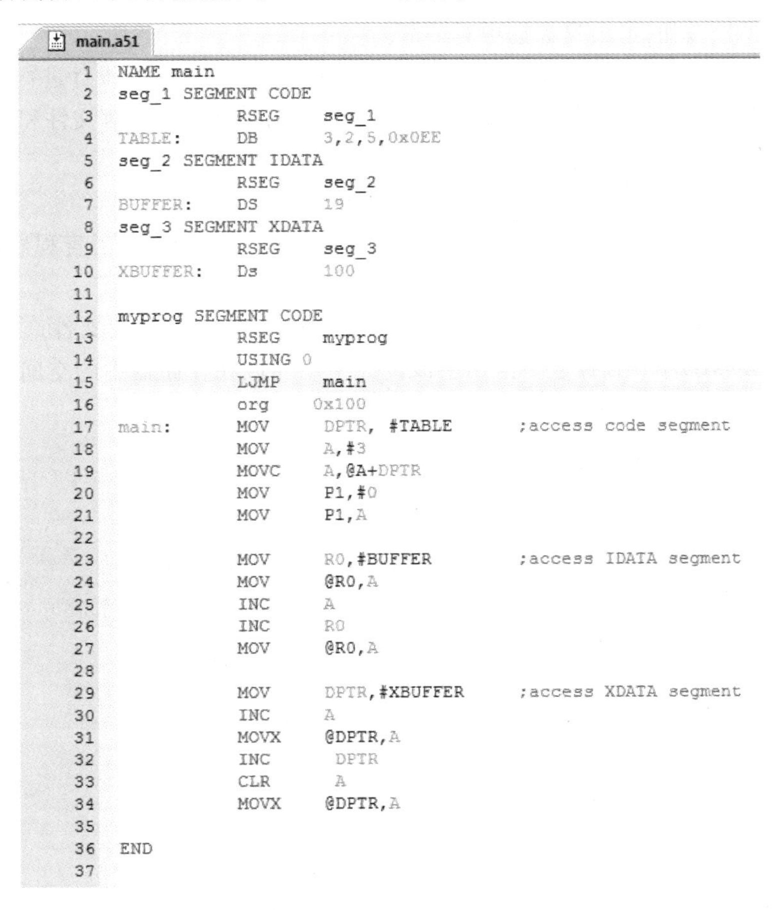

```
main.a51
1  NAME main
2  seg_1 SEGMENT CODE
3            RSEG    seg_1
4  TABLE:    DB      3,2,5,0x0EE
5  seg_2 SEGMENT IDATA
6            RSEG    seg_2
7  BUFFER:   DS      19
8  seg_3 SEGMENT XDATA
9            RSEG    seg_3
10 XBUFFER:  Ds      100
11
12 myprog SEGMENT CODE
13           RSEG    myprog
14           USING 0
15           LJMP    main
16           org    0x100
17 main:     MOV     DPTR, #TABLE       ;access code segment
18           MOV     A,#3
19           MOVC    A,@A+DPTR
20           MOV     P1,#0
21           MOV     P1,A
22
23           MOV     R0,#BUFFER         ;access IDATA segment
24           MOV     @R0,A
25           INC     A
26           INC     R0
27           MOV     @R0,A
28
29           MOV     DPTR,#XBUFFER      ;access XDATA segment
30           INC     A
31           MOVX    @DPTR,A
32           INC      DPTR
33           CLR      A
34           MOVX    @DPTR,A
35
36 END
37
```

图 7.1　main.a51 程序代码

(6) 输入设计代码,如图 7.1 所示。

注意:该段程序,主要实现对不同存储空间的访问,其目的一方面是让读者熟悉不同的段的访问方法;另一方面,通过该程序段使读者掌握调试程序的方法。

(7) 保存设计代码。

7.6.3 设计建立

本节将对设计建立(Build)的参数进行设置,并实现对设计的建立过程。其步骤主要包括:

(1) 在 Project 窗口中,选中 Target 1 文件夹,并单击鼠标右键,出现快捷菜单,选择 Options for Target 'Target 1'...命令。

注意:该设置用于确定单片机晶体振荡器的工作频率。

(2) 打开 Output 选项卡,选中 Create HEX File 复选框。

注意:该设置用于说明在建立过程结束后,生成可用于编程 STC 单片机的十六进制 HEX 文件。

(3) 打开 Debug 选项卡,选中 Use Simulator 单选按钮。

注意:该设置用于说明在建立过程结束后,先进行脱离实际硬件环境的软件仿真。

(4) 单击 OK 按钮,退出目标选项对话框。

(5) 在主界面主菜单下,选择 Project→Build target 命令,开始对设计进行建立的过程。

注意:该过程对汇编文件进行汇编和链接,最后生成可执行二进制文件和 HEX 文件。

7.6.4 分析.m51 文件

本节将对建立后生成的.m51 文件进行分析,帮助读者掌握汇编语言程序设计的一些关键点。分析.m51 文件的步骤包括:

(1) 在当前设计工程的目录中,找到并用写字板打开 top.m51 文件。在该文件中,LINK MAP OF MODULE 标题下给出了该设计中不同段在存储器中的空间分配情况,如图 7.2 所示。

```
LINK MAP OF MODULE:  top (MAIN)

            TYPE    BASE      LENGTH    RELOCATION   SEGMENT NAME
            -----------------------------------------------------

            * * * * * * *   D A T A   M E M O R Y   * * * * * * *
            REG     0000H     0008H     ABSOLUTE     "REG BANK 0"
            IDATA   0008H     0013H     UNIT         SEG_2

            * * * * * * *  X D A T A   M E M O R Y  * * * * * * *
            XDATA   0000H     0064H     UNIT         SEG_3

            * * * * * * *   C O D E   M E M O R Y   * * * * * * *
            CODE    0000H     0119H     UNIT         MYPROG
            CODE    0119H     0004H     UNIT         SEG_1
```

图 7.2 top.m51 文件内容(1)

思考与练习 7-8:根据图 7.2,请给出在该设计中 SEG_1、SEG_2 和 SEG_3 在 STC 单片机中所在的存储空间的位置、基地址以及所分配的长度,并填入表 7.4。

表 7.4　该程序代码在存储器中的位置分配和长度信息

段　　名	所在的段的类型	基　地　址	长　　度
SEG_1			
SEG_2			
SEG_3			
MYPROG			

(2) 继续浏览该文件，在该文件 SYMBOL TABLE OF MODULE 标题下，给出了该程序代码中，所有变量和端口在存储器中的空间分配，如图 7.3 所示。

```
SYMBOL TABLE OF MODULE:  top (MAIN)

VALUE           TYPE          NAME
----------------------------------

-------         MODULE        MAIN
C:0119H         SEGMENT       SEG_1
I:0008H         SEGMENT       SEG_2
X:0000H         SEGMENT       SEG_3
C:0000H         SEGMENT       MYPROG
I:0008H         SYMBOL        BUFFER
C:0100H         SYMBOL        MAIN
D:0090H         SYMBOL        P1
C:0119H         SYMBOL        TABLE
X:0000H         SYMBOL        XBUFFER
C:0000H         LINE#         15
C:0100H         LINE#         17
C:0103H         LINE#         18
C:0105H         LINE#         19
C:0106H         LINE#         20
C:0109H         LINE#         21
C:010BH         LINE#         23
C:010DH         LINE#         24
C:010EH         LINE#         25
C:010FH         LINE#         26
C:0110H         LINE#         27
C:0111H         LINE#         29
C:0114H         LINE#         30
C:0115H         LINE#         31
C:0116H         LINE#         32
C:0117H         LINE#         33
```

图 7.3　top.m51 文件内容(2)

思考与练习 7-9：根据图 7.3，请给出在该设计中符号 BUFFER、MAIN、P1、TABLE 和 XBUFFER 在 STC 单片机中所在的存储空间的位置，并填入表 7.5。

表 7.5　该程序代码中符号在存储器中的位置分配信息

符号名字	所在段的类型	基地址
BUFFER		
MAIN		
P1		
TABLE		
XBUFFER		

思考与练习 7-10：根据图 7.3 和图 7.1，计算每条指令的长度，并与前一章所介绍指令系统中的每条指令长度进行比较，看是否一致。

(3) 关闭该文件。

7.6.5 分析.lst文件

本节将对建立后生成的.lst文件进行分析，帮助读者掌握汇编语言指令的一些关键点。分析.lst文件的步骤包括：

(1) 在当前设计工程的目录中，找到并用写字板打开main.lst文件。在该文件中，LINK MAP OF MODULE标题下给出了该设计中不同段在存储器中的空间分配情况，如图7.4所示。

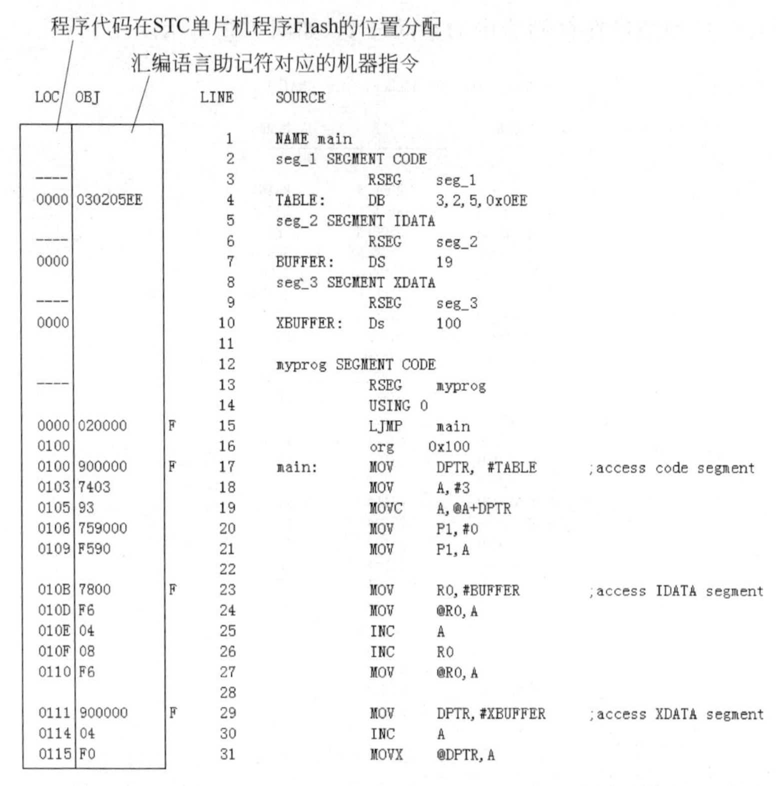

图7.4 main.lst文件内容

注意：① 在该文件中，给出了每条汇编语言助记符机器指令在程序存储器中的相对位置。

② 在该文件中，给出了每条汇编语言助记符机器指令所对应的机器码。

(2) 关闭该文件。

思考与练习7-11：请根据图7.4，详细列出每条汇编语言助记符所对应的机器指令(用十六进制表示)，以及所实现的功能。

7.6.6 分析.hex文件

本节将对建立后生成的.hex文件进行分析，帮助读者掌握编程文件的一些关键点。分析.hex文件的步骤包括：

(1) 在当前设计工程的目录中，找到并用写字板打开top.hex文件，如图7.5所示。

许多Flash编程器都要求输入文件具有Intel HEX格式，一个Intel HEX文件的一行

```
:04011900030205EEEA
:03000000020100FA
:1001000090011974039375900F5907808F604082F
:09011000F690000004F0A3E4F0F5
:00000001FF
```

图 7.5 HEX 文件格式

称为一个记录，每个记录都由十六进制字符构成，两个字符表示一字节的值。Intel HEX 文件通常由若干记录组成，每个记录具有如下格式：

```
: ll aaaa tt dd…dd cc
```

其中：

① "："表示记录起始的标志。Intel HEX 文件的每一行都是以：开头。

② ll 表示记录的长度。用来标识该记录的数据字节数。

③ aaaa 表示装入地址。它是该记录中第一个数据字节的 16 位地址值，用来表示该记录在程序存储器中的绝对地址。

④ tt 表示记录类型。00 表示数据记录，01 表示文件结束。

⑤ dd…dd 表示记录的实际字节数据值。每一个记录都有 ll 字节的数据值。

⑥ cc 表示校验和。将它的值与记录中所有字节(包括记录长度字节)内容相加，其结果应该为 0，如果为其他数值，则表明该记录有错。

(2) 关闭该文件。

思考与练习 7-12：根据图 7.5 所示的内容，分析 HEX 文件的具体含义。

7.6.7 程序软件仿真

本节将对程序进行软件仿真。软件仿真是指，在 Keil μVision5 集成开发环境中脱离真实的硬件平台运行程序代码。这个运行过程不需要真实 STC 单片机硬件平台。当程序设计者在没有实际的 STC 单片机开发平台时，可以借助于集成开发环境提供的各种调试工具，初步判断一下所设计的软件代码是否有缺陷，这样就能及时发现程序设计中的问题。因此，程序软件仿真也称为脱机仿真，也就是脱离基于 STC 单片机的具体硬件平台的仿真。

程序软件仿真的步骤主要包括：

(1) 在 Keil μVision 主界面主菜单下，选择 Debug→Start/Stop Debug Session 命令，进入调试器模式。

(2) 出现调试器界面，如图 7.6 所示。在该调试器左边出现 Registers 窗口。在该界面的上方出现 Disassembly 窗口，该窗口显示的是程序代码的反汇编程序。在该窗口下方是汇编语言源程序界面。

注意：如果没有出现 Registers 窗口和 Disassembly 窗口，则可以在当前调试界面主菜单下分别选择 View→Registers Windows 和 View→Disassembly Windows 命令，添加 Registers 窗口和 Disassembly 窗口。

(3) 在当前调试界面工具栏内，单击 按钮，对程序代码进行单步运行，然后观察寄存器界面内寄存器内容的变化情况。再单击 按钮，再次观察寄存器内容的变化，一直运行程序直到单步运行到 END 为止结束。

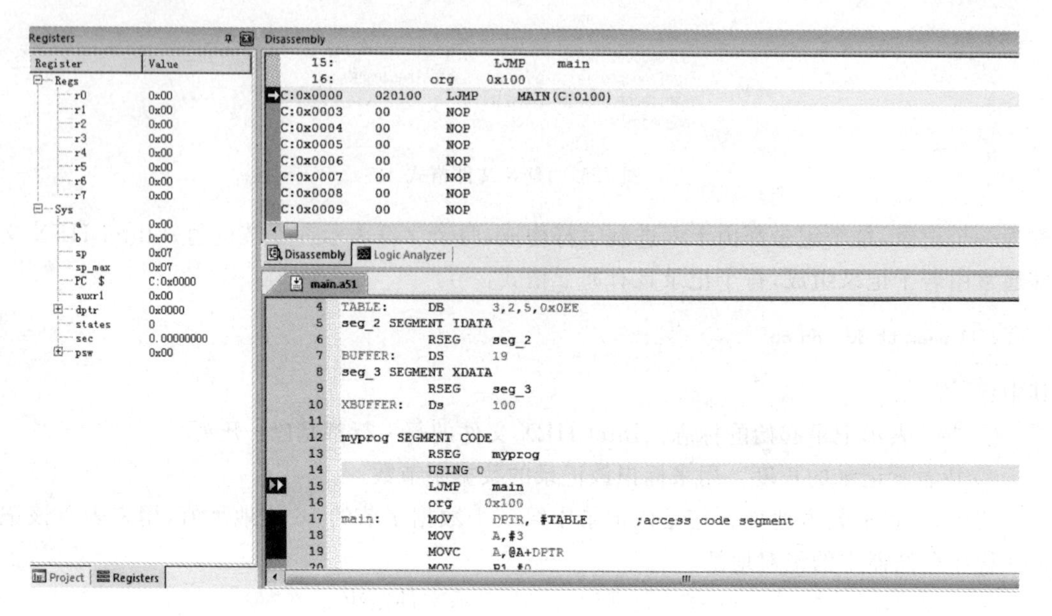

图 7.6　调试器界面

思考与练习 7-13：每运行一次单步调试，则记录运行完该行汇编指令后，寄存器的变化情况，并说明指令与寄存器变化的原因：

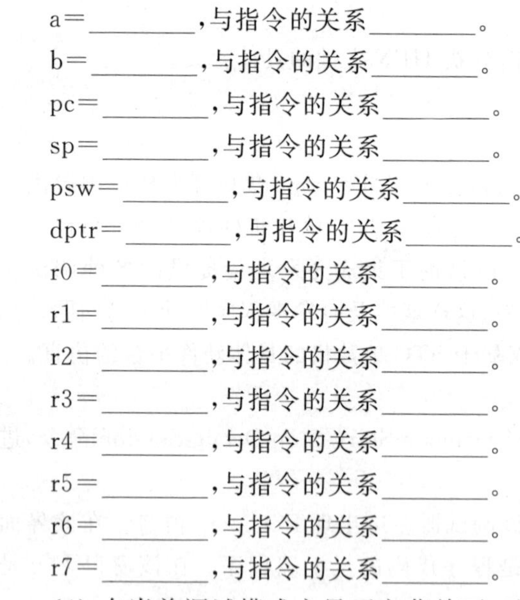

a=________，与指令的关系________。

b=________，与指令的关系________。

pc=________，与指令的关系________。

sp=________，与指令的关系________。

psw=________，与指令的关系________。

dptr=________，与指令的关系________。

r0=________，与指令的关系________。

r1=________，与指令的关系________。

r2=________，与指令的关系________。

r3=________，与指令的关系________。

r4=________，与指令的关系________。

r5=________，与指令的关系________。

r6=________，与指令的关系________。

r7=________，与指令的关系________。

(4) 在当前调试模式主界面主菜单下，选择 Debug→Reset CPU 命令，准备重新运行程序。

(5) 在当前调试模式主界面主菜单下，选择 View→Memory Windows→Memory1 命令；或者在当前调试模式主界面工具栏内单击按钮，出现浮动菜单，选择 Memory1。

(6) 在当前调试模式主界面右下角出现 Memory1 界面，如图 7.7 所示。在 Address 文本框中输入 c:0x0119。

注意：表示 CODE 段地址为 0x119 开始的地址空间。

(7) 在当前调试界面工具栏内，单击 按钮，对程序代码连续运行单步调试，一直到运行完第 21 行程序，如图 7.8 所示，然后观察图 7.7 内的存储器内容的变化情况。

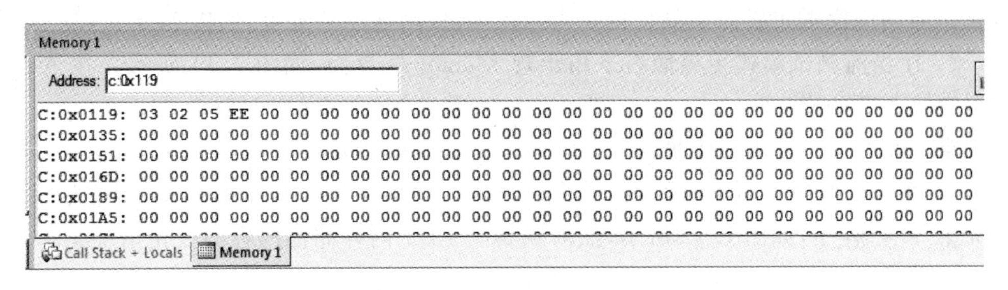

图 7.7 存储器监测界面(1)

```
17  main:      MOV     DPTR, #TABLE       ;access code segment
18             MOV     A,#3
19             MOVC    A,@A+DPTR
20             MOV     P1,#0
21             MOV     P1,A
22
```

图 7.8 单步运行程序到第 21 行

思考与练习 7-14：根据单步执行的指令，分析与所观察存储器内容之间的联系。

(8) 当前调试模式主界面主菜单下，选择 View→Memory Windows→Memory2 命令；或者在当前调试模式主界面工具栏内单击 按钮，出现浮动菜单，选择 Memory2。

(9) 在当前调试模式主界面右下角出现 Memory2 界面，如图 7.9 所示。在 Address 文本框中输入 d:0x00。

注意：表示 IDATA 段地址为 0x00 开始的地址空间。

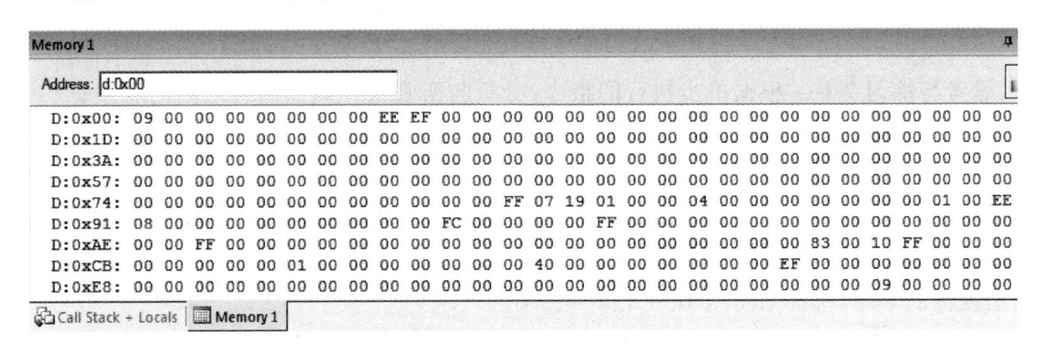

图 7.9 存储器监测界面(2)

(10) 在当前调试界面工具栏内，单击 按钮，对程序代码连续运行单步调试，一直到运行完第 27 行程序，如图 7.10 所示，然后观察图 7.9 内的存储器内容的变化情况。

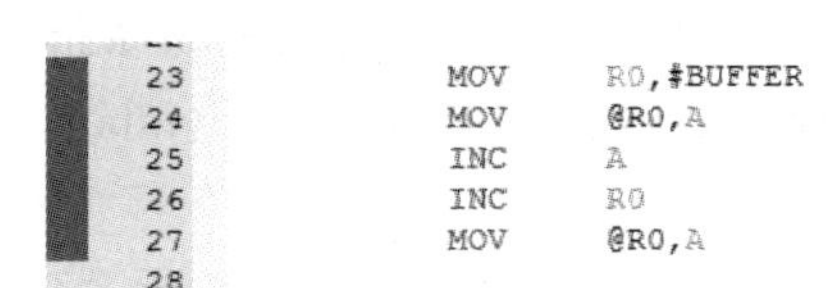

```
23        MOV     R0,#BUFFER
24        MOV     @R0,A
25        INC     A
26        INC     R0
27        MOV     @R0,A
28
```

图 7.10 单步运行程序到第 28 行

思考与练习 7-15：根据单步执行的指令，分析与所观察存储器内容之间的联系。

(11) 当前调试模式主界面主菜单下，选择 View→Memory Windows→Memory3 命令；或者在当前调试模式主界面工具栏内单击按钮，出现浮动菜单，选择 Memory3。

(12) 在当前调试模式主界面右下角出现 Memory3 界面，如图 7.11 所示。在 Address 文本框中输入 X:0X0000。

注意：表示 XDATA 段地址为 0X0000 开始的地址空间。

(13) 在当前调试界面工具栏内，单击按钮，对程序代码连续运行单步调试，一直到运行完第 34 行程序，如图 7.12 所示，然后观察图 7.11 内存储器内容的变化情况。

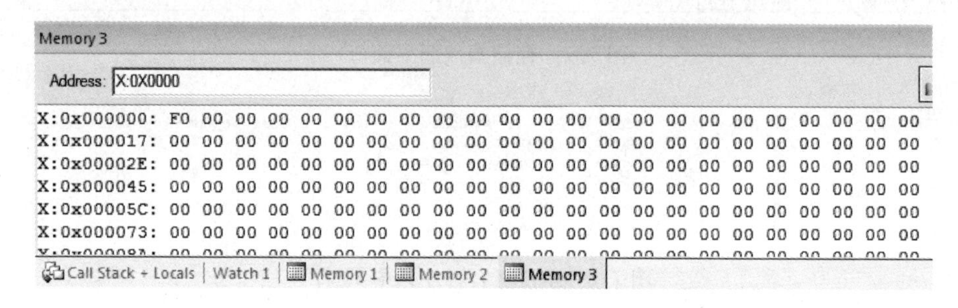

图 7.11 存储器监测界面(3)

```
29            MOV      DPTR,#XBUFFER       ;access XDATA segment
30            INC      A
31            MOVX     @DPTR,A
32            INC      DPTR
33            CLR      A
34            MOVX     @DPTR,A
35
36    END
```

图 7.12 单步运行程序到第 34 行

思考与练习 7-16：根据单步执行的指令，分析与所观察存储器内容之间的联系。

(14) 在当前调试界面主菜单下，选择 Debug→Reset CPU 命令，准备重新运行程序。

(15) 在当前调试界面主菜单下，选择 View→Trace→Enable Trace Recording 复选框。然后，再次选择 View→Trace→Instruction Trace 命令；或者在当前调试主界面工具栏内，单击按钮，出现浮动菜单，选择 Enable Trace Recording 复选框，然后，再次单击按钮，出现浮动菜单，选择 Instruction Trace 选项。

(16) 出现指令 Instruction Trace(跟踪调试)窗口界面。

(17) 再次连续单步运行程序，一直到程序结束为止。当运行单步调试时，在跟踪调试窗口界面中，可以看到所执行的指令，以及该指令在程序存储器内所分配的地址和该指令的机器码，如图 7.13 所示。

思考与练习 7-17：根据图 7.13 给出的信息，详细分析每条指令。

(18) 在当前调试模式主界面主菜单下，选择 View→Symbols Window 命令；或者在当前调试模式主界面工具栏内，单击按钮。

(19) 在调试界面右侧，出现 Symbols 窗口，如图 7.14 所示。其中给出 SFR 寄存器的地址，以及为程序代码中变量所分配的段和地址信息。

(20) 在当前调试界面主菜单下，选择 Debug→Reset CPU 命令，准备重新运行程序。

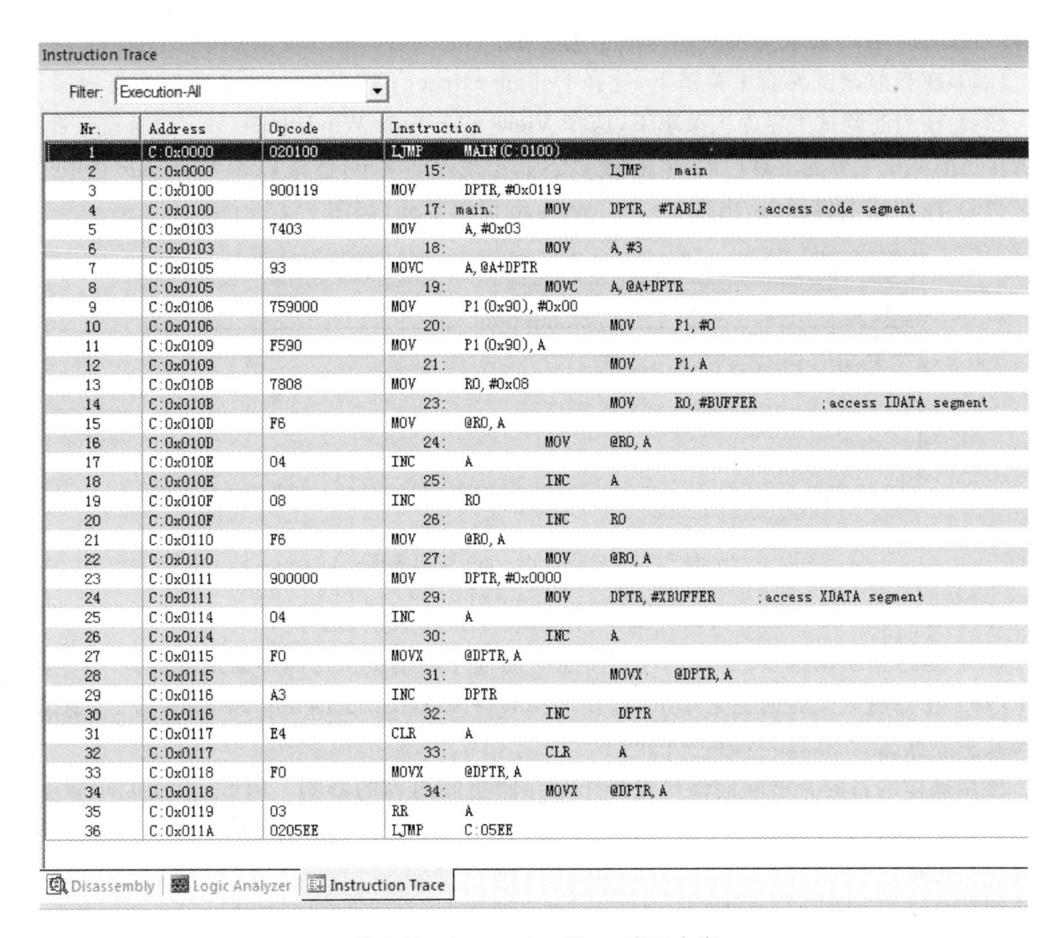

Instruction Trace

Filter: Execution-All

Nr.	Address	Opcode	Instruction
1	C:0x0000	020100	LJMP MAIN(C:0100)
2	C:0x0000		15: LJMP main
3	C:0x0100	900119	MOV DPTR, #0x0119
4	C:0x0100		17: main: MOV DPTR, #TABLE ;access code segment
5	C:0x0103	7403	MOV A, #0x03
6	C:0x0103		18: MOV A, #3
7	C:0x0105	93	MOVC A, @A+DPTR
8	C:0x0105		19: MOVC A, @A+DPTR
9	C:0x0106	759000	MOV P1(0x90), #0x00
10	C:0x0106		20: MOV P1, #0
11	C:0x0109	F590	MOV P1(0x90), A
12	C:0x0109		21: MOV P1, A
13	C:0x010B	7808	MOV R0, #0x08
14	C:0x010B		23: MOV R0, #BUFFER ;access IDATA segment
15	C:0x010D	F6	MOV @R0, A
16	C:0x010D		24: MOV @R0, A
17	C:0x010E	04	INC A
18	C:0x010E		25: INC A
19	C:0x010F	08	INC R0
20	C:0x010F		26: INC R0
21	C:0x0110	F6	MOV @R0, A
22	C:0x0110		27: MOV @R0, A
23	C:0x0111	900000	MOV DPTR, #0x0000
24	C:0x0111		29: MOV DPTR, #XBUFFER ;access XDATA segment
25	C:0x0114	04	INC A
26	C:0x0114		30: INC A
27	C:0x0115	F0	MOVX @DPTR, A
28	C:0x0115		31: MOVX @DPTR, A
29	C:0x0116	A3	INC DPTR
30	C:0x0116		32: INC DPTR
31	C:0x0117	E4	CLR A
32	C:0x0117		33: CLR A
33	C:0x0118	F0	MOVX @DPTR, A
34	C:0x0118		34: MOVX @DPTR, A
35	C:0x0119	03	RR A
36	C:0x011A	0205EE	LJMP C:05EE

Disassembly | Logic Analyzer | Instruction Trace

图 7.13　Instruction Trace 窗口内容

(21) 在当前调试界面主菜单下，选择 Peripherals→I/O-Ports→Port 1 命令。

(22) 弹出 Parallel Port 1 界面，如图 7.15 所示。其中给出了端口 1 各个引脚当前的状态。

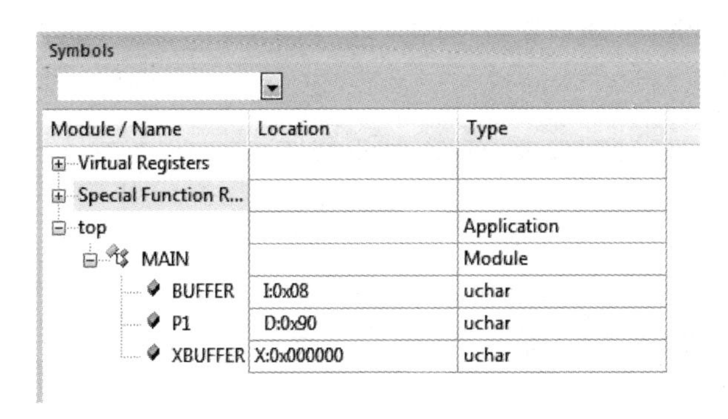

Symbols

Module / Name	Location	Type
Virtual Registers		
Special Function R...		
top		Application
MAIN		Module
BUFFER	I:0x08	uchar
P1	D:0x90	uchar
XBUFFER	X:0x000000	uchar

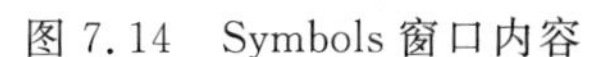

图 7.14　Symbols 窗口内容

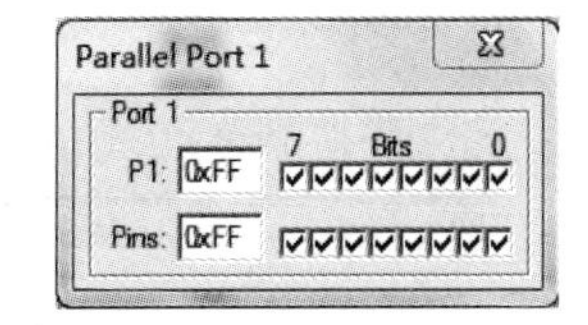

图 7.15　Parallel Port1 界面

(23) 再次单步运行程序，一直运行到程序代码的第 23 行为止。

思考与练习 7-18：根据端口操作指令，分析对端口的控制。读者可以尝试退出调试模式，并且修改端口控制语句，对程序代码进行再次建立，然后进入调试模式，观察所修改的程序，能否按照读者的要求实现对端口的正确控制。

(24) 在当前调试界面主菜单下，选择 Debug→Reset CPU 命令，准备重新运行程序。

(25) 在当前调试主界面主菜单下，选择 View→Analysis Windows→Code Coverage 命令；或者在当前调试主界面工具栏内，单击按钮，出现浮动菜单，选择 Code Coverage 选项。

(26) 在调试主界面内，出现 Code Coverage 窗口界面，如图 7.16 所示。

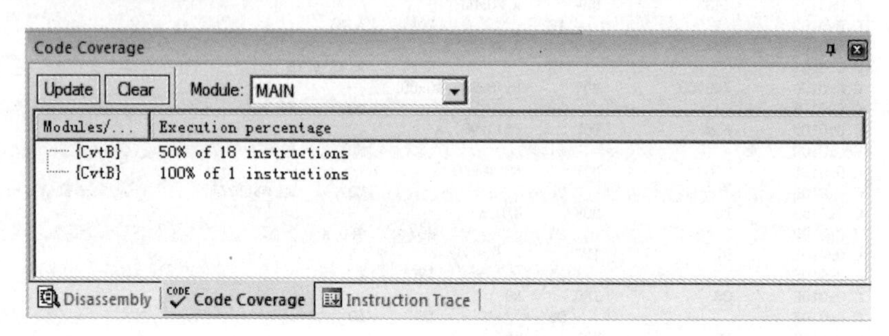

图 7.16 Code Coverage 窗口界面

(27) 在 Code Coverage 窗口界面中 Module 下拉列表中，选择 MAIN。

(28) 运行单步调试，可以看到代码覆盖率随程序的单步执行而不断地增加。

(29) 在当前调试界面主菜单下，选择 Debug→Start/Stop Debug Session 命令，退出调试模式主界面。

该步操作的目的是清除前面所做操作对存储空间内容的影响。因此，下面的步骤会调用软件逻辑分析工具，调试信号的逻辑状态变化。对该段代码使用逻辑分析仪进行分析的步骤主要包括：

(1) 在 Keil μVision 主界面主菜单下，选择 Debug→Start/Stop Debug Session 命令，进入调试模式主界面。

(2) 在当前调试模式主界面主菜单下，选择 View→Analysis Windows→Logic Analysis 命令；或者在当前调试主界面工具栏中，单击按钮，出现浮动菜单，选择 Logic Analyzer。

(3) 出现 Logic Analyzer(逻辑分析仪)窗口界面，如图 7.17 所示。

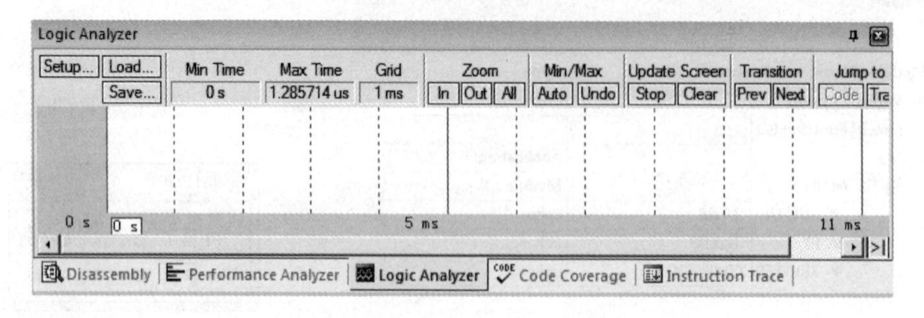

图 7.17 Logic Analyzer 窗口界面

(4) 在该窗口界面中，单击 Setup 按钮。

(5) 出现 Setup Logic Analyzer 对话框，如图 7.18 所示。单击按钮。

(6) 在 Current Logic Analyzer Signals 窗口下新添加了一个空白行。在该空白行中输

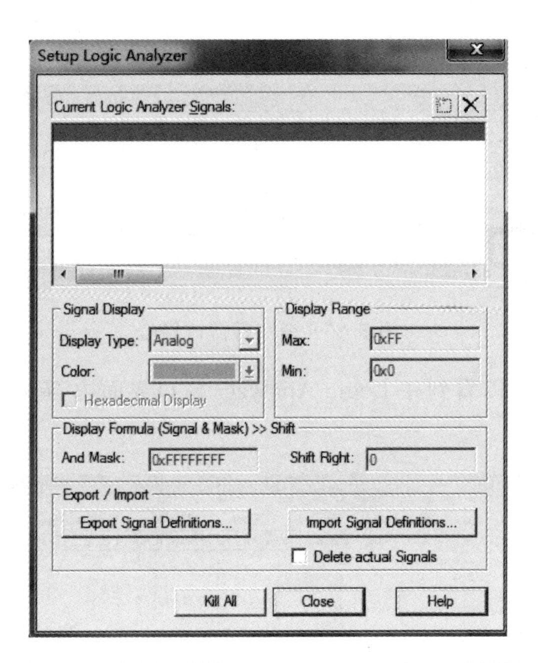

图 7.18　未设置前的 Setup Logic Analyzer 对话框

入 P1。然后，选中该行。

(7) 在该窗口下面的 And Mask 文本框中输入 0xFFFFFFFF。其余参数保持不变，如图 7.19 所示。

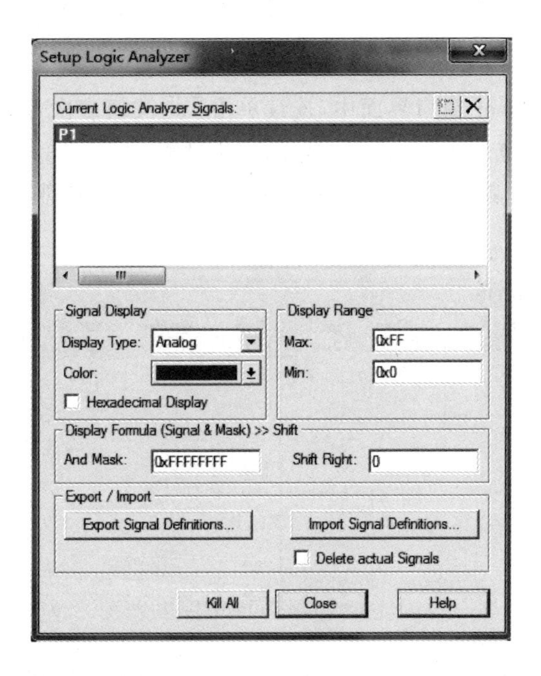

图 7.19　设置后的 Setup Logic Analyzer 对话框

(8) 单击 Close 按钮，退出配置逻辑分析仪选项界面。

(9) 在当前调试模式主界面下面的 Command 窗口内的指令行中输入 la buffer 指令，

如图 7.20 所示。

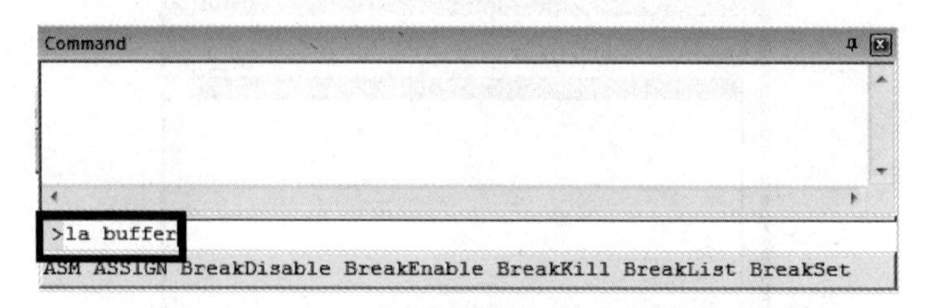

图 7.20 命令行窗口界面

(10) 按 Enter 键，可以看到在 Logic Analyzer 窗口界面内，新添加了 P1 和 buffer 两个逻辑信号，如图 7.21 所示。

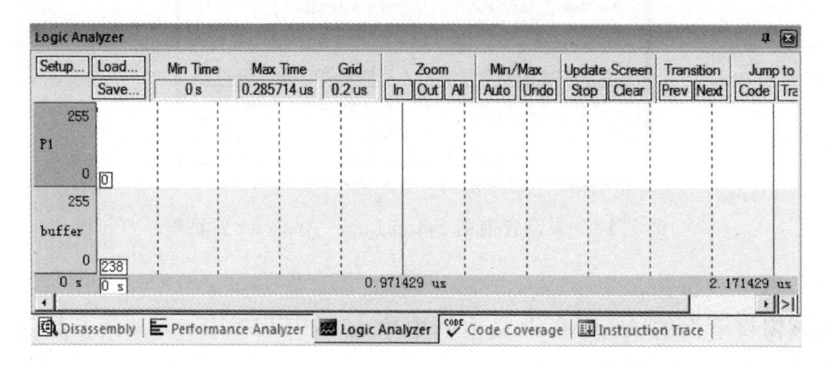

图 7.21 添加分析信号后的 Logic Analyzer 界面

(11) 单步运行程序，一直运行到程序代码的第 29 行。

(12) 在 Logic Analyzer 窗口界面中，连续单击 In 按钮多次，用于放大窗口内的信号。

(13) 当调整到观察范围内时，看到信号的变化过程，如图 7.22 所示。

思考与练习 7-19：读者可以左右拖动图中颜色为红线坐标，观察不同的值变化情况，说明和指令之间的关系。

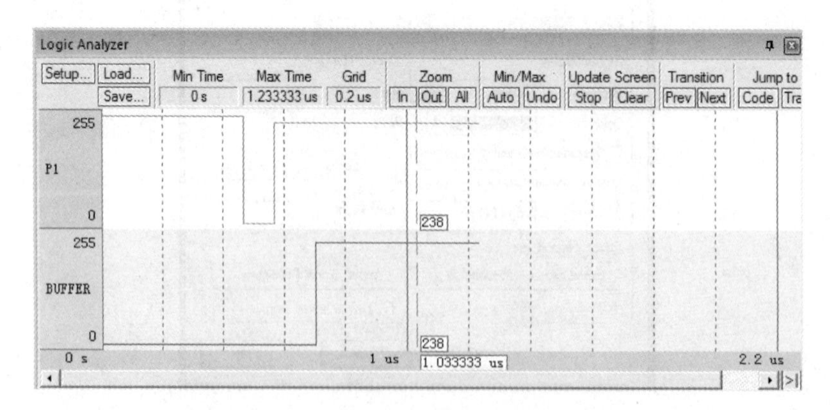

图 7.22 单步运行程序后的 Logic Analyzer 界面

(14) 在当前调试主界面主菜单下，选择 Debug→Start/Stop Debug Session 命令，退出调试模式主界面。

7.6.8 程序硬件仿真

本节将进行程序的硬件仿真。硬件仿真就是在STC单片机上真正地运行程序,然后对程序代码的执行情况进行分析。关于硬件仿真的环境设置见STC单片机硬件知识一章。运行程序硬件仿真的步骤主要包括:

(1) 在Keil μVision主界面主菜单下,选择Debug→Start/Stop Debug Session命令,进入调试器模式。

(2) 再次运行单步调试,先单步运行完第20行代码,如图7.23所示。

注意:观察STC学习板上LED7和LED8变亮。这里详细分析一下STC学习板的电路设计原理,如图7.24所示。在该电路中,两个LED灯(发光二极管)的阳极接电源VCC,而两个LED灯的另一端通过限流电阻R52和R53分别接到了STC单片机的P1.7引脚和P1.6引脚。因此,当P1.7引脚为高电平时,LED7灭;而当P1.7引脚为低电平时,LED7亮。同理,当P1.6引脚为高电平时,LED6灭;而当P1.6引脚为低电平时,LED6亮。

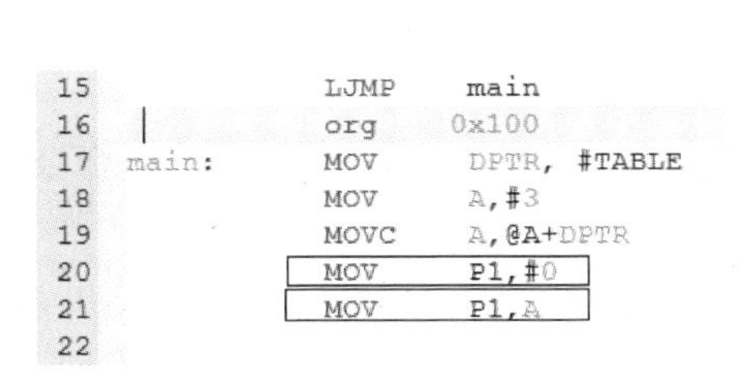
```
15              LJMP    main
16              org     0x100
17  main:       MOV     DPTR, #TABLE
18              MOV     A,#3
19              MOVC    A,@A+DPTR
20              MOV     P1,#0
21              MOV     P1,A
22
```

图7.23 单步运行调试界面

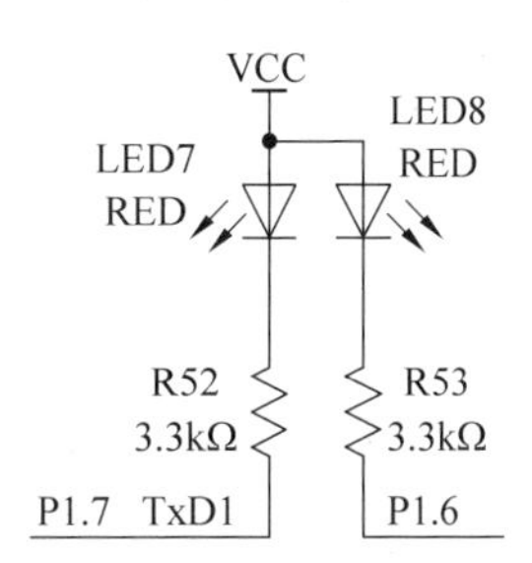

图7.24 STC学习板上LED灯的电路设计

当执行第20行代码时,即

```
MOV P1,#0
```

该指令将P1端口置0,其中就包括让P1.6和P1.7端口置0。因此,看到LED6和LED7灯亮。

(3) 再次运行单步调试,先单步运行完第21行代码,即

```
MOV P1,A
```

该指令将累加器A的内容送给P1端口。由于此时累加器A的内容是0xEE,也就是P1.7和P1.6置1。因此,看到LED6和LED7灯灭。

(4) 在执行指令的时候,可以按照前面的方法,观察寄存器的变化情况、存储器内容和端口1的变化情况。

注意:在硬件仿真时,前面一些软件仿真可以查看的内容受到限制。

(5) 在调试主界面下,选择Debug→Reset CPU命令,准备重新执行程序。

(6) 在程序代码行号前单击左键,分别在第20行、第24行和第30行添加断点,如图7.25所示。

(7) 在当前调试模式主界面主菜单下,选择Debug→Run命令;或者直接按F5键,运行断点调试功能。

```
12  myprog SEGMENT CODE
13          RSEG    myprog
14          USING 0
15          LJMP    main
16          org     0x100
17  main:   MOV     DPTR, #TABLE        ;access code segment
18          MOV     A,#3
19          MOVC    A,@A+DPTR
20          MOV     P1,#0
21          MOV     P1,A
22
23          MOV     R0,#BUFFER          ;access IDATA segment
24          MOV     @R0,A
25          INC     A
26          INC     R0
27          MOV     @R0,A
28
29          MOV     DPTR,#XBUFFER       ;access XDATA segment
30          INC     A
31          MOVX    @DPTR,A
32          INC     DPTR
33          CLR     A
34          MOVX    @DPTR,A
35
36  END
```

图 7.25　在程序代码上设置断点

(8) 在当前调试模式主界面主菜单下，选择 Debug→Start/Stop Debug Session 命令，退出调试器模式。

(9) 在 Keil μVision 主界面主菜单下，选择 Project→Close Project 命令，退出当前工程。

思考与练习 7-20：请分析下面给出的汇编语言程序代码，完成下面的要求。

注意：读者可以进入本书所提供资料的 STC_example\例子 7-6 目录，打开并参考该设计。

(1) 说明代码清单 7-8 中汇编语言每条指令的功能。

代码清单 7-8　汇编语言程序代码

```
NAME main
idata_seg SEGMENT CODE              ;________
          RSEG idata_seg            ;________
i: DW       1234                    ;________
j: DW       6789                    ;________
xdata_seg   SEGMENT XDATA           ;________
            RSEG xdata_seg          ;________
  k: DS 2                           ;________

            CSEG    AT 0x0000       ;________
            LJMP    main            ;________
            ORG     0x0100          ;________

main:       MOV     DPTR, #i        ;________
            MOV     A, #1           ;________
            MOVC    A, @A + DPTR    ;________
            MOV     R0,A            ;________
            MOV     DPTR, #j        ;________
```

```
        MOV     A, #1           ;________
        MOVC    A,@A+DPTR       ;________
        ADD     A,R0            ;________
        MOV     DPTR, #k        ;________
        INC     DPTR            ;________
        MOVX    @DPTR,A         ;________
        MOV     DPTR, #i        ;________
        MOV     A, #0           ;________
        MOVC    A,@A+DPTR       ;________
        MOV     R0,A            ;________
        MOV     DPTR, #j        ;________
        MOV     A, #0           ;________
        MOVC    A,@A+DPTR       ;________
        ADDC    A,R0            ;________
        MOV     DPTR, #K        ;________
        MOVX    @DPTR,A         ;________
END
```

(2) 说明该段汇编语言所实现的功能。

(3) 对该段程序进行软件仿真，帮助进行程序代码分析。

7.7　单片机端口控制汇编语言程序设计

本节将设计更为复杂的端口控制汇编语言程序，帮助读者进一步地理解“软件”控制“硬件”逻辑行为的方法。

设计目标：在该设计中，将设计一个在0～3计数(四进制)的计数器。

7.7.1　设计原理

本节介绍硬件设计原理和软件设计原理。

1. 硬件设计原理

在该设计中，使用了STC提供的学习板。在该学习板上提供了四个LED灯，名字分别用LED7、LED8、LED9和LED10表示，如图7.26所示。这四个LED灯的阳极共同接到了VCC电源(+5V供电)，另一端通过限流电阻R52、R53、R54、R55与STC单片机IAP15W4K58S4的P1.7、P1.6、P4.7和P4.6引脚连接。当：

(1) 单片机对应的引脚置位为低时，所连接的LED亮；

(2) 单片机对应的引脚置位为高时，所连接的LED灭。

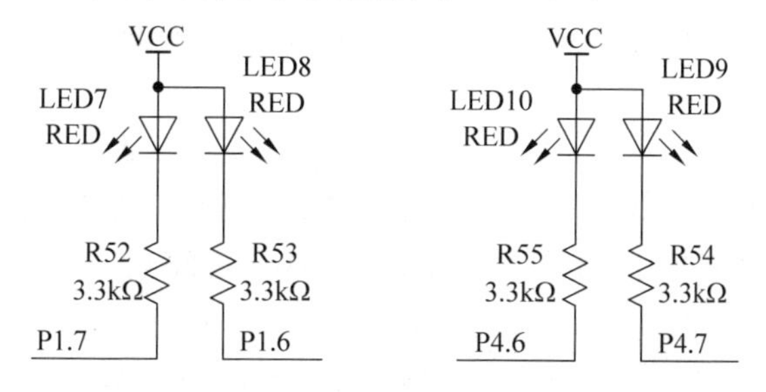

图7.26　STC学习板LED设计原理

注意：在该设计中，只用到了与单片机 P4.6 和 P4.7 引脚连接的 LED9 和 LED10 两个 LED 灯。

2. 软件设计原理

下面给出软件设计流程图，如图 7.27 所示。

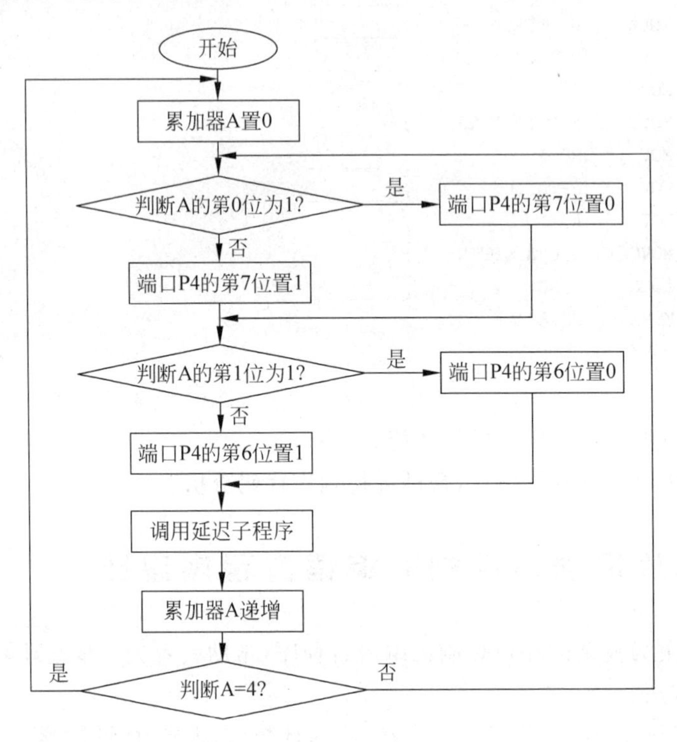

图 7.27　软件设计流程

7.7.2　建立新的工程

本节将建立新的设计工程。建立新设计工程的步骤主要包括：

(1) 打开 μVision5 集成开发环境。

(2) 在 μVision5 集成开发环境主界面主菜单下，选择 Project→New μVision Project 命令。

(3) 出现 Create New Project 对话框。在"文件名"文本框中输入 top。

注意：表示该工程的名字是 top.uvproj。

(4) 单击 OK 按钮。

(5) 出现 Select a CPU Data Base File 对话框。在下拉列表中选择 STC MCU Database 选项。

(6) 单击 OK 按钮。

(7) 出现 Select Device for Target'Target 1'...对话框。在左侧的窗口中，找到并展开 STC 前面的"+"。在展开项中，找到并选择 STC15W4K32S4。

(8) 单击 OK 按钮。

(9) 出现 Copy'STARTUP.A51' to Project Folder and Add File to Project? 对话框。

其提示是不是在当前设计工程中添加 STARTUP. A51 文件。

(10) 单击"否"按钮。

(11) 在主界面左侧窗口中,选择 Project 选项卡。其中给出了工程信息。

7.7.3 添加汇编语言程序

本节将为当前工程添加新的汇编语言文件。添加汇编语言文件的步骤主要包括:

(1) 在 Project 窗口界面下,选择 Source Group 1,单击鼠标右键,出现快捷菜单,选择 Add New Item to Group 'Source Group 1'命令。

(2) 出现 Add New Item to Group'Source Group 1'对话框,按下面设置参数:

① 在该界面左侧窗口中选中 Asm File(. s)。

② 在 Name 文本框中输入 main。

(3) 单击 Add 按钮。

(4) 在 Project 窗口中,在 Source Group 1 子目录下添加了名字为 main. a51 的汇编语言文件。

(5) 在右侧窗口中,自动打开了 main. a51 文件。

(6) 输入设计代码,如代码清单 7-9 所示。

代码清单 7-9 main. a51 文件

```
P4          DATA 0C0H              ;定义 P4 端口的地址
my_prog     SEGMENT CODE
            RSEG my_prog
            LJMP main
            ORG 0x100
main:       USING    0             ;定位到偏移 100H 的位置
                                   ;使用第 0 组寄存器 R0～R7
Loop1:      MOV      A,#0          ;累加器 A 初始化为 0
Loop2:      JB       ACC.0, SETP41 ;如果累加器 A 的第 0 位为 1,则跳转
            SETB     P4.7          ;否则,则置位 P4.7(P4 端口的第 7 位)
            JMP      CON           ;跳转判断下一个条件
SETP41:     CLR      P4.7          ;清零 P4.7(P4 端口的第 7 位)
CON:        JB       ACC.1,SETP42  ;如果累加器 A 的第 1 位为 1,则跳转
            SETB P4.6              ;否则,则设置 P4.6(P4 端口的第 6 位)
            JMP      CON1          ;跳转判断下一个条件
SETP42:     CLR      P4.6          ;清零 P4.6(P4 端口的第 6 位)
CON1:       MOV      R0,#20        ;寄存器 R0 初始化为 20
dly:        ACALL    delay         ;调用延迟子程序
            DEC      R0            ;R0 递减
            CJNE     R0,#0,dly     ;当 R0≠0 时,一直调用延迟子程序
            INC      A             ;否则累加器 A 递增
            CJNE     A,#4,Loop2    ;如果累加器 A 的值到 4,则跳转到 Loop2
            JMP      Loop1         ;无条件跳转到 Loop1
;*********************************
                                   ;delay 子程序为二重循环语句
delay:
            MOV      R3, #0FFH     ;R3 寄存器初始化为 0xFF
delay_1:    MOV      R4, #0FFH     ;R4 寄存器初始化为 0xFF
```

```
delay_2:    DEC     R4              ;R4 寄存器的值递减
            CJNE    R4,#0,delay_2   ;当 R4≠0 时,一直循环递减
            DEC     R3              ;否则 R3 递减
            CJNE    R3,#0,delay_1   ;如果 R3≠0,则跳转到 delay_1
RET                                 ;从子程序返回
END
```

(7) 保存设计代码。

7.7.4 设计建立

本节将对设计建立(Build)参数进行设置,并实现对设计的建立过程。其步骤主要包括:

(1) 在 Project 窗口中,选中 Target 1 文件夹,并单击鼠标右键,出现快捷菜单,选中 Options for Target 'Target 1'命令。

(2) 出现 Options for Target 'Target 1'对话框。打开 Target 选项卡,按下面设置参数:

① 在 Xtal(MHz)文本框中输入 30.0。

② 其余按默认设置。

(3) 打开 Output 选项卡,选中 Create HEX File 复选框。

(4) 单击 OK 按钮,退出目标选项对话框。

(5) 在主界面主菜单下,选择 Project→Build target 命令,开始对设计进行建立的过程。

注意:该过程对汇编文件进行汇编和链接,最后生成可执行二进制文件和 HEX 文件。

7.7.5 下载设计

在运行设计前,需要通过下面的步骤配置运行设计所需要的硬件和软件环境。配置步骤主要包括:

(1) 打开 STC 学习板,在该开发板左侧找到标识为 CON5 的 mini USB 接口。将 STC 提供的 USB 数据电缆的两端与开发板上标识为 CON5 的 USB 插座和 PC/笔记本电脑上的 USB 插座进行连接。

注意:需要事先安装 USB-UART 驱动程序。

(2) 打开本书所提供资料下的 STC-ISP 软件。在"串口号"下拉列表中选择 USB-SERIAL CH340(COM3)选项,并设置最低波特率和最高波特率参数。这里将最低波特率设置为 2400,最高波特率设置为 115200。

注意:① 读者生成的串口号的端口可能和作者所用计算机生成的端口号不一样,请酌情进行修改。

② 在单片机型号中,必须确认是 IAP15W4K58S4 型号。

(3) 进入 STC-ISP 程序界面。在该界面中按如下设置参数:

① 单击"打开程序文件"按钮。

② 出现"打开程序代码文件"对话框。在该对话框中,定位到当前工程路径下,并打开 top.HEX 文件。

③ 单击"确定"按钮。

④ 在左侧窗口中，单击“下载/编程”按钮。

⑤ 在 STC-ISP 软件右下方的窗口界面内，出现“正在检测目标单片机...”信息。

(4) 在 STC 学习板左下方，找到一个标识为 SW19 的白色按键，按一下该按键。此时，STC-ISP 软件右下角窗口中显示编程信息。

(5) 等待编程结束。

思考与练习 7-21：请读者查看运行结果，看是否满足设计要求。

7.8 单片机中断汇编语言程序设计

本节将使用汇编语言编写中断服务程序，内容包括设计原理、建立新的工程、添加新的汇编语言文件、分析 lst 文件。建立设计、下载设计和硬件仿真。通过本节内容的介绍，将帮助读者进一步地理解中断的机制和中断服务程序的功能。

注意：(1) 读者可以定位到本书所提供的 STC_example\例子 7-8 目录打开该设计。

(2) 关于中断的详细原理，读者可参考本书第 5 章中断部分。

7.8.1 设计原理

在该设计中，将设计一个在 0～3 计数(四进制)的计数器。通过 STC 学习板上的 P4.6 和 P4.7 端口上的 LED，显示计数的值。与前面例子不一样的是，计数是通过触发外部中断 INT0 实现的，即每次当 INT0 引脚下拉到地时，触发一次中断，计数器递增一次。该设计的硬件电路的触发由按键控制，如图 7.28 所示。

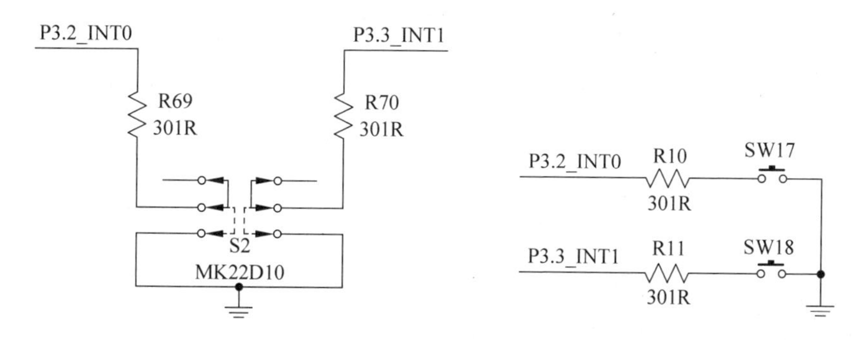

图 7.28 STC 学习板外部中断电路结构

为了正确地下载程序，并方便读者后续的实验，STC 学习板上没有焊接开关。但是，提供了 SW17 和 SW18 两个按键。

(1) 当按下 SW17 时，P3.2 引脚接地，产生一个 INT0 下降沿低脉冲信号。

(2) 当按下 SW18 时，P3.3 引脚接地，产生一个 INT1 下降沿低脉冲信号。

注意：在本节设计的例子中，只使用了 INT0 外部中断信号。

该设计的程序流程图如图 7.29(a)和图 7.29(b)所示。

图 7.29 中，中断向量映射是指在程序存储器所在的中断向量表中外部中断 0 的地址空间 0x0003 的位置，写入中断程序的入口地址(在程序中使用中断服务程序的名字表示，实际上在 0x0003 是一条指向中断服务程序入口的跳转指令)。

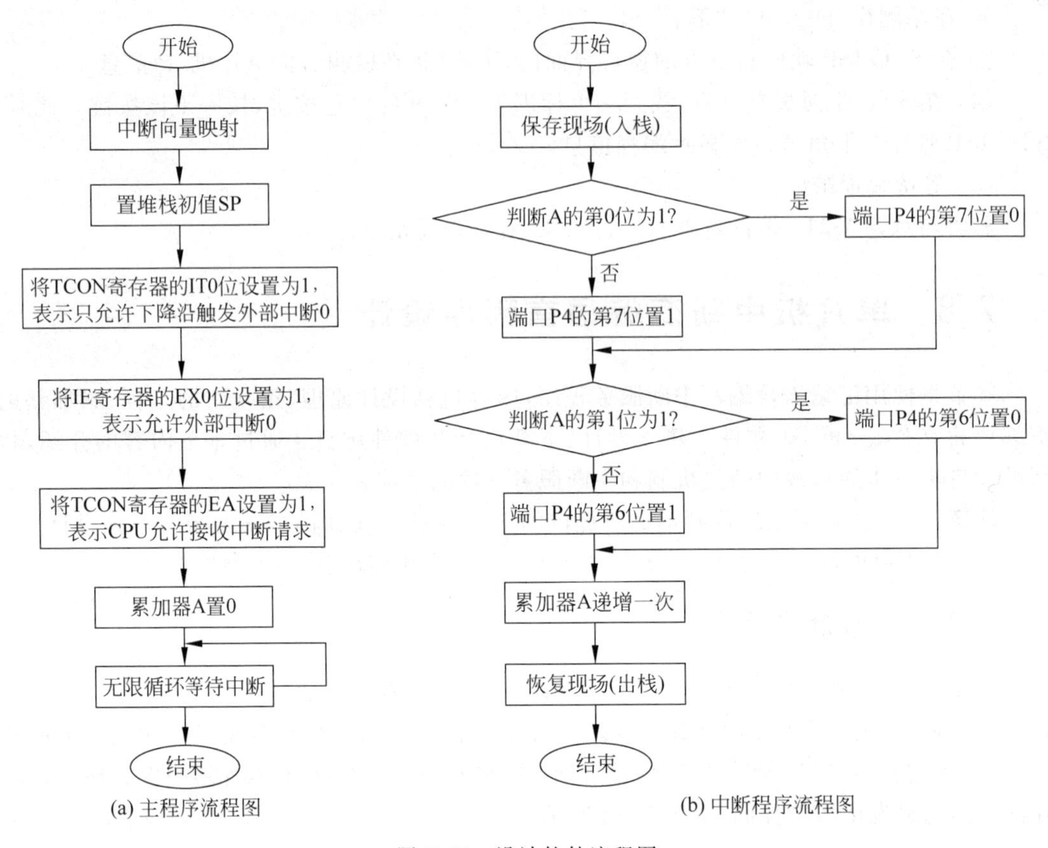

图 7.29　设计软件流程图

在程序存储器中，为外部中断 0 分配了 0x0004 和 0x0005 地址，用于保存处理外部中断 0 的中断服务程序入口地址的高 8 位和低 8 位，0x0003 的地址保存了一条 LJMP 指令。

7.8.2 建立新的工程

本节将建立新的设计工程。建立新设计工程的步骤主要包括：

(1) 打开 μVision5 集成开发环境。

(2) 在 μVision5 集成开发环境主界面主菜单下，选择 Project→New μVision Project 命令。

(3) 出现 Create New Project 对话框。在"文件名"文本框中输入 top。

注意：表示该工程的名字是 top. uvproj。

(4) 单击 OK 按钮。

(5) 出现 Select a CPU Data Base File 对话框。在下拉列表中选择 STC MCU Database 选项。

(6) 单击 OK 按钮。

(7) 出现 Select Device for Target 'Target 1'... 对话框。在左侧的窗口中，找到并展开 STC 前面的"+"。在展开项中，找到并选择 STC15W4K32S4。

(8) 单击 OK 按钮。

(9) 出现 Copy 'STARTUP. A51' to Project Folder and Add File to Project? 对话框。

其提示是不是在当前设计工程中添加 STARTUP. A51 文件。

(10) 单击“否”按钮。

(11) 在主界面左侧窗口中打开 Project 选项卡,其中给出了工程信息。

7.8.3 添加汇编语言文件

本节将为当前工程添加新的汇编语言文件。添加汇编语言文件的步骤主要包括:

(1) 在 Project 窗口界面下,选择 Source Group 1,单击鼠标右键,出现快捷菜单,选择 Add New Item to Group ‘Source Group 1’命令。

(2) 出现 Add New Item to Group‘Source Group 1’对话框,按下面设置参数:

① 在左侧窗口中选中 Asm File(. s)。

② 在 Name 文本框中输入 main。

(3) 单击 Add 按钮。

(4) 在 Project 窗口的 Source Group 1 子目录下添加了名字为 main. a51 的汇编语言文件。

(5) 在右侧窗口中,自动打开了 main. a51 文件。

(6) 输入下面的代码,如代码清单 7-10 所示。

代码清单 7-10 main. a51 文件

```
P4          DATA 0C0H           ;P4 端口的存储器地址
my_prog     SEGMENT CODE
            RSEG my_prog
            LJMP main
            ORG 0x0003          ;指向中断向量表中外部中断 0 所在的位置
            LJMP count          ;中断映射
            ORG 0x100           ;指向 0x100 的位置
main:
            USING  0
            MOV SP, ＃40H       ;堆栈指针指向内部数据存储器的堆栈区
            SETB IT0            ;设置外部中断 0 为低电平触发
            SETB EX0            ;使能外部中断 0
            SETB EA             ;使能 CPU 响应中断请求
            MOV A, ＃0          ;累加器 ACC 初始化为 0
loop:       ljmp loop           ;无限循环
;
;//===============================
;// 中断服务程序: count
;//===============================
count:
            PUSH DPH            ;DPH 入栈
            PUSH 02H            ;寄存器 R2 入栈
            JB   ACC.0, SETP41  ;如果累加器 A 的第 0 位为 1,是则跳转
            SETB P4.7           ;否则,置端口 P4.7 为高,LED 灯灭
            JMP   CON           ;无条件跳转
SETP41:     CLR P4.7            ;置端口 P4.7 为低,LED 灯亮
CON:        JB   ACC.1,SETP42   ;如果累加器 A 的第 1 位为 1,是则跳转
            SETB P4.6           ;否则,置端口 P4.6 为高,LED 灯灭
```

```
            JMP   CON1          ;无条件跳转
SETP42:     CLR   P4.6          ;置端口 P4.6 为低,LED 灯亮
CON1:       INC   A             ;累加器 ACC 递增
            POP   DPH           ;DPH 出栈
            POP   02H           ;寄存器 R2 出栈
            RETI                ;中断返回
END
```

注意：中断程序中的入栈和出栈不是必需的，是否需要入栈和出栈操作，要看主程序中是否使用了相同的寄存器。

7.8.4 分析.lst 文件

在当前设计工程中，找到并打开 main.lst 文件。文件主要片段如下所示。

代码清单 7-11 main.lst 文件片段

```
LOC OBJ          LINE     SOURCE

                 1        ; *************   功能说明        **************
                 2
                 3        ;程序使用 P4.7 P4.6 来显示 0~3 的计数值
                 4
                 5        ; ****************************************
                 6        ; ****************************************
                 7        ;定义 P4 端口的地址
  00C0           8        P4         DATA 0C0H
                 9        ; ****************************************
                 10
                 11            my_prog   SEGMENT CODE
----             12                          RSEG my_prog
0000 020000   F  13                 LJMP main
0003             14                 ORG 0x0003
0003 020000   F  15                 LJMP count
0100             16                 ORG 0x100
0100             17       Main:
                 18                USING   0
0100 758140      19                MOV SP, #40H
0103 D288        20                SETB IT0
0105 D2A8        21                SETB EX0
0107 D2AF        22                SETB EA
0109 7400        23                MOV  A, #0
010B 020000   F  24       loop:   ljmp loop
                 25       ; ********************************
                 26
                 27       ;//===============================
                 28       ;// 函数 count
                 29       ;// 描述: 中断服务子程序
                 30       ;//===============================
010E             31       count:
010E C083        32                 PUSH DPH
0110 C002        33                 PUSH 02H
```

```
0112 20E004     34              JB   ACC.0, SETP41
0115 D2C7       35              SETB P4.7
0117 8002       36              JMP  CON
0119 C2C7       37     SETP41: CLR  P4.7
011B 20E104     38     CON:     JB   ACC.1,SETP42
011E D2C6       39             SETB P4.6
0120 8002       40             JMP  CON1
0122 C2C6       41     SETP42: CLR  P4.6
0124 04         42     CON1:   INC  A
0125 D083       43             POP  DPH
0127 D002       44             POP  02H
0129 32         45             RETI
                46     END
```

思考与练习 7-22：请说明中断服务程序 count 的入口地址________，结束地址________，所占的空间________（以字节计算）。

思考与练习 7-23：请说明主程序 main 的入口地址________________，结束地址________，所占的空间________（以字节计算）。

思考与练习 7-24：请参考第 5 章入栈和出栈的指令说明，解释该设计中入栈和出栈操作的机器指令，以及它们之间的关系，并用图表示入栈和出栈的操作。

7.8.5 设计建立

本节将对设计建立（Build）参数进行设置，并实现对设计的建立过程。其步骤主要包括：

（1）在 Project 窗口中，选中 Target 1 文件夹，并单击鼠标右键，出现快捷菜单，选中 Options for Target ‘Target 1’命令。

（2）出现 Options for Target ‘Target 1’对话框。打开 Target 选项卡，按下面设置参数：

① 在 Xtal(MHz)文本框中输入 30.0。

② 其余按默认设置。

（3）打开 Output 选项卡，选中 Create HEX File 复选框。

（4）打开 Debug 选项卡，按如下设置参数：

① 选中 Use 复选框。

② 在右侧下拉列表中选择 STC Monitor-51 Driver。

③ 单击 Settings 按钮。

④ 出现 Target Setup 对话框。将 COM Port 设置为 COM3；将 Baudrate 设置为 115200。

⑤ 单击 OK 按钮，退出 Target Setup 对话框。

（5）单击 OK 按钮，退出目标选项对话框。

（6）在主界面主菜单下，选择 Project→Build target 命令，开始对设计进行建立的过程。

7.8.6 下载设计

在下载设计前，需要通过下面的步骤配置所需要的硬件和软件环境。配置步骤主要包括：

(1) 打开STC学习板，在该开发板左侧找到标识为CON5的mini USB接口。将STC提供的USB数据电缆的两端与开发板上标识为CON5的USB插座和PC/笔记本电脑上的USB插座进行连接。

注意：需要事先安装USB-UART驱动程序。

(2) 打开本书所提供资料下的STC-ISP软件。在"串口号"下拉列表中选择USB-SERIAL CH340(COM3)选项并设置最低波特率和最高波特率参数。这里将最低波特率设置为2400，最高波特率设置为115200。

注意：① 读者生成的串口号的端口可能和作者所用计算机生成的端口号不一样，请酌情进行修改。

② 在单片机型号中，必须确认是IAP15W4K58S4型号。

(3) 进入STC-ISP程序界面，并按如下设置参数：

① 单击"打开程序文件"按钮。

② 出现"打开程序代码文件"对话框。在该对话框中，定位到当前工程路径下，并打开top.HEX文件。

③ 单击"确定"按钮。

④ 在左侧窗口中单击"下载/编程"按钮。

⑤ 在STC-ISP软件右下方的窗口界面内出现"正在检测目标单片机..."信息。

(4) 在STC学习板左下方找到一个标识为SW19的白色按键，按一下该按键。此时，STC-ISP软件右下角窗口中显示编程信息。

(5) 等待编程结束。

思考与练习7-25：请在STC学习板上连续按SW7按键，查看运行结果是否满足设计要求，即是否计数过程由外部按键触发。

注意：由于按键有抖动，所以对观察结果会有一些干扰。

7.8.7 硬件仿真

再次进入STC-ISP程序界面配置硬件仿真环境。在该界面中按如下设置参数：

(1) 单击"打开程序文件"按钮。

(2) 出现"打开程序代码文件"对话框。在该对话框中，定位到当前工程路径下，并打开top.HEX文件。

(3) 单击"确定"按钮。

(4) 在右侧窗口中，打开"Keil仿真器设置"选项卡，单击"将IAP15W4K58S4设置为仿真芯片(宽压系统，支持USB下载)"按钮。

(5) 在STC-ISP软件右下方的窗口界面内，出现"正在检测目标单片机..."信息。

(6) 在STC学习板左下方，找到一个标识为SW19的白色按键，按一下该按键。在图STC-ISP程序界面内出现编程的相关信息。

(7) 在Keil μVision集成开发环境中，打开main.a51文件，并在该程序的第32行设置断点，如图7.30所示。

(8) 在Keil μVision主界面主菜单下，选择Debug→Start/Stop Debug Session命令，进

```
31  count:
32          PUSH DPH
33          PUSH 02H
34          JB   ACC.0, SETP41
35          SETB P4.7
36          JMP  CON
37  SETP41: CLR  P4.7
38  CON:    JB   ACC.1,SETP42
39          SETB P4.6
40          JMP  CON1
41  SETP42: CLR  P4.6
42  CON1:   INC  A
43          POP  DPH
44          POP  02H
45          RETI
46  END
```

图 7.30　单步运行调试界面

入调试器模式。

(9) 在当前调试模式主界面主菜单下，选择 Debug→Run 命令，或者直接按 F5 键，运行断点调试功能。

(10) 按下 STC 开发板的按键 SW7 一次。

(11) 可以看到程序进入中断服务程序，然后断点执行完中断服务程序，退出中断服务程序。

(12) 连续触发中断若干次，重复进入中断服务程序。

思考与练习 7-26：在寄存器窗口界面中，查看寄存器的变化情况，特别要注意程序计数器(PC)的变化。

思考与练习 7-27：在堆栈窗口界面中，观察在执行程序的过程中，CPU 对主程序和中断服务程序程序计数器(PC)的保存情况，也就是入栈和出栈操作。

(13) 在当前调试模式主界面主菜单下，选择 Debug→Start/Stop Debug Session 命令，退出调试器界面。

(14) 在 Keil μVision 主界面主菜单下，选择 Project→Close Project 命令，退出当前工程。

第 8 章 STC 单片机 C 语言编程模型

CHAPTER 8

本章将介绍用于 STC 单片机开发的 C 语言编程模型。内容包括：常量和变量、数据类型、运算符、描述语句、数组、指针、函数、预编译指令、复杂数据结构、C 程序中使用汇编语言、C 语言端口控制实现、C 语言中断程序实现。

通过 C 语言进行单片机的应用开发，降低了设计成本，大大提高了设计效率，成为 STC 单片机开发的主流设计方法。因此，要求单片机程序设计人员必须熟练掌握 C 语言的词法和句法，以及调试程序方法。

本章通过大量的例子和调试工具对 C 语言进行详细的介绍，目的是让读者能从本质上认识和掌握 C 语言，从而能更进一步地实现软件和硬件的协同设计。

8.1 常量和变量

对于基本数据类型，按其值是否可变又分为常量和变量两种。在程序执行过程中，其值不发生改变的量称为常量，其值可变的量称为变量。它们可与数据类型结合起来进行分类，例如，可分为整型常量、整型变量、浮点常量、浮点变量、字符常量、字符变量。

8.1.1 常量

在程序执行过程中，其值不发生改变的量称为常量，如表 8.1 所示。

表 8.1 常量的分类

常 量	说 明
直接常量(字面量)	可以立即拿来用，无须任何说明的量。例如： (1) 整型常量：12、0、－3 (2) 实型常量：4.6、－1.23 (3) 字符常量："a""b"
符号常量	用标识符代表一个常量。在 C 语言中，可以用一个标识符来表示一个常量，称为符号常量

表 8.1 中，符号常量在使用之前必须通过宏定义语句进行定义。其一般形式为：

```
#define 标识符 常量
```

其中，#define 也是一条预处理指令(预处理指令都以"#"开头)，称为宏定义指令(在后面预处理程序中将进一步介绍)，其功能是把该标识符定义为其后的常量值。一经定义，以后在程序中所有出现该标识符的地方均代之以该常量值。使用符号常量的好处就在于程序的可读性好，并且容易修改。

注意：习惯上符号常量的标识符用大写字母，变量标识符用小写字母，以示区别。

8.1.2　变量

其值可以改变的量称为变量。一个变量应该有一个标识符，在内存中占据一定的存储单元。在使用变量前必须要事先定义变量。

1. 变量定义

变量定义一般放在函数体的开头部分。变量定义的一般形式为：

```
类型说明符 变量名,变量名,…;
```

在书写变量定义时，应注意以下几点：

(1) 允许在一个类型说明符后，定义多个相同类型的变量。各变量名之间用逗号分隔。类型说明符与变量名之间至少用一个空格间隔。

(2) 最后一个变量名之后必须以分号结尾。

(3) 变量定义必须放在变量使用之前。一般放在函数体的开头部分。

2. 变量赋值

变量可以先定义再赋值，也可以在定义的同时进行赋值；在定义变量的同时赋初值称为初始化。

在变量定义中赋初值的一般形式为：

```
类型说明符 变量 1 = 值 1,变量 2 = 值 2, …;
```

而在使用时赋值的一般形式为：

```
变量 1 = 值 1;
变量 2 = 值 2;
```

8.2　数据类型

本节介绍标准数据类型，内容包括标准C语言所支持的类型、单片机扩充的类型、自定义数据类型、变量及存储模式。

8.2.1　标准C语言所支持的类型

本节只介绍标准C语言所支持数据类型中的基本类型，其他数据类型将在后续内容中进行详细介绍。

1. 整数型

根据所占字节大小和表示的范围，整型数据可分为基本型、短整型和长整型。

(1) 基本型：类型说明符为int，在内存中占2字节。

(2) 短整型：类型说明符为short int或short。所占字节和取值范围同基本型。

(3) 长整型：类型说明符为 long int 或 long，在内存中占 4 字节。

注意：(1) 默认基本型、短整型和长整型数都是有符号数。如果需要指明它们是无符号数，则应该在类型说明符前面添加 unsigned 关键字，如表 8.2 所示。

表 8.2　C 语言中各类整型数据所分配的内存字节数及范围

类型说明符	数的范围	字节数
int	−32 768～32 767，即 $-2^{15}\sim(2^{15}-1)$	2
short int	−32 768～32 767，即 $-2^{15}\sim(2^{15}-1)$	2
long int	−2 147 483 648～2 147 483 647，即 $-2^{31}\sim(2^{31}-1)$	4
unsigned int	0～65 535，即 $0\sim(2^{16}-1)$	2
unsigned short int	0～65 535，即 $0\sim(2^{16}-1)$	2
unsigned long	0～4 294 967 295，即 $0\sim(2^{32}-1)$	4

(2) 对于有符号数来说，在计算机中用补码表示。

上面提到的整数，都是十进制。在 C 语言中，常用的还有八进制和十六进制。在 C 语言程序中是根据前缀来区分各种进制数的。

1) 十进制数

十进制数没有前缀。其数字取值为 0～9，如 237、−568、65 535、1627。

2) 八进制数

八进制数必须以 0 开头，即以 0 作为八进制数的前缀。数字取值为 0～7。八进制数通常是无符号数，如 015、0101、0177777。

3) 十六进制数

十六进制数的前缀为 0X 或 0x。其数字取值为 0～9、A～F 或 a～f，如 0X2A、0XA0、0xFFFF。

此外，可以用后缀 L 或 l 来表示长整型数。例如：

(1) 十进制长整型数：158L、358000L。

(2) 八进制长整型数：012L、077L、0200000L。

(3) 十六进制长整型数：0X15L、0XA5L、0X10000L。

对于长整型数 158L 和基本整型数 158 在数值上并无区别。但对 158L，因为是长整型数，C 编译系统将为它分配 4 字节存储空间。而对 158，因为是基本整型，只分配 2 字节的存储空间。

此外，无符号数也可用后缀表示，整型数的无符号数的后缀为 U 或 u。

【例 8-1】 整型数声明和使用的例子。

代码清单 8-1　main.c 文件

```
void main()
{
    int i = 32000, j = 32000, h;
    unsigned int m = 100, n = 0x200;
    long int k = 10000, l = - 40000;
    h = i + j;
}
```

下面对该例子进行分析。分析步骤主要包括：

(1) 进入本书所提供资料的 STC_example\例子 8-1 目录下，在 Keil μVision5 集成开发环境下打开该设计。

(2) 在集成开发环境主界面主菜单下，选择 Debug→Start/Stop Debug Session 命令。

(3) 在调试器模式下，单步运行该程序，一直到程序的末尾。

(4) 将鼠标光标分别放到变量 i 和 j 的名字上，读者会发现给出的信息是变量 i 在 D：0x02 的位置上，其保存的值为 0x0000，如图 8.1(a)所示；类似地，给出的信息是变量 j 在 D：0x82 的位置上，其保存的值为 0x0000，如图 8.1(b)所示。

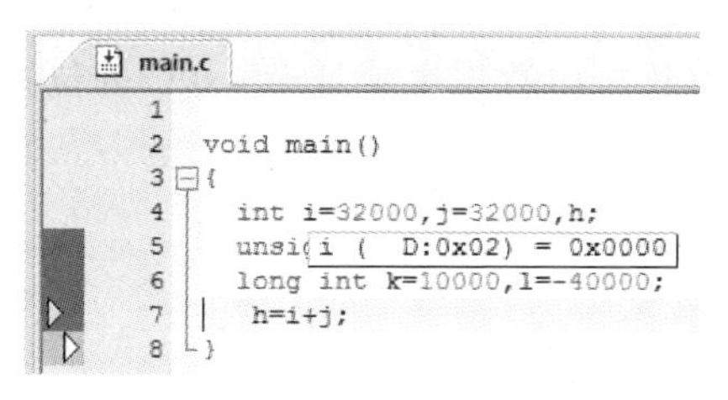

(a) 观察变量i的内容

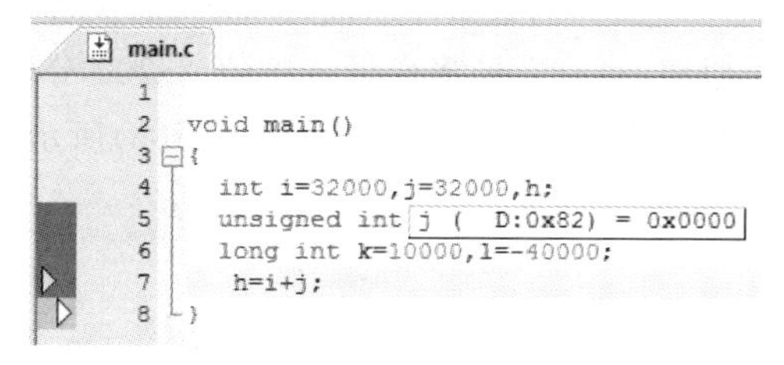

(b) 观察变量j的内容

图 8.1　观察变量 i 和 j 的内容

读者自然会提出疑问，明明已经给 i 和 j 进行了赋值操作，为什么显示信息是 0？在 Disassembly 窗口中，找到 h=i+j 的反汇编程序，如图 8.2 所示。

```
     7:      h=i+j;
C:0x0026    2400     ADD      A,#0x00
C:0x0028    F509     MOV      0x09,A
C:0x002A    747D     MOV      A,#0x7D
C:0x002C    347D     ADDC     A,#0x7D
C:0x002E    F508     MOV      0x08,A
```

图 8.2　h=i+j 反汇编的指令内容

分析一下：在赋值操作的时候，是两个立即数 0x7D 直接相加，即采用的是立即数寻址的方式。因此，在程序运行时，看不到 i 和 j 的内容。相加后结果$(0xFA00)_{16}$保存在单片机内部数据区地址为 0x08 的位置，占用两字节的存储空间，如图 8.3 所示。

```
Address: d:0x08
D:0x08: FA 00 00 64 02 00 00 00 27
D:0x24: 00 00 00 00 00 00 00 00 00
```

图 8.3　变量 h 在单片机内部数据区的值

提示：$(32000)_{10}=(7D00)_{16}$，对于两个数$(7D00)_{16}$相加来说，结果为$(FA00)_{16}$，从计算的结果来看，(CY)=0，(OV)=1。很明显结果溢出，$(FA00)_{16}$对应的有符号数为−1536，即两个正数相加得到一个负数。在调试界面的 Registers 窗口中，找到并展开 psw，可以看到和前面一样的分析结果，如图 8.4 所示。

$$\begin{array}{r} 0111,1101,0000,0000 \\ +\quad 0111,1101,0000,0000 \\ \hline 1111,1010,0000,0000 \end{array}$$

因此，在声明数据类型时，必须考虑所表示数据的范围，不然会由于不同整数类型数据

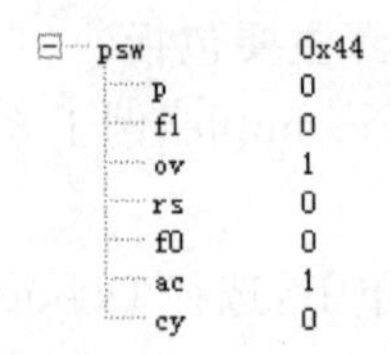

图 8.4 psw 的内容

位宽的限制而造成计算结果的溢出。

(5) 在 Memory 1 窗口界面内分别重新输入 &m 和 &n,可以看到将变量 m 的值 0x64 分配到单片机片内数据区地址为 0x0A 的位置,该变量占用两个存储字节空间,如图 8.5(a)所示;类似地,可以看到将变量 n 的值 0x200 分配到单片机内数据区地址为 0x0C 的位置,该变量占用两个存储字节空间,如图 8.5(b)所示。

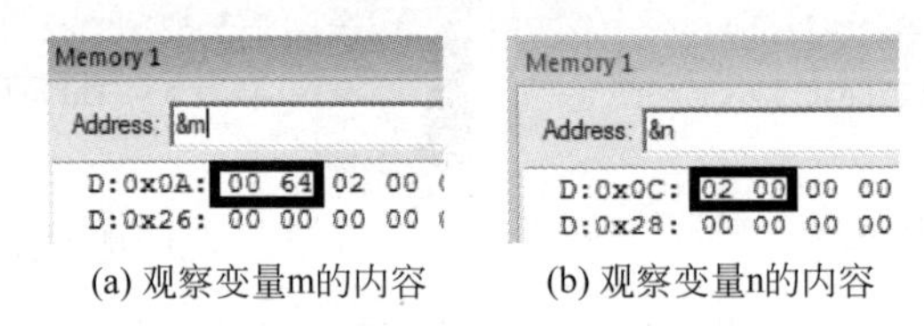

(a) 观察变量m的内容　　(b) 观察变量n的内容

图 8.5 观察变量 m 和 n 的内容

注意:&m 和 &n 表示得到变量 m 和 n 在单片机内存储空间的地址。

(6) 在 Memory 1 窗口界面内,分别重新输入 &k 和 &l,可以看到将变量 k 的值 $(10000)_{10}=(2710)_{16}$分配到单片机片内数据区地址为 0x0E 开始的位置,该变量占用四个存储字节空间,如图 8.6(a)所示;类似地,可以看到将变量 l 的值$(-40000)_{10}=(\text{FFFF63C0})_{16}$分配到单片机内数据区地址为 0x12 开始的位置,该变量占用四个存储字节空间,如图 8.6(b)所示。

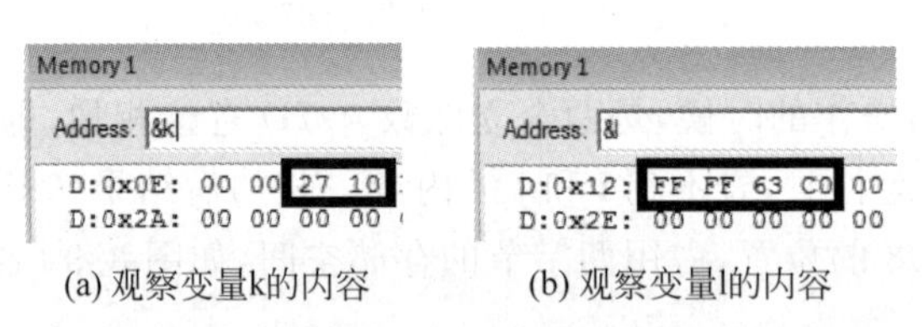

(a) 观察变量k的内容　　(b) 观察变量l的内容

图 8.6 观察变量 k 和 l 的内容

对于$(-40000)_{10}$采用二进制补码表示法。方法如下:

① $(40000)_{10}$原码用四字节表示为$(0000,0000,0000,0000,1001,1100,0100,0000)_2$。

② 对原码按位取反(反码)表示为$(1111,1111,1111,1111,0110,0011,1011,1111)_2$。

③ 反码加 1 得到补码为$(1111,1111,1111,1111,0110,0011,1100,0000)_2=(\text{FFFF63C0})_{16}$。

注意:&k 和 &l 表示得到变量 k 和 l 在单片机内存储空间的地址。

(7) 退出调试器界面,并关闭该设计。

2. 实数型

在 C 语言中,提供了两种对实数的表示方法,即十进制表示法和指数形式表示法。

1) 十进制表示法

由数字 0～ 9 以及小数点组成,如 0.0、25.0、5.789、0.13、5.0、300.、-267.8230。

注意：在使用十进制表示浮点数时，必须包含小数点。

2）指数形式表示法

由十进制数字、阶码标志（小写字母 e 或大写字母 E）以及阶码（只能为整数，可以带符号）组成。一般形式为：

$$a\,\mathrm{E}\,n$$

其中，a 和 n 均为十进制数。其表示的指数为：

$$a\times 10^{n}$$

例如：

（1）2.1E5，等价于 2.1×10^{5}。

（2）3.7E－2，等价于 3.7×10^{-2}。

（3）0.5E7，等价于 0.5×10^{7}。

（4）－2.8E－2，等价于 -2.8×10^{-2}。

在标准的 C 语言中，将按照所能表示数的动态范围和精度，将实数进一步地分成单精度实数、双精度实数和长双精度三种，分别用 float、double 和 long double 关键字声明这三种类型的实数。它们所分配的存储字长和表示数的范围不同，如表 8.3 所示。

表 8.3　单精度、双精度和长双精度实数的字长及表示的范围

类型说明符	比特数（字节数）	有效数字	数的范围
float	32(4)	6～7	$10^{-37}\sim 10^{38}$
double	64(8)	15～16	$10^{-307}\sim 10^{308}$
long double	128(16)	18～19	$10^{-4931}\sim 10^{4932}$

注意：（1）对于单片机来说，double 和 float 类型相同。

（2）可以在具体的数值后面加后缀字母 f 表示该数为单精度浮点数。

【例 8-2】　单精度浮点数声明的例子。

代码清单 8-2　main.c 文件

```
main()
{
    float i = 100.00, j = 245.6e30;
}
```

下面对该例子进行分析。分析步骤主要包括：

（1）进入本书所提供资料的 STC_example\例子 8-2 目录下，在 Keil μVision5 集成开发环境下打开该设计。

（2）在集成开发环境主界面主菜单下，选择 Debug→Start/Stop Debug Session 命令。

（3）在调试器模式下，单步运行该程序，一直到程序的末尾。

（4）在 Memory 1 窗口界面内，分别输入 &i 和 &j，可以看到将浮点变量 i 的值 100.00 分配到单片机片内数据区地址为 0x08 开始的位置，该变量占用四个存储字节空间，其值用十六进制数表示为 0x42C80000，如图 8.7(a)所示；类似地，可以看到将浮点变量 j 的值 245.6e30 分配到单片机内数据区地址为 0x0C 开始的位置，该变量占用四个存储字节空间，其值用十六进制数表示为 0x7541BE86，如图 8.7(b)所示。

下面分析一下浮点数在单片机中存储的原理。

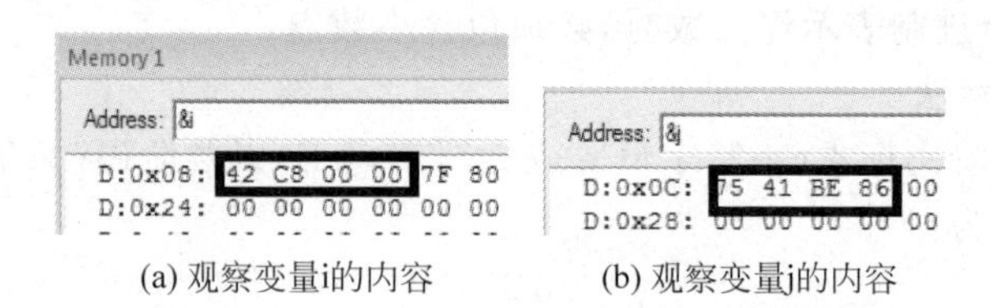

(a) 观察变量i的内容　　(b) 观察变量j的内容

图 8.7　观察变量 i 和 j 的内容

(1) 对于浮点数 100.00 来说，在计算机中存储的数 0x42C80000 对应的二进制数表示为：

0	1 0 0 0,0 0 1 0,1	1 0 0,1 0 0 0,0 0 0 0,0 0 0 0,0 0 0 0,0 0 0 0

其中：

① 0 表示符号位，表示当前是正数。

② 100,0010,1 表示阶数，对应的十进制数为 133。在浮点标准中，这个值已经加上了偏移量 127，所以实际的阶数为 133－127＝6，对应于 $2^6=64$，即表示的是 2 的幂次方。

③ 100,1000,0000,0000,0000,0000 表示尾数，对应的十进制小数为 0.5625。因为总是隐含 1。所以，表示的小数实际值为 1.5625。

因此，$1.5625\times2^6=1.5625\times64=100.00$。

(2) 对于浮点数 245.6e30 来说，在计算机中存储的数 0x7541BE86 对应的二进制数表示为：

0	1 1 1,0 1 0 1,0	1 0 0,0 0 0 1,1 0 1 0,1 1 1 0,1 0 0 0,0 1 1 0

其中：

① 0 表示符号位，表示当前是正数。

② 111,0101,0 表示阶数，对应的十进制数为 234。在浮点标准中，这个值已经加上了偏移量 127，所以实际的阶数为 234－127＝107，对应于 $2^{107}=1.6226\times10^{32}$，即表示的是 2 的幂次方。

③ 100, 0001, 1010, 1110, 1000, 0110 表示尾数，对应的十进制小数近似为 0.513 610 839 843 75。因为总是隐含 1。所以，表示的小数实际值为 1.513 610 839 843 75。

因此，$1.513\,610\,839\,843\,75\times2^{107}=2.455\,974\times10^{32}$。

(3) 退出调试器界面，并关闭该设计。

3. 字符型

在 C 语言中，字符型包括普通字符、转义字符和字符串。

1) 普通字符

在 C 语言中，普通字符型数据是用单引号括起来的一个字符，如'a'、'b'、'＝'、'＋'、'?'。在 C 语言中，字符型数据有以下特点：

(1) 字符型数据只能用单引号括起来，不能用双引号或其他括号。

(2) 字符型数据只能是单个字符，不能是字符串。

(3) 字符可以是字符集中任意字符。但数字被定义为字符型之后就不能参与数值运算，如'5'和 5 是不同的。'5'是字符型数据，不能参与运算。

对于普通字符型数据来说，用关键字 char 进行声明。实际上，就是八位的二进制数，或者说一字节的存储宽度。更进一步地，还可以在 char 前面增加 signed（有符号）和 unsigned（无符号）声明。

（1）当为 signed char（有符号字符型）时，表示数的范围为－128～＋127。

（2）当为 unsigned char（无符号字符型）时，表示数的范围为 0～255。

【例 8-3】 字符型数据声明的例子。

代码清单 8-3　main.c 文件

```
main()
{
    char a = 'a',b = 'H';
    unsigned char c = 250;
    signed char d = 120;
}
```

下面对该例子进行分析。分析步骤主要包括：

（1）进入本书所提供资料的 STC_example\例子 8-3 目录下，在 Keil μVision5 集成开发环境下打开该设计。

（2）在集成开发环境主界面主菜单下，选择 Debug→Start/Stop Debug Session 命令。

（3）在调试器模式下，单步运行该程序，一直到程序的末尾。

注意：字符型与整数型和实数型不一样，不能通过 & 变量名得到字符型变量的地址。

（4）在 main.c 窗口中，将光标分别放在变量 a、b、c、d 上，就会看到字符变量的存储信息：

① 字符变量 a 的值被分配到单片机片内数据区地址为 0x08 开始的位置，该变量占用一字节存储空间，其值用十六进制数表示为 0x61，如图 8.8(a)所示。

② 字符变量 b 的值被分配到单片机内数据区地址为 0x09 开始的位置，该变量占用一个存储字节空间，其值用十六进制数表示为 0x48，如图 8.8(b)所示。

③ 字符变量 c 的值被分配到单片机内数据区地址为 0x0A 开始的位置，该变量占用一个存储字节空间，其值用十六进制数表示为 0xFA，如图 8.8(c)所示。

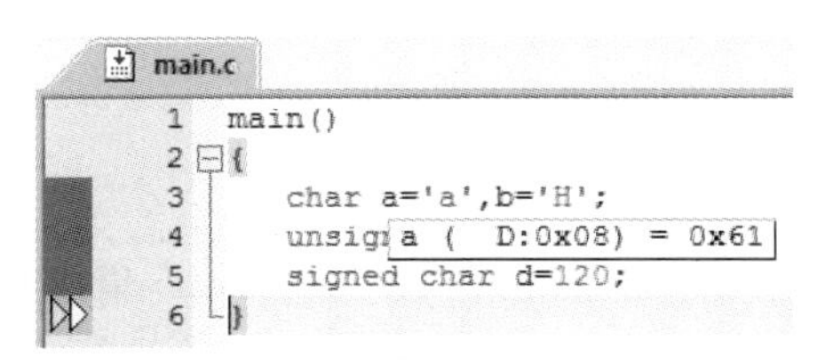

(a) 观察变量a的内容

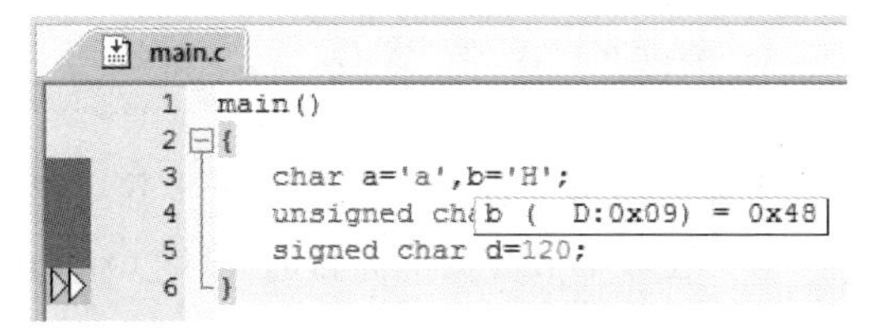

(b) 观察变量b的内容

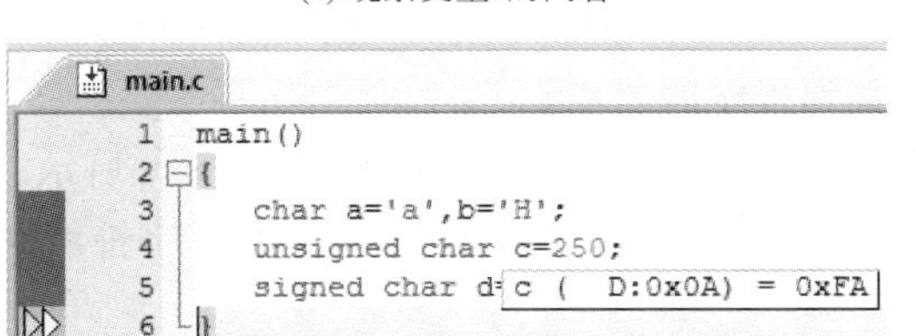

(c) 观察变量c的内容

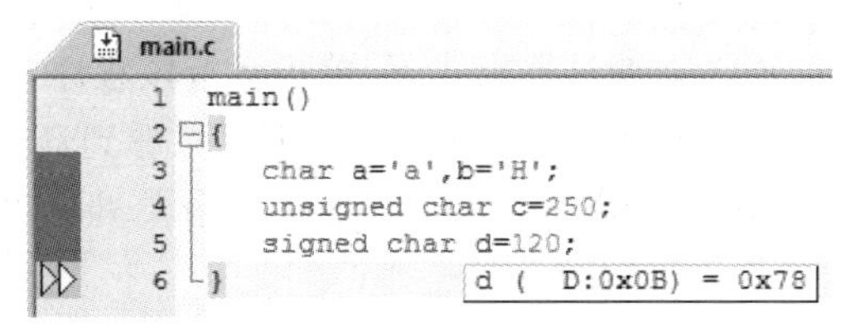

(d) 观察变量d的内容

图 8.8　观察变量 a、b、c 和 d 的内容

④ 字符变量 d 的值被分配到单片机内数据区地址为 0x0B 开始的位置，该变量占用一个存储字节空间，其值用十六进制数表示为 0x78，如图 8.8(d)所示。

(5) 退出调试器界面，并关闭该设计。

2) 转义字符

转义字符是一种特殊的字符。转义字符以反斜线"\"开头，后跟一个或几个字符。转义字符具有特定的含义，不同于字符原有的意义，故称"转义"字符。例如，在前面各示例中 printf 函数的格式串中用到的"\n"就是一个转义字符，其意义是"回车换行"。转义字符主要用来表示那些用一般字符不便于表示的控制代码，如表 8.4 所示。

表 8.4　常用转义字符及功能

转义字符	转义字符的含义	ASCII 码
\n	回车换行	10
\t	横向跳到下一制表位置	9
\b	退格	8
\r	回车	13
\f	走纸换页	12
\\	反斜线符	92
\'	单引号符	39
\"	双引号符	34
\a	鸣铃	7
\ddd	1～3 位八进制数所代表的字符	
\xhh	1～2 位十六进制数所代表的字符	

【例 8-4】 转义字符型数据的例子。

代码清单 8-4　main.c 文件

```
main()
{
    char a = 'n',b = '\n';
    char c = 't',d = '\t';
    char e = '\r',f = '\\';
}
```

下面对该例子进行分析。分析步骤主要包括：

(1) 进入本书所提供资料的 STC_example\例子 8-4 目录下，在 Keil μVision5 集成开发环境下打开该设计。

(2) 在集成开发环境主界面主菜单下，选择 Debug→Start/Stop Debug Session 命令。

(3) 在调试器模式下，单步运行该程序，一直到程序的末尾。

(4) 在 Disassembly 窗口下可以看到经过转义后字符的取值明显不同，如图 8.9 所示。

思考与练习 8-1：请根据代码清单 8-4 和图 8.9 给出的反汇编代码说明下面字符所对应的十六进制数。

(1) a=________，表示________。

(2) b=________，表示________。

(3) c=________，表示________。

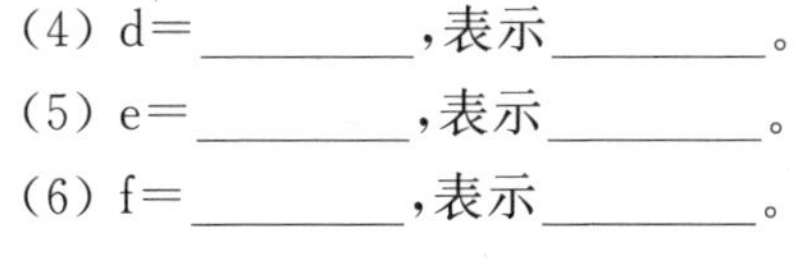

(4) d=________,表示________。

(5) e=________,表示________。

(6) f=________,表示________。

```
        3:           char a='n',b='\n';
C:0x0003      75086E    MOV       0x08,#0x6E
C:0x0006      75090A    MOV       0x09,#0x0A
        4:           char c='t',d='\t';
C:0x0009      750A74    MOV       0x0A,#0x74
C:0x000C      750B09    MOV       0x0B,#0x09
        5:           char e='\r',f='\\';
C:0x000F      750C0D    MOV       0x0C,#0x0D
C:0x0012      750D5C    MOV       0x0D,#0x5C
```

图 8.9 C语言所对应的汇编语言代码

3) 字符串

字符串是由一对双引号括起的字符序列。例如,"CHINA"、"C program"、"$12.5"等都是合法的字符串。字符串和字符不同,它们之间主要有以下区别:

(1) 字符由单引号括起来,字符串由双引号括起来。

(2) 字符只能是单个字符,字符串则可以含一个或多个字符。

(3) 可以把一个字符型数据赋给一个字符变量,但不能把一个字符串赋给一个字符变量。

(4) 在C语言中没有相应的字符串变量,也就是说不存在这样的关键字,将一个变量声明为字符串。但是可以用一个字符数组来存放一个字符串,这将在数组一节中进行介绍。

(5) 字符占用一字节的存储空间,而字符串所占用的存储空间字节数等于字符串的字节数加1。增加的一字节用于存放字符'\0'(ASCII码为0),它用于表示字符串结束。

8.2.2 单片机扩充的类型

除了支持标准的C所提供的数据类型外,Keil的编译器还提供了对单片机特定数据类型的支持。

注意:在使用扩充数据类型时,必须添加头文件包含语句。

```
#include <reg51.h>
```

1. bit 类型

该数据类型可用于定义一比特位,但是不能定义位指针,也不能定义位数组。

2. sfr 类型

该数据类型可以用于定义8051单片机中的所有内部8位特殊功能寄存器SFR。sfr类型数据占用存储空间一字节,取值范围为0~255。定义的格式为:

```
sfr 标识符 = 地址;
```

下面给出头文件reg51.h中已经定义的部分sfr类型。

```
sfr P0  =  0x80;
sfr P1  =  0x90;
sfr P2  =  0xA0;
sfr P3  =  0xB0;
```

注意：在C文件中，可以直接使用已经预定义的sfr类型，而不须重新进行定义。

3. sfr16类型

该数据类型可以用于定义8051单片机中的16位特殊功能寄存器。sfr16数据类型占用存储空间两字节，取值范围为0～65 535。

4. sbit类型

该数据类型可以用于定义8051单片机内的RAM中可寻址位或者特殊功能寄存器中的可寻址位。定义的格式为：

```
sbit 标识符 = 地址;
```

下面给出头文件reg51.h中已经定义的部分sbit类型。

```
sbit CY = 0xD7;
sbit AC = 0xD6;
sbit F0 = 0xD5;
sbit RS1 = 0xD4;
sbit RS0 = 0xD3;
sbit OV = 0xD2;
sbit P = 0xD0;
```

注意：在C文件中，直接使用已经预定义的sbit类型，而无须重新进行定义。

【例8-5】 单片机扩展数据类型使用例子。

读者可以在本书所提供资料的STC_example\例子8-5目录下，找到并参考该设计。

定义和使用单片机扩展数据类型的步骤主要包括：

(1) 打开Keil μVision5集成开发环境。

(2) 建立一个新的设计工程。

(3) 按照前面添加新文件的方法，选择.h文件模板，将该文件命名为self_define.h。

(4) 在该文件中添加设计代码，如图8.10所示。

(5) 保存self_define.h文件。

(6) 按照前面添加新文件的方法，选择.c文件模板，将该文件命名为main.c。

(7) 在该文件中添加设计代码，如图8.11所示。

```
self_define.h   reg51.h   main.c
1  #ifndef _STC15Fxxxx_H
2  #define _STC15Fxxxx_H
3
4
5  /*  BYTE Registers  */
6  sfr P4   = 0xC0;
7  /*  WORD Registers  */
8  sfr16 DP = 0x82;
9
```

图8.10 self_define.h文件

```
self_define.h   reg51.h   main.c
1  #include <reg51.h>
2  #include <self_define.h>
3  void main()
4  {
5    char l;
6    bit a=1;
7    P4=0xFF;
8    DP=0x30;
9    ACC=10;
10   B=5;
11   l=ACC+B;
12
13 }
```

图8.11 main.c文件

(8) 保存 main. c 文件。

(9) 在集成开发环境主界面主菜单下，选择 Debug→Start/Stop Debug Session 命令。

(10) 在调试器模式下，单步运行该程序，一直到第 7 行，如图 8.12 所示。将光标移到 a 上，弹出提示框。该提示信息说明比特类型变量 a 被分配到内部数据可位寻址区 0x20 的第 0 位(D:0x20.0)的位置，值为 1。

(11) 继续单步运行该程序，一直到第 8 行，该行指令用于给端口 P4 赋值 0xFF。在 Memory 1 窗口下输入 d:0xc0，如图 8.13 所示。

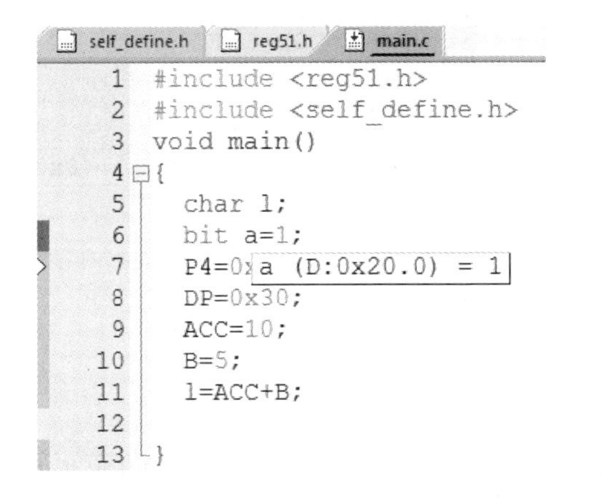

图 8.12 断点运行到第 7 行

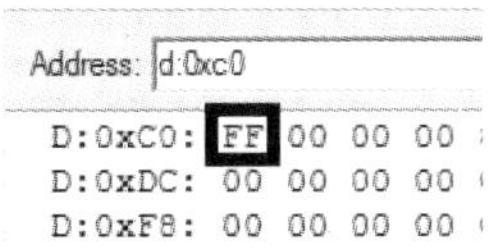

Address: d:0xc0
D:0xC0: FF 00 00 00
D:0xDC: 00 00 00 00
D:0xF8: 00 00 00 00

图 8.13 P4 端口的内容

(12) 在调试器模式下，单步运行该程序，一直到第 9 行，该行程序给 16 位的数据指针 DPTR 赋值 0x0030。在 Register 窗口内，可以看到数据指针寄存器的内容变为 0x0030，如图 8.14 所示。

(13) 在调试器模式下，单步运行该程序，一直到第 10 行，该行程序给累加器 ACC 赋值 0x0A(十进制数 10)。在 Register 窗口内，可以看到累加器 ACC(显示为 a)的内容变为 0x0a，如图 8.15 所示。

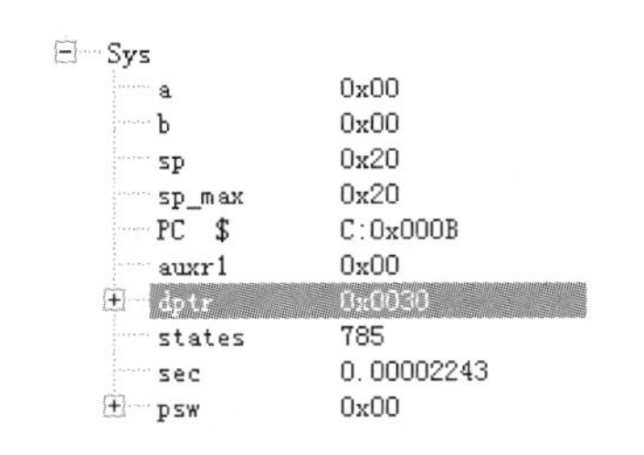

图 8.14 数据指针 DPTR 的内容

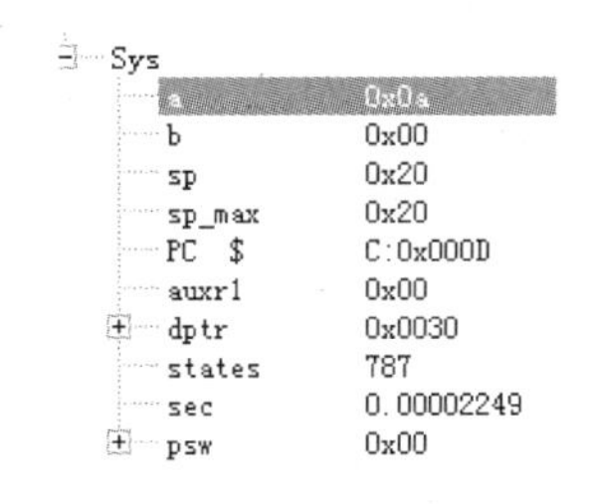

图 8.15 累加器 ACC 的内容

(14) 在调试器模式下，单步运行该程序，一直到第 11 行，该行程序给寄存器 B 赋值 0x05(十进制数 5)。在 Register 窗口内，可以看到寄存器 B(显示为 b)的内容变为 0x05，如图 8.16 所示。

(15) 在调试器模式下，单步运行该程序，一直到结束，该行程序将累加器 ACC 的内容和寄存器 B 的内容相加后送给字符型变量 l。将光标移到 l 上，弹出提示框。该提示信息说明字符类型变量l被分配到内部数据区地址为0x08的位置(D:0x08)的位置,值为0x0F,如图8.17所示。

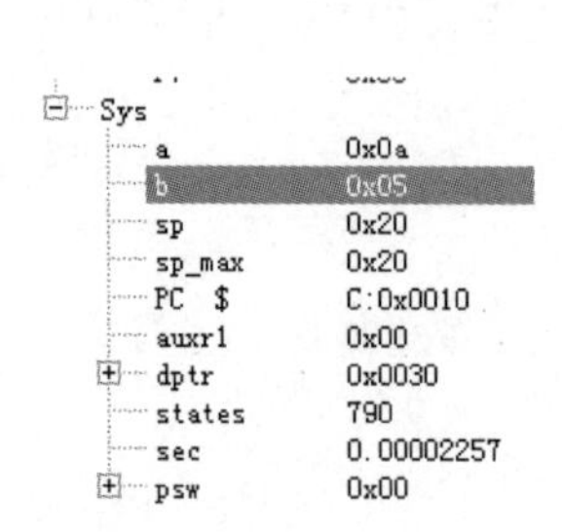

图8.16 寄存器B的内容

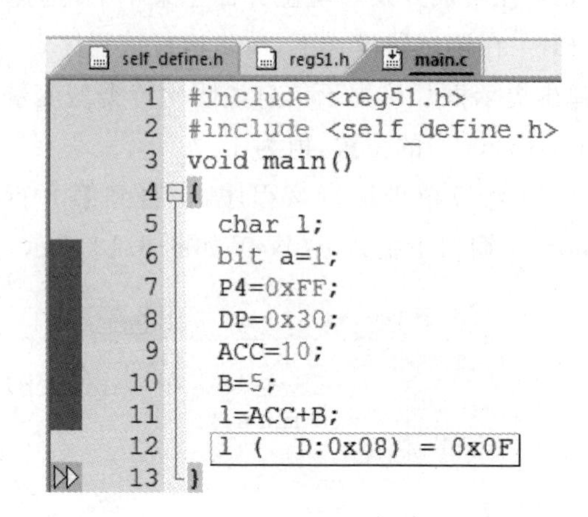

图8.17 变量l的位置和内容

(16)退出调试器模式,并关闭该设计。

8.2.3 自定义数据类型

在C语言中,除了可以使用上面所给出的数据类型外,设计者还可以根据自己的需要对数据类型进行重新定义。重新定义数据类型时需要用到关键字typedef,格式如下:

```
typedef 已有的数据类型 新的数据类型名
```

【例8-6】 对上面的例8-1使用typedef重新定义数据类型并使用新定义的数据类型。

修改例8-1的步骤包括:

(1)在STC_example目录下,新建一个名字为例8-6的子目录。将STC_example\例8-1目录下的所有文件复制到新建的子目录下。

(2)按照前面的方法添加一个名字为type_define.h的头文件。

(3)在该文件中添加代码,将unsigned int数据类型重新定义为u16,并将long int数据类型重新定义为l32,如图8.18所示。

(4)保存type_define.h头文件。

(5)修改main.c文件。在该文件中,新添加包含头文件声明,并使用新定义的头文件,如图8.19所示。

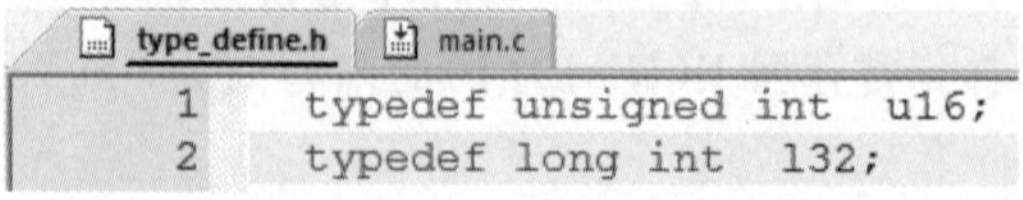

```
type_define.h | main.c
1  typedef unsigned int  u16;
2  typedef long int  l32;
```

图8.18 在type_define.h文件中添加代码

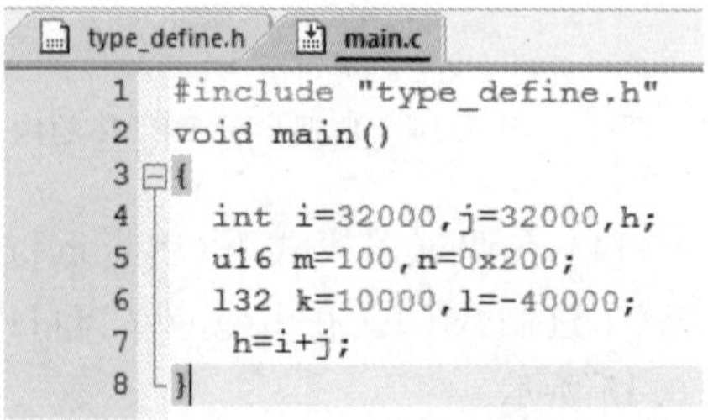

```
type_define.h | main.c
1  #include "type_define.h"
2  void main()
3  {
4    int i=32000,j=32000,h;
5    u16 m=100,n=0x200;
6    l32 k=10000,l=-40000;
7     h=i+j;
8  }
```

图8.19 在main.c文件中添加和修改代码

（6）保存 main.c 文件。

（7）验证新定义的数据类型和原来的数据类型等价。

（8）关闭并退出设计。

8.2.4 变量及存储模式

变量的值可以在程序执行过程中不断变化。在使用变量之前，需要对变量进行定义，定义的内容包括变量标识符、数据类型和存储模式。在标准 C 语言中，编译器会根据数据类型和硬件系统自动地确定存储模式。为了更好地利用所提供的存储空间，在单片机中提供了增强功能的变量存储模式定义功能。定义格式为：

```
[存储种类] 数据类型 [存储器类型] 变量名列表;
```

其中，存储种类和存储器类型是可选项。变量的存储种类有四种，包括 auto（自动）、extern（外部）、static（静态）和 register（寄存器）。在没有明确说明变量的存储种类时，默认为 auto。

Keil 提供对 8051 系列单片机的硬件结构和不同存储器的支持。因此，可以在定义变量的时候，为每个定义的变量准确地指定其存储类型，如表 8.5 所示。这样，就可以准确定位变量所在的存储空间。

表 8.5 Keil 所支持的单片机存储类型

存储器类型	说　明
DATA	直接寻址片内数据存储器(128B)，访问速度最快
BDATA	可位寻址的片内数据存储器(16B)，允许位和字节混合访问
IDATA	间接访问的片内数据存储器(256B)，允许访问全部片内地址
PDATA	分页寻址的片外数据存储器(256B)，用 MOV @Ri 指令进行访问
XDATA	外部数据存储器(64KB)，用 MOVX @DPTR 指令进行访问
CODE	程序存储器(64KB)，用 MOVC @A+DPTR 指令进行访问

注：STC 单片机不支持 PDATA 存储器类型。

注意：如果在定义变量时，没有指定存储器类型，则按编译时使用的存储器模式 SMALL、COMPACT 或者 LARGE 来确定默认的存储器类型。

在 Keil C 中，可以通过使用_at_定位变量的绝对地址。格式为：

```
[存储器类型] 数据类型 标识符_at_地址常数
```

例如：

```
xdata int i1 _at_ 0x8000;
```

并且，在 XDATA 空间定义全局变量的绝对地址时，可以在变量前加一个关键字 volatile，这样对该变量的访问就不会被 Cx51 编译器给优化掉。

在设置 Target 1 的对话框的 Target 选项卡下，通过 Memory Model 下拉列表可以选择存储器模式，如图 8.20 所示。

从访问效率来看，SMALL 存储器模式访问效率最高，而 LARGE 访问效率最低。

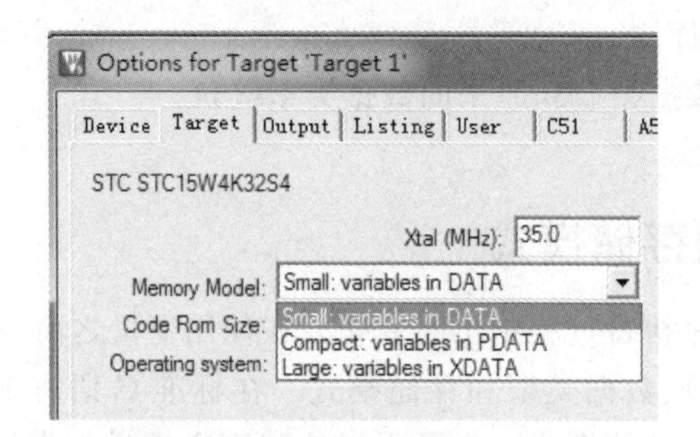

图 8.20 存储器模式设置对话框

【例 8-7】 带有存储器类型的变量定义例子。

代码清单 8-5 main.c 文件

```
void main()
{
    xdata long int x = -1000,y = 4000;
    xdata char m = 90,n = 70;
    bdata char l = 0;
}
```

下面对该例子进行分析。分析步骤主要包括：

(1) 进入本书所提供资料的 STC_example\例子 8-7 目录下，在 Keil μVision5 集成开发环境下打开该设计。

(2) 在集成开发环境主界面主菜单下，选择 Debug→Start/Stop Debug Session。

(3) 在调试器模式下，单步运行该程序，一直到程序的末尾。

(4) 在 Memory 1 窗口下，分别输入 &x、&y、&m、&n、&l，查看变量所在的存储器空间和所占用的字节数。

思考与练习 8-2：请根据 Memory 1 窗口给出的信息，填写下面的空格。

① x=________，所在的存储器空间________，起始地址________，字节数________。

② y=________，所在的存储器空间________，起始地址________，字节数________。

③ m=________，所在的存储器空间________，起始地址________，字节数________。

④ n=________，所在的存储器空间________，起始地址________，字节数________。

⑤ l=________，所在的存储器空间________，起始地址________，字节数________。

(5) 退出调试器模式，并关闭该设计。

8.3 运算符

在 C 语言中，提供了丰富的运算符用于对数据的处理。通过运算符和数据，就构成了表达式。在 C 语言中，每个表达式通过逗号进行分隔。

(1) 按照所实现的功能，C 语言中的运算符可以分为赋值运算符、算术运算符、递增和递减运算符、关系运算符、逻辑运算符、位运算符、复合赋值运算符、逗号运算符、条件运算符、指针和地址运算符、强制类型转换运算符和 sizeof 等运算符。

(2) 按照参与运算的数据个数，C 语言中的运算符可以分为单目运算符、双目运算符和三目运算符。对于单目运算符，只有一个操作数；对于双目操作符，有两个操作数；对于三目操作符，有三个操作数。

注意：地址和指针运算符将在后续内容中进行详细的介绍。

8.3.1 赋值运算符

在 C 语言中，赋值操作使用“＝”号实现，“＝”称为赋值运算符。赋值语句的格式为：

```
变量 = 表达式;
```

先计算由表达式所得到的值，然后再将该值分配给等号左边的变量。

注意：在进行赋值操作的时候，一定要注意变量和表达式值的数据类型。

【例 8-8】 赋值操作的例子。

代码清单 8-6　main.c 文件

```
void main()
{
    int a;
    char b;
    float c;
    a = 10000;
    b = 200;
    c = 0.5;
}
```

读者可以进入到本书所提供资料的 STC_example\例子 8-8 目录下，在 Keil μVision5 集成开发环境下打开该设计，并进入调试器模式，使用单步运行。

思考与练习 8-3：请说明在赋值操作过程中，变量 a、b 和 c 值的变化，并说明当定义变量没有进行赋值操作时，其默认的值。

(1) 赋值前 a=________，赋值后 a=________________。

(2) 赋值前 b=________，赋值后 b=________________。

(3) 赋值前 c=________，赋值后 c=________________。

8.3.2 算术运算符

在 C 语言中，所提供的算术运算符包括＋(加法运算或者取正数运算)、－(减法运算或者取负数运算)、*(乘法运算)、/(除法运算)、%(取余运算)。

在这些算术运算中，除取正和取负运算是单目运算外，其他都是双目运算。

注意：两个整数“/”或者“%”运算得到的是整数，如 5/3＝1，5%3＝2。如果在“/”运算中出现了浮点数，则运算的结果就是浮点数。“%”运算要求两个操作数必须都是整数。

在求取表达式的值时，按照运算符的优先级进行。单目运算的优先级要高于双目运算。在双目运算中，优先级按照 *、/、%、＋、－从高到低排列。设计者可以通过使用“()”符号修改运算的优先级顺序。

【例 8-9】 算术运算操作的例子。

代码清单 8-7 main.c 文件

```
#include "math.h"
void main()
{
    int a = 1000,b = 33,c,d,h,i;
    long int e,j;
    float f,g;
    c = a/b;
    d = a % b;
    e = a * b;
    f = (float)a/b;
    g = a + b - c;
    h = (a + b) * c;
    i = b - a * c;
    j = (long)a * b;
}
```

读者可以进入到本书所提供资料的 STC_example\例子 8-9 目录下，在 Keil μVision5 集成开发环境下打开该设计，并进入调试器模式，使用单步运行。打开 Watch 1 窗口观察运算得到的结果。

思考与练习 8-4：请说明在算术运算操作过程中，变量 c、d、e、f、g、h、i 和 j 的值，并填入下面的空格。

(1) c 的值=________。

(2) d 的值=________。

(3) e 的值=________。

(4) f 的值=________。

(5) g 的值=________。

(6) h 的值=________。

(7) i 的值=________。

(8) j 的值=________。

思考与练习 8-5：可以看出 e 的值和理论计算的值不一样，解释其中的原因。可以看到 j 的值和理论计算的值一样，有强制转换符存在，解释其作用。

提示：表达式的值超过了 e 的范围。

思考与练习 8-6：在计算 c 和 f 除法运算的时候，解释其中的不同之处。

思考与练习 8-7：在 Disassembly 窗口中，可以找到乘法和除法所对应的汇编指令，发现都调用了子程序，也就是说，在单片机中的除法和乘法运算是通过软件实现的，请说明原因。

提示：因为在 8051 单片机中没有硬件的乘法器和除法器模块。

8.3.3 递增和递减运算符

在 C 语言中，还提供了递增运算符＋＋和递减运算符－－，它们的作用是对运算的数据进行加 1 和减 1 的操作，如++i、i++、--i、i--。

++i 和 i++是不一样的。++i 是先执行 i+1 操作，然后再使用 i 的值；而 i++是先使用 i 的值，然后再执行 i+1 的操作。

类似地，--i 和 i--是不一样的。--i 是先执行 i-1 操作，然后再使用 i 的值；而 i--是先使用 i 的值，然后再执行 i-1 的操作。

【例 8-10】 递增和递减运算符的例子。

代码清单 8-8 main.c 文件

```
void main()
{
    int a = 40,b,c,d,e,f,g;
    b = a-- ;
    c = a;
    d = --a;
    e = a++;
    f = a;
    g = ++a;
}
```

读者可以进入到本书所提供资料的 STC_example\例子 8-10 目录下，在 Keil μVision5 集成开发环境下打开该设计，并进入调试器模式，使用单步运行。打开 Watch 1 窗口观察运算得到的结果。

思考与练习 8-8：请说明在递增和递减运算操作过程中，变量 b、c、d、e、f 和 g 的值，并填入下面的空格。

(1) b 的值=________，所进行的操作________。

(2) c 的值=________，所进行的操作________。

(3) d 的值=________，所进行的操作________。

(4) e 的值=________，所进行的操作________。

(5) f 的值=________，所进行的操作________。

(6) g 的值=________，所进行的操作________。

8.3.4 关系运算符

在 C 语言中，提供了下面的关系运算符：>(大于)、<(小于)、>=(大于或等于)、<=(小于或等于)、==(等于)、!=(不等于)。

其中，前 4 个关系运算符的优先级相同，后 2 个关系运算符优先级相同。前一组关系运算符的优先级高于后一组关系运算符。

由这些运算符构成的关系表达式用于后面所介绍的条件判断语句中，用来确定判断的条件是否成立。关系表达式的格式为：

```
表达式 1  关系运算符 表达式 2
```

关系运算的结果只有 1 和 0 两个值，即当满足比较的条件时，关系运算的结果为 1；否则结果为 0。

【例 8-11】 关系运算符的例子。

代码清单 8-9 main.c 文件

```
void main()
{
    int a = 40,b = 10;
    bit c,d,e,f,g,h;
    c = a<b;
    d = a<= b;
    e = a>b;
    f = a>= b;
    g = a!= b;
    h = a == b;
}
```

读者可以进入到本书所提供资料的 STC_example\例子 8-11 目录下，在 Keil μVision5 集成开发环境下打开该设计，并进入调试器模式，使用单步运行。打开 Watch 1 窗口观察运算得到的结果。

思考与练习 8-9：请说明在关系运算操作过程中，变量 c、d、e、f、g 和 h 的值，并填入下面的空格。

（1）c 的值=________，所进行的操作________。

（2）d 的值=________，所进行的操作________。

（3）e 的值=________，所进行的操作________。

（4）f 的值=________，所进行的操作________。

（5）g 的值=________，所进行的操作________。

（6）h 的值=________，所进行的操作________。

8.3.5 逻辑运算符

在 C 语言中，提供了逻辑运算符，包括 &&（逻辑与）、||（逻辑或）、!（逻辑非）。

逻辑运算符用在多个关系表达式的条件判断语句中，有以下三种格式。

1）格式 1

```
条件表达式 1 && 条件表达式 2 &&  …
```

用于确定这些条件表达式条件是否同时成立。如果都成立，则返回 1，否则返回 0。

2）格式 2

```
条件表达式 1 ||条件表达式 2|| …
```

用于确定这些条件表达式中是否存在有条件表达式成立的情况。如果有一个条件表达式条件成立，则返回 1，否则返回 0。

3）格式 3

```
!条件表达式
```

用于对条件表达式的返回值进行取反操作。如果条件表达式的值为 1，则! 操作将对条件表达式的值取反，变成0；如果条件表达式的值为0，则!操作将对条件表达式的值取反，变成1。

逻辑关系符的优先级按照!、&&、||顺序依次降低。

【例 8-12】 逻辑运算符的例子。

代码清单 8-10 main.c 文件

```
void main()
{
    int a = 40,b = 10;
    bit c,d,e,f,g,h,i;
    c = a < b && a > b;
    d = a <= b || a > b;
    e = !a > b;
    f = a!= b && a == b;
    g = a!= b || a == b;
    h = !(a == b);
    i = !a == b;
}
```

读者可以进入到本书所提供资料的STC_example\例子8-12目录下，在Keil μVision5集成开发环境下打开该设计，并进入调试器模式，使用单步运行。打开Watch 1窗口观察运算得到的结果。

思考与练习 8-10：请说明在逻辑运算操作过程中，变量c、d、e、f、g、h和i的值，并填入下面的空格。

(1) c的值=________，所进行的操作________。

(2) d的值=________，所进行的操作________。

(3) e的值=________，所进行的操作________。

(4) f的值=________，所进行的操作________。

(5) g的值=________，所进行的操作________。

(6) h的值=________，所进行的操作________。

(7) i的值=________，所进行的操作________。

思考与练习 8-11：比较求取h和i值的不同，说明原因。

提示：优先级不同。

8.3.6 位运算符

在C语言中，提供了对数据进行按位运算的位运算符，包括~(按位取反)、<<(左移)、>>(右移)、&(按位与)、|(按位或)、^(按位异或)。

(1) 对于按位取反、按位与、按位或和按位异或运算来说，格式为：

```
变量1  位运算符  变量2;
```

这些运算规则遵守逻辑代数运算规律，如表8.6所示。

表 8.6 逻辑运算规则

逻辑变量 x	逻辑变量 y	～x	～y	x&y	x | y	x^y
0	0	1	1	0	0	0
0	1	1	0	0	1	1
1	0	0	1	0	1	1
1	1	0	0	1	1	0

注意：按位逻辑运算的变量数据类型不能是浮点数。

(2) 对于左移和右移运算来说，格式为：

变量　移位运算符 移位个数

对于左移操作来说，在最右端(最低位)补 0。对于右移操作来说，如果是无符号的数，则总是在最左端(最高位)补 0；如果是有符号的数，如果符号位为 1，则在最左端(最高位)补 1；否则，在最左端(最高位)补 0。

【例 8-13】 位运算符的例子。

代码清单 8-11　main.c 文件

```
void main()
{
    char a = 30, b = 55;
    char c,d,e,f,g;
    int i = -50,j = 60;
    int k,h,l,m;
    c = ~a;
    d = a & b;
    e = a | b;
    f = a ^ b;
    g = ~(a ^ b);
    h = ~(a & b);
    k = i << 3;
    h = i >> 3;
    l = j << 4;
    m = j >> 4;
}
```

读者可以进入到本书所提供资料的 STC_example\例子 8-13 目录下，在 Keil μVision5 集成开发环境下打开该设计，并进入调试器模式，使用单步运行。打开 Watch 1 窗口观察运算得到的结果。

思考与练习 8-12：请说明在按位逻辑运算操作过程中，变量 c、d、e、f、g 和 h 的值，并填入下面的空格。

(1) c 的值=________，所进行的操作________。

(2) d 的值=________，所进行的操作________。

(3) e 的值=________，所进行的操作________。

(4) f 的值=________,所进行的操作________。
(5) g 的值=________,所进行的操作________。
(6) h 的值=________,所进行的操作________。

思考与练习 8-13:请用公式详细说明变量 c、d、e、f、g 和 h 值的计算过程。

思考与练习 8-14:请说明在按位移位运算操作过程中,变量 k、h、l 和 m 的值,并填入下面的空格。

(1) k 的值=________,所进行的操作________。
(2) h 的值=________,所进行的操作________。
(3) l 的值=________,所进行的操作________。
(4) m 的值=________,所进行的操作________。

思考与练习 8-15:请用公式详细地给出变量 k、h、l 和 m 值的计算过程。

8.3.7 复合赋值运算符

在 C 语言中,提供了复合赋值运算符。复合赋值运算符是算术运算符、位运算符以及赋值运算符的组合。复合赋值运算符包括+=(加法赋值)、-=(减法赋值)、*=(乘法赋值)、/=(除法赋值)、%=(取余赋值)、<<=(左移赋值)、>>=(右移赋值)、&=(逻辑与赋值)、|=(逻辑或赋值)、^=(逻辑异或赋值)、~=(逻辑非赋值)。

复合赋值运算的格式如下:

变量 复合赋值运算符 表达式

在复合赋值表达式中,先进行表达式的运算操作,然后再执行赋值操作的过程。

注意:在进行完复合赋值运算后,变量的值将发生变化。

【例 8-14】 复合赋值运算符的例子。

代码清单 8-12 main.c 文件

```
void main()
{
    int a = 100,b = 45;
    int c = 900,d = 140,e = 790,f = 9900,g = -90,h = 890;
    int i = 560,j = 711;
    a += b;
    c -= b;
    d *= b;
    e/ = b;
    f % = b;
    g <<= 2;
    h >>= 3;
    i& = b;
    j| = b;
}
```

读者可以进入到本书所提供资料的 STC_example\例子 8-14 目录下,在 Keil μVision5 集成开发环境下打开该设计,并进入调试器模式,使用单步运行。打开 Watch 1 窗口观察运算得到的结果。

思考与练习 8-16：请说明在复合赋值运算操作过程中，变量 a、c、d、e、f、g、h 和 i 的值，并填入下面的空格。

(1) a 的值=________，所进行的操作________。

(2) c 的值=________，所进行的操作________。

(3) d 的值=________，所进行的操作________。

(4) e 的值=________，所进行的操作________。

(5) f 的值=________，所进行的操作________。

(6) g 的值=________，所进行的操作________。

(7) h 的值=________，所进行的操作________。

(8) i 的值=________，所进行的操作________。

思考与练习 8-17：请用公式详细说明变量 a、c、d、e、f、g、h 和 i 值的计算过程。

8.3.8 逗号运算符

在 C 语言中，提供了“,”运算符，将两个表达式连接在一起，称为逗号表达式。逗号表达式的格式为：

```
表达式 1,表达式 2,表达式 3, …,表达式 n
```

程序运行时，对于表达式的处理是从左到右依次计算出各个表达式的值，而逗号表达式最终的值是最右侧的表达式(即表达式 n)的值。

【例 8-15】 逗号运算符的例子。

代码清单 8-13 main.c 文件

```
void main()
{
    int a,b,c,d,e,f;
    d = (a = 10,b = 100,c = 1000);
    e = (a = 100,a ++ ,b = a,c = a * b);
    f = (a = 10,b = a * 30,c = a + b);
    return 0;
}
```

读者可以进入到本书所提供资料的 STC_example\例子 8-15 目录下，在 Keil μVision5 集成开发环境下打开该设计，并进入调试器模式，使用单步运行。打开 Watch 1 窗口观察运算得到的结果。

思考与练习 8-18：请说明逗号运算操作过程中，变量 d、e 和 f 的值，并填入下面的空格。

(1) d 的值=________，所进行的操作________。

(2) e 的值=________，所进行的操作________。

(3) f 的值=________，所进行的操作________。

思考与练习 8-19：请用公式详细说明变量 d、e 和 f 值的计算过程。

8.3.9 条件运算符

在 C 语言中，提供了条件运算符“？：”，该运算符是 C 语言中唯一的三目运算符，即该运算符要求有三个运算的对象，用于将三个表达式连接在一起构成一个表达式。条件表达式的格式如下：

逻辑表达式　？　表达式 1 ：　表达式 2

首先计算逻辑表达式的值，当逻辑表达式的值为 1 时，将表达式 1 的值作为整个条件表达式的值；当逻辑表达式的值为 0 时，将表达式 2 的值作为整个条件表达式的值。

【例 8-16】 条件运算符的例子。

代码清单 8-14　main. c 文件

```
void main()
{
    int a = 10,b = 20,d,e;
    d = (a == b) ? a:b;
    e = (a!= b) ? a:b;
}
```

读者可以进入到本书所提供资料的 STC_example\例子 8-16 目录下，在 Keil μVision5 集成开发环境下打开该设计，并进入调试器模式，使用单步运行。打开 Watch 1 窗口观察运算得到的结果。

思考与练习 8-20：请说明条件运算操作过程中，变量 d 和 e 的值，并填入下面的空格。

（1）d 的值＝________，所进行的操作________。

（2）e 的值＝________，所进行的操作________。

8.3.10 强制类型转换符

在 C 语言中，提供了强制类型转换符，用于将一个数据类型转换成另一个数据类型。其格式为：

（数据类型关键字）　表达式/变量

【例 8-17】 强制类型转换符的例子。

代码清单 8-15　main. c 文件

```
void main()
{
    int a = 1000,b = 2000;
    long int c,e;
    float d;
    c = (long)a;
    d = (float)b;
    e = d/100;
}
```

读者可以进入到本书所提供资料的 STC_example\例子 8-17 目录下，在 Keil μVision5 集成开发环境下打开该设计，并进入调试器模式，使用单步运行。打开 Watch 1 窗口观察运算得到的结果。

思考与练习 8-21：请说明强制类型运算操作过程中，变量 c、d 和 e 的值，并填入下面的空格。

(1) c 的值=________,其类型转换符的作用________。

(2) d 的值=________,其类型转换符的作用________。

(3) e 的值=________,所执行的操作________。

8.3.11 sizeof 运算符

在 C 语言中,提供了求取数据类型、变量以及表达式字节个数的 sizeof 运算符。其格式为:

```
sizeof(表达式)
```

或

```
sizeof(数据类型)
```

注意:sizeof 是一种特殊的运算符,不是函数。在编译程序的时候,就通过 sizeof 计算出字节数。

【例 8-18】 sizeof 运算符的例子。

代码清单 8-16 main.c 文件

```
void main()
{
    int a = 10;
    float b = 10.0;
    int c,d,e,f,g,h;
    c = sizeof(int);
    d = sizeof(char);
    e = sizeof(unsigned int);
    f = sizeof(long int);
    g = sizeof(float);
    h = sizeof(a + b);
}
```

读者可以进入到本书所提供资料的 STC_example\例子 8-18 目录下,在 Keil μVision5 集成开发环境下打开该设计,并进入调试器模式,使用单步运行。打开 Watch 1 窗口观察运算得到的结果。

思考与练习 8-22:请说明 sizeof 运算操作过程中,变量 c、d、e、f、g 和 h 的值,并填入下面的空格。

(1) c 的值=________,占用存储空间的________字节数。

(2) d 的值=________,占用存储空间的________字节数。

(3) e 的值=________,占用存储空间的________字节数。

(4) f 的值=________,占用存储空间的________字节数。

(5) g 的值=________,占用存储空间的________字节数。

(6) h 的值=________,占用存储空间的________字节数。

8.4 描述语句

本节将介绍描述语句，内容包括输入/输出语句、表达式语句、条件语句、开关语句、循环语句和返回语句。

8.4.1 输入/输出语句

在完整的计算机系统中，包含输入/输出设备。典型地，在以PC为代表的计算机系统中，键盘是标准的输入设备，显示器是标准的输出设备。通过输入/输出设备，进行人机交互。这里的“人”指的是计算机的使用者，而“机”指的是计算机。

注意：在单片机系统中，标准的输入和输出设备均是串行接口。所以，在单片机系统中，进行输入操作时，必须先对串口进行初始化操作。而在PC上则不需要执行此操作过程。

在C语言中，输入和输出操作是通过函数实现的，而不是通过C语言本身实现。典型地，在C语言中，提供了输入函数scanf和输出函数printf用于实现输入和输出的人机交互。

注意：(1) 虽然在本节中声明和使用了这两个函数，但是在单片机中不建议使用，因为这两个函数所占用的存储资源比较多，建议设计者采用其他方式实现输入输出功能。

(2) 在C语言中，调用输入和输出函数时，必须包含头文件stdio.h。并且在初始化单片机串口时，必须包含头文件reg51.h。

1. putchar 函数

当用在PC系统时，该函数向显示终端输出一个字符；而当用在单片机系统时，该函数向串口终端输出一个字符。其格式为：

```
putchar(字母)
```

【例8-19】 putchar语句C语言描述的例子。

代码清单8-17 main.c文件

```
#include "stdio.h"
#include "reg51.h"
void main()
{
    char a = 'S',b = 'T',c = 'C';
    char d = '\n';
    char e = 'H',f = 'e',g = 'l',h = 'l',i = 'o';
    //下面初始化串口相关//
    SCON = 0x52;
    TMOD = 0x20;
    TCON = 0x69;
    TH1 = 0xF3;
    //上面初始化串口相关//
    putchar(a);
    putchar(b);
    putchar(c);
    putchar(d);
```

```
    putchar(e);
    putchar(f);
    putchar(g);
    putchar(h);
    putchar(i);
    putchar(d);
}
```

读者可以进入到本书所提供资料的 STC_example\例子 8-19 目录下，在 Keil μVision5 集成开发环境下打开该设计，并进入调试器模式，按 F5 键运行程序。打开 UART ＃1 窗口观察运行程序得到的结果，如图 8.21 所示。

图 8.21　UART ＃1 窗口界面显示结果

2. getchar 函数

当用在 PC 系统时，该函数从输入设备(通常是键盘)得到一个字符；而当用在单片机系统时，该函数从输入设备(通常是串口终端)得到一个字符。其格式为：

```
字符型变量 = getchar()
```

【例 8-20】 getchar 语句 C 语言描述的例子。

代码清单 8-18　main.c 文件

```
#include "stdio.h"
#include "reg51.h"
void main()
{
    char a,b,c;
    SCON = 0x52;
    TMOD = 0x20;
    TCON = 0x69;
    TH1 = 0xF3;
    a = getchar();
    b = getchar();
    c = getchar();
    putchar('\n');
    putchar(a);
    putchar(b);
    putchar(c);
    putchar('\n');
}
```

读者可以进入到本书所提供资料的STC_example\例子8-20目录下，在Keil μVision5集成开发环境下打开该设计，并进入调试器模式，按F5键运行程序。打开UART #1窗口，在窗口中输入三个字符，然后输出刚才所输入的三个字符，如图8.22所示。

图8.22 UART #1窗口界面输入字符和显示结果

3. printf函数

在PC系统上，该函数向显示器终端输出指定个数任意类型的数据；而在单片机系统中，该函数向串口终端输出指定个数任意类型的数据。其格式为：

```
printf(格式控制,输出列表)
```

例如：

```
printf("%d,%c\n",i,c);
```

下面介绍其中的格式控制和输出列表。

1）格式控制

格式控制是双撇号括起来的一个字符串，称为转换控制字符串，简称格式字符串，包含格式声明和普通字符。

（1）格式声明由"%"和格式字符组成，如%d、%f等。它的作用是将输出的数据转换为指定的格式输出。格式声明总是由"%"字符开始。

① %d(%i)，按照十进制整型数据输出。

② %o，按照八进制整型数据输出。

③ %x，按照十六进制整型数据输出。

④ %u，按照无符号十进制数据输出。

⑤ %c，输出一个字符。

⑥ %s，输出一个字符串。

⑦ %f，以系统默认的格式输出实数。此外，%m.nf，用于控制输出m位整数和n位小数的浮点数。

⑧ %e，以指数形式输出实数。

注意：可以在格式字符d、o、x和u前面添加l字符，用于表示长整型数。

（2）普通字符是需要原样输出的字符，如上面printf函数中双撇号内的逗号、空格和换行符。

2）输出列表

输出列表是需要输出的一些数据，可以是常量、变量或者表达式。

注意：由于printf语句消耗单片机资源很多，所以不建议大量使用。

【例 8-21】 printf 语句 C 语言描述的例子。

代码清单 8-19 main.c 文件

```
#include "stdio.h"
#include "reg51.h"

void main()
{
    int a = 10;
    float b = 133452.1243;
    char s1[20] = {"STC Hello"};
    char c1 = 'a';
    SCON = 0x52;
    TMOD = 0x20;
    TCON = 0x69;
    TH1 = 0xF3;
    printf("%d\n",a);
    printf("%f\n",b);
    printf("%7.2f\n",b);
    printf("%e\n",b);
    printf("%s\n",s1);
    printf("%c\n",c1);
    printf("%d, %f\n",a,b);
    printf("a = %d, b = %d\n",a,b);
}
```

读者可以进入到本书所提供资料的 STC_example\例子 8-21 目录下，在 Keil μVision5 集成开发环境下打开该设计，并进入调试器模式，按 F5 键运行程序。打开 UART #1 窗口，可以看到显示的信息，如图 8.23 所示。

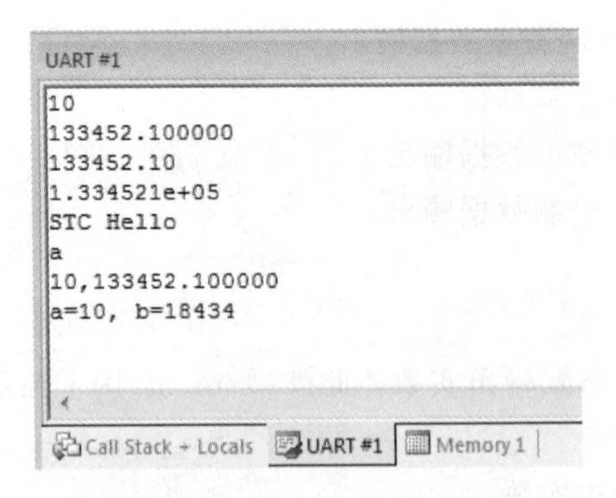

图 8.23 UART #1 窗口界面显示的结果

思考与练习 8-23：请分析上面的输出格式，以及每一行输出语句的作用。

4. scanf 函数

在 PC 系统上，该函数通过输入设备(如键盘)，获取指定个数的任意类型数据；而在单片机系统中，该函数通过串口终端获取指定个数任意类型的数据。其格式为：

```
scanf(格式控制,地址列表)
```

例如：

```
scanf(" % d, % d",&a,&b);
```

下面介绍其中的格式控制和地址列表。

1）格式控制

格式控制是双撇号括起来的一个字符串，称为“转换控制字符串”，简称格式字符串，包含格式声明和普通字符。

（1）格式声明由“%”和格式字符组成，如%d、%f 等。它的作用是将输入的信息转换为指定格式的数字。格式声明总是由“%”字符开始。

① %d(%i)，按照十进制整型数据输入。

② %o，按照八进制整型数据输入。

③ %x，按照十六进制整型数据输入。

④ %u，按照无符号十进制数据输入。

⑤ %c，输入一个字符。

⑥ %s，输入一个字符串。

⑦ %f，用来以系统默认的格式输入实数。

⑧ %e，以指数形式输入实数。

（2）普通字符是需要原样输入的字符，如上面 scanf 函数中双撇号内的逗号、空格和换行符。

2）地址列表

由若干地址组成的列表，可以是变量的地址或者字符串的首地址。

注意：（1）这里特别强调的是地址，而不是变量本身。上面的 scanf 语句绝不可以写成：

```
scanf(" % d, % d",a,b);
```

（2）如果在格式控制字符串中，除了格式声明以外还有其他字符，则在输入数据时应在对应位置输入与这些字符相同的字符。前面的 scanf 语句中，两个%d 之间用“,”隔开，因此，在输入数据的时候就需要用逗号隔开。

【例 8-22】 scanf 语句 C 语言描述的例子。

代码清单 8-20 main. c 文件

```
#include "stdio.h"
#include "reg51.h"
main()
{
    int i,j,l;
    float k;
    char c1;
    SCON = 0x52;
    TMOD = 0x20;
    TCON = 0x69;
    TH1 = 0xF3;
    scanf(" % d, % d, % c",&i,&j,&c1);
```

```
        scanf(" % f",&k);
        getchar();
        scanf(" % c",&c1);
        printf("\ni = % d, j = % d\n",i,j);
        printf("k = % f\n",k);
        printf("c = % c\n",c1);
       return 1;
}
```

读者可以进入到本书所提供资料的 STC_example\例子 8-22 目录下，在 Keil μVision5 集成开发环境下打开该设计，并进入调试器模式，按 F5 键运行程序，并打开 UART ＃1 窗口。按下面格式输入数据：

(1) 输入两个整数，两个整数之间必须用逗号分隔。

(2) 按 Enter 键。

(3) 输入一个浮点数。

(4) 按 Enter 键。

(5) 输入一个字符。

(6) 按 Enter 键。

可以看到在 UART＃1 窗口内显示刚才输入数据的信息，如图 8.24 所示。

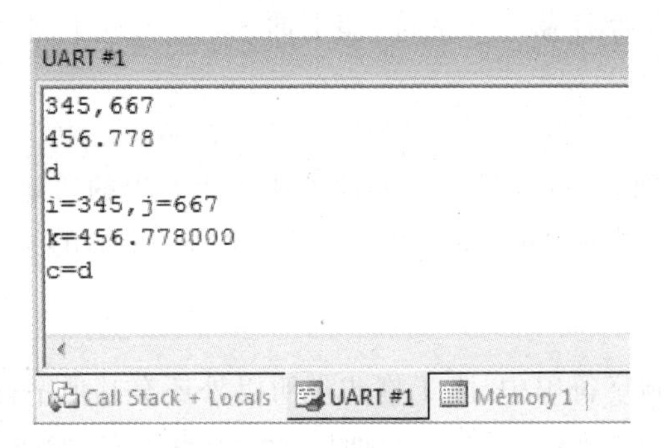

图 8.24　UART ＃1 窗口界面显示的结果

思考与练习 8-24：注意到程序中有一行代码 getchar()，解释其作用。如果将该句代码去掉，会出现什么情况？

思考与练习 8-25：请解释代码中 scanf 语句格式符的作用，并尝试修改设计代码。

8.4.2　表达式语句

在 C 语言中，表达式语句是最基本的语句。在 C 语言中，不同的表达式语句之间用“;”分隔。

此外，在表达式语句前面可以存在标号，标号后必须有“:”符号，用于标识每一行代码。其格式为：

```
标号:  表达式;
```

这种表示方法可以用在 goto 等跳转语句中。

多条表达式语句可以通过{}符号构成复合语句，例如，在一个判断条件中，可能存在多个表达式，这些表达式对应于一个判断条件。因此，就需要使用{}符号，将多个表达式关联到一个判断条件中。换句话说，{}符号可以理解成作用边界的分隔符，用于确认条件作用的范围。

典型地，main 函数通过{}符号将大量的表达式关联到一个函数中，当然{}符号也用于标识 main 函数的作用范围。

8.4.3 条件语句

在 C 语言中，提供了条件判断语句，又称为分支语句。通过 if 关键字来标识条件语句。下面介绍三种可能的条件语句格式。

1）格式 1

```
if(条件表达式)
        语句;
```

如果条件表达式成立，则执行语句；否则不执行该语句。

2）格式 2

```
if(条件表达式)
        语句 1;
else
        语句 2;
```

如果条件表达式成立，则执行语句 1；否则，执行语句 2。

3）格式 3

```
if(条件表达式 1)
        语句 1;
else if(条件表达式 2)
        语句 2;
else if(条件表达式 3)
        语句 3;
        …
else
        语句 N;
```

此外，根据判断条件的复杂度，条件语句可以嵌套。

【例 8-23】 if-else 语句的例子。

在该例子中，根据三个输入变量 a、b、c 的值，判断是不是直角三角形。其判断逻辑是，先判断输入的三个变量 a、b 和 c 的值是否构成一个三角形；然后，才能判断这个三角形是不是直角三角形。

（1）根据数学知识，构成三角形的条件是同时满足

$$a+b>c,a+c>b \text{ 且 } a+c>b$$

的条件。

（2）根据数学知识，构成直角三角形的条件满足

$$a^2+b^2=c^2$$

代码清单 8-21　main.c 文件

```
#include "stdio.h"
#include "reg51.h"
void main()
{
     int a, b,c;
       SCON = 0x52;
       TMOD = 0x20;
       TCON = 0x69;
       TH1 = 0xF3;
       scanf("%d, %d, %d",&a,&b,&c);
       if(a+b>c && b+c>a && a+c>b)
           if((a*a+b*b) == c*c)
                 printf("a=%d,b=%d,c=%d is a right angle triangle\n",a,b,c);
           else
                 printf("a=%d,b=%d,c=%d is not a right angle triangle\n",a,b,c);
       else
           printf("a=%d,b=%d,c=%d is not a triangle\n",a,b,c);
}
```

读者可以进入到本书所提供资料的 STC_example\例子 8-23 目录下，在 Keil μVision5 集成开发环境下打开该设计，并进入调试器模式，按 F5 键运行程序，并打开 UART #1 窗口。

思考与练习 8-26：分析程序代码，画出程序流程图。

思考与练习 8-27：输入不同的数据，观察输出结果。

8.4.4 开关语句

在 C 语言中，提供了开关语句 switch，该语句也是判断语句的一种，用来实现不同的条件分支。与条件语句相比，开关语句更简洁，程序结构更加清晰，使用便捷。开关语句的格式为：

```
switch(表达式)
{
    case 常数表达式 1: 语句 1; break;
    case 常数表达式 2: 语句 2; break;
           …
    case 常数表达式 n: 语句 N;
}
```

注意：(1) 当一个常数表达式对应于多个语句时，用{}括起来。

(2) break 为跳出开关语句，也可以用于跳出循环语句。

【例 8-24】　switch 语句的例子。

该例子输入月份的值 1～12 的一个数，然后打印出所对应的月份的英文单词。

代码清单 8-22　main.c 文件

```
#include "stdio.h"
#include "reg51.h"
void main()
```

```
{
    int a;
    SCON = 0x52;
    TMOD = 0x20;
    TCON = 0x69;
    TH1 = 0xF3;
    scanf(" %d",&a);
    switch(a)
    {
      case 1: puts("January\n");              break;
      case 2: puts("February\n");             break;
      case 3: puts("March\n");                break;
      case 4: puts("April\n");                break;
      case 5: puts("May\n");                  break;
      case 6: puts("June\n");                 break;
      case 7: puts("July\n");                 break;
      case 8: puts("August\n");               break;
      case 9: puts("September\n");            break;
      case 10: puts("October\n");             break;
      case 11: puts("November\n");            break;
      case 12: puts("December\n");            break;
      default: puts("input number should be in 1～12\n");
    }
}
```

注意：代码中的 puts()函数是打印字符串函数。

读者可以进入到本书所提供资料的 STC_example\例子 8-24 目录下，在 Keil μVision5 集成开发环境下打开该设计，并进入调试器模式，按 F5 键运行程序，并打开 UART #1 窗口。

思考与练习 8-28：分析程序代码，画出程序流程图。

思考与练习 8-29：输入不同的数据，观察输出结果。

8.4.5 循环语句

在 C 语言中，提供了循环控制语句，用于反复地运行程序，包括 while 语句、do-while 语句、for 语句和 goto 语句。

1. while 语句

while 语句的格式为：

```
while(条件表达式)
        语句;
```

或者

```
while(条件表达式);
```

当条件表达式成立时，反复执行语句；如果条件表达式不成立，则不执行语句。

其中，在语句中，必须有控制条件表达式的描述；对于第二种 while 语句来说，当满足表达式时，一直进行 while 的判断，执行空操作。该语句经常用于延迟或者轮询标志位的应用中。

注意：当 while 循环中有多条语句时，必须使用{}将多条语句括起来。

【例 8-25】 while 语句的例子。

该例子计算 1+2+…+100 的和，并打印计算结果。

代码清单 8-23 main.c 文件

```
#include "stdio.h"
#include "reg51.h"
void main()
{
    int s = 0,i = 1;
    SCON = 0x52;
    TMOD = 0x20;
    TCON = 0x69;
    TH1 = 0xF3;

    while(i<= 100)
    {
        s += i;
        i++;
    }
    printf("1 + 2 + 3 + … + 100 = %d\n",s);
}
```

读者可以进入到本书所提供资料的 STC_example\例子 8-25 目录下，在 Keil μVision5 集成开发环境下打开该设计，并进入调试器模式，按 F5 键运行程序，并打开 UART #1 窗口。

思考与练习 8-30：分析程序代码，画出程序流程图。

思考与练习 8-31：使用单步运行，观察 while 循环的执行过程。

2. do-while 语句

do-while 语句的格式为：

```
do 语句
  while(条件表达式);
```

注意：当 do-while 循环之间有多条语句时，必须使用{}将多条语句括起来。

【例 8-26】 do-while 语句的例子。

该例子计算 2 的 n 次幂，n 值由串口终端输入，并打印 2 的 n 次幂。

代码清单 8-24 main.c 文件

```
#include "stdio.h"
#include "reg51.h"
void main()
{
    int i = 0,n;
    long int p = 1;
    SCON = 0x52;
    TMOD = 0x20;
```

```
    TCON = 0x69;
    TH1 = 0xF3;
    printf("the following will calculate 2 ** n\n");
    printf("please input n value(1~16)\n");
      do{
          i = 0;
          p = 1;
          scanf(" % d",&n);
          do
              {
                  p = 2 * p;
                  i++;
              }
          while(i < n);
          printf("2 **  % d =  % ld\n",n,p);
        }
      while(1);
}
```

读者可以进入到本书所提供资料的 STC_example\例子 8-26 目录下，在 Keil μVision5 集成开发环境下打开该设计，并进入调试器模式，按 F5 键运行程序，并打开 UART ＃1 窗口。

思考与练习 8-32：分析程序代码，画出程序流程图。

思考与练习 8-33：输入不同的数据，观察输出结果。

3. for 语句

for 语句的格式为：

```
for (表达式 1;表达式 2;表达式 3)语句
```

注意：当有多条语句存在时，必须用{}括起来。

该循环结构的执行过程为：

(1) 计算机先求出表达式 1 的值。

(2) 求解表达式 2，如果表达式 2 成立，则执行语句；否则，退出循环。

(3) 求解表达式 3 的值。

(4) 返回第 2 步继续执行。

【例 8-27】 for 语句的例子。

计算 $1+2+2^2+2^3+\cdots+2^{63}$ 的和，并以十进制格式和指数格式打印计算的结果。

代码清单 8-25 main. c 文件

```
#include "stdio.h"
#include "reg51.h"
void main()
{
    int i = 0,n = 1;
    float p = 1;
    float t = 1.0;
    SCON = 0x52;
```

```
    TMOD = 0x20;
    TCON = 0x69;
    TH1 = 0xF3;
    for(i = 1;i < 64;i++)
    {
        p = p * 2;
        t += p;
    }
    printf("sum =  %f\n",t);
    printf("sum =  %e\n",t);
}
```

读者可以进入到本书所提供资料的 STC_example\例子 8-27 目录下，在 Keil μVision5 集成开发环境下打开该设计，并进入调试器模式，按 F5 键运行程序，并打开 UART #1 窗口。

思考与练习 8-34：分析程序代码，画出程序流程图。

思考与练习 8-35：进行单步调试，观察 for 循环执行的过程。

4. goto 语句

goto 语句是无条件跳转语句，其格式为：

```
标号:
…
goto 标号;
```

在 C 语言中，goto 语句只能从内层循环跳到外层循环，而不允许从外层循环调到内层循环。

注意：goto 语句会破坏层次化设计结构，尽量少用。

【例 8-28】 goto 语句的例子。

当按键输入不是 0 时，一直提示输入 0，直到按键输入为 0 时，提示退出程序。

代码清单 8-26　main.c 文件

```
#include "stdio.h"
#include "reg51.h"
void main()
{
    int a;
    SCON = 0x52;
    TMOD = 0x20;
    TCON = 0x69;
    TH1 = 0xF3;

    loop:
        puts("please input 0 to end loop\n");
        scanf(" %d",&a);
        if(a!= 0)
            goto loop;
        else
            puts("end program\n");
}
```

读者可以进入到本书所提供资料的 STC_example\例子 8-28 目录下，在 Keil μVision5 集成开发环境下打开该设计，并进入调试器模式，按 F5 键运行程序，并打开 UART #1 窗口。

思考与练习 8-36：分析程序代码，画出程序流程图。

思考与练习 8-37：进行单步调试，观察循环执行的过程。

5. break 语句

前面在 switch 语句中使用了 break 语句。在循环语句中，break 用于终止循环的继续执行，即退出循环。

6. continue 语句

continue 语句和 break 语句一样，也可以打断循环。但是，与 break 语句不同的是，continue 语句仅仅不执行当前循环 continue 后面的语句，但是可以继续执行下一次的循环。

【例 8-29】 break 和 continue 语句的例子。

该例子执行从 1 到 100 的循环，每执行一次循环给出一个提示信息。在循环中设置了 break 语句和 continue 语句。

代码清单 8-27　main.c 文件

```
#include "stdio.h"
#include "reg51.h"
void main()
{
    int i;
    SCON = 0x52;
    TMOD = 0x20;
    TCON = 0x69;
    TH1 = 0xF3;
    for(i = 0;i < 100;i++)
    {
        if(i == 50) continue;
        if(i == 80) break;
        printf("i = %d is performed\n",i);
    }
}
```

读者可以进入到本书所提供资料的 STC_example\例子 8-29 目录下，在 Keil μVision5 集成开发环境下打开该设计，并进入调试器模式，按 F5 键运行程序，并打开 UART #1 窗口。

思考与练习 8-38：在窗口中，可以看到 i=49 和 i=51 的显示语句，但没有看到 i=50 的显示语句，如图 8.25(a)所示，请解释原因，说明 continue 语句的作用。

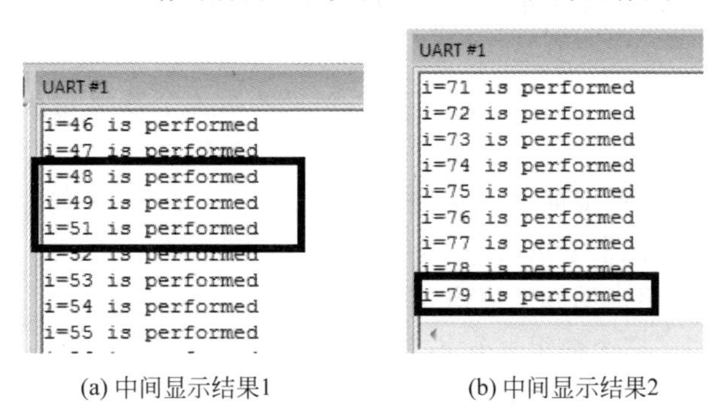

(a) 中间显示结果1　　(b) 中间显示结果2

图 8.25　UART #1 窗口界面显示结果

思考与练习 8-39：在窗口中，可以看到 i=79 的显示语句，但没有看到后面的显示语句，如图 8.25(b)所示，请解释原因，说明 break 语句的作用。

8.4.6 返回语句

返回语句用于终止程序的执行，并控制程序返回到调用函数时的位置。返回语句的格式为：

```
return(表达式);
```

或者

```
return;
```

在本章函数调用部分，还会更详细地说明返回语句。

8.5 数组

前面在介绍 C 语言数据类型的时候，介绍了最基本的数据类型。在 C 语言中，可以将具有相同数据类型的一组数据组织在一起。这样，便于对这些相同数据类型的数据进行操作。因此，将组织起来的一组具有相同数据类型的数据称为数组。

8.5.1 一维数组的表示方法

数组用数据类型、标识符和数组所含数据的个数进行标识。对于一维数组，例如：

```
int A[10]
```

该数组用标识符 A 标识，该数组共有 10 个元素。每个元素的数据类型为 int 类型。该数组中的每个元素通过索引号标识。

注意：在 C 语言中，索引号以 0 开头。

对于 A[10]这个数组，A[0]表示该数组的第一个数据元素；A[1]表示该数组的第二个数据元素；A[2]表示该数组中的第三个数据元素，以此类推；A[9]表示该数组中的第十个数据元素。

注意：不存在 A[10]这个数据元素。因为索引号从 0 开始直到 9 为止。

对于数组中的每个数据元素来说，可以在声明数组的时候就给其赋值，也可以在后面动态地给其赋值。

注意：(1) 在后面动态赋值的时候，一条语句只能给一个数组元素赋值，一条语句不能给多个数组元素赋值。

(2) 设计者可以通过类型前面的关键字 data、idata、xdata，合理地使用不同的存储空间，满足不同的存储数据元素个数的要求。

【例 8-30】 一维数组声明和赋值语句的例子。

在该例子中，声明了三个数组 a、b、c，其中：

(1) 数组 a 中，有 10 个 int 数据元素，其索引号为 0～9。

(2) 数组 b 中，有 4 个 char 类型数据元素，其索引号为 0～3。

(3) 数组 c 中，有 40 个 char 数据元素，其索引号为 0～39。

数组 c 和 b 虽然都是 char 类型的，但是赋值方式并不相同，b 数组是每个元素分别赋值；而 c 数组是整体赋值。

代码清单 8-28　main.c 文件

```
#include "stdio.h"
#include "reg51.h"
main()
{
    int a[10] = {0,1,2,3,4,5,6,7,8,9};
    char b[4] = {'a','b','c','d'};
    char c[40] = {"hebin hello"};
    return 1;
}
```

读者可以进入到本书所提供资料的 STC_example\例子 8-30 目录下，在 Keil μVision5 集成开发环境下打开该设计，并进入调试器模式，单步运行程序。使得单步运行到 return 1 的代码。分析步骤如下：

(1) 在当前调试主界面主菜单下，选择 Watch Windows→Watch 1 命令。

(2) 出现 Watch 1 窗口界面，如图 8.26 所示。在该界面中，单击 Enter expression，然后输入 a；在下一行又出现 Enter expression，然后输入 b；按照类似的方法输入 c，如图 8.27 所示。

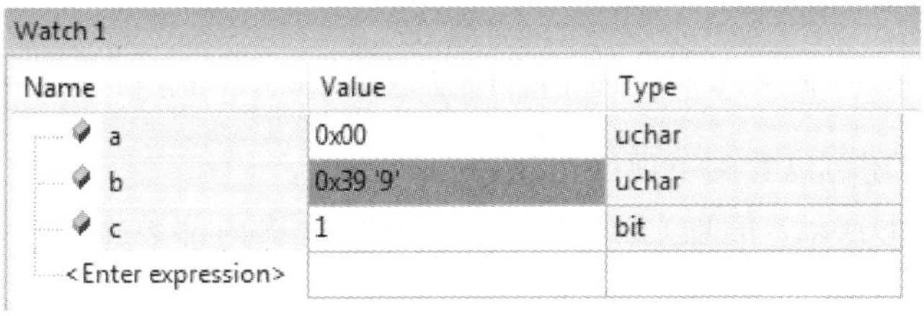

Watch 1

Name	Value	Type
a	0x00	uchar
b	0x39 '9'	uchar
c	1	bit
<Enter expression>		

图 8.26　Watch 1 窗口界面

Watch 1

Name	Value	Type
a	0x00	uchar
b	0x39 '9'	uchar
c	1	bit
a	D:0x22	array[10] of int
b	D:0x39 "abcd"	array[4] of char
c	D:0x3D ""	array[40] of char
<Enter expression>		

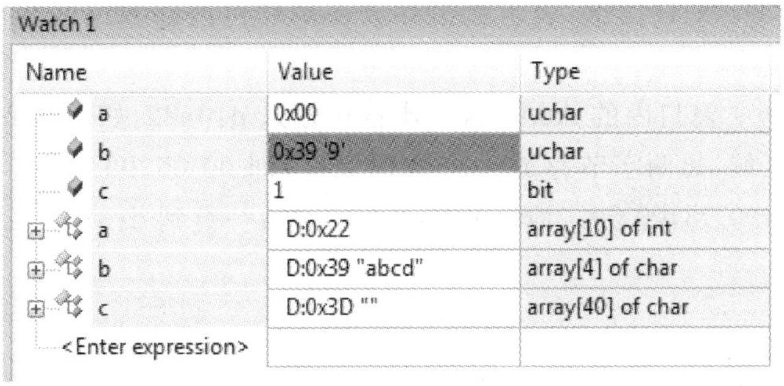

图 8.27　Watch 1 窗口界面添加数组变量

(3) 在图 8.27 所示的界面中，分别单击 a、b 和 c 前面的＋号，展开数组。可以看到各个数组的数据元素的值，如图 8.28 所示。

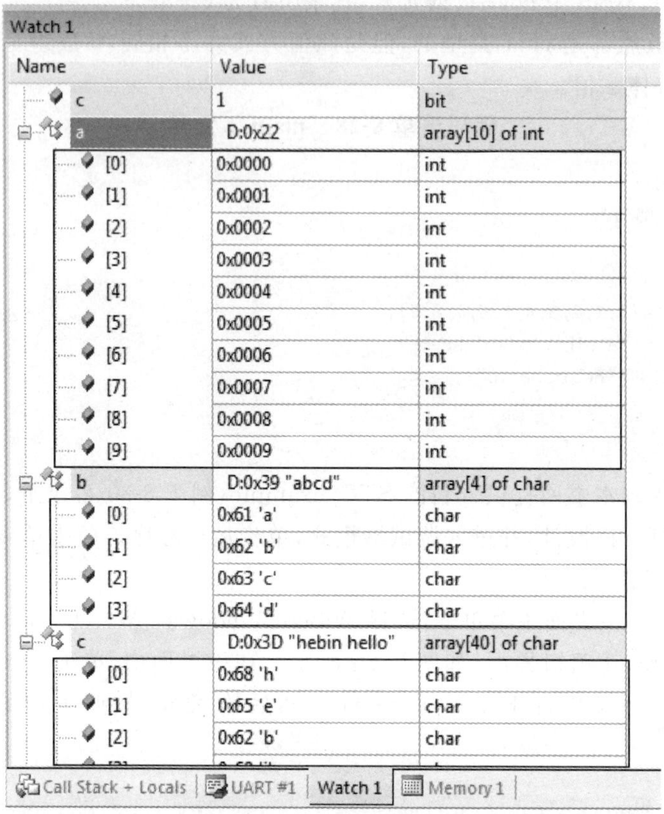

Watch 1

Name	Value	Type
c	1	bit
a	D:0x22	array[10] of int
[0]	0x0000	int
[1]	0x0001	int
[2]	0x0002	int
[3]	0x0003	int
[4]	0x0004	int
[5]	0x0005	int
[6]	0x0006	int
[7]	0x0007	int
[8]	0x0008	int
[9]	0x0009	int
b	D:0x39 "abcd"	array[4] of char
[0]	0x61 'a'	char
[1]	0x62 'b'	char
[2]	0x63 'c'	char
[3]	0x64 'd'	char
c	D:0x3D "hebin hello"	array[40] of char
[0]	0x68 'h'	char
[1]	0x65 'e'	char
[2]	0x62 'b'	char

Call Stack + Locals | UART #1 | Watch 1 | Memory 1

图 8.28　Watch 1 窗口界面数组变量内的元素值

此外,在该图中还可以看到下面的信息:

① a 右侧给出 D:0x22 信息,表示数组存放在单片机内部数据区起始地址为 0x22 的区域。

② b 右侧给出 D:0x39 信息,表示数组存放在单片机内部数据区起始地址为 0x39 的区域。

③ c 右侧给出 D:0x3D 信息,表示数组存放在单片机内部数据区起始地址为 0x3D 的区域。

(4) 在 Memory 1 窗口内的 Address 文本框中输入 d:0x22,如图 8.29 所示。可以看到从 d:0x22 开始的区域,每两字节存放一个数据元素,即 00 00,00 01,00 02,00 03,00 04,00 05,00 06,00 07,00 08,00 09。地址从 d:0x22 开始,一直到 d:0x35 结束,一共 20 字节。

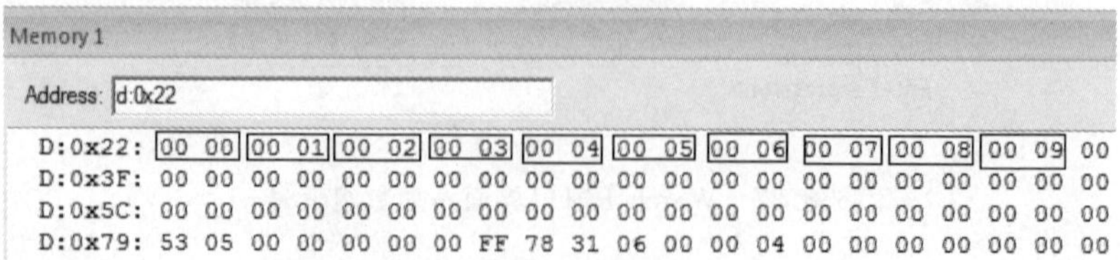

```
Memory 1
Address: d:0x22
D:0x22: 00 00 00 01 00 02 00 03 00 04 00 05 00 06 00 07 00 08 00 09 00
D:0x3F: 00 00 00 00 00 00 00 00 00 00 00 00 00 00 00 00 00 00 00 00 00
D:0x5C: 00 00 00 00 00 00 00 00 00 00 00 00 00 00 00 00 00 00 00 00 00
D:0x79: 53 05 00 00 00 00 00 FF 78 31 06 00 00 04 00 00 00 00 00 00 00
```

图 8.29　d:0x22 开始连续地址区

(5) 在 Memory 1 窗口内的 Address 文本框中输入 d:0x39,如图 8.30 所示。

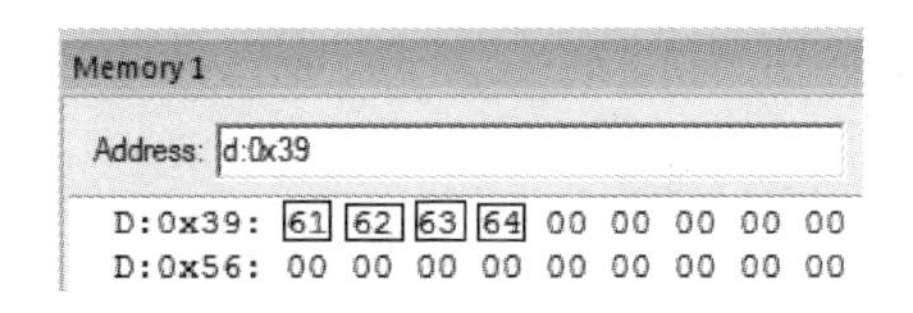

图 8.30 d:0x39 开始连续地址区

思考与练习 8-40:根据图 8.30,说明数组 b 的起始地址、该数组数据元素的个数、每个数据元素占用的字节数、数组 b 的结束地址,以及该数组一共占用的字节数。

(6) 在 Memory 1 窗口内的 Address 文本框中输入 d:0x3d,如图 8.31 所示。

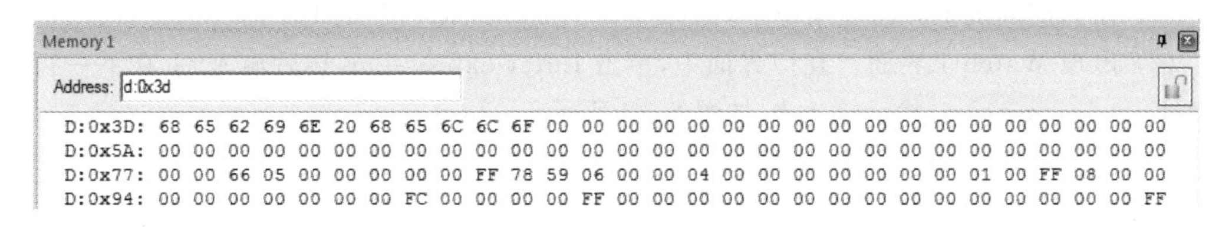

图 8.31 d:0x3d 开始连续地址区

思考与练习 8-41:根据图 8.31,说明数组 c 的起始地址、该数组数据元素的个数、每个数据元素占用的字节数、数组 c 的结束地址,以及该数组一共占用的字节数。

8.5.2 多维数组的表示方法

多维数组的格式为:

```
数据类型  数组名[维数 1][维数 2]…[维数 3]
```

例如:

```
char  B[5][5]
```

表示一个字符型的二维数组,即该数组一共有 25 个数据元素。

```
char  C[5][5][5]
```

表示一个字符型的三维数组,即该数组一共有 5×5×5=125 个数据元素。

对于多维数组来说,用于定位其中每个数据元素的格式为:

```
数组名[索引 i][索引 j]
```

【例 8-31】 多维数组声明和赋值语句的例子。

在该例子中,声明了两个数组 a、b,其中:

(1) 数组 a[3][3]为二维数组,有 9 个 int 数据元素,按下面索引号顺序:[0][0]、[0][1]、[0][2]、[1][0]、[1][1]、[1][2]、[2][0]、[2][1]、[2][2]保存数据。

(2) 数组 b[2][2][2]中,有 8 个 char 类型数据元素,按下面索引号顺序:[0][0][0]、[0][0][1]、[0][1][0]、[0][1][1]、[1][0][0]、[1][0][1]、[1][1][0]、[1][1][1]保存数据。

代码清单 8-29　main. c 文件

```
main()
{
    int a[3][3] = {1,2,3,4,5,6,7,8,9};
    char b[2][2][2] = {11,12,13,14,15,16,17,18};
    return 1;
}
```

读者可以进入到本书所提供资料的 STC_example\例子 8-31 目录下，在 Keil μVision5 集成开发环境下打开该设计，并进入调试器模式，单步运行程序，使得单步运行到 return 1 的代码。分析步骤如下：

(1) 在当前调试主界面主菜单下，选择 Watch Windows→Watch 1 命令。

(2) 出现 Watch 1 界面。在该界面中，单击 Enter expression，然后输入 a；在下一行又出现 Enter expression，然后输入 b，如图 8.32 所示。

Watch 1

Name	Value	Type
a	D:0x08	array[3][3] of int
[0]	D:0x08	array[3] of int
[0]	0x0001	int
[1]	0x0002	int
[2]	0x0003	int
[1]	D:0x0E	array[3] of int
[0]	0x0004	int
[1]	0x0005	int
[2]	0x0006	int
[2]	D:0x14	array[3] of int
[0]	0x0007	int
[1]	0x0008	int
[2]	0x0009	int
b	D:0x1A	array[2][2][2] of char
[0]	D:0x1A	array[2][2] of char
[0]	D:0x1A "\v\f"	array[2] of char
[0]	0x0B	char
[1]	0x0C	char
[1]	D:0x1C "\r♫"	array[2] of char
[0]	0x0D	char
[1]	0x0E	char
[1]	D:0x1E	array[2][2] of char
[0]	D:0x1E "☼►"	array[2] of char
[0]	0x0F	char
[1]	0x10	char
[1]	D:0x20 "◄‼"	array[2] of char
[0]	0x11	char
[1]	0x12	char

图 8.32　Watch 1 窗口的多维数组内容

思考与练习 8-42：根据图 8.32，请说明二维数组 a 中每个数据和索引号的对应关系。

思考与练习 8-43：根据图 8.32，请说明三维数组 b 中每个数据和索引号的对应关系。

(3) 在 Memory 1 界面内 Address 文本框中输入 d:0x08，如图 8.33 所示。可以看到二维数组 a 的数据实际上是按照一维的形式保存在单片机片内数据区地址为 0x08 的起始地址，并且是连续存放。所以，本质上，在物理存储器空间并不存在“多维”的概念，多维只是为了更清楚地划分数据而已。

（4）在 Memory 1 界面内 Address 文本框中输入 d:0x1a，如图 8.34 所示。可以看到三维数组 b 的数据实际上是按照一维的形式保存在单片机片内数据区地址为 0x1a 的起始地址，并且是连续存放。

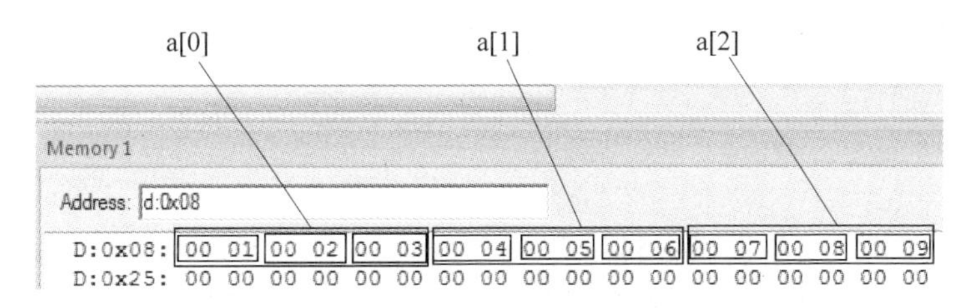

图 8.33　Memory 1 窗口的二维数组 a 的内容

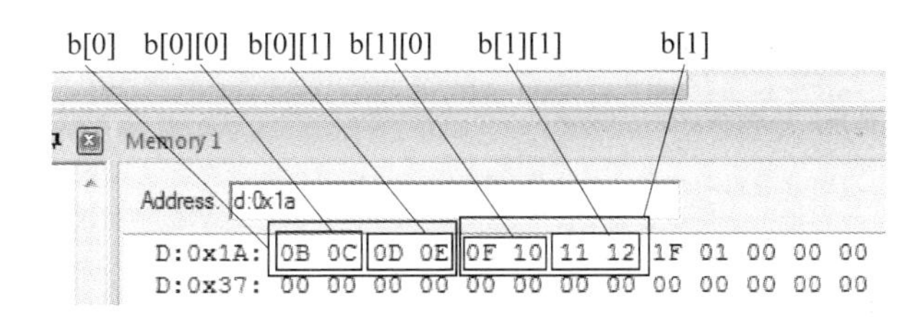

图 8.34　Memory 1 窗口的三维数组 b 的内容

思考与练习 8-44：根据图 8.33 和图 8.34，对于三维数组 b 来说，说明一维划分的表示方法、二维划分的表示方法和三维划分的表示方法。

8.5.3　索引数组元素的方法

下面通过一个例子说明上面数组中每个元素的索引方法。

【例 8-32】　一维和多维数组索引元素的例子。

代码清单 8-30　main.c 文件

```
#include "stdio.h"
#include "reg51.h"
void main()
{
    int a[10] = {0,1,2,3,4,5,6,7,8,9};
    int b[3][3] = {{1,2,3},{4,5,6},{7,8,9}};
    char c[20] = {"STC Hello"};
    int i = 0,j = 0,k = 0;
    SCON =  0x52;
    TMOD  =  0x20;
    TCON  =  0x69;
    TH1  =  0xF3;
    for(i = 0;i < 10;i++)                                //循环打印一维 int 型数组 a
        printf("a[ %d] = %d ",i,a[i]);                   //索引数组 a 中的每个元素
        printf("\n");
    for(i = 0;i < 3;i++)                                 //循环打印二维 int 型数组 b
     {
```

```
        for(j = 0;j < 3;j++)
            printf("b[ %d][ %d] = %d ",i,j,b[i][j]);  //索引数组 b 中的每个元素
        printf("\n");
    }
    for(i = 0;i < 20;i++)                           //循环打印一维 char 类型数组 c
      {
        if(c[i] == '\0') break;                     //判断字符是否结束,中断执行
            printf("c[ %d] = %c ",i,c[i]);          //索引数组 c 中的每个元素
      }
    printf("\n");
    while(1);
}
```

读者可以进入到本书所提供资料的 STC_example\例子 8-32 目录下,在 Keil μVision5 集成开发环境下打开该设计,并进入调试器模式,按 F5 键运行程序。在 UART ＃1 窗口界面中,给出了数组 a、b 和 c 索引号和各个数据元素之间的关系,如图 8.35 所示。

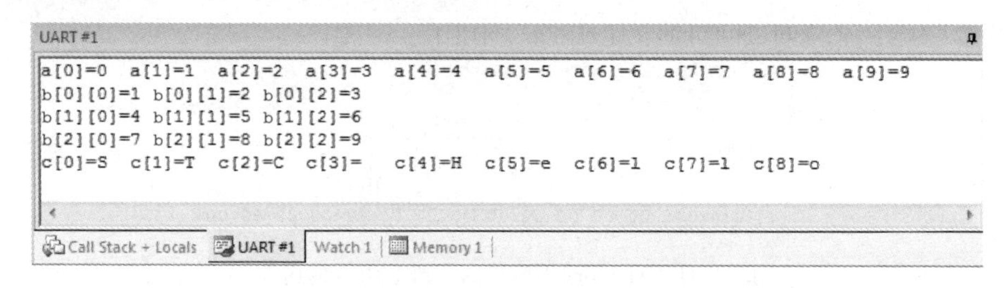

图 8.35　UART ＃1 窗口打印的内容

下面对该段程序关键部分进行详细的说明。

(1) 在程序开始的地方,有一行代码

```
char c[20] = {"STC Hello"};
```

这行代码表示字符型数组 c 有 20 个元素,也就是单片机片内数据区存储空间为数组 c 分配 20 个 char 类型的数据元素。但是,在实际中,赋值了一个字符串“STC Hello”,这个字符串包含 9 个字符,分别是'S'、'T'、'C'、' '、'H'、'e'、'l'、'l'、'o'。当然,也可以采用下面的赋值方式分别进行赋值:

```
char c[20] = {'S','T','C',' ','H','e','l','l','o'};
```

很明显,用字符串整体赋值比单个字符分别赋值要简单很多。但是,单个字符分别赋值,其索引号对应关系比字符串要清晰很多。

可以分配 20 字节,但是只分配了 9 个字符,剩下没有赋值的字节空间如何处理?在 C 语言中,规定在最后一个赋值的字符后,插入'\0',表示字符的结束。在下面的代码中:

```
for(i = 0;i < 20;i++)
    {
        if(c[i] == '\0') break;
            printf("c[ %i] = %c ",i,c[i]);
    }
        printf("\n");
```

为了不打印出没有分配的字符，因此在循环索引字符时，判断当前的字符 c[i]是不是结束符'\0'，如果是结束符，则通过 break 语句停止继续打印下面的字符。

注意： char 类型其实不是什么特殊的数据类型，只不过在存储空间中占用一字节而已。由于通用的 ASCII 码范围在 0～255，而 char 类型也在 0～255，所以将其称为字符型而已。

(2) 在程序开始处代码：

```
b[3][3] = {{1,2,3},{4,5,6},{7,8,9}};
```

其效果与

```
b[3][3] = {1,2,3,4,5,6,7,8,9};
```

一样。

在{}里再使用{}括号，只是为了更好地表示数据存储的顺序而已。

8.5.4　动态输入数组元素的方法

本节将通过一个例子说明动态输入数据为数组赋值的方法。

【例 8-33】 动态输入数组元素的例子。

代码清单 8-31　main.c 文件

```
#include "stdio.h"
#include "reg51.h"
void main()
{
    int a[8];
    int b[3][3];
    xdata char str[40];                          //将字符数组 str 定义在单片机 xdata 区
    int i,j;
    SCON = 0x52;
    TMOD = 0x20;
    TCON = 0x69;
    TH1 = 0xF3;
    printf("please input data of a[8]\n");       //打印提示输入 a[8]数组数据元素
    for(i = 0;i < 8;i++)                         //循环语句
      scanf(" % d,",&a[i]);                      //通过索引号和 scanf 语句得到每个数据
      putchar('\n');                             //换行

    printf("please input data of b[3][3]\n");    //打印提示输入 b[3][3]数组数据元素
    for(i = 0;i < 3;i++)                         //外循环语句
    {
        for(j = 0;j < 3;j++)                     //内循环语句
            scanf(" % d,",&b[i][j]);             //通过索引号和 scanf 语句得到每个数据
    }
    putchar('\n');                               //换行

    printf("please input string of str[40]\n");  //打印输入字符数组数据信息
```

```
        // scanf("%s,",str);                          //(可选的)使用该语句输入字符串
        // gets(str,40);                              //(可选的)使用该语句输入字符串
      for(i=0;i<40;i++)                               //循环语句
      {
        scanf("%c",&str[i]);                          //根据索引号和 scanf 得到字符数据
        if(str[i]=='\n') break;                       //如果输入字符为换行,则停止输入
      }
      putchar('\n');                                  //换行
      for(i=0;i<8;i++)
          printf("a[%d]=%d,",i,a[i]);                 //循环语句打印输入的 a 数组数据值
       printf("\n");                                  //换行
       for(i=0;i<3;i++)
      {
          for(j=0;j<3;j++)
            printf("b[%d][%d]=%d,",i,j,b[i][j]); //循环语句打印输入的 b 数组数据值
          putchar('\n');                              //二维数组换行
      }
          puts(str);                                  //输出字符串
   while(1);
   }
```

读者可以进入到本书所提供资料的 STC_example\例子 8-33 目录下,在 Keil μVision5 集成开发环境下打开该设计,并进入调试器模式,按 F5 键运行程序。在 UART #1 窗口界面中,给出数据输入的格式和输出信息的格式,如图 8.36 所示。按照下面的格式输入信息:

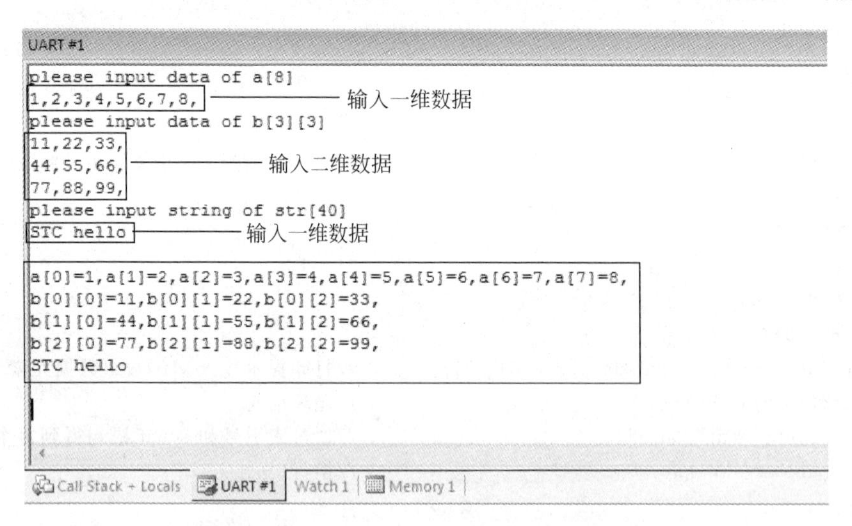

图 8.36 UART #1 窗口输入和打印信息的内容

(1) 在提示信息 please input data of a[8]下面,输入 8 个数据。按照设计代码要求,这 8 个数据之间应该用“,”隔开。

(2) 当输入最后一个数据和“,”后,自动出现提示信息 please input data of b[3][3],按照设计代码要求,输入二维数组数据,这些数据之间用“,”隔开。为了美观,在输入数据的时候,每输入三个数据(一行),按 Enter 键,再输入下一行数据。

(3) 当输入第三行的最后一个数据“,”后,自动出现提示信息 please input string of

str[40],按照设计要求,输入字符。如果不想继续输入字符,则按 Enter 键,停止输入字符串信息。

当输入完所要求的数据后,在下面显示所输入的数据以及与数组索引号的对应关系。

下面对该代码的关键部分进行说明:

(1) 在代码开始部分,有下面一行代码

```
xdata char str[40];
```

该行代码用于声明将字符型数组 str 放在单片机的 xdata 区,这样可以避免因为内部数据区空间有限,而导致无法为 str 数组分配存储空间的情况。

(2) 在代码中,可以看到在输入数据的时候,在数组标识符前面加"&"符号前缀,用于表示取出当前存储器数据元素的地址,其中每个存储器数据元素通过数组名和索引号进行标识。

对于字符型数组的数据输入,该代码给出了以下可选择的方法:

1) 方法 1

```
for(i = 0;i < 40;i++)
    {
    scanf(" % c",&str[i]);
    if(str[i] == '\n') break;
    }
```

这种方法就是分别输入字符串中的每个字符。如果不继续输入字符,则按 Enter 键,跳出该循环。

2) 方法 2

```
scanf(" % s,",str);
```

这种方法就是直接输入字符串。但是当使用这种方法时,不允许在字符之间存在空格,这是因为空格在此表示输入字符的结束。

3) 方法 3

```
gets(str,40);
```

和第二种方法类似,注意在调用该函数的时候,需要说明输入字符的最大个数。采用这种方法输入字符串时,允许在字符之间存在空格。

思考与练习 8-45:修改代码,尝试使用第二种和第三种字符输入方式。

下面查看一下 Watch 1 窗口内容和 Memory 1 窗口内容。其步骤主要包括:

(1) 在 Watch 1 窗口中,分别输入数组名字 b、a 和 str。可以看到数组保存的数据信息,如图 8.37 所示。

从图 8.37 中可以看到数组 b 的起始地址为 D:0x32,数组 a 的起始地址为 D:0x22,数组 str 的起始地址为 X:0x000000。

思考与练习 8-46:根据设计代码,请说明代码如何控制字符数组 str 所在的存储空间。

(2) 在 Memory 1 窗口中,分别输入 d:0x22、d:0x32 和 x:0x000000,查看存储器的内容,如图 8.38 所示。

(3) 退出调试器模式,并关闭该设计。

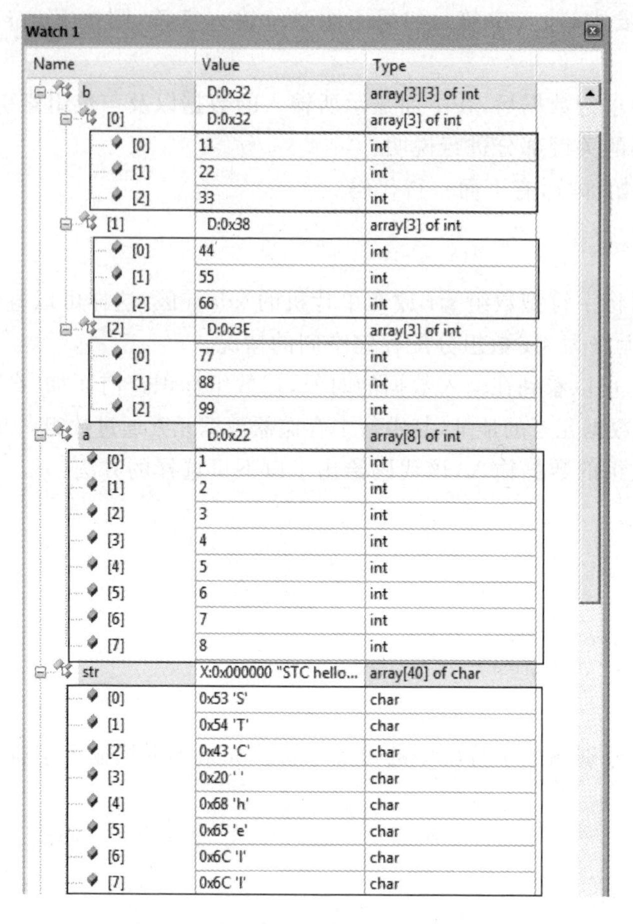

图 8.37　Watch 1 窗口数组元素的内容

```
Memory 1
Address: d:0x22
D:0x22: 00 01 00 02 00 03 00 04 00 05 00 06 00 07 00 08 00
D:0x3F: 4D 00 58 00 63 00 03 00 03 FF 09 A9 00 02 00 02 00
```

(a) d: 0x22地址开始的数组元素的内容

```
Memory 1
Address: d:0x32
D:0x32: 00 0B 00 16 00 21 00 2C 00 37 00 42 00 4D 00 58 00 63
D:0x4F: 00 63 00 00 00 00 00 00 06 00 FF 00 0B 00 01 00 01 00
D:0x6C: 03 13 0A 00 00 00 00 00 00 00 00 00 00 00 00 00 00 00
```

(b) d: 0x32地址开始的数组元素的内容

```
Memory 1
Address: 0x000000
X:0x000000: 53 54 43 20 68 65 6C 6C 6F 0A 00
X:0x00001C: 00 00 00 00 00 00 00 00 00 00 00
```

(c) x: 0x000000地址开始的数组元素的内容

图 8.38　不同地址开始的数组元素的内容

8.5.5 数组运算算法

本节将通过例子说明数组在数学运算中的用法。

【例 8-34】 矩阵乘法的例子。

根据矩阵理论的知识，假设矩阵 **A** 表示为$(a_{ij})_{m\times p}$，矩阵 **B** 表示为$(b_{ij})_{p\times n}$，若矩阵 **C**=**A**×**B**，则矩阵 **C** 表示为$(c_{ij})_{m\times n}$。其中：

$$c_{ij} = \sum_{k=0}^{p} a_{ik}.b_{kj}$$

在该设计中，矩阵 **A** 和矩阵 **B** 的数据由串口终端输入，在串口终端上显示矩阵 **C** 的结果。

代码清单 8-32 main.c 文件

```
#include "stdio.h"
#include "reg51.h"
#define row_a 4                              //宏定义矩阵 A 的行个数
#define col_a 3                              //宏定义矩阵 A 的列个数
#define row_b 3                              //宏定义矩阵 B 的行个数
#define col_b 2                              //宏定义矩阵 B 的列个数
void main()
{
    int a[row_a][col_a];
    int b[row_b][col_b];
    int c[row_a][col_b];
    int i,j,k;
    int m,n,o,p;
    SCON = 0x52;                                             //初始化串口相关
    TMOD = 0x20;                                             //初始化串口相关
    TCON = 0x69;                                             //初始化串口相关
    TH1 = 0xF3;                                              //初始化串口相关
    m = row_a;
    n = col_a;
    o = row_b;
    p = col_b;
    printf("please input data of a[%d][%d]\n",m,n);        //打印提示输入数组 a 信息
    for(i = 0;i < row_a;i++)                                 //二重循环语句
    {
        for(j = 0;j < col_a;j++)
          scanf("%d,",&a[i][j]);                             //输入数组 a 的数据信息
    }
    putchar('\n');

    printf("please input data of b[%d][%d]\n",o,p);        //打印提示输入数组 b 信息
    for(i = 0;i < row_b;i++)                                 //二重循环语句
    {
        for(j = 0;j < col_b;j++)                             //输入数组 b 的数据信息
          scanf("%d,",&b[i][j]);
    }
```

```
    putchar('\n');
    for (i = 0;i < row_a;i++)                          //三重循环
    {
      for (j = 0;j < col_b;j++)
        {
         c[i][j] = 0;                                   //数组 c 的每个元素初值为 0
           for (k = 0;k < col_a;k++)
          {
              c[i][j] += a[i][k] * b[k][j];             //矩阵相应元素的乘和累加运算
          }
        }
    }
      printf("\n array c[ %d][ %d] is following\n",m,p); //输出数组 c 的信息
       for(i = 0;i < row_a;i++)
      {
          for(j = 0;j < col_b;j++)
            printf(" %5d,",c[i][j]);                    //输出数组 c 中每个数据的元素
              putchar('\n');
      }
  while(1);
}
```

读者可以进入到本书所提供资料的 STC_example\例子 8-34 目录下，在 Keil μVision5 集成开发环境下打开该设计，并进入调试器模式，按 F5 键运行程序。在 UART #1 窗口界面中，给出数据输入的格式和输出信息的格式，如图 8.39 所示。

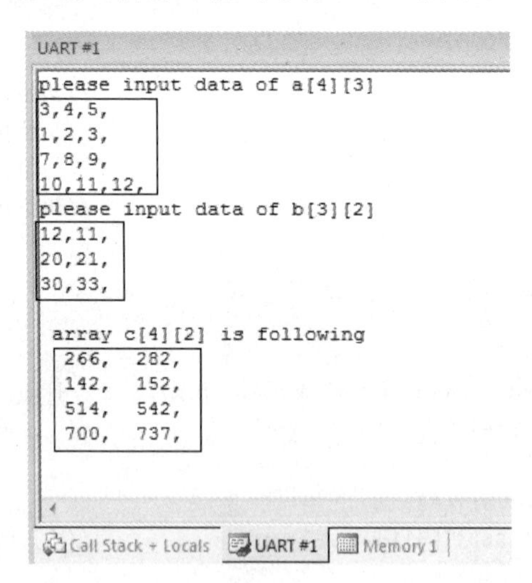

图 8.39　UART #1 窗口界面内输入数组和输出数组信息

按照下面的格式输入信息：

(1) 在提示信息 please input data of a[4][3]下面，输入 12 个数据。按照设计代码要求输入的 12 个数据之间应该用“,”隔开。为了美观，在输入数据的时候，每输入 3 个数据(一行)，按 Enter 键，再输入下一行数据。

(2) 当输入最后一个数据和“,”后，自动出现提示信息 please input data of b[3][2]，按

照设计代码要求，输入 6 个数据，这 6 个数据之间用“,”隔开。为了美观，在输入数据的时候，每输入 2 个数据(一行)，按 Enter 键，再输入下一行数据。

(3) 当输入第三行的最后一个数据“,”后，自动出现打印出数组 c 的维度信息以及数组 c 中每个数据元素的值。

8.6 指针

C 语言的一大特色就是提供了指针的功能，这就增加了 C 语言对单片机片内数据区和扩展数据区的管理。实质上，指针的目的就是增加对单片机内存储空间的管理能力。前面所定义的变量等，只能按照编译器给分配的空间地址进行存放，软件设计者没有任何能力可以对所分配空间的位置进行干预。

指针的作用就是指向程序设计者所需要存放数据的具体的存储空间位置，然后对该存储空间位置进行取数和存数的操作。更通俗地讲，就是指向一个具体的存储空间位置，然后对这个位置进行存取操作。

在前面介绍汇编语言指令时，提到存储器直接寻址和存储器的间接寻址模式。C 语言的指针就和这两种寻址模式有密切的关系。换句话说，C 语言中的指针实际上就是对存储器直接寻址和间接寻址模式的抽象。

8.6.1 指针的基本概念

指针的声明格式：

```
数据类型  *指针名字
```

前面提到过：

```
&变量/数组名字
```

表示获取变量所在单片机存储空间的地址，或者数组所在单片机存储空间的起始地址。例如如下声明：

```
int *p1;
int a;
```

当进行下面操作：

```
p1 = &a;
```

表示 p1 的值为变量 a 所在单片机存储空间的具体地址信息。该地址的内容就是变量 a 的值，用形式化的方式可以这样表示：

```
(p1) = a;
```

因此，* p1 实际上就是获取指向地址的内容。所以，* p1 的值就是变量 a 的值。

注意：(1) 在单片机中并不存在指针这样一个功能部件，正如上面所提到的，这只是 C 语言对存储器直接寻址模式的抽象而已。

(2) * 和指针名字之间不能有空格。

【例 8-35】 指针基本概念的例子。

代码清单 8-33 main.c 文件

```
#include "stdio.h"
#include "reg51.h"
 void main()
 {
   int a = 100;                    //定义整型变量
   int b[4] = {1,2,3,4};           //定义整型数组
   char c[10] = {"STC"};           //定义字符型的数组
   int *p1, *p2;                   //定义指向整型数的指针
   char *p3;                       //定义指向字符型的指针
   SCON = 0x52;
   TMOD = 0x20;
   TCON = 0x69;
   TH1 = 0xF3;
   p1 = &a;                        //p1 为变量 a 所在存储空间的地址
   p2 = &b;                        //p2 为数组 b 所在存储空间的首地址
   p3 = &c;                        //p3 为数组 c 所在存储空间的首地址
   printf("%d\n", *p1);            //打印 p1 单元内存储空间的内容
   printf("%d\n", *p2);            //打印 p2 单元内存储空间的内容
   printf("%d\n", *(++p2));        //打印(p2 + 1)单元内存储空间的内容
   printf("%d\n", *(++p2));        //打印(p2 + 2)单元内存储空间的内容
   printf("%d\n", *(++p2));        //打印(p2 + 3)单元内存储空间的内容
   printf("%c", *p3);              //打印 p3 单元内存储空间的内容
   printf("%c", *(++p3));          //打印(p3 + 1)单元内存储空间的内容
   printf("%c\n", *(++p3));        //打印(p3 + 2)单元内存储空间的内容
   while(1);
}
```

注意：读者可以调用%p 打印出指针的信息。

读者可以进入到本书所提供资料的 STC_example\例子 8-35 目录下，在 Keil μVision5 集成开发环境下打开该设计，并进入调试器模式，按 F5 键运行程序。在 UART #1 窗口界面中，给出输出信息的格式，如图 8.40 所示。下面对该程序进行详细的分析：

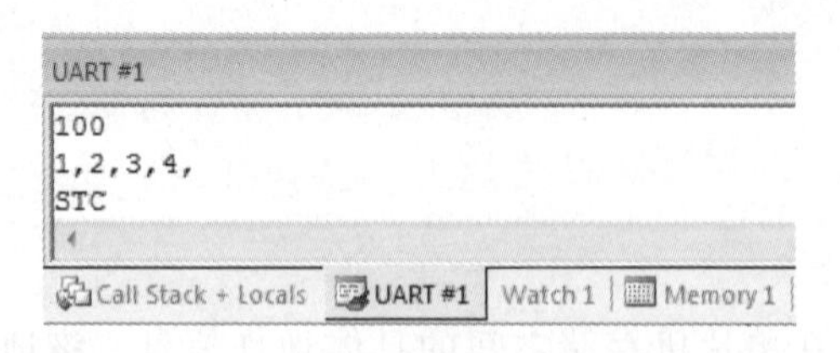

图 8.40 UART #1 窗口界面显示输出信息

(1) 按前面的方法，打开 Watch 1 窗口界面。在该界面中，分别输入 a、b 和 c，出现变量 a 的值、数组 b 的数据元素的值以及数组 b 的首地址、数组 c 的数据元素的值以及数组 c 的首地址，如图 8.41 所示。

注意：在该界面没有给出变量 a 的地址信息。在 main.c 文件界面内，将光标置于变量 a 的名字上，显示出变量 a 的地址信息，如图 8.42 所示。

Watch 1

Name	Value	Type
p1	0xFF ' '	uchar
p2	0xFF ' '	uchar
a	0x0064	int
b	D:0x24	array[4] of int
[0]	0x0001	int
[1]	0x0002	int
[2]	0x0003	int
[3]	0x0004	int
c	D:0x2C "STC"	array[10] of char
[0]	0x53 'S'	char
[1]	0x54 'T'	char
[2]	0x43 'C'	char
[3]	0x00	char

图 8.41　Watch 1 窗口界面显示信息(1)

```
p1=&a;
p2=&b a (  D:0x22) = 0x0064
p3=&c;
printf("%d\n",*p1);
printf("%d,",*p2);
printf("%d,",*(++p2));
printf("%d,",*(++p2));
```

图 8.42　main.c 界面给出变量 a 的地址信息

思考与练习 8-47：根据图 8.41 和图 8.42，填写下面信息。

① 变量 a 的存储空间和地址________，占用________字节。

② 数组 b 的存储空间首地址________，占用________字节。

③ 数组 c 的存储空间首地址________，占用________字节。

(2) 重新单步运行程序，程序执行完第 16 行代码，在 Watch 1 窗口界面内输入 p1、p2 和 p3 的值，可以看到给出的信息，如图 8.43 所示。

Name	Value	Type
p1	I:0x22	ptr3
[0]	0x0064	int
p2	I:0x24	ptr3
[0]	0x0001	int
p3	I:0x2C "STC"	ptr3
[0]	0x53 'S'	char

图 8.43　Watch 1 窗口界面显示信息(2)

① 从图 8.43 中可以看出，p1 的内容为 I:0x22，为地址信息，即指向单片机片内数据区位置为 0x22 的地址，该地址内容为 0x0064。这是因为在程序代码中，将 p1 设置为变量 a 所在的地址。

② 类似地，从图 8.43 中可以看出 p2 的内容为 I:0x24，为地址信息，即指向单片机片内数据区位置为 0x24 的地址，该地址内容为 0x0001。这是因为在程序代码中，将 p2 设置为指向数组 b 的首地址，并且数组 b 的第一个数据元素的值为 1。形式化表示为：

```
(p2) = 1 = b[0] = * p2
```

换句话可以这样说，p2 的内容就通过指针 * p2 表示。

注意：由于指针 * p2 为 int 类型，所以 p2 的内容为 int 型(2 字节的数据内容)；()表示地址单元的内容。

③ 类似地，从图 8.43 中可以看出 p3 的内容为 I:0x2C，为地址信息，即指向单片机片内数据区位置为 0x2C 的地址，该地址内容为 0x53。这是因为在程序代码中，将 p3 设置为指向数组 c 的首地址，并且数组 c 的第一个数据元素的值为字符"S"(该字符的 ASCII 值为 0x53)。形式化表示为：

```
(p3) = 0x53 = c[0] = * p3
```

换句话可以这样说，p3 的内容就通过指针 * p3 表示。

注意：由于指针 * p3 为 char 类型，所以 p3 的内容为 char 型(1 字节的数据内容)；()表示地址单元的内容。

(3) 继续单步执行完第 18 行代码，相继打印出 * p1 和 * p2 的值，为 100 和 1。这个结果和前面分析的一致。

(4) 单步执行完第 19 行代码，即

```
printf(" %d,", * ( + +p2));
```

该段代码让 p2 在首地址基础上递增，由于 p2 指向的是 int 类型，所以实际地址在首地址基础上增加 2。此时，p2 的内容为 I:0x26，为地址信息，即指向单片机片内数据区位置为 0x26 的地址，该地址的内容为 0x0002，如图 8.44 所示。形式化表示为：

```
(p2) = 0x0002 = b[1] = * p2
```

注意：此时的 p2 在前面 p2 的基础上递增 1。实际地址在首地址基础上增加 2。

p1	I:0x22	ptr3
[0]	0x0064	int
p2	I:0x26	ptr3
[0]	0x0002	int
p3	I:0x2C "STC"	ptr3
[0]	0x53 'S'	char

图 8.44 Watch 1 窗口界面显示信息(3)

(5) 单步执行完第 20 行代码，即

```
printf(" %d,", * ( + +p2));
```

该段代码让 p2 在前一个 p2 的基础上递增，由于 p2 指向的是 int 类型，所以实际地址在前一个地址基础上增加 2。此时，p2 的内容为 I:0x28，为地址信息，即指向单片机片内数据区位置为 0x28 的地址，该地址的内容为 0x0003，如图 8.45 所示。形式化表示为：

```
(p2) = 0x0003 = b[2] = * p2
```

注意：此时的 p2 在前面 p2 的基础上递增 1。实际地址在首地址基础上增加 4。

(6) 单步执行完第 21 行代码，即

```
printf(" %d,", * ( + +p2));
```

p1	I:0x22	ptr3
[0]	0x0064	int
p2	I:0x28	ptr3
[0]	0x0003	int
p3	I:0x2C "STC"	ptr3
[0]	0x53 'S'	char

图 8.45　Watch 1 窗口界面显示信息(4)

该段代码让 p2 在前一个 p2 的基础上递增，由于 p2 指向的是 int 类型，所以实际地址在前一个地址基础上增加 2。此时，p2 的内容为 I:0x2A，为地址信息，即指向单片机片内数据区位置为 0x2A 的地址，该地址的内容为 0x0004，如图 8.46 所示。形式化表示为：

```
(p2) = 0x0004 = b[3] = * p2
```

注意：此时的 p2 在前面 p2 的基础上递增 1。实际地址在首地址基础上增加 6。

p1	I:0x22	ptr3
[0]	0x0064	int
p2	I:0x2A	ptr3
[0]	0x0004	int
p3	I:0x2C "STC"	ptr3
[0]	0x53 'S'	char

图 8.46　Watch 1 窗口界面显示信息(5)

为了帮助读者理解，这里给出了数组 b 在单片机片内数据区的存储信息，如图 8.47 所示。

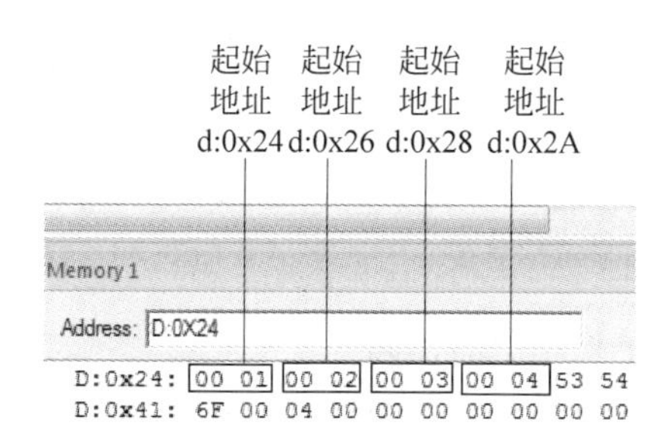

图 8.47　数组 b 在单片机内部数据区的保存

(7) 单步执行完第 21 行代码，打印出 * p3 的值，为字符“S”。

(8) 单步执行完第 22 行代码，即

```
printf("%c,", *(++p3));
```

该段代码让 p3 在前一个 p3 基础上递增，由于 p3 指向的是 char 类型，所以实际地址在前一个地址基础上增加 1。此时，p3 的内容为 I:0x2D，为地址信息，即指向单片机片内数据区位置为 0x2D 的地址，该地址的内容为字符“T”(其 ASCII 码为 0x54)，如图 8.48 所示。形式化表示为：

```
(p3) = 0x54 = c[1] = * p3
```

注意：此时的 p3 在前面 p3 的基础上递增 1。实际地址在首地址基础上增加 1。

p1	I:0x22	ptr3
[0]	0x0064	int
p2	I:0x2A	ptr3
[0]	0x0004	int
p3	I:0x2D "TC"	ptr3
[0]	0x54 'T'	char

图 8.48　Watch 1 窗口界面显示信息(6)

(9) 单步执行完第 23 行代码,即

```
printf("%c,",*(++p3));
```

该段代码让 p3 在前一个 p3 基础上递增,由于 p3 指向的是 char 类型,所以实际地址在前一个地址基础上增加 1。此时,p3 的内容为 I:0x2E,为地址信息,即指向单片机片内数据区位置为 0x2E 的地址,该地址的内容为字符"C"(其 ASCII 码为 0x43),如图 8.49 所示。形式化表示为:

```
(p3) = 0x43 = c[2] = *p3
```

注意:此时的 p3 在前面 p3 的基础上递增 1。实际地址在首地址基础上增加 2。

为了帮助读者理解,这里给出了数组 c 在单片机片内数据区的存储信息,如图 8.50 所示。

p1	I:0x22	ptr3
[0]	0x0064	int
p2	I:0x2A	ptr3
[0]	0x0004	int
p3	I:0x2E "C"	ptr3
[0]	0x43 'C'	char

图 8.49　Watch 1 窗口界面显示信息(7)

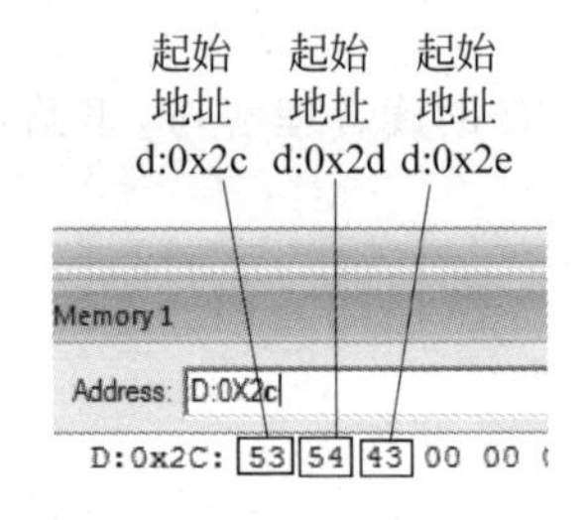

图 8.50　数组 c 在单片机内部数据区的保存

思考与练习 8-48:将例子程序中的代码

```
p1 = &a;
p2 = &b;
p3 = &c;
```

改成

```
p1 = 0x22;
p2 = 0x24;
p3 = 0x2c;
```

然后,再单步执行程序,观察 Watch 1 窗口,可以看到相同的结果,进一步地理解指针的概念。

【例 8-36】 使用指针的例子。

代码清单 8-34　main.c 文件

```
#include "stdio.h"
```

```
#include "reg51.h"
void main()
{
    int a = 100,b = 10,t = 0;                         //声明整型变量 a、b 和 t
    int *p1, *p2, *p3;                                //声明整型指针 *p1、*p2 和 *p3
    SCON = 0x52;
    TMOD = 0x20;
    TCON = 0x69;
    TH1 = 0xF3;
    printf("a = %d,b = %d\n",a,b);                    //打印 a 和 b 的初值
    p1 = &a;                                          //p1 指向变量 a 的地址
    p2 = &b;                                          //p2 指向变量 b 的地址
    p3 = p1;                                          //p3 = p1,也就是 p3 指向变量 a 的地址
    p1 = p2;                                          //p1 = p2,也就是 p1 指向变量 b 的地址
    p2 = p3;                                          //p2 = p3,也就是 p2 指向变量 a 的地址
    printf(" *p1 = %d, *p2 = %d\n", *p1, *p2);        //打印 *p1 和 *p2 的值
    printf("a = %d,b = %d\n",a,b);                    //打印 a 和 b 的值
    p1 = &a;                                          //p1 指向变量 a 的地址
    p2 = &b;                                          //p2 指向变量 b 的地址
    t = *p1;                                          //将 p1 指向变量的内容赋值给 t
     *p1 = *p2;                                       //将 p1 指向变量的内容赋给 p1 指向的变量
     *p2 = t;                                         //将变量 t 的值赋给 p2 指向的变量
    printf(" *p1 = %d, *p2 = %d\n", *p1, *p2);        //打印 *p1 和 *p2 的值
    printf("a = %d,b = %d\n",a,b);                    //打印 a 和 b 的值
    while(1);
}
```

读者可以进入到本书所提供资料的 STC_example\例子 8-36 目录下，在 Keil μVision5 集成开发环境下打开该设计，并进入调试器模式，按 F5 键运行程序。在 UART #1 窗口界面中，给出输出信息的格式，如图 8.51 所示。下面对该程序进行详细的分析。

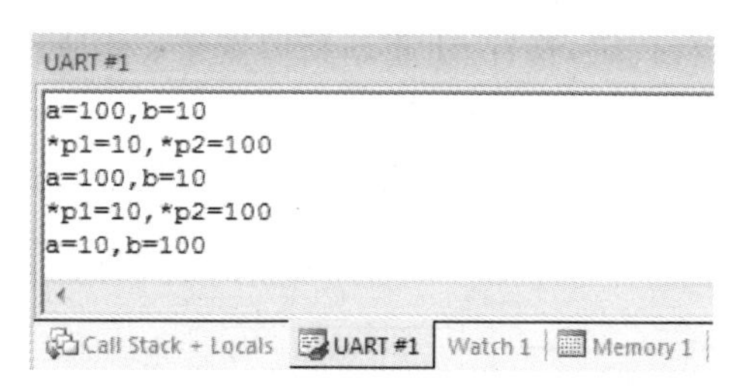

图 8.51　UART #1 窗口显示的数据信息

(1) 重新单步运行程序，运行完第 11 行代码，变量 a 的地址为 D:0x22，如图 8.52(a)所示；变量 b 的地址为 D:0x24，如图 8.52(b)所示。

(2) 单步运行完第 13 行代码，指针 p1 指向变量 a 的地址，指针 p2 指向变量 b 的地址，如图 8.53 所示。

(3) 单步运行完第 16 行代码，指针 p1 指向变量 b 的地址，指针 p2 指向变量 a 的地址，如图 8.54 所示。

思考与练习 8-49：

① p1 指向的地址为________，该地址的内容为________。

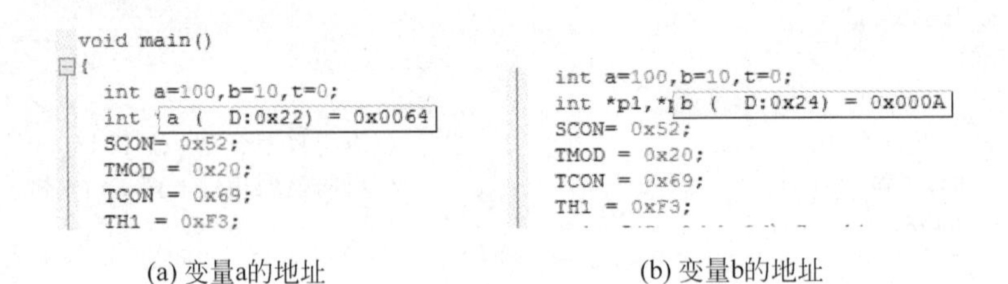

图 8.52 变量 a 和变量 b 的地址

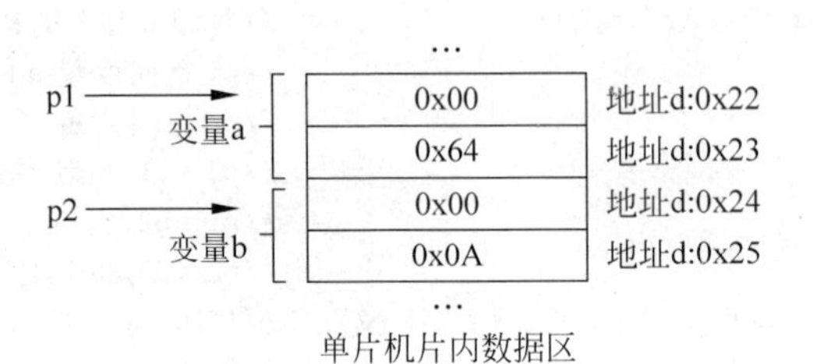

图 8.53 p1 和 p2 指针与存储空间的关系(1)

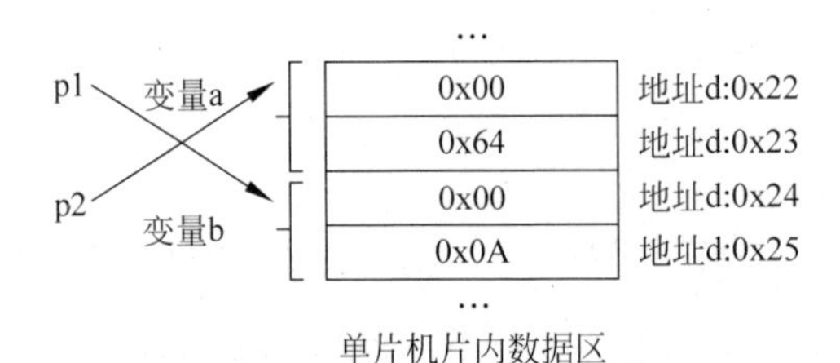

图 8.54 p1 和 p2 指针与存储空间的关系(2)

② p2 指向的地址为________,该地址的内容为________。

③ 原来地址单元保存的数据是否发生变化? ________________

(4) 单步运行完第 21 行代码,指针 p1 重新指向变量 a 的地址,指针 p2 重新指向变量 b 的地址。

(5) 单步运行完第 26 行代码,指针 p1 指向变量 a 的地址,指针 p2 指向变量 b 的地址,如图 8.55 所示。

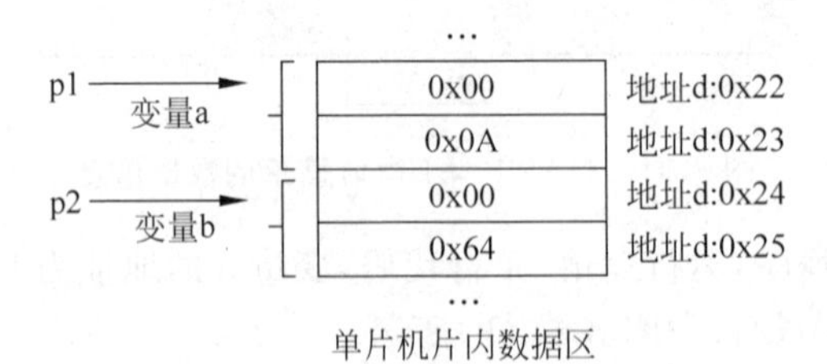

图 8.55 p1 和 p2 指针与存储空间的关系(3)

思考与练习 8-50:

(1) p1 指向的地址为________,该地址的内容为________。

(2) p2 指向的地址为________,该地址的内容为________。

(3) 原来地址单元保存的数据是否发生变化? ________________

思考与练习 8-51：请比较图 8.54 和图 8.55 交换原理的不同点。

提示：图 8.54 表示形式的交换，存储空间的内容不变；图 8.55 表示物理交换，存储空间的内容发生变化。

8.6.2 指向指针的指针

本节作为提高部分，不必要求必须掌握。在 C 语言中，还提供了指向指针的指针的功能。所谓的指向指针的指针，实际上对应于单片机中的存储器间接寻址的概念，只是 C 语言将存储器间接寻址的概念抽象成指向指针的指针的概念而已。声明格式为：

数据类型 ** 标识符

例如，如下声明：

```
int a;
int * p1;
int ** p2;
```

当进行下面操作：

```
p1 = &a;
p2 = &p1;
```

可以表示为下面的关系，如图 8.56 所示。

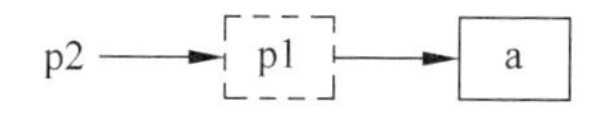

图 8.56 指向指针的指针的关系

表示 p1 的值为变量 a 所在单片机存储空间的具体地址信息。该地址的内容(p1)就是变量 a 的值，用形式化的方式可以这样表示：

```
(p1) = a;
(p2) = p1;
((p2)) = a;
```

其中，()表示单片机内数据存储区地址单元的数据内容。在 C 语言中，等效描述为：

```
* p1 = a;
* p2 = p1;
** p2 = a;
```

注意：(1) 在单片机中并不存在指向指针的指针这样一个功能部件，正如上面所提到的，这只是 C 语言对存储器间接寻址模式的抽象而已。

(2) ** 和指针名字之间不能有空格。

【例 8-37】 指向指针的指针基本概念的例子。

代码清单 8-35 main.c 文件

```
#include "stdio.h"
#include "reg51.h"
void main()
```

```
{
    char data a = 100;                    //在单片机数据区内定义整型变量 a
    char data * p1;                       //定义指向 char 类型的指针
    char data ** p2;                      //定义指向 char 类型的指针的指针
    SCON = 0x52;                          //初始化串口相关
    TMOD = 0x20;                          //初始化串口相关
    TCON = 0x69;                          //初始化串口相关
    TH1 = 0xF3;                           //初始化串口相关
    p1 = &a;                              //p1 指向变量 a 的地址
    p2 = &p1;                             //p2 指向 p1 的地址
    printf(" %c\n", ** p2);               //打印指向指针的指针的内容
    while(1);
}
```

读者可以进入到本书所提供资料的 STC_example\例子 8-37 目录下，在 Keil μVision5 集成开发环境下打开该设计，并进入调试器模式，按 F5 键运行程序。下面对该程序进行详细的分析。

(1) 按前面的方法打开 Watch 1 窗口界面。在该界面中，分别输入 a、p1、p2、* p2 和 ** p2，如图 8.57 所示。此外，将光标放在 a 名字上，出现变量 a 的地址 D:0x22。

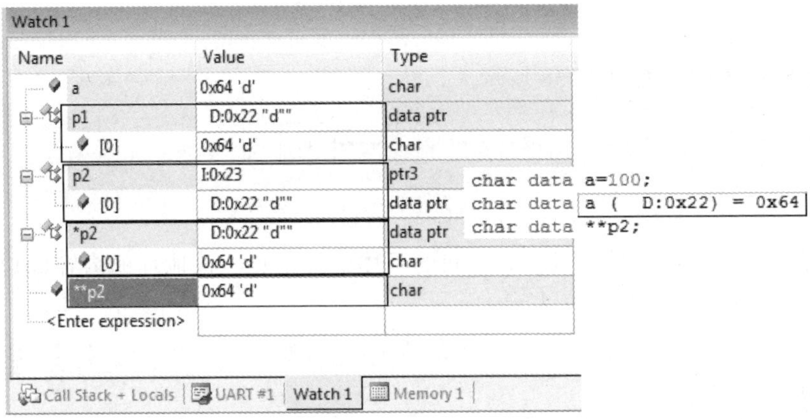

Watch 1

Name	Value	Type
a	0x64 'd'	char
p1	D:0x22 "d""	data ptr
[0]	0x64 'd'	char
p2	I:0x23	ptr3
[0]	D:0x22 "d""	data ptr
*p2	D:0x22 "d""	data ptr
[0]	0x64 'd'	char
**p2	0x64 'd'	char
<Enter expression>		

char data a=100;
char data a (D:0x22) = 0x64
char data **p2;

Call Stack + Locals | UART #1 | Watch 1 | Memory 1

图 8.57 Watch 1 窗口的内容

由代码设计可知，p1 指向 a 的地址，也就是 p1 的值为 D:0x22。很明显 * p1 就是 p1 地址存储空间的内容(p1)＝ * p1＝0x64，就是 a 的值。p2 是 p1 的地址，也就是 p1 的地址在单片机内部数据区地址为 I:0x23 的位置。很明显(p2)＝p1＝ * p2＝0x22，也就是 p2 的内容就是 p1 的值 D:0x22。 ** p2 形式化表示为((p2))，即 p2 单元内容的内容，(p2)＝ d:0x22，((p2))＝(d:0x22)＝0x64。

(2) 为了便于读者理解，这里给出了 d:0x22 存储空间的内容，如图 8.58 所示。

(3) p2、p1 和 a 之间的访问关系如图 8.59 所示。可以看到，本来 p2 可以直接访问到 a。但是，p2 并没有直接访问 a。而是借助了 p1。p2 的内容是单片机片内数据区的一个具体的存储地址，而不是数据。然后，通过这个存储器的地址单元找到了 a，这也就是说为什么指针是存储器直接寻址模式，而指针的指针是间接寻址模式的原因。也就是 p2 不像 p1 可以直接找到 a，它需要借助“第三者”，也就是其他存储单元才能找到 a。

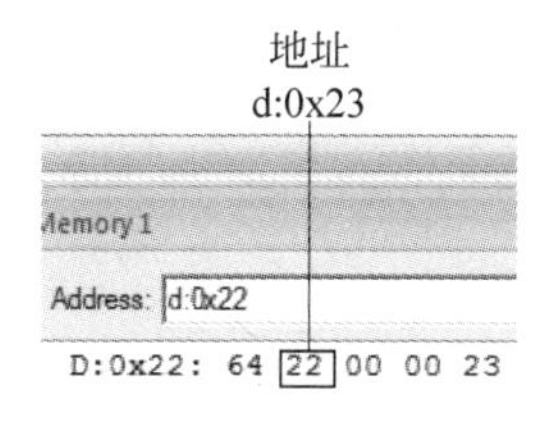

图 8.58 Memory 1 d:0x22 起始内容

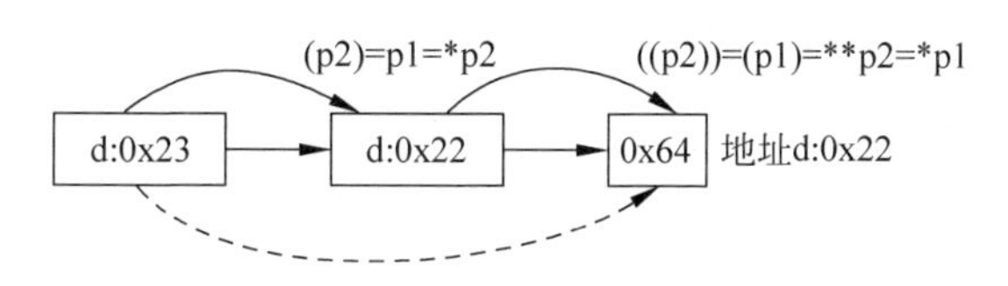

图 8.59 p2、p1 和 a 的关系

【例 8-38】 指向数组的指针基本概念的例子。

代码清单 8-36 main.c 文件

```
#include "stdio.h"
#include "reg51.h"
void main()
{
    int a[4] = {0x01,0x10,0x100,0x1000};
    int * b[4] = {&a[0],&a[1],&a[2],&a[3]};
    int ** p2;
    int i;
    SCON = 0x52;
    TMOD = 0x20;
    TCON = 0x69;
    TH1 = 0xF3;
    p2 = b;
    for(i = 0;i < 4;i++)
    printf("a[ %d] = %d,",i,a[i]);
    putchar('\n');
    for(i = 0;i < 4;i++)
    printf("a[ %d] = %d,",i, ** (p2++));
    putchar('\n');
    while(1);
}
```

读者可以进入到本书所提供资料的 STC_example\例子 8-38 目录下，在 Keil μVision5 集成开发环境下打开该设计，并进入调试器模式，按 F5 键运行程序。在 UART #1 窗口界面中，给出输出信息的格式，如图 8.60 所示。下面对该程序进行详细的分析。

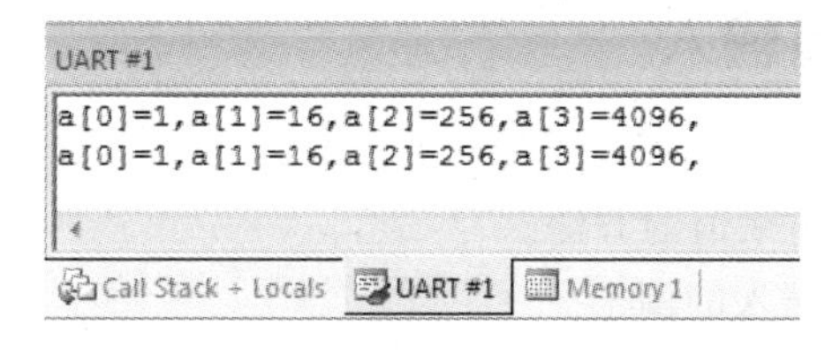

图 8.60 UART #1 窗口显示的数据信息

（1）打开 Watch 1 窗口界面，在该窗口中输入 a，给出数组 a 的信息，如图 8.61 所示。数组 a 的首地址是 D:0x22，依次为 D:0x24、D:0x26、D:0x28。

（2）类似地，在 Watch 1 窗口中输入 b，给出 b 的信息，如图 8.62 所示。指针数组的地

Watch 1

Name	Value	Type
a	D:0x22	array[4] of int
[0]	0x0001	int
[1]	0x0010	int
[2]	0x0100	int
[3]	0x1000	int

图 8.61　Watch 1 窗口内数组 a 的信息

址在 D:0x2A,该数组内保存着数组 a 中每个元素的地址信息 I:0x22、I:0x24、I:0x26 和 I:0x28。在下一层,可以看到这些地址单元的内容为 0x0001、0x0010、0x0100 和 0x1000。

Name	Value	Type
[3]	0x1000	int
b	D:0x2A	array[4] of ptr3
[0]	I:0x22	ptr3
[0]	0x0001	int
[1]	I:0x24	ptr3
[0]	0x0010	int
[2]	I:0x26	ptr3
[0]	0x0100	int
[3]	I:0x28	ptr3
[0]	0x1000	int

图 8.62　Watch 1 窗口内指针数组 b 的信息

其中:

```
p2 = b;
```

表示将指针数组 * b 的地址给 p2。因此,* p2=(p2),就是指针数组第一个元素 b[0]的值为 I:0x22。进一步,** p2=((p2)),就是 p2 内容的内容,p2 的内容是 I:0x22。而 I:0x22 的内容是 0x0001。

思考与练习 8-52:请分析下面代码的功能,并调试说明。

```
for(i = 0;i<4;i++)
    printf("a[ %d] = %d,",i, ** (p2++));
```

8.6.3　指针变量输入

本节将使用指针为整数变量、字符数组、指针数组、整数数组赋值。下面通过一个例子说明通过指针为变量和数组赋值的方法。

【例 8-39】 指针变量输入的例子。

代码清单 8-37　main.c 文件

```
#include "stdio.h"
#include "reg51.h"
void main()
{
    int a = 10, * p1;                        //声明整型变量 a 和整型指针 * p1
```

```
    int i;                                        //声明整型变量 i
    char b[40], * s;                              //声明字符数组 b 和字符型指针 * s
    xdata char c[50], * s1 = "STC hello";         //在 xdata 定义数组 c 和字符指针 * s1
    xdata int d[4] = {1,2,3,4}, * p2;             //在 xdata 定义数组 d 和整型指针 * p2
    SCON = 0x52;                                  //串口初始化相关
    TMOD = 0x20;                                  //串口初始化相关
    TCON = 0x69;                                  //串口初始化相关
    TH1 = 0xF3;                                   //串口初始化相关
    p1 = &a;                                      //p1 指向变量 a 的地址
    s = &b;                                       //s 指向字符数组 b 的首地址
    s1 = &c;                                      //s1 指向字符数组 c 的首地址
    p2 = &d;                                      //p2 指向整型数组 d 的首地址
    printf("please input int value of pointer p1\n");     //提示输入 * p1 的值
    scanf(" % d",p1);                             //输入 * p1 的值
    printf("please input string value of pointer s\n");   //提示输入指针 s 指向的字符串
    scanf(" % s",s);                              //输入 s 指向的字符串
    printf("please input string value of pointer s1\n");  //提示输入指针 s1 指向的字符串
    scanf(" % s",s1);                             //输入 s1 指向的字符串
    printf("please input int value of pointer p2\n");     //提示输入指针 p2 指向的整数值
    for(i = 0;i < 4;i++)                          //循环语句
    {
        scanf(" % d",p2);                         //输入 p2 指向的整数
            p2++;                                 //指针递增指向下一个地址
    }
    printf("the address of p1 =  % p\n",p1);      //打印指针 * p1 的地址
    printf("the value of p1(p1) = % d\n", * p1);  //打印指针 * p1 的内容
    printf("the value of a = % d\n",a);           //打印变量 a 的值
    printf("the address of s = % p\n",s);         //打印指针 * s 的首地址
    printf("the value of s1 = \" % s\"\n",s);     //打印指针 * s 指向的字符串
    printf("the value of b[40] = \" % s\"\n",b);  //打印字符数组 b 的字符串
    printf("the address of s1 = % p\n",s1);       //打印指针 * s1 的地址
    printf("the value of s1 = \" % s\"\n",s1);    //打印指针 * s1 指向的字符串的内容
    printf("the value of c[50] = \" % s\"\n",c);  //打印字符数组 c 的字符串
    p2 = &d;                                      //指针 * p2 指向数组 d 的首地址
    for(i = 0;i < 4;i++)                          //循环语句
    {
        printf("p2[ % d] = % d,",i, * p2);        //打印当前 * p2 的内容
            p2++;                                 //p2 递增,指向下一个地址
    }
    putchar('\n');                                //换行
    for(i = 0;i < 4;i++)                          //循环语句
    {
        printf("d[ % d] = % d,",i,d[i]);          //打印数组 d 当前索引号所对应的值
    }
    while(1);                                     //无限循环
}
```

读者可以进入到本书所提供资料的 STC_example\例子 8-38 目录下，在 Keil μVision5 集成开发环境下打开该设计，并进入调试器模式，按 F5 键运行程序。在 UART ＃1 窗口界面中，给出输出信息的格式，如图 8.63 所示。

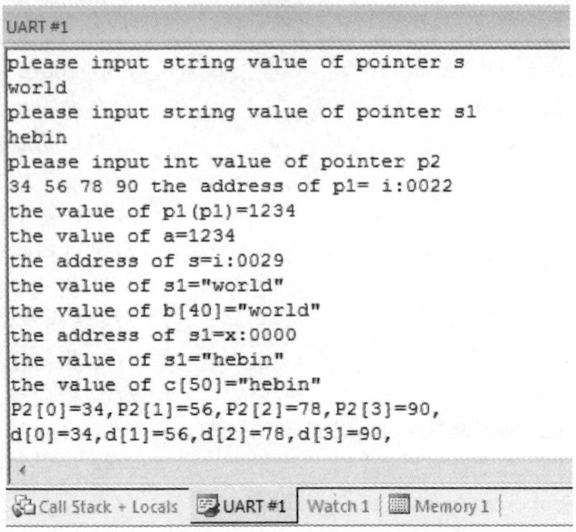

```
UART #1
please input string value of pointer s
world
please input string value of pointer s1
hebin
please input int value of pointer p2
34 56 78 90 the address of p1= i:0022
the value of p1(p1)=1234
the value of a=1234
the address of s=i:0029
the value of s1="world"
the value of b[40]="world"
the address of s1=x:0000
the value of s1="hebin"
the value of c[50]="hebin"
P2[0]=34,P2[1]=56,P2[2]=78,P2[3]=90,
d[0]=34,d[1]=56,d[2]=78,d[3]=90,

Call Stack + Locals | UART #1 | Watch 1 | Memory 1
```

图 8.63　UART #1 窗口内输出信息的内容

注意：printf 语句中的%p 用于输出指针的信息。

思考与练习 8-53：请根据代码和图 8.63，填写下面的空格。

(1) 变量 a 的地址=________________，值=________________________。

(2) 指针 * p1 的地址=________，* p1 的值=________________________。

(3) 指针 * s 的首地址=________，指向字符串=________________________。

(4) 数组 b 的首地址=________，内容=________________________。

(5) 指针 * s1 的首地址=________，指向字符串=________________________。

(6) 数组 c 的首地址=________，原始内容=________________________，修改后的内容=________________________。

(7) 指针 * p2 的首地址=________，* p2 的值=________________________。

(8) 数组 d 的首地址=________，原始内容=________________________，修改后的内容=________________________。

8.7　函数

在 C 语言中，函数是构成 C 文件的最基本的功能。前面已经说明了 main()主程序的功能。本节将重点介绍子函数的声明和函数调用方法。

8.7.1　函数声明

在 C 语言中，声明函数的格式如下：

```
函数类型 函数名字(数据类型 形参 1,数据类型 形参 2,…,数据类型 形参 N)
    {
        局部变量定义;
        表达式语句;
    }
```

注意：(1) 在函数参数声明列表中，参数之间用“，”分隔。

(2) 在单片机中,使用 ANSI C 形参列表描述方法。

【例 8-40】 返回值的函数声明例子。

```
int max(int x,int y)
{
    if(x>y) return x;
    else return y;
}
```

在该例子中,x 和 y 是函数 max 的两个形式化参数,其类型是 int。该函数通过 return 返回值,其类型为函数 max 的函数类型 int。

【例 8-41】 不返回值的函数声明例子。

```
void max(int x,int y)
{
    if(x>y)
        printf("%d>%d\n",x,y);
    else
        printf("%d<%d\n",x,y);
}
```

在该例子中,x 和 y 是函数 max 的两个形式化参数,其类型是 int。该函数只打印信息,并不返回值。

8.7.2 函数调用

在 C 语言中,函数调用的格式如下:

```
[变量][=]被调用的函数名字(实际参数 1,实际参数 2,…,实际参数 N)
```

注意:(1) 在被调用函数实际参数声明列表中,参数之间用“,”分隔。

(2) 实际参数的类型必须和形式参数的类型一一对应,位置也需要一一对应。

【例 8-42】 返回值的函数调用例子。

```
d=max(a,b);
```

【例 8-43】 不返回值的函数调用例子。

```
max(a,b);
```

8.7.3 函数变量的存储方式

在 C 语言中,提供了多种变量的存储方式。按照变量的作用范围分为局部变量和全局变量。按照变量的存储方式,可以分为自动变量(auto)、外部变量(extern)、静态变量(static)和寄存器变量(register)。

1. 自动变量

在声明变量时,如果没有指定其存储类型,则默认为 auto。在 C 语言中,这是一类使用最广泛的变量。

自动变量的作用范围在定义它的函数体或者复合语句的内部,只有在定义它的函数被调用,或者定义它的复合语句被执行时,编译器才为其在单片机内分配存储空间。当函数调用结束或者执行完复合语句后,将释放为变量所分配的存储空间,变量的值因此也就不再存在。当再次调用函数或者执行复合语句时,会为变量重新分配单片机内的存储空间,但不会保留上次运行时的值,而且必须重新赋值。因此,自动变量可以称为是局部变量。

2. 外部变量

使用存储类型说明符 extern 定义的变量称为外部变量。默认地,凡是在所有函数之前,在函数外部定义的变量都是外部变量,定义时可以不写 extern 说明符。但是,如果在一个函数体内说明一个已经在函数体外或者别的程序模块文件中定义过的外部变量,则必须使用 extern 说明符。一旦定义了外部变量,则就为该变量固定分配单片机内的存储空间。在程序运行的整个过程中,外部变量均有效,其值均被保存。

函数可以互相调用,因此函数都具有外部存储种类的属性。定义函数时如果用关键字 extern,则将该函数明确定义为一个外部函数。如果定义函数时,省略了关键字 extern,则隐含为外部函数。如果要调用当前程序模块文件以外的其他模块文件所定义的函数,则必须用关键字 extern 说明被调用的函数是一个外部函数。

3. 静态变量

使用存储类型说明符 static 定义的变量称为静态变量。静态变量不像自动变量那样只有在函数调用它的时候才存在,退出函数之后它就消失,局部静态变量始终存在,但是只能在定义它的函数内部进行访问,退出函数值之后,静态变量以前的值仍然被保留,但是不能访问它。

还有一种全局静态变量,它是在函数外部进行定义,作用范围从它的定义点开始,一直到程序结束。当一个 C 语言文件由若干模块文件构成时,全局静态变量始终存在,但它只能在被定义的文件中访问,其数据值可以为该文件内的所有函数共享,退出该文件后,虽然变量值仍然保留,但是不能被其他模块文件访问。

局部静态变量是一种在两次函数调用之间仍能保留其值的局部变量。有些程序需要在多次调用之后仍然保持变量的值,使用自动变量无法实现这一点,使用全局变量又会带来意外的副作用,这时就可以使用局部静态变量。

4. 寄存器变量

为了提高程序执行的效率,在 C 语言中将一些使用频率很高的变量定义为能够直接使用硬件寄存器的所谓寄存器变量。在定义变量时,在前面用 register 说明符,表示该变量是寄存器类型的。寄存器变量是自动变量的一种,它的有效范围同自动变量一样。

【例 8-44】 变量存储模式的例子。

本例说明不同存储变量的实现结果。

代码清单 8-38 main.c 文件

```
int i = 0;
int cal(int x)
{
    static int y = 0;
      y = x - y - i;
    return y;
```

```
}

void main()
{
    int j = 1000;
    int k;
    i = cal(j);
    i = cal(j);
    i = cal(j);
}
```

在该程序中，i是全局变量，y是局部静态变量，j是本地自动变量。

读者可以进入到本书所提供资料的STC_example\例子8-44目录下，在Keil μVision5集成开发环境下打开该设计，并进入调试器模式，单步运行程序，如图8.64所示。下面分析程序的执行过程：

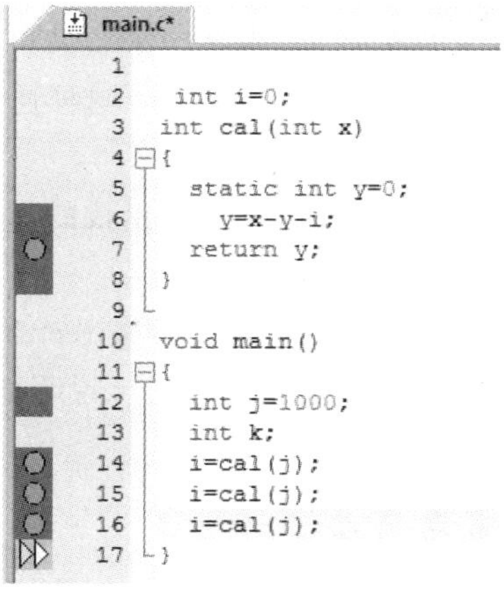

```
main.c*
1
2   int i=0;
3  int cal(int x)
4  {
5    static int y=0;
6      y=x-y-i;
7    return y;
8  }
9
10 void main()
11 {
12   int j=1000;
13   int k;
14   i=cal(j);
15   i=cal(j);
16   i=cal(j);
17 }
```

图8.64　main.c程序断点运行

(1) 当执行第14行代码时，j=1000，调用子函数y=0，i=0，x=j，因此，y=x−y−i=1000。由于y是静态变量，此时y的值变成1000。在执行完该子函数，返回值赋值给i后，由于i是全局变量，所以i的值变成1000。

(2) 当执行第15行代码时，j=1000，调用子函数y=1000，i=1000，x=j，因此，y=x−y−i=−1000。由于y是静态变量，此时y的值变成−1000。在执行完该子函数，返回值赋值给i后，由于i是全局变量，所以i的值变成−1000。

(3) 当执行第16行代码时，j=1000，调用子函数y=−1000，i=−1000，x=j，因此，y=x−y−i=3000。由于y是静态变量，此时y的值变成3000。在执行完该子函数，返回值赋值给i后，由于i是全局变量，所以i的值变成3000。

思考与练习8-54：在断点运行程序时，读者可以在Watch 1窗口内输入变量i、y、j和x，观察这些变量值的变化过程是否与前面的分析结果一致。

8.7.4　函数参数和局部变量的存储器模式

在Keil C51编译器中，允许采用三种存储模式：small、compact和large。一个函数的存储器模式确定了函数参数和局部变量在内存中的地址空间。

(1) 在 small 模式下,函数参数和局部变量位于单片机片内数据 RAM 中。

(2) 在 compact 和 large 模式下,函数参数和局部变量位于单片机的扩展数据 RAM 中。

定义函数参数和局部变量的存储器模式格式为:

```
函数类型  函数名(形参列表)[存储器模式]
```

其中,存储器模式的声明符为 small、compact 或 large。

8.7.5 基本数据类型传递参数

本节将通过递归函数和递归调用说明基本数据类型传递参数的方法。所谓的递归调用是指在调用递归函数的过程中间接或者直接地调用函数本身。

典型的计算阶乘函数:

$$f(n)=n!$$

可以先计算 $f(n-1)$, $f(n)=n\times f(n-1)$。而 $f(n-1)$ 又可以通过计算 $f(n-2)$ 得到,即 $f(n-1)=(n-1)\times f(n-2)$,以此类推直到得到 $f(1)$。这样通过 $f(1)$,就可以得到 $f(2),\cdots$,一直到 $f(n)$。

在单片机/计算机中,递归是通过入栈的过程和出栈的过程实现,这个过程将通过下面的例子进行说明。

在 Keil Cx51 编译器中,对于递归函数使用关键字 reentrant 标识,该关键字意思为“重入”,即表示在调用该函数的时候,可以自己调用自己。说明格式为:

```
函数类型  函数名(形参列表)[reentrant]
```

【例 8-45】 递归函数计算阶乘 $n!$ 的例子。

代码清单 8-39 main.c 文件

```
#include "stdio.h"
#include "reg51.h"

int fac(int n) reentrant                        //reentrant 声明为递归函数
{
    long int f;
    if(n<0)                                     //如果小于 0,则打印错误信息
        printf("data must be larger than 0\n");
    else if(n<1)                                //如果 n=0,则返回值为 1
        f=1;
    else                                        //如果 n>1,则递归调用自己
        f=fac(n-1)*n;
    return f;
}

main()
{
    int n;
```

```
    long int y;
    SCON = 0x52;
    TMOD = 0x20;
    TCON = 0x69;
    TH1 = 0xF3;
    printf("please input an integer number\n");
    scanf(" % d",&n);                              //输入 n 值
    y = fac(n);                                    //main 函数调用 fac 函数
    printf(" % d!= % ld\n",n,y);                   //打印结果
    while(1);
}
```

注意：如果子程序写在了主程序的后面，则必须在主程序中声明所调用的函数和类型。

读者可以进入到本书所提供资料的 STC_example\例子 8-45 目录下，在 Keil μVision5 集成开发环境下打开该设计，并进入调试器模式。按下面步骤运行和分析递归函数的调用过程：

(1) 在代码的第 12 行、第 13 行和第 26 行分别设置断点。

(2) 打开 UART #1 窗口界面。按 F5 键，在 UART #1 窗口内出现提示信息“please input an integer number”，然后输入 4，表示该程序将计算 4!。

(3) 按 F5 键，跳到断点第 26 行代码。在当前调试模式主界面右下侧的 Call Stack + Locals 窗口下，可以看到主程序的信息，如图 8.65 所示。

Call Stack + Locals

Name	Location/Value	Type
MAIN	C:0x085B	
n	0x0004	int
y	0x00000001	long

图 8.65　堆栈调用窗口信息(1)

该窗口说明，当前断点在 MAIN 主程序内，断点所调用程序的代码保存在单片机片内存储区的 0x085B 的位置。

(4) 按 F5 键，跳到断点第 12 行代码。在当前调试模式主界面右下侧的 Call Stack + Locals 窗口下，可以看到调用函数 FAC 的信息，如图 8.66 所示。在反汇编窗口可以看到 FAC 函数的程序入口点在 C:0x0805 的位置。

Name	Location/Value	Type
FAC	C:0x0805	
n	0x0004	int
f	0x00000078	long
MAIN	C:0x085B	
n	0x0004	int
y	0x00000001	long

图 8.66　堆栈调用窗口信息(2)

从图中可以看到，当前断点程序代码的入口在单片机片内程序 Flash 空间的 0x0805。断点落在这个位置，表示继续调用 FAC 函数，也就是 FAC 调用自己。此时，$n=4$。由于 FAC 要调用自己，所以 FAC 函数当前运行的状态保存在堆栈中。

(5) 按 F5 键,再次跳到断点第 12 行代码。在当前调试模式主界面右下侧的 Call Stack + Locals 窗口下,可以看到第二次被调用函数 FAC 的信息,如图 8.67 所示。

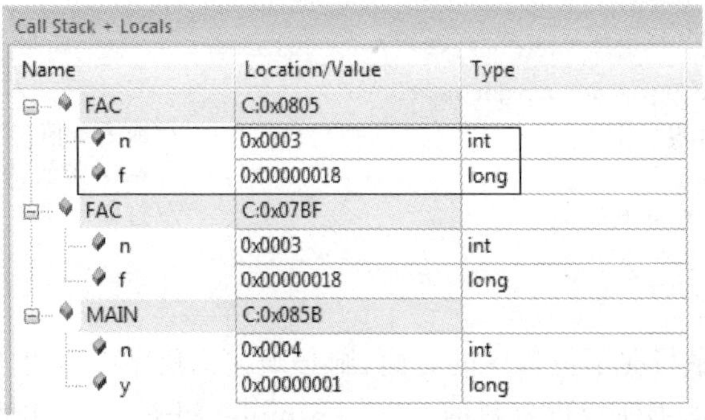

Call Stack + Locals

Name	Location/Value	Type
FAC	C:0x0805	
n	0x0003	int
f	0x00000018	long
FAC	C:0x07BF	
n	0x0003	int
f	0x00000018	long
MAIN	C:0x085B	
n	0x0004	int
y	0x00000001	long

图 8.67　堆栈调用窗口信息(3)

从图中可以看到,当前断点程序代码的入口在单片机片内程序 Flash 空间的 0x0805。断点落在这个位置,表示继续调用 FAC 函数,也就是 FAC 调用自己。此时,$n=3$。由于 FAC 要调用自己,所以 FAC 函数当前运行的状态保存在堆栈中。很明显上一次调用函数的程序入口点在单片机片内程序 Flash 区的 0x07BF。

(6) 按 F5 键,再次跳到断点第 12 行代码。在当前调试模式主界面右下侧的 Call Stack + Locals 窗口下,可以看到第三次被调用函数 FAC 的信息,如图 8.68 所示。

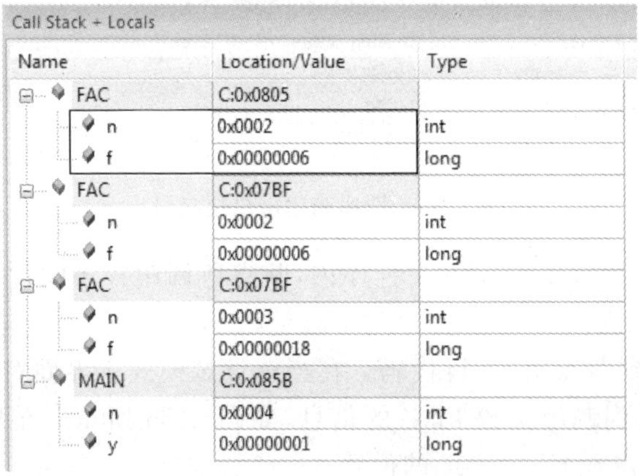

Call Stack + Locals

Name	Location/Value	Type
FAC	C:0x0805	
n	0x0002	int
f	0x00000006	long
FAC	C:0x07BF	
n	0x0002	int
f	0x00000006	long
FAC	C:0x07BF	
n	0x0003	int
f	0x00000018	long
MAIN	C:0x085B	
n	0x0004	int
y	0x00000001	long

图 8.68　堆栈调用窗口信息(4)

从图中可以看到,当前断点程序代码的入口在单片机片内程序 Flash 空间的 0x0805。断点落在这个位置,表示继续调用 FAC 函数,也就是 FAC 调用自己。此时,$n=2$。由于 FAC 要调用自己,所以 FAC 函数当前运行的状态保存在堆栈中。很明显上一次调用函数的程序入口点在单片机片内程序 Flash 区的 0x07BF。

(7) 按 F5 键,再次跳到断点第 12 行代码。在当前调试模式主界面右下侧的 Call Stack + Locals 窗口下,可以看到第四次被调用函数 FAC 的信息,如图 8.69 所示。

从图中可以看到,当前断点程序代码的入口在单片机片内程序 Flash 空间的 0x0805。断点落在这个位置,表示继续调用 FAC 函数,也就是 FAC 调用自己。此时,$n=1$。由于 FAC 要调用自己,所以 FAC 函数当前运行的状态保存在堆栈中。很明显上一次调用函数

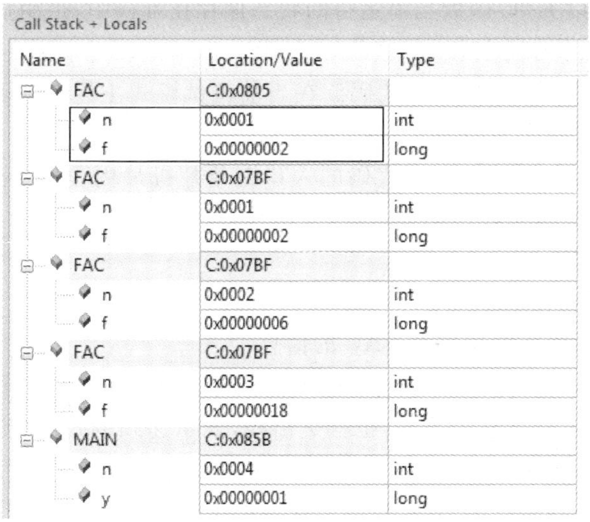

Call Stack + Locals

Name	Location/Value	Type
FAC	C:0x0805	
n	0x0001	int
f	0x00000002	long
FAC	C:0x07BF	
n	0x0001	int
f	0x00000002	long
FAC	C:0x07BF	
n	0x0002	int
f	0x00000006	long
FAC	C:0x07BF	
n	0x0003	int
f	0x00000018	long
MAIN	C:0x085B	
n	0x0004	int
y	0x00000001	long

图 8.69 堆栈调用窗口信息(5)

的程序入口点在单片机片内程序 Flash 区的 0x07BF。

(8) 按 F5 键,跳到断点第 13 行代码。在当前调试模式主界面右下侧的 Call Stack + Locals 窗口下,可以看到被调用函数 FAC 的信息,如图 8.70 所示。

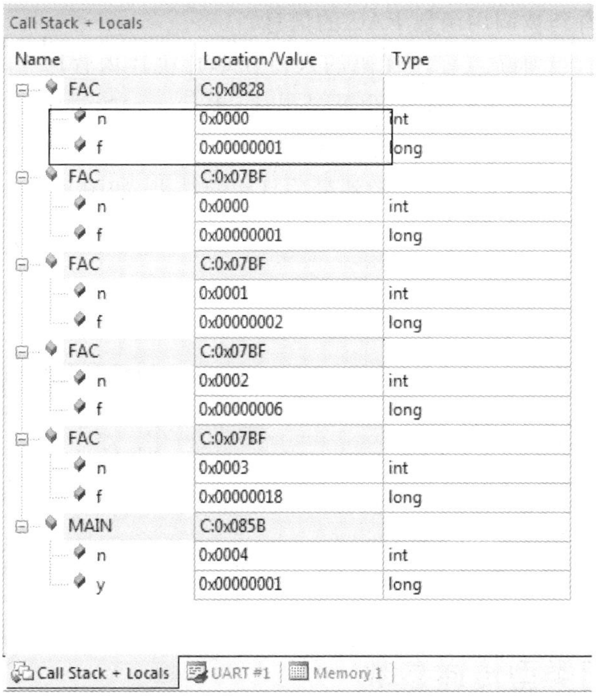

Call Stack + Locals

Name	Location/Value	Type
FAC	C:0x0828	
n	0x0000	int
f	0x00000001	long
FAC	C:0x07BF	
n	0x0000	int
f	0x00000001	long
FAC	C:0x07BF	
n	0x0001	int
f	0x00000002	long
FAC	C:0x07BF	
n	0x0002	int
f	0x00000006	long
FAC	C:0x07BF	
n	0x0003	int
f	0x00000018	long
MAIN	C:0x085B	
n	0x0004	int
y	0x00000001	long

Call Stack + Locals | UART #1 | Memory 1

图 8.70 堆栈调用窗口信息(6)

从图中可以看到,当前断点程序代码的入口在单片机片内程序 Flash 空间的 0x0828。断点落在这个位置,表示继续调用 FAC 函数,也就是 FAC 调用自己。此时,$n=0$。由于

FAC要调用自己，所以FAC函数当前运行的状态保存在堆栈中，很明显上一次调用函数的程序入口点在单片机片内程序Flash区的0x07BF。

(9) 按F5键，跳到断点第13行代码。在当前调试模式主界面右下侧的Call Stack + Locals窗口下，可以看到被调用函数FAC的信息。

从图中可以看到，当前断点程序代码的入口在单片机片内程序Flash空间的0x0828。前面保存的函数的信息从堆栈中消失，也就是出栈，表示递归的过程结束，将要陆续返回递归的结果。此时，$n=1$。

(10) 按F5键，跳到断点第13行代码。在当前调试模式主界面右下侧的Call Stack + Locals窗口下，可以看到被调用函数FAC的信息。

从图中可以看到，当前断点程序代码的入口在单片机片内程序Flash空间的0x0828。前面保存的函数的信息从堆栈中消失，也就是出栈，表示递归的过程结束，将要陆续返回递归的结果。此时，$n=2$。

(11) 按F5键，跳到断点第13行代码。在当前调试模式主界面右下侧的Call Stack + Locals窗口下，可以看到被调用函数FAC的信息。

从图中可以看到，当前断点程序代码的入口在单片机片内程序Flash空间的0x0828。前面保存的函数的信息从堆栈中消失，也就是出栈，表示递归的过程结束，将要陆续返回递归的结果。此时，$n=3$。

(12) 按F5键，跳到断点第13行代码。在当前调试模式主界面右下侧的Call Stack + Locals窗口下，可以看到被调用函数FAC的信息。

从图中可以看到，当前断点程序代码的入口在单片机片内程序Flash空间的0x0828。前面保存的函数的信息从堆栈中消失，也就是出栈，表示递归的过程结束，将要陆续返回递归的结果。此时，$n=4$，FAC函数的调用结束，如图8.71所示。

(13) 在UART #1窗口下，可以看到最后打印的结果，如图8.72所示。

Call Stack + Locals

Name	Location/Value	Type
FAC	C:0x0828	
n	0x0004	int
f	0x00000018	long
MAIN	C:0x085B	
n	0x0004	int
y	0x00000001	long

图8.71 堆栈调用窗口信息(7)

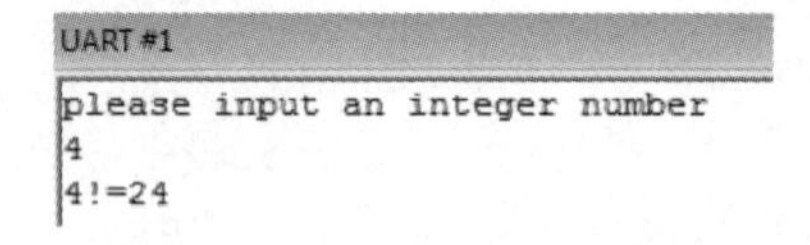

图8.72 UART #1窗口打印信息

思考与练习8-55：读者重复上面的过程，并结合反汇编程序，深入理解单片机处理递归函数的原理和过程。

8.7.6 数组类型传递参数

在C语言中，数组元素可以作为函数实参传递参数，其用法和变量相同。此外，数组名也可以作为实参和形参，此时传递的是元素的首地址。

【例8-46】 数组名字传递参数的例子。

在该程序中，调用子函数实现对数组元素的升序排列。

注意：在设计前，请查阅资料，理解升序排列的原理和实现方法。

代码清单 8-40　main.c 文件

```
#include "stdio.h"
#include "reg51.h"

void sort(int array[ ],int n)                    //声明排序子函数,不返回值
{
    int i,j,k,t;
    for(i = 0;i < n - 1;i++)                      //二重循环排序
      {
           k = i;
             for(j = k + 1;j < n;j++)
               if(array[j]< array[k])
                    k = j;
                    t = array[k];
                    array[k] = array[i];
                    array[i] = t;
        }
}

void main()
{
    int a[10],i;
    SCON =  0x52;
    TMOD  =  0x20;
    TCON  =  0x69;
    TH1  =  0xF3;
    printf("please enter the value of a[10]\n");
    for(i = 0;i < 10;i++)
      scanf(" % d,",&a[i]);                        //输入数组元素
    printf("\n sorted array is\n");
    sort(a,10);                                   //调用排序函数,数组名传递
    for(i = 0;i < 10;i++)
      printf("a[ % d] = % d,",i,a[i]);            //打印排序后的结果
    while(1);

}
```

读者可以进入本书所提供资料的 STC_example\例子 8-46 目录下，在 Keil μVision5 集成开发环境下打开该设计，并进入调试器模式。按下面的步骤运行和分析数组类型传递参数的过程：

(1) 在代码的第 4 行、第 7 行、第 17 行和第 30 行分别设置断点。

(2) 按 F5 键，运行程序。

(3) 打开 UART #1 窗口。在该窗口界面内，出现提示信息“please enter the value of a[10]”，然后，在该窗口内输入 10 个数据，每个数据之间用“,”隔开，如图 8.73 所示。

(4) 打开 Watch 1 窗口，输入 a，如图 8.74 所示。从该图可以看到数组 a 存放在单片机

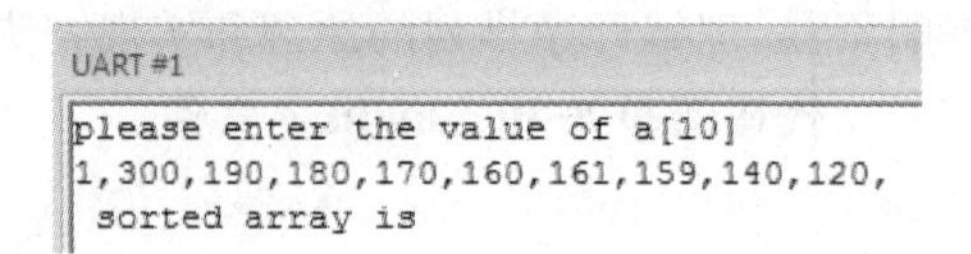

图 8.73　UART ＃1 窗口打印和输入信息

内部数据区起始地址为 0x22 的位置。在 Memory 1 窗口中输入 d:0x22，可以看到数组 a 的数据元素信息，如图 8.75 所示。

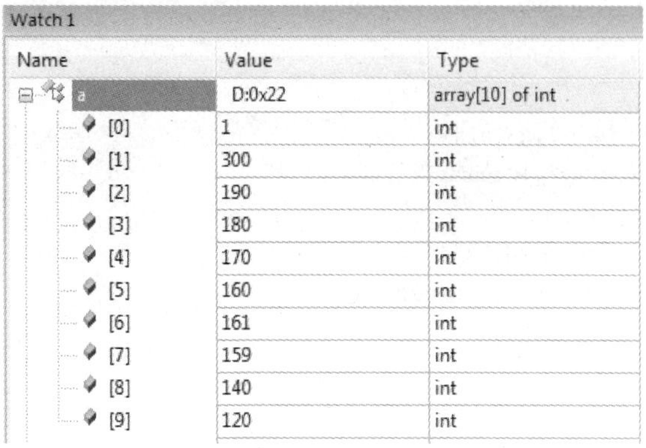

Watch 1

Name	Value	Type
a	D:0x22	array[10] of int
[0]	1	int
[1]	300	int
[2]	190	int
[3]	180	int
[4]	170	int
[5]	160	int
[6]	161	int
[7]	159	int
[8]	140	int
[9]	120	int

图 8.74　Watch 1 窗口显示数组 a 的信息

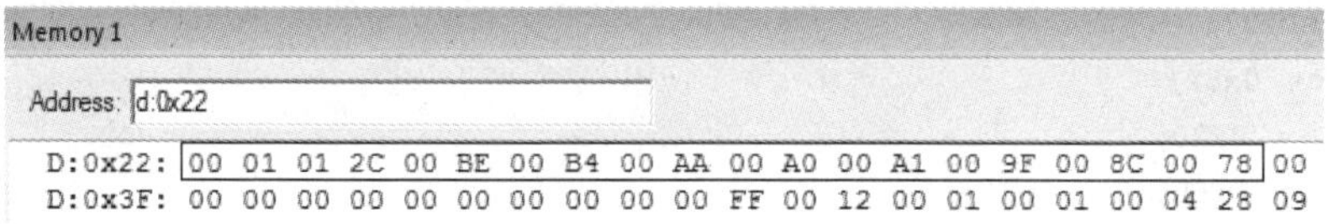

Memory 1

Address: d:0x22

```
D:0x22: 00 01 01 2C 00 BE 00 B4 00 AA 00 A0 00 A1 00 9F 00 8C 00 78 00
D:0x3F: 00 00 00 00 00 00 00 00 00 00 FF 00 12 00 01 00 01 00 04 28 09
```

图 8.75　Memory 1 窗口 d:0x22 起始地址存储内容

（5）按 F5 键，继续运行程序，程序停到了第 4 行代码的位置，如图 8.76 所示。

从该图中可以看到，sort 子函数的入口在单片机程序 Flash 存储空间的 0x07ED 的位置。

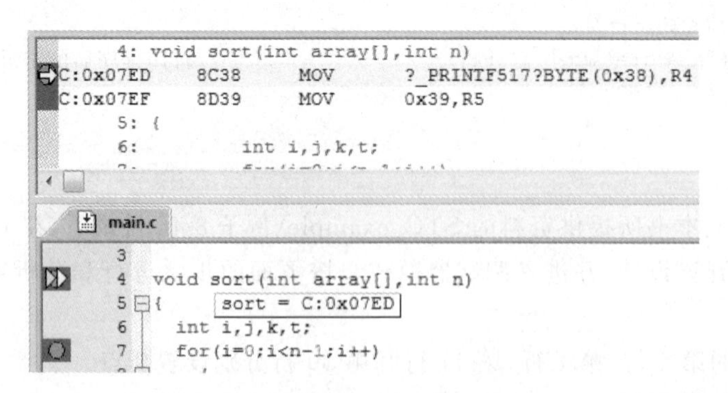

图 8.76　程序停到了第 4 行代码的位置

（6）按 F5 键，继续运行程序，程序停到了第 7 行代码的位置。在 Watch 1 窗口中输入 array，如图 8.77 所示。从图中可以看到，形参数组 array 在单片机片内数据区 0x22 的起始地址。

Watch 1

Name	Value	Type
a	D:0x22	array[10] of int
array	I:0x22	ptr3
[0]	0x0001	int
<Enter expression>		

图 8.77 Watch 1 窗口的 array 信息

注意：并不是实参的值传递给了形参。而真正是形参 array 指向了实参数组 a 的首地址。否则，为什么在 array 看不到完整的数据信息呢？更进一步地说，在 Memory 1 窗口界面内，输入 array，如图 8.78 所示。所以说，在数组作为形参的函数调用中，不是所谓的实参的值传递给形参，只不过是实参和形参同时指向了相同的数据区而已。

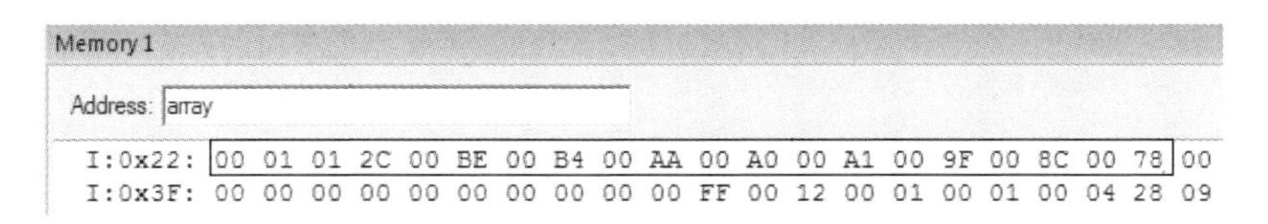

图 8.78 Memory 1 窗口的 array 信息(1)

(7) 按 F5 键，运行程序到第 17 行代码。此时，再观察 Memory 1 窗口内的内容，如图 8.79 所示。读者会发现这个地址空间的内容发生了变化。

注意：最好单步执行程序到第 17 行代码，这样就可以清楚地看到 0x22 起始数据区内容的变化情况。

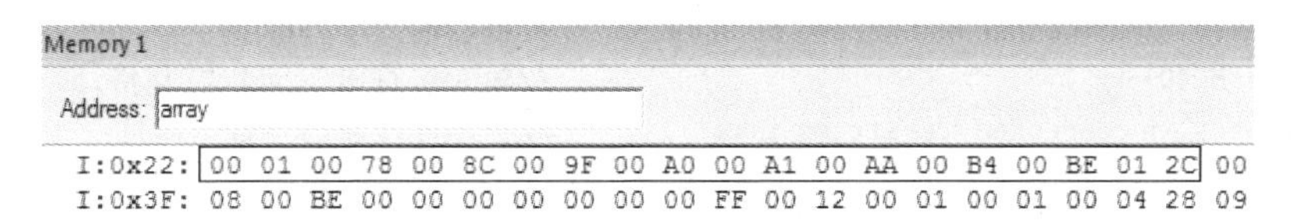

图 8.79 Memory 1 窗口的 array 信息(2)

(8) 按 F5 键，运行程序。由于数组 a 一直指向单片机片内地址为 0x22 的起始位置，并且由于子函数操作修改了单片机片内地址为 0x22 开始连续 20 字节的内容。因此，打印出来的数据就是修改后 0x22 地址开始的存储空间的内容，如图 8.80 所示。

```
UART #1
please enter the value of a[10]
1,300,190,180,170,160,161,159,140,120,
 sorted array is
a[0]=1,a[1]=120,a[2]=140,a[3]=159,a[4]=160,a[5]=161,a[6]=170,a[7]=180,a[8]=190,a[9]=300,
```

图 8.80 UART ＃1 窗口打印数组 a 的信息

8.7.7 指针类型传递参数

当函数的参数是指针类型的变量时，主调函数将实际参数的地址作为被调函数中形式参数的地址。因此，指针类型传递参数也是通过地址传递。下面将通过一个例子来说明指针类型传递参数的过程。

【例 8-47】 两个字符数组首尾连接的例子。

例如,字符串 a="STC",字符串 b="Hello",将两个字符串连接后的字符串 c="STC Hello"。

代码清单 8-41 main.c 文件

```
#include "stdio.h"
#include "reg51.h"

void con_string(char * s1, char * s2)                //声明子函数,有两个字符指针参数
{
  while( * s1!= '\0')                                //如果指针 * s1 指向的字符不是结束,则继续
        s1++;                                        //指针递增
  while( * s2!= '\0')                                //如果指针 * s2 指向的字符不是结束,则继续
         * s1++ = * s2++;                    //将指针 * s2 指向的内容赋值到 * s1 的末尾,并递增指针
     * s1 = '\0';                                    //在 * s1 当前指向的内容后添加结束标志
}

void main()
{
    xdata char a[40],b[40];                          //在单片机 xdata 区域内声明字符数组 a 和 b
    SCON = 0x52;
    TMOD = 0x20;
    TCON = 0x69;
    TH1 = 0xF3;
    printf("please enter the string of a[40]\n"); //提示输入字符串 a
    gets(a,40);                                      //输入字符串 a,可以有空格,回车键结束
    printf("please enter the string of b[40]\n"); //提示输入字符串 b
    gets(b,40);                                      //输入字符串 b,可以有空格,回车键结束
    printf("\n connected the string is\n");          //提示连接后的字符串信息
    con_string(a,b);                                 //调用连接字符串函数
    puts(a);                                         //打印连接后的字符串 a
    while(1);

}
```

读者可以进入本节所提供资料的 STC_example\例子 8-47 目录下,在 Keil μVision5 集成开发环境下打开该设计,并进入调试器模式。按下面步骤运行和分析指针传递参数的调用过程:

(1) 在代码的第 4 行、第 10 行、第 21 行和第 26 行分别设置断点。

(2) 按 F5 键,运行程序。

(3) 运行到第 21 行代码。在 Watch 1 窗口界面内输入 a 和 b,看到相关信息,如图 8.81 所示。从图中可以看出,数组 a 保存在位于单片机扩展数据 RAM 起始地址为 0x000000 的位置,数组 b 保存在单片机扩展数据 RAM 起始地址为 0x000028 的位置。展开后其内部用二进制数 0 填充。

(4) 打开 UART #1 窗口。在该窗口界面内,出现提示信息“please enter the string of a[40]”,然后,在下面一行输入一串字符“STC”,按 Enter 键。之后又出现提示信息“please enter the string of b[40]”,在下面一行输入字符串“Hello”,按 Enter 键,如图 8.82 所示。

图 8.81 Watch 1 窗口数组 a 和数组 b 信息

```
UART #1
please enter the string of a[40]
STC
please enter the string of b[40]
Hello

 connected the string is
```

图 8.82 UART ♯1 输入和输出信息界面

(5) 按 F5 键，运行程序。程序运行到第 26 行。从反汇编程序窗口可以看到该行代码在单片机片内程序 Flash 存储空间地址为 0x0551 的位置。在该行 C 语言代码反汇编结束的时候有一行 LCALL con_string(C:056E)指令，可以看到被调用函数的入口地址在单片机片内程序 Flash 存储空间地址为 0x56E 的位置，如图 8.83 所示。

```
Disassembly
C:0x0545    12040F   LCALL    gets(C:040F)
    25:         printf("\n connected the string is\n");
C:0x0548    7BFF     MOV      R3,#0xFF
C:0x054A    7A04     MOV      R2,#0x04
C:0x054C    79F5     MOV      R1,#0xF5
C:0x054E    120065   LCALL    PRINTF(C:0065)
    26:         con_string(a,b);
C:0x0551    750B01   MOV      0x0B,#0x01
C:0x0554    750C00   MOV      0x0C,#0x00
C:0x0557    750D28   MOV      0x0D,#0x28
C:0x055A    7B01     MOV      R3,#0x01
C:0x055C    7A00     MOV      R2,#0x00
C:0x055E    7900     MOV      R1,#0x00
C:0x0560    12056E   LCALL    con_string(C:056E)
    27:     puts(a);
```

图 8.83 Disassembly 窗口界面

(6) 按 F5 键，运行程序。断点停在第 4 行代码，从 Disassembly 窗口中可以看到 con_string 子函数的起始地址位于单片机片内程序 Flash 存储空间起始地址为 0x56E 的位置。

(7) 单步运行一条代码。在 Watch 1 窗口界面内输入 s1 和 s2，显示相关信息，如图 8.84 所示。s1 地址为 X:0x000000，s2 地址为 X:0x000028。也就是 s1 指向数组 a，s2 指向数组 b。

s1	X:0x000000 "STC"	ptr3
[0]	0x53 'S'	char
s2	X:0x000028 "Hello"	ptr3
[0]	0x48 'H'	char

图 8.84 Disassembly 窗口界面

注意：在指针作为形参的函数调用中，并不存在实参和形参传递与另外开辟存储空间的事情，只不过是形参指针的地址分别指向实参数组 a 和数组 b 而已。

(8) 单步运行程序代码到第 10 行。注意观察地址为 X:0x000000 起始位置的内容变化，原来的内容如图 8.85(a)所示，修改后的内容如图 8.85(b)所示。

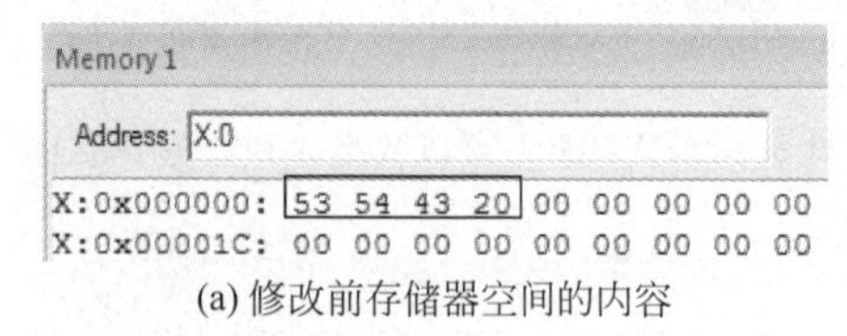

(a) 修改前存储器空间的内容

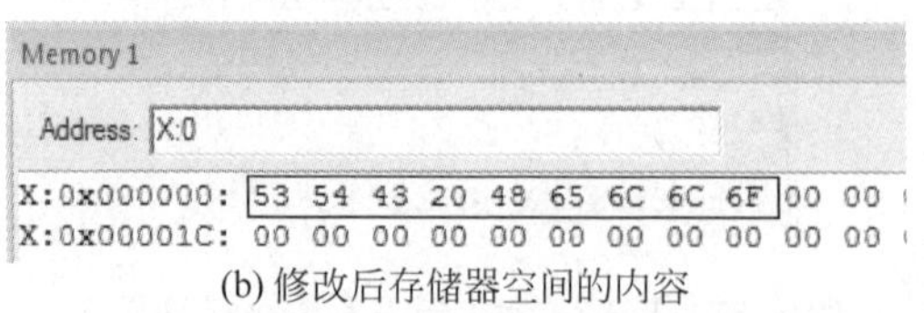

(b) 修改后存储器空间的内容

图 8.85 修改前后存储器空间的内容

(9) 按 F5 键，运行程序。在 UART #1 窗口内打印出拼接后的字符串“STC Hello”信息，如图 8.86 所示。

```
UART #1
please enter the string of a[40]
STC
please enter the string of b[40]
Hello

 connected the string is
STC Hello
```

图 8.86 UART #1 窗口内打印的信息

8.8 预编译指令

在 C 语言中，提供了对程序的编译预处理功能。通过一些预处理指令，为 C 语言本身提供许多功能和符号等方面的扩展。因此，增加了 C 语言的灵活性和方便性。在编写 C 语言程序时，可以将预处理指令添加到需要的位置，但它只在编译程序时起作用，且通常是按行进行处理，因此又称为编译控制行。

C 语言中的预编译指令就类似汇编语言助记符中的指令。在对整个程序进行编译之前，编译器先对程序中的编译控制行进行预处理，然后再将预处理的结果与整个 C 语言源程序一起进行编译，以生成目标代码。

Keil Cx51 编译器的预处理支持标准 C 的预处理指令，包括宏定义、文件包含和条件编译。在 C 语言中，凡是预编译指令都以“#”符号开头。

8.8.1 宏定义

宏定义的指令为#define，它的作用是用一个字符串进行替换，这个字符串既可以是常数，也可以是其他任何字符串，甚至还可以是带参数的宏。宏定义的简单形式是符号常量定义，复杂形式是带参数的宏定义。

1. 不带参数的宏定义

不带参数的宏定义格式为：

```
#define 标识符 常量表达式
```

【例 8-48】 符号常量宏定义的例子。

```
#define PI 3.1415926
#define R 3.0
#define L 2 * PI * R
#define S PI * R * R
```

2. 带参数的宏定义

带参数的宏定义与符号常量定义的不同之处在于，对于源程序中出现的宏符号名不仅进行字符串替换，而且还能进行参数替换。带参数的宏定义格式为：

```
#define 宏符号名(参数表) 表达式
```

其中，参数表中的参数是形参，在程序中用实际参数进行替换。

【例 8-49】 带参数的宏定义例子。

```
#define MAX(x,y)  (((x)>(y)) ? (x) : (y))
#define SQ(x) (x * x)
#define S(r) PI * r * r
```

【例 8-50】 宏定义例子。

代码清单 8-42 main.c 文件

```
#include "stdio.h"
#include "reg51.h"

#define PI 3.14115926
#define CIRCLE(R,L,S) L = 2 * PI * R; S = PI * (R) * (R)
#define MAX(x,y) (((x)>(y)) ? (x) : (y))
void main()
{
    float r,l,s;
    int a,b;
    SCON = 0x52;
    TMOD = 0x20;
    TCON = 0x69;
    TH1 = 0xF3;
    printf("please input r:\n");
    scanf(" % f",&r);
    printf("please input value of a and b\n");
    scanf(" % d, % d",&a,&b);
    CIRCLE(r,l,s);
    printf("\nr = % f\ncirc = % f\narea = % f\n",r,l,s);
    printf("a = % d, b = % d, max value is % d\n",a,b,MAX(a,b));
    while(1);
}
```

读者可以进入到本书所提供资料的 STC_example\例子 8-50 目录下，在 Keil μVision5 集成开发环境下打开该设计，并进入调试器模式，按 F5 键。打开 UART ＃1 窗口界面，输入并显示信息，如图 8.87 所示。

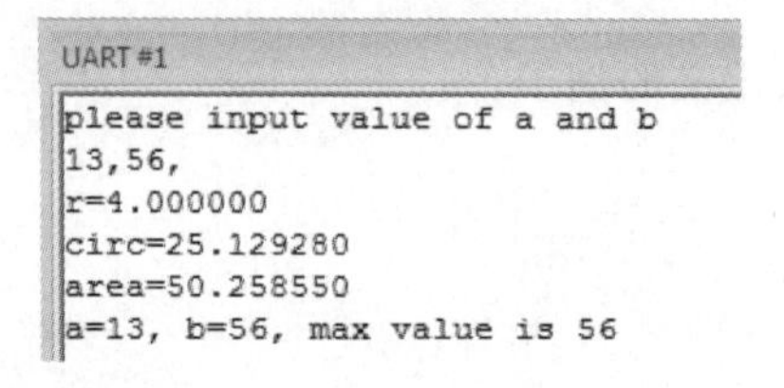

图 8.87 UART ＃1 窗口内打印的信息

8.8.2 文件包含

文件包含是指一个程序文件将另一个指定的文件的全部内容包含进来。在前面已经多次使用了＃include "stdio.h"和＃include "reg51.h"包含头文件指令。文件包含指令的格式为：

```
#include 文件名
```

【例 8-51】 文件包含的例子。

在该例子中，定义了 max.c 文件和 max.h 文件，通过文件包含将这两个文件整合到设计中，包含文件的步骤包括：

(1) 在当前工程下，建立一个名字为 top.uvproj 的工程。

(2) 新建一个名字为 max.c 的文件，并在该文件中添加如下设计代码。

代码清单 8-43(1) max.c 文件

```
int max(int x,int y)            //两个数中,求取最大值
{
    if (x>y) return x;
    else return y;
}

int min(int x,int y)            //两个数中,求取最小值
{
    if (x<y) return x;
    else return y;
}

float avg(int x,int y)          //求取两个数的平均值
{
    return((x+y)/2.0);
}
```

(3) 保存该文件。

(4) 新建一个名字为 max.h 的文件，并在该文件中添加如下设计代码。

代码清单 8-43(2) max.h 文件

```
int i = 11, j = 100;            //定义两个全局整型变量
int max(int x, int y);          //声明 max 函数类型
int min(int x, int y);          //声明 min 函数类型
float avg(int x, int y);        //声明 avg 函数类型
```

(5) 保存该文件。

(6) 新建一个名字为 main.c 的文件,并在该文件中添加如下设计代码。

代码清单 8-43(3) main.c 文件

```
#include "stdio.h"
#include "reg51.h"
#include "max.h"                        //包含自定义头文件

void main()
{
    int k, l;
    float m;
     SCON = 0x52;
     TMOD = 0x20;
     TCON = 0x69;
     TH1 = 0xF3;
     k = max(i, j);                     //调用 max 函数
     l = min(i, j);                     //调用 min 函数
     m = avg(i, j);                     //调用 avg 函数
     printf("max value = %d\n", k);     //打印值 k
     printf("min value = %d\n", l);     //打印值 l
     printf("avg value = %f\n", m);     //打印值 m
}
```

(7) 保存该文件。

读者可以进入到本书所提供资料的 STC_example\例子 8-51 目录下,在 Keil μVision5 集成开发环境下打开该设计,并进入调试器模式,按 F5 键。打开 UART #1 窗口界面,显示信息如图 8.88 所示。

```
UART #1
max value =100
min value =11
avg value =55.500000
```

图 8.88 UART #1 窗口内打印的信息

8.8.3 条件编译

一般情况下,希望对所有的程序行进行编译。但是有时希望只对其中的一部分内容在满足一定的条件时才进行编译,这就是条件编译。Keil Cx51 编译器的预处理器提供了三种条件编译格式。

1. 条件编译指令格式 1

```
#ifdef 标识符
    程序段 1
#else
    程序段 2
#endif
```

2. 条件编译指令格式 2

```
#ifndef 标识符
    程序段 1
#else
    程序段 2
#endif
```

3. 条件编译指令格式 3

```
#if 常量表达式 1
    程序段 1
#elif 常量表达式 2
    程序段 2
…
#else
    程序段 n
#endif
```

【例 8-52】 条件编译的例子。

代码清单 8-44　main. c 文件

```
#include "stdio.h"
#include "reg51.h"

void main()
{
  SCON = 0x52;
  TMOD = 0x20;
  TCON = 0x69;
  TH1 = 0xF3;

  #ifdef SYMBOL
  printf("define SYMBOL in file\n");
  #else
    printf("not define SYMBOL in file\n");
  #endif
  while(1);
}
```

读者可以进入到本书所提供资料的 STC_example\例子 8-52 目录下，在 Keil μVision5 集成开发环境下打开该设计，并进入调试器模式，按 F5 键。打开 UART #1 窗口界面，显示信息“not define SYMBOL in file”。

下面给出定义 SYMBOL 的两种方法：

（1）在 main.c 文件中，添加下面一行代码，保存并编译文件。然后，进入调试器模式，按 F5 键。打开 UART ＃1 窗口界面，显示信息“define SYMBOL in file”，如图 8.89 所示。

```
#define SYMBOL
```

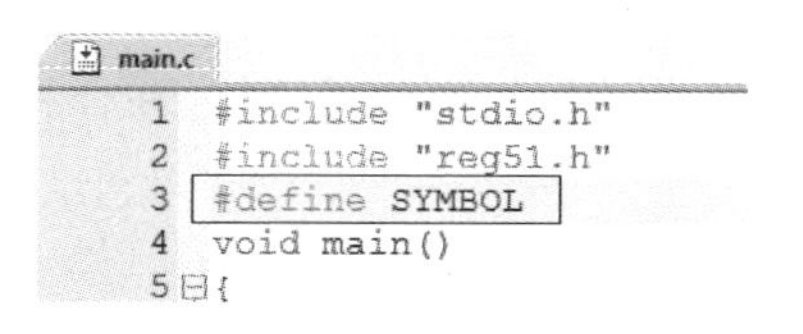

图 8.89 UART ＃1 窗口内打印的信息

（2）在当前工程主界面左侧的 Project 窗口内，选择 Target 1，单击鼠标右键出现快捷菜单，选择 Options for Target‘Target 1’指令，出现 Options for Target ‘Target 1 ’对话框，如图 8.90 所示。打开 C51 选项卡，找到 Preprocessor Symbols（预处理器符号）标题栏。在该标题栏下的 Define 文本框中输入 SYMBOL。然后，单击 OK 按钮。

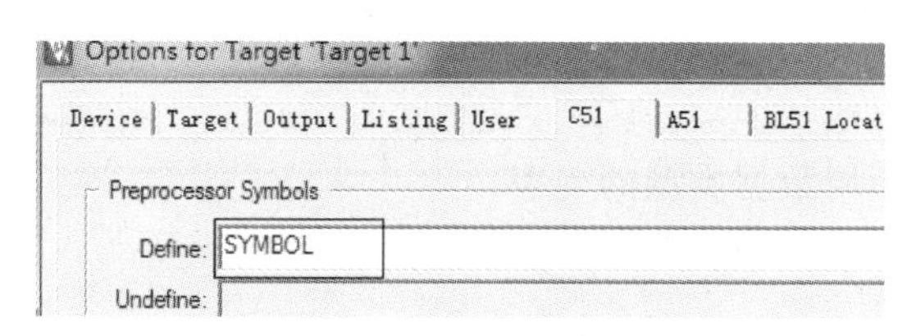

图 8.90 在编译器设置中定义 SYMBOL

（3）重新编译设计，再进入调试器模式，按 F5 键。打开 UART ＃1 窗口界面，显示信息“define SYMBOL in file”。

8.8.4 其他预处理指令

Keil Cx51 编译器还支持＃error、＃pragma 和＃line 预处理指令。本节介绍＃error 和＃pragma 指令。

1. ＃error

该指令通常用于条件编译中，以便捕获一些不可预知的编译条件。正常情况下该条件的值为假，如果条件为真，则输出一条由＃error 指令后面字符串给出的错误信息并停止编译。例如，在前面的代码中插入：

```
#else
  printf("not define SYMBOL in file\n");
   #error stop!!!
#endif
```

表示当没有定义符号时，报错并停止编译。

2. ＃pragma

该指令由于在源程序中向编译器传送各种编译控制指令，所以其格式为：

```
#pragma 编译指令序列
```

该指令可以控制编译器对程序处理的方法。

8.9 复杂数据结构

在C语言中,除了提供基本数据类型、数组和指针外,还提供了复杂的数据结构,用于将不同类型的数据放在一起。复杂数据结构包括结构、联合和枚举。

8.9.1 结构

结构是将不同数据类型有序组合在一起而构成的一种数据的集合体。结构中的每个数据类型分别占用所声明类型的存储空间。

1. 结构类型的定义

格式为:

```
struct 结构名
{
    结构元素列表
}
```

其中,结构元素列表为不同数据类型的列表。

【例 8-53】 结构体的声明例子。

```
struct student{
        char name[30];
        char gender;
        char age;
        long int num;
    };
```

2. 结构变量的定义

1) 在声明的时候定义

【例 8-54】 结构体的声明例子1。

```
struct student{
        char name[30];
        char gender;
        char age;
        long int;
    }stu1,stu2;
```

2) 在声明后单独定义

格式为:

```
struct 结构名 结构变量 1,结构变量 2, …,结构变量 N
```

在实际使用的时候,如果变量很多,可以将这些变量整合到一个数组内,这样更加方便操作。

【例 8-55】 结构体的声明例子 2。

```
struct student stu1,stu2;
```

注意：只能对结构变量内的元素进行操作，不能对结构的元素进行操作，即对 stu1、stu2 内的元素操作是合法的，对 student 操作是非法的。

3. 结构变量内元素的引用

当定义完结构变量后，就可以引用结构变量内的元素。格式为：

```
结构变量名.结构元素
```

【例 8-56】 结构体使用的例子。

代码清单 8-45 main.c 文件

```
#include "stdio.h"
#include "reg51.h"
struct student{                          //定义结构体
            char name[30];               //字符类型数组
            char gender;                 //字符类型数据
            int age;                     //整型数据
            long int num;                //长整型数据
         };
xdata struct student stu[2];             //xdata 区定义结构数组变量
void main()
{
    int i;
    SCON = 0x52;
    TMOD = 0x20;
    TCON = 0x69;
    TH1 = 0xF3;
    for(i = 0;i < 2;i++)                                  //循环输入结构数组变量元素
     {
        printf("please input stu[ %d].name\n",i);
        scanf(" %s",stu[i].name);                         //输入结构中的 name 元素
        getchar();
        printf("please input stu[ %d].gender\n",i);
        scanf(" %c",&stu[i].gender);                      //输入结构中的 gender 元素
        putchar('\n');
        printf("please input stu[ %d].age\n",i);
        scanf(" %d",&stu[i].age);                         //输入结构中的 age 元素
        printf("please input stu[ %d].num\n",i);
        scanf(" %ld",&stu[i].num);                        //输入结构中的 num 元素
     }
     putchar('\n');
     for(i = 0;i < 2;i++)
     {
        printf("the following students information is:\n");
        printf("stu[ %d].name = %s, ",i,stu[i].name);         //输出结构中的 name 元素
        printf("stu[ %d].gender = %c, ",i,stu[i].gender);     //输出结构中的 gender 元素
        printf("std[ %d].age = %d, ",i,stu[i].age);           //输出结构中的 age 元素
        printf("std[ %d].num = %ld, ",i,stu[i].num);          //输出结构中的 num 元素
```

```
        putchar('\n');
    }
    while(1);
}
```

读者可以进入到本书所提供资料的 STC_example\例子 8-56 目录下，在 Keil μVision5 集成开发环境下打开该设计，并进入调试器模式，按 F5 键。打开 UART #1 窗口界面，在该界面下按照提示信息输入结构元素的值，最后打印输入的信息，如图 8.91 所示。

```
UART #1
please input stu[0].name
hebin
please input stu[0].gender
m
please input stu[0].age
39
please input stu[0].num
20145
please input stu[1].name
libaolong
please input stu[1].gender
m
please input stu[1].age
24
please input stu[1].num
20147

the following students information is:
stu[0].name=hebin, stu[0].gender=m, std[0].age=39, std[0].num=20145,
the following students information is:
stu[1].name=libaolong, stu[1].gender=m, std[1].age=24, std[1].num=20147,
```

图 8.91 UART #1 窗口输入和输出信息窗口

为了使读者更进一步地理解结构体的概念，这里给出 Watch 1 窗口内的信息，如图 8.92 所示。

Watch 1

Name	Value	Type
stu	X:0x000000 stu	array[2] of struct stud...
[0]	X:0x000000 &stu	struct student
name	X:0x000000 stu[] "hebin"	array[30] of char
gender	0x6D 'm'	char
age	0x0027	int
num	0x00004EB1	long
[1]	X:0x000025	struct student
name	X:0x000025 "libaolong"	array[30] of char
gender	0x6D 'm'	char
age	0x0018	int
num	0x00004EB3	long
student	<cannot evaluate>	uchar
<Enter expression>		

图 8.92 Watch 1 窗口中结构变量

从图 8.92 中可以看出，没有为 student 结构本身分配存储空间，但是为结构变量stu[0]和 stu[1]分配了空间。其中，将结构变量 stu[0]分配到单片机扩展数据区起始地址为 0x000000 的地方；将结构变量 stu[1]分配到了单片机扩展数据区起始地址为 0x000025 的地方。

通过 stu[0]和 stu[1]在单片机扩展数据区的内容可以更好地理解该数据类型，如图 8.93(a)和图 8.93(b)所示。

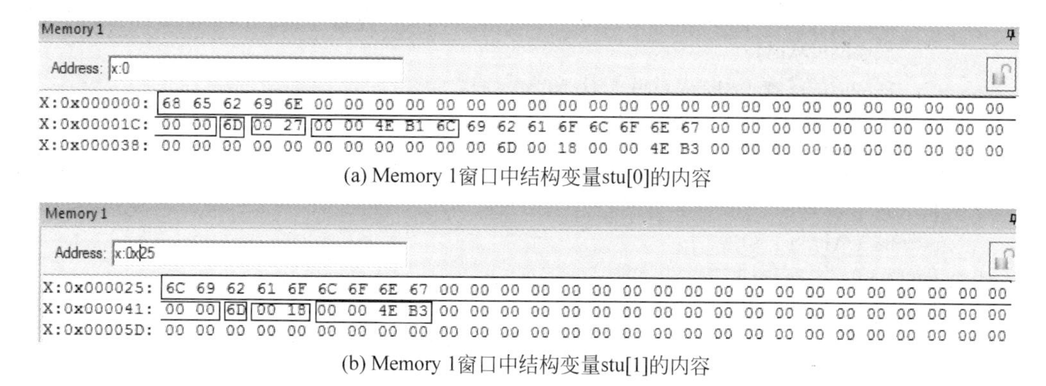

(a) Memory 1窗口中结构变量stu[0]的内容

(b) Memory 1窗口中结构变量stu[1]的内容

图 8.93 Memory 1 窗口中结构变量 stu[0]和 stu[1]的内容

4. 指向结构的指针

在 C 语言中，一个指向结构类型变量的指针称为结构型指针，该指针变量的值是它所指向的结构变量的起始地址。结构型指针也可以用来指向结构数组，或者指向结构数组中的元素。定义结构型指针的一般格式为：

```
struct  结构类型标识符 *结构指针标识符
```

通过结构型指针引用结构元素的格式为：

```
结构指针标识符→结构中的元素
```

【例 8-57】 指向结构指针的例子。

代码清单 8-46 main.c 文件

```
#include "stdio.h"
#include "reg51.h"
struct student{                                          //声明结构体
            char name[30];
            char gender;
            int age;
            long int num;
        };
xdata struct student stu[2], *p;                         //声明结构数组和指针
void main()
{
  int i;
  SCON = 0x52;
  TMOD = 0x20;
  TCON = 0x69;
  TH1 = 0xF3;
  for(i = 0;i < 2;i++)
     {
        p = &stu[i];                                     //结构指针指向当前数组首地址
```

```
        printf("please input stu[ %d].name\n",i);
        scanf("%s",&p->name);                          //输入 p->name 指向字符串的信息
        getchar();
        printf("please input stu[ %d].gender\n",i);
        scanf("%c",&p->gender);                        //输入 p->gender 指向字符的信息
        putchar('\n');
        printf("please input stu[ %d].age\n",i);
        scanf("%d",&p->age);                           //输入 p->age 指向整数的信息
        printf("please input stu[ %d].num\n",i);
        scanf("%ld",&p->num);                          //输入 p->num 指向长整数的信息
    }
    putchar('\n');
    for(i=0;i<2;i++)
    {
        p=&stu[i];                                     //结构指针指向当前数组首地址
        printf("the following students information is:\n");
        printf("stu[ %d].name= %s, ",i,p->name);       //打印 p->name 指向字符串的信息
        printf("stu[ %d].gender= %c, ",i,p->gender);   //打印 p->gender 指向字符的信息
        printf("std[ %d].age= %d, ",i,p->age);         //打印 p->age 指向整数的信息
        printf("std[ %d].num= %ld, ",i,p->num);        //打印 p->num 指向长整数的信息
        putchar('\n');
    }
    while(1);
}
```

读者可以进入到本书所提供资料的 STC_example\例子 8-57 目录下，在 Keil μVision5 集成开发环境下打开该设计，并进入调试器模式，按 F5 键。打开 UART #1 窗口界面，在该界面下按照提示信息输入结构元素的值，最后打印输入的信息。

思考与练习 8-56：打开 Watch 1 窗口，观察指针随程序变化的情况。

8.9.2 联合

在 C 语言中，提供了联合类型的数据结构。在一个联合的数据结构中，可以包含多个数据类型。但是，不像结构类型那样，所有的数据单独分配存储空间，而联合数据类型是共用存储空间。这种方法可以分时使用同一个存储空间，因此提高了单片机片内数据存储空间的使用效率。联合类型变量的定义格式为：

```
union 联合变量的名字
    {
      成员列表
    }变量列表
```

【例 8-58】 联合数据结构的例子。

代码清单 8-47　main.c 文件

```
#include "stdio.h"
#include "reg51.h"
union {                                    //定义联合体
      char data_str[8];                    //定义字符数组
      struct {                             //定义结构体
```

```
                int a;
                int b;
                long int c;
            }data_var;
        }shared_information;                          //联合体的名字
void main()
{
    int i;
    SCON = 0x52;
    TMOD = 0x20;
    TCON = 0x69;
    TH1 = 0xF3;
    shared_information.data_var.a = 100;          //结构体整型数 a 赋值
    shared_information.data_var.b = 1000;         //结构体整型数 b 赋值
    shared_information.data_var.c = 100000000;    //结构体长整型 c 赋值
     for(i = 0;i < 8;i++)                         //打印联合体内的 data_str
    {
        printf("data[%d] = %c,\n",i,shared_information.data_str[i]);
    }
     while(1);
}
```

读者可以进入到本书所提供资料的 STC_example\例子 8-58 目录下，在 Keil μVision5 集成开发环境下打开该设计，并进入调试器模式，按 F5 键。打开 Watch 1 窗口界面，在该界面下输入 data_str 和 data_var，如图 8.94 所示。从图中可以看出来，data_str 和 data_var 都位于单片机片内数据区起始地址为 0x22 的位置，共享 8 字节的片内数据区。

Watch 1

Name	Value	Type
data_var	<cannot evaluate>	uchar
shared_inform...	D:0x22 &shared_infor...	union <untagged>
data_str	D:0x22 &shared_infor...	array[8] of char
[0]	0x00	char
[1]	0x64 'd'	char
[2]	0x03	char
[3]	0xE8 '?	char
[4]	0x05	char
[5]	0xF5 '?	char
[6]	0xE1 '?	char
[7]	0x00	char
data_var	D:0x22 &shared_infor...	struct <untagged>
a	0x0064	int
b	0x03E8	int
c	0x05F5E100	long
<Enter expression>		

图 8.94　Watch 1 窗口中 data_str 和 data_var 的内容

data_var.a=0x0064，存在下面的关系：

(1) data_var.a 高 8 位=>data_str[0]。

(2) data_var.a 低 8 位=>data_str[1]。

data_var.b=0x03E8，存在下面的关系：

(1) data_var.b 高 8 位=>data_str[2]。

(2) data_var.b 低 8 位=>data_str[3]。

data_var.c=0x05F5E100,存在下面的关系:

(1) data_var.c 第 31 位～第 24 位=>data_str[4]。

(2) data_var.c 第 23 位～第 16 位=>data_str[5]。

(3) data_var.c 第 15 位～第 8 位=>data_str[6]。

(4) data_var.c 第 7 位～第 0 位=>data_str[7]。

注意:=>表示对应关系。

8.9.3 枚举

在C语言中,提供了枚举数据类型。如果一个变量只有有限个取值,则可以将变量定义为枚举类型。例如,对于星期来说,只有星期一至星期日这7个可能的取值情况;对于颜色,只有红色、蓝色和绿色三个基本颜色。所以,星期和颜色都可以定义为枚举类型。枚举类型的格式为:

```
enum 枚举名字{枚举值列表} 变量列表;
```

在枚举值列表中,每一项代表一个整数值。默认,第一项为0,第二项为1,第三项为2,以此类推。此外,也可以通过初始化指定某些项的符号值。

【例 8-59】 枚举数据结构的例子。

该例子将若干红、绿、蓝三种颜色的小球全排列组合,输出每种组合的三种颜色。

代码清单 8-48 main.c 文件

```
#include "stdio.h"
#include "reg51.h"
enum color{red,green,blue};
enum color i,j,k,st;
void main()
{
    int n = 0,m;
    SCON = 0x52;
    TMOD = 0x20;
    TCON = 0x69;
    TH1 = 0xF3;
     for(i = red;i <= blue;i++)
        for(j = red;j <= blue;j++)
              for(k = red;k <= blue;k++)
              {
               n = n + 1;
                    printf(" % - 4d",n);
                      for(m = 1;m <= 3;m++)
                        {
                              switch(m)
                              {
                                  case 1 : st = i;break;
```

```
                    case 2: st = j;break;
                    case 3: st = k;break;
                    default: break;
                }
                switch(st)
                {
                    case red : printf(" % - 10s","red");break;
                    case green: printf(" % - 10s","green");break;
                    case blue : printf(" % - 10s","blue");break;
                    default: break;
                }
            }
        printf("\n");
        }
        printf("\n total: % 5d\n",n);
    while(1);
}
```

读者可以进入到本书所提供资料的 STC_example\例子 8-59 目录下，在 Keil μVision5 集成开发环境下打开该设计，并进入调试器模式，按 F5 键。打开 UART ＃1 窗口界面，可看到输出数据的信息，如图 8.95 所示。

```
UART #1
1   red      red      red
2   red      red      green
3   red      red      blue
4   red      green    red
5   red      green    green
6   red      green    blue
7   red      blue     red
8   red      blue     green
9   red      blue     blue
10  green    red      red
11  green    red      green
12  green    red      blue
13  green    green    red
14  green    green    green
15  green    green    blue
16  green    blue     red
17  green    blue     green
18  green    blue     blue
19  blue     red      red
20  blue     red      green
21  blue     red      blue
22  blue     green    red
23  blue     green    green
24  blue     green    blue
25  blue     blue     red
26  blue     blue     green
27  blue     blue     blue

 total:    27
```

图 8.95 UART ＃1 窗口内打印的信息

思考与练习 8-57：请读者分析该设计代码，并画出程序流程图。

8.10 C程序中使用汇编语言

有时需要在使用C语言编写程序代码的过程中使用汇编语言。有些汇编程序在整个软件设计工程中是必需的，如启动引导代码。而其他地方使用汇编语言是为了提高整个软件设计工程的运行效率。在C语言中使用汇编语言的方法包括两种：

(1) 在C语言程序代码中内嵌汇编语言。

(2) C语言代码程序中调用外部汇编语言编写的程序。

8.10.1 内嵌汇编语言

在C源文件中，将汇编代码写在指令：

```
#pragma asm
    …
#pragma endasm
```

中间。

【例8-60】 在C语言中内嵌汇编语言的实现。

在C程序中内嵌汇编语言的步骤主要包括：

注意：读者可以进入到本书所提供资料的STC_example\例子8-60目录下，在Keil μVision5集成开发环境下打开并参考该设计。

(1) 建立新的设计工程。

(2) 新建并添加一个名字为main.c的源文件。按下面输入代码，并保存该文件。

代码清单8-49 main.c文件

```
#include "stdio.h"
#include "reg51.h"
    idata unsigned char C1 _at_ 0x22;    //_at_声明char类型变量C1在idata区的0x22位置
    idata unsigned char B1 _at_ 0x24;    //_at_声明char类型变量B1在idata区的0x24位置
    idata unsigned char D1 _at_ 0x26;    //_at_声明char类型变量D1在idata区的0x26位置
    idata unsigned int e _at_ 0x28;      //_at_声明int类型变量e在idata区的0x28位置
void main()
{
    C1 = 100;                            //变量C1赋值为100
    B1 = 90;                             //变量B1赋值为90
    SCON = 0x52;
    TMOD = 0x20;
    TCON = 0x69;
    TH1 = 0xF3;
    #pragma asm                          //内嵌汇编指令，表示开始
     MOV A,0x22                          //单片机片内数据区0x22单元内容送给累加器ACC
     MOV B,0x24                          //单片机片内数据区0x24单元内容送给寄存器B
     ADD A,B                             //累加器ACC和寄存器B的内容相加，结果保存在ACC
     MOV 0x26,A                          //累加器ACC内容送到单片机片内数据区0x26单元
    #pragma endasm                       //内嵌汇编指令，表示结束
```

```
    e = D1;                          //将 D1 的值送给 e
    printf(" % d\n",e);              //打印 e 的值
    while(1);

}
```

该程序代码的设计思路如图 8.96 所示。

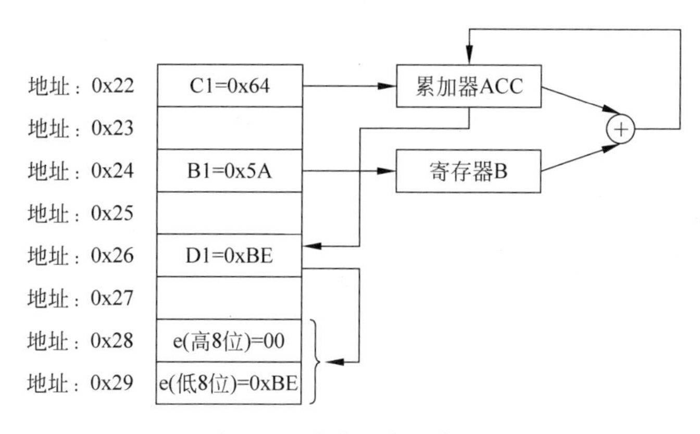

图 8.96 内嵌汇编设计原理

(3) 在当前工程主界面左侧的 Project 窗口中，找到并选择 main.c，单击鼠标右键出现快捷菜单，选择 Options for File 'main.c'命令，出现 Options for File 'main.c'对话框，如图 8.97 所示，选中 Generate Assembler SRC File 和 Assemble SRC File 复选框。

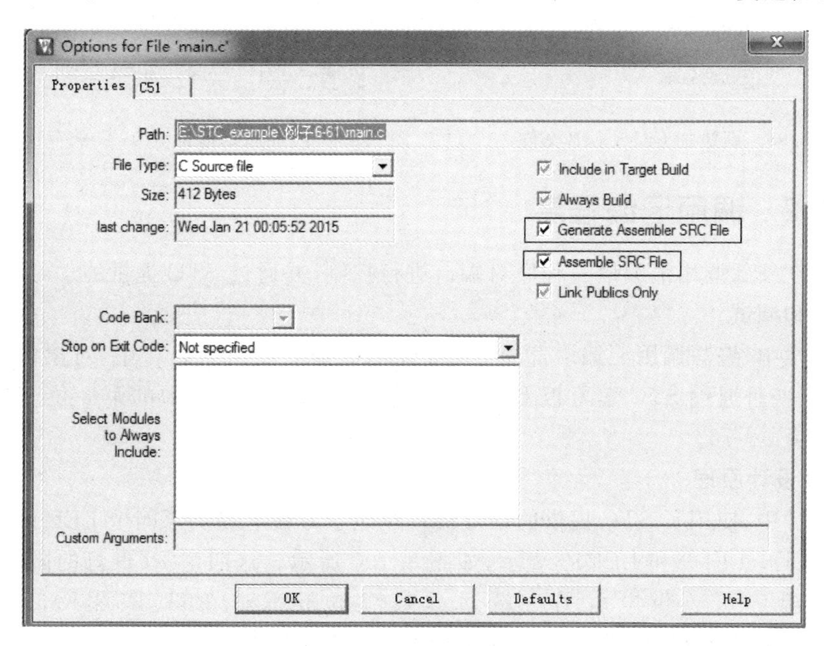

图 8.97 main.c 文件设置界面

注意：该设置使得编译器识别 C 语言内嵌的汇编语言代码。

(4) 单击 OK 按钮。

(5) 在当前工程主界面左侧，选择 Source Group 1，单击鼠标右键，出现快捷菜单，选择

Add Existing Files to Group 'Source Group 1'命令。

(6) 出现 Add Existing Files to Group 'Source Group 1'对话框。在该对话框中：

① 将文件类型改成 Library file(*.lib)。

② 将文件路径定位到 Keil 集成开发环境安装路径下：

```
c:\keil_v5\C51\LIB
```

③ 在该路径下，选中 C51S.LIB 库文件。

④ 单击 Add 按钮。

(7) 在当前工程主界面左侧的 Project 窗口中，看到新添加的库文件，如图 8.98 所示。

注意：该库文件用于 small 存储编译模式，对于其他模式，读者可以选择其他库文件。

(8) 编译设计。

(9) 进入调试器模式。

(10) 打开 Watch 1 窗口界面。在该界面中，分别输入 B1、C1 和 D1。

(11) 单步运行程序，观察变量的变化情况。

(12) 打开 Memory 窗口界面。在该界面中，输入 d:0x22，观察单片机片内数据区的存储内容，如图 8.99 所示。

(13) 打开 UART #1 窗口。在该窗口下，打印 e 的值为 190。

(14) 退出调试器模式，并关闭该设计。

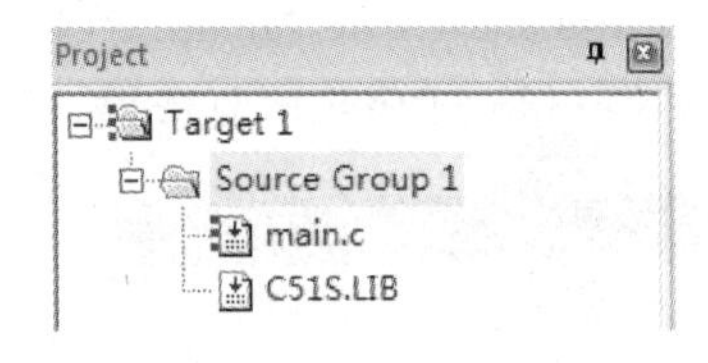

图 8.98 新添加 C51S.LIB 文件

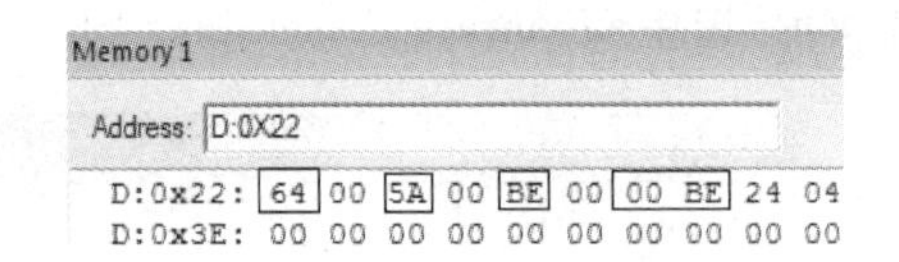

图 8.99 观察起始地址为 0x22 的存储内容

8.10.2 调用汇编程序

本节将在外部调用汇编语言程序对端口进行控制，并通过 STC 提供的学习板对设计进行硬件仿真和调试。

在主程序中，编写调用汇编语言编写的子函数代码。在汇编语言中，对累加器 ACC 进行递增操作，并且通过 STC 学习板上的四个 LED 灯，显示 ACC 中的第 3 位～第 0 位值。显示的范围为 0～16。

1. 硬件设计原理

在该设计中，使用了 STC 提供的学习板。在该学习板上提供了四个 LED 灯，名字分别用 LED7、LED8、LED9 和 LED10 表示，如图 8.100 所示。这四个 LED 灯的阳极共同接到了 VCC 电源(+5V 供电)，另一端通过限流电阻 R52、R53、R54、R55 与 STC 的 IAP15W4K58S4 单片机 P1.7、P1.6、P4.7 和 P4.6 引脚连接。

(1) 当单片机对应的引脚位置低时，所连接的 LED 亮。

(2) 当单片机对应的引脚位置高时，所连接的 LED 灭。

2. 软件设计原理

软件设计流程图如图 8.101 所示。

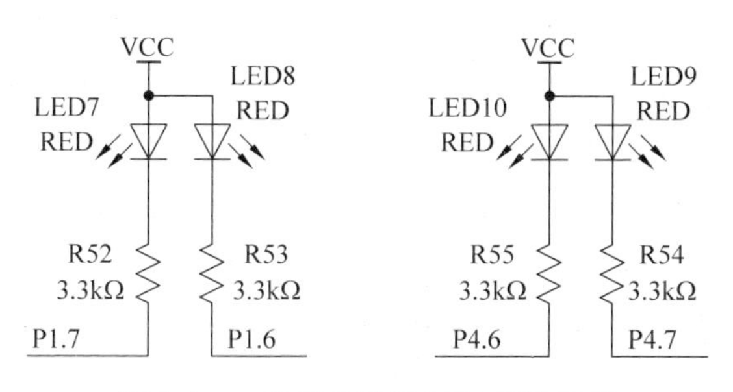

图 8.100　STC 学习板 LED 设计原理

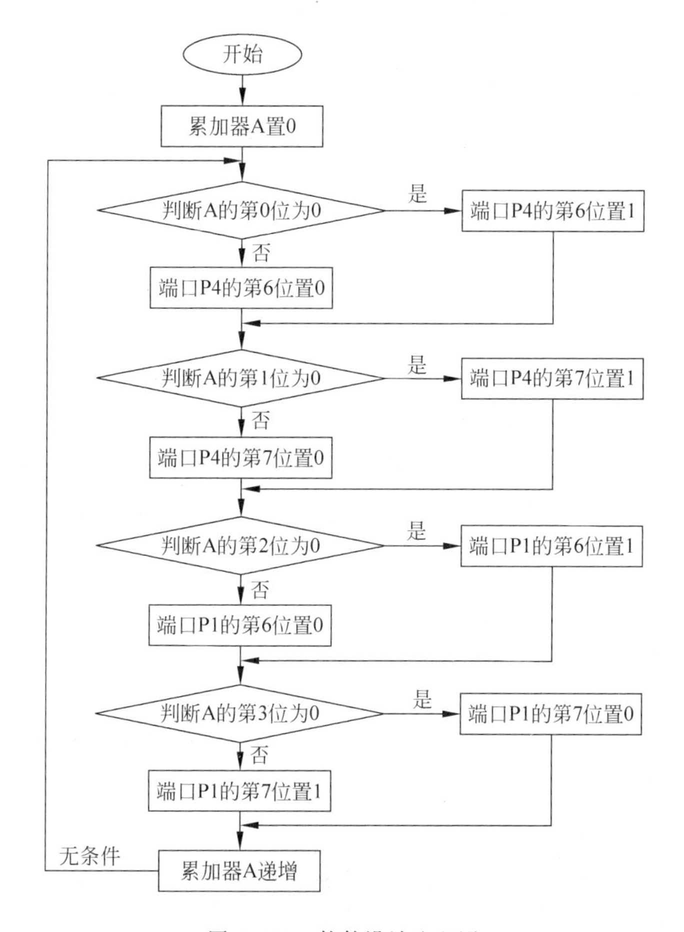

图 8.101　软件设计流程图

3. 设计实现过程

【例 8-61】 在 C 语言中调用汇编语言的方法。

通过 C 语言，调用汇编语言的步骤主要包括：

注意：① 读者可以进入到本书所提供资料的 STC_example\例子 8-61 目录下，在 Keil μVision5 集成开发环境下打开并参考该设计。

② 按照第 5 章讲的方法，将学习资料内 STC 提供的 USB-UART 串口驱动安装到计算机上。

(1) 建立新的设计工程。

(2) 在当前工程主界面中,选中 Target 1,单击鼠标右键,出现快捷菜单。选择 Options for Target 'Target 1'命令。

(3) 出现 Options for Target 'Target 1'对话框,按如下设置参数:

① 选择 Output 选项卡,选中 Create HEX File 复选框。

② 选择 Debug 选项卡,选中 Use 单选按钮,表示要使用硬件仿真。在右侧的下拉框中,选择 STC Monitor-51 Driver 选项。单击右侧的 Settings 按钮,出现 Target Setup 选项。选择 COM Port,单击 OK 按钮,返回到设置界面。

注意:读者 PC 使用的端口以安装 STC 的 USB-JATG 后所识别的 COM 端口号为准。

(4) 单击 OK 按钮,退出 Options for Target 'Target 1'对话框。

(5) 建立新的名字为 main.c 的 C 语言源文件,输入下面的代码,并保存该设计文件。

代码清单 8-50(1)　main.c 文件

```
extern void CONTROL_GPIO(void);              //声明函数为外部函数
void main()
{
    CONTROL_GPIO();                          //调用外部函数
}
```

(6) 建立新的名字为 gpio.a51 的文件,输入下面的代码,并保存该设计文件。

代码清单 8-50(2)　gpio.a51 文件

```
$ NOMOD51                                    //使 A51 不识别预定义的 SFR 符号

$ INCLUDE (reg51.inc)                        //包含 reg51.inc 文件,该文件预定义了符号

NAME CONTROL_GPIO                            //模块名字 CONTROL_GPIO
P4        DATA 0C0H                          //定义端口 4 的地址
segcode segment code                         //声明代码段 segcode
    public CONTROL_GPIO                      //声明 public,外部模块可以调用
    rseg segcode                             //引用代码段 segcode
CONTROL_GPIO:                                //程序入口
        MOV   A,#0                           //初始化累加器 ACC 为 0
Loop2:  JB    ACC.0, SETP41                  //判断 ACC 的第 0 位是否为 1,是则跳转
        SETB  P4.6                           //否则将 P4.6 设置为 1(灯灭)
        JMP   CON                            //无条件跳转到 CON
SETP41: CLR   P4.6                           //将 P4.6 设置为 0(灯亮)
CON:    JB    ACC.1,SETP42                   //判断 ACC 的第 1 位是否为 1,是则跳转
        SETB  P4.7                           //否则将 P4.7 设置为 1(灯灭)
        JMP   CON1                           //无条件跳转到 CON1
SETP42: CLR   P4.7                           //将 P4.7 设置为 0(灯亮)
CON1:   JB    ACC.2, SETP43                  //判断 ACC 的第 2 位是否为 1,是则跳转
        SETB  P1.6                           //否则将 P1.6 设置为 1(灯灭)
        JMP   CON2                           //无条件跳转到 CON2
SETP43: CLR   P1.6                           //否则将 P1.6 设置为 0(灯亮)
CON2:   JB    ACC.3,SETP44                   //判断 ACC 的第 3 位是否为 1,是则跳转
```

```
        SETB  P1.7                         //否则将 P1.7 设置为 1(灯灭)
        JMP   CON3                         //无条件跳转到 CON3
SETP44: CLR   P1.7                         //否则将 P1.7 设置为 0(灯亮)
CON3:   INC   A                            //累加器 A 递增
        JMP   Loop2                        //无条件跳转到 Loop2
        RET
END
```

(7) 在 gpio.a51 的第 28 行设置断点。

(8) 将 STC 提供的学习板通过 USB 电缆和主机进行连接。

(9) 打开 STC 提供的 STC-ISP(v6.82)软件。在该界面中按如下设置参数：

① 在该界面串口号右侧下拉框中，选择所识别出来的 STC USB-UART 的窗口号。

② 在该界面中，找到“单击打开程序”按钮，定位到当前设计工程目录下，找到并打开 top.HEX 文件。

③ 在 STC-ISP 软件主界面右侧窗口内，选择“Keil 仿真设置”选项卡，单击“将 IAP15W4K58S4 设置为仿真芯片(宽压系统，支持 USB 下载)”按钮。

(10) 按一下 STC 学习板上的 SW19 键。

(11) 开始下载程序。当程序下载成功后，在 STC-ISP 软件的右下角窗口中出现提示信息。

(12) 在 Keil μVision5 主界面主菜单下，选择 Debug→Start/Stop Debug Session 命令。

(13) 进入调试器模式，连续按 F5 键，断点运行程序。

思考与练习 8-58：观察当每次运行程序时，LED 的变化规律是不是从 0000 到 1111，即全灭到全亮变化。

思考与练习 8-59：观察反汇编代码，填写下面的空格：

① main 主程序的入口点地址________________。

② 调用 CONTROL_GPIO()代码的地址________________。

③ CONTROL_GPIO 子函数的入口点地址________________________。

思考与练习 8-60：在程序运行的过程中，观察单片机内寄存器的变化情况，如累加器 ACC、程序计数器 PC 等。

(14) 退出调试器模式，并关闭该设计。

8.11 C 语言端口控制实现

本节将全部使用 C 语言实现上面的例子。

【例 8-62】 C 语言控制端口的实现。

实现 C 语言控制端口的步骤主要包括：

注意：读者可以进入到本书所提供资料的 STC_example\例子 8-62 目录下，在 Keil μVision5 集成开发环境下打开并参考该设计。

(1) 建立新的设计工程。

(2) 在当前工程主界面中选中 Target 1，单击鼠标右键，出现快捷菜单，选择 Options for Target 'Target 1'命令。

(3) 出现 Options for Target 'Target 1'对话框，选择 Output 选项卡，选中 Create HEX File 复选框。

(4) 单击 OK 按钮，退出 Options for Target 'Target 1'对话框。

(5) 建立新的名字为 main.c 的 C 语言源文件，输入下面的代码，并保存该设计文件。

代码清单 8-51(1)　main.c 文件

```
#include "reg51.h"
void main()
{

}
```

(6) 保存设计代码。

(7) 对设计进行编译。成功编译后，在主界面左侧的 Project 窗口中出现 reg51.h 文件。双击打开 reg51.h 文件，下面对该文件进行修改：

① 在该文件第 16 行添加一行代码，该行代码声明 P4 端口的地址，如图 8.102 所示。

② 从该文件第 92 行开始添加代码，该行代码声明 P4 端口每一位的地址，如图 8.103 所示。

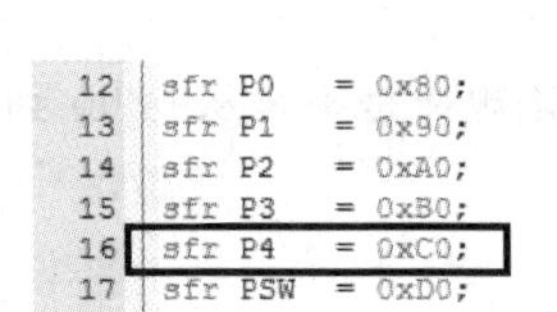

图 8.102　在第 16 行添加代码

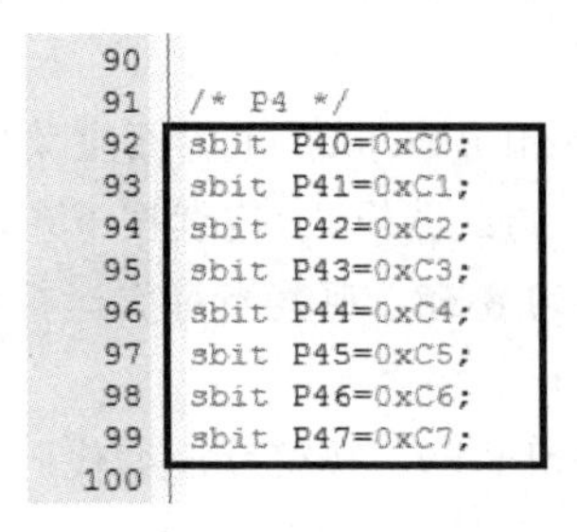

图 8.103　从第 92 行开始添加代码

③ 保存该文件。

(8) 打开 main.c 文件，添加剩余的代码，并保存文件。下面给出完整的代码。

代码清单 8-51(2)　main.c 文件

```
#include "reg51.h"                          //包含修改后的 reg51.h 头文件
void main()
{
int i = 0;
long int j = 0;
while(1)                                    //无限循环
    {
     for(i = 0;i < 4;i++)                   //for 循环从 0 到 3
        {
          switch(i)
          {
              case 0:                       //当计数值为 0
              {
                P46 = 1;                    //P4.6 置位为 1(灯灭)
                P47 = 1;                    //P4.7 置位为 1(灯灭)
```

```
            }
                break;
            case 1:                     //当计数值为 1
            {
                P46 = 0;                //P4.6 置位为 0(灯亮)
                P47 = 1;                //P4.7 置位为 1(灯灭)
            }
                break;
            case 2:                     //当计数值为 2
            {
                P46 = 1;                //P4.6 置位为 1(灯灭)
                P47 = 0;                //P4.7 置位为 0(灯亮)
            }
              break;
            case 3:                     //当计数值为 3
            {
                P46 = 0;                //P4.6 置位为 0(灯亮)
                P47 = 0;                //P4.7 置位为 0(灯亮)
            }
              break;
            default : ;
        }
    for(j = 0;j < 222222;j++){;}        //软件延迟代码
    }
  }
}
```

(9) 对该文件进行编译，生成 HEX 文件。

(10) 打开 STC-ISP 软件，按照前面选择正确的器件型号、设置串口参数。

(11) 在该软件中，单击“打开程序文件”按钮。定位到当前工程路径，并打开 top.HEX 文件。

(12) 在 STC-ISP 软件中单击“下载/编程”按钮。

(13) 在 STC 提供学习板上找到并按一下 SW19 键，开始编程 STC 单片机。

思考与练习 8-61：查看下载后的结果和设计要求是否一致。

(14) 关闭该设计。

8.12 C 语言中断程序实现

在第 5 章中，已经通过汇编语言对单片机中断的实现方法进行了详细的介绍。本节将通过 C 语言设计并实现中断程序。

8.12.1 C 语言中断程序实现原理

Keil Cx51 编译器支持在 C 语言源程序中直接编写 8051 单片机的中断服务程序，从而降低了采用汇编语言编写中断服务程序的复杂度。在 Keil Cx51 编译器中，对函数定义进行了扩展，增加了关键字 interrupt。定义中断服务程序的格式为：

```
函数类型 函数名(形参列表) [interrupt n][using n]
```

其中，interrupt 后面的 n 为中断号，范围为 0～31，在编译器中，在程序 Flash 存储器地址为 8n+3 的地方保存每个中断的中断向量；using 后面的 n 用于选择使用的工作寄存器组。

8.12.2 外部中断电路原理

在该设计中，将设计一个在 0～3 计数(四进制)的计数器。通过 STC 学习板上的 P4.6 和 P4.7 端口上的 LED，显示计数的值。与前面例子不一样的是，计数是通过外部中断 INT0 触发的，即每次当 INT0 引脚下拉到地时，触发一次中断，计数器递增一次。该设计的硬件电路的触发由开关控制，如图 8.104 所示。

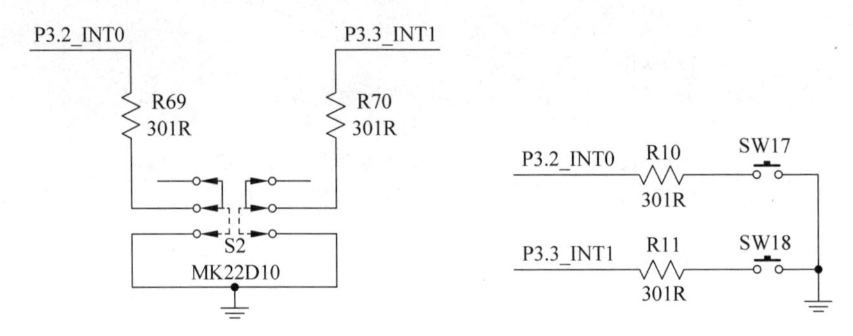

图 8.104 STC 学习板外部中断电路结构

为了正确地下载程序和方便读者后续的实验，STC 学习板上没有焊接开关。但是，提供了 SW17 和 SW18 两个按键。

(1) 当按下 SW17 时，P3.2 引脚接地，产生一个 INT0 下降沿低脉冲信号。

(2) 当按下 SW18 时，P3.3 引脚接地，产生一个 INT1 下降沿低脉冲信号。

注意：在本节设计的例子中，只使用了 INT0 外部中断信号。

8.12.3 C 语言中断具体实现过程

【例 8-63】 通过外部中断触发中断事件，并进行相应处理的实现。实现 C 语言中断程序的步骤主要包括：

注意：读者可以进入到本书所提供资料的 STC_example\例子 8-63 目录下，在 Keil μVision5 集成开发环境下打开并参考该设计。

(1) 建立新的设计工程。

(2) 在当前工程主界面中选中 Target 1，单击鼠标右键，出现快捷菜单，选择 Options for Target 'Target 1'命令。

(3) 出现 Options for Target 'Target 1'对话框，选择 Output 选项卡，选中 Create HEX File 复选框。

(4) 单击 OK 按钮，退出 Options for Target 'Target 1'对话框。

(5) 建立新的名字为 main.c 的 C 语言源文件，输入下面的代码，并保存该设计文件。

代码清单 8-52 main.c 文件

```
#include "reg51.h"
```

```
int i = 0;                          //声明全局变量 i,初值为 0
service_int0() interrupt 0          //声明该函数是中断函数,对应于中断号 0
{
    if(i == 4) i = 0;               //如果 i 计数到 4,则复位到 0
    if(i == 0)                      //当计数值为 0 时
    {
        P46 = 1;                    //设置 P4.6 为 1(灯灭)
        P47 = 1;                    //设置 P4.7 为 1(灯灭)
    }
    else if(i == 1)                 //当计数值为 1 时
    {
        P46 = 0;                    //设置 P4.6 为 0(灯亮)
        P47 = 1;                    //设置 P4.7 为 1(灯灭)
    }
    else if(i == 2)                 //当计数值为 2 时
    {
        P46 = 1;                    //设置 P4.6 为 1(灯灭)
        P47 = 0;                    //设置 P4.7 为 0(灯亮)
    }
    else if(i == 3)                 //当计数值为 3 时
    {
        P46 = 0;                    //设置 P4.6 为 0(灯亮)
        P47 = 0;                    //设置 P4.7 为 0(灯亮)
    }
    i = i + 1;                      //i 递增
}

void main()
{
    IT0 = 1;                        //只允许 INT0 下降沿触发
    EX0 = 1;                        //允许外部中断 0 产生中断事件
    EA = 1;                         //CPU 允许响应中断
    while(1);                       //无限循环
}
```

(6) 按照前面的方法,编译并下载设计到 STC 单片机中。

思考与练习 8-62:在 STC 提供的学习板上,找到并按下 SW17 键多次,查看 LED9 和 LED10 上的显示结果和设计要求是否一致。

思考与练习 8-63:进入硬件仿真模式,在主程序和中断程序中设置断点,查看当外部按键按下触发中断时程序运行的原理,以及寄存器和堆栈的变化情况。

第9章 STC单片机时钟、复位和电源模式原理及实现

CHAPTER 9

本章介绍STC单片机时钟、复位和电源模式原理及实现方法，内容包括STC单片机时钟、STC单片机复位和STC单片机电源模式。

本章所介绍的内容体现了STC单片机在时钟、复位以及功耗控制方面的特点。STC单片机所提供的多个复位能力将极大地改善单片机的抗干扰能力，提高单片机在复杂工作环境下的自我纠错能力。此外，STC单片机所提供的多种电源工作模式在满足系统性能要求的同时，也极大地降低了其系统功耗。

9.1 STC单片机时钟

在5.1.3节介绍特殊功能寄存器的时候，已经对STC单片机系统时钟的分频方法进行了详细的介绍。本节通过例子说明通过SFR对时钟分频控制的实现方法。

注意：对于STC15系列5V单片机来说，I/O口对外输出时钟的频率不要超过13.5MHz；对于STC15系列3.3V单片机来说，I/O口对外输出时钟的频率不要超过8MHz。如果频率过高，则需要进行分频才能输出。

【例9-1】 控制STC单片机输出时钟频率C语言描述的例子。

代码清单9-1 main.c文件

```
#include "reg51.h"
sfr CLK_DIV = 0x97;                          //声明CLK_DIV寄存器的地址
void main()
{
    CLK_DIV = 0xc5;                          //给CLK_DIV寄存器赋值0xc5
    while(1);                                //无限循环
}
```

注意：读者可以进入本书所提供资料的STC_example\例子9-1目录下，打开并参考该设计。

该例子中，$0xc5=(1100,0101)_2$，通过查看第5章CLK_DIV寄存器的内容，最高两位11对应于B7和B6，用于控制主时钟对外分频输出控制位。该设置表示主时钟为对外输出时钟，但时钟被4分频，输出时钟频率＝SYSclk/4。CLK_DIV寄存器的B2～B0＝“101”，表示对单片机内的主时钟进行32分频，该32分频后的时钟作为单片机的系统主时钟SYSclk。

所以，输出时钟的频率为

$$f_{\text{输出}} = f_{\text{主时钟}}/(32 \times 4)$$

主时钟频率由 STC-ISP 软件在烧写程序代码时确定，如图 9.1 所示。在 STC-ISP 软件的"硬件选项"选项卡"输入用户程序运行时的 IRC 频率"右侧，通过下拉框设置 STC 单片机内部主时钟频率，也可以手动输入任意频率。

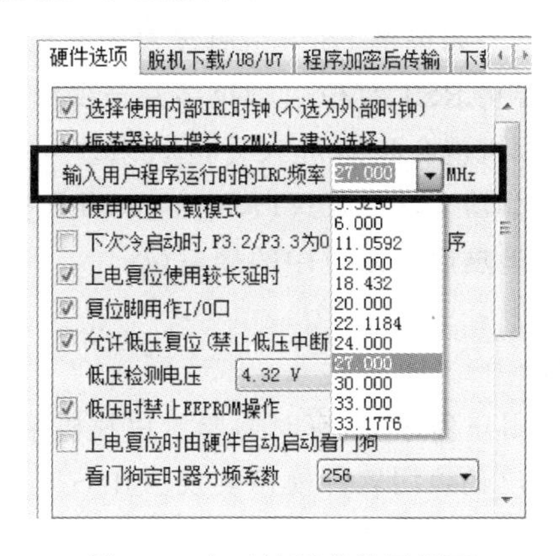

图 9.1 主时钟频率设置界面

思考与练习 9-1：将上面的例子下载到 STC 单片机学习板中，将 IRC 频率设置为 27MHz。打开示波器，将探头接入到 STC 单片机学习板 J8 插座上的 GND 和 P54 插孔上，特别要注意共地。测量 P5.4 引脚输出时钟频率＝________ kHz。

思考与练习 9-2：如果将 CLK_DIV 赋值为 0x87，STC 单片机主时钟频率设置为 20.000MHz，计算 P5.4 引脚理论输出时钟频率＝________ kHz，实际测量的输出时钟频率＝________ kHz。

思考与练习 9-3：根据误差理论计算公式，计算相对误差和绝对误差，看是否和 STC 公司给出的技术参数吻合。

思考与练习 9-4：编写汇编语言程序实现对时钟的分频输出功能。

9.2 STC 单片机复位

STC15 系列单片机提供了 7 种复位方式，包括外部 RST 引脚复位、软件复位、掉电/上电复位、内部低压检测复位、MAX810 专用复位电路复位、看门狗复位和程序地址非法复位。

对于掉电/上电复位来说，可选择增加额外的复位延迟 180ms，也叫作 MAX810 复位电路，实质就是在上电复位后增加 180ms 的额外复位延时。

9.2.1 外部 RST 引脚复位

在 STC15 系列单片机中，复位引脚设置在 P5.4 引脚上（STC15F100W 系列单片机复位引脚在 P3.4 上）。

当外部给该引脚施加一定宽度的脉冲后，就可以对单片机进行复位。STC 其余单片机可以在 ISP 烧录程序时进行设置，将其设置为复位引脚。如图 9.2 所示，当选中"复位脚用

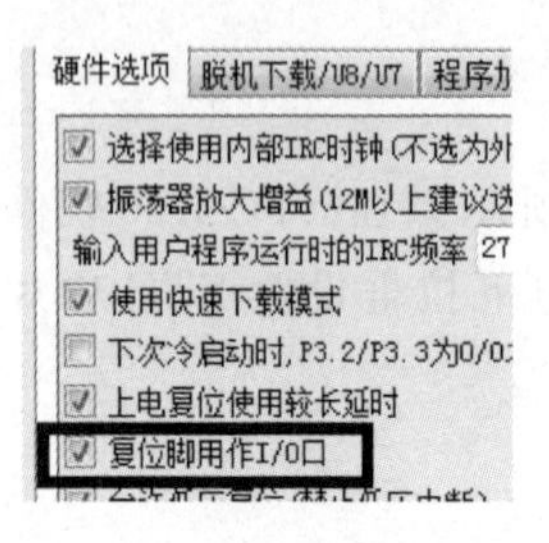

图 9.2 复位引脚设置界面

作 I/O 口”复选框时,引脚是普通 I/O,不能用于 RST 引脚,否则 P5.4 引脚为 RST 引脚。

注意:IAP15W4K58S4 单片机 P5.4 引脚不可设置为 RST 引脚,也就是不提供用户在 ISP 软件中进行相关设置的权限,这样做是为了防止误操作。

如果将 P5.4 引脚设置为复位输入引脚,当外部复位时,需要将 RST 复位引脚拉高并至少维持 24 个时钟外加 20μs 后,单片机就会稳定进入复位状态。当把 RST 复位引脚拉低后,结束复位状态,并将特殊功能寄存器 IAP_CONTR 中的 SWBS 位置 1,同时从系统 ISP 监控区启动。外部 RST 引脚复位是热启动复位中的硬复位。

9.2.2 软件复位

当 STC 单片机正在运行用户程序时,有时需要对单片机系统进行软件复位。在传统单片机上并没有提供此功能,用户必须用软件模拟实现。在 STC 新推出的单片机中提供了软件复位的功能,通过设置 IAP_CONTR 寄存器中 SWBS 位和 SWRST 位实现该功能,如表 9.1 所示。

表 9.1 IAP_CONTR 控制寄存器各位的含义

比特	B7	B6	B5	B4	B3	B2	B1	B0
名字	IAPEN	SWBS	SWRST	CMD_FAIL	—	WT2	WT1	WT0

其中:(1) SWBS:在复位后,软件选择从用户应用程序区启动还是从系统 ISP 监控程序区启动。当该位为 1 时,选择从系统 ISP 监控程序区启动;当该位为 0 时,选择从用户应用程序区启动。

(2) SWRST:软件复位控制位。当该位为 0 时,表示没有复位操作;当该位为 1 时,软件控制产生复位,单片机自动复位。

【例 9-2】 控制 STC 单片机产生软件复位 C 语言描述的例子。

代码清单 9-2 main.c 文件

```
#include "reg51.h"
sfr IAP_CONTR = 0xc7;                       //声明 IAP_CONTR 寄存器地址为 0xc7

void main()
{
    long unsigned int j;
     P46 = 0;                               //P4.6 置低,灯亮
     P47 = 0;                               //P4.7 置低,灯亮
     for(j = 0;j < 999999;j++);             //软件延迟
     P46 = 1;                               //P4.6 置高,灯灭
     P47 = 1;                               //P4.7 置高,灯灭
     for(j = 0;j < 999999;j++);             //软件延迟
     P46 = 0;                               //P4.6 置低,灯亮
```

```
    P47 = 0;                              //P4.7 置低,灯亮
    for(j = 0;j < 999999;j++);            //软件延迟
    IAP_CONTR = 0x60;                     //软件复位指令
}
```

注意：读者可以进入本书所提供资料的 STC_example\例子 9-2 目录下，打开并参考该设计。

思考与练习 9-5：将该设计下载到 STC 提供的学习板中，观察灯的变化。注意在软件复位指令产生作用后，重新执行程序代码的过程。

9.2.3　掉电/上电复位

当电源电压 VCC 低于掉电/上电复位检测门限电压时，将单片机内的所有电路复位。该复位属于冷启动复位的一种。当内部 VCC 电压高于掉电/上电复位检测门限电压后，延迟 32 768 个时钟后结束掉电/上电复位过程。当该过程结束后，单片机将特殊功能寄存器 IAP_CONTR 中的 SWBS 位置 1，同时从系统 ISP 监控区启动程序。

对于 5V 供电的单片机来说，它的掉电/上电复位检测门限电压为 3.2V；对于 3.3V 供电的单片机来说，它的掉电/上电复位检测门限电压为 1.8V。

9.2.4　MAX810 专用复位电路复位

STC15 系列单片机内部集成了 MAX810 专用复位电路。若在 STC-ISP 软件中允许 MAX810 专用复位电路，则设置如图 9.3 所示。当选中“上电复位使用较长延时”复选框时，允许使用 STC 单片机内 MAX810 专用复位电路。否则，不使用该专用复位电路。当使能使用该专用复位电路时，在掉电/上电复位后产生约 180ms 的复位延时，然后才结束复位过程。当该过程结束后，单片机将特殊功能寄存器 IAP_CONTR 中的 SWBS 位置 1，同时从系统 ISP 监控区启动程序。

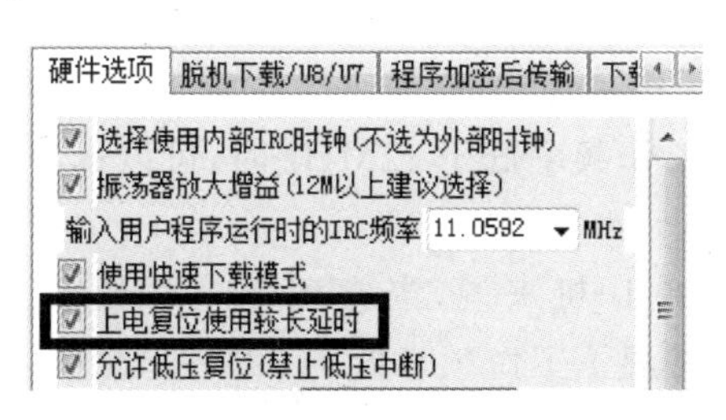

图 9.3　复位延迟设置界面

9.2.5　内部低压检测复位

除了上面提供的上电复位检测门限电压外，STC15 系列单片机还额外提供了一组更可靠的内部低电压检测门限电压。该复位方式属于热启动复位中的一种硬件复位方式。当电源电压 VCC 低于内部低电压检测(LVD)门限电压时，可产生复位信号。这需要在 STC-ISP 软件中进行设置，如图 9.4 所示。在该界面中，选中“允许低压复位(禁止低压中断)”复选框，使能低压检测。否则，将使能低电压检测中断。

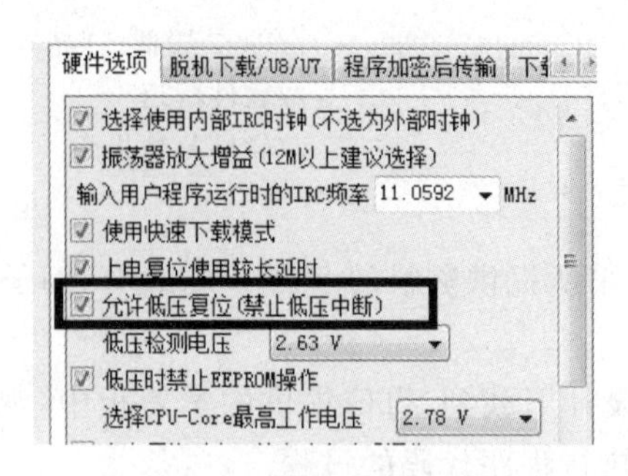

图 9.4 复位检测设置界面

使能低电压检测中断时,当电源电压 VCC 低于内部低电压检测 LVD 门限电压时,硬件将中断请求标志位 LVDF 置位。如果 ELVD(低压检测中断允许位)设置为 1,就将向 8051 单片机的 CPU 发出低电压检测中断信号。

(1) 当单片机处于正常工作和空闲工作状态时,如果内部工作电压 VCC 低于低电压检测门限,将中断请求标志位 LVDF 自动置位为 1,与低压检测中断是否被允许无关。特别需要注意的是,该位必须用软件清 0。在清零后,如果内部工作电压 VCC 继续低于检测门限电压,则将该位再次自动设置为 1。

(2) 当单片机进入掉电工作状态前,如果低压检测电路未被允许产生中断,则在进入掉电模式后,该低压检测电路不工作以降低功耗。如果允许产生低压检测中断,则在进入掉电模式后,该低压检测电路将继续工作,在内部工作电压 VCC 低于低压检测门限电压时,产生低压检测中断,可以将 MCU 从掉电状态唤醒。

在低压检测复位结束后,不影响特殊功能寄存器 IAP_CONTR 中的 SWBS 位的值,单片机根据复位前 SWBS 的值选择从用户应用程序区启动,还是从系统监控区启动。

对于 5V 和 3V 供电的单片机,提供了内置 8 级可选的内部低电压检测门限电压。对于宽电压供电的 STC 单片机来说,内置了 16 级可选的内部低电压检测门限电压值。用户可以根据工作频率和供电电压,选择合理的门限电压。典型的:

(1) 对于 5V 供电的单片机来说,当常温下工作频率大于 20MHz 时,可以选择 4.32V 作为复位门限电压;常温下工作频率低于 12MHz 时,可以选择 3.82V 电压作为复位门槛电压。

(2) 对于 3.3V 供电的单片机来说,当常温下工作频率大于 20MHz 时,可以选择 2.82V 作为复位门限电压;常温下工作频率低于 12MHz 时,可以选择 2.42V 电压作为复位门槛电压。

注意:在 STC-ISP 软件中推荐选择"低压时禁止 EEPROM 操作"复选框,如图 9.4 所示。

与低压检测有关的电源控制寄存器 PCON,如表 9.2 所示。该寄存器在特殊功能寄存器地址为 0x87H 的位置,当上电复位后该寄存器的值为 00110000B。

表 9.2 电源控制寄存器 PCON

比特位	B7	B6	B5	B4	B3	B2	B1	B0
名字	SMOD1	SMOD0	LVDF	POF	GF1	GF0	PD	IDL

其中：

1）LVDF

低电压检测标志位，同时也是低压检测中断请求标志位。

2）POF

上电复位标志位。当单片机停电后，上电复位标志位为1，可由软件清0。

3）PD

将该位置位为1时，进入掉电模式，可以由外部中断上升沿或者下降沿触发唤醒。当单片机进入掉电模式时，内部时钟停止振荡，由于时钟不工作，因此CPU、定时器等功能部件停止工作，只有外部中断持续工作。在STC单片机中，可以将CPU从掉电模式进行唤醒的外部引脚有INT0/P3.2、INT1/P3.3、INT2/P3.6、INT3/P3.7、INT4/P3.0、CCP0/CCP1/CCP2、RxD1/RxD2/RxD3/RxD4、T0/T1/T2/T3/T4。其中，有些单片机还有内部低功耗掉电唤醒专用定时器。掉电模式也称为停机模式，此时电流小于0.1μA。

4）IDL

将其置位为1，进入IDLE模式(空闲)，除系统不给CPU提供时钟，即CPU不执行指令外，其余功能部件仍然继续工作，可以由外部中断、定时器中断、低压检测中断及ADC转换中断的任何一个中断唤醒。

5）GF1和GF0

两个通用工作标志位，用户可以任意使用。

6）SMOD0和SMOD1

与电源控制无关，与串口有关，后面详细介绍。

9.2.6　看门狗复位

在一些对可靠性要求比较苛刻的场合，如工业控制、汽车电子、航空航天等，为了防止系统在异常情况下受到干扰，即经常所说的程序跑飞，引入了看门狗(watchdog)机制。所谓的看门狗机制是指，如果MCU/CPU不在规定的时间间隔内访问看门狗，则认为MCU/CPU处于异常工作状态，看门狗就会强迫MCU/CPU进行复位，使系统重新从头开始执行用户程序。

看门狗复位是热启动复位中的软件复位的一种方式。STC15系列单片机引入了看门狗机制，使单片机的系统可靠性设计变得更加简单。当结束看门狗复位状态后，不影响特殊功能寄存器IAP_CONTR中SWBS位的值。至于结束看门狗复位状态后，从ISP监控区启动，还是从用户应用程序区启动，可以参考STC数据手册以获取相关信息。

STC单片机内提供了看门狗控制寄存器WDT_CONTR，用于看门狗复位功能，如表9.3所示。该寄存器在特殊功能寄存器地址为0xC1的位置，当复位后，该寄存器的值为0x000000B。

表9.3　看门狗控制寄存器WDT_CONTR

比特位	B7	B6	B5	B4	B3	B2	B1	B0
名字	WDT_FLAG	—	EN_WDT	CLR_WDT	IDLE_WDT	PS2	PS1	PS0

其中：

1) WDT_FLAG

看门狗溢出标志位。当溢出时，该位由硬件置1。该位可由软件清除。

2) EN_WDT

看门狗允许位。当该位设置为1时，启动看门狗定时器。

3) CLR_WDT

看门狗清0。当该位设置为1时，看门狗将重新计数。硬件将自动清除该位。

4) IDLE_WDT

看门狗IDLE模式位。当该位设置为1时，看门狗定时器在“空闲模式”计数。当该位清零时，看门狗定时器在“空闲模式”时不计数。

5) PS2～PS0

看门狗定时器预分频值。看门狗溢出时间由下面公式确定：

溢出时间=(12×预分频值×32 768)/振荡器频率

在不同振荡器频率下的看门狗溢出时间如表9.4所示。

表9.4 看门狗定时器预分频值

PS2	PS1	PS0	预分频值	看门狗溢出时间(20MHz)	看门狗溢出时间(12MHz)	看门狗溢出时间(11.0592MHz)
0	0	0	2	39.3ms	65.5ms	71.1ms
0	0	1	4	78.6ms	131.0ms	142.2ms
0	1	0	8	157.3ms	262.1ms	284.4ms
0	1	1	16	314.6ms	524.2ms	568.8ms
1	0	0	32	629.1ms	1.0485s	1.1377ms
1	0	1	64	1.25s	2.0971s	2.2755s
1	1	0	128	2.5s	4.1943s	4.5511s
1	1	1	256	5s	8.3886s	9.1022s

此外，在STC-ISP软件中，也提供了开启看门狗定时器和设置看门狗定时器分频系数的功能，如图9.5所示。在该界面中，如果选中“上电复位时由硬件自动启动看门狗”复选框，将在上电时自动打开看门狗定时器。通过该界面，读者可以在看门狗定时器分频器系数右侧的下拉框中为看门狗定时器选择预分频值。

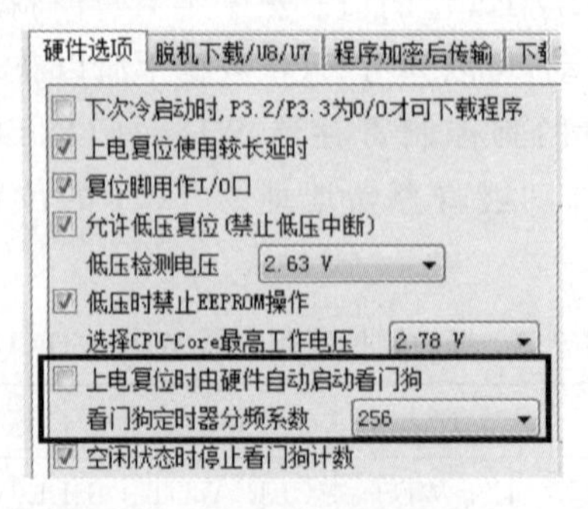

图9.5 看门狗设置界面

【例 9-3】 控制 STC 单片机看门狗定时器复位 C 语言描述的例子。

代码清单 9-3 main.c 文件

```
#include "reg51.h"
sfr WDT_CONTR = 0xc1;                    //声明看门狗定时器控制寄存器地址 0xc1

void main()
{
    long unsigned int j;                 //声明无符号长整型变量 j
    char c = 0x10;                       //声明并初始化 8 位变量 c
     P46 = 0;                            //置 P4.6 为低,灯亮
     P47 = 0;                            //置 P4.7 为低,灯亮
     for(j = 0;j < 99999;j++);           //循环延迟
     P46 = 1;                            //置 P4.6 为高,灯灭
     P47 = 1;                            //置 P4.7 为高,灯灭
     while(1)                            //无条件循环
     WDT_CONTR| = c;                     //按位逻辑或运算,将该寄存器 CLR_WDT 位置 1
}
```

注意：读者可以进入本书所提供资料的 STC_example\例子 9-3 目录下，打开并参考该设计。

思考与练习 9-6：将该代码下载到 STC 提供的学习板。在 STC-ISP 软件中，使能上电时由硬件自动启动看门狗，并设置分频系数为 256。观察实验现象，回答下面的问题：LED 的变化规律________，看门狗定时器是否满足复位条件________，判断方法________。

思考与练习 9-7：将该代码中的下面两行代码去掉：

```
while(1)
WDT_CONTR| = c;
```

然后下载设计到 STC 提供的学习板。在 STC-ISP 软件中，使能上电时由硬件自动启动看门狗，并设置分频系数为 256。观察实验现象，回答下面的问题：LED 的变化规律________，看门狗定时器是否满足复位条件________，判断方法________。在此基础上，在 STC-ISP 软件中，不使能上电时由硬件自动启动看门狗设置。观察实现现象，回答下面的问题：LED 的变化规律________，看门狗定时器是否启动________，判断方法________。

思考与练习 9-8：编写汇编语言程序实现看门狗定时器功能。

9.2.7 程序地址非法复位

如果程序指针指向 PC 的地址空间超过了有效的程序地址空间的大小，就会引起程序地址非法复位。该复位方式是热启动复位中的软件复位的一种方式。当结束程序地址非法复位状态后，不影响特殊功能寄存器 IAP_CONTR 中 SWBS 位的值。单片机将根据该位的值，确定从用户应用程序区启动，还是从系统 ISP 监控区启动。

9.3 STC 单片机电源模式

STC15 系列单片机提供了三种运行模式，以降低系统功耗，即低速模式、空闲模式和掉电模式。典型地，对于 STC15 系列单片机来说，在正常工作模式下，电流为 2.7～7mA；在

掉电模式下，电流为 0.1μA；在空闲模式下，电流为 1.8mA。

9.3.1 低速模式

低速模式由时钟分频器 CLK_DIV 中的分频因子控制，通过分频从而降低系统工作时钟频率，降低功耗和 EMI；而进入空闲模式和掉电模式由电源控制寄存器 PCON 相应的位控制。

9.3.2 空闲模式

将 IDL/PCON.0 位置 1，单片机将进入 IDLE(空闲)模式。在空闲模式下，仅 CPU 无时钟，但是外部中断、内部低压检测电路、定时器、ADC 转换器等仍正常工作。通过寄存器和 STC-ISP 软件，可以设置在空闲期间看门狗定时器是否继续计数。在空闲模式下，数据 RAM、堆栈指针 SP、程序计数器 PC、程序状态字 PSW、累加器 A 等寄存器都保持原有的数据。I/O 口保持空闲模式被激活前的逻辑状态。在空闲模式下，除了 8051 CPU 外，单片机的所有外设都能正常工作。当产生任何一个中断时，它们均可以唤醒单片机。当唤醒单片机后，CPU 继续执行进入空闲模式语句的下一条指令。

【例 9-4】 控制 STC 单片机进入和退出空闲模式 C 语言描述的例子。

代码清单 9-4 main.c 文件

```
#include "reg51.h"
void wakeup() interrupt 0                    //声明外部中断 0 的中断服务程序
{
}
void main()
{
  long int j;
    IT0 = 1;                                 //只允许下降沿触发
    EX0 = 1;                                 //允许外部中断 0
    EA = 1;                                  //CPU 允许响应中断
  while(1)                                   //无限循环
    {
    P46 = 0;                                 //置 P4.6 为 0,灯亮
    P47 = 0;                                 //置 P4.7 为 0,灯亮
    for(j = 0;j < 222222;j++);               //循环延迟
    PCON| = 0x01;                            //设置 PCON.IDL 为 1,进入空闲模式
    P46 = 1;                                 //置 P4.6 为 1,灯灭
    P47 = 1;                                 //置 P4.7 为 1,灯灭
    for(j = 0;j < 222222;j++);               //循环延迟
    }
}
```

注意：读者可以进入本书所提供资料的 STC_example\例子 9-4 目录下，打开并参考该设计。

思考与练习 9-9：将该代码下载到 STC 提供的学习板。在 STC-ISP 软件中，观察实验现象，回答下面的问题：

(1) CPU 进入空闲状态的条件________，脱离空闲状态的方法________。

(2) 进入空闲状态前,LED的变化规律________;脱离空闲状态后,LED的变化规律________。

提示:按下STC学习板上的SW17键,触发外部中断0,就可以脱离空闲状态。

9.3.3 掉电模式

将PCON寄存器的PD位置1,则STC单片机进入掉电模式,也称为停机模式。进入掉电模式后,单片机所使用的时钟停止振荡,包括内部系统时钟、外部晶体振荡器和外部时钟,由于没有时钟振荡,CPU、看门狗、定时器、串行口、ADC等模块停止工作,外部中断,包括INT0/INT1/INT2/INT3/INT4和CCP继续工作。如果允许低压检测电路产生中断,则低压检测电路可以继续工作;否则,将停止工作。进入掉电模式后,STC单片机的所有端口、特殊功能寄存器保持进入掉电模式前一时刻的状态。如果在掉电前,打开掉电唤醒定时器,则进入掉电模式后,掉电唤醒专用定时器将开始工作。

进入掉电模式后,STC15W4K32S4系列单片机可将掉电模式唤醒的引脚资源有INT0/P3.2、INT1/P3.3(INT0/INT1上升沿和下降沿均可产生中断)、$\overline{\text{INT2}}$/P3.6、$\overline{\text{INT3}}$/P3.7、$\overline{\text{INT4}}$/P3.0(仅可以下降沿产生中断)、引脚CCP0/CCP1/CCP2、引脚RxD1/RxD2/RxD3/RxD4、引脚T0/T1/T2/T3/T4(下降沿即外部引脚T0/T1/T2/T3/T4由高到低的变化,前提是在进入掉电模式前已经允许相应的定时器中断)、低压检测中断[前提是允许低压检测中断,且在STC-ISP软件中,不选择"允许低压复位(禁止低压中断)"复选框]、内部低功耗掉电唤醒专用定时器。

1. 掉电唤醒专用寄存器

STC系列单片机的内部低功耗掉电唤醒专用定时器由特殊功能寄存器地址为0xAA的WKTCL寄存器,以及地址为0xAB的WKTCH寄存器进行管理和控制,如表9.5和表9.6所示。在上电复位后,WKTCL的值为11111111B,WKTCH的值为01111111B。

表9.5 WKTCL寄存器各位的含义

名字	B7	B6	B5	B4	B3	B2	B1	B0
比特位	低8位计数值							

表9.6 WKTCH寄存器各位的含义

名字	B7	B6	B5	B4	B3	B2	B1	B0
比特位	WKTEN	高7位计数值						

内部掉电唤醒定时器是一个15位的定时器,由WKTCH的{6:0}和WKTCL的{7:0}构成长度为15位的计数值(0~32 767)。

其中,WKTEN为内部停机唤醒定时器的使能控制位。当该位为1时,允许内部停机唤醒定时器;否则,禁止内部停机唤醒定时器。

STC单片机除了提供内部掉电唤醒定时器WKTCL和WKTCH外,还设计有两个隐藏的特殊功能寄存器WKTCL_CNT和WKTCH_CNT,用来控制内部掉电唤醒专用定时器。WKTCL_CNT和WKTCL共用一个地址,WKTCH_CNT和WKTCH共用一个地址。WKTCL_CNT 和 WKTCH_CNT 是隐藏的，读者看不到。WKTCL_CNT 和 WKTCH_CNT 用作计数器，而 WKTCL 和 WKTCH 用作比较器。当写计数器的值时，写到 WKTCL 和 WKTCH 寄存器中，而不是 WKTCL_CNT 和 WKTCH_CNT；当读计数器的值时，从 WKTCL_CNT 和 WKTCH_CNT 寄存器读取值，而不是 WKTCL 和 WKTCH 寄存器。

2. 掉电唤醒专用寄存器工作原理

如果使能掉电唤醒专用定时器，则当 MCU 进入掉电模式后，掉电唤醒专用定时器开始工作。内部掉电唤醒专用定时器{WKTCH_CNT，WKTCL_CNT}就从 7FFFH 开始计数，直到与{WKTCH，WKTCL}寄存器所设置的值相等后，唤醒系统振荡器。当使用内部振荡器后，MCU 将在 64 个时钟周期后，开始稳定工作；如果使用外部晶体振荡器或者时钟，则在等待 1024 个周期后，开始稳定工作。当 CPU 获得时钟后，程序从上次设置掉电模式语句的下一条语句开始往下执行。当掉电唤醒后，WKTCH_CNT 寄存器和 WKTCL_CNT 寄存器的内容保持不变。

注意：在设置寄存器{WKTCH，WKTCL}的计数值时，按照需要的计数次数，在计数次数的基础上减去 1 所得到的值才是{WKTCH，WKTCL}的计数值。

内部掉电唤醒定时器有自己专用的内部时钟，频率约为 32 768Hz(误差较大)。对于 16 个引脚以上封装的单片机，可以通过读取 RAM 区域 F8 和 F9 单元的内容来获取内部掉电唤醒专用定时器常温下的时钟频率。对于 8 个引脚封装的单片机，可以通过读取 RAM 区域 78 和 79 单元的内容来获取内部掉电唤醒专用定时器常温下的时钟频率。

注意：需要在 STC-ISP 软件“硬件选项”选项区域，选中“在程序区的结束处添加重要测试参数”复选框，如图 9.6 所示。而且，不能在仿真模式下读取掉电唤醒定时器频率参数；只能在编程下载模式下读取掉电唤醒定时器频率参数，如通过串口显示。

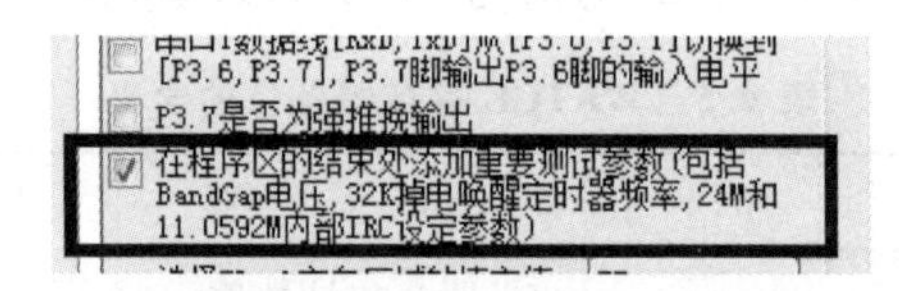

图 9.6 查看唤醒定时器设置界面选项

内部掉电唤醒专用定时器计数时间由下面的公式确定：

$$(10^6\mu s/\text{掉电唤醒专用定时器时钟频率})\times 16\times \text{计数次数}$$

例如，如果定时器时钟频率为 32 768Hz，则内部掉电唤醒专用定时器最短计数(计数一次)的时间为

$$(10^6\mu s/32\,768)\times 16\times 1=488.28\mu s$$

因此，内部掉电唤醒专用定时器最长计数时间为 488.28μs×32 768=16s。

注意：为了降低功耗，没有为掉电唤醒定时器设计抗误差和抗温漂电路，因此，掉电唤醒定时器的制造误差较大，温漂也比较大。在进入掉电模式前，CPU 会执行进入掉电模式语句的下一条语句。

【例 9-5】 控制 STC 单片机进入和退出掉电模式 C 语言描述的例子。

注意：在该例子中，使用掉电唤醒专用寄存器实现掉电模式的唤醒。

代码清单 9-5　main.c 文件

```
#include "reg51.h"
#include "intrins.h"
sfr WKTCL = 0xAA;                          //声明 WKTCL 寄存器的地址 0xAA
sfr WKTCH = 0xAB;                          //声明 WKTCH 寄存器的地址 0xAB

void main()
{
  WKTCL = 255;                             //设置唤醒周期为 448μs × (255 + 1) = 114.688ms
  WKTCH = 0x80;                            //设置使能掉电唤醒定时器
  P46 = 0;                                 //P4.6 置 0,灯亮
  P47 = 0;                                 //P4.7 置 0,灯亮
  while(1)                                 //无限循环
  {
    P46 = !P46;                            //P4.6 取反
    P47 = !P47;                            //P4.7 取反
    PCON| = 0x02;                          //进入掉电模式
        _nop_();                           //空操作,必须包含 intrins.h 头文件
        _nop_();                           //空操作
                                           //114.688ms 后唤醒 CPU 继续循环
  }
}
```

注意：读者可以进入本书所提供资料的 STC_example\例子 9-5 目录下，打开并参考该设计。

思考与练习 9-10：将该代码下载到 STC 提供的学习板。在 STC-ISP 软件中，观察实验现象，回答下面的问题：

(1) LED 的变化规律____________________。

(2) 在程序中，通过________方式进入掉电模式。

(3) 如果将 WKTCH 的值改为 0x90，根据前面的计算公式得到唤醒周期为________s。

第 10 章

CHAPTER 10

STC 单片机比较器原理及实现

STC15W 系列单片机的一个特点就是将模拟比较器集成在单片机中，进一步增加了单片机的功能，扩展了单片机应用的灵活性。本节介绍 STC 单片机比较器原理及实现方法，内容包括 STC 单片机比较器结构、STC 单片机比较器寄存器组、STC 单片机比较器应用。

通过本章内容的学习，读者理解 STC 单片机内比较器的原理，并掌握其使用方法。

10.1 STC 单片机比较器结构

STC15W 系列单片机内置了模拟比较器。STC15W201S、STC15W404S 和 STC15W1K16S 系列单片机的比较器内部结构如图 10.1 所示。

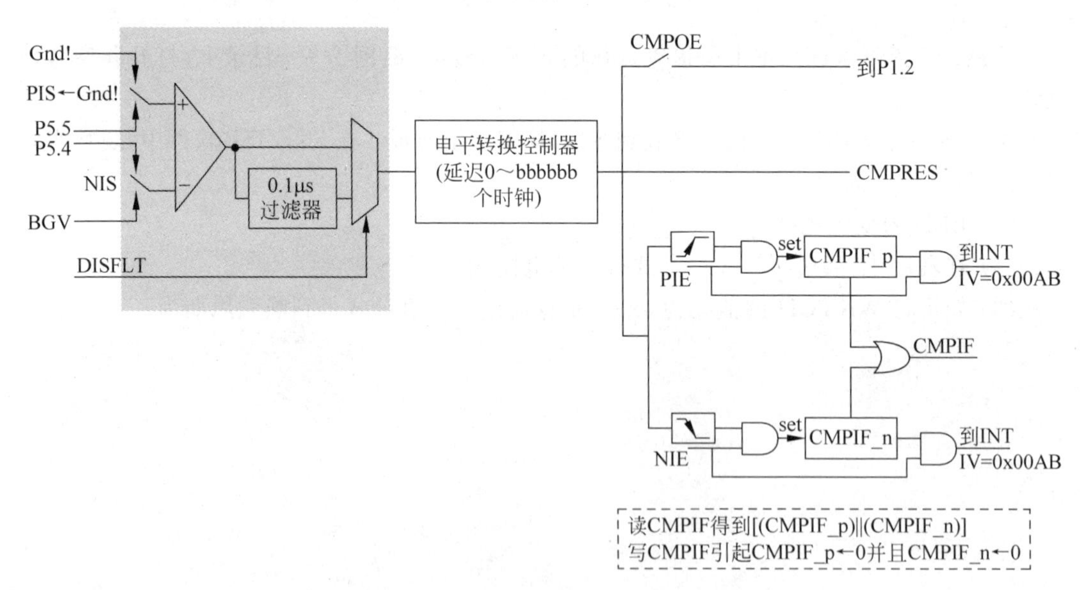

图 10.1 比较器内部结构 1

从图 10.1 中可以看出，比较器正端输入 CMP＋的输入电压来自单片机的 P5.5 引脚，而比较器的负端输入 CMP－的输入电压来自单片机的 P5.4 引脚或者内部的 BandGap 参考电压(1.27V)。

(1) 当 $V_{CMP+} > V_{CMP-}$ 时，比较器输出逻辑高(1)。

(2) 当 $V_{CMP+} < V_{CMP-}$ 时，比较器输出逻辑低(0)。

对于内部集成 ADC 的 STC15W401AS 和 STC15W4K32S4 系列单片机，其比较器内部结构如图 10.2 所示。

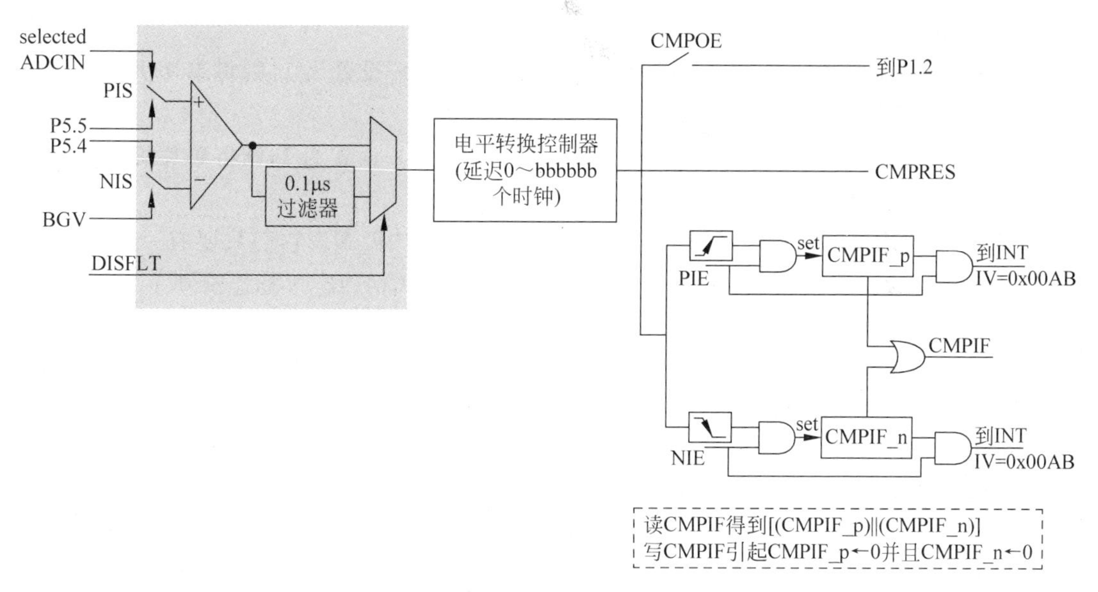

图 10.2 比较器内部结构 2

从图 10.2 中可以看出，比较器正端输入 CMP+的输入电压来自单片机的 P5.5 引脚或者 ADCIN 的输入，而比较器的负端输入 CMP−的输入电压来自单片机的 P5.4 引脚或者内部的 BandGap 参考电压(1.27V)。

(1) 当 $V_{CMP+} > V_{CMP-}$ 时，比较器输出逻辑高(1)。

(2) 当 $V_{CMP+} < V_{CMP-}$ 时，比较器输出逻辑低(0)。

10.2 STC 单片机比较器寄存器组

本节介绍 STC 单片机比较器寄存器组，内容包括比较器控制寄存器 1 和比较器控制寄存器 2。

10.2.1 比较器控制寄存器 1

比较器控制寄存器 CMPCR1 如表 10.1 所示，该寄存器位于特殊功能寄存器地址为 0xE6 的位置。当复位后，该寄存器的值为 00000000B。

表 10.1 比较器控制寄存器 CMPCR1 各位含义

比特位	B7	B6	B5	B4	B3	B2	B1	B0
名字	CMPEN	CMPIF	PIE	NIE	PIS	NIS	CMPOE	CMPRES

其中：

1) CMPEN

比较器模块使能位。当该位为 1 时，使能比较器模块；当该位为 0 时，禁止比较器模块，即关闭比较器的电源。

2）CMPIF

比较器中断标志位。

(1) 当比较器的输出由逻辑低变成逻辑高时，如果 PIE 设置为 1，则将单片机中内建的一个称为 CMPIF_P 的寄存器置 1。

(2) 当比较器的输出由逻辑高变成逻辑低时，如果 NIE 设置为 1，则将单片机中内建的一个称为 CMPIF_N 的寄存器置 1。

当 CPU 读取 CMPIF 时，会同时读 CMPIF_P 和 CMPIF_N。它们只要有一个为 1，则 CMPIF 就置为 1。当软件对该位写 0 时，将 CMPIF_P 和 CMPIF_N 标志清 0。

3）PIE

比较器上升沿中断使能控制位。当该位为 1 时，使能比较器上升沿中断；当该位为 0 时，禁止比较器上升沿中断。

4）NIE

比较器下降沿中断使能控制位。当该位为 1 时，使能比较器下降沿中断；当该位为 0 时，禁止比较器下降沿中断。

5）PIS

比较器正端选择位。当该位为 1 时，选择 ADCIS[2:0]所选择到的 ADCIN 作为比较器的正端输入；当该位为 0 时，选择外部 P5.5 引脚的输入作为比较器的正端输入。

6）NIS

比较器负端选择位。当该位为 1 时，选择外部 P5.4 引脚的输入作为比较器的负端输入；当该位为 0 时，选择内部 BandGap 电压 BGV 作为比较器的负端输入。

7）CMPOE

比较器结果输出控制位。当该位为 1 时，将比较器的结果输出到单片机的 P1.2 引脚；当该位为 0 时，禁止输出比较器的比较结果。

8）CMPRES

比较器比较结果标志位。当 $V_{CMP+} > V_{CMP-}$ 时，该位为 1；当 $V_{CMP+} < V_{CMP-}$ 时，该位为 0。

10.2.2 比较器控制寄存器 2

本节介绍比较器控制寄存器 CMPCR2，如表 10.2 所示，该寄存器位于特殊功能寄存器地址为 0xE7 的位置。当复位后，该寄存器的值为 00001001B。

表 10.2 比较器控制寄存器 CMPCR2 各位含义

比特位	B7	B6	B5	B4	B3	B2	B1	B0
名字	INVCMPO	DISFLT	LCDTY[5:0]					

其中：

1）INVCMPO

比较器输出取反控制位。当该位为 1 时，将比较器的输出结果取反后再输出到单片机的 P1.2 引脚；当该位为 0 时，比较器正常输出。

注意：比较器输出，采用经过 ENLCCTL 控制后的结果，而不是模拟比较器直接输出的结果。

2）DISFLT

使能比较器输出的 0.1μs 过滤器控制位。当该位为 1 时，比较器输出不经过 0.1μs 过滤器；当该位为 0 时，比较器的输出经过 0.1μs 过滤器。

3）LCDTY[5:0]

比较器输出端用于控制电平变化过滤器长度的设置位。当比较器输出结果变化的脉宽时间小于 LCDTY[5:0]所设置的时钟周期值时，不会输出该脉冲的变化，也就是该脉冲被过滤掉，如图 10.3 所示。

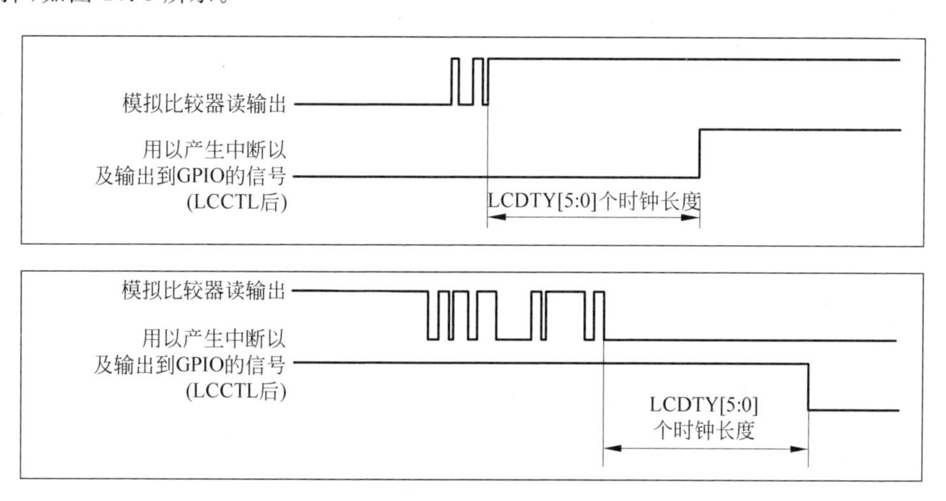

图 10.3 比较输出经过过滤器后的效果

10.3 STC 单片机比较器应用

在 STC 学习板上提供了标记为 W1 的可变电位器，用于将单片机供电电压分压后，通过单片机的 P5.5 引脚送到比较器的正端 CMP+，如图 10.4 所示。在该设计中，将 CMP+ 的电压和 STC15 系列单片机内的 BandGap 电压（大约为+1.27V）进行比较。

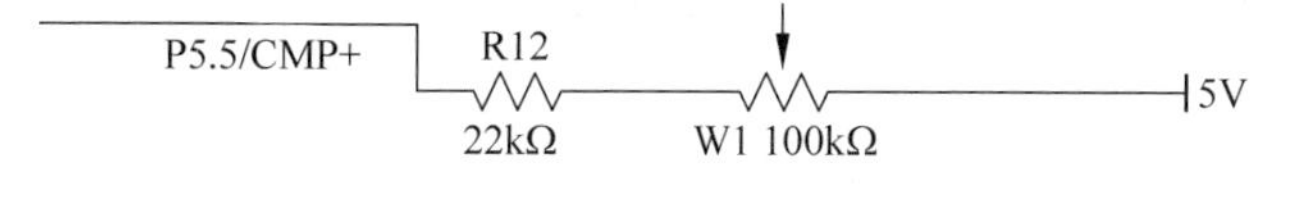

图 10.4 1.27V 掉电检测电路

不断调整 STC 学习板上的可变电位器 W1，将可变电位器的输出电压送到 P5.5 引脚。当 $V_{P5.5}<V_{BandGap}$ 时，STC 学习板上标记为 LED9 的 LED 灯会闪烁，用于提示电压过低。在调整电位器 W1 的过程中，每当电压 $V_{P5.5}>V_{BandGap}$ 时，标记为 LED10 的灯会闪烁一下，表示 $V_{P5.5}$ 当前电压高于 $V_{BandGap}$。

【例 10-1】 低电压比较检测 C 语言描述的例子。

代码清单 10-1　main.c 文件

```
#include "reg51.h"

sfr CMPCR1 = 0xE6;                      //声明 CMPCR1 寄存器的地址 0xE6
sfr CMPCR2 = 0xE7;                      //声明 CMPCR2 寄存器的地址 0xE7

#define CMPEN      0x80                 //定义 CMPEN 的值为 0x80,使能位
#define CMPIF      0x40                 //定义 CMPIF 的值为 0x40,中断标志位
#define PIE        0x20                 //定义 PIE 的值为 0x20,上升沿中断使能位
#define NIE        0x10                 //定义 NIE 的值为 0x10,下降沿中断使能位
#define PIS        0x08                 //定义 PIS 的值为 0x08,比较器正端选择位
#define NIS        0x04                 //定义 NIS 的值为 0x04,比较器负端选择位
#define CMPOE      0x02                 //定义 CMPOE 的值为 0x02,比较器结果输出控制位
#define CMPRES     0x01                 //定义 CMPRES 的值为 0x01,比较器比较结果标志位

#define INVCMPO    0x80                 //定义 INVCMPO 的值为 0x80,比较结果反向输出控制位
#define DISFLT     0x40                 //定义 DISFLT 的值为 0x40,比较器输出端滤波使能控制位
#define LCDTY      0x3F                 //定义 LCDTY 的值为 0x3F,比较器输出去抖时间控制

void cmp_int() interrupt 21             //定义比较器中断服务程序 cmp_int
{
    P46 = !P46;                         //单片机引脚 P4.6 取反
    CMPCR1 &= ~CMPIF;                   //清除比较器中断标志位
}

void main()
{
    unsigned int j = 0;                 //声明无符号整型变量 i 和 j
    P46 = 0;                            //引脚 P4.6 初值为 0
    CMPCR1 = 0;                         //CMPCR1 寄存器清零
    CMPCR2 = 0;                         //CMPCR2 寄存器清零
    CMPCR1& = ~PIS;                     //选择外部引脚 P5.5 作为比较器的正端输入
    CMPCR1& = ~NIS;                     //选择单片机内的 BandGap 电压作为比较器的负端输入
    CMPCR1& = ~CMPOE;                   //禁止输出比较器的比较结果
    CMPCR2& = ~INVCMPO;                 //比较器的比较结果正常输出到单片机引脚 P1.2
    CMPCR2& = ~DISFLT;                  //使能比较器输出端的 0.1μs 滤波电路
    CMPCR2& = ~LCDTY;                   //比较器结果不去抖动直接输出
    CMPCR2| = (DISFLT & 0x10);          //比较器结果在经过 16 个时钟周期后输出
    CMPCR1| = PIE;                      //使能比较器的上升沿中断
    CMPCR1| = CMPEN;                    //使能比较器
    EA = 1;                             //CPU 允许响应中断请求
    while(1)
    {
        if((CMPCR1 & 0x01) == 0)        //如果比较结果为低
        {
            for(j = 0;j<30000;j++);     //延迟一段时间
          P47 = !P47;                   //P4.7 引脚取反
        }
        else
            P46 = 1;                    //否则当比较结果为高时,将 P4.6 引脚拉高
    }
}
```

注意：读者可以进入本书所提供资料的 STC_example\例子 10-1 目录下，打开并参考该设计。

下载和分析设计的步骤主要包括：

(1) 打开 STC-ISP 软件，在该界面左侧窗口内，选择硬件选项卡。在该选项卡界面中，将“输入用户程序运行时的 IRC 频率”设置为 12.0000MHz。

(2) 单击“下载/编程”按钮，将设计下载到 STC 单片机。

(3) 用小螺丝刀旋转 STC 学习板上标记为 W1 的电位器旋钮。

思考与练习 10-1：在不断旋转电位器的过程中，观察 STC 开发板上标记为 LED9 和 LED10 的灯的变化情况。

思考与练习 10-2：STC 单片机有掉电唤醒功能，修改设计代码，验证 STC 单片机的掉电唤醒功能。

第11章 STC单片机计数器和定时器原理及实现

CHAPTER 11

本章介绍STC单片机内的5个16位定时器/计数器工作原理，内容包括计数器/定时器模块简介、计数器/定时器寄存器组、计数器/定时器工作模式原理和实现。

计数器/定时器模块是单片机中最重要的一个模块，许多应用都需要定时器模块的支持。通过本章内容的学习，读者可理解并掌握STC单片机中计数器/定时器的工作原理和具体的实现方法。

11.1 计数器/定时器模块简介

STC15W4K32S4系列单片机内部提供了5个16位定时器/计数器，即T0、T1、T2、T3以及T4。这5个16位定时器/计数器可以配置为计数工作模式或者定时工作模式。

(1) 对于定时器/计数器T0和T1来说，通过特殊功能寄存器TMOD相对应的控制位$C/\overline{T}$，选择T0/T1工作在定时器还是计数器模式。

(2) 对于定时器/计数器T2来说，通过特殊功能寄存器AUXR中相对应的控制位$T2_C/\overline{T}$，选择T2工作在定时器还是计数器模式。

(3) 对于定时器/计数器T3来说，通过特殊功能寄存器T4T3M中相对应的控制位$T3_C/\overline{T}$，选择T3工作在定时器还是计数器模式。

(4) 对于定时器/计数器T4来说，通过特殊功能寄存器T4T3M中相对应的控制位$T4_C/\overline{T}$，选择T4工作在定时器还是计数器模式。

对于定时器和计数器来说，其核心部件就是一个做加法运算的计数器，其本质就是对脉冲进行计数。它们的区别在于计数脉冲来源不同：

(1) 如果计数脉冲来自系统时钟，则为定时方式，此时定时器/计数器每12个时钟或者1个时钟就得到一个计数脉冲，计数值加1。

(2) 如果计数脉冲来自单片机外部引脚，对于T0来说，计数脉冲来自P3.4引脚；对于T1来说，计数脉冲来自P3.5引脚；对于T2来说，计数脉冲来自P3.1引脚；对于T3来说，计数脉冲来自P0.7引脚；对于T4来说，计数脉冲来自P0.5引脚。当计数脉冲来自单片机外部引脚时，为计数方式，每来一个脉冲，则计数值加1。

当定时器/计数器T0、T1及T2工作在定时模式时，特殊功能寄存器AUXR中的T0x12、T1x12和T2x12位分别决定计数过程使用的是系统时钟还是系统时钟进行12分频以后的时钟。当定时器/计数器T3和T4工作在定时器模式时，特殊功能寄存器T4T3M

中的 T3x12 和 T4x12 位分别决定计数过程使用的是系统时钟还是系统时钟 12 分频以后的时钟。当定时器/计数器工作在计数模式时，对外部脉冲计数不分频。

(1) 定时器/计数器 0 有 4 种工作模式：模式 0(16 位自动重加载模式)、模式 1(16 位不可重加载模式)、模式 2(8 位自动重加载模式)、模式 3(不可屏蔽中断的 16 位自动重加载模式)。

(2) 定时器/计数器 1 没有模式 3，其他模式和定时器/计数器 0 的相同。

(3) 定时器/计数器 2 的工作模式固定为 16 位自动重加载模式。它可以用作定时器，也可以用作串口波特率发生器和可编程时钟输出。

(4) 定时器/计数器 3 和 4 与定时器/计数器 2 的工作模式相同。

注意：可以从不同角度区分工作模式。按照定时器/计数器的用途，分为计数模式或者定时模式；按具体实现方式，可分为自动重加载或者非自动重加载模式等。

11.2　计数器/定时器寄存器组

本节将介绍与计数器/定时器 T0～T4 有关的寄存器。这些寄存器包括定时器/计数器 0/1 控制寄存器 TCON、定时器/计数器工作模式寄存器 TMOD、辅助寄存器 AUXR、T0～T2 时钟输出寄存器和外部中断允许 INT_CLKO(AUXR2)、定时器 T0 和 T1 中断控制寄存器(IE 和 IP)、定时器 T4 和定时器 T3 控制寄存器 T4T3M 与定时器 T2、T3 和 T4 有关的中断控制寄存器 IE2。

11.2.1　定时器/计数器 0/1 控制寄存器 TCON

TCON 除了用于控制定时器/计数器 T0 和 T1 外，同时也可以锁存 T0 和 T1 溢出中断源和外部请求中断源等，如表 11.1 所示。该寄存器位于特殊功能寄存器地址为 0x88 的位置。当复位后，该寄存器的值为 00000000B。

表 11.1　TCON 寄存器各位的含义

比特位	B7	B6	B5	B4	B3	B2	B1	B0
名字	TF1	TR1	TF0	TR0	IE1	IT1	IE0	IT0

其中：

1) TF1

定时器/计数器 1 的溢出中断标志。当允许定时器/计数器 1 计数后，它从初值开始执行加 1 计数操作。当产生溢出时，硬件将该位置 1。此时，向 CPU 发出中断请求。如果 CPU 响应该中断请求，则由硬件自动清 0。该位也可通过软件轮询清 0。

2) TR1

定时器/计数器 1 运行控制位。该位由软件置位和清 0。当工作模式寄存器 TMOD 的 GATE 位(第 7 位)为 0，且 TR1 位为 1 时，允许其开始计数；当该位为 0 时，禁止计数；当工作模式寄存器 TMOD 的 GATE(第 7 位)为 1，TR1 位为 1，且 INT1 输入为高电平时，才允许其开始计数。

3) TF0

定时器/计数器 0 的溢出中断标志。当允许定时器/计数器 0 计数后,它从初值开始执行加 1 计数操作。当产生溢出时,硬件将该位置 1。此时,它向 CPU 发出中断请求。如果 CPU 响应该中断请求,则由硬件自动清 0。该位也可通过软件轮询清 0。

4) TR0

定时器/计数器 0 运行控制位。该位由软件置位和清 0。当工作模式寄存器 TMOD 的 GATE 位(第 3 位)为 0,且 TR0 位为 1 时,允许其开始计数;当 TR0 位为 0 时,禁止计数;当工作模式寄存器 TMOD 的 GATE 位(第 3 位)为 1,TR0 位为 1,且 INT0 输入为高电平时,才允许其开始计数。

5) IE1

外部中断请求源(INT1/P3.3)标志。当 IE1 位为 1 时,外部中断 INT1 向 CPU 发出中断请求。当 CPU 响应该中断后,由硬件自动清除该位。

6) IT1

外部中断源触发控制位。当 IT1 位为 0 时,上升沿或者下降沿均可触发外部中断 1;当 IT1 位为 1 时,只有下降沿可以触发外部中断 1。

7) IE0

外部中断请求源(INT0/P3.2)标志。当 IE0 位为 1 时,外部中断 INT0 向 CPU 发出中断请求。当 CPU 响应该中断后,由硬件自动清除该位。

8) IT0

外部中断源触发控制位。当 IT0 位为 0 时,上升沿或者下降沿均可触发外部中断 0;当 IT0 位为 1 时,只有下降沿可以触发外部中断 0。

11.2.2 定时器/计数器工作模式寄存器 TMOD

由 TMOD 寄存器的控制位 C/$\overline{T}$ 选择定时器/计数器 0 和定时器/计数器 1 的定时/计数功能,如表 11.2 所示。

表 11.2 TMOD 寄存器各位的含义

比特位	B7	B6	B5	B4	B3	B2	B1	B0
名字	GATE	C/$\overline{T}$	M1	M0	GATE	C/$\overline{T}$	M1	M0
作用域	与定时器 1 有关				与定时器 0 有关			

其中:

1) GATE(TMOD.7)

该位用于控制定时器/计数器 1。当该位为 1 时,只有在 INT1 引脚为高,并且 TCON 寄存器的 TR1 位置 1 时,才能打开定时器/计数器 1。

2) C/$\overline{T}$(TMOD.6)

该位用于控制定时器/计数器 1 的工作模式。当该位为 1 时,定时器/计数器 1 工作在计数器模式下,即对引脚 T1/P3.5 外部脉冲计数;当该位为 0 时,定时器/计数器 1 工作在定时器模式,即对内部时钟进行计数。

3）M1 和 M0（TMOD.5 和 TMOD.4）

定时器/计数器 1 模式选择，如表 11.3 所示。

表 11.3 定时器/计数器 1 模式选择

M1	M0	工作模式
0	0	16 位自动重新加载模式。当溢出时，将 RL_TH1 和 RL_TL1 的值自动重新加载到 TH1 和 TL1 中
0	1	16 位不可自动重新加载模式，即需要重新写 TH1 和 TL1 寄存器
1	0	8 位自动重新加载模式。当溢出时，将 TH1 的值自动重新加载到 TL1 中
1	1	无效。停止计数

对于定时器/计数器 1 来说，存在 TH1 和 TL1，它们用于保存计数的初值。TH1 保存计数初值的高 8 位，TL1 保存计数初值的低 8 位，如表 11.4 和表 11.5 所示。TH1 和 TL1 分别位于特殊功能寄存器地址为 0x8D 和 0x8B 的位置，当复位后，它们值均为 00000000B。

表 11.4 TH1 寄存器

比特位	B7	B6	B5	B4	B3	B2	B1	B0
名字	定时器/计数器 1 计数初值高 8 位							

表 11.5 TL1 寄存器

比特位	B7	B6	B5	B4	B3	B2	B1	B0
名字	定时器/计数器 1 计数初值低 8 位							

4）GATE（TMOD.3）

该位用于控制定时器/计数器 0。当该位位 1 时，只有在 INT0 引脚为高，并且 TCON 寄存器的 TR0 位置 1 时，才能打开定时器/计数器 0。

5）C/$\overline{\text{T}}$（TMOD.2）

该位用于控制定时器/计数器 0 的工作模式。当该位为 1 时，定时器/计数器 0 工作在计数器模式下，即对引脚 T0/P3.4 外部脉冲计数；当该位为 0 时，定时器/计数器 0 工作在定时器模式，即对内部时钟进行计数。

6）M1 和 M0（TMOD.1 和 TMOD.0）

定时器/计数器 0 模式选择，如表 11.6 所示。

表 11.6 定时器/计数器 0 模式选择

M1	M0	工作模式
0	0	16 位自动重新加载模式。当溢出时，将 RL_TH0 和 RL_TL0 的值自动重新加载到 TH0 和 TL0 中
0	1	16 位不可自动重新加载模式，即需要重新写 TH0 和 TL0 寄存器
1	0	8 位自动重新加载模式。当溢出时，将 TH0 的值自动重新加载到 TL0 中
1	1	不可屏蔽中断的 16 位自动重装定时器

对于定时器/计数器0来说，存在TH0和TL0，它们用于保存计数的初值。TH0保存计数初值的高8位，TL0保存计数初值的低8位，如表11.7和表11.8所示。TH0和TL0分别位于特殊功能寄存器地址为0x8C和0x8A的位置，当复位后，它们值均为00000000B。

表11.7 TH0寄存器

比特位	B7	B6	B5	B4	B3	B2	B1	B0
名字	定时器/计数器0计数初值高8位							

表11.8 TL0寄存器

比特位	B7	B6	B5	B4	B3	B2	B1	B0
名字	定时器/计数器0计数初值低8位							

11.2.3 辅助寄存器AUXR

STC15系列单片机是1T的8051单片机，为了与传统的8051单片机兼容，在复位后，定时器0、定时器1和定时器2与传统8051一样，都是12分频。但是，读者可以通过设置新增加的AUXR寄存器来禁止分频，而直接使用SYSclk时钟驱动定时器，如表11.9所示。该寄存器位于特殊功能寄存器地址为0x8E的位置。当复位后，该寄存器的值为00000001B。

表11.9 辅助寄存器AUXR

比特位	B7	B6	B5	B4	B3	B2	B1	B0
名字	T0x12	T1x12	UART_M0x6	T2R	T2_C/$\overline{\text{T}}$	T2x12	EXTRAM	S1ST2

其中：

1）T0x12

定时器0速度控制位。当该位为0时，定时器0是传统8051单片机的速度，即12分频；当该位为1时，定时器0的速度是传统8051单片机速度的12倍，即不分频。

2）T1x12

定时器1速度控制位。当该位为0时，定时器1是传统8051单片机的速度，即12分频；当该位为1时，定时器1的速度是传统8051单片机速度的12倍，即不分频。

注意：如果UART1/串口1用T1作为波特率发生器，则由T1x12决定UART1/串口1是否分频。

3）UART_M0x6

串口1模式0的通信速率设置位。当该位为0时，串口1模式0的速度是传统8051单片机的速度，即12分频；当该位为1时，串口1模式0的速度是传统8051单片机速度的6倍，即2分频。

4）T2R

定时器2允许控制位。当该位为0时，不允许运行定时器2；当该位为1时，允许运行定时器2。

5）T2_C/$\overline{\text{T}}$

控制定时器/计数器2的工作模式。当该位为0时，用作定时器，即对内部系统时钟进行计数；当该位为1时，用作计数器(对引脚T2/P3.1的外部脉冲进行计数)。

对于定时器2来说，只有16位自动重加载模式，其计数初值保存在TH2和TL2寄存器中，如表11.10和表11.11所示。它们分别位于特殊功能寄存器地址为0xD6和0xD7的位置。当复位后，它们的值为00000000B。

表11.10 TH2寄存器

比特位	B7	B6	B5	B4	B3	B2	B1	B0
名字	定时器/计数器2计数初值高8位							

表11.11 TL2寄存器

比特位	B7	B6	B5	B4	B3	B2	B1	B0
名字	定时器/计数器2计数初值低8位							

6) T2x12

定时器2速度控制位。当该位为0时，定时器2是传统8051单片机的速度，即12分频；当该位为1时，定时器2的速度是传统8051单片机速度的12倍，即不分频。

7) EXTRAM

内部/外部RAM存取控制位。当该位为0时，允许使用逻辑上在片外、物理上在片内的扩展数据RAM区；当该位为1时，禁止使用逻辑上在片外、物理上在片内的扩展数据RAM区。

8) S1ST2

串口1(UART1)选择定时器2作为波特率发生器的控制位。当该位为0时，选择定时器1作为串口1(UART1)的波特率发生器；当该位为1时，选择定时器2作为串口1(UART1)的波特率发生器，此时释放定时器1，它可以作为独立的定时器使用。

11.2.4 T0～T2时钟输出寄存器和外部中断允许INT_CLKO(AUXR2)

通过INT_CLKO寄存器的T0CLKO、T1CLKO和T2CLKO位，控制T0CLKO/P3.5、T1CLKO/P3.4和T2CLKO/P3.0的时钟输出。T0CLKO的输出时钟频率由定时器0控制，T1CLKO的输出时钟频率由定时器1控制，T2CLKO的输出时钟频率由定时器2控制。很明显，此时它们需要工作在定时器的模式0(16位自动重装载模式)或者模式2(8位自动重装载模式，定时器2不支持)，不要允许相应的定时器中断，否则CPU将频繁地进入退出中断，显著降低了程序运行效率。INT_CLKO各位的含义如表11.12所示。该寄存器在特殊功能寄存器地址为0x8F的位置。当复位后，该寄存器的值为x000x000B。

表11.12 INT_CLKO(AUXR2)寄存器各位含义

比特位	B7	B6	B5	B4	B3	B2	B1	B0
名字	—	EX4	EX3	EX2	—	T2CLKO	T1CLKO	T0CLKO

其中：

1）EX4

外部中断4($\overline{INT4}$)允许位。当该位为1时，允许外部中断4；当该位为0时，禁止外部中断4。

注意：外部中断4只能下降沿触发。

2）EX3

外部中断3($\overline{INT3}$)允许位。当该位为1时，允许外部中断3；当该位为0时，禁止外部中断3。

注意：外部中断3只能下降沿触发。

3）EX2

外部中断2($\overline{INT2}$)允许位。当该位为1时，允许外部中断2；当该位为0时，禁止外部中断2。

注意：外部中断2只能下降沿触发。

4）T0CLKO

将P3.5/T1引脚配置为定时器0的时钟输出T0CLKO允许控制位。

(1) 当该位为1时，将P3.5/T1引脚设置为定时器0的时钟输出T0CLKO，输出时钟频率=T0溢出率/2。如果运行在模式0(16位自动重加载模式)时，则：

① 如果工作在定时器模式下，定时器/计数器T0是对内部系统时钟计数，则：

当T0工作在1T(AUXR.7/T0x12=1)模式时，输出频率为

{SYSclk/(65 536－[RL_TH0,RL_TL0])}/2

当T0工作在12T(AUXR.7/T0x12=0)模式时，输出频率为

{(SYSclk/12)/(65 536－[RL_TH0,RL_TL0])}/2

② 如果工作在计数器模式下，定时器/计数器T0是对外部脉冲输入(P3.4/T0)计数，输出时钟频率为

{T0引脚输入时钟频率/(65 536－[RL_TH0,RL_TL0])}/2

如果运行在模式2(8位自动重加载模式)时，则：

① 如果工作在定时器模式下，定时器/计数器T0是对内部系统时钟计数，则：

当T0工作在1T(AUXR.7/T0x12=1)模式时，输出频率为

[SYSclk/(256－TH0)]/2

当T0工作在12T(AUXR.7/T0x12=0)模式时，输出频率为

[(SYSclk/12)/(256－TH0)]/2

② 如果工作在计数器模式下，定时器/计数器T0是对外部脉冲输入(P3.4/T0)计数，输出时钟频率为

[T0引脚输入时钟频率/(256－TH0)]/2

(2) 该位为0时，不允许将P3.5/T1引脚配置为定时器0的时钟输出。

5）T1CLKO

将P3.4/T0引脚配置为定时器1的时钟输出T1CLKO允许控制位。

(1) 当该位为1时，将P3.4/T0引脚设置为定时器1的时钟输出T1CLKO，输出时钟频率＝T1溢出率/2。如果运行在模式0(16位自动重加载模式)时，则：

① 如果工作在定时器模式下，定时器/计数器T1是对内部系统时钟计数，则：

当T1工作在1T(AUXR.6/T1x12＝1)模式时，输出频率为

{SYSclk/(65 536－[RL_TH1,RL_TL1])}/2

当T1工作在12T(AUXR.6/T1x12＝0)模式时，输出频率为

{(SYSclk/12)/(65 536－[RL_TH1,RL_TL1])}/2

② 如果工作在计数器模式下，定时器/计数器T1是对外部脉冲输入(P3.5/T1)计数，输出时钟频率为

{T1引脚输入时钟频率/(65 536－[RL_TH1,RL_TL1])}/2

如果运行在模式2(8位自动重加载模式)时，则：

① 如果工作在定时器模式下，定时器/计数器T1是对内部系统时钟计数，则：

当T1工作在1T(AUXR.6/T1x12＝1)模式时，输出频率为

[SYSclk/(256－TH1)]/2

当T1工作在12T(AUXR.6/T1x12＝0)模式时，输出频率为

[(SYSclk/12)/(256－TH1)]/2

② 如果工作在计数器模式下，定时器/计数器T1是对外部脉冲输入(P3.5/T1)计数，输出时钟频率为

[T1引脚输入时钟频率/(256－TH1)]/2

(2) 该位为0时，不允许将P3.4/T0引脚配置为定时器1的时钟输出。

6) T2CLKO

将P3.0/T1引脚配置为定时器2的时钟输出T2CLKO允许控制位。

(1) 当该位为1时，将P3.0引脚设置为定时器2的时钟输出T2CLKO，输出时钟频率＝T2溢出率/2。该定时器只能运行在模式0(16位自动重加载模式)，则：

① 如果工作在定时器模式下，定时器/计数器T2是对内部系统时钟计数，则：

当T2工作在1T(AUXR.2/T2x12＝1)模式时，输出频率为

{SYSclk/(65 536－[RL_TH2,RL_TL2])}/2

当T2工作在12T(AUXR.2/T2x12＝0)模式时，输出频率为

{(SYSclk/12)/(65 536－[RL_TH2,RL_TL2])}/2

② 如果工作在计数器模式下，定时器/计数器T2是对外部脉冲输入(P3.1/T2)计数，输出时钟频率为

{T2引脚输入时钟频率/(65 536－[RL_TH2,RL_TL2])}/2

(2) 该位为0时，不允许将P3.0引脚配置为定时器2的时钟输出。

11.2.5 定时器T0和T1中断允许控制寄存器IE

在前面已经介绍过该寄存器，本节只对与定时器T0和T1有关的中断控制位进行说明，如表11.13所示。该寄存器位于特殊功能寄存器地址为0xA8的位置。当复位后，该寄存器的值为00000000B。

表 11.13 中断控制寄存器 IE 各位含义

比特位	B7	B6	B5	B4	B3	B2	B1	B0
名字	EA	ELVD	EADC	ES	ET1	EX1	ET0	EX0

其中：

1) ET1

定时器/计数器 T1 溢出中断允许位。当该位为 1 时，允许 T1 溢出中断；当该位为 0 时，禁止 T1 溢出中断。

2) ET0

定时器/计数器 T0 溢出中断允许位。当该位为 1 时，允许 T0 溢出中断；当该位为 0 时，禁止 T0 溢出中断。

11.2.6 定时器 T0 和 T1 中断优先级控制寄存器 IP

在前面已经介绍过该寄存器，本节只对与定时器 T0 和 T1 有关的控制位进行说明，如表 11.14 所示。该寄存器位于特殊功能寄存器地址为 0xB8 的位置。当复位后，该寄存器的值为 00000000B。

表 11.14 中断优先级控制寄存器 IP 各位含义

比特位	B7	B6	B5	B4	B3	B2	B1	B0
名字	PPCA	PLVD	PADC	PS	PT1	PX1	PT0	PX0

其中：

1) PT1

定时器 1 中断优先级控制位。当该位为 0 时，定时器 1 中断为最低优先级中断(优先级为 0)；当该位为 1 时，定时器 1 中断为最高优先级中断(优先级为 1)。

2) PT0

定时器 0 中断优先级控制位。当该位为 0 时，定时器 0 中断为最低优先级中断(优先级为 0)；当该位为 1 时，定时器 0 中断为最高优先级中断(优先级为 1)。

注意：(1) 当定时器/计数器 0 工作在模式 3(不可屏蔽中断的 16 位自动重加载模式)时，不需要允许 EA/IE.7(总中断使能)，只需要允许 ET0/IE.1(定时器/计数器 0 中断允许位)就能打开定时器/计数器 0 的中断，此模式下的定时器/计数器 0 中断与总的使能中断无关。

(2) 一旦打开该模式下的定时器/计数器 0 的中断，该定时器/计数器 0 中断优先级就是最高的，它不能被其他任何中断打断，而且该中断打开后既不受 EA/IE.7 控制，也不再受 ET0 控制，清零 EA 或者 ET0 均不能关闭该中断。

11.2.7 定时器 T4 和定时器 T3 控制寄存器 T4T3M

该寄存器用于控制定时器/计数器 3 和 4 的工作模式，如表 11.15 所示，该寄存器位于特殊功能寄存器地址为 0xD1 的位置。当复位后，该寄存器的值为 00000000B。

表 11.15 定时器 T3 和 T4 控制寄存器 T4T3M 各位含义

比特位	B7	B6	B5	B4	B3	B2	B1	B0
名字	T4R	T4_C/$\overline{T}$	T4x12	T4CLKO	T3R	T3_C/$\overline{T}$	T3x12	T3CLKO

其中：

1）T4R

定时器 4 允许控制位。当该位为 0 时，不允许定时器 4 运行；当该位为 1 时，允许定时器 4 运行。

2）T4_C/$\overline{T}$

控制定时器/计数器 4 的工作模式。当该位为 0 时，用作定时器，即对内部系统时钟进行计数；当该位为 1 时，用作计数器(对引脚 T4/P0.7 的外部脉冲进行计数)。

3）T4x12

定时器 4 速度控制位。当该位为 0 时，定时器 4 是传统 8051 单片机的速度，即 12 分频；当该位为 1 时，定时器 4 的速度是传统 8051 单片机速度的 12 倍，即不分频。

4）T4CLKO

将 P0.6 引脚配置为定时器 4 的时钟输出 T4CLKO 允许控制位。

(1) 当该位为 1 时，将 P0.6 引脚设置为定时器 4 的时钟输出 T4CLKO，输出时钟频率＝T4 溢出率/2。该定时器只能运行在模式 0(16 位自动重加载模式)，则：

① 如果工作在定时器模式下，定时器/计数器 T4 是对内部系统时钟计数，则：

当 T4 工作在 1T(T4T3M.5/T4x12＝1)模式时，输出频率为

{SYSclk/(65 536－[RL_TH4，RL_TL4])}/2

当 T4 工作在 12T(T4T3M.5/T4x12＝0)模式时，输出频率为

{(SYSclk/12)/(65 536－[RL_TH4，RL_TL4])}/2

② 如果工作在计数器模式下，定时器/计数器 T4 是对外部脉冲输入(P0.7/T4)计数，输出时钟频率为

{T4 引脚输入时钟频率/(65 536－[RL_TH4，RL_TL4])}/2

(2) 该位为 0 时，不允许将 P0.6 引脚配置为定时器 4 的时钟输出。

对于定时器 4 来说，只有 16 位自动重加载模式，其计数初值保存在 TH4 和 TL4 寄存器中，如表 11.16 和表 11.17 所示。它们分别位于特殊功能寄存器地址为 0xD2 和 0xD3 的位置。当复位后，它们的值为 00000000B。

表 11.16 TH4 寄存器

比特位	B7	B6	B5	B4	B3	B2	B1	B0
名字	定时器/计数器 4 计数初值高 8 位							

表 11.17 TL4 寄存器

比特位	B7	B6	B5	B4	B3	B2	B1	B0
名字	定时器/计数器 4 计数初值低 8 位							

5) T3R

定时器3允许控制位。当该位为0时,不允许定时器3运行;当该位为1时,允许定时器3运行。

6) T3_C/$\overline{T}$

控制定时器/计数器3的工作模式。当该位为0时,用作定时器,即对内部系统时钟进行计数;当该位为1时,用作计数器(对引脚T3/P0.5的外部脉冲进行计数)。

7) T3x12

定时器3速度控制位。当该位为0时,定时器3是传统8051单片机的速度,即12分频;当该位为1时,定时器3的速度是传统8051单片机速度的12倍,即不分频。

8) T3CLKO

将P0.4引脚配置为定时器3的时钟输出T3CLKO允许控制位。

(1) 当该位为1时,将P0.4引脚设置为定时器3的时钟输出T3CLKO,输出时钟频率=T3溢出率/2。该定时器只能运行在模式0(16位自动重加载模式),则:

① 如果工作在定时器模式下,定时器/计数器T3是对内部系统时钟计数,则:

当T3工作在1T(T4T3M.1/T3x12=1)模式时,输出频率为

{SYSclk/(65 536－[RL_TH3,RL_TL3])}/2

当T3工作在12T(T4T3M.1/T3x12=0)模式时,输出频率为

{(SYSclk/12)/(65 536－[RL_TH3,RL_TL3])}/2

② 如果工作在计数器模式下,定时器/计数器T3是对外部脉冲输入(P0.5/T3)计数,输出时钟频率为

{T3引脚输入时钟频率/(65 536－[RL_TH3,RL_TL3])}/2

(2) 该位为0时,不允许将P0.4引脚配置为定时器3的时钟输出。

对于定时器3来说,只有16位自动重加载模式,其计数初值保存在TH3和TL3寄存器中,如表11.18和表11.19所示。它们分别位于特殊功能寄存器地址为0xD4和0xD5的位置。当复位后,它们的值为00000000B。

表11.18 TH3寄存器

比特位	B7	B6	B5	B4	B3	B2	B1	B0
名字	定时器/计数器3计数初值高8位							

表11.19 TL3寄存器

比特位	B7	B6	B5	B4	B3	B2	B1	B0
名字	定时器/计数器3计数初值低8位							

11.2.8 定时器T2、T3和T4的中断控制寄存器IE2

该寄存器的某些位可以用于控制定时器T2～T4的中断,如表11.20所示。该寄存器位于特殊功能寄存器地址为0xAF的位置。当复位后,该寄存器的值为x0000000B。

表 11.20 定时器 T3～T4 中断控制寄存器 IE2 各位含义

比特位	B7	B6	B5	B4	B3	B2	B1	B0
名字	—	ET4	ET3	ES4	ES3	ET2	ESPI	ES2

其中：

1）ET4/ET3/ET2

定时器 4/3/2 中断允许位。当该位为 1 时，允许定时器 4/3/2 产生中断；当该位为 0 时，禁止定时器 4/3/2 产生中断。

2）ES4/ES3/ES2

串口 4/3/2 中断允许位。当该位为 1 时，允许串口 4/3/2 产生中断；当该位为 0 时，禁止串口 4/3/2 产生中断。

3）ESPI

SPI 中断允许位。当该位为 1 时，允许 SPI 产生中断；当该位为 0 时，禁止 SPI 产生中断。

11.3 计数器/定时器工作模式原理和实现

本节将介绍 STC 单片机内各个计数器/定时器的工作原理和实现方式。

11.3.1 定时器/计数器 0 工作模式

定时器/计数器 0 共有 4 种工作模式，分别为模式 0(16 位自动重加载模式)、模式 1(16 位不可自动重加载模式)、模式 2(8 位自动重加载模式)、模式 3(不可屏蔽中断的 16 位自动重加载定时器模式)。

1. 模式 0(16 位自动重加载模式)

定时器/计数器 0 工作模式 0 内部结构如图 11.1 所示。下面对该模式进行分析，帮助读者更好地理解和掌握模式 0 的工作原理。

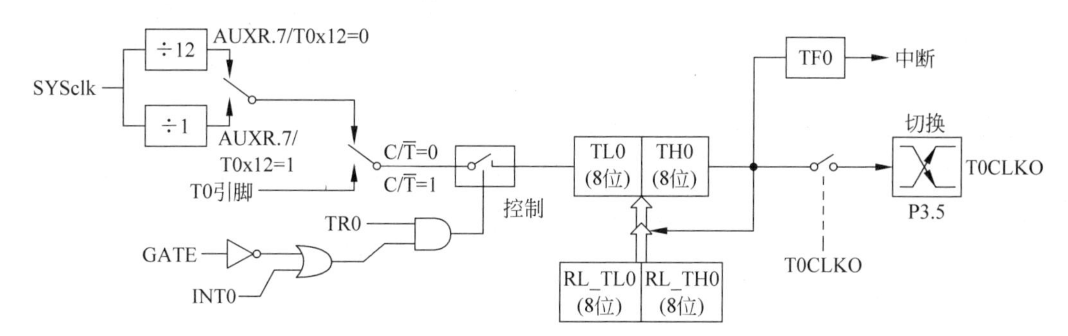

图 11.1 定时器/计数器 0 工作模式 0 内部结构

1）GATE、INT0 和 TR0 之间的关系

GATE、INT0 和 TR0 之间的关系决定定时器/计数器是否能正常工作，如表 11.21 所

示。从图 11.1 中可以看出，它们三个信号通过逻辑或门和逻辑与门产生控制信号，用于控制内部 SYSclk 信号或者外部脉冲通过 T0 引脚是否能接入该定时器/计数器。

表 11.21 GATE、INT0 和 TR0 之间的关系

GATE	INT0	TR0	功 能
0	0	0	不启动定时器/计数器 0
0	0	1	启动定时器/计数器 0
0	1	0	不启动定时器/计数器 0
0	1	1	启动定时器/计数器 0
1	0	0	不启动定时器/计数器 0
1	0	1	不启动定时器/计数器 0
1	1	0	不启动定时器/计数器 0
1	1	1	启动定时器/计数器 0

从表 11.21 中可以看出，当 TR0 为 0 时，定时器/计数器 0 一定不工作；当 TR0 为 1 时，定时器/计数器 0 是否工作还取决于 GATE 和 INT0 信号。这个关系在前面介绍 TMOD 寄存器的设置时就清楚地说明了这一点。

2) AUXR.7/T0x12 比特位

从图 11.1 中可以看出，当该位为 0 时，通过开关将 SYSclk/12 后得到的时钟接入到定时器/计数器 0 中；当该位为 1 时，通过开关将 SYSclk 直接接入到定时器/计数器 0 中。

3) C/$\overline{T}$ 比特位

当该位为 0 时，将内部的时钟引入到定时器/计数器 0 中；当该位为 1 时，将 T0 引脚上的外部脉冲信号引入定时器/计数器 0。

4) TF0 比特位

当 TF0 位为 1 时，该模块产生中断。

5) T0CLKO 比特位

当该位为 1 时，将定时器/计数器 0 产生的时钟送给 P3.5 引脚；当该位为 0 时，将 P3.5 引脚断开。此时，P3.5 引脚作为普通 I/O 使用。

通过分析可以清楚地知道，控制寄存器的各个位实际上对应于定时器/计数器 0 的各个控制开关，进而改变其工作模式。换句话说，当清楚定时器模块内部结构时，就知道该如何设置控制指令了。

【例 11-1】 定时器/计数器 0 自动加载模式 C 语言描述的例子 1。

该例子将通过定时器生成一个频率为 1Hz 的时钟，并通过单片机 P3.5 端口输出。

代码清单 11-1 main.c 文件

```
#include "reg51.h"
#define TIMS 3036                       //定时器/计数器 0 的计数初值
sfr AUXR = 0x8E;                        //声明 AUXR 寄存器的地址为 0x8E
sfr AUXR2 = 0x8F;                       //声明 AUXR2 寄存器的地址为 0x8F
sfr CLK_DIV = 0x97;                     //声明 CLK_DIV 寄存器的地址为 0x97
void timer_0() interrupt 1              //声明定时器/计数器 0 中断服务程序
{
  P46 = !P46;                           //P4.6 端口取反
```

```
    P47 = !P47;                     //P4.7 端口取反
  }
  Void main()
  {
    CLK_DIV = 0x03;                 //CLV_DIV = 3,将主时钟 8 分频后作为 SYSclk
    TL0 = TIMS;                     //TIMS 低 8 位给定时器计数初值寄存器 TL0
    TH0 = TIMS >> 8;                //TIMS 高 8 位给定时器计数初值寄存器 TH0
    AUXR& = 0x7F;                   //AUXR 最高位置 0,SYSclk/12 作定时器时钟
    AUXR2| = 0x01;                  //AUXR2 最低位置 1,P3.5 端口输出 T0CLKO
    TMOD = 0x00;                    //定时器 0 工作模式为 16 位自动重加载模式
    P46 = 0;                        //设置 P4.6 初值为 0,灯亮
    P47 = 0;                        //设置 P4.7 初值为 0,灯亮
    TR0 = 1;                        //启动定时器/计数器 0
    ET0 = 1;                        //使能定时器/计数器 0 中断
    EA = 1;                         //允许 CPU 响应中断请求
    while(1);                       //无限循环
  }
```

注意：读者可以进入本书所提供资料的 STC_example\例子 11-1 目录下，打开并参考该设计。

下面对该设计进行验证和分析。步骤如下：

(1) 打开 STC-ISP 软件，将 IRC 频率设置为 12.000MHz，如图 11.2 所示。

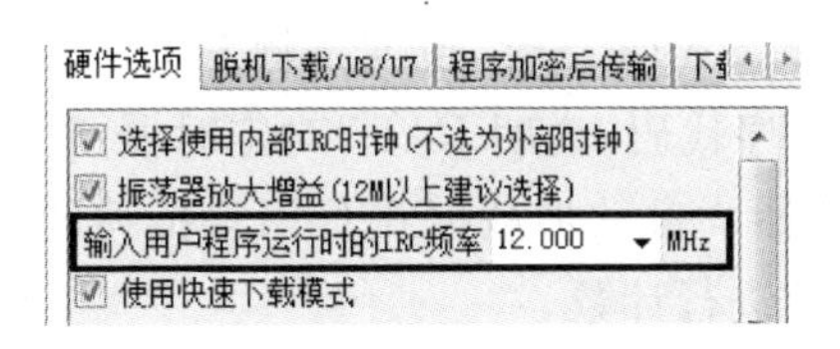

图 11.2　系统主时钟设置界面

(2) 下载设计到 STC 所提供学习板上的单片机中。

(3) 打开示波器，将探头连接到学习板的 P3.5 端口上(**注意**：探头一定要和板子共地)。

思考与练习 11-1：回答下面的问题，并填空。

(1) T0CLKO 输出的频率(理论)=________ Hz，实际观测频率=________ Hz。理论计算和观测结果是否一致？

(2) LED 灯的变化规律________。

提示：理论计算公式：

$$\{[(12\text{MHz}/8)/12]/(65\,536-\text{TIMS})\}/2=1\text{Hz}$$

得到 TIMS 的值为 3036。

【例 11-2】 定时器/计数器 0 自动加载模式 C 语言描述的例子 2。

该例子将通过外部中断 0 控制定时器 1 的工作过程。

代码清单 11-2　main.c 文件

```
#include "reg51.h"
#define TIMS 3036
sfr AUXR = 0x8E;                    //声明 AUXR 地址为 0x8E
void timer_0() interrupt 1          //声明定时器 0 中断服务程序
```

```
{
  P46 = !P46;                        //端口 P4.6 取反
  P47 = !P47;                        //端口 P4.7 取反
}
void main()
{
  TL0 = TIMS;                        //将 TIMS 的低 8 位赋值给 TL0
  TH0 = TIMS >> 8;                   //将 TIMS 的高 8 位赋值给 TH0
  AUXR& = 0x7F;                      // AUXR 最高位置 0,SYSclk/12 作定时器时钟
  TMOD = 0x08;                       //设置 GATE 为 1,定时器 0 与 INT0 引脚有关
  P46 = 0;                           //设置 P4.6 初值为 0,灯亮
  P47 = 0;                           //设置 P4.7 初值为 0,灯亮
  TR0 = 1;                           //启动定时器/计数器 0
  ET0 = 1;                           //允许定时器/计数器 0 中断
  EA = 1;                            //允许 CPU 响应中断请求
  while(1);
}
```

注意：读者可以进入本书所提供资料的 STC_example\例子 11-2 目录下，打开并参考该设计。

下面对该设计进行验证和分析。步骤如下：

(1) 打开 STC-ISP 软件，将 IRC 频率设置为 12.000MHz。

(2) 下载设计到 STC 所提供学习板上的单片机中。

(3) 按下 STC 学习板上的 SW17 按键，也就是触发 INT0，观察实验现象。

思考与练习 11-2：根据程序代码，说明 INT0 对定时器/计数器 0 的运行有什么影响。

【例 11-3】 定时器/计数器 0 自动加载模式 C 语言描述的例子 3。

该例子将实现对外部脉冲进行计数。

代码清单 11-3　main.c 文件

```
#include "reg51.h"
#define TIMS 3036                    //定义 TIMS 的值为 3036
void timer_0() interrupt 1           //声明定时器/计数器 0 中断
{
  P46 = !P46;                        //P4.6 端口取反
  P47 = !P47;                        //P4.7 端口取反
}
main()
{
  TL0 = TIMS;                        //TIMS 低 8 位赋值给 TL0 寄存器
  TH0 = TIMS >> 8;                   //TIMS 高 8 位赋值给 TH0 寄存器
  TMOD = 0x04;                       //配置成计数器 16 位重加载模式
  P46 = 0;                           //P4.6 端口置 0,灯亮
  P47 = 0;                           //P4.7 端口置 0,灯亮
  TR0 = 1;                           //启动计数器 0
  ET0 = 1;                           //使能计数器 0 中断
  EA = 1;                            //允许 CPU 响应中断请求
  while(1);                          //无限循环
}
```

注意：读者可以进入本书所提供资料的 STC_example\例子 11-3 目录下，打开并参考该设计。

下面对该设计进行验证和分析。步骤如下：

(1) 打开 STC-ISP 软件，将 IRC 频率设置为 12.000MHz。

(2) 下载设计到 STC 所提供学习板上的单片机中。

(3) 打开信号源，信号源输出为 TTL/CMOS。将信号源的输出连接到 STC 学习板的 P34 端口上(注意：信号源和 STC 学习板共地)。

思考与练习 11-3：调整信号源的输出频率，观察灯的变化规律。

思考与练习 11-4：根据图 11.1 和设计代码，说明计数器 0 的工作过程与哪些设置有关。

提示：信号源输出频率越高，灯闪烁的频率越快；否则，灯闪烁的频率越慢。

2. 模式 1(16 位不可自动重加载模式)

除了不能自动重加载 16 位计数初值和没有 T0CLKO 输出外，定时器/计数器 0 模式 1 和模式 0 结构基本相同，如图 11.3 所示。

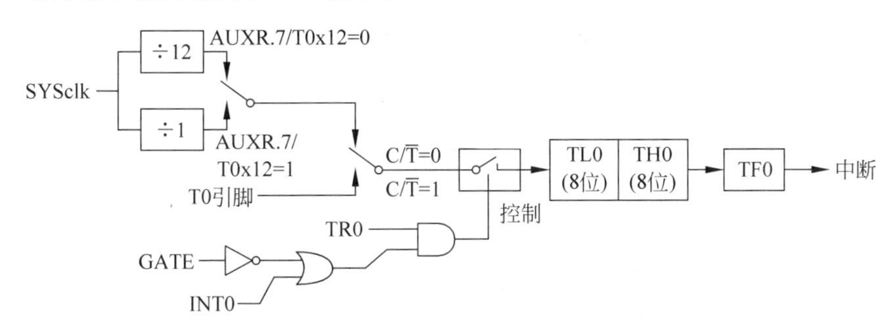

图 11.3 定时器/计数器 0 工作模式 1 内部结构

思考与练习 11-5：根据前面给出的分析方法，请读者自行分析定时器/计数器 0 的模式 1。

3. 模式 2(8 位自动重加载模式)

除了自动重加载 8 位计数初值外，定时器/计数器 0 模式 2 和模式 0 结构基本相同，如图 11.4 所示。

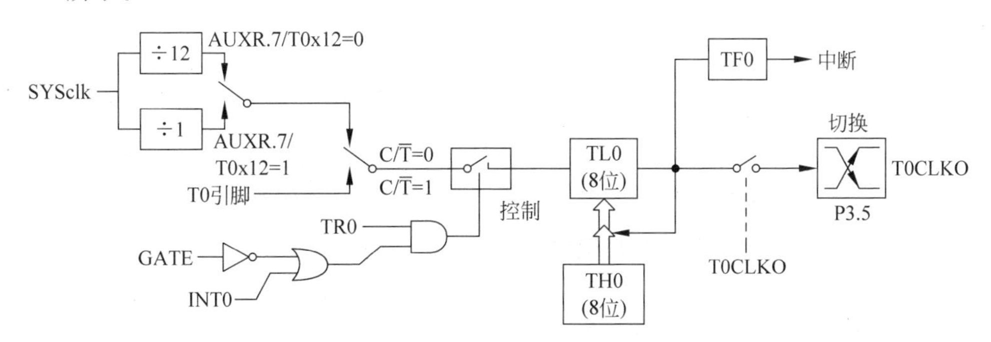

图 11.4 定时器/计数器 0 工作模式 2 内部结构

思考与练习 11-6：根据前面的分析方法，读者自行分析定时器/计数器 0 的模式 2。

4. 模式 3(不可屏蔽中断 16 位自动重加载，实时操作系统用节拍定时器)

定时器/计数器 0 模式 3 和模式 0 结构基本相同，如图 11.5 所示。不同点在于：当工作在模式 3 时，只需允许 ET0/IE.1(定时器/计数器 0 中断允许位)，而不需要允许 EA/IE.7(总中断使能位)就能打开定时器/计数器 0 的中断。因此，该模式下的定时器/计数器 0 中断与总中断使能位EA无关。并且，一旦在该模式下打开定时器/计数器0中断(ET0=1)，那么中断是不可屏蔽的，该中断的优先级也是最高的，即该中断不能被任何其他中断所打断。

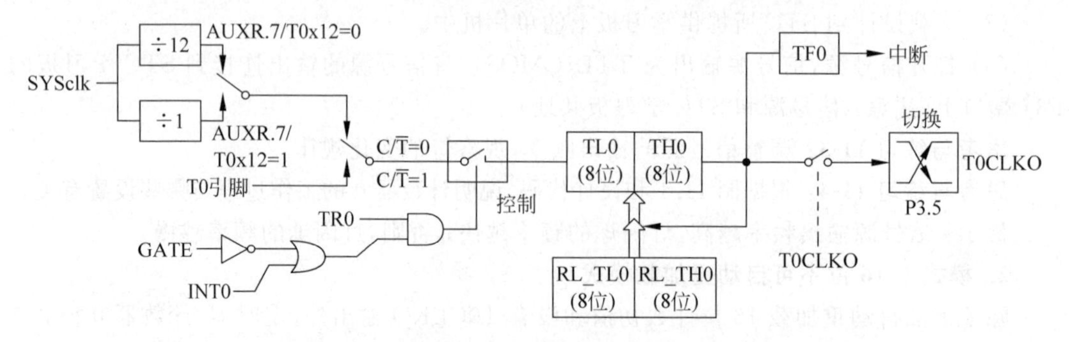

图11.5　定时器/计数器0工作模式3内部结构

思考与练习11-7：根据前面给出的分析方法，请读者自行分析定时器/计数器0的模式3。

11.3.2　定时器/计数器1工作模式

定时器/计数器1共有3种工作模式，分别为模式0(16位自动重加载模式)、模式1(16位不可自动重加载模式)、模式2(8位自动重加载模式)。

1. 模式0(16位自动重加载模式)

定时器/计数器1工作模式0内部结构如图11.6所示。

思考与练习11-8：根据前面的分析方法，读者自行分析定时器/计数器1的模式0。

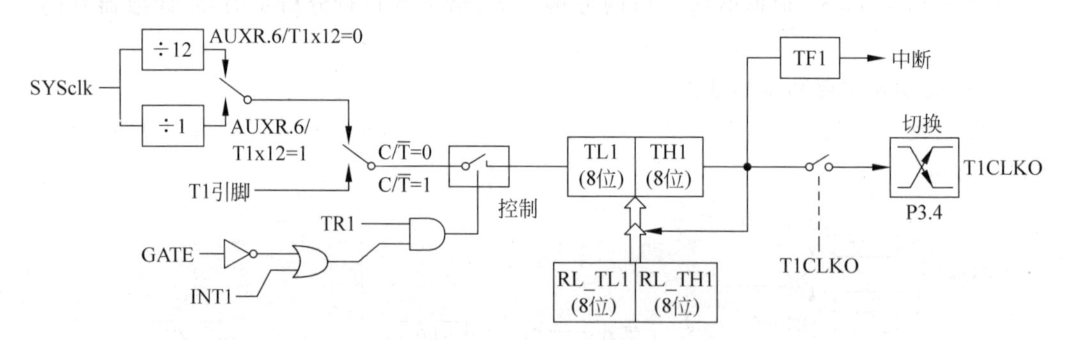

图11.6　定时器/计数器1工作模式0内部结构

2. 模式1(16位不可自动重加载模式)

除了不能自动重加载16位计数初值和没有T1CLKO输出外，定时器/计数器1模式1和模式0结构基本相同，如图11.7所示。

思考与练习11-9：根据前面的分析方法，读者自行分析定时器/计数器1的模式1。

3. 模式2(8位自动重加载模式)

除了自动重加载8位计数初值外，定时器/计数器1模式2和模式0结构基本相同，如图11.8所示。

思考与练习11-10：根据前面给出的分析方法，请读者自行分析定时器/计数器1的模式2。

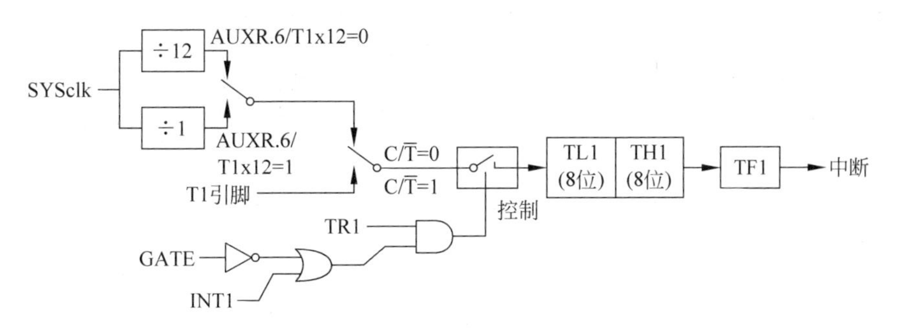

图 11.7 定时器/计数器 1 工作模式 1 内部结构

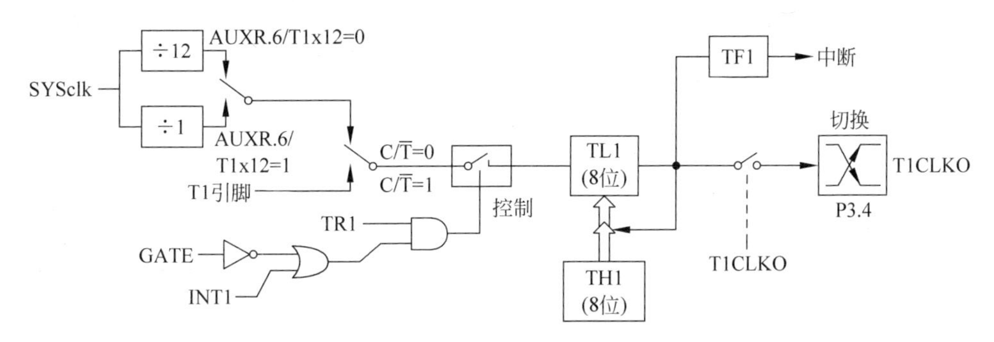

图 11.8 定时器/计数器 1 工作模式 2 内部结构

11.3.3 定时器/计数器 2 工作模式

定时器/计数器 2 只有 16 位自动重加载模式,其内部结构如图 11.9 所示。下面通过一个例子说明其工作模式的设置方法。

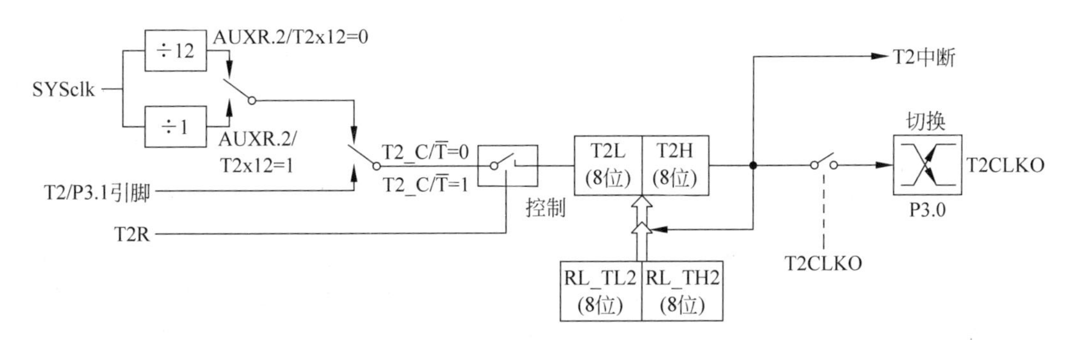

图 11.9 定时器/计数器 2 工作模式内部结构

思考与练习 11-11:根据前面的分析方法,读者自行分析定时器/计数器 2 的工作模式。

【例 11-4】 定时器/计数器 2 自动加载模式 C 语言描述的例子。

代码清单 11-4 main.c 文件

```
#include "reg51.h"
#define TIMS 3036
sfr AUXR = 0x8E;                    //声明 AUXR 寄存器的地址 0x8E
sfr IE2 = 0xAF;                     //声明 IE2 寄存器的地址 0xAF
```

```
sfr TH2 = 0xD6;                              //声明 TH2 寄存器的地址 0xD6
sfr TL2 = 0xD7;                              //声明 TL2 寄存器的地址 0xD7
sfr CLK_DIV = 0x97;                          //声明 CLK_DIV 寄存器的地址 0x97
void timer_2() interrupt 12                  //声明定时器/计数器 2 中断服务程序
{
  P46 = !P46;                                //P4.6 端口取反
  P47 = !P47;                                //P4.7 端口取反
}
main()
{
  CLK_DIV = 0x03;                            //主时钟 8 分频
  TL2 = TIMS;                                //TIMS 低 8 位赋值给 TL2 寄存器
  TH2 = TIMS >> 8;                           //TIMS 高 8 位赋值给 TH2 寄存器
  AUXR| = 0x10;                              //启动定时器/计数器 2,定时器工作模式,不分频
  P46 = 0;                                   //P4.6 端口置 0,灯亮
  P47 = 0;                                   //P4.7 端口置 0,灯亮
  IE2| = 0x04;                               //允许定时器 2 中断
  EA = 1;                                    //CPU 允许响应中断请求
  while(1);
}
```

注意：读者可以进入本书所提供资料的 STC_example\例子 11-4 目录下，打开并参考该设计。

下面对该设计进行验证和分析。步骤如下：

(1) 打开 STC-ISP 软件，将 IRC 频率设置为 12.000MHz。

(2) 下载设计到 STC 所提供学习板上的单片机中。

(3) 观察实验现象。

思考与练习 11-12：根据设计代码，分析定时器/计数器 2 的工作原理。

11.3.4 定时器/计数器 3 工作模式

定时器/计数器 3 只有 16 位自动重加载模式，其内部结构如图 11.10 所示。下面通过一个例子说明其工作模式的设置方法。

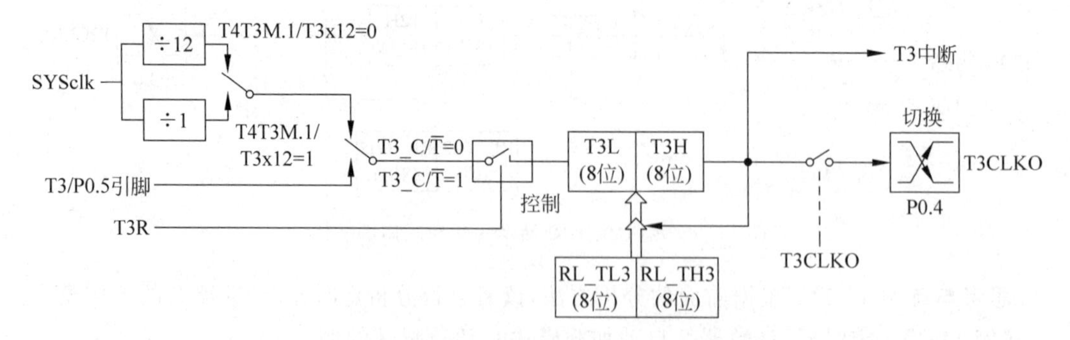

图 11.10 定时器/计数器 3 工作模式内部结构

【例 11-5】 定时器/计数器 3 自动加载模式 C 语言描述的例子。

代码清单 11-5 main.c 文件

```
#include "reg51.h"
```

```
#define TIMS 3036                        //定义 TIMS 的值
sfr CLK_DIV = 0x97;                      //声明 CLK_DIV 寄存器的地址
sfr IE2 = 0xAF;                          //声明 IE2 寄存器的地址
sfr TH3 = 0xD4;                          //声明 TH3 寄存器的地址
sfr TL3 = 0xD5;                          //声明 TL3 寄存器的地址
sfr T4T3M = 0xD1;                        //声明 T4T3M 寄存器的地址
void timer_3() interrupt 19              //声明定时器/计数器 3 的中断服务程序
{
    P46 = !P46;                          //P4.6 端口取反
    P47 = !P47;                          //P4.7 端口取反
}
main()
{
    CLK_DIV = 0x03;                      //主时钟 8 分频,作为系统时钟
    TL3 = TIMS;                          //TIMS 的低 8 位赋值给 TL3 寄存器
    TH3 = TIMS >> 8;                     //TIMS 的高 8 位赋值给 TH3 寄存器
    T4T3M = 0x08;                        //启动定时器/计数器 3,工作模式定时器
    P46 = 0;                             //P4.6 置 0,灯亮
    P47 = 0;                             //P4.7 置 0,灯亮
    IE2| = 0x20;                         //允许定时器/计数器 3 中断请求
    EA = 1;                              //CPU 允许响应中断请求
    while(1);
}
```

注意：读者可以进入本书所提供资料的 STC_example\例子 11-5 目录下，打开并参考该设计。

下面对该设计进行验证和分析。步骤如下：

(1) 打开 STC-ISP 软件，将 IRC 频率设置为 12.000MHz。

(2) 下载设计到 STC 所提供学习板上的单片机中。

(3) 观察实验现象。

思考与练习 11-13：根据设计代码，分析定时器/计数器 3 的工作原理。

11.3.5 定时器/计数器 4 工作模式

定时器/计数器 4 只有 16 位自动重加载模式，其内部结构如图 11.11 所示。

思考与练习 11-14：根据前面的分析方法，分析定时器/计数器 4 的工作原理。

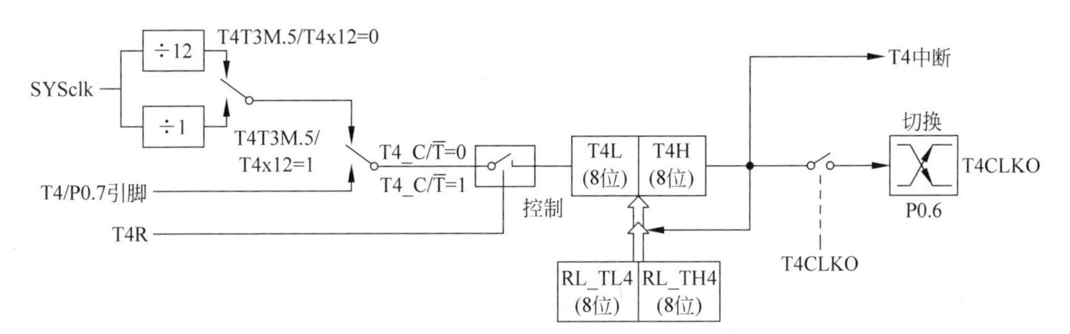

图 11.11 定时器/计数器 4 工作模式内部结构

第 12 章 STC 单片机异步串行收发器原理及实现

CHAPTER 12

基于通用串行异步收发器的异步串行通信(简称 RS-232)是计算机通信中最经典的一个通信方式。虽然大量高性能的通信方式不断出现,如 USB 等,但是作为一种低成本的通信方式,RS-232 在很多领域仍然被大量使用。

本章介绍 STC 单片机内嵌串行异步收发器的原理及实现方式,内容包括 RS-232 标准简介、STC 单片机串口模块简介、串口 1 寄存器及工作模式、串口 2 寄存器及工作模式、串口 3 寄存器及工作模式、串口 4 寄存器及工作模式,人机交互控制的实现、按键扫描及串口显示,以及红外通信的原理及实现。

通过本章内容的学习,读者掌握 RS-232 通信协议以及实现异步串行通信的方法。

12.1 RS-232 标准简介

RS-232 是美国电子工业联盟(Electronic Industries Association,EIA)制定的串行数据通信的接口标准,原始编号全称是 EIA-RS-232(简称 232,RS-232)。它被广泛用于计算机串行接口外设连接。

在 RS-232C 标准中,232 是标识号,C 代表 RS-232 的第三次修改(1969 年),在这之前,还有 RS-232B、RS-232A。

目前的最新版本是由 EIA 所发布的 TIA-232-F,它同时也是美国国家标准 ANSI/TIA-232-F-1997 (R2002),此标准于 2002 年确认。在 1997 年由 TIA/EIA 发布当时的编号则是 TIA/EIA-232-F 与 ANSI/TIA/EIA-232-F-1997。在此之前的版本是 TIA/EIA-232-E。

RS-232 标准规定了传输数据所使用的连接电缆和机械、电气特性、信号功能及传送过程。基于这个标准,派生出其他电气标准,包括 EIA-RS-422A、EIA-RS-423A、EIA-RS-485。

目前,在 PC/笔记本电脑上的 COM1 和 COM2 接口就是用于 RS-232C 的异步串行通信接口。

注意:在最新的计算机和笔记本电脑中,均不再提供这种接口,用户必须通过 USB 转串口芯片,才能在计算机和笔记本电脑上虚拟出一个 RS-232 串行接口。

由于 RS-232C 的重大影响,即使自 IBM PC/AT 开始改用 9 针连接器起,目前几乎不再使用 RS-232 中规定的 25 针连接器,但大多数人仍然普遍使用 RS-232C 来代表此接口。

12.1.1 RS-232 传输特点

在 RS-232 标准中有下面显著的特点:

（1）字符是按串行比特位的方式，使用一根信号线进行传输。这就是通常所说的串行数据传输方式，这种传输方式的优点是使用的传输信号域线少，连线简单，以及传送距离较远。

（2）对于信源（发送方）来说，需要将并行的原始数据进行封装，然后转换成一位一位的串行比特流数据进行发送；对于信宿（目的方）来说，当接收到串行比特流数据后，对接收到的数据进行解析，从接收到的串行数据中找到原始数据的比特流，并将其转换成并行数据，如图12.1所示。

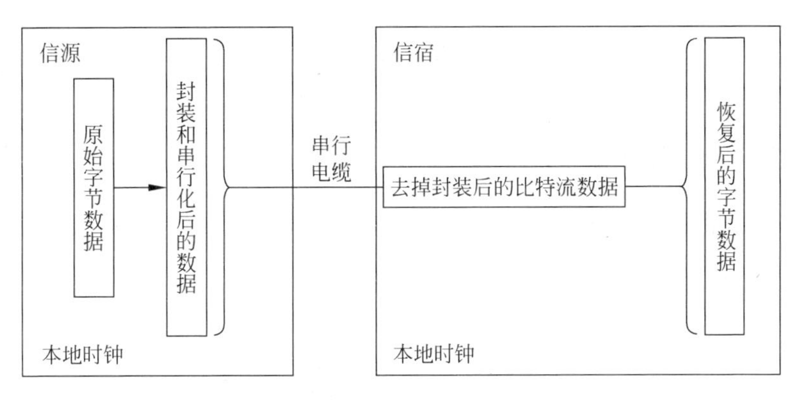

图12.1　异步串行通信原理

（3）在从信源（发送方）发送数据给信宿（目的方）的时候，并不需要传输时钟信号。当信宿接收到串行数据时，会使用信宿本地的时钟对接收到的串行数据进行采样和解码，然后将数据恢复出来。

（4）此外，通过RS-232在传送数据时，并不需要使用一个额外的信号来传送同步信息。但是，通过在数据头部和尾部加上识别标志，就能将数据正确地传送到对方。综上所述，这就是将RS-232称为异步传输的原因。

在计算机中，将实现RS-232通信功能的专用芯片，典型的8251芯片，称为通用异步接收发送器（Universal Asynchronous Receiver Transmitter，UART）。

12.1.2　RS-232数据传输格式

在RS-232中，使用的编码格式是异步起停数据格式，如图12.2所示。在该数据格式中：

（1）首先有一个逻辑0标识的起始位，该位标识新的一帧数据的开始。

（2）在起始位后面紧跟7/8个比特数据，数据比特的开始位对应于原始字节数据的最低位，数据比特的结束位对应于原始字节数据的最高位。

（3）数据比特后面跟随可选的奇偶校验比特，可以在发送数据的时候通过软件进行设置。

（4）最后是以逻辑1标识的1～2个停止比特位。

从该协议中可以看出，在一个异步起停数据格式中，发送一个8位的字符数据至少需要10个比特位。这样做的好处是使发送信号的速率以10进行划分，如图12.2所示。

在协议中，每一个比特位持续的时间和发送时钟有关，即一个时钟周期发送一个比特位。将这个发送时钟称为波特率时钟，用波特率表示，即每秒钟发送比特位的个数。

注意：采用RS-232通信协议的信源和信宿必须采用相同的数据格式和波特率时钟。

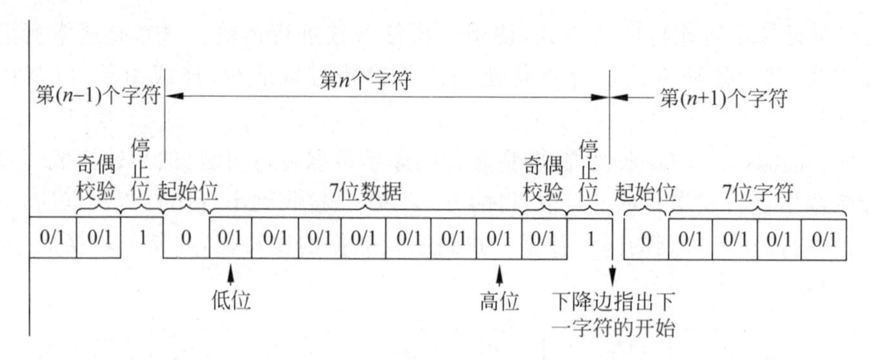

图 12.2 RS-232 数据格式

12.1.3 RS-232 电气标准

在 RS-232 标准中,分别定义了逻辑 1 和逻辑 0 的电压范围。

(1) 逻辑 1 的电压范围为－15～－3V。

(2) 逻辑 0 的电压范围为＋3～＋15V。

在 RS-232 中,接近零的电平是无效的。

这与传统数字逻辑中,对逻辑 1 和逻辑 0 的定义是不同的。因此,就需要进行电气标准的转换,包括将 TTL/CMOS 电平转换为 RS-232 电平,以及将 RS-232 电平转换为 TTL/CMOS 电平。美信公司的 MAX232 芯片可以实现 TTL/CMOS 电平与 RS-232 电平之间的相互转换,如图 12.3 所示。

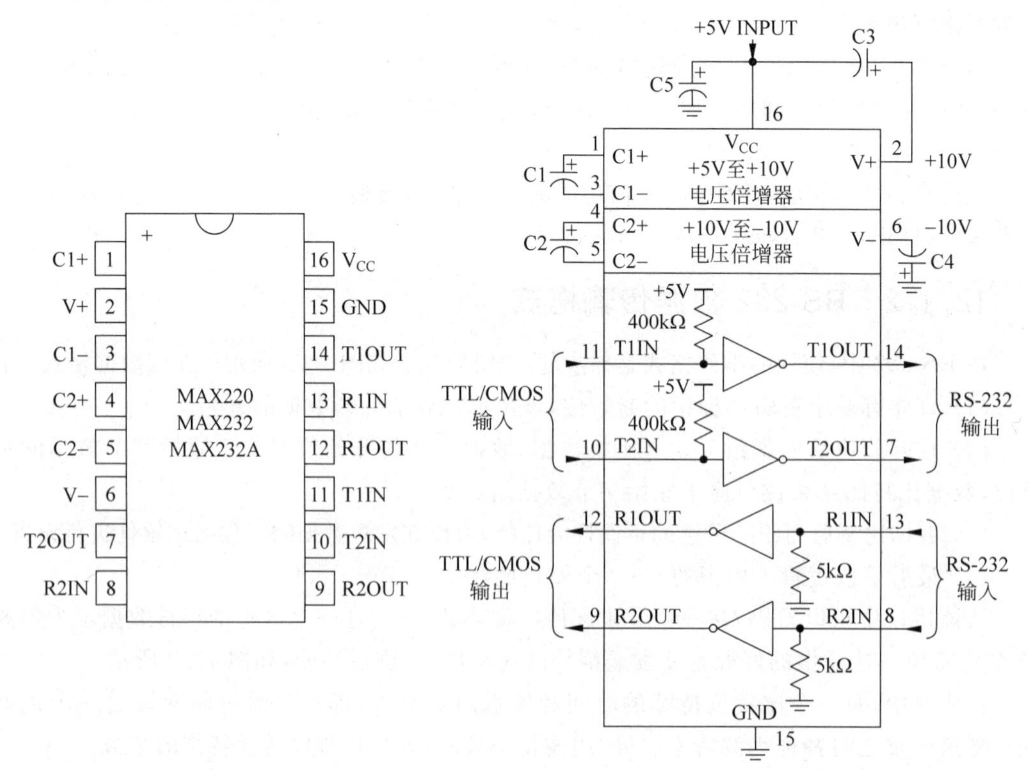

图 12.3 电平转换芯片-在 TTL/CMOS 与 RS-232 之间进行电平转换

当单片机的 TTL/CMOS 的引脚连接到 MAX232 芯片对应的引脚时，就可以实现通过 RS-232 串口电缆与其他设备进行串行通信。

12.1.4　RS-232 参数设置

打开 STC-ISP 软件，在“串口助手”选项卡下，可以看到串口参数设置界面，如图 12.4 所示。在该界面中，需要设置波特率、校验位和停止位。

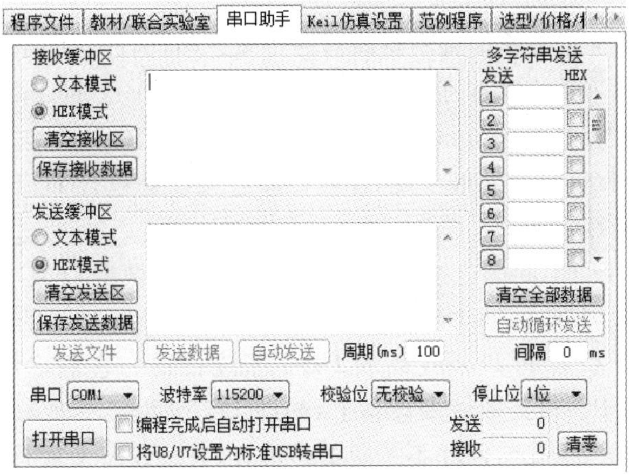

图 12.4　RS-232 串口设置界面

1）波特率

这里的波特率是指将数据从一设备发送到另一设备的速率，即每秒钟发送比特位的个数，单位为波特率(bits per second，bps)。典型地，可选择的波特率有 300、1200、2400、9600、19 200、115 200 等。

注意：一般通信两端设备都要设为相同的波特率，有些设备也可以设置为自动检测波特率。

2）奇偶校验

奇偶校验用于验证接收数据的正确性。一般不使用奇偶校验，如果使用，那么可以选择设置为奇校验或偶校验。

(1) 在偶校验中，要求所有发送数据的比特(包括校验位在内)1 的个数是偶数个。根据这个校验标准，在校验位置 1 或者置 0。

(2) 在奇校验中，要求所有发送数据的比特(包括校验位在内)1 的个数是奇数个。根据这个校验标准，在校验位置 1 或者置 0。

3）停止位

停止位是在每字节传输之后发送的，它用来帮助接收信号方硬件重同步。例如，当传输 8 位原始 8 位数据 11001010 时，数据的前后就需加入起始位(逻辑低)以及停止位(逻辑高)。值得注意的是，起始位固定为一个比特，而停止位则可以是 1、1.5 或者 2 个比特位。这由使用 RS-232 的信源与信宿共同确定，并且通过软件进行设置。

4）流量控制

当需要发送握手信号或数据完整性检测时需要进行其他设置。公用的组合有 RTS/

CTS、DTR/DSR 或者 XON/XOFF。这种方式称为硬件流量控制。通常为了简化连接和控制，不使用硬件流量控制方式。

信宿把 XON/XOFF 信号发给信源，以控制信源发送数据的时间，这些信号与发送数据的传输方向相反。XON 信号通知信源，信宿已经准备好接收更多的数据；XOFF 信号告诉信源，停止发送数据，直到信宿再次准备好为止。

12.1.5 RS-232 连接器

RS-232 设计之初是用来连接调制解调器做传输之用，因此它的引脚定义通常也和调制解调器传输有关。RS-232 的设备可以分为数据终端设备(Data Terminal Equipment，DTE，如 PC)和数据通信设备(Data Communication Equipment，DCE)两类，这种分类定义了不同的线路用来发送和接收信号。一般来说，计算机和终端设备包含 DTE 连接器，调制解调器和打印机包含 DCE 连接器。

RS-232 指定了 20 个不同的连接信号，由 25 个 D-sub(微型 D 类)引脚构成 DB-25 连接器。很多设备只是用了其中的一小部分引脚，出于节省资金和空间的考虑不少机器采用较小的连接器，特别是 9 引脚的 D-sub 或者 DB-9 型连接器。它们广泛应用在绝大多数自 IBM 的 AT 机之后的 PC 和其他许多设备上，如图 12.5 所示。DB-25 和 DB-9 型的连接器在大部分设备上是母头(插孔)，但并不一定都是这样，有些设备上就是公头(插针)。

DB-9 连接器公头和母头连接器的信号定义顺序，如图 12.6 所示。每个信号的定义如表 12.1 所示。

图 12.5 RS-232 串口连接器——母头

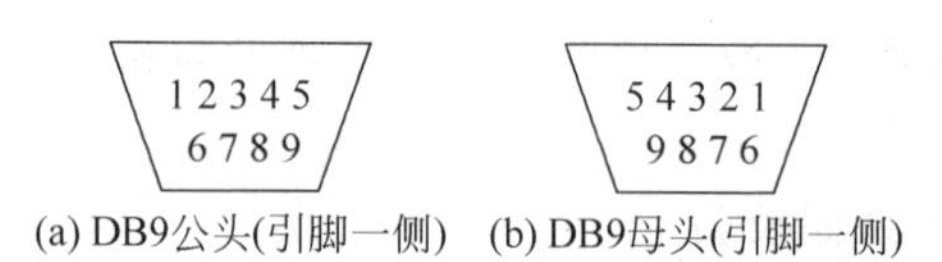

图 12.6 RS-232 串口连接器——母头和公头引脚顺序

表 12.1 DB-9 连接器信号定义

引 脚 名 字	序号	功 能
公共接地	5	地线
发送数据(TD/TXD)	3	发送数据
接收数据(RD/RXD)	2	接收数据
数据终端准备(Data Terminal Ready, DTR)	4	终端设备通知调制解调器可以进行数据传输
数据准备好(Data Set Ready,DSR)	6	调制解调器通知终端设备准备就绪
请求发送(Request To Send,RTS)	7	终端设备要求调制解调器将数据提交
清除发送(Clear To Send,CTS)	8	调制解调器通知终端设备可以传数据过来
数据载波检测(Carrier Detect,CD)	1	调制解调器通知终端设备侦听到载波信号
振铃指示(Ring Indicator,RI)	9	调制解调器通知终端设备有电话进来

12.2　STC单片机串口模块简介

STC15W4K32S4系列单片机内部集成了四个采用通用异步收发器(Universal Asynchronous Receiver/Transmitter,UART)工作方式的全双工串行通信模块。

12.2.1　串口模块结构

每个串口包含下面的单元：

(1) 两个数据缓冲区。每个串行接口的数据缓冲区由两个独立的接收缓冲区和发送缓冲区构成。这两个缓冲区可以同时收发数据。用户向发送缓冲区写入数据；从接收缓冲区读取数据。两个缓冲区共用一个地址。串口1的两个缓冲区SBUF地址为0x99；串口2的两个缓冲区S2BUF地址为0x9B；串口3的两个缓冲区S3BUF地址为0xAD；串口4的两个缓冲区S4BUF地址为0x85。

(2) 一个移位寄存器。

(3) 一个串行控制寄存器。

(4) 一个波特率发生器。

对于串口1来说有四种工作方式,其中两种工作方式的波特率可变,另外两种是固定的；串口2/串口3/串口4都只有两种工作模式,这两种方式的波特率都是可变的。

12.2.2　串口引脚

本节介绍串口引脚,包括串口1可用的引脚、串口2可用的引脚、串口3可用的引脚和串口4可用的引脚。

1. 串口1可用的引脚

STC15W4K32S4系列单片机串口1对应的引脚是TxD和RxD。串口1可以在3组引脚之间进行切换。通过设置AUXR1(P_SW1)寄存器中的S1_S1比特位和S1_S0比特位,可以将串口1从[RxD/P3.0,TxD/P3.1]切换到[RxD_2/P3.6,TxD_2/P3.7],还可以切换到[RxD_3/P1.6/XTAL2,TxD_3/P1.7/XTAL1]。

注意：(1) 当串口1的RxD和TxD设置在P1.6/RxD_3和P1.7/TxD_3引脚时,系统要使用内部的时钟。

(2) 建议串口1的RxD和TxD设置在P3.6/RxD_2和P3.7/TxD_2引脚,或者P1.6/RxD_3和P1.7/TxD_3引脚。

2. 串口2可用的引脚

STC15W4K32S4系列单片机串口2对应的引脚是TxD2和RxD2。串口2可以在2组引脚之间进行切换。通过设置P_SW2寄存器中的S2_S比特位,可以将串口2从[RxD2/P1.0,TxD2/P1.1]切换到[RxD2_2/P4.6,TxD2_2/P4.7]。

3. 串口3可用的引脚

STC15W4K32S4系列单片机串口3对应的引脚是TxD3和RxD3。串口3可以在2组引脚之间进行切换。通过设置 P_SW2 寄存器中的 S3_S 比特位,可以将串口 3 从[RxD3/P0.0,TxD3/P0.1]切换到[RxD3_2/P5.0,TxD3_2/P5.1]。

4. 串口 4 可用的引脚

STC15W4K32S4 系列单片机串口 4 对应的引脚是 TxD4 和 RxD4。串口 4 可以在两组引脚之间进行切换。通过设置 P_SW2 寄存器中的 S4_S 比特位,可以将串口 4 从[RxD4/P0.2,TxD4/P0.3]切换到[RxD4_2/P5.2,TxD4_2/P5.3]。

12.3 串口 1 寄存器及工作模式

本节介绍串口 1 寄存器及工作模式,内容包括串口 1 寄存器组、串口 1 工作模式、人机交互控制的实现和按键扫描与串口显示。

12.3.1 串口 1 寄存器组

本节介绍与串口 1 工作模式有关的寄存器,包括串口 1 控制寄存器、电源控制寄存器、串口 1 缓冲寄存器、辅助寄存器、从机地址寄存器、中断寄存器和串口引脚切换寄存器。

注意:对于前面已经介绍过的寄存器,此处不再进行说明。

1. 串口 1 控制寄存器

串口 1 控制寄存器 SCON(可位寻址),如表 12.2 所示。该寄存器位于 STC 单片机特殊功能寄存器地址为 0x98 的位置。当复位后,该寄存器的值为 00000000B。

表 12.2 串口 1 控制寄存器 SCON 各位的含义

比特位	B7	B6	B5	B4	B3	B2	B1	B0
名字	SM0/FE	SM1	SM2	REN	TB8	RB8	TI	RI

其中:

1) SM0/FE

(1) 当 PCON 寄存器中 SMOD0 比特位为 1 时,该位用于检测帧错误。当检测到一个无效的停止位时,通过 UART 接收器将该位置 1。该位由软件清 0。

(2) 当 PCON 寄存器中 SMOD0 比特位为 0 时,该位和 SM1 位一起指定串口 1 的通信方式。

2) SM1

该位和 SM0 位一起确定串口 1 的通信方式,如表 12.3 所示。

表 12.3 SM1 和 SM0 各位的含义

SM0	SM1	工作模式	功能说明	波特率
0	0	模式 0	同步移位串行方式:移位寄存器	当 UART_M0x6 为 0 时,波特率为 SYSclk/12 当 UART_M0x6 为 1 时,波特率为 SYSclk/2

续表

SM0	SM1	工作模式	功能说明	波特率
0	1	模式1	8位UART，波特率可变	串口1用定时器1作为其波特率发生器且定时器工作于模式0(16位自动重加载模式)或串行口用定时器2作为其波特率发生器时，波特率=(定时器1的溢出率或者定时器T2的溢出率)/4 注意：此时波特率与SMOD无关 当串口1用定时器1作为其波特率发生器且定时器1工作于模式2(8位自动重加载模式)时，波特率=(2^{SMOD}/32)×(定时器1的溢出率)
1	0	模式2	9位UART	波特率=(2^{SMOD}/64)×SYSclk系统工作时钟频率
1	1	模式3	9位UART，波特率可变	当串口1用定时器1作为其波特率发生器且定时器工作于模式0(16位自动重加载模式)或串行口用定时器2作为其波特率发生器时，波特率=(定时器1的溢出率或者定时器T2的溢出率)/4 **注意**：此时波特率与SMOD无关 当串口1用定时器1作为其波特率发生器且定时器1工作于模式2(8位自动重加载模式)时，波特率=(2^{SMOD}/32)×(定时器1的溢出率)

注意：溢出率的计算参见本书第11章。

3）SM2

允许方式2或者方式3多机通信控制位。在方式2或者方式3时，如果SM2位为1，则接收机处于地址帧选状态。此时可以利用接收到的第9位(即RB8)来筛选地址帧。

(1) 当RB8为1时，说明该帧为地址帧，地址信息可以进入SBUF，并使得RI置1，进而在中断服务程序中再比较地址号。

(2) 当RB8为0时，说明该帧不是地址帧，应丢掉该帧并保持RI为0。

在方式2或者方式3中，如果SM2位为0且REN位为1，接收机处于禁止筛选地址帧状态。不论收到的RB8是否为1，均可使接收到的信息进入SBUF，并使得RI为1，此时RB8通常为校验位。

注意：方式0和方式1为非多机通信方式。当处于这两种工作模式时，将SM2设置为0。

4）REN

允许/禁止串行接收控制位。当REN位为1时，允许串行接收状态，可以启动串行接收器RxD，开始接收信息；当REN位为0时，禁止串行接收状态，禁止串行接收器RxD接收数据。

5）TB8

当选择方式2或者方式3时，该位为要发送的第9位数据，按需要由软件置1或者清0。可用作数据的校验位或者多机通信中表示地址帧/数据帧的标志位。

注意：在方式0和方式1时，不用该位。

6）RB8

当选择方式2或者方式3时，该位为接收到的第9位数据，作为奇偶校验位或者地址帧/数据帧的标志位。

注意：在方式0和方式1时，不用该位。

7) TI

发送中断请求标志位。在方式0时，当串行发送数据第8位结束时，由硬件自动将该位置1，向CPU发出中断请求。当CPU响应中断后，必须由软件将该位清0。在其他方式中，则在停止位开始发送时由硬件置1，向CPU发出中断请求。同样地，当CPU响应中断后，必须由软件将该位清0。

8) RI

接收中断请求标志位。在方式0时，当串行接收数据第8位结束时，由硬件自动将该位置1，向CPU发出中断请求。当CPU响应中断后，必须由软件将该位清0。在其他方式中，则在接收到停止位的中间时刻由内部硬件置1，向CPU发出中断请求。同样地，当CPU响应中断后，必须由软件将该位清0。

注意：当发送完一帧数据后，向CPU发出中断请求；类似地，当接收到一帧数据后，也会向CPU发出中断请求。由于TI和RI以逻辑或关系向CPU发出中断请求，所以主机响应中断时，不知道是发送还是接收发出的中断请求。因此，必须在中断服务程序中通过查询TI和RI确定中断源。RI和TI必须由软件清0。

2. 电源控制寄存器

前面已经介绍过电源控制寄存器PCON，本节说明该寄存器中与串口1有关比特位的含义，如表12.4所示。该寄存器位于STC单片机特殊功能寄存器地址为0x87的位置。当复位后，该寄存器的值为00110000B。

表12.4 电源控制寄存器PCON各位的含义

比特位	B7	B6	B5	B4	B3	B2	B1	B0
名字	SMOD	SMOD0	LVDF	POF	GF1	GF0	PD	IDL

其中：

1) SMOD

波特率选择位。当该位为1时，使串行通信方式1、2和3的波特率加倍；当该位为0时，不使各工作方式的波特率加倍。

2) SMOD0

帧错误检测有效控制位。当该位为1时，SCON寄存器中的SM0/FE比特位用于FE(帧错误检测)功能；当该位为0时，SCON寄存器中的SM0/FE比特用于SM0功能，该位和SM1比特位一起用来确定串口的工作方式。

3. 串口1缓冲寄存器

STC15系列单片机的串口1缓冲寄存器SBUF地址为0x99，在该地址实际是两个缓冲寄存器。一个缓冲寄存器用于保存要发送的数据；而另一个缓冲寄存器用于读取已经接收到的数据。

在串口的串行通道内设置数据寄存器。在该串口所有工作模式中，在写入信号SBUF的控制下，把数据加载到相同的9位移位寄存器中，前面8位为数据字节，最低位为移位寄存器的输出位。根据所设置的工作模式，自动将1或者TB8的值加载到移位寄存器的第9位，并进行发送。

在串口的接收寄存器是一个输入移位寄存器。当设置为方式0时，它的字长为8位；当设置为其他工作模式时，它的字长为9位。当接收完一帧数据后，将移位寄存器中的串行字节数据加载到数据缓冲寄存器SBUF中，将其第9位加载到SCON寄存器的RB8位。如果由于SM2使得已经接收到的数据无效时，RB8和SBUF中的内容不变。

由于在串行通道内设置了输入移位寄存器和SBUF缓冲寄存器，从而在接收完一帧串行数据将其从移位寄存器加载到并行SBUF缓冲寄存器后，可以立即开始接收下一帧数据。因此，信宿(目的方)主机需要在接收到新的一帧数据之前从SBUF中将数据取出，否则将覆盖前面接收到的数据。

4. 辅助寄存器

前面已经介绍过辅助寄存器AUXR，本节说明该寄存器中与串口1有关比特位的含义，如表12.5所示。该寄存器位于STC单片机特殊功能寄存器地址为0x8E的位置。当复位后，该寄存器的值为00000001B。

表12.5　辅助寄存器AUXR各位的含义

比特位	B7	B6	B5	B4	B3	B2	B1	B0
名字	T0x12	T1x12	UART_M0x6	T2R	T2_C/$\overline{\text{T}}$	T2x12	EXTRAM	S1ST2

其中：

(1) T1x12

定时器1速度控制位。当该位为0时，定时器1是传统8051的速度，即12分频；当该位为1时，定时器1的速度是传统8051的12倍，即不分频。

注意：如果串口1使用定时器1作为波特率发生器，则该位用于确定串口1的速度。

(2) UART_M0x6

串口模式0的通信速率设置位。当该位为0时，串口1模式0的速度是传统8051单片机串口的速度，即12分频；当该位为1时，串口1模式0的速度是传统8051单片机速度的6倍，即2分频。

(3) S1ST2

串口1选择定时器2作波特率发生器的控制位。当该位为0时，选择定时器1作为串口1的波特率发生器；当该位为1时，选择定时器2作为串口1的波特率发生器。

5. 从机地址控制寄存器

在STC单片机中，设置了从机地址寄存器SADEN和SADDR。SADEN寄存器为从机地址掩膜寄存器，该寄存器位于特殊功能寄存器地址为0xB9的位置。当复位后，该寄存器的值为00000000B。SADDR寄存器为从机地址寄存器，该寄存器位于特殊功能寄存器地址为0xA9的位置。当复位后，该寄存器的值为00000000B。

6. 中断允许寄存器

前面已经介绍过中断允许寄存器IE，本节说明该寄存器中与串口1有关比特位的含义，如表12.6所示。该寄存器位于STC单片机特殊功能寄存器地址为0xA8的位置。当复位后,该寄存器的值为 00000000B。

表 12.6　中断允许寄存器 IE 各位的含义

比特位	B7	B6	B5	B4	B3	B2	B1	B0
名字	EA	ELVD	EADC	ES	ET1	EX1	ET0	EX0

其中,ES 为串口 1 中断允许位。当该位为 1 时,允许串口 1 中断;当该位为 0 时,禁止串口 1 中断。

7. 中断优先级控制寄存器

前面已经介绍过中断优先级控制寄存器 IP,本节说明该寄存器中与串口 1 有关比特位的含义,如表 12.7 所示。该寄存器位于 STC 单片机特殊功能寄存器地址为 0xB8 的位置。当复位后,该寄存器的值为 00000000B。

表 12.7　中断优先级控制寄存器 IP 各位的含义

比特位	B7	B6	B5	B4	B3	B2	B1	B0
名字	PPCA	PLVD	PADC	PS	PT1	PX1	PT0	PX0

其中,PS 为串口 1 中断优先级控制位。当该位为 0 时,串口 1 中断为最低优先级中断(优先级为 0);当该位为 1 时,串口 1 中断为最高优先级中断(优先级为 1)。

8. 串口 1 引脚切换寄存器

该寄存器在前一章进行了详细的说明,读者可以参看该寄存器的内容介绍。

9. 串口 1 中继广播方式设置

串口 1 中继广播方式设置是在 CLK_DIV 寄存器中实现。前面已经介绍过该寄存器,本节说明该寄存器中与串口 1 有关比特位的含义,如表 12.8 所示。该寄存器位于 STC 单片机特殊功能寄存器地址为 0x97 的位置。当复位后,该寄存器的值为 00000000B。

表 12.8　CLK_DIV 寄存器各位的含义

比特位	B7	B6	B5	B4	B3	B2	B1	B0
名字	MCKO_S1	MCKO_S0	ADRJ	Tx_Rx	MCLKO_2	CLKS2	CLKS1	CLKS0

其中,Tx_Rx 为串口 1 中继广播方式设置位。当该位为 0 时,串口 1 为正常工作模式;当该位为 1 时,串口 1 为中继广播方式,即将 RxD 端口输入的电平状态实时输出到 TxD 外部引脚上,TxD 引脚可以对 RxD 引脚的输入信号进行实时整形放大输出,TxD 引脚对外输出实时反映 RxD 端口输入的电平状态。

12.3.2　串口 1 工作模式

前面已经提到串口 1 有四种工作模式,可以通过设置 SCON 寄存器的 SM0 和 SM1 进行选择。其中,模式 1、模式 2 和模式 3 为异步通信方式,每个发送和接收的字符都带有 1 个起始位、1 个停止位;在模式 0 中,串口 1 作为一个简单的移位寄存器使用。

在本节中,只对最常用的模式 1 进行详细介绍。对于其余工作模式,读者可以参考

STC 数据手册相关部分的介绍。

串口 1 工作模式 1 为 8 位波特率可变的 UART 方式，如图 12.7 所示。下面对该模式的内部结构进行详细的分析。

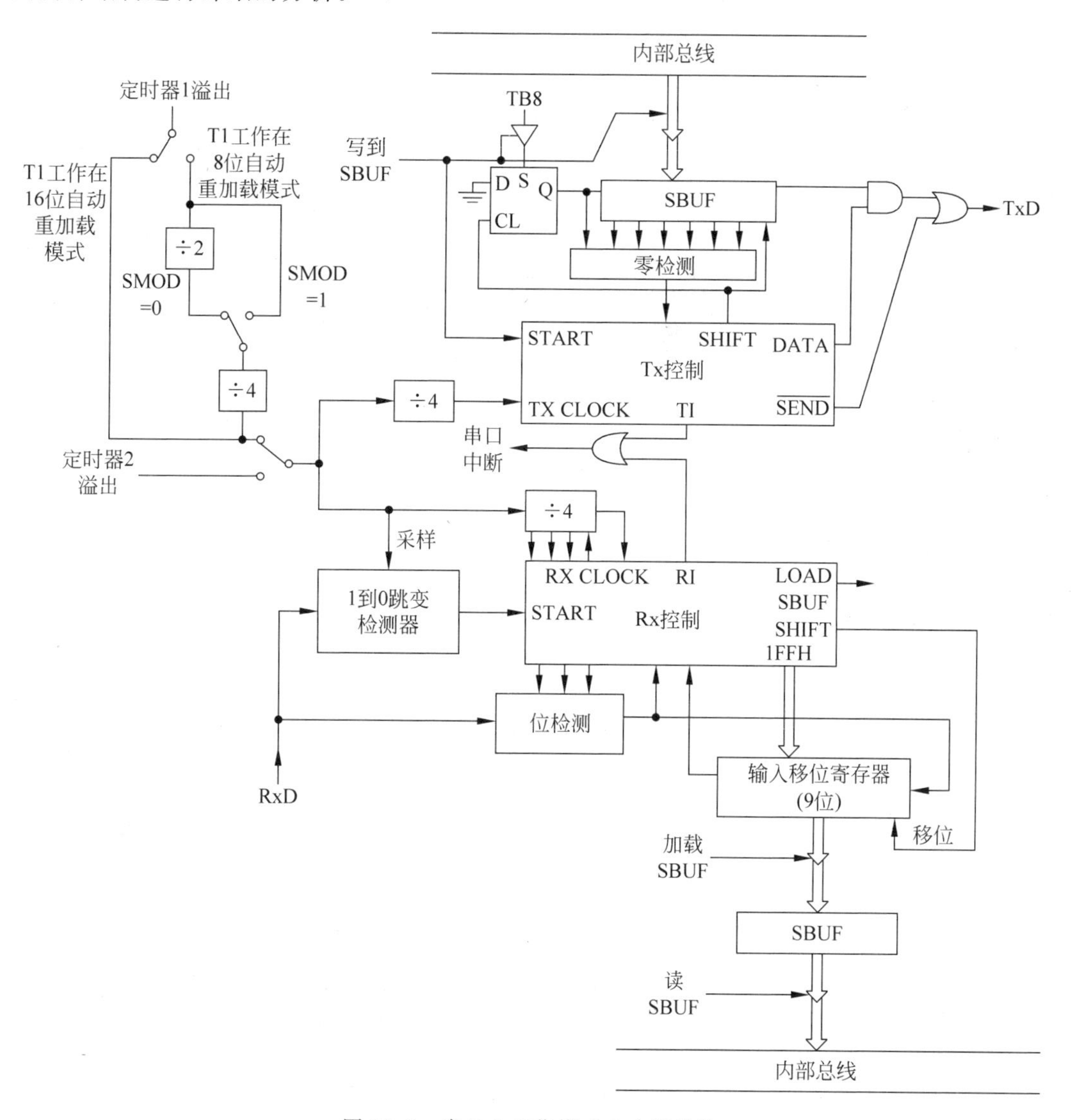

图 12.7　串口 1 工作模式 1 内部结构

1. 串口 1 的发送过程

当串口 1 发送数据时，数据从单片机的串行发送引脚 TxD 发送出去。当主机执行一条写 SBUF 的指令时，就启动串口 1 的数据发送过程，写 SBUF 信号将 1 加载到发送移位寄存器的第 9 位，并通知 Tx 控制单元开始发送。通过 16 分频计数器，同步发送串行比特流，如图 12.8(a)所示。

移位寄存器将数据不断地右移，送到 TxD 引脚。同时，在左边不断地用 0 进行填充。当数据的最高位移动到移位寄存器的输出位置，紧跟其后的是第 9 位 1，在它的左侧各位全部都是 0，这个条件状态使得 TX 控制单元进行最后一次移位输出，然后使得发送允许信号

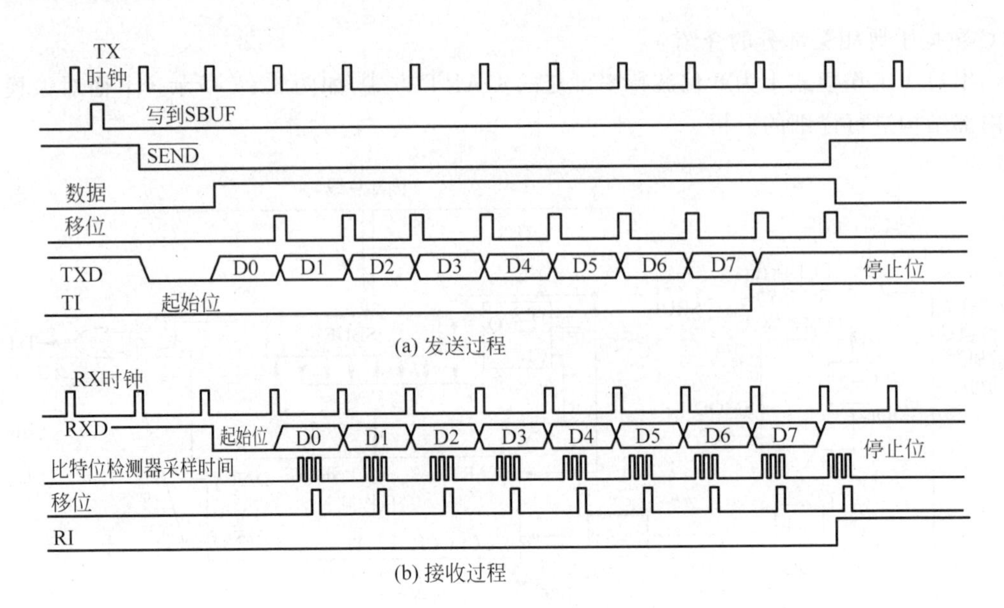

图 12.8　串口 1 时序

SEND 失效，结束一帧数据的发送过程，并将中断请求位 TI 置 1，向 CPU 发出中断请求信号。

2. 串口 1 的接收过程

当软件将接收允许标志位 REN 置 1 后，接收器就用选定的波特率的 16 分频的速率采样串行接收引脚 RxD。当检测到 RxD 端口从 1 到 0 的负跳变后，就启动接收器准备接收数据。同时，复位 16 分频计数器，将值 0x1FF 加载到移位寄存器中。复位 16 分频计数器使得它与输入位时间同步。

16 分频计数器的 16 个状态是将每位接收的时间平均为 16 等份。在每位时间的第 7、8 和 9 状态由检测器对 RxD 端口进行采样，所接收的值是这次采样值经过“三中取二”的值，即三次采样中，至少有两次相同的值，用来抵消干扰信号，提高接收数据的可靠性，如图 12.8(b)所示。在起始位，如果接收到的值不为 0，则起始位无效，复位接收电路，并重新检测 1 到 0 的跳变。如果接收到的起始位有效，则将它输入移位寄存器，并接收本帧的其余信息。

接收的数据从接收移位寄存器的右边移入，将已装入的 0x1FF 向左边移出。当起始位 0 移动到移位寄存器的最左边时，使 RX 控制器做最后一次移位，完成一帧的接收。若同时满足以下两个条件时：

(1) RI=0；

(2) SM2=0 或接收到的停止位为 1。

则接收到的数据有效，实现加载到 SBUF，停止位进入 RB8，置位 RI，向 CPU 发出中断请求信号。如果这两个条件不能同时满足，则将接收到的数据丢弃，无论是否满足条件，接收机又重新检测 RxD 端口上的 1 到 0 的跳变，继续接收下一帧数据。如果接收有效，则在响应中断后，必须由软件将标志 RI 清 0。

12.3.3 人机交互控制的实现

本节将通过设计实例详细说明串口通信的实现过程。在该设计中，使用 STC 所提供的学习板上的串口 1，以及设置定时器 1 的模式 0 来实现 STC 学习板和计算机之间的串口通信。STC 通过串口 1 向主机发送菜单界面，如图 12.9 所示。

```
------main menu---------------
   input 1:  Control LED10
   input 2:  Control LED9
   other  :  exit program
------end menu----------------
```

图 12.9　菜单界面

在 PC/笔记本电脑上，按 1 键，用于控制 STC 学习板上的标记为 LED10 的 LED 灯；按 2 键，用于控制 STC 学习板上标记为 LED9 的 LED 灯；按其他键显示退出程序的信息。

在该设计中，使用 STC 学习板上的串口 1，如图 12.10 所示。其中，CH340G 芯片用于将 IAP15W4K58S4 单片机的串口信号 TxD 和 RxD 转换成 USB 信号，方便与计算机 USB 接口的连接。串口发送信号 TxD 信号连接到 STC 单片机的 P3.1 引脚，通过该引脚将 STC 单片机发送的串行数据传输给 PC/笔记本电脑；串口接收信号 RxD 连接到 STC 单片机的 P3.0 引脚，该引脚将接收来自主机发送的串行数据。

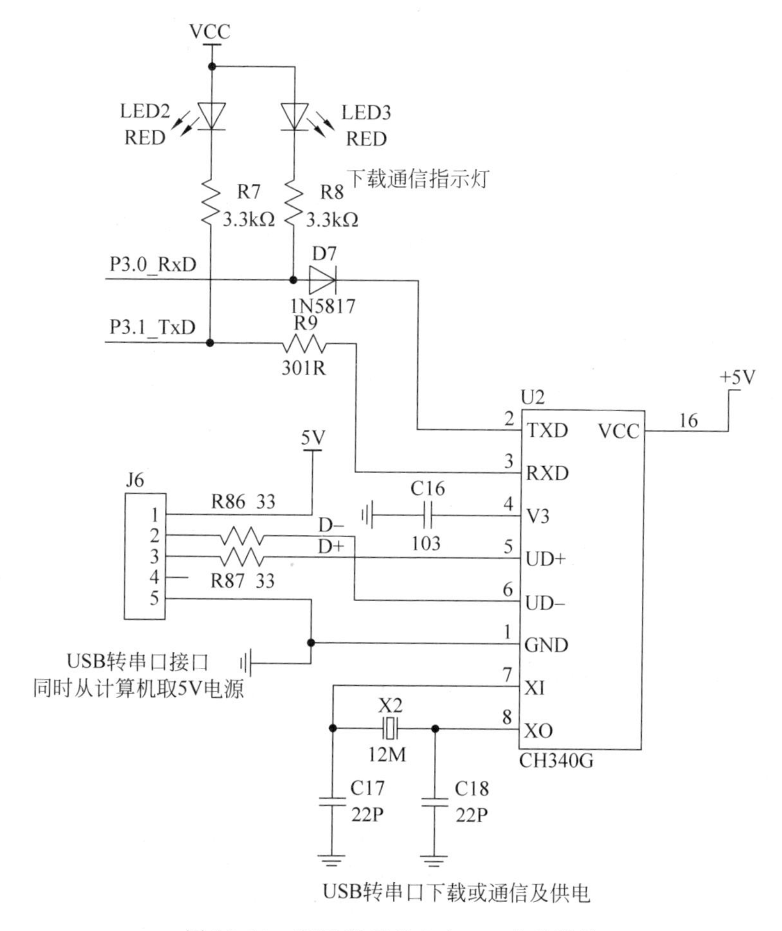

图 12.10　STC 学习板上串口 1 电路结构

在该电路设计中，LED2 和 LED3 上拉，并且连接到 RxD 和 TxD 信号线，用于指示 STC 单片机串口和主机之间发送和接收数据的情况。此外，在 P3.0 引脚上加入 IN5817 二极管，以及在 P3.1 引脚串入电阻是为了防止 USB 器件给芯片供电。

注意：CH340 芯片和单片机引脚采用交叉连接方式，即单片机的 TxD 信号连接到

CH340G 芯片的 RxD 引脚；单片机的 RxD 信号连接到 CH340G 芯片的 TxD 引脚。

【例 12-1】 主机通过串口控制 STC 板上 LED 灯 C 语言描述的例子。

代码清单 12-1　main.c 文件

```
#include "reg51.h"
#define FOSC 18432000L                    //声明当前单片机主时钟频率
#define BAUD 115200                       //声明波特率常数 115200
sfr AUXR = 0x8E;                          //声明 AUXR 寄存器的地址 0x8E
sfr TH2 = 0xD6;                           //声明 TH2 寄存器的地址 0xD6
sfr TL2 = 0xD7;                           //声明 TL2 寄存器的地址 0xD7
bit busy = 0;                             //声明比特位 busy
xdata char menu[] = {"\r\n------ main menu---------------- "          //声明字符型数组 menu
                     "\r\n     input 1: Control LED10 "
                     "\r\n     input 2: Control LED9 "
                     "\r\n     other : Exit Program"
                     "\r\n------ end menu------------------ "
                    };

void SendData(unsigned char dat)          //声明 SendData 子函数,参数 dat
{
    while(busy);                          //判断是否忙,忙等待
    SBUF = dat;                           //将 dat 写入 SBUF 发送缓冲器
    busy = 1;                             //将 busy 标志置 1
}
void SendString(char * s)                 //声明 SendString 子函数,参数 s
{
    while( * s!= '\0')                    //判断字符是否结束,如果没结束
        SendData( * s++);                 //调用 SendData 子函数发送数据
}
void uart1() interrupt 4                  //声明串口 1 中断服务程序 uart1
{
    if(RI)                                //如果接收标志 RI 为 1,有接收数据
        RI = 0;                           //将 RI 标志清 0
    if(TI)                                //如果发送标志 TI 为 1,已发送数据
        TI = 0;                           //将 TI 标志清 0
      busy = 0;                           //busy 清 0,表示已经发送完数据
}

void main()
{
    unsigned char c;                      //定义无符号字符型变量 c
    P46 = 0;                              //P4.6 端口置 0,灯亮
    P47 = 0;                              //P4.7 端口置 0,灯亮
    SCON = 0x50;                          //串口 1 方式 1,允许接收
    AUXR = 0x14;                          //允许定时器 2,不分频
    AUXR| = 0x01;                         //选择定时器 2 作为波特率发生器
    TL2 = (65536 - ((FOSC/4)/BAUD));      //初值低 8 位赋值给 TL2 寄存器
    TH2 = (65536 - ((FOSC/4)/BAUD))>> 8;  //初值高 8 位赋值给 TH2 寄存器
    ES = 1;                               //允许串口中断
    EA = 1;                               //CPU 允许响应中断请求
     SendString(&menu);                   //在串口终端上打印 menu 的内容
```

```
    while(1){                         //无限循环
        if(RI == 1)                   //如果接收到上位机发送的数据
        {
            c = SBUF;                 //从 SBUF 缓冲区读数据到变量 c
            if(c == 0x31)             //判断如果接收的数据是字符 1
                P46 = !P46;           //P4.6 取反
            else if(c == 0x32)        //判断如果接收的数据是字符 2
                P47 = !P47;           //P4.7 取反
            else                      //对于其他任何输入
            {
                SendString("\r\n Exit Program");        //串口上打印 Exit Program 信息
            }
        }
    }
}
```

注意：读者可以进入本书所提供资料的 STC_example\例子 12-1 目录下，打开并参考该设计。

下面说明该代码的设计原理和验证方法。步骤包括：

(1) 使用 T2 定时器，根据前面给出的 IRC 的时钟频率为 18.432MHz，波特率为 115200，由于 T2 的溢出率和波特率存在下面的关系，即

串口 1 的波特率＝SYSclk/(65 536－[RL_TH2,RL_TL2])/4

因此，[RL_TH2,RL_TL2]＝65 536－SYSclk/(串口 1 的波特率×4)

注意：RL_TH2 是 T2H 的自动重加载寄存器，RL_TL2 是 T2L 的自动重加载寄存器。

(2) 打开 STC-ISP 软件，在该界面左侧窗口内，选择硬件选项卡。在该选项卡界面中，将“输入用户程序运行时的 IRC 频率”设置为 18.432MHz。

(3) 单击“下载/编程”按钮，将设计下载到 STC 单片机。

(4) 在 STC-ISP 软件右侧窗口中，选择“串口助手”选项卡，如图 12.11 所示，并设置参数：

① 串口：COM3(根据自己计算机识别出来的 COM 端口号进行设置)。

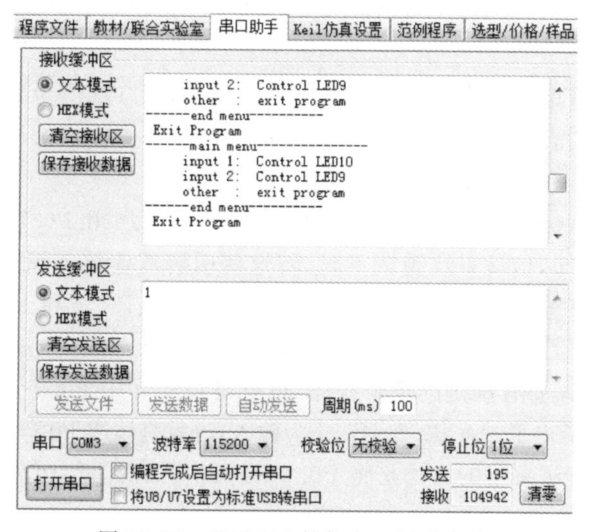

图 12.11 STC-ISP 软件串口调试助手

② 波特率：115200。

③ 校验位：无校验。

④ 停止位：1 位。

(5) 单击“打开串口”按钮。

(6) 在 STC 学习板上，找到并按一下 SW19 按键，重新运行程序，可以看到在如图 12.11 所示的接收窗口中显示出菜单信息。

(7) 在发送窗口中输入 1。

(8) 单击“发送数据”按钮，观察 STC 学习板上 LED10 的变化。

(9) 在发送串口中输入 2。

(10) 单击“发送数据”按钮，观察 STC 学习板上 LED9 的变化。

(11) 在发送串口中输入其他字符。

(12) 单击“发送数据”按钮，看到在如图 12.11 所示的接收窗口中显示 Exit Program 提示信息。

思考与练习 12-1：连续发送字符 2，观察 LED9 的变化规律________；连续发送字符 1，观察 LED10 的变化规律________。

思考与练习 12-2：当单片机的主时钟频率改成 20.000MHz，波特率改为 9600 时，根据上面的公式重新计算 TH2＝________，TL2＝________。下载并验证参数是否正确。

注意：在 STC-ISP 软件中，需要将波特率设置改为 9600。

12.3.4 按键扫描与串口显示

本节将检测 STC 学习板上按键开关的状态，并通过串口将按键当前的状态显示到主机串口调试助手界面上。下面详细介绍设计原理和设计实现。

1. 矩阵按键结构及检测原理

在 STC 学习板上提供了 16 个按键，这 16 个按键按 4×4 形式排列，即 4 行和 4 列形式，如图 12.12 所示。要清楚的是判断按键状态，首先是要确定有无按键被按下，其次要确定是按下了哪个键。STC 学习板上给每个按键进行标号，按照行的顺序用 0～3、4～7、8～11、12～15 表示。

在第 5 章介绍 I/O 口的时候，提到在上电复位后，I/O 口默认为准双向模式，也就是既可以输出，又可以输入。并且，说明如果要读取某个引脚所连接外部设备的状态，需要先给该引脚置逻辑高，然后才能回读该引脚所连接外设的状态。

从图 12.12 中可以知道，STC 单片机的 P0.4、P0.5、P0.6 和 P0.7 引脚通过上拉电阻连接到 VCC 上，由此可知，当没有按键按下时，将这些引脚所连接外设拉高到逻辑 1。同时，还注意到，当没有按下按键时，STC 单片机的 P0.0、P0.1、P0.2 和 P0.3 引脚处于悬空状态，既没有拉高也没有拉低，即没有上拉到 VCC 和下拉到 GND。从这两个方面综合分析可知，P0.0～P0.3 引脚需要有确定的逻辑状态，也就是在实际中 P0.0～P0.3 应该为输出，为逻辑高电平或者逻辑低电平；而 P0.7～P0.4 为输入，也就是读取 P0.7～P0.4 引脚的状态。

首先，判断有按键被按下的方法是将 P0.0～P0.3 引脚拉低，也就是驱动 P0.0～P0.3 为低。

(1) 如果 16 个按键中没有按下按键，则引脚 P0.4、P0.5、P0.6 和 P0.7 仍然处于上拉

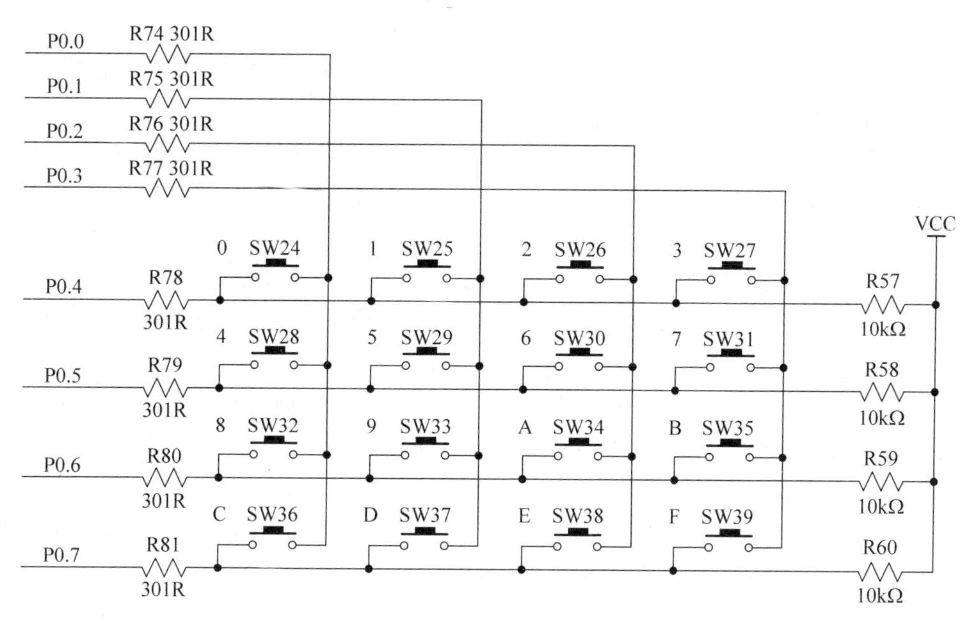

图 12.12　STC 学习板上按键矩阵排列结构

状态，即逻辑高（逻辑 1）。此时，如果读取这四个端口，读取的值应该是 1111，分别对应于引脚 P0.7、P0.6、P0.5、P0.4。

(2) 只要有一个按键按下，P0.4、P0.5、P0.6 或者 P0.7 就有引脚被拉低，也就是读取 P0.4、P0.5 、P0.6、P0.7 引脚，它们组合的值一定不等于 1111。

因此，就可以判断是否有按键被按下。

下面判断具体按的是哪个按键。

(1) 驱动 P0.3 引脚为低（逻辑 0），驱动 P0.2、P0.1 和 P0.0 引脚为高（逻辑 1），即它们值的组合为 0111，十六进制数 7。

① 则当按下标号为 0、1、2、4、5、6、8、9、A、C、D、E 的按键时，P0.4～P0.7 引脚的状态不会发生任何的变化。

② 如果按下 3 号按键，则 P0.4 引脚被拉低，即变化到逻辑 0。而其他引脚状态仍然为逻辑高。此时如果读取这四个端口，读取的值应该是 1110，十六进制数 E 分别对应于P0.7、P0.6、P0.5、P0.4 引脚。

③ 如果按下 7 号按键，则 P0.5 引脚被拉低，即变化到逻辑状态 0。而其他引脚状态仍然为逻辑高。此时如果读取这四个端口，读取的值应该是 1101，十六进制数 D 分别对应于 P0.7、P0.6、P0.5、P0.4 引脚。

④ 如果按下 11(B)号按键，则 P0.6 引脚被拉低，即变化到逻辑状态 0。而其他引脚状态仍然为逻辑高。此时如果读取这四个端口，读取的值应该是 1011，十六进制数 B 分别对应于 P0.7、P0.6、P0.5、P0.4 引脚。

⑤ 如果按下 15(F)号按键，则 P0.7 引脚被拉低，即变化到逻辑状态 0。而其他引脚状态仍然为逻辑高。此时如果读取这四个端口，读取的值应该是 0111，十六进制数 7 分别对应于 P0.7、P0.6、P0.5、P0.4 引脚。

(2) 驱动 P0.2 引脚为低（逻辑 0），驱动 P0.3、P0.1 和 P0.0 引脚为高（逻辑 1），即它们值的组合为1011，十六进制数B。

① 则当按下标号为0、1、3、4、5、7、8、9、B、C、D、F的按键时，P0.4～P0.7引脚的状态不会发生任何的变化。

② 如果按下2号按键，则P0.4引脚被拉低，即变化到逻辑状态0。而其他引脚状态仍然为逻辑高。此时如果读取这四个端口，读取的值应该是1110，十六进制数E分别对应于P0.7、P0.6、P0.5、P0.4引脚。

③ 如果按下6号按键，则P0.5引脚被拉低，即变化到逻辑状态0。而其他引脚状态仍然为逻辑高。此时如果读取这四个端口，读取的值应该是1101，十六进制数D分别对应于P0.7、P0.6、P0.5、P0.4引脚。

④ 如果按下10(A)号按键，则P0.6引脚被拉低，即变化到逻辑状态0。而其他引脚状态仍然为逻辑高。此时如果读取这四个端口，读取的值应该是1011，十六进制数B分别对应于P0.7、P0.6、P0.5、P0.4引脚。

⑤ 如果按下14(E)号按键，则P0.7引脚被拉低，即变化到逻辑状态0。而其他引脚状态仍然为逻辑高。此时如果读取这四个端口，读取的值应该是0111，十六进制数7分别对应于P0.7、P0.6、P0.5、P0.4引脚。

(3) 驱动P0.1引脚为低(逻辑0)，驱动P0.3、P0.2和P0.0引脚为高(逻辑1)，即它们值的组合为1101，十六进制数D。

① 则当按下标号为0、2、3、4、6、7、8、A、B、C、E、F的按键时，P0.4～P0.7引脚的状态不会发生任何的变化。

② 如果按下1号按键，则P0.4引脚被拉低，即变化到逻辑状态0。而其他引脚状态仍然为逻辑高。此时如果读取这四个端口，读取的值应该是1110，十六进制数E分别对应于P0.7、P0.6、P0.5、P0.4引脚。

③ 如果按下5号按键，则P0.5引脚被拉低，即变化到逻辑状态0。而其他引脚状态仍然为逻辑高。此时如果读取这四个端口，读取的值应该是1101，十六进制数D分别对应于P0.7、P0.6、P0.5、P0.4引脚。

④ 如果按下9号按键，则P0.6引脚被拉低，即变化到逻辑状态0。而其他引脚状态仍然为逻辑高。此时如果读取这四个端口，读取的值应该是1011，十六进制数B分别对应于P0.7、P0.6、P0.5、P0.4引脚。

⑤ 如果按下13(D)号按键，则P0.7引脚被拉低，即变化到逻辑状态0。而其他引脚状态仍然为逻辑高。此时如果读取这四个端口，读取的值应该是0111，十六进制数7分别对应于P0.7、P0.6、P0.5、P0.4引脚。

(4) 驱动P0.0引脚为低(逻辑0)，驱动P0.3、P0.2和P0.1引脚为高(逻辑1)，即它们值的组合为1110，十六进制数E。

① 则当按下标号为1、2、3、5、6、7、9、A、B、D、E、F的按键时，P0.4～P0.7引脚的状态不会发生任何的变化。

② 如果按下0号按键，则P0.4引脚被拉低，即变化到逻辑状态0。而其他引脚状态仍然为逻辑高。此时如果读取这四个端口，读取的值应该是1110，十六进制数E分别对应于P0.7、P0.6、P0.5、P0.4引脚。

③ 如果按下4号按键，则P0.5引脚被拉低，即变化到逻辑状态0。而其他引脚状态仍

然为逻辑高。此时如果读取这四个端口，读取的值应该是 1101，十六进制数 D 分别对应于 P0.7、P0.6、P0.5、P0.4 引脚。

④ 如果按下 8 号按键，则 P0.6 引脚被拉低，即变化到逻辑状态 0。而其他引脚状态仍然为逻辑高。此时如果读取这四个端口，读取的值应该是 1011，十六进制数 B 分别对应于 P0.7、P0.6、P0.5、P0.4 引脚。

⑤ 如果按下 12(C)号按键，则 P0.7 引脚被拉低，即变化到逻辑状态 0。而其他引脚状态仍然为逻辑高。此时如果读取这四个端口，读取的值应该是 0111，十六进制数 7 分别对应于 P0.7、P0.6、P0.5、P0.4 引脚。

这就是矩阵按键键盘的检测原理。所谓的扫描就是让 P0.0、P0.1、P0.2 和 P0.3 的驱动值快速地在 0111、1011、1101 和 1110 之间进行变化，这样就能在按下按键的时候，知道按下哪个按键，如图 12.13 所示。

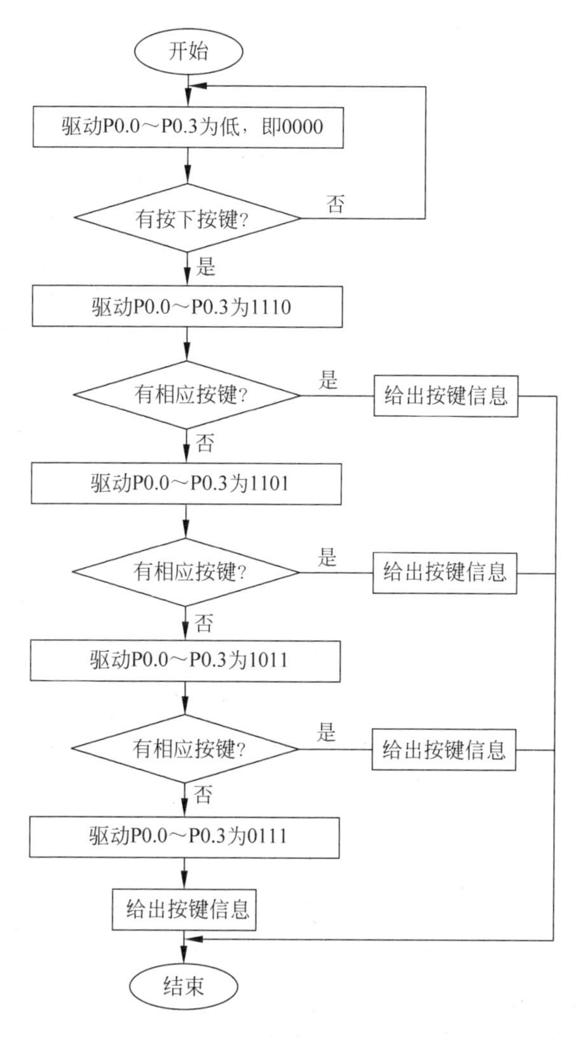

图 12.13 矩阵按键扫描流程

2. 串口 1 参数设置

在该设计中，串口 1 工作在模式 1 下，使用定时器 1 模式 0(16 位自动重加载)作为串口

1 的波特率发生器。

3. 设计代码和分析

【例 12-2】 按下 STC 学习板上按键并通过串口显示在主机上的 C 语言描述的例子。

代码清单 12-2 main.c 文件

```
#include "reg51.h"
#define FOSC 18432000L                          //声明单片机的工作频率
#define BAUD 115200                             //声明串口 1 的波特率参数
sfr AUXR = 0x8E;                                //声明寄存器 AUXR 的地址
bit busy = 0;                                   //声明 bit 型变量
xdata char menu[] = {"\r\n -- Display Press buttons information -- \r\n"};
                                                //声明字符数组 menu
void IO_KeyDelay(void)                          //声明 IO_KeyDelay 子函数,延迟
{
  unsigned char i;
  i = 60;
  while( -- i);
}

void SendData(unsigned char dat)                //声明 SendData 子函数
{
  while(busy);                                  //判断是否发送完,没有则等待
  SBUF = dat;                                   //否则,将数据 dat 写入 SBUF 寄存器
  busy = 1;                                     //将 busy 置 1
}
void SendString(char * s)                       //声明 SendString 子函数
{
  while( * s!= '\0')                            //判断是否是字符串的结尾
      SendData( * s++);                         //如果没有结束,调用 SendData 发送数据
}
void uart1() interrupt 4                        //声明 uart 串口 1 中断服务程序
{
  if(RI)                                        //通过 RI 标志,判断是否接收到数据
      RI = 0;                                   //如果 RI 为 1,则软件清零 RI
  if(TI)                                        //通过 TI 标志,判断是否发送完数据
      TI = 0;                                   //如果 TI 为 1,则软件清零 TI
    busy = 0;                                   //将 busy 标志清零
}

void main()
{
  unsigned char c1_new,c1_old = 0,c1;           //声明字符型变量
  SCON = 0x50;                                  //串口 1 模式 1,使能串行接收,禁止多机
  AUXR = 0x40;                                  //定时器 1 不分频,作为串口 1 波特率时钟
  TL1 = (65536 - ((FOSC/4)/BAUD));              //定时器 1 初值计数器低 8 位
  TH1 = (65536 - ((FOSC/4)/BAUD))>>8;           //定时器 1 初值计数器高 8 位
  TR1 = 1;                                      //使能定时器 1 工作
  ES = 1;                                       //允许串口 1 中断
  EA = 1;                                       //CPU 允许响应中断请求
   SendString(&menu);                           //在串口调试界面中打印字符串信息
```

```
while(1){                                  //无限循环
    P0 = 0xF0;                             //将 P0.0～P0.3 拉低,在读 P0.4～P0.7 前,发 F
    IO_KeyDelay();                         //延迟读
    c1_new = P0&0xF0;                      //得到矩阵按键的信息
   if(c1_new!= c1_old)                     //如果新按键和旧按键状态不一样,则继续
   {
     c1_old = c1_new;                      //把新按键的状态变量保存作为旧的按键
      if(c1_new!= 0xF0)                    //如果有按键按下,继续
      {
         P0 = 0xFE;                        //将 P0[3:0]置 1110,在读 P0.4～P0.7 前,发 F
       IO_KeyDelay();                      //延迟读
         c1_new = P0;                      //获取 P0 端口的值
         switch (c1_new)
          {
             case 0xee: c1 = 0; break;     //如果值为 0xee,则表示按下 0 号按键
             case 0xde: c1 = 4; break;     //如果值为 0xde,则表示按下 4 号按键
             case 0xbe: c1 = 8; break;     //如果值为 0xbe,则表示按下 8 号按键
             case 0x7e: c1 = 12; break;    //如果值为 0x7e,则表示按下 12 号按键
             default : ;
          }
         P0 = 0xFD;                        //将 P0[3:0]置 1101,在读 P0.4～P0.7 前,发 F
         IO_KeyDelay();                    //延迟读
         c1_new = P0;                      //获取 P0 端口的值
         switch (c1_new)
         {
              case 0xed: c1 = 1; break;    //如果值为 0xed,则表示按下 1 号按键
              case 0xdd: c1 = 5; break;    //如果值为 0xdd,则表示按下 5 号按键
              case 0xbd: c1 = 9; break;    //如果值为 0xbd,则表示按下 9 号按键
              case 0x7d: c1 = 13; break;   //如果值为 0x7d,则表示按下 13 号按键
              default : ;
          }
          P0 = 0xFB;                       //将 P0[3:0]置 1011,在读 P0.4～P0.7 前,发 F
          IO_KeyDelay();                   //延迟读
          c1_new = P0;                     //获取 P0 端口的值
          switch (c1_new)
          {
              case 0xeb: c1 = 2; break;    //如果值为 0xeb,则表示按下 2 号按键
              case 0xdb: c1 = 6; break;    //如果值为 0xdb,则表示按下 6 号按键
              case 0xbb: c1 = 10; break;   //如果值为 0xbb,则表示按下 10 号按键
              case 0x7b: c1 = 14; break;   //如果值为 0x7b,则表示按下 14 号按键
              default : ;
          }
          P0 = 0xF7;                       //将 P0[3:0]置 0111,在读 P0.4～P0.7 前,发 F
          IO_KeyDelay();                   //延迟读
          c1_new = P0;                     //获取 P0 端口的值
          switch (c1_new)
          {
              case 0xe7: c1 = 3; break;    //如果值为 0xe7,则表示按下 3 号按键
              case 0xd7: c1 = 7; break;    //如果值为 0xd7,则表示按下 7 号按键
              case 0xb7: c1 = 11;break;    //如果值为 0xb7,则表示按下 11 号按键
              case 0x77: c1 = 15; break;   //如果值为 0x77,则表示按下 15 号按键
```

```
                default : ;
              }
                SendString("\r\n press #");  //发送字符串信息
                if(c1<10)                 //如果按键变量小于10,即0～9
                  SendData(c1+0x30);      //转换为对应的ASCII,调用SendData发送
                else if(c1==10)           //如果按键值为10
                    SendString("10");     //调用SendString函数,发送字符串10
                else if(c1==11)           //如果按键值为11
                    SendString("11");     //调用SendString函数,发送字符串11
                else if(c1==12)           //如果按键值为12
                    SendString("12");     //调用SendString函数,发送字符串12
                else if(c1==13)           //如果按键值为13
                    SendString("13");     //调用SendString函数,发送字符串13
                else if(c1==14)           //如果按键值为14
                    SendString("14");     //调用SendString函数,发送字符串14
                    else if(c1==15)       //如果按键值为15
                    SendString("15");     //调用SendString函数,发送字符串15
                SendString(" button\r\n");    //调用SendString函数,发送回车和换行符
        }
      }
    }
  }
```

注意：读者可以进入本书所提供资料的STC_example\例子12-2目录下，打开并参考该设计。

下面说明该代码的设计原理和验证方法。步骤包括：

(1) 使用T1定时器，根据前面给出的IRC的时钟频率为18.432MHz，波特率为115 200，由于T1的溢出率和波特率存在下面的关系，即

$$串口1的波特率=SYSclk/(65\,536-[RL\_TH1,RL\_TL1])/4$$

因此，$[RL\_TH1,RL\_TL1]=65\,536-SYSclk/(串口1的波特率\times 4)$

注意：RL_TH1是T1H的自动重加载寄存器，RL_TL1是T1L的自动重加载寄存器。

(2) 打开STC-ISP软件，在该界面左侧窗口内，选择硬件选项卡。在该选项卡界面中，将"输入用户程序运行时的IRC频率"设置为18.432MHz。

(3) 单击"下载/编程"按钮，将设计下载到STC单片机。

(4) 在STC-ISP软件右侧串口中，选择"窗口助手"选项卡，按下面设置参数：

① 串口：COM3(根据自己计算机识别出来的COM端口号进行设置)。

② 波特率：115200。

③ 校验位：无校验。

④ 停止位：1位。

(5) 单击"打开串口"按钮。

(6) 在STC学习板上，找到并按一下SW19按键，重新运行程序，可以看到在如图12.15所示的接收窗口中显示出提示信息"—Display Press buttons information—"。

(7) 在STC学习板上右下角的位置找到矩阵按键，如图12.14所示。

(8) 每次按下矩阵键盘中的一个按键，可以看到串口调试助手上显示按键信息，如图12.15所示。

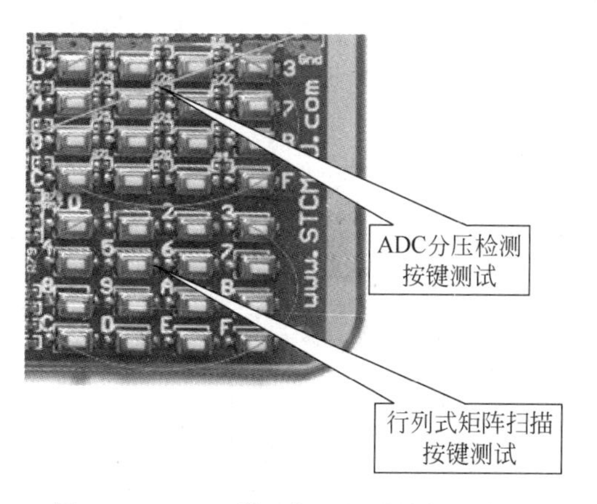

图 12.14　STC 学习板上矩阵按键的位置

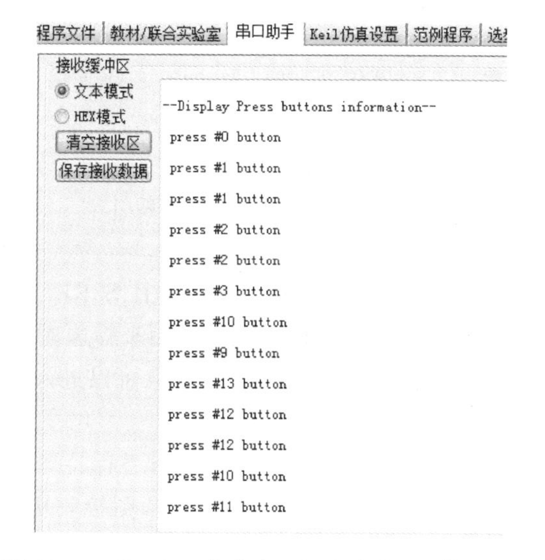

图 12.15　STC-ISP 软件串口调试助手显示信息界面

思考与练习 12-3：当单片机的主时钟频率改成 30.000MHz，波特率改为 38400 时，根据上面的公式重新计算 TH1=________，TL1=________。下载并验证参数是否正确。

注意：在 STC-ISP 软件中，需要将波特率设置改为 38400。

思考与练习 12-4：分析该设计，给出该设计完整的程序流程图。

12.4　串口 2 寄存器及工作模式

本节介绍串口 2 寄存器及工作模式，内容包括串口 2 寄存器组、串口 2 工作模式。

注意：串口 2 固定选择定时器 2 作为波特率发生器，不能使用其他定时器作为串口 2 的波特率发生器。

12.4.1　串口 2 寄存器组

与串口 2 相关的寄存器包括串口 2 控制寄存器、串口 2 缓冲寄存器、定时器 2 初值寄存器、辅助寄存器、中断使能寄存器、中断允许寄存器、中断优先级控制寄存器、外围设备功能切换控制寄存器。与定时器和中断有关的寄存器在前面已经进行了详细的介绍,本节只介绍下面新出现寄存器的功能。

1. 串口2控制寄存器

串口2控制寄存器S2CON,如表12.9所示。该寄存器位于STC单片机特殊功能寄存器地址为0x9A的位置。当复位后,该寄存器的值为01000000B。

表12.9 串口2控制寄存器S2CON各位的含义

比特位	B7	B6	B5	B4	B3	B2	B1	B0
名字	S2SM0	1	S2SM2	S2REN	S2TB8	S2RB8	S2TI	S2RI

其中:

1) S2SM0

该位确定串口2工作模式。当该位为0时,为8位UART可变波特率模式;当该位为1时,为9位UART可变波特率模式。

注意:在这两种模式下,波特率由下式确定:

波特率=定时器2溢出率/4

2) S2SM2

允许方式1多机通信控制位。如果S2SM2位为1且S2REN位为1,则接收机处于地址帧选状态。此时可以利用接收到的第9位(即S2RB8)来筛选地址帧:

(1) 当S2RB8为1时,说明该帧为地址帧,地址信息可以进入S2BUF,并使得S2RI置1,进而在中断服务程序中再比较地址号。

(2) 当S2RB8为0时,说明该帧不是地址帧,应丢掉并保持S2RI为0。

在方式1中,如果S2SM2位为0且S2REN位为1,则接收机处于禁止筛选地址帧状态。不论收到的S2RB8是否为1,均可使接收到的信息进入S2BUF,并使得S2RI置1,此时S2RB8通常为校验位。

方式0为非多机通信方式。在这种模式下,将S2SM2置为0。

3) S2REN

允许/禁止串口2接收控制位。当S2REN位为1时,允许串行接收状态,可以启动串行接收器RxD2,开始接收信息;当S2REN位为0时,禁止串行接收状态,禁止串行接收器RxD2接收信息。

4) S2TB8

当选择方式1时,该位为要发送的第9位数据,按需要由软件置1或者清0。该位可用作数据的校验位或者多机通信中表示地址帧/数据帧的标志位。

注意:在方式0中,不使用该比特位。

5) S2RB8

当选择方式1时,该位为接收到的第9位数据,作为奇偶校验位或者地址帧/数据帧的标志位。

注意:在方式0时,不使用该比特位。

6) S2TI

发送中断请求标志位。在停止位开始发送时由 S2TI 置 1,向 CPU 发出中断请求。同样地,当 CPU 响应中断后,必须由软件将该位清 0。

7) S2RI

接收中断请求标志位。在接收到停止位的中间时刻由 S2RI 置 1,向 CPU 发出中断请求。同样地,当 CPU 响应中断后,必须由软件将该位清 0。

注意: 当发送完一帧数据后,向 CPU 发出中断请求;类似地,当接收到一帧数据后,也会向 CPU 发出中断请求。由于 S2TI 和 S2RI 以逻辑或关系向 CPU 发出中断请求,所以主机响应中断时,不知道是 S2TI 还是 S2RI 发出的中断请求。因此,必须在中断服务程序中通过查询 S2TI 和 S2RI 确定中断源。S2RI 和 S2TI 必须由软件清 0。

2. 串口 2 缓冲寄存器

STC15 系列单片机的串口 2 缓冲寄存器 S2BUF 地址为 0x9B,在该地址实际是两个缓冲寄存器。一个缓冲寄存器用于保存要发送的数据;而另一个缓冲寄存器用于读取已经接收到的数据。

3. 中断允许寄存器

前面已经介绍过中断允许寄存器 IE2,本节说明该寄存器中与串口 2 有关比特位的含义,如表 12.10 所示。该寄存器位于 STC 单片机特殊功能寄存器地址为 0xAF 的位置。当复位后,该寄存器的值为 x0000000B。

表 12.10 中断允许寄存器 IE2 各位的含义

比特位	B7	B6	B5	B4	B3	B2	B1	B0
名字	—	ET4	ET3	ES4	ES3	ET2	ESPI	ES2

其中,ES2 为串口 2 中断允许位。当该位为 1 时,允许串口 2 中断;当该位为 0 时,禁止串口 2 中断。

4. 中断优先级控制寄存器

前面已经介绍过中断优先级控制寄存器 IP2,本节说明该寄存器中与串口 2 有关比特位的含义,如表 12.11 所示。该寄存器位于 STC 单片机特殊功能寄存器地址为 0xB5 的位置。当复位后,该寄存器的值为 xxx00000B。

表 12.11 中断优先级控制寄存器 IP2 各位的含义

比特位	B7	B6	B5	B4	B3	B2	B1	B0
名字	—	—	—	PX4	PPWMFD	PPWM	PSPI	PS2

其中,PS2 为串口 2 中断优先级控制位。当该位为 0 时,串口 2 中断为最低优先级中断(优先级为 0);当该位为 1 时,串口 2 中断为最高优先级中断(优先级为 1)。

5. 引脚位置控制寄存器

引脚位置控制寄存器 P_SW2,如表 12.12 所示。该寄存器位于 STC 单片机特殊功能寄存器地址为 0xBA 的位置。当复位后,该寄存器的值为 0000x000B。

表 12.12 引脚位置控制寄存器 P_SW2 各位的含义

比特位	B7	B6	B5	B4	B3	B2	B1	B0
名字	EAXSFR	0	0	0	—	S4_S	S3_S	S2_S

其中：

1) S4_S

串口 4 引脚位置选择控制位。当该位为 0 时，串口 4 的引脚位置在 P0.2/RxD4 和 P0.3/TxD4；当该位为 1 时，串口 4 的引脚位置在 P5.2/RxD4_2 和 P5.3/TxD4_2。

2) S3_S

串口 3 引脚位置选择控制位。当该位为 0 时，串口 3 的引脚位置在 P0.0/RxD3 和 P0.1/TxD3；当该位为 1 时，串口 3 的引脚位置在 P5.0/RxD3_2 和 P5.1/TxD3_2。

3) S2_S

串口 2 引脚位置选择控制位。当该位为 0 时，串口 2 的引脚位置在 P1.0/RxD2 和 P1.1/TxD2；当该位为 1 时，串口 2 的引脚位置在 P4.6/RxD2_2 和 P4.7/TxD2_2。

12.4.2 串口 2 工作模式

STC15W4K32S4 系列单片机的串口 2 有两种工作模式，通过软件设置 S2CON 寄存器的 S2SM0 比特位进行选择。这两种工作模式都为异步通信模式，每个发送和接收的字符都带有 1 个启动位和 1 个停止位。

1. 串口 2 工作模式 0

模式 0 为 8 位可变波特率 UART 工作方式。在该模式下，通过 RxD2/P1.0(Rx_D2/P4.6)接收，10 位数据通过 TxD2/P1.1(Tx_D2/P4.7)发送数据。1 帧数据包含：1 个起始位、8 个数据位和 1 个停止位。接收数据时，停止位进入 S2CON 寄存器的 S2RB8 位。波特率由定时器 2 的溢出率确定。

2. 串口 2 工作模式 1

模式 1 为 9 位可变波特率 UART 工作方式。在该模式下，11 位数据通过 RxD2/P1.0(Rx_D2/P4.6)接收，通过 TxD2/P1.1(Tx_D2/P4.7)发送。一帧数据包含：1 个起始位、8 个数据位、1 个可编程的第 9 位和 1 个停止位。发送时，第 9 位数据来自特殊功能寄存器 S2CON 的 S2TB8 位。当接收数据时，第 9 位进入 S2CON 寄存器的 S2RB8 位。由定时器 2 的溢出率确定波特率。

12.5 红外通信的原理及实现

本节将通过一个大的设计例子说明串口通信的高级应用。在该设计中，首先通过 STC 学习板上的红外接收器捕获遥控器发出来的信息，然后解码遥控器信息。通过 STC 单片机串口 2 和串口调试助手将接收到的红外编码信息显示出来。下面将详细介绍接收红外信息的设计和实现过程。

12.5.1 红外收发器的电路原理

在STC提供的学习板上集成了一个红外发射器和一个红外接收器，如图12.16所示。红外发射器和所见过的发光二极管外形很像，但是红外发射器发出的光是不可见的红外光。

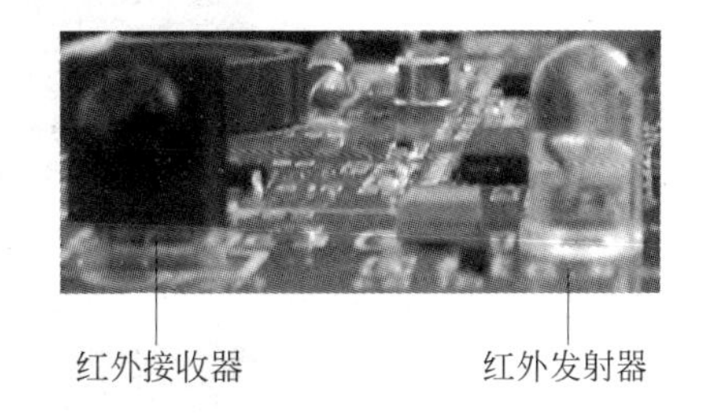

图12.16 红外发射器和红外接收器外形

在STC学习板中，IAP15W4K58S4芯片的P3.7引脚处连接了红外遥控发射器。其本质就是由一个PNP的晶体管构成的放大电路，用于发射红外线的二极管通过电阻R5与PNP晶体管的集电极连接。此外，用于接收红外线通信信息的红外接收器连接到STC单片机的P3.6引脚处。该接收器将红外光携带的信息转换成电信号，通过P3.6引脚传给单片机进行处理，如图12.17所示。

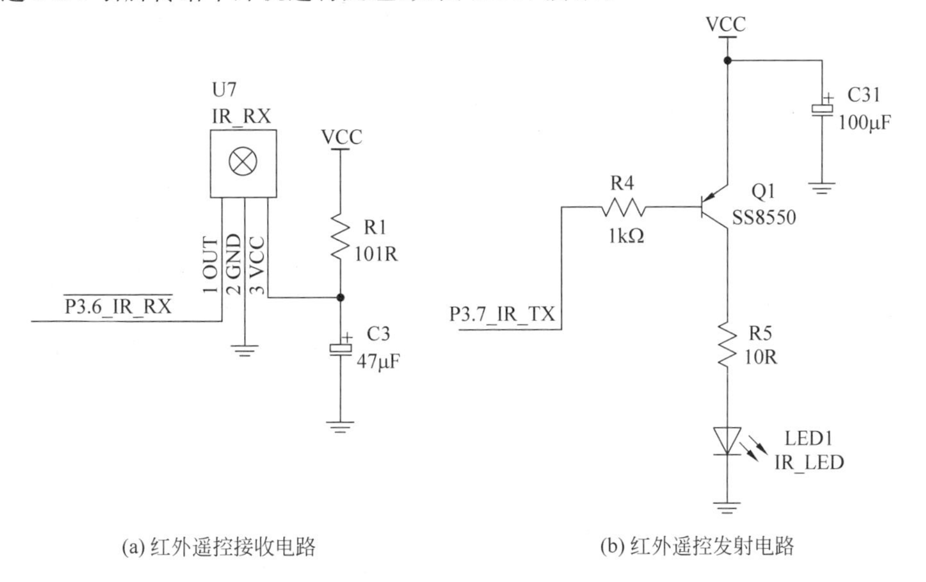

图12.17 红外接收器和红外发射器电路原理

12.5.2 红外通信波形捕获

为了对红外通信原理有一个初步的认识，下面通过实验捕获红外通信所传输的信息。步骤包括：

(1) 给STC学习板上电。

(2) 打开示波器，将示波器的一个探头插到STC学习板J9插座标记为P36的插孔中。

(3) 找一个用于控制家里电视用的遥控器。

(4) 将遥控器对准图12.16所示的红外接收器，并按下红外遥控器的按键。同时，让示波器捕获波形，如图12.18所示。

(5) 为了能更清楚地看到波形，将波形前部进行放大，如图12.19所示。

下面详细介绍红外通信协议标准。

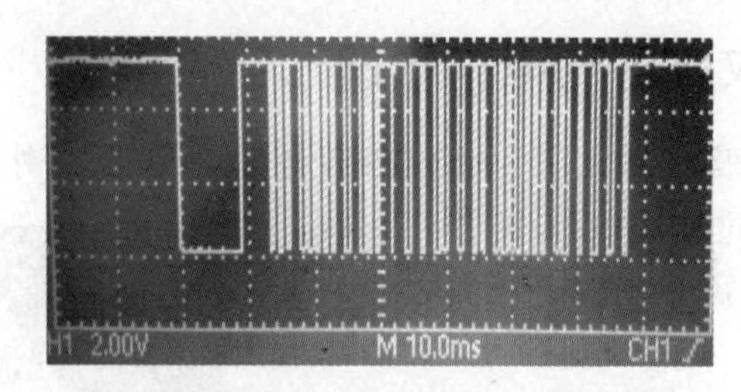

图 12.18　示波器捕获的红外接收器接收的传输信息

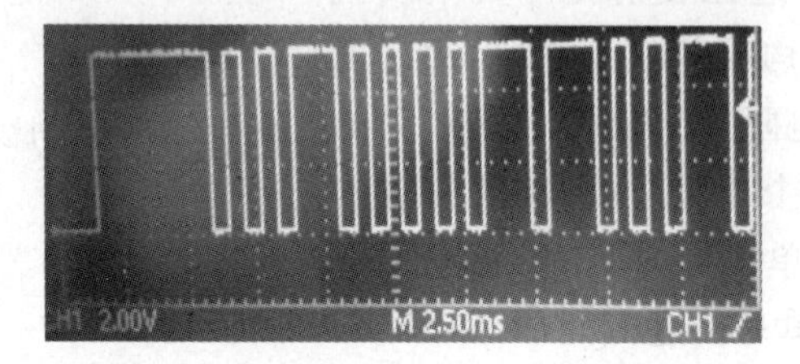

图 12.19　放大后的示波器捕获的红外接收器接收的传输信息

12.5.3　红外通信协议

本节将介绍红外通信协议，包括：

(1) 在红外发射器一侧，为了使红外线在无线传输的过程中避免受到其他红外信号的干扰，通常是将逻辑 0 和逻辑 1 调制在某一特定频率的载波上，然后经过红外发光二极管发射出去。

(2) 在红外接收器一侧，接收到这个被调制后的信号。在本设计中，将通过单片机对接收到的红外信号进行解调，即去掉载波信号，恢复出原始的二进制脉冲码。

常用的有脉冲宽度调制(Pulse Width Modulation, PWM)和脉冲位置调制(Pulse Position Modulation, PPM)两种方法。

红外遥控中使用的基带通信协议的类型很多，大概有几十种，常用的就有 ITT 协议、NEC 协议、Sharp 协议、Philips 协议等。

注意：本节只介绍 NEC 红外协议，对于其他红外通信协议读者可以参考相关的协议手册。

1. 红外发射数据

本节介绍红外发射波形，包括：载波波形、数据格式、位定义和按键输出波形。

1) 载波波形

可以使用 455kHz 晶体，经内部分频电路的 12 分频，将信号调制在 37.91kHz，占空比为 1/3，如图 12.20 所示。

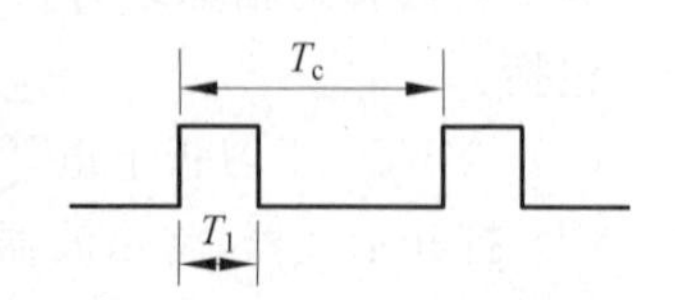

图 12.20　红外通信载波波形图

2) 数据格式

数据格式包括了起始码、用户码、数据码和数据码反码。数据反码是对数据码取反后的编码，编码时可用于对数据的纠错。在该数据格式中，编码(包括 16 位用户码、8 位数据码和 8 位数据反码)长度总共 32 位，如图 12.21 所示。红外发射的波形中最前面的是起始码。起始码的前半部分为高电平，时长大约为 9ms；后半部分为空闲低电平，时长大约为 4.5ms。

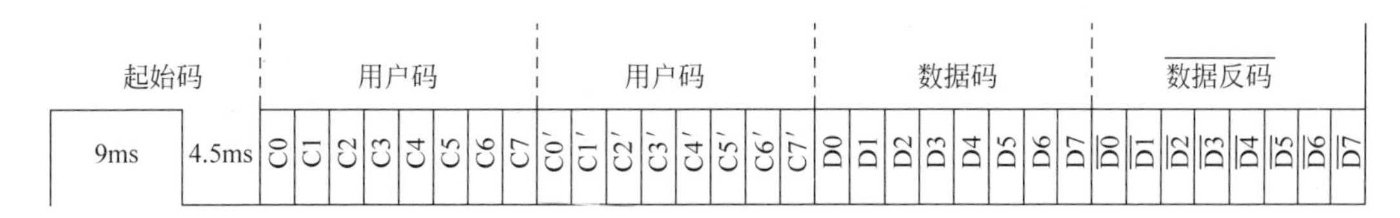

图 12.21　红外通信数据格式

3）位定义

用户码或数据码中的每一个二进制位或者是 1，或者是 0。通过脉冲的时间间隔来区分它们。因此，这种编码方式称为 PPM 调制方式。

（1）对于逻辑 0 来说，前面的高电平周期为 0.56ms，后面的低电平周期为 0.56ms，如图 12.22(a)所示。

（2）对于逻辑 1 来说，前面的高电平周期为 0.56ms，后面的低电平周期为 1.68ms，如图 12.22(b)所示。

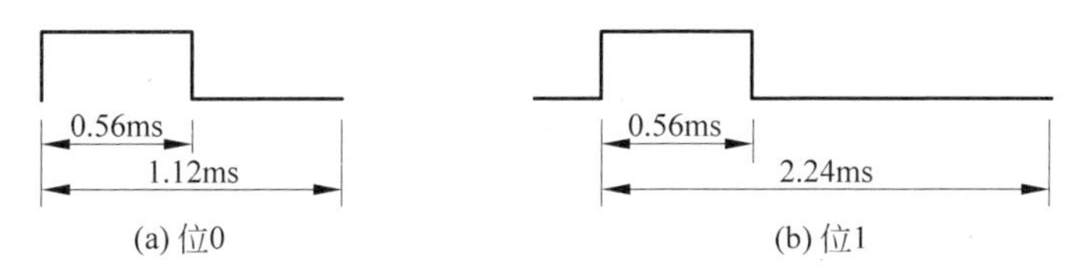

图 12.22　位定义的表示

根据对位的定义，得到：

（1）16 位地址码的最短持续时间为 1.12×16＝18ms；最长持续时间为 2.24ms×16＝36ms。

（2）8 位数据码和 8 位数据反码的总时间恒定为(1.12ms＋2.24ms)×8＝27ms。

因此，所有 32 位码的持续时间在 45～63ms。

4）按键输出波形

红外遥控器按键输出包括：

（1）重复码

下面给出重复码的波形，如图 12.23 所示。

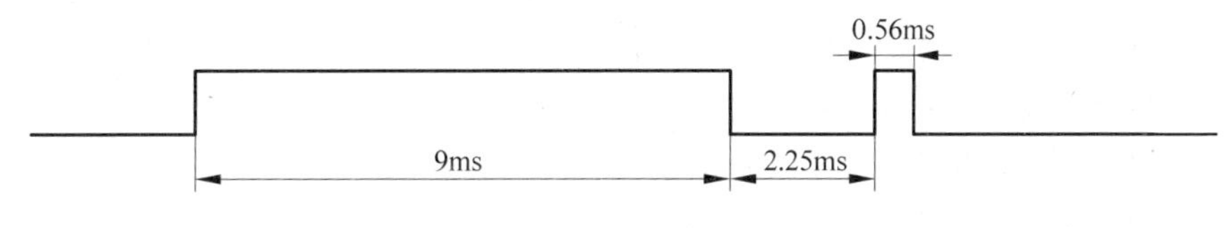

图 12.23　重复码的波形

（2）单一按键波形

下面给出单一按键的波形，如图 12.24 所示。

（3）连续按键波形

下面给出连续按键的波形，如图 12.25 所示。

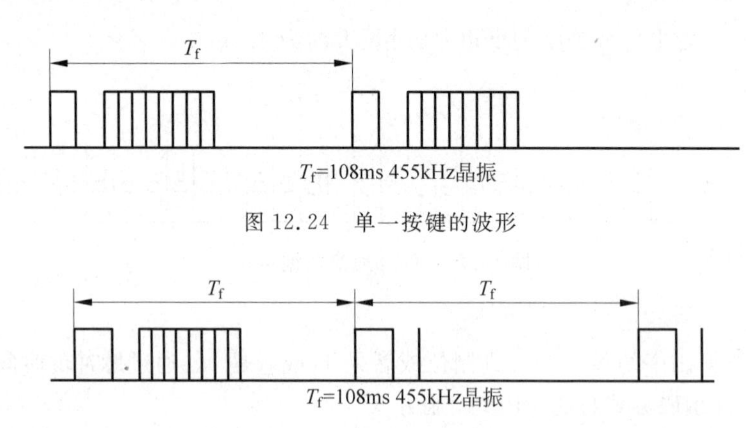

图 12.24　单一按键的波形

图 12.25　连续按键的波形

2. 红外接收数据

红外接收头将 38K 载波信号过滤，接收到的波形刚好与发射波形相反，波形和图 12.18 给出的波形一致。前导码以低电平开始，持续 9ms；然后维持 4.5ms 的高电平。解码的关键是如何识别 0 和 1。

从位的定义可知，当接收时，0 和 1 均以 0.56ms 的低电平开始，不同的是高电平的宽度不同，对于 0 来说，持续 0.56ms；对于 1 来说，持续 1.68ms。所以，必须根据接收信号的高电平时间长度来区分 0 和 1。

如果从 0.56ms 低电平过后，只持续 0.56ms 的高电平，则为 0；如果持续 1.68ms 的高电平，则为 1。

注意：根据码的格式，应该等待起始码结束后才能读码。

12.5.4 红外检测原理

在此处设计中，检测红外传输信息的目的是为了获得四字节(共 32 位)的数据，包括一字节的用户码、一字节的数据码、一字节的数据反码。

从硬件设计可以知道，红外接收端接到了 P3.6 引脚，该引脚也是 INT2 中断触发引脚的位置。在 INT_CLKO(AUXR2)寄存器中的 EX2 位就是外部 INT2 中断允许位。当该位为 1 时，允许中断，否则禁止中断。中断 2 必须采用下降沿触发的方式。

该设计中，码型特征很明显。对于单一按键来说，只要区分起始码逻辑 0 和逻辑 1，它们的持续时间明显不同。因此，可以考虑使用定时器通过判断时间的边界来区分它们。在该设计中，使用定时器/计数器 0 的模式 1(自动 16 位重加载模式)。

红外传输信息的检测在中断 2 服务程序中实现，如图 12.26 所示。在该流程图中，给出在中断 2 服务程序中处理红外传输信息的过程。

在程序中，一个关键的地方就是设置判决条件。在该设计中，使用定时器 0 作为判决计数条件。

(1) 当 P3.6 为 0 时，表示低电平，启动定时器 0 一直计数，以此获得低电平的持续时间。计数器 0 的时钟是 SYSclk/12，系统时钟频率在烧写程序到 STC 单片机的时候设置为 6.000MHz，这是考虑到了计数器的范围是 16 位，计数范围是 0～65 535。在每个时钟沿时，计数器 0 加 1。计算公式为

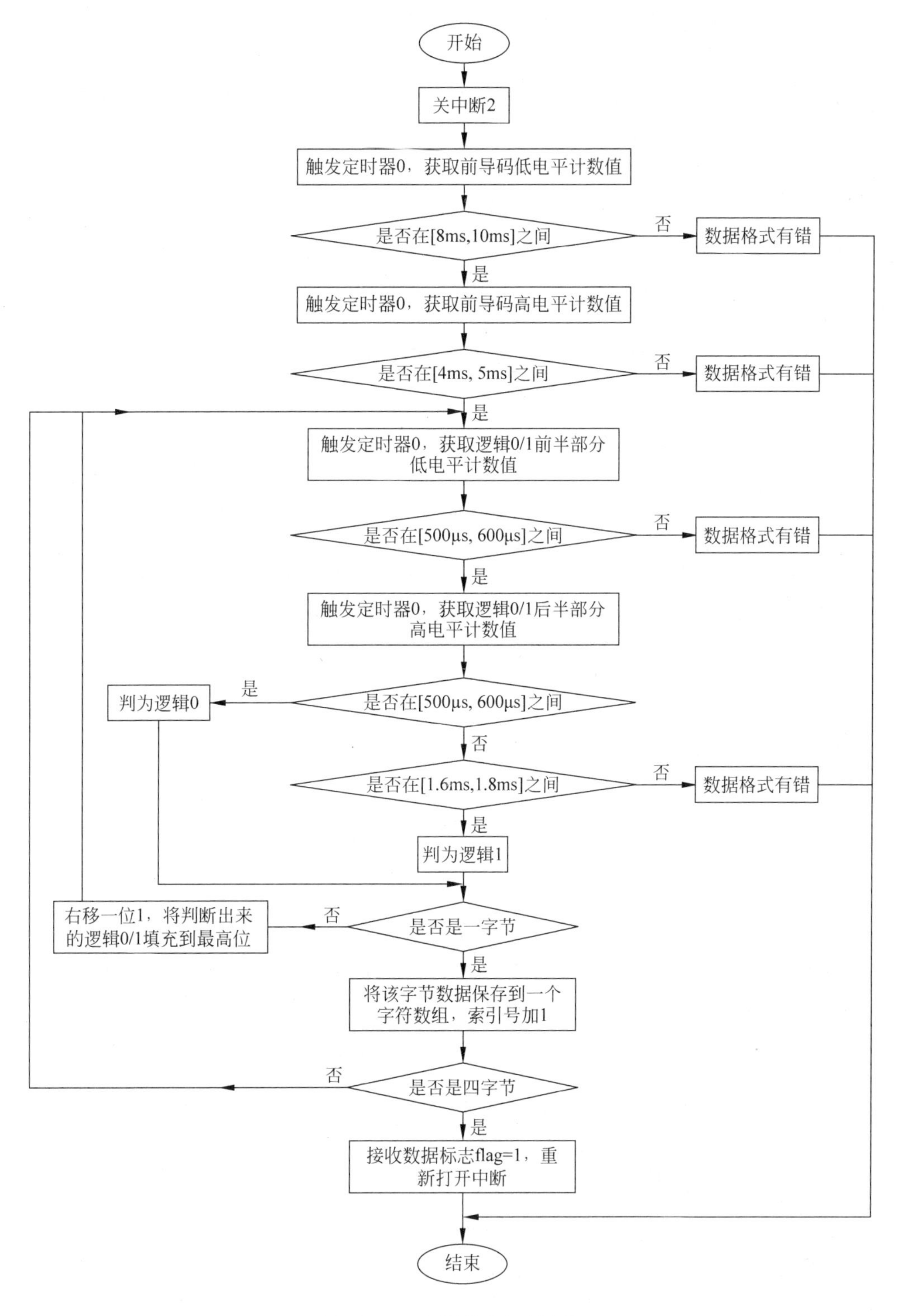

图 12.26 中断程序判断流程

时间长度=(12×SYSclk)/计数值[TH0 * 256+TL0]

在设计中,考虑时钟的误差,将时间长度设置在一个合理的范围内。

(2) 当 P3.6 为 1 时,表示高电平,启动定时器 0 一直计数,以此获得高电平的持续时间。计数器 0 的时钟是 SYSclk/12,系统时钟频率在烧写程序到 STC 单片机的时候设置为 6.000MHz,这是考虑到了计数器的范围是 16 位,计数范围是 0～65 535。在每个时钟沿时,计数器 0 加 1。计算公式为

时间长度=(12×SYSclk)/计数值[TH0 * 256+TL0]

类似地,在设计中,考虑时钟的误差,将时间长度设置在一个合理的范围内。

综合上述,最终的门限是确定时间长度范围后,通过上面公式得到计数值的范围来作为实际的判断条件。

注意:实际的计数值可能由于在烧写程序时所设置的 IRC 主时钟不同而有所不同。读者在该程序的基础上可进行适当的修改。

12.5.5 串口通信原理

在该设计中使用了串口 2 作为 STC 单片机和 PC/笔记本电脑通信的接口,如图 12.27 所示。在该设计中,使用了标识为 J2 的串口,串口 2 接收和发送信号分别连接到 STC 单片机 IAP15W4K58S4 单片机的 P4.6/RxD2 和 P4.7/TxD2 引脚上。经过 SP3232 芯片转换成 RS-232 电平标准,连接到 9 针标识为 J2 的 UART 母头连接器上。

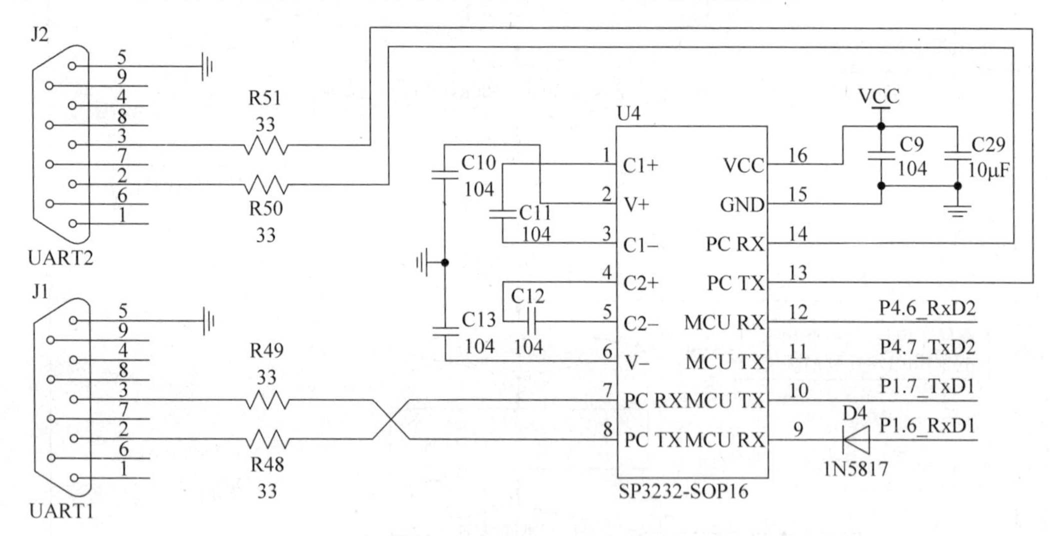

图 12.27 STC 学习板串口电路原理

12.5.6 设计实现

【例 12-3】 STC 学习板上红外遥控数据通过串口 2 显示在主机上 C 语言描述的例子。

代码清单 12-3 main.c 文件

```
#include "reg51.h"
#include "intrins.h"
#define FOSC 6000000L                    //声明单片机主时钟频率 6MHz
```

```
#define BAUD 115200                             //声明串口通信的波特率 115 200
#define S2RI 0x01                               //定义 S2RI 的值
#define S2TI 0x02                               //定义 S2TI 的值
sfr AUXR = 0x8E;                                //声明 AUXR 寄存器的地址 0x8E
sfr AUXR1 = 0xA2;                               //声明 AUXR1 寄存器的地址 0xA2
sfr AUXR2 = 0x8F;                               //声明 AUXR2 寄存器的地址 0x8F
sfr TH2 = 0xD6;                                 //声明 TH2 寄存器的地址 0xD6
sfr TL2 = 0xD7;                                 //声明 TL2 寄存器的地址 0xD7
sfr S2CON = 0x9A;                               //声明 S2CON 寄存器的地址 0x9A
sfr S2BUF = 0x9B;                               //声明 S2BUF 寄存器的地址 0x9B
sfr P3M1 = 0xB1;                                //声明 P3M1 寄存器的地址 0xB1
sfr P3M0 = 0xB2;                                //声明 P3M0 寄存器的地址 0xB2
sfr P_SW2 = 0xBA;                               //声明 P_SW2 寄存器的地址 0xBA
sfr IE2 = 0xAF;                                 //声明 IE2 寄存器的地址 0xAF
sbit P36 = P3^6;                                //声明 P3.6 引脚为 P36
bit busy = 0;                                   //声明 busy 变量为 bit 类型
unsigned char irdata[4] = {0,0,0,0};            //声明数组 irdata,保存红外解码的 4 字节数据
bit flag = 0;                                   //声明 flag 变量为 bit
void SendData(unsigned char dat)                //声明串口 2 发送数据函数 SendData
{
    while(busy);                                //如果 busy 为 1,表示忙,则一直等待
    S2BUF = dat;                                //往串口 2 数据缓冲寄存器 S2BUF 写数据
    busy = 1;                                   //置 busy 为 1
}
void SendString(char *s)                        //声明串口 2 发送字符串函数 SendString
{
    while(*s!= '\0')                            //判断字符串是否结束
        SendData(*s++);                         //如果没有结束,则调用 SendData 函数
}

unsigned int high_level_time()                  //声明检测红外发送数据的高电平持续时间函数
{
    TL0 = 0;                                    //置定时器 0 初值低 8 位寄存器 TL0 为 0
    TH0 = 0;                                    //置定时器 0 初值高 8 位寄存器 TH0 为 0
    TR0 = 1;                                    //启动定时器 0 开始计数
    while(P36 == 1)                             //如果读取 P3.6 的输入为 1,一直继续,否则退出
    {
        if(TH0 >= 0xEE)                         //如果计数时间太长,系统可能有问题,退出循环
            break;
    }
    TR0 = 0;                                    //如果读取 P3.6 的输入为 0,则停止定时器 0 计数
    return(TH0 * 256 + TL0);                    //返回计数器 0 的计数值
}
unsigned int low_level_time()                   //声明检测红外发送数据的低电平持续时间函数
{
    TL0 = 0;                                    //置定时器 0 初值低 8 位寄存器 TL0 为 0
    TH0 = 0;                                    //置定时器 0 初值高 8 位寄存器 TH0 为 0
    TR0 = 1;                                    //启动定时器 0 开始计数
    while(P36 == 0)                             //如果读取 P3.6 的输入为 0,一直继续,否则退出
    {
        if(TH0 >= 0xEE)                         //如果计数时间太长,系统可能有问题,退出循环
```

```
            break;
    }
    TR0 = 0;                                   //如果读取 P3.6 的输入为 1,则停止定时器 0 计数
    return(TH0 * 256 + TL0);                   //返回计数器 0 的计数值
}
void int2() interrupt 10                       //声明外部中断 2 的服务程序
{
    unsigned char i,j;                         //定义无符号字符变量 i,j
    unsigned int count = 0;                    //定义无符号整型变量 count
    unsigned char dat = 0;                     //定义无符号字符变量 dat

    AUXR2& = 0x00;                             //关闭外部中断 2,即禁止中断
    count = low_level_time();                  //读取低电平的计数值,即起始码的低前半部分

    if(count < 4000 || count > 5000)           //如果不在给定范围内,退出中断服务程序
    {
     return;
    }
    count = high_level_time();                 //读取高电平的计数值,即起始码的高后半部分
    if(count < 2000 || count > 2500)           //如果不在给定范围内,退出中断服务程序
    {
     return;
    }
    //下面开始处理 32 位数据
    for(i = 0;i < 4;i++)                       //四字节的循环处理
    {
        P36 = 1;                               //读取 P3.6 引脚前,需要置 P3.6 为高
        dat = 0;                               //dat 赋值为 0
        for(j = 0;j < 8;j++)                   //8 个比特的循环处理
          {
             count = low_level_time();         //读取低电平的计数值,即逻辑位低前半部分
            if(count < 250 || count > 300)     //如果不在给定范围内,则退出中断服务程序
               return;
             count = high_level_time();        //读取高电平的计数值,即逻辑位高后半部分
               if(count > 250 && count < 300)  //如果在逻辑 0 的范围内,填充 0
                  dat >> = 1;
               else if(count > 800 && count < 1000)
               {                               //如果在逻辑 1 的范围内
                    dat >> = 1;                //右移一位
                    dat| = 0x80;               //高位用 1 填充
               }
               else return;                    //否则,不在给定逻辑位高后半部分范围,退出
           }
           irdata[i] = dat;                    //将 8 位数据保存在 irdata 数组当前索引号

     }
      flag = 1;                                //当四字节填满后,将 flag 置 1,表示有数据
     AUXR2| = 0x10;                            //开中断
}

void uart2() interrupt 8                       //声明串口 2 中断服务程序
```

```
{
    if(S2CON & S2RI)                         //如果 S2CON 的 S2RI 为 1,表示接收到数据
        S2CON& = ~S2RI;                      //将 S2CON 寄存器的 S2RI 标志清 0
    if(S2CON & S2TI)                         //如果 S2CON 的 S2TI 为 1,表示发送完数据
    {
        S2CON& = ~S2TI;                      //将 S2CON 寄存器的 S2TI 标志清 0
        busy = 0;                            //将 busy 标志清 0
    }
}

void main()                                  //定义主程序
{
    unsigned char k;                         //定义无符号的字符变量 k
    P36 = 1;                                 //设置 P3.6 引脚为高
    P3M1 = 0x00;                             //将 P3 端口设置为准双向弱上拉
    P3M0 = 0x00;                             //通过 P3M1 和 P3M0 寄存器,设置 P3 端口模式
    TMOD = 0x00;                             //设置定时器 0 的工作模式
    S2CON = 0x50;                            //设置串口 2 方式 0,使能串口 2 接收
    AUXR = 0x14;                             //定时器 2/12,启动定时器 2,定时器模式
    P_SW2| = 0x01;                           //串口 2 切换到 P4.6/RxD2_2 和 P4.7/TxD2_2
    TL2 = (65536 - ((FOSC/4)/BAUD));         //计数初值低 8 位给定时器 2 的 TL2 寄存器
    TH2 = (65536 - ((FOSC/4)/BAUD))>> 8;     //计数初值高 8 位给定时器 2 的 TH2 寄存器
    IE2| = 0x01;                             //允许串口 2 中断
    AUXR2| = 0x10;                           //允许外部中断 2
    EA = 1;                                  //CPU 允许响应中断请求
    SendString("\r\n -- begin -- -- - \r\n"); //打印信息
     while(1)                                //无限循环
        {
         if(flag == 1)                       //如果 flag 为 1,表示接收到四字节解码信息
         {
             flag = 0;                       //将 flag 位置 0
                SendString("\r\n -- Received IR data is -- -- - \r\n");          //打印信息
             for(k = 0;k < 4;k++)            //循环四次
               SendData(irdata[k]);          //打印 4 字节,一共 32 位的信息
               SendString("\r\n");           //打印回车换行符号
             AUXR2| = 0x10;                  //使能外部中断 2
         }
        }
 }
```

注意：(1) 读者可以进入本书所提供资料的 STC_example\例子 12-3 目录下，打开并参考该设计。

(2) 在 Options for Target‘Target 1’对话框中，打开 C51 选项卡，在 Code Optimization 下面 Level 右侧的下拉列表中选择 9:Common Block Subroutines。

下面说明该代码的设计原理和验证方法。步骤包括：

(1) 读者自己准备一根 UART-USB 的串口电缆，将 STC 学习板上标记为 J2 的串口 2 插座和 PC/笔记本电脑 USB 接口进行连接。

(2) 打开 STC-ISP 软件，在该界面左侧窗口内，选择硬件选项卡。在该选项卡界面中，将“输入用户程序运行时的 IRC 频率”设置为 6.000MHz。

(3) 在 STC-ISP 软件右侧窗口中，选择“串口助手”选项卡。在该选项卡界面中，选择 COM7，波特率为 115200，一个停止位，无奇偶校验。

(4) 在接收缓冲区标题栏下，选中“HEX 模式”复选框。

(5) 单击“打开串口”按钮。

注意：读者应该根据自己计算机上所识别出来的串口号进行设置。

(6) 单击“下载/编程”按钮，将设计下载到 STC 单片机。

(7) 将红外遥控器对准 STC 红外接收器，按一下按键，出现按键信息，如图 12.28 所示。

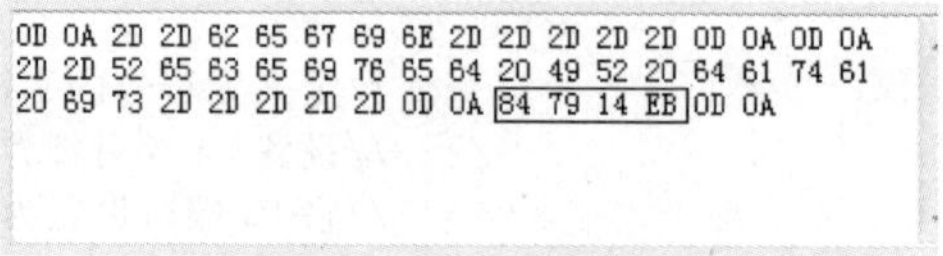

```
0D 0A 2D 2D 62 65 67 69 6E 2D 2D 2D 2D 2D 0D 0A 0D 0A
2D 2D 52 65 63 65 69 76 65 64 20 49 52 20 64 61 74 61
20 69 73 2D 2D 2D 2D 2D 0D 0A 84 79 14 EB 0D 0A
```

图 12.28　串口界面显示的信息

第一行是没有按遥控器时给出的提示信息。根据设计代码可知，在最后回车换行符前面的 4 字节的数字 84 79 14 EB 就是所解码的红外遥控器的数据。该数据 14 和 EB 是取反关系，也就是协议规定的用户和用户反码。

注意：(1) 该程序没有考虑后面跟的操作码，这是本程序需要进一步进行改进的地方。

(2) 如果显示不正确，则按下 STC 学习板上的 SW19 按键重新运行程序。

(3) 当读者使用本程序前，确认红外遥控器是否是本书提供的协议格式，如果不是，则需要根据读者使用的遥控器数据格式修改程序代码，然后进行验证。

思考与练习 12-5：打开逻辑分析仪或者示波器，捕获红外数据，从而验证显示结果的正确性，进一步理解红外通信的数据协议。

思考与练习 12-6：修改程序代码，使程序可以识别重复按键的情况。

第13章 STC单片机ADC原理及实现

CHAPTER 13

ADC是连接模拟世界和数字世界的重要桥梁。本节将介绍STC单片机内所提供ADC模块的原理及实现方法，内容包括模数转换器原理、STC单片机内ADC的结构原理、STC单片机内ADC寄存器组，以及ADC的各种不同应用。

通过本章内容的学习，读者理解并掌握ADC的工作原理，以及通过ADC实现数模混合应用的方法。

13.1 模数转换器原理

模数转换器(Analog to Digital Converter,ADC)，简称为A/D。它用于将连续的模拟信号转换为数字形式离散信号。典型地，ADC将模拟信号转换为与电压值成比例表示的数字离散信号。对于不同厂商所提供的ADC，其输出的数字信号可能使用不同的编码格式。

注意：有一些模拟数字转换器并非纯的电子设备，如旋转编码器，也可以看作是模拟数字转换器。

13.1.1 模数转换器的参数

下面介绍ADC转换器中几个重要的参数，包括分辨率、响应类型、误差和采样率。

1. 分辨率

在模拟数字转换器中，分辨率是指对于所允许输入的模拟信号范围，它能输出离散数字信号值的个数。这些输出的信号值常用二进制数来表示，如图13.1所示。因此，分辨率经常用比特作为单位，且这些离散值的个数是2的幂次方。例如，一个具有8位分辨率的模拟数字转换器可以将模拟信号编码成256个不同的离散值(离散梯度)，其范围可以是0～255(无符号整数)或－128～127(带符号整数)。至于采用的编码格式，取决于所选用的ADC器件。

分辨率也可以用电气性质来描述，如使用伏特(V)。使得输出离散信号产生一个变化所需的最小输入电压的差值被称作最低有效位(Least Significant Bit,LSB)电压。这样，模拟数字转换器的分辨率(Q)等于LSB电压。模拟数字转换器的电压分辨率由下面的等式确定：

$$Q=\frac{V_{\mathrm{RefHi}}-V_{\mathrm{RefLow}}}{2^N}$$

式中，V_{RefHi}和V_{RefLow}是转换过程允许输入到ADC的电压上限和下限值；N是模拟数字转换器输出数字量的位宽，以比特为单位。

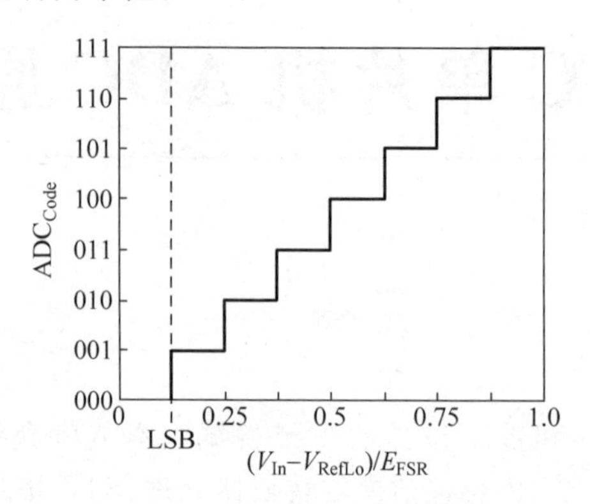

图13.1 ADC分辨率的表示

很明显，如果输入电压的变化小于Q值，则ADC无法分辨出电压的变化。这样，就带来量化误差。N值越大，也就是ADC输出数字量的位数越多，则Q越小，即可分辨的电压变化就越小，分辨能力就越强，量化导致的误差就越小。

2. 响应类型

大多数模拟数字转换器的响应类型为线性。这里的线性是指输出信号的值与输入信号的值成线性比例。一些早期转换器的响应类型呈对数关系，由此来执行A律算法或μ律算法编码。

在一个ADC器件中，没有绝对的线性，只是近似的线性。所以，就会带来线性误差。一般情况下，在ADC器件中可表示数字量的中间部分线性度较好，而两端线性度较差。

3. 误差

模拟数字转换器的误差有若干种来源。量化误差和非线性误差是任何模拟数字转换中都存在的内在误差。

4. 采样率

模拟信号在时域上是连续的，可以通过ADC将它转换为离散时间信号。因此，要求定义一个参数来表示获取模拟信号上的每个值并转换成数字信号的速度。通常将这个参数称为ADC的采样率或采样频率。

根据奈奎斯特采样定理，当采样频率大于所采样模拟信号最高频率的两倍时，信号才不会发生混叠失真。在实际使用时，为了能更真实地恢复出原始的模拟信号，建议采样频率为被采样信号最高频率的5～10倍。为了满足采样定理的要求，通常在信号进入ADC之前，要对信号进行抗混叠滤波，将信号限制在一个满足采样定理的有限频带内。

思考与练习13-1：说明衡量ADC性能参数的意义。

思考与练习13-2：说明ADC位数对电压分辨率的影响因素。

思考与练习13-3：说明对信号抗混叠滤波的原因，以及实现方法。

13.1.2 模数转换器的类型

本节给出几种典型的ADC转换器，包括Flash ADC、逐次逼近寄存器型ADC、

Σ-Δ ADC、积分型 ADC、数字跃升型 ADC。

1. Flash ADC

Flash ADC 的结构如图 13.2 所示。

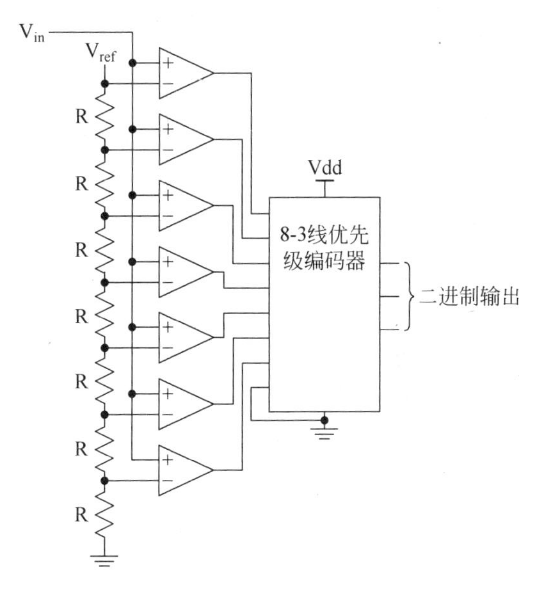

图 13.2　Flash ADC 内部结构

思考与练习 13-4：根据该结构，分析 Flash ADC 的工作原理。

2. 逐次逼近寄存器型 ADC

逐次逼近寄存器型（Successive Approximation Register，SAR）ADC 结构如图 13.3 所示。

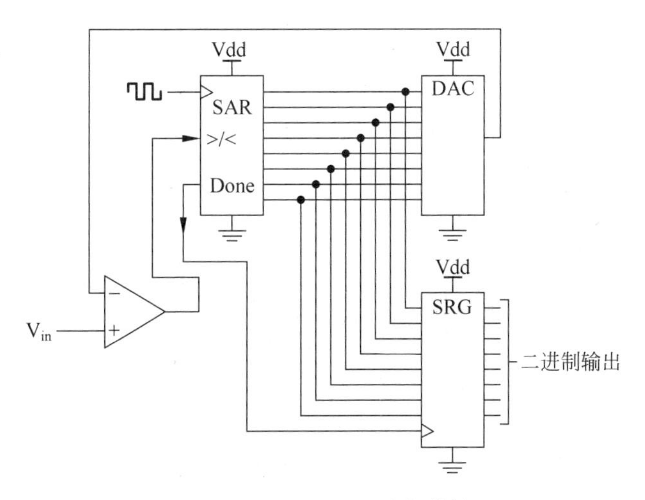

图 13.3　SAR ADC 内部结构

思考与练习 13-5：根据该结构，分析 SAR ADC 的工作原理。

3. Σ-Δ ADC(Sigma-delta ADC)

Σ-Δ ADC 的结构如图 13.4 所示。

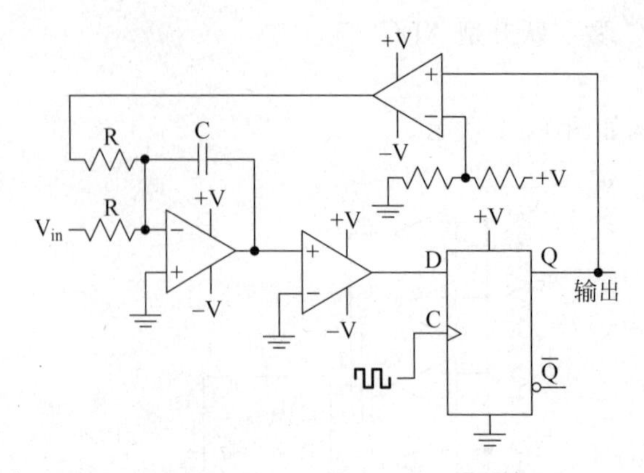

图 13.4　Σ-Δ ADC 内部结构

思考与练习 13-6：根据该结构，分析 Σ-Δ ADC 的工作原理。

4. 积分型 ADC(Integrating ADC)

积分型 ADC 的结构如图 13.5 所示。

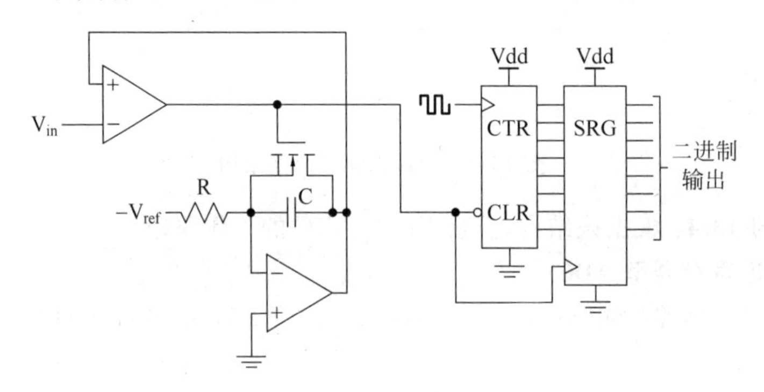

图 13.5　积分型 ADC 内部结构

思考与练习 13-7：根据该结构，分析积分型 ADC 的工作原理。

5. 数字跃升型 ADC(Digital Ramp ADC)

数字跃升型 ADC 的结构如图 13.6 所示。

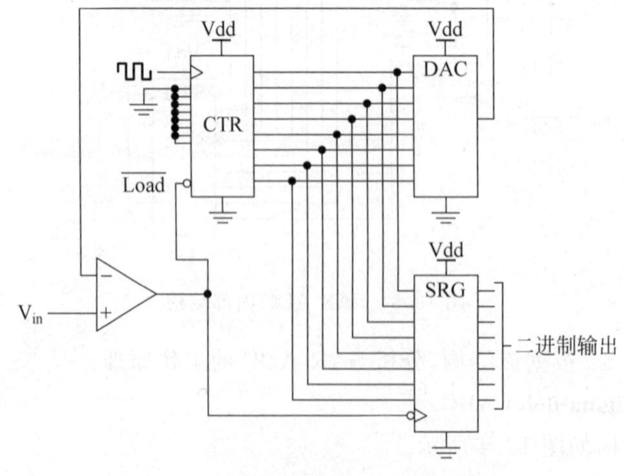

图 13.6　数字跃升型 ADC 内部结构

思考与练习 13-8：根据该结构，分析数字跃升型 ADC 的工作原理。

13.2 STC 单片机内 ADC 的结构原理

本节介绍 STC 单片机内 ADC 的结构原理，内容包括 STC 单片机内 ADC 的结构，以及 ADC 转换结果的计算方法。

13.2.1 STC 单片机内 ADC 的结构

STC15 系列单片机内集成了 8 路 10 位高速 ADC 转换器模块，如图 13.7 所示。

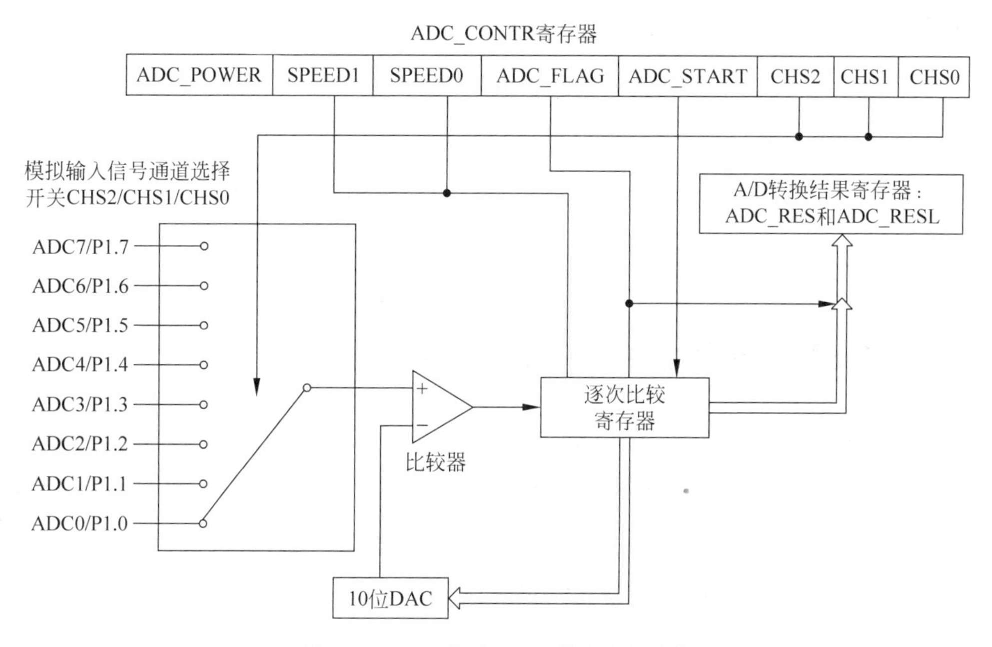

图 13.7 STC 集成 ADC 模块内部结构

通过设置 ADC 控制寄存器 ADC_CONTR 中的 SPEED1 和 SPEED0 比特位，该 ADC 模块的最高采样速率可以达到 300kHz，即 30 万次采样/秒(30kSPS，30k sample per second)。

从图 13.7 中可知，STC15 系列单片机的 ADC 由多路选择开关、比较器、逐次比较寄存器、10 位 DAC、转换结果寄存器 ADC_RES 和 ADC_RESL 以及 ADC 控制寄存器 ADC_CONTR 构成。

该 ADC 是典型的 SAR 结构，它是一个闭环反馈系统。在该 ADC 的前端提供了一个 8 通道的模拟多路复用开关，在 ADC 控制寄存器 ADC_CONTR 内的 CHS2～CHS0 比特位的控制下，将 ADC0～ADC7 的模拟输入信号送给比较器。

该结构的 ADC 包含一个比较器和 DAC，通过逐次比较逻辑，从最高有效位 MSB 开始，按顺序对每一个输入电压与内置 DAC 输出进行比较。经过多次比较后，使转换得到的数字量逼近输入模拟信号所对应数字量的值，并将最终得到的数字量保存在 ADC 转换结果寄存器 ADC_RES 和 ADC_RESL 中。同时，将 ADC 控制寄存器 ADC_CONTR 中的转换结束标志 ADC_FLAG 置 1，以供程序查询或者向 CPU 发出中断请求。

注意：在使用ADC之前，需要将ADC控制寄存器ADC_CONTR中的ADC_POWER位置1，用于给ADC上电，这是软件控制ADC供电的方式。

13.2.2 ADC转换结果的计算方法

在STC15系列的单片机中，通过设置CLK_DIV寄存器的ADRJ位，控制转换结果的计算方式。

1）当ADRJ=0时，如果取10位计算结果，则转换结果可表示为

$$(ADC\_RES[7:0], ADC\_RESL[1:0]) = 1024 \times \frac{V_{in}}{V_{CC}}$$

如果取8位计算结果，则转换结果可表示为

$$ADC\_RES[7:0] = 256 \times \frac{V_{in}}{V_{CC}}$$

2）当ADRJ=1时

$$(ADC\_RESL[1:0], ADC\_RES[7:0]) = 1024 \times \frac{V_{in}}{V_{CC}}$$

式中，V_{in}为模拟输入通道输入电压；V_{CC}为单片机的供电电压。

13.3 STC单片机内ADC寄存器组

本节介绍STC单片机内的ADC寄存器组，包括P1口模拟功能控制寄存器、ADC控制寄存器、ADC结果高位寄存器、ADC结果低位寄存器、时钟分频寄存器、中断使能寄存器和中断优先级寄存器。

13.3.1 P1口模拟功能控制寄存器

STC15系列单片机的8路模拟信号的输入端口设置在P1端口的8个引脚上，即P1.0～P1.7。当上电复位后，P1口设置为弱上拉I/O口，通过软件可以将8个引脚上的任何一个设置为ADC模拟输入，没有设置为ADC模拟输入的引脚可以作为普通I/O使用。

P1口模拟功能控制寄存器P1ASF，如表13.1所示。该寄存器位于STC单片机特殊功能寄存器地址为0x9D的位置。当复位后，该寄存器的值为00000000B。

表13.1 P1口模拟功能控制寄存器P1ASF各位的含义

比特位	B7	B6	B5	B4	B3	B2	B1	B0
名字	P17ASF	P16ASF	P15ASF	P14ASF	P13ASF	P12ASF	P11ASF	P10ASF

其中：

P1xASF(x为端口P1的引脚号，x=0,1,2,3,4,5,6或7，即P11为P1.1，P12为P1.2，P13为P1.3，P14为P1.4，P15为P1.5，P16为P1.6，P17为P1.7)为模拟输入通道x的控制位。当该位为1时，P1.x引脚用于模拟信号输入；当该位为0时，P1.x引脚用作普通I/O。

13.3.2　ADC 控制寄存器

ADC 控制寄存器 ADC_CONTR，如表 13.2 所示。该寄存器位于 STC 单片机特殊功能寄存器地址为 0xBC 的位置。当复位后，该寄存器的值为 00000000B。

表 13.2　ADC 控制寄存器 ADC_CONTR 各位的含义

比特位	B7	B6	B5	B4	B3	B2	B1	B0
名字	ADC_POWER	SPEED1	SPEED0	ADC_FLAG	ADC_START	CHS2	CHS1	CHS0

其中：

1）ADC_POWER

ADC 电源控制位。当该位为 0 时，关闭 ADC 电源；当该位为 1 时，打开 ADC 电源。

注意：(1) STC 公司推荐在进入空闲模式和掉电模式前，关闭 ADC 电源，这样可以降低功耗。

(2) 在启动 ADC 转换前，一定要确认已经打开 ADC 电源。在 ADC 转换结束后关闭 ADC 电源，可以降低功耗。

(3) 初次打开 ADC 电源后，要延迟一段时间，等待 ADC 供电电源稳定后，再启动 ADC 转换过程。

(4) 在启动 ADC 转换后，以及在 ADC 转换结束前，不要改变任何 I/O 口的状态，这样有利于实现高精度地模拟到数字的转换，如果能将定时器/串口和中断关闭更好。

2）SPEED1 和 SPEED0

数模转换器速度控制位如表 13.3 所示。

表 13.3　数模转换器速度控制位 SPEED1 和 SPEED0 的含义

SPEED1	SPEED0	ADC 转换时间
1	1	90 个时钟周期转换一次。CPU 工作频率为 27MHz 时，ADC 的转换速度为 300kHz
1	0	180 个时钟周期转换一次。CPU 工作频率为 27MHz 时，ADC 的转换速度为 150kHz
0	1	360 个时钟周期转换一次。CPU 工作频率为 27MHz 时，ADC 的转换速度为 75kHz
0	0	540 个时钟周期转换一次。CPU 工作频率为 27MHz 时，ADC 的转换速度为 50kHz

3）ADC_FLAG

ADC 转换结束标志位。当 ADC 转换结束时，由硬件将该位置 1，该位需要软件清 0。

注意：不管中断还是轮询该位，一定要用软件清 0。

4）ADC_START

ADC 转换启动控制位。当该位为 1 时，启动 ADC 转换；转换结束后，该位为 0。

5）CHS2、CHS1 和 CHS0

模拟输入通道选择控制位，如表 13.4 所示。

表 13.4 CHS2、CHS1 和 CHS0 各位的含义

CHS2	CHS1	CHS0	功　能
0	0	0	选择 P1.0 引脚作为内部 ADC 模块采样输入
0	0	1	选择 P1.1 引脚作为内部 ADC 模块采样输入
0	1	0	选择 P1.2 引脚作为内部 ADC 模块采样输入
0	1	1	选择 P1.3 引脚作为内部 ADC 模块采样输入
1	0	0	选择 P1.4 引脚作为内部 ADC 模块采样输入
1	0	1	选择 P1.5 引脚作为内部 ADC 模块采样输入
1	1	0	选择 P1.6 引脚作为内部 ADC 模块采样输入
1	1	1	选择 P1.7 引脚作为内部 ADC 模块采样输入

注意：对 ADC_CONTR 寄存器直接操作用赋值语句，不要用“逻辑与”和“逻辑或”语句。

13.3.3 时钟分频寄存器

时钟分频寄存器 CLK_DIV，如表 13.5 所示。该寄存器位于 STC 单片机特殊功能寄存器地址为 0x97 的位置。当复位后，该寄存器的值为 00000000B。该寄存器中的 ADRJ 位用于控制 ADC 转换结果存放的位置。

表 13.5 时钟分频寄存器 CLK_DIV 各位的含义

比特位	B7	B6	B5	B4	B3	B2	B1	B0
名字	MCLKO_S1	MCLKO_S0	ADRJ	Tx_Rx	MCLKO_2	CLKS2	CLKS1	CLKS0

其中，当 ADRJ 为 0 时，ADC_RES[7:0]存放高 8 位结果，ADC_RESL[1:0]存放低 2 位结果；当 ADRJ 为 1 时，ADC_RES[1:0]存放高 2 位结果，ADC_RESL[7:0]存放低 8 位结果。

13.3.4 ADC 结果高位寄存器

ADC 结果高位寄存器 ADC_RES，如表 13.6 所示。该寄存器位于 STC 单片机特殊功能寄存器地址为 0xBD 的位置。当复位后，该寄存器的值为 00000000B。

表 13.6 ADC 结果高位寄存器 ADC_RES 各位的含义

比特位	B7	B6	B5	B4	B3	B2	B1	B0
名字	内容由 ADRJ 控制							

13.3.5 ADC 结果低位寄存器

ADC 结果低位寄存器 ADC_RESL，如表 13.7 所示。该寄存器位于 STC 单片机特殊功能寄存器地址为 0xBE 的位置。当复位后，该寄存器的值为 00000000B。

表 13.7 ADC 结果低位寄存器 ADC_RESL 各位的含义

比特位	B7	B6	B5	B4	B3	B2	B1	B0
名字	内容由 ADRJ 控制							

13.3.6 中断使能寄存器

在前面介绍中断的时候，已经介绍过该寄存器，本节仅对与控制ADC中断使能有关的控制位进行说明，如表13.8所示。该寄存器位于特殊功能寄存器地址为0xA8的位置。当复位后，该寄存器的值为00000000B。

表13.8 中断控制寄存器IE各位含义

比特位	B7	B6	B5	B4	B3	B2	B1	B0
名字	EA	ELVD	EADC	ES	ET1	EX1	ET0	EX0

其中，EADC为ADC转换中断允许位。当该位为1时，允许ADC转换产生中断；当该位为0时，禁止ADC转换产生中断。

13.3.7 中断优先级寄存器

在前面介绍中断的时候，已经介绍过该寄存器，本节仅对与ADC中断优先级有关的控制位进行说明，如表13.9所示。该寄存器位于特殊功能寄存器地址为0xB8的位置。当复位后，该寄存器的值为00000000B。

表13.9 中断优先级控制寄存器IP各位含义

比特位	B7	B6	B5	B4	B3	B2	B1	B0
名字	PPCA	PLVD	PADC	PS	PT1	PX1	PT0	PX0

其中，PADC为ADC转换优先级控制位。当该位为0时，ADC转换中断为最低优先级中断(优先级为0)；当该位为1时，ADC转换中断为最高优先级中断(优先级为1)。

13.4 直流电压测量及串口显示

本节将读取STC学习板上按下不同按键所得到的直流电压值，经过ADC转换器转换后，得到数字量的值，经过计算后，通过串口1发送到主机串口界面显示所得到的直流电压值。

13.4.1 直流分压电路原理

在电源VCC和GND之间连接着由16个电阻构成的电阻梯度网络，如图13.8所示。存在下面的条件：

(1) 从STC15系列单片机ADC结构图可以知道，ADC输入连接着模拟比较器。因此，ADC的输入阻抗为无穷大，即在电阻R17上没有电流。因此，对电阻梯度网络没有影响。

(2) 由于R18电阻为100kΩ，远大于电阻梯度网络的总电阻300×16=4.8kΩ。所以，流经R18的电流很小，可以忽略不计。

(3) 在该设计中使用STC内部的10位ADC模块，其分辨梯度为$2^{10}=1024$。

13.4.2 软件设计流程

为了读者理解设计原理，给出程序处理流程图，如图13.9所示。在该设计中，以单片机供电电压VCC为ADC转换器计算结果的参考。

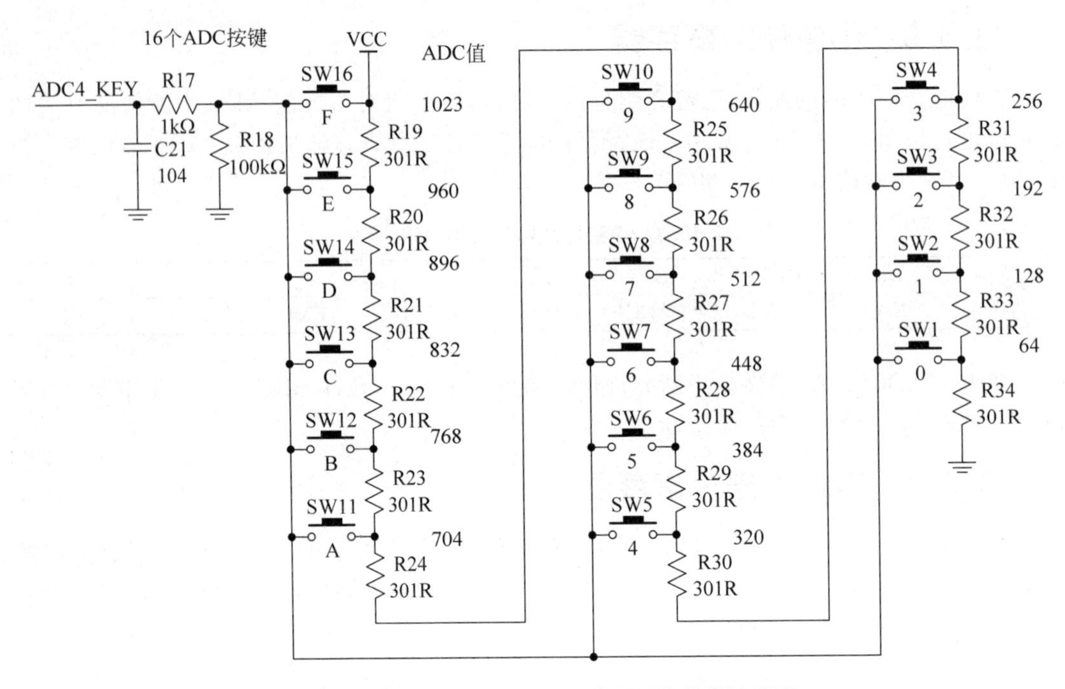

图 13.8　STC 学习板上 ADC 分压网络的设计原理

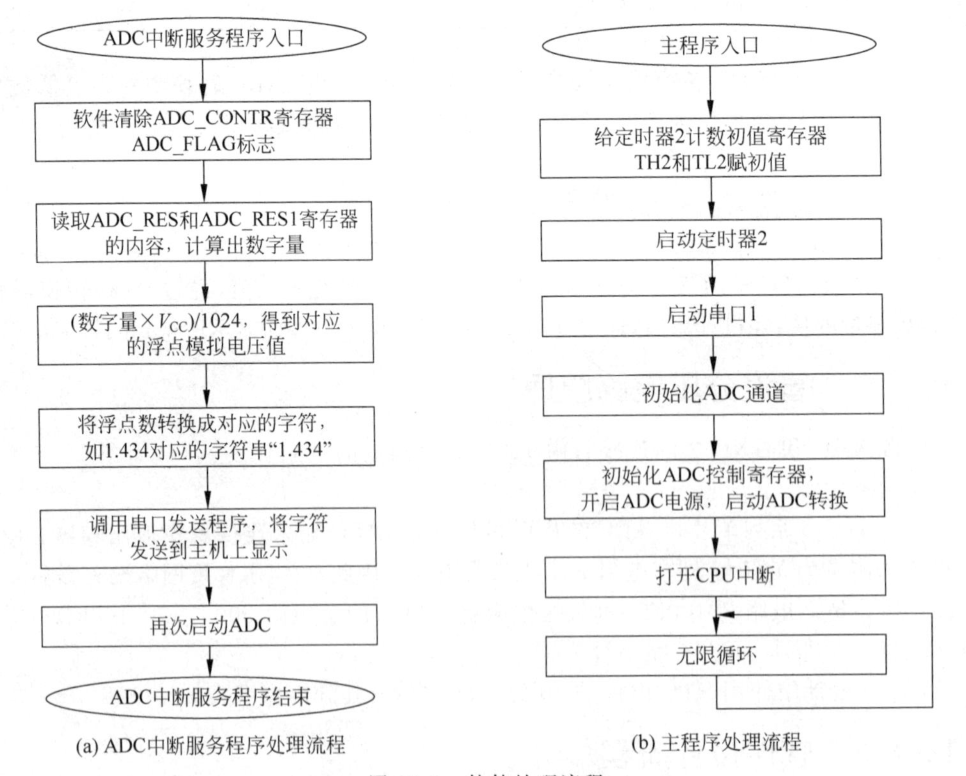

图 13.9　软件处理流程

13.4.3 具体实现过程

【例 13-1】 采集分压网络的电压值在串口上显示的 C 语言描述的例子。

代码清单 13-1　main.c 文件

```
#include "reg51.h"
#include "stdio.h"
#define OSC              18432000L      //定义 OSC 振荡器频率 18432000Hz
#define BAUD             9600           //定义 BAUD 波特率 9600
#define URMD             0              //定义 URMD 的值
#define ADC_POWER        0x80           //定义 ADC_POWER 的值 0x80
#define ADC_FLAG         0x10           //定义 ADC_FLAG 的值 0x10
#define ADC_START        0x08           //定义 ADC_START 的值 0x08
#define ADC_SPEEDLL      0x00           //定义 ADC_SPEEDLL 的值 0x00
#define ADC_SPEEDL       0x20           //定义 ADC_SPEEDL 的值 0x20
#define ADC_SPEEDH       0x40           //定义 ADC_SPEEDH 的值 0x40
#define ADC_SPEEDHH      0x60           //定义 ADC_SPEEDHH 的值 0x60

sfr T2H = 0xD6;                         //定义 T2H 寄存器的地址 0xD6
sfr T2L = 0xD7;                         //定义 T2L 寄存器的地址 0xD7
sfr AUXR = 0x8E;                        //定义 AUXR 寄存器的地址 0x8E
sfr ADC_CONTR = 0xBC;                   //定义 ADC_CONTR 寄存器的地址 0xBC
sfr ADC_RES = 0xBD;                     //定义 ADC_RES 寄存器的地址 0xBD
sfr ADC_RESL = 0xBE;                    //定义 ADC_RESL 寄存器的地址 0xBE
sfr P1ASF = 0x9D;                       //定义 P1ASF 寄存器的地址 0x9D

unsigned char ch = 4;                   //定义无符号变量 ch,指向 P1.4 端口
float voltage = 0;                      //定义浮点变量 voltage
unsigned char tstr[5];                  //定义无符号字符数组 tstr
unsigned int tmp = 0;                   //定义无符号整型变量 tmp
float old_voltage = 0;                  //定义浮点变量 old_voltage
void SendData(unsigned char dat)        //定义函数 SendData
{
    while(!TI);                         //判断发送是否结束,没有则等待
    TI = 0;                             //清除发送标志 TI
    SBUF = dat;                         //将数据 dat 写到寄存器 SBUF
}

void adc_int() interrupt 5              //声明 adc 中断服务程序
{
    unsigned char i = 0;                //定义无符号字符变量 i
    ADC_CONTR &= !ADC_FLAG;             //清除 ADC 中断标志位
    tmp = (ADC_RES * 4 + ADC_RESL);     //得到 ADC 转换的数字量
    voltage = (tmp * 5.0)/1024;         //计算得到对应的浮点模拟电压值
    sprintf(tstr,"%1.4f",voltage);      //将浮点数转换成对应的字符
```

```
    if(voltage!= old_voltage)                     //如果新的转换值不等于旧的转换值
    {
      old_voltage = voltage;                      //将新的转换值赋值给旧的转换值
        SendData('\r');                           //发送回车和换行符
      SendData('\n');
       for(i = 0;i<5;i++)                         //发送五个对应的浮点数的字符,一个整数,4个小数
         SendData(tstr[i]);
    }                                             //重新启动 ADC 转换
    ADC_CONTR = ADC_POWER |ADC_SPEEDLL | ADC_START | ch;
}

void main()                                       //主程序
{
    unsigned int i;
    SCON = 0x5A;                                  //串口 1 为 8 位可变波特率模式
    T2L = 65536 - OSC/4/BAUD;                     //写定时器 2 低 8 位寄存器 T2L
    T2H = (65536 - OSC/4/BAUD)>> 8;               //写定时器 2 高 8 位寄存器 T2H
    AUXR = 0x14;                                  //定时器 2 不分频,启动定时器 2
    AUXR| = 0x01;                                 //选择定时器 2 为串口 1 的波特率发生器
    P1ASF = 0xFF;                                 //P1 端口作为模拟输入
    ADC_RES = 0;                                  //清 ADC_RES 寄存器
    ADC_CONTR = ADC_POWER|ADC_SPEEDLL | ADC_START | ch;     //启动 ADC
    for(i = 0;i<10000;i++);                       //延迟
    IE = 0xA0;                                    //CPU 允许响应中断请求,允许 ADC 中断
    while(1);                                     //无限循环
}
```

注意:读者可以进入本书所提供资料的 STC_example\例子 13-1 目录下,打开并参考该设计。

下载和分析设计的步骤主要包括:

(1) 打开 STC-ISP 软件,在该界面左侧窗口中,选择硬件选项卡,在该选项卡界面中将"输入用户程序运行时的 IRC 频率"设置为 18.432MHz。

(2) 单击"下载/编程"按钮,将设计下载到 STC 单片机。

(3) 在 STC-ISP 软件右侧窗口中,选择"串口助手"选项卡。在该选项卡界面中,按下面设置参数:

① 串口:COM3(读者根据自己计算机识别出来的 COM 端口号进行设置)。

② 波特率:9600。

③ 校验位:无校验。

④ 停止位:1 位。

(4) 单击"打开串口"按钮。

(5) 在 STC 学习板上右下方,找到并按一下 ADC 分压检测按键,如图 13.10 所示,可以看到在串口助手接收窗口中显示出按键所对应的模拟电压的值。

思考与练习 13-9:观察实验结果,将理论电压和 ADC 转换电压值进行比较,给出对应

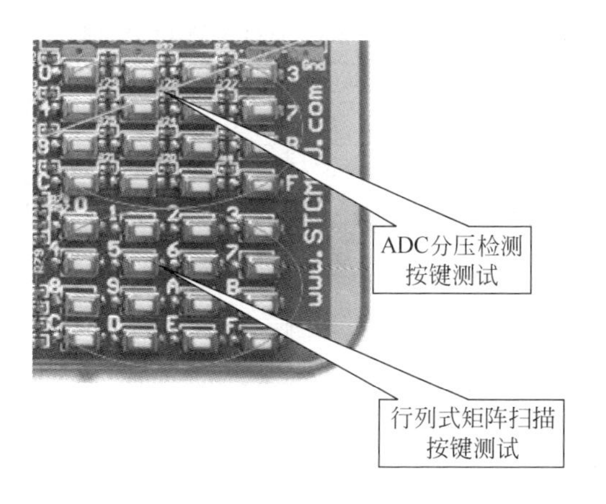

图 13.10　STC 学习板上分压检测按键的位置

于每个测量梯度的相对测量误差值和绝对测量误差值。

13.5　直流电压测量及 LCD 屏显示

本节将读取 STC 学习板上按下不同按键所得到的直流电压值，经过 ADC 转换器转换后，得到数字量的值，经过计算后，通过 1602 字符 LCD 屏显示得到的直流电压值。

13.5.1　硬件电路设计

在该设计中，+5V 供电的 1602 字符屏通过排线电缆与 STC 学习板上的标记为 J12 的单排插座连接，如图 13.11 所示。在图中，标出了 STC 学习板上插针引脚 1 的位置和 1602 字符屏引脚 1 的位置。

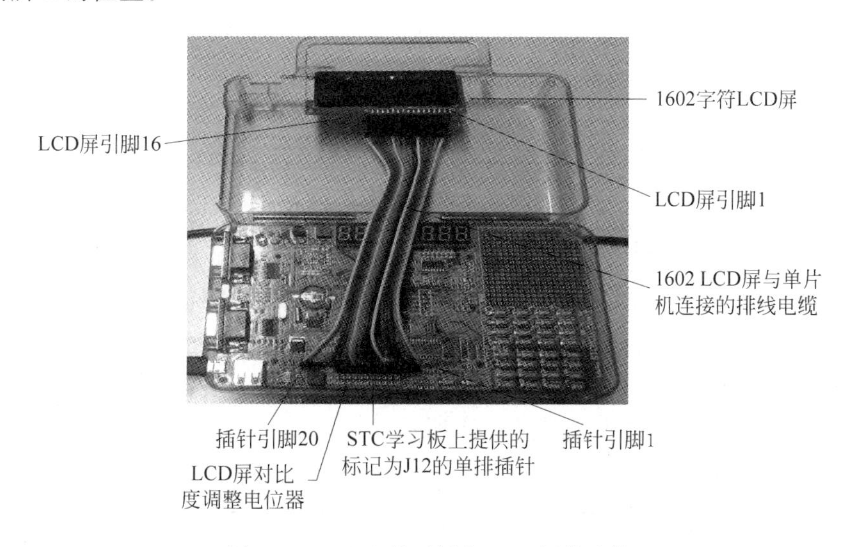

图 13.11　STC 学习板和 1602 屏的连接

STC 学习板上 J12 提供 20 个插针，可以直接与 12864 图形/字符 LCD 进行连接，对于 1602 字符屏来说，不能直接进行连接。它们的信号引脚定义如表 13.10 所示。

表 13.10 STC 学习板和 1602 字符 LCD 引脚定义

STC 学习板 J12 插座引脚号	信号名字	与单片机引脚的连接关系	1602 LCD 引脚号	信号名字	功能
1	GND	地	1	VSS	地
2	VCC	+5V 电源	2	VCC	+5V 电源
3	V0	—	3	V0	LCD 驱动电压输入
4	RS	P2.5	4	RS	寄存器选择。RS=1，数据；RS=0，指令
5	R/W	P2.6	5	R/W	读写信号。R/W=1，读操作；R/W=0，写操作
6	E	P2.7	6	E	芯片使能信号
7	DB0	P0.0	7	DB0	8 位数据总线信号
8	DB1	P0.1	8	DB1	
9	DB2	P0.2	9	DB2	
10	DB3	P0.3	10	DB3	
11	DB4	P0.4	11	DB4	
12	DB5	P0.5	12	DB5	
13	DB6	P0.6	13	DB6	
14	DB7	P0.7	14	DB7	
15	PSB	P2.4	15	LEDA	背光源正极，接+5.0V
16	N.C	P2.2	16	LEDK	背光源负极，接地
17	/RST	P2.3			
18	VOUT	—			
19	A	背光源正极，接+5.0V			
20	K	背光源负极，接地			

13.5.2 1602 字符 LCD 原理

本节介绍 1602 字符 LCD 原理，内容包括 1602 字符 LCD 指标、1602 字符 LCD 内部显存、1602 字符 LCD 读写时序、1602 字符 LCD 指令和数据。

1. 1602 字符 LCD 指标

1602 字符 LCD 的特性指标如表 13.11 所示。

表 13.11 1602 字符 LCD 主要技术参数

显示容量	16×2 个字符，即可以显示 2 行字符，每行可以显示 16 个字符
工作电压范围	4.5～5.5V。推荐 5.0V
工作电流	2.0mA@5V
屏幕尺寸	2.95mm×4.35mm(宽×高)

注意：工作电流是指液晶的耗电，没有考虑背光耗电。一般情况下，背光耗电大约为 20mA。

2. 1602 字符 LCD 内部显存

1602 液晶内部包含 80 字节的显示 RAM，用于存储需要发送的数据，如图 13.12 所示。

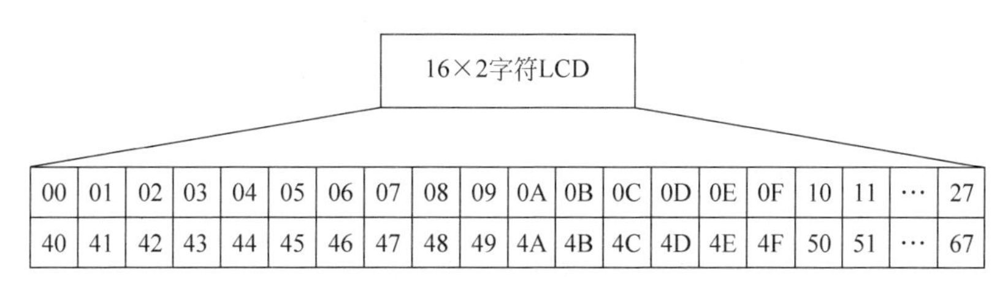

图 13.12　1602 内部 RAM 结构图

第一行存储器地址范围为 0x00～0x27；第二行存储器地址范围为 0x40～0x67。其中，第一行存储器地址范围 0x00～0x0F 与 1602 字符 LCD 第一行位置对应；第二行存储器地址范围 0x40～0x4F 与 1602 字符 LCD 第二行位置对应。

每行多出来的部分是为了显示移动字幕设置。

3. 1602 字符 LCD 读写时序

本节介绍在 8 位并行模式下，1602 字符 LCD 各种信号在读写操作时的时序关系。

1）写操作时序

STC15 系列单片机对 1602 字符 LCD 进行写数据/指令操作时序如图 13.13 所示。

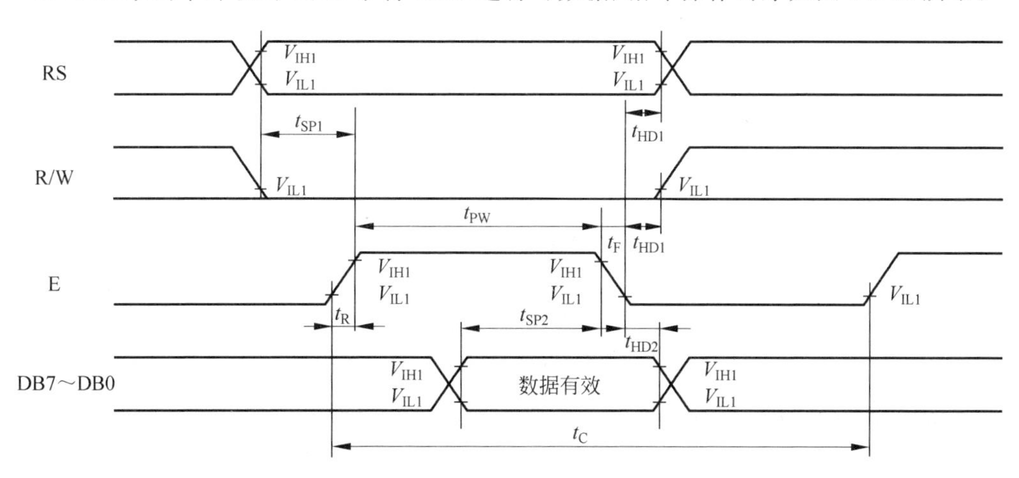

图 13.13　STC 单片机对 1602 字符 LCD 写操作时序

（1）将 R/W 信号拉低。同时，给出 RS 信号，该信号为 1 或者 0，用于区分数据和指令。

（2）将 E 信号拉高。当 E 信号拉高后，STC 单片机将写入 1602 字符 LCD 的数据放在 DB7～DB0 数据线上。当数据有效一段时间后，首先将 E 信号拉低。然后，数据继续维持一段时间 t_{HD2}。这样，数据就写到 1602 字符 LCD 中。

（3）撤除/保持 R/W 信号。

至此，STC15 系列单片机完成对 1602 字符 LCD 的写操作过程。

2）读操作时序

STC15系列单片机对1602字符LCD进行读数据/状态操作时序如图13.14所示。

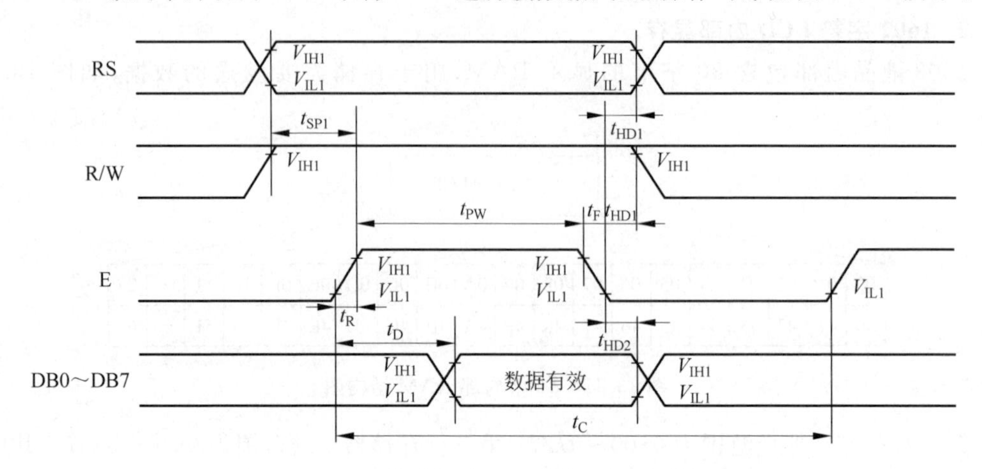

图13.14　STC单片机对1602字符LCD读操作时序

（1）将R/W信号拉高。同时，给出RS信号，该信号为1或者0，用于区分数据和状态。

（2）将E信号拉高。当E信号拉高，并且延迟一段时间t_D后，1602字符LCD将数据放在DB7～DB0数据线上。当维持一段时间t_{pw}后，将E信号拉低。

（3）撤除/保持R/W信号。

至此，STC15系列单片机完成对1602字符LCD的读操作过程。

将上面的读和写操作进行总结，如表13.12所示。

表13.12　1602字符LCD读和写操作指令信号

RS	R/W	操作说明
0	0	写入指令寄存器(清屏)
0	1	读BF(忙)标志，并读取地址计数器的内容
1	0	写入数据寄存器(显示各字型等)
1	1	从数据寄存器读取数据

4. 1602字符LCD指令和数据

在STC单片机对1602字符LCD操作的过程中，会用到表13.13所示的指令。

表13.13　1602字符LCD指令和数据

指令	指令操作码										功　能
	RS	RW	DB7	DB6	DB5	DB4	DB3	DB2	DB1	DB0	
清屏	0	0	0	0	0	0	0	0	0	1	将20H写到DDRAM，将DDRAM地址从AC(地址计数器)设置到00

续表

指令	指令操作码										功　能
	RS	RW	DB7	DB6	DB5	DB4	DB3	DB2	DB1	DB0	
光标归位	0	0	0	0	0	0	0	0	1	—	将 DDRAM 的地址设置为 00，光标如果移动，则将光标返回到初始的位置。DDRRAM 的内容保持不变
输入模式设置	0	0	0	0	0	0	0	I	I/D	S	分配光标移动的方向，使能整个显示的移动 I=0，递减模式；I=1，递增模式。S=0，关闭整个移动；S=1，打开整个移动
显示打开/关闭控制	0	0	0	0	0	0	1	D	C	B	设置显示(D)、光标(C)和光标闪烁(B)打开/关闭控制。D=0，显示关闭；D=1，打开显示。C=0，关闭光标；C=1，打开光标。B=0，关闭闪烁；B=1，打开闪烁
光标或者显示移动	0	0	0	0	0	1	S/C	R/L	—	—	设置光标移动和显示移动的控制位，以及方向，不改变 DDRAM 数据。S/C=0，R/L=0，光标左移；S/C=0，R/L=1，光标右移；S/C=1，R/L=0，显示左移，光标跟随显示移动；S/C=1，R/L=1，显示右移，光标跟随显示移动
功能设置	0	0	0	0	1	DL	N	F	—	—	设置接口数据宽度和显示行的个数。DL=1，8 位宽度；DL=0，4 位宽度。N=0，1 行模式；N=1，2 行模式。F=0，5×8 字符字体；F=1，5×10 字符字体
设置 CGRAM 地址	0	0	0	1	AC5	AC4	AC3	AC2	AC1	AC0	在地址计数器中，设置 CGRAM 地址
设置 DDRAM 地址	0	0	1	AC6	AC5	AC4	AC3	AC2	AC1	AC0	在地址计数器中，设置 DDRAM 地址
读忙标志和地址计数器	0	1	BF	AC6	AC5	AC4	AC3	AC2	AC1	AC0	读 BF 标志，知道 LCD 屏内部是否正在操作。也可以读取地址计数器的内容
将数据写到 RAM	1	0	D7	D6	D5	D4	D3	D2	D1	D0	写数据到内部 RAM(DDRAM/CGRAM)
从 RAM 读数据	1	1	D7	D6	D5	D4	D3	D2	D1	D0	从内部 RAM(DDRAM/CGRAM)读取数据

13.5.3 软件设计流程

本节介绍软件设计流程，包括 1602 字符 LCD 初始化和操作流程，以及系统软件处理流程。

1. 1602 字符 LCD 初始化和操作流程

将上面的指令表进行总结，得到 1602 字符 LCD 的初始化和操作流程，如图 13.15 所示。

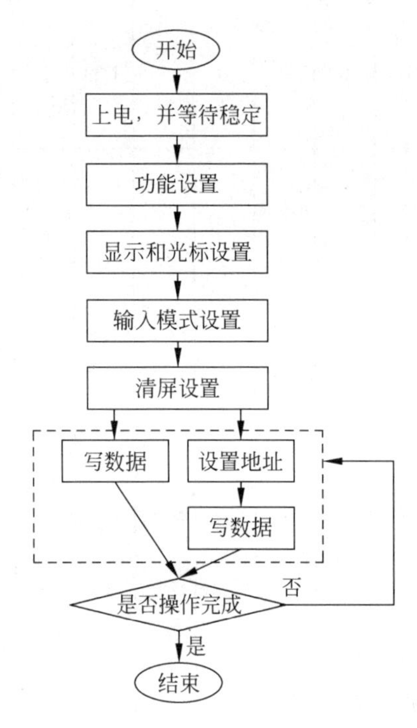

图 13.15 1602 初始化和读写操作流程

2. 系统软件处理流程

主程序的系统流程图如图 13.16 所示。

13.5.4 具体实现过程

【例 13-2】 采集分压网络的电压值在 1602 字符 LCD 上显示的 C 语言描述的例子。

代码清单 13-2(a) led1602.h 文件

```
#ifndef _1602_                    //条件编译指令,如果没有定义_1602_
#define _1602_                    //定义_1602_
#include "reg51.h"                //包含 reg51.h 头文件
#include "intrins.h"              //包含 intrins.h 头文件
sbit LCD1602_RS = P2^5;           //定义 LCD1602_RS 为 P2.5 引脚
sbit LCD1602_RW = P2^6;           //定义 LCD1602_RW 为 P2.6 引脚
sbit LCD1602_E = P2^7;            //定义 LCD1602_E 为 P2.7 引脚
sfr  LCD1602_DB = 0x80;           //定义 LCD1602_DB 为 P0 端口
sfr  P0M1 = 0x93;                 //定义 P0 端口 P0M1 寄存器地址 0x93
sfr  P0M0 = 0x94;                 //定义 P0 端口 P0M0 寄存器地址 0x94
```

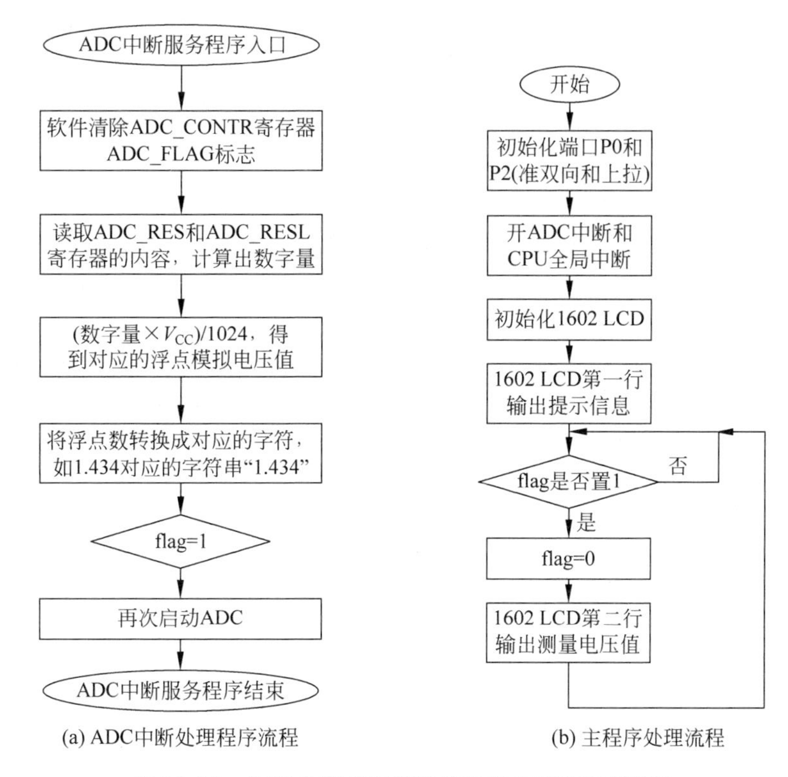

图 13.16 ADC 中断处理程序流程和主程序处理流程

```
sfr  P2M1 = 0x95;                           //定义 P2 端口 P2M1 寄存器地址 0x95
sfr  P2M0 = 0x96;                           //定义 P2 端口 P2M0 寄存器地址 0x96
void lcdwait();                             //定义子函数 lcdwait 类型
void lcdwritecmd(unsigned char cmd);        //定义子函数 lcdwritecmd 类型
void lcdwritedata(unsigned char dat);       //定义子函数 lcdwritedata 类型
void lcdinit();                             //定义子函数 lcdinit 类型
void lcdsetcursor(unsigned char x, unsigned char y);   //定义子函数 lcdsetcursor 类型
void lcdshowstr(unsigned char x, unsigned char y,      //定义子函数 lcdshowstr 类型
                   unsigned char * str);
#endif                                      //条件预编译指令结束
```

代码清单 13-2(b) led1602.c 文件

```
#include "led1602.h"                        //包含 led1602.h 头文件
void lcdwait()                              //声明 lcdwait 函数,用于读取 BF 标志
{
    LCD1602_DB = 0xFF;                      //读取前,先将 P0 端口设置为 FF
    _nop_();                                //空操作延迟
    _nop_();                                //空操作延迟
    _nop_();                                //空操作延迟
    _nop_();                                //空操作延迟
    LCD1602_RS = 0;                         //将 LCD1602 的 RS 信号拉低
    LCD1602_RW = 1;                         //将 LCD1602 的 RW 信号拉高
    LCD1602_E = 1;                          //将 LCD1602 的 E 信号拉高
    while(LCD1602_DB & 0x80);               //等待标志 BF 为低,表示 LCD1602 空闲
    LCD1602_E = 0;                          //将 LCD1602 的 E 信号拉低
```

```
}

void lcdwritecmd(unsigned char cmd)         //声明 lcdwritecmd 函数,写指令到 1602
{
    lcdwait();                              //等待 LCD 不忙
    _nop_();                                //空操作延迟
    _nop_();                                //空操作延迟
    _nop_();                                //空操作延迟
    _nop_();                                //空操作延迟
    LCD1602_RS = 0;                         //将 LCD1602 的 RS 信号拉低
    LCD1602_RW = 0;                         //将 LCD1602 的 RW 信号拉低
    LCD1602_DB = cmd;                       //将指令控制码 cmd 放到 P0 端口
    LCD1602_E = 1;                          //将 LCD1602 的 E 信号拉高
    _nop_();                                //空操作延迟
    _nop_();                                //空操作延迟
    _nop_();                                //空操作延迟
    _nop_();                                //空操作延迟
    LCD1602_E = 0;                          //将 LCD1602 的 E 信号拉低
}

void lcdwritedata(unsigned char dat)        //声明 lcdwritedata 函数,写数据到 1602
{
    lcdwait();                              //等待 LCD 不忙
    _nop_();                                //空操作延迟
    _nop_();                                //空操作延迟
    _nop_();                                //空操作延迟
    _nop_();                                //空操作延迟
    LCD1602_RS = 1;                         //将 LCD1602 的 RS 信号拉高
    LCD1602_RW = 0;                         //将 LCD1602 的 RW 信号拉低
    LCD1602_DB = dat;                       //将数据 dat 放到 P0 端口
    LCD1602_E = 1;                          //将 LCD1602 的 E 信号拉高
    _nop_();                                //空操作延迟
    _nop_();                                //空操作延迟
    _nop_();                                //空操作延迟
    _nop_();                                //空操作延迟
    LCD1602_E = 0;                          //将 LCD1602 的 E 信号拉低
}

void lcdinit()                              //声明 lcdinit 子函数,用来初始化 1602
{
    lcdwritecmd(0x38);                      //发指令 0x38,2 行模式,5×8 点阵,8 位宽度
    lcdwritecmd(0x0c);                      //发指令 0x0C,打开显示,关闭光标
    lcdwritecmd(0x06);                      //发指令 0x06,文字不移动,地址自动加 1
    lcdwritecmd(0x01);                      //发指令 0x01,清屏
}
//声明 lcdsetcursor 函数,设置显示 RAM 的地址,x 和 y 表示在 1602 的列和行参数
void lcdsetcursor(unsigned char x, unsigned char y)
{
    unsigned char address;                  //声明无符号 char 类型变量 address
    if(y == 0)                              //如果第一行
        address = 0x00 + x;                 //存储器地址以 0x00 开始
```

```
        else                                        //如果是第二行
            address = 0x40 + x;                     //存储器地址以 0x40 开始
        lcdwritecmd(address|0x80);                  //写存储器地址指令
}

void lcdshowstr(unsigned char x, unsigned char y,       //在液晶上指定的 x 和 y 位置,显示字符
                unsigned char * str)
{
        lcdsetcursor(x,y);                          //设置显示 RAM 的地址
        while(( * str)!= '\0')                      //如果不是字符串的结尾,则继续
        {
            lcdwritedata( * str);                   //发写数据指令,在 LCD 上显示数据
            str++;                                  //指针加 1,指向下一个地址
        }
}
```

代码清单 13-2(c)　main. c 文件

```
#include "reg51.h"
#include "stdio.h"
#include "led1602.h"
#define ADC_POWER     0x80                  //定义 ADC_POWER 的值 0x80
#define ADC_FLAG      0x10                  //定义 ADC_FLAG 的值 0x10
#define ADC_START     0x08                  //定义 ADC_START 的值 0x08
#define ADC_SPEEDLL   0x00                  //定义 ADC_SPEEDLL 的值 0x00
#define ADC_SPEEDL    0x20                  //定义 ADC_SPEEDL 的值 0x20
#define ADC_SPEEDH    0x40                  //定义 ADC_SPEEDH 的值 0x40
#define ADC_SPEEDHH   0x60                  //定义 ADC_SPEEDHH 的值 0x60

sfr AUXR = 0x8E;                            //声明 AUXR 寄存器的地址 0x8E
sfr ADC_CONTR = 0xBC;                       //声明 ADC_CONTR 寄存器的地址 0xBC
sfr ADC_RES = 0xBD;                         //声明 ADC_RES 寄存器的地址 0xBD
sfr ADC_RESL = 0xBE;                        //声明 ADC_RESL 寄存器的地址 0xBE
sfr P1ASF = 0x9D;                           //声明 P1ASF 寄存器的地址 0x9D

unsigned char ch = 4;                       //声明 char 类型变量 ch
bit flag = 1;                               //声明 bit 类型变量 flag
float voltage = 0;                          //声明 float 类型变量 voltage
unsigned char tstr[5];                      //声明 char 类型数组 tstr
unsigned int tmp = 0;                       //声明 int 类型变量 tmp

void adc_int() interrupt 5                  //声明 adc 中断服务程序
{
    unsigned char i = 0;                    //声明 char 类型变量 i
    ADC_CONTR & = ! ADC_FLAG;               //将 ADC_FLAG 标志清 0
    tmp = (ADC_RES * 4 + ADC_RESL);         //读取模拟信号对应的数字量
    voltage = (tmp * 5.0)/1024;             //将数字量转换成对应的模拟电压值
    sprintf(tstr," % 1.4f",voltage);        //将浮点数转换成对应的电压值
    flag = 1;                               //将 flag 置 1
    ADC_CONTR = ADC_POWER |ADC_SPEEDLL | ADC_START | ch;    //启动 ADC
}

void main()
```

```
{
    unsigned int i;                          //声明 int 型变量 i
    P0M0 = 0;                                //通过 P0M0 和 P0M1 寄存器将 P0 口
    P0M1 = 0;                                //定义为准双向,弱上拉
    P2M0 = 0;                                //通过 P2M0 和 P2M1 寄存器将 P2 口
    P2M1 = 0;                                //定义为准双向,弱上拉
    P1ASF = 0xFF;                            //将 P1 端口用于 ADC 输入
    ADC_RES = 0;                             //将 ADC_RES 寄存器清 0
                                             //配置 ADC_CONTR 寄存器
    ADC_CONTR = ADC_POWER|ADC_SPEEDLL | ADC_START | ch;
    for(i = 0;i < 10000;i++);                //延迟一段时间
    IE = 0xA0;                               //CPU 允许响应中断请求,允许 ADC 中断
    lcdwait();                               //等待 1602 字符 LCD 稳定
    lcdinit();                               //初始化 1602 字符 LCD
    lcdshowstr(0,0,"Measured Voltage is");   //在 1602 第一行开始打印信息
    lcdshowstr(6,1,"V");                     //在 1602 第二行第 6 列打印字符 V
    while(1)                                 //无限循环
        {
            if(flag == 1)                    //判断 flag 标志是否为 1
            {
                flag = 0;                    //将 flag 置 0
                lcdshowstr(0,1,tstr);        //在第二行打印电压对应的字符
            }
        }
}
```

注意：读者可以进入本书所提供资料的 STC_example\例子 13-2 目录下，打开并参考该设计。

下载和分析设计的步骤主要包括：

(1) 打开 STC-ISP 软件，在该软件界面左侧窗口内，选择硬件选项卡。在该选项卡界面中，将“输入用户程序运行时的 IRC 频率”设置为 6.000MHz。

(2) 单击“下载/编程”按钮，将设计下载到 STC 单片机。

(3) 观察 1602 字符屏上的输出结果，如图 13.17 所示。

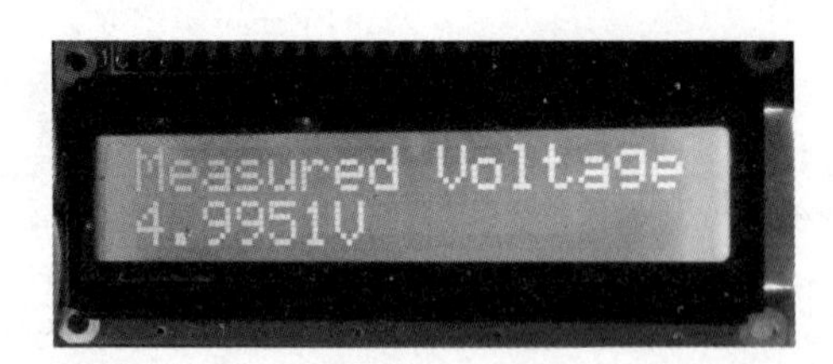

图 13.17　1602 LCD 上的显示结果

注意：当 1602 对比度不理想时，可以调整 STC 学习板上标识为 W_2 的电位器旋钮。

13.6　交流电压测量及 LCD 屏显示

本节将从外部输入信号源，经过 ADC 转换器转换后，得到数字量的值，经过计算后，通过 12864 图形/点阵 LCD 屏，一方面以字符形式显示得到的交流信号的最大值 MAX、最小

值 MIN、峰峰值 PTP(Peak To Peak)；另一方面以图形的方式显示所采集交流信号的波形。

13.6.1 硬件电路设计

在该设计中，通过 12864 图形点阵 LCD 模块上焊接的插座与 STC 学习板上的标记为 J12 的单排插针连接，如图 13.18 所示。在图中标出了 STC 学习板上插针引脚 1 的位置和 12864 图形点阵 LCD 引脚 1 的位置。

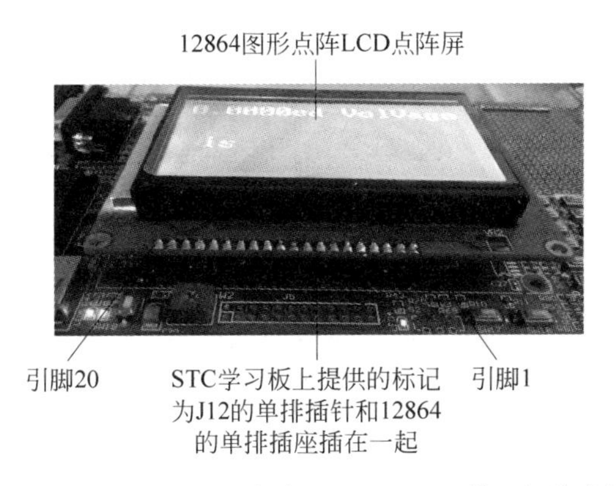

图 13.18 12864 图形点阵 LCD 和 STC 学习板的连接

STC 学习板上 J12 提供 20 个插针，它们可以直接与 12864 图形点阵 LCD 进行连接，它们的信号引脚定义如表 13.14 所示。

13.6.2 12864 图形点阵 LCD 原理

本节介绍 JGD12864 图形/字符 LCD 原理，内容包括 12864 图形点阵 LCD 指标、12864 图形点阵 LCD 内部显存、12864 图形点阵 LCD 读写时序、12864 图形点阵 LCD 指令和数据。

1. 12864 图形点阵 LCD 指标

12864 是指 LCD 的屏幕分辨率为 128×64。12864 中文汉字图形点阵液晶显示模块可显示汉字及图形，内置 8192 个中文汉字(16×16 点阵)、128 个字符(8×16 点阵)及 64×256 点阵显示 RAM(GDRAM)。JGD12864 图形点阵 LCD 的特性指标如表 13.15 所示。

2. 12864 图形点阵 LCD 内部存储空间

下面对 12864 存储空间进行简单的说明。

1) 数据显示 RAM

即 Data Display Ram，DDRAM。往里面写入数据，LCD 就会显示写入的数据。

2) 字符发生 ROM

即 Character Generation ROM，CGROM。里面存储了中文汉字的字模，也称作中文字库，编码方式有 GB2312(中文简体)和 BIG5(中文繁体)。

3) 字符发生 RAM

即 Character Generation RAM，CGRAM。12864 内部提供了 64×2 字节的 CGRAM，可用于用户自定义 4 个 16×16 字符，每个字符占用 32 字节。

表 13.14 STC 学习板和 12864 图形点阵 LCD 引脚定义

STC 学习板 J12 插座引脚号	信号名字	与单片机引脚的连接关系	12864 图形点阵 LCD 引脚号	信号名字	功　能
1	GND	地	1	VSS	地
2	VCC	+5V 电源	2	VCC	+5V 电源
3	V0	—	3	V0	LCD 驱动电压输入
4	RS	P2.5	4	RS	寄存器选择。RS=1,数据；RS=0,指令
5	R/W	P2.6	5	R/W	读写信号。R/W=1,读操作；R/W=0,写操作
6	E	P2.7	6	E	芯片使能信号
7	DB0	P0.0	7	DB0	8 位数据总线信号
8	DB1	P0.1	8	DB1	
9	DB2	P0.2	9	DB2	
10	DB3	P0.3	10	DB3	
11	DB4	P0.4	11	DB4	
12	DB5	P0.5	12	DB5	
13	DB6	P0.6	13	DB6	
14	DB7	P0.7	14	DB7	
15	PSB	P2.4	15	PSB	并/串模式选择。PSB=1,并行；PSB=0,串行
16	N.C	P2.2	16	N.C	不连接
17	/RST	P2.3	17	/RST	复位,低电平有效
18	VOUT	—	18	VOUT	电压输出脚
19	A	+5V 电源	19	BLA	背光源正极，接+5.0V
20	K	地	20	BLK	背光源负极,接地

表 13.15 12864 图形点阵 LCD 主要技术参数

显示容量	128×64 个像素。每屏可显示 4 行 8 列共 32 个 16×16 点阵的汉字,或者 4 行 16 列共 64 个 ASCII 字符
工作电压范围	4.5～5V。对于 STC 单片机来说,推荐给 12864 模块 5.0V 供电
显示颜色	黄绿/蓝屏/灰屏
LCD 类型	STN
与 MCU 接口	8/4 位并行,或者 3 位串行
屏幕尺寸	93mm×70mm×12.5mm(长×宽×高)
多重模式	显示光标、画面移动、自定义字符、睡眠模式等

4）图形显示 RAM

即 Graphic Display RAM，GDRAM。这一块区域用于绘图，往里面写什么数据，12864 屏幕就会显示相应的数据。它与 DDRAM 的区别在于，往 DDRAM 中写的数据是字符的编码，字符的显示先是在 CGROM 中找到字模，然后映射到屏幕上，而往 GDRAM 中写的数据是图形的点阵信息，每个点用 1 比特来表示是否显示。

5）半宽字符发生器

即 Half height Character Generation ROM，HCGROM。就是字母与数字，也就是 ASCII 码。

12864 内部有 4 行×32 字节的 DDRAM 空间。但是某一时刻，屏幕只能显示 2 行×32 字节的空间，剩余的这些空间可以用于缓存，当实现卷屏显示时就可以利用这些空间。

DDRAM 结构如下所示：

```
80H、81H、82H、83H、84H、85H、86H、87H、88H、89H、8AH、8BH、8CH、8DH、8EH、8FH
90H、91H、92H、93H、94H、95H、96H、97H、98H、99H、9AH、9BH、9CH、9DH、9EH、9FH
A0H、A1H、A2H、A3H、A4H、A5H、A6H、A7H、A8H、A9H、AAH、ABH、ACH、ADH、AEH、AFH
B0H、B1H、B2H、B3H、B4H、B5H、B6H、B7H、B8H、B9H、BAH、BBH、BCH、BDH、BEH、BFH
```

地址与屏幕显示对应关系如下：

```
12864 第一行: 80H、81H、82H、83H、84H、85H、86H、87H
12864 第二行: 90H、91H、92H、93H、94H、95H、96H、97H
12864 第三行: 88H、89H、8AH、8BH、8CH、8DH、8EH、8FH
12864 第四行: 98H、99H、9AH、9BH、9CH、9DH、9EH、9FH
```

注意：一般用于显示字符使用的是上面两行的空间，也就是 80H～8FH，90H～9FH，每个地址的空间是 2 字节，也就是 1 个字，所以可以用于存储字符编码的空间总共是 128 字节。因为每个汉字的编码是 2 字节，所以每个地址需要使用 2 字节来存储一个汉字。当然，如果将 2 字节拆开来使用也可以，那就是显示 2 个半宽字符。

3. 12864 图形点阵 LCD 读写时序

本节介绍在 8 位并行模式下 12864 图形点阵 LCD 各种信号在读写操作时的时序关系。

1）写操作时序

STC15 系列单片机对 12864 图形点阵 LCD 进行写数据/指令操作时序如图 13.19 所示。

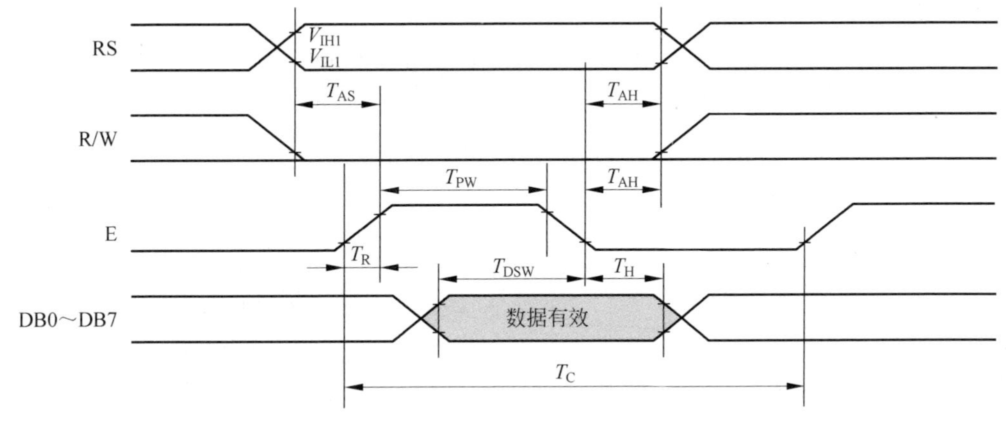

图 13.19　STC 单片机 12864 图形点阵 LCD 写操作时序

(1) 将 R/W 信号拉低。同时,给出 RS 信号,该信号为 1 或者 0,用于区分数据和指令。

(2) 将 E 信号拉高。当 E 信号拉高后,STC 单片机将写入 12864 图形点阵 LCD 的数据放在 DB7～DB0 数据线上。当数据有效一段时间 T_{DSW} 后,首先将 E 信号拉低。然后,数据再维持一段时间 T_H。这样,数据就写到 12864 图形点阵 LCD 中。

(3) 撤除/保持 R/W 信号。

至此,STC15 系列单片机完成对 12864 图形点阵 LCD 的写操作过程。

2) 读操作时序

STC15 系列单片机对 12864 图形点阵 LCD 进行读数据/状态操作时序如图 13.20 所示。

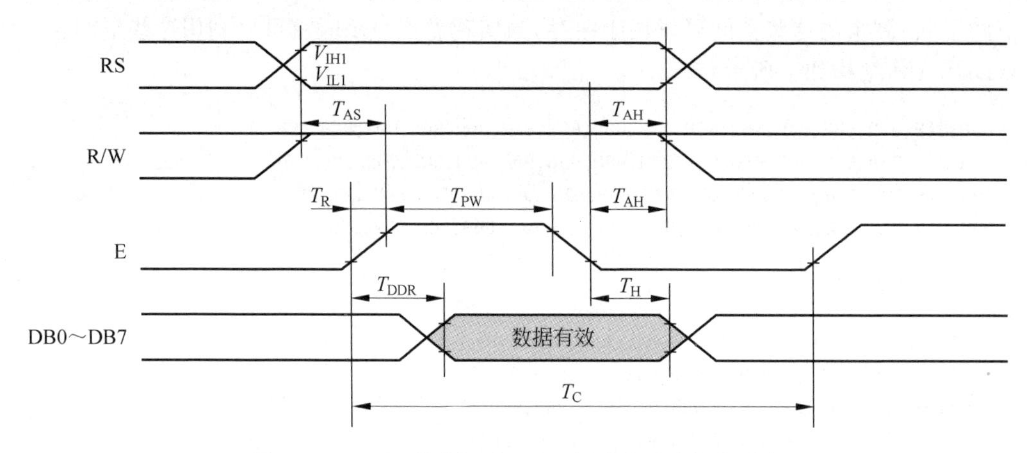

图 13.20 STC 单片机对 12864 图形点阵读操作时序

(1) 将 R/W 信号拉高。同时,给出 RS 信号,该信号为 1 或者 0,用于区分数据和状态。

(2) 将 E 信号拉高。当 E 信号拉高,并且延迟一段时间 T_{DDR} 后,12864 图形点阵 LCD 将数据放在 DB7～DB0 数据线上。当维持一段时间 T_{PW} 后,将 E 信号拉低。

(3) 撤除/保持 R/W 信号。

至此,STC15 系列单片机完成对 12864 图形点阵 LCD 的读操作过程。

4. 12864 图形点阵 LCD 指令和数据

在 STC 单片机对 12864 图形点阵 LCD 操作的过程中,会用到表 13.16 和表 13.17 所示的指令。12864 图形点阵 LCD 提供了基本指令和扩展指令。下面进行说明,以帮助读者更好地理解后面的设计流程。

表 13.16 12864 图形点阵 LCD 基本指令(RE=0)

指令	指令操作码										功能
	RS	RW	DB7	DB6	DB5	DB4	DB3	DB2	DB1	DB0	
清屏	0	0	0	0	0	0	0	0	0	1	将 20H 写到 DDRAM,将 DDRAM 地址从 AC(地址计数器)设置到 00
光标归位	0	0	0	0	0	0	0	0	1	—	将 DDRAM 的地址设置为 00,光标如果移动,则将光标返回到初始的位置。DDRRAM 的内容保持不变

续表

指令	指令操作码										功　能
	RS	RW	DB7	DB6	DB5	DB4	DB3	DB2	DB1	DB0	
进入点设定	0	0	0	0	0	0	0	I	I/D	S	指定在读数据和写数据时，设定光标移动的方向以及指定显示的移位。I=0，递减模式；I=1，递增模式。S=0，关闭整个移动；S=1，打开整个移动
显示打开/关闭控制	0	0	0	0	0	0	1	D	C	B	设置显示(D)、光标(C)和光标闪烁(B)打开/关闭控制。D=0，关闭显示；D=1，打开显示。C=0，关闭光标；C=1，打开光标。B=0，关闭闪烁；B=1，打开闪烁
光标或者显示移动	0	0	0	0	0	1	S/C	R/L	—	—	设置光标移动和显示移动的控制位，以及方向，不改变DDRAM数据。S/C=0，R/L=0，光标左移；S/C=0，R/L=1，光标右移；S/C=1，R/L=0，显示左移，光标跟随显示移动；S/C=1，R/L=1，显示右移，光标跟随显示移动
功能设置	0	0	0	0	1	DL	—	RE=0	—	—	DL=1(必须设置为1)。RE=1，扩展指令集；RE=0，基本指令集
设置CGRAM地址	0	0	0	1	AC5	AC4	AC3	AC2	AC1	AC0	在地址计数器中，设置CGRAM地址
设置DDRAM地址	0	0	1	AC6	AC5	AC4	AC3	AC2	AC1	AC0	在地址计数器中，设置DDRAM地址
读忙标志和地址计数器	0	1	BF	AC6	AC5	AC4	AC3	AC2	AC1	AC0	读BF标志，知道LCD屏内部是否正在操作。也可以读取地址计数器的内容
将数据写到RAM	1	0	D7	D6	D5	D4	D3	D2	D1	D0	将数据写到内部RAM(DDRAM/CGRAM/IRAM/GDRAM)
从RAM读数据	1	1	D7	D6	D5	D4	D3	D2	D1	D0	从内部RAM(DDRAM/CGRAM/IRAM/GDRAM)读取数据

表13.17　12864图形点阵LCD扩展指令(RE=1)

指令	指令操作码										功　能
	RS	RW	DB7	DB6	DB5	DB4	DB3	DB2	DB1	DB0	
待命模式	0	0	0	0	0	0	0	0	0	1	将20H写到DDRAM，将DDRAM地址从AC(地址计数器)设置到00
卷动地址或IRAM地址选择	0	0	0	0	0	0	0	0	1	SR	SR=1，允许输入垂直卷动地址；SR=0，允许输入IRAM地址

续表

指令	指令操作码										功能
	RS	RW	DB7	DB6	DB5	DB4	DB3	DB2	DB1	DB0	
反白选择	0	0	0	0	0	0	0	1	R1	R0	选择4行中的任意一行做反白显示，并可决定是否反白
休眠模式	0	0	0	0	0	0	1	SL	—	—	SL=1，脱离休眠模式；SL=0，进入休眠模式
扩充功能设定	0	0	0	0	1	1	—	RE =1	G	0	RE=1，扩充指令集；RE=0，基本指令集。G=1，打开绘图模式；G=0，关闭绘图模式
设定IRAM地址或卷动地址	0	0	0	1	AC5	AC4	AC3	AC2	AC1	AC0	SR=1，AC5～AC0为垂直卷动地址；SR=0，AC3～AC0为ICON IRAM地址
设置绘图RAM地址	0	0	1	AC6	AC5	AC4	AC3	AC2	AC1	AC0	在地址计数器中，设置CGRAM地址

5. 12864图形点阵字符/图像表示方法

下面给出12864图形点阵128×64像素的构成方式，如图13.21所示。从图13.21(a)和图13.21(b)中可以看出，将屏幕分成上下两部分，每部分包含32行和128列的像素。*X*方向以字节为单位，而*Y*方向以位为单位。*X*方向确定列，*Y*方向确定行。该绘图显示RAM提供的128×8字节的存储空间。

1）字符/汉字表示方法

可以看到在字符模式下，将12864图形点阵分为4行8列一共32个区域。每个区域包含16×16个像素值，可以显示两个ASCII码字符/数字，或者一个汉字。每行起始地址分别为0x80、0x90、0x88、0x98。每行可显示区域分配了8个地址，一个地址包含两字节。从图13.21中可知，只要从32个地址中选择一个地址，就可以确定所要显示的字母/数字/汉字的位置。

2）图像的表示方法

现在的问题就是给定了一个(x,y)坐标，x范围0～127，y范围0～63如何向该坐标所对应12864屏的位置点写数据。当向12864对应的位置点写0时，该点不亮；而写1时，该点变亮。在更改绘图RAM的内容时，步骤包括：

(1) 连续写入水平与垂直的坐标值。

(2) 写入两字节的数据到绘图RAM，而地址计数器(AC)会自动加1。

注意：在写入绘图RAM的期间，必须关闭绘图显示功能。

写入所有绘图RAM的步骤包括：

(1) 关闭绘图显示功能。

(2) 将水平的位元组坐标*X*，即所在上半部分/下半部分的行写入绘图RAM地址。

(3) 将垂直坐标*Y*，即所在屏幕的上半部分还是下半部分，写入绘图RAM地址。

(4) 将D15～D8写入到RAM中。

(5) 将D7～D0写入到RAM中。

(6) 打开绘图显示功能。

在该设计中，在12864点阵中显示波形的策略如下。

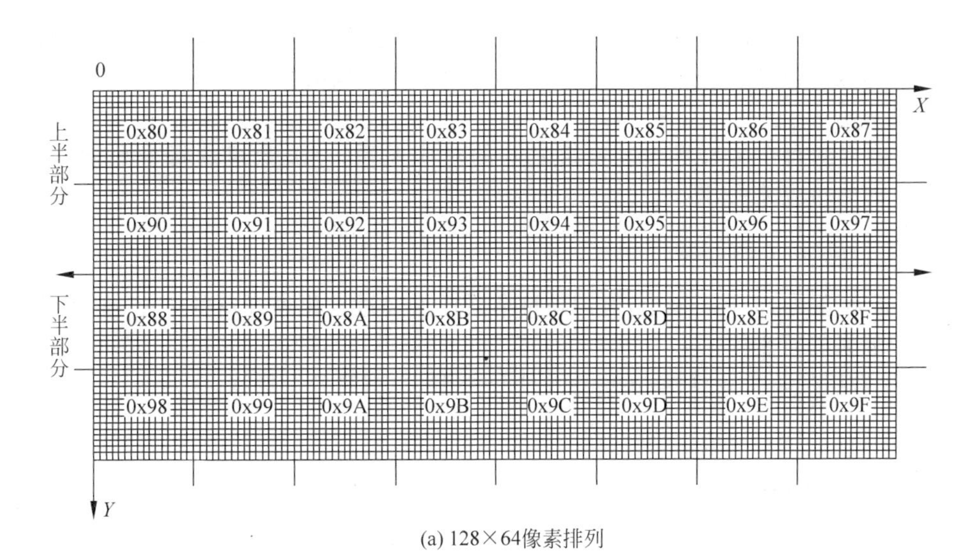

(a) 128×64像素排列

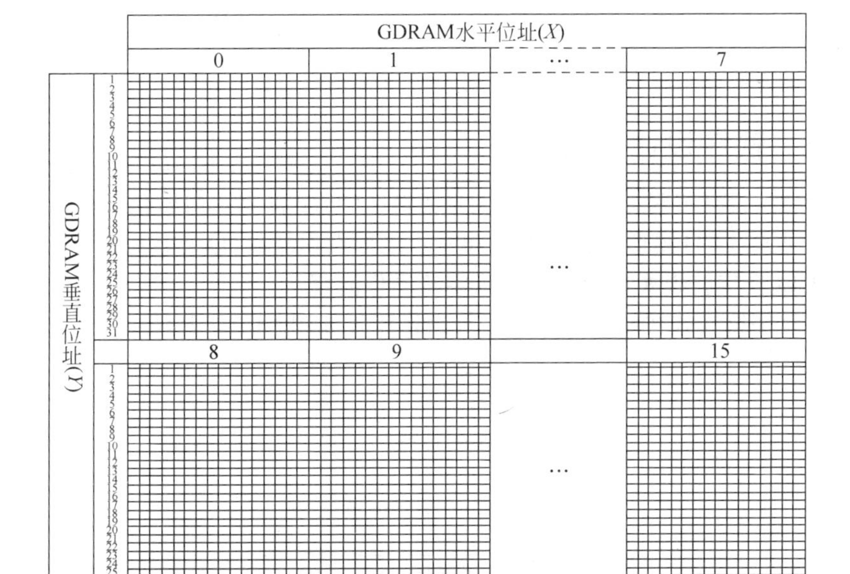

(b) CDRAM地址分配情况

图 13.21　128×64 像素阵列和 CDRAM 之间的对应关系

(1) 声明一个 16×64 大小的 unsigned char 类型数组，即

```
unsigned char pix[16][64];
```

该声明的目的是，将 128×64 像素点分成 16×64 的区域。每个区域为 8×1 个像素，即 8 列和 1 行。8 列正好是 8 位，一个无符号字节。因此，该数组可以表示 12864 图形点阵 LCD 中的所有 128×64 像素的当前状态。

(2) 将该 pix 数组所有元素赋初值为 0，即 128×64 像素的当前状态都是 0，不亮。很明显，在 12864 图形点阵 LCD 上画波形实际上就是让需要亮的像素点赋值为 1 即可。显示波形包括正弦和三角波。为了在 LCD 上显示一屏数据，因此每次得到 128 个采样，每个采样

对应于 x 坐标；每个采样所对应的离散的值是 10 位，范围在[0,1023]，经过量化处理，即将该离散值/16，范围限制在[0,63]。也就是说，每个采样的幅度在[0,63]。在该设计中，每个采样的幅度表示为 $y[i]$，$i=0\sim128$。

(3) 下面得到每个采样和 pix 数组之间的对应关系。pix 数组的每个元素的索引和 $y[i]$存在下面的对应关系，即

```
pix[i/8][y[i]], i = 0～128
```

$i/8$ 将 x 坐标对应到 16 个区域中，$y[i]$是每个采样点经过量化处理后的幅度，很明显是 pix 数组中每个像素的行坐标。

(4) pix 数组的每个元素是 unsigned char 类型，也就是 8 个像素，表示为

```
pix[i/8][y[i]] = (0x80>>(i%8));
```

(0x80>>(i%8))具体含义如下：i%8 得到每个 x 坐标 i 在 pix 数组每个区域 $i/8$ 内的偏移位置；0x80 表示一个 8 位的像素中，有一个像素是亮的，即亮点；(0x80>>(i%8))意思为在 x 坐标 i 在 pix 数组每个区域 $i/8$ 内的偏移位置上赋值为 1。

(5) 重复步骤(4)共 128 次，将 128 个采样点的幅度具体表示在 pix 数组中。

下面将详细说明将 pix 写到 12864 图形点阵屏的方法。

13.6.3 软件设计流程

本节介绍软件设计流程，包括 12864 图形点阵 LCD 字符模式初始化和显示字符操作流程、12864 图形点阵 LCD 图形模式初始化和显示波形操作流程，以及系统软件处理流程。

1. 12864 LCD 字符模式初始化和显示字符操作流程

12864 LCD 字符模式初始化和显示字符操作流程如图 13.22 所示。

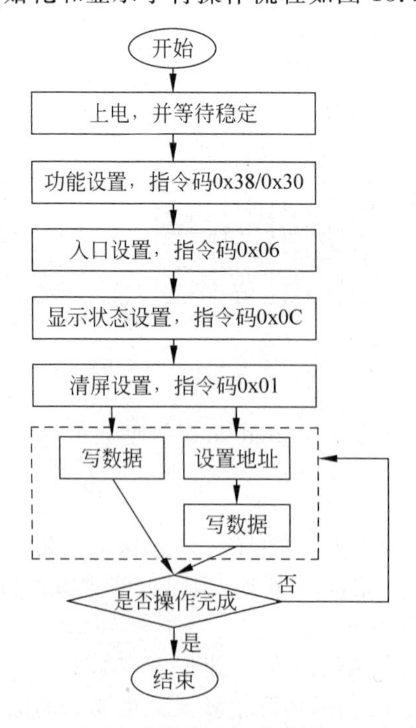

图 13.22 12864 LCD 字符模式初始化和显示字符操作流程

2. 12864 LCD 图形模式初始化和显示波形操作流程

12864 LCD 图形模式初始化和显示波形操作流程如图 13.23 所示。

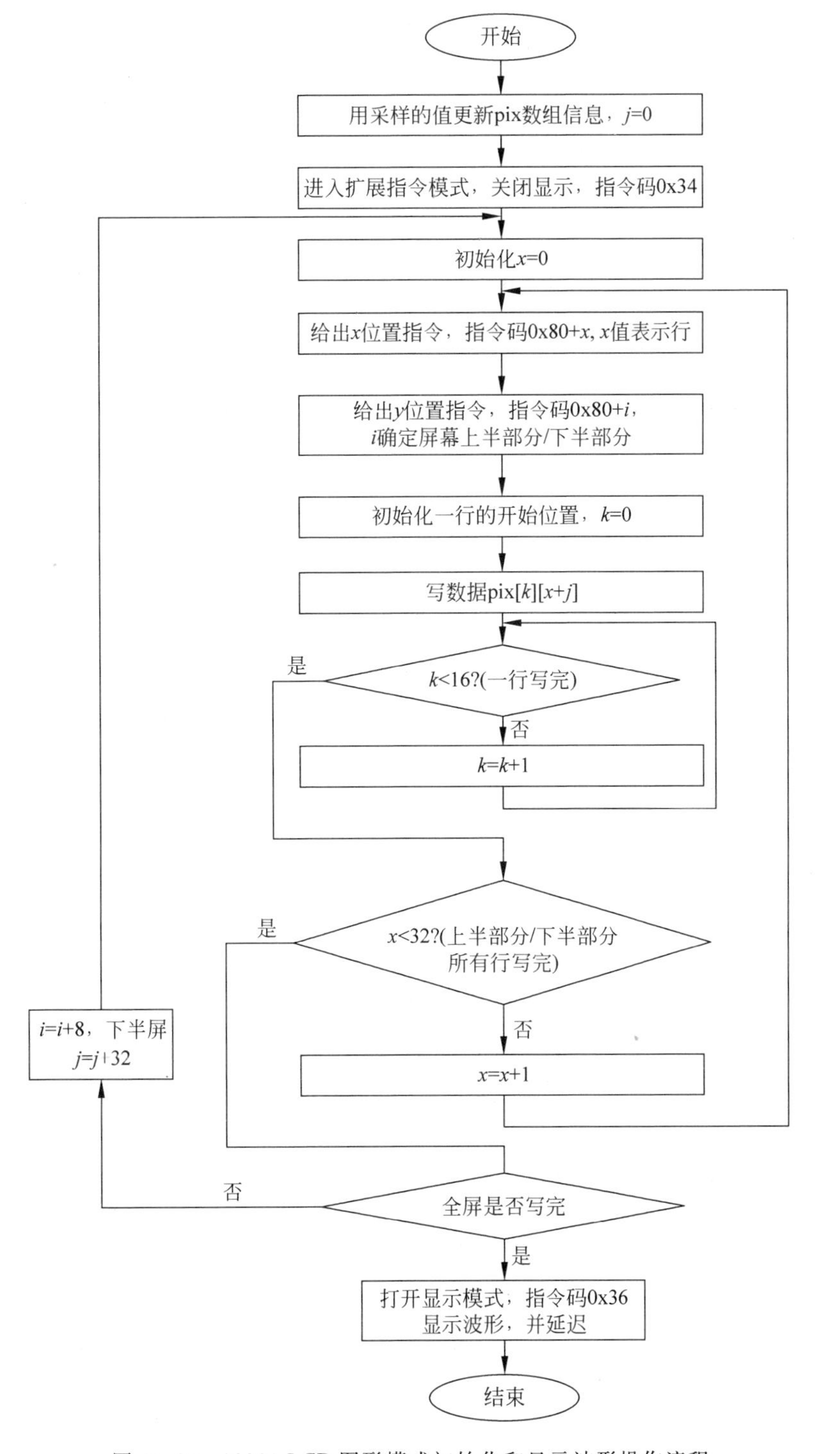

图 13.23 12864 LCD 图形模式初始化和显示波形操作流程

3. 系统软件处理流程

系统软件处理流程包括 ADC 中断处理程序流程和主程序处理流程，如图 13.24 所示。

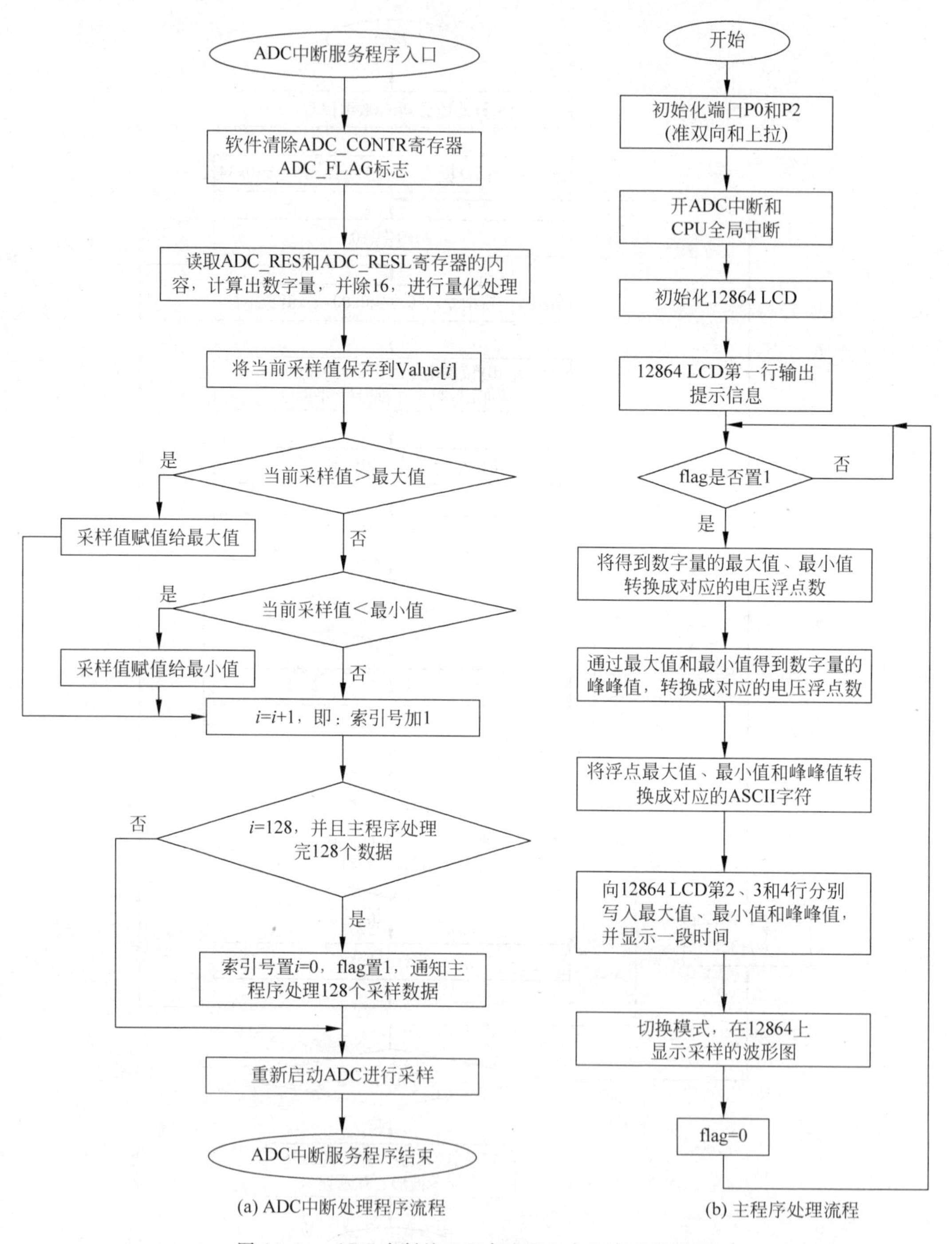

(a) ADC中断处理程序流程　　(b) 主程序处理流程

图 13.24　ADC 中断处理程序流程和主程序处理流程

13.6.4　ADC 外部输入信号要求

由于 STC15 系列单片机是单电源供电，所以，其内部集成的 ADC 模块也是单电源供电。典型地，供电电压是+5V。因此，直接输入到 ADC 模块的信号范围为 0～V_{CC}(V_{CC}为单片机供电电压)。

输入信号采用的方式包括：

(1) 当使用信号源将模拟信号接入到 STC 单片机 ADC 输入引脚时，输入的模拟信号包含直流偏置，交流信号在这个直流偏置信号上摆动，直流偏置加交流信号摆动的范围在 0～V_{CC}，即输入的模拟信号为单极性信号。

(2) 输入的模拟信号直流偏置为 0，只存在交流信号，该交流信号经过单电源放大器所构成的电压跟随器的处理引入直流偏置，然后将跟随器的输出信号 V_{out} 连接到 STC 单片机 ADC 的输入引脚上，如图 13.25 所示。

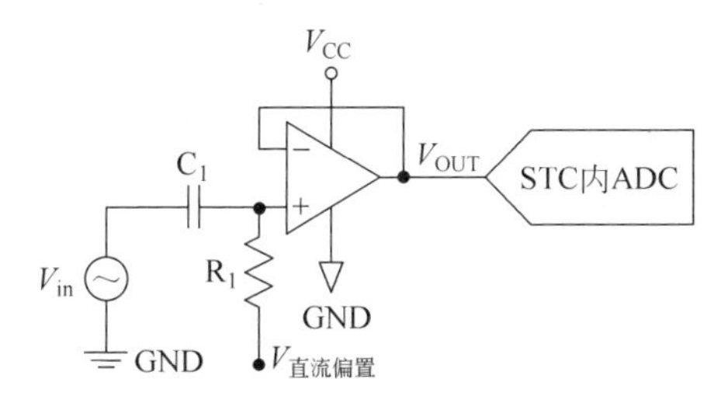

图 13.25　经过电压跟随器处理的双极性交流信号

输入信号的直流通路输出满足

$$V'_{out}=V_{直流偏置}$$

输入信号的交流通路(直流偏置接地)输出满足

$$V''_{out}=V_{in}$$

使用叠加定理，则总输出 V_{out} 为

$$V_{out}=V'_{out}+V''_{out}=V_{in}+V_{直流偏置}$$

13.6.5　具体实现过程

【例 13-3】 采集外部交流信号，并在 12864 图形点阵 LCD 上显示处理结果的 C 语言描述的例子。

代码清单 13-3(a)　12864.h 文件

```
#ifndef _12864_                          //条件编译指令,如果没有定义 12864
#define _12864_                          //则定义 12864
#include "reg51.h"
#include "intrins.h"
sbit LCD12864_RS = P2^5;                 //声明 sbit 类型变量 LCD12864_RS 为 P2.5 引脚
sbit LCD12864_RW = P2^6;                 //声明 sbit 类型变量 LCD12864_RW 为 P2.6 引脚
sbit LCD12864_E  = P2^7;                 //声明 sbit 类型变量 LCD12864_E 为 P2.7 引脚
sbit LCD12864_PSB = P2^4;                //声明 sbit 类型变量 LCD12864_PSB 为 P2.4 引脚
sfr LCD12864_DB = 0x80;                  //声明 LCD12864_DB 寄存器地址 0x80(P0 端口)
sfr   P0M1 = 0x93;                       //声明 P0 端口模式寄存器 P0M1 地址为 0x93
```

```
sfr  P0M0 = 0x94;                                    //声明 P0 端口模式寄存器 P0M0 地址为 0x94
sfr  P2M1 = 0x95;                                    //声明 P2 端口模式寄存器 P2M1 地址为 0x95
sfr  P2M0 = 0x96;                                    //声明 P2 端口模式寄存器 P2M0 地址为 0x96
void lcdwait();                                      //声明子函数 lcdwait 类型
void lcdwritecmd(unsigned char cmd);                 //声明子函数 lcdwritecmd 类型
void lcdwritedata(unsigned char dat);                //声明子函数 lcdwritedata 类型
void lcdinit();                                      //声明子函数 lcdinit 类型
void lcdsetcursor(unsigned char x, unsigned char y);//声明子函数 lcdsetcursor 类型
void lcdshowstr(unsigned char x, unsigned char y,    //声明子函数 lcdshowstr 类型
                   unsigned char * str);
void drawpoint(unsigned char y[]);                   //声明子函数 drawpoint 类型
#endif
```

代码清单 13-3(b)　12864.c 文件

```
#include "12864.h"
void lcdwait()                               //定义 lcdwait 函数,用于检测 12864 的忙标志
{
    LCD12864_DB = 0xFF;                      //读取 P0 端口前,先给 P0 端口置位 0xFF
    _nop_();                                 //空操作延迟
    _nop_();                                 //空操作延迟
    _nop_();                                 //空操作延迟
    _nop_();                                 //空操作延迟
    LCD12864_RS = 0;                         //将 LCD12864_RS 指向的 P2.5 引脚拉低
    LCD12864_RW = 1;                         //将 LCD12864_RW 指向的 P2.6 引脚拉高
    LCD12864_E = 1;                          //将 LCD12864_E 指向的 P2.7 引脚拉高
    while(LCD12864_DB & 0x80);               //如果 12864LCD 内部忙,则等待
    LCD12864_E = 0;                          //将 LCD12864_E 指向的 P2.7 引脚拉低
    _nop_();                                 //空操作延迟
    _nop_();                                 //空操作延迟
    _nop_();                                 //空操作延迟
    _nop_();                                 //空操作延迟
}

void lcdwritecmd(unsigned char cmd)          //定义子函数 lcdwritecmd,用于给 12864 写指令
{
    lcdwait();                               //等待 LCD 不忙
    _nop_();                                 //空操作延迟
    _nop_();                                 //空操作延迟
    _nop_();                                 //空操作延迟
    _nop_();                                 //空操作延迟
    LCD12864_RS = 0;                         //将 LCD12864_RS 指向的 P2.5 引脚拉低
    LCD12864_RW = 0;                         //将 LCD12864_RW 指向的 P2.6 引脚拉低
    LCD12864_DB = cmd;                       //将指令码 cmd 放到 LCD12864_DB 指向的 P0 端口
    LCD12864_E = 1;                          //将 LCD12864_E 指向的 P2.7 引脚拉高
    _nop_();                                 //空操作延迟
    _nop_();                                 //空操作延迟
    _nop_();                                 //空操作延迟
    _nop_();                                 //空操作延迟
    LCD12864_E = 0;                          //将 LCD12864_E 指向的 P2.7 引脚拉低
}
```

```
void lcdwritedata(unsigned char dat)          //定义子函数 lcdwritedata,用于给 12864 写数据
{
    lcdwait();                                //等待 LCD 不忙
    _nop_();                                  //空操作延迟
    _nop_();                                  //空操作延迟
    _nop_();                                  //空操作延迟
    _nop_();                                  //空操作延迟
    LCD12864_RS = 1;                          //将 LCD12864_RS 指向的 P2.5 引脚拉高
    LCD12864_RW = 0;                          //将 LCD12864_RW 指向的 P2.6 引脚拉低
    LCD12864_DB = dat;                        //将数据 dat 放到 LCD12864_DB 指向的 P0 端口
    LCD12864_E = 1;                           //将 LCD12864_E 指向的 P2.7 引脚拉高
    _nop_();                                  //空操作延迟
    _nop_();                                  //空操作延迟
    _nop_();                                  //空操作延迟
    _nop_();                                  //空操作延迟
    LCD12864_E = 0;                           //将 LCD12864_E 指向的 P2.7 引脚拉低
}

void lcdinit()                                //定义子函数 lcdinit,用于初始化 12864
{
    lcdwritecmd(0x38);                        //调用函数 lcdwritecmd,给 12864 发指令 0x38
    lcdwritecmd(0x06);                        //调用函数 lcdwritecmd,给 12864 发指令 0x06
    lcdwritecmd(0x01);                        //调用函数 lcdwritecmd,给 12864 发指令 0x01
    lcdwritecmd(0x0c);                        //调用函数 lcdwritecmd,给 12864 发指令 0x0c
}

//声明 lcdsetcursor 函数,设置显示 RAM 的地址,x 和 y 表示在 12864 的列和行参数
void lcdsetcursor(unsigned char x, unsigned char y)
{
    unsigned char address;                    //声明无符号 char 类型变量 address
    if(y == 0)                                //如果是第一行
        address = 0x80 + x;                   //从存储器地址 0x80 的位置开始
    else if(y == 1)                           //如果是第二行
        address = 0x90 + x;                   //从存储器地址 0x90 的位置开始
    else if(y == 2)                           //如果是第三行
        address = 0x88 + x;                   //从存储器地址 0x88 的位置开始
    else                                      //如果是第四行
        address = 0x98 + x;                   //从存储器地址 0x98 的位置开始
    lcdwritecmd(address|0x80);                //写 12864 存储器地址指令
}

void lcdshowstr(unsigned char x, unsigned char y,
                    unsigned char * str)      //在 12864 上指定的 x 和 y 位置显示字符
{
    lcdsetcursor(x,y);                        //设置写 RAM 的地址
    while(( * str)!= '\0')                    //如果字符没有结束
    {
         lcdwritedata( * str);                //将当前字符写到 RAM,即在 12864 上显示
         str++;                               //指向下一个字符
    }
}
```

```
void drawpoint(unsigned char y[])           //声明子函数 drawpoint,在 12864 上显示波形
{
    unsigned char i,j,k;                    //定义无符号 char 类型变量 i,j 和 k
    unsigned long int l;                    //定义无符号长整型变量 l
    unsigned char x;                        //定义无符号 char 类型变量 x
    xdata unsigned char pix[16][64];        //在 xdata 区域定义二维数组 pix[16][64]
    for(i = 0;i < 16;i++)                   //二重循环初始化 pix 数组为 0
      for(j = 0;j < 64;j++)
            pix[i][j] = 0;
           for(i = 0;i < 128;i++)           //用采样的数据数组 y[128]修改 pix 数组的值
         pix[i/8][y[i]] = (0x80 >>(i % 8)); //在给定的 x 和 y 的像素位置上置 1

      for(i = 0,j = 0;i < 9;i += 8,j += 32)  //该循环确定屏幕上半部分和下半部分
      {
        for(x = 0;x < 32;x++)                //该循环定位所在屏幕所在的行
         {
            lcdwritecmd(0x34);               //使用扩展指令,关闭图像显示模式
            lcdwritecmd(0x80 + x);           //写 x 坐标信息
            lcdwritecmd(0x80 + i);           //写 y 坐标信息
            lcdwritecmd(0x30);               //使用基本指令
              for(k = 0;k < 16;k++)          //该循环连续地写指定一行的 128 个像素
                lcdwritedata(pix[k][x + j]);//16 列,每列 8 个像素
         }
       }
       lcdwritecmd(0x36);                    //打开显示模式
       for(l = 0;l < 500000;l++);            //显示图像并持续一段时间
}
```

代码清单 13-3(c) main.c 文件

```
#include "reg51.h"
#include "stdio.h"
#include "12864.h"
#define ADC_POWER     0x80                  //定义 ADC_POWER 的值 0x80
#define ADC_FLAG      0x10                  //定义 ADC_FLAG 的值 0x10
#define ADC_START     0x08                  //定义 ADC_START 的值 0x08
#define ADC_SPEEDLL   0x00                  //定义 ADC_SPEEDLL 的值 0x00
#define ADC_SPEEDL    0x20                  //定义 ADC_SPEEDL 的值 0x20
#define ADC_SPEEDH    0x40                  //定义 ADC_SPEEDH 的值 0x40
#define ADC_SPEEDHH   0x60                  //定义 ADC_SPEEDHH 的值 0x60

sfr AUXR = 0x8E;                            //声明 AUXR 寄存器的地址为 0x8E
sfr ADC_CONTR = 0xBC;                       //声明 ADC_CONTR 寄存器的地址为 0xBC
sfr ADC_RES = 0xBD;                         //声明 ADC_RES 寄存器的地址为 0xBD
sfr ADC_RESL = 0xBE;                        //声明 ADC_RESL 寄存器的地址为 0xBE
sfr P1ASF = 0x9D;                           //声明 P1ASF 寄存器的地址为 0x9D

unsigned char ch = 4;                       //声明全局无符号 char 类型变量 ch
bit flag = 1;                               //声明全局 bit 类型变量 flag
unsigned char max_tstr[10],min_tstr[10],avg_tstr[10];       //声明全局无符号 char 类型数组
unsigned int tmp = 0;                       //声明全局无符号 int 类型变量 tmp
```

```
xdata unsigned char value[128];                    //xdata 区域声明无符号 char 类型数组 value
unsigned int max_value = 0 ,min_value = 1024,avg_value = 10;     //声明全局无符号 int 类型变量
unsigned char inc = 0;                             //声明全局无符号 char 类型变量 inc
void adc_int() interrupt 5                         //声明 ADC 中断服务程序
{
    unsigned char i = 0;                           //定义无符号 char 类型变量 i
    ADC_CONTR & = ! ADC_FLAG;                      //清除 ADC_FLAG 标志
    tmp = (ADC_RES * 4 + ADC_RESL);                //得到输入模拟量对应的 10 位转换数字量
  if(inc!= 128 && flag == 0)                       //如果没有采够 128 个数据,并且 flag = 0
    {
        value[inc] = tmp/16;                       //数字量除 16,量化到 0～63 的范围用于将来显示
        if(tmp > max_value)                        //如果当前采样的数字量大于最大值的数字量
                  max_value = tmp;                 //将当前采样的数字量赋值给最大值
          if(tmp < min_value)                      //如果当前采样的数字量小于最小的数字量
                min_value = tmp;                   //将当前采样的数字量赋值给最小值
           inc++;                                  //索引号递增 1
    }
    else                                           //采满 128 个采样数据
    {
           inc = 0;                                //索引号归 0
           flag = 1;                               //将 flag 位置 1
    }
    ADC_CONTR = ADC_POWER |ADC_SPEEDLL | ADC_START | ch;  //启动 ADC
}

void main()
{
    long unsigned int i;
    P0M0 = 0;                                      //设置 P0M0 和 P0M1 寄存器,将 P0 端口设置为
    P0M1 = 0;                                      //准双向/弱上拉
    P2M0 = 0;                                      //设置 P2M0 和 P2M1 寄存器,将 P2 端口设置为
    P2M1 = 0;                                      //准双向/弱上拉
    P1ASF = 0xFF;                                  //将 P1 端口设置为模拟输入
    ADC_RES = 0;                                   //将 ADC_RES 寄存器清 0
    //配置 ADC 控制寄存器 ADC_CONTR
    ADC_CONTR = ADC_POWER|ADC_SPEEDLL | ADC_START | ch;
    for(i = 0;i < 10000;i++);                      //延迟一段时间
    IE = 0xA0;                                     //CPU 允许响应外部中断,允许 ADC 中断
    lcdinit();                                     //初始化 12864
    lcdshowstr(0,0,"测量交流信号 ");               //在 12864 第一行打印信息
    for(i = 0;i < 600000;i++);                     //延迟一段时间
    lcdwritecmd(0x01);                             //给 12864 发清屏指令
    while(1)                                       //无限循环
    {
     if(flag == 1)                                 //如果 flag 标志为 1
     {
        lcdinit();                                 //初始化 12864
        sprintf(max_tstr," % +1.4f",(max_value * 5.0)/1024);   //将浮点最大值转换成字符串
        sprintf(min_tstr," % +1.4f",(min_value * 5.0)/1024);   //将浮点最小值转换成字符串
        //将计算得到的浮点峰峰值转换成字符串
        sprintf(avg_tstr," % +1.4f",((max_value - min_value) * 5.0)/1024);
```

```
        max_value = 0;                      //将 max_value 重新赋值为 0
        min_value = 1024;                   //将 min_value 重新赋值为 1024
        lcdshowstr(0,1,"MAX: ");            //在 12864 第二行的开头打印"MAX:"信息
        lcdshowstr(2,1,max_tstr);           //在 12864 第二行继续打印采集信号的最大值
        lcdshowstr(5,1," V");               //在 12864 第二行继续打印"V:"信息
        lcdshowstr(0,2,"MIN: ");            //在 12864 第三行的开头打印"MIN:"信息
        lcdshowstr(2,2,min_tstr);           //在 12864 第三行继续打印采集信号的最小值
        lcdshowstr(5,2," V");               //在 12864 第三行继续打印"V:"信息
        lcdshowstr(0,3,"PTP: ");            //在 12864 第四行的开头打印"PTP:"信息
        lcdshowstr(2,3,avg_tstr);           //在 12864 第四行继续打印采集信号的峰峰值
        lcdshowstr(5,3," V");               //在 12864 第四行继续打印"V:"信息
        for(i = 0;i < 300000;i++);          //延迟一段时间
          lcdwritecmd(0x01);                //清屏
         drawpoint(value);                  //绘制采集信号的 128 个值的波形图
         flag = 0;                          //将 flag 标志置 0
        }
    }
}
```

注意：读者可以进入本书所提供资料的 STC_example\例子 13-3 目录下，打开并参考该设计。

下载和分析设计的步骤主要包括：

(1) 打开 STC-ISP 软件，在该界面左侧窗口中，选择硬件选项卡。在该选项卡界面中，将"输入用户程序运行时的 IRC 频率"设置为 22.000MHz。

(2) 单击"下载/编程"按钮，将设计下载到 STC 单片机。

(3) 打开信号源，将信号源的输出分别连接到 STC 开发板的 P1.4 和 GND。

注意：信号源输出的模拟信号中已经包含了直流偏置。

(4) 观察 12864 图形点阵 LCD 上的输出，第一屏、第二屏和第三屏显示结果如图 13.26～图 13.28 所示。

图 13.26　12864 输出的第一屏信息

MAX:+3.418 V
MIN:+0.644 V
PTP:+2.773 V

图 13.27　12864 输出的第二屏信息

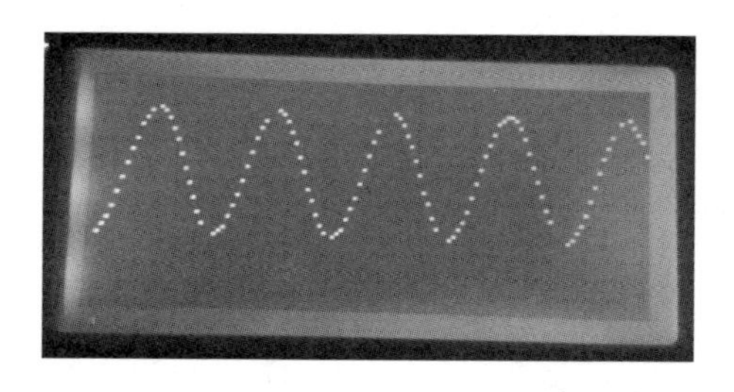

图 13.28 12864 输出的第三屏信息

注意：当 12864 对比度不理想时，可以调整 STC 学习板上标识为 W_2 的电位器旋钮。

思考与练习 13-10：改变信号源输出信号的频率和幅度，观察 LCD 上显示的结果。

思考与练习 13-11：将输出信号在正弦信号和三角波信号之间进行切换，观察输出结果。

思考与练习 13-12：根据 STC-ISP 所设置的 IRC 频率以及设计代码，在该设计中 ADC 的采样频率=________，ADC 的转换结果表示方法________。

思考与练习 13-13：影响 ADC_RES 和 ADC_RESL 寄存器表示结果的控制位为________。

思考与练习 13-14：修改设计代码，将波形用点之间的连线更逼真地表示出来。

思考与练习 13-15：(扩展题)修改设计代码，添加串口，并在主界面上用 VB/VC 编写显示界面，在该界面上显示和 12864 相同的信息。

13.7 温度测量及串口显示

在前面的设计中，当把 ADC 的数字量转换成模拟电压值的时候是基于单片机的供电电压 V_{CC}，典型的为+5V。如果单片机的外部供电电压发生变化，则转换出来的电压就一定存在误差，而且误差随着 V_{CC} 的变化而不确定。

因此，如果能通过一个稳定的电压源作为转换参考，然后基于此参考电源进行计算，所得到的被测量信号的模拟电压值误差只与 STC15 系列单片机 ADC 内部的转换误差和参考源的误差有关，与单片机的供电电压无关。这样，就很容易计算出输入模拟信号电压的相对误差和绝对误差。

在该设计中，通过基准电压源计算测量信号的结果，并通过串口 1 进行显示。

1. 测量信号校准原理

在 STC 学习板上，提供了 TL431 基准参考电压源，该参考源默认输出+2.5V 的参考信号。该信号连接到 STC 单片机的 P1.2 引脚上，如图 13.29 所示。

注意：TL431 可以通过外部的电阻将输出的参考电压设置在 V_{ref} 到 36V。

TL431 的技术指标主要包括：

(1) 在 25℃时，误差为 0.5%(B 级)、1%(A 级)、2%(标准级)。

(2) 在 0～70℃范围内，温漂为 6mV；在-40～+85℃时，温漂为 14mV。

将参考源 TL431 经过 STC15 单片机转换的数字量表示为 $X_{参考}$，对应的模拟电压值表示为 $V_{参考}$(典型为 2.5V)；将输入信号经过 STC15 单片机转换的数字量表示为 $X_{输入}$，对应

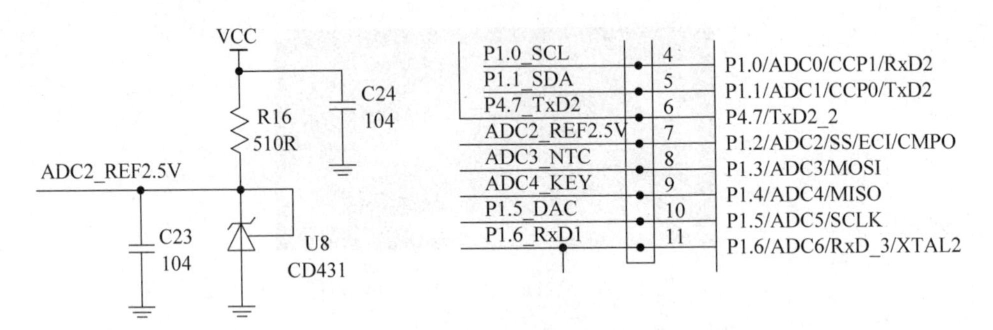

图 13.29 STC学习板上提供的基准信号源

的模拟电压值表示为 $V_{输入}$。因为

$$\frac{V_{参考}}{X_{参考}}=\frac{V_{输入}}{X_{输入}}$$

因此,可以通过下面的公式得到 $V_{输入}$:

$$\frac{V_{参考}\times X_{输入}}{X_{参考}}=V_{输入}$$

2. 信号输入电路

在STC学习板上,提供了带有负温度系数(Negative Temperature Coefficient,NTC)热敏电阻SDNT2012X103F3950FTF的信号输入电路,如图13.30所示。该热敏电阻的负温度系数是指,即当温度升高的时候,热敏电阻值减少;而当温度降低的时候,热敏电阻值增加。当在标称温度(25℃)时,热敏电阻的值为10kΩ。

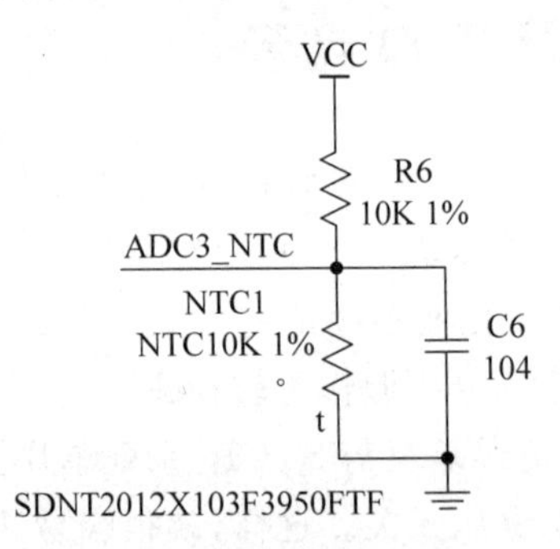

图 13.30 STC学习板上提供的热敏电阻电路

在温度 T 时的热敏电阻的值由下面的公式进行计算:

$$R_T=R_N\cdot \exp B(1/T-1/T_N)$$

式中,R_T 为在温度 T(单位为开氏温度K)时的NTC热敏电阻阻值;R_N 为在额定温度 T_N(单位为开氏温度K)时的NTC热敏电阻阻值;T 为规定温度(单位为开氏温度K);B 为NTC热敏电阻的材料常数,又叫热敏指数;exp为以自然数e为底的指数(e=2.71828…)。

在图13.30所示的电路中,热敏电阻作为分压网络的一部分与电阻R6连接在一起。名字为ADC3_NTC网络连接到STC单片机P1.3引脚上。ADC_NTC上的电压由下式确定:

$$V_{ADC\_NTC}=(V_{CC}\times R_{NTC1})/(R_{NTC1}+R_6)$$

3. 软件设计流程

软件设计流程如图13.31所示。

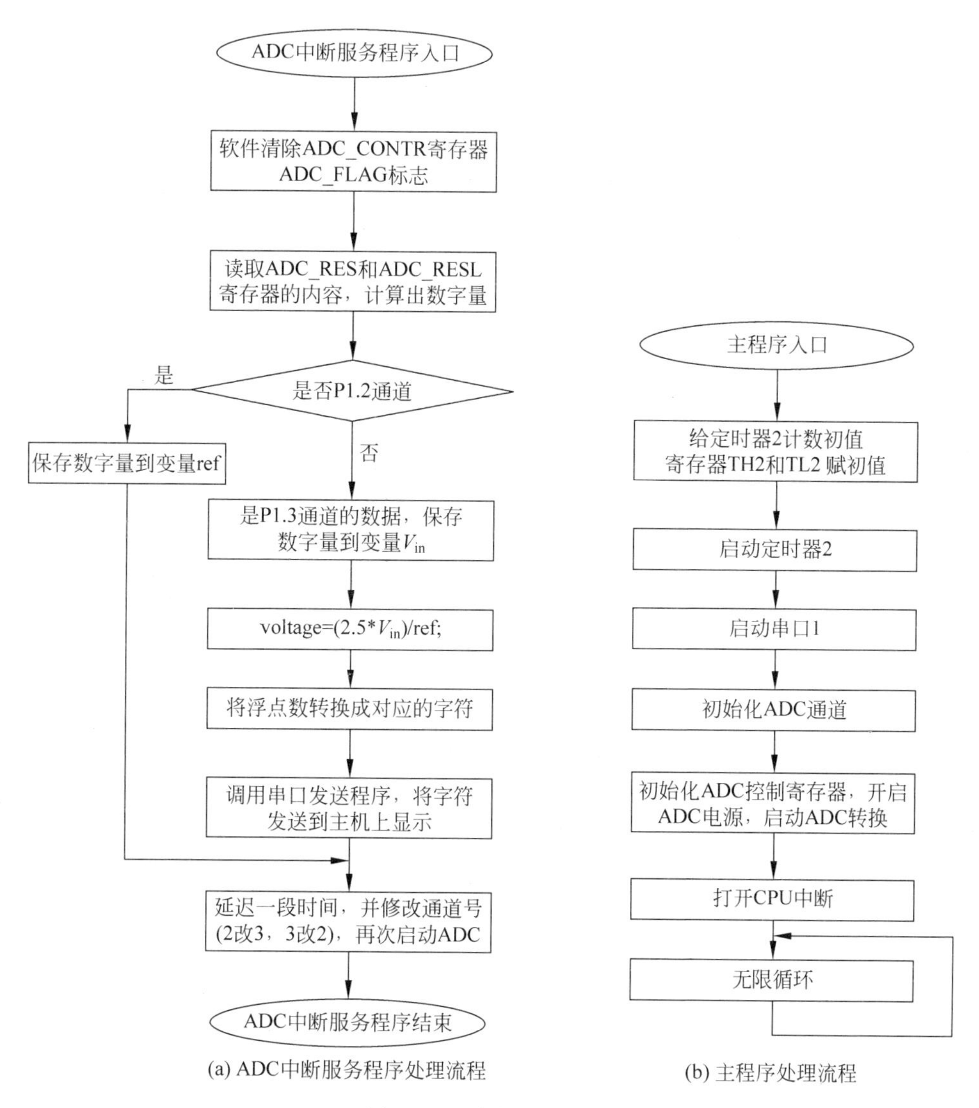

图 13.31 软件设计流程

4. 具体实现过程

【例 13-4】 利用外部参考电压精确测量外部输入电压值 C 语言描述的例子。

代码清单 13-4 main.c 文件

```
#include "reg51.h"
#include "stdio.h"
#define OSC            18432000L       //声明单片机主时钟频率为 18432000Hz
#define BAUD           9600            //声明单片机串口 1 通信波特率时钟
#define ADC_POWER      0x80            //声明 ADC_POWER 的值为 0x80
#define ADC_FLAG       0x10            //声明 ADC_FLAG 的值为 0x10
#define ADC_START      0x08            //声明 ADC_START 的值为 0x08
#define ADC_SPEEDLL    0x00            //声明 ADC_SPEEDLL 的值为 0x00
#define ADC_SPEEDL     0x20            //声明 ADC_SPEEDL 的值为 0x20
#define ADC_SPEEDH     0x40            //声明 ADC_SPEEDH 的值为 0x40
```

```
#define ADC_SPEEDHH   0x60                //声明 ADC_SPEEDHH 的值为 0x60

sfr T2H = 0xD6;                           //声明 T2H 寄存器的地址为 0xD6
sfr T2L = 0xD7;                           //声明 T2L 寄存器的地址为 0xD7
sfr AUXR = 0x8E;                          //声明 AUXR 寄存器的地址为 0x8E
sfr ADC_CONTR = 0xBC;                     //声明 ADC_CONTR 寄存器的地址为 0xBC
sfr ADC_RES = 0xBD;                       //声明 ADC_RES 寄存器的地址为 0xBD
sfr ADC_RESL = 0xBE;                      //声明 ADC_RESL 寄存器的地址为 0xBE
sfr P1ASF = 0x9D;                         //声明 P1ASF 寄存器的地址为 0x9D

unsigned char ch = 2;                     //声明无符号 char 类型全局变量 ch = 2
float voltage = 0;                        //声明浮点类型全局变量 voltage = 0
unsigned char tstr[5];                    //声明无符号 char 类型全局数组 tstr
unsigned int ref = 0,vin = 0;             //声明无符号 int 类型全局变量 ref 和 vin
void SendData(unsigned char dat)          //声明串口发送子函数
{
    while(!TI);                           //如果 TI 不为 1,正在发送数据,则等待
    TI = 0;                               //TI 标志清 0
    SBUF = dat;                           //dat 写入串口 1 发送寄存器 SBUF 中
}

void adc_int() interrupt 5                //声明 ADC 中断服务程序 adc_int
{
    unsigned char i = 0;                  //声明无符号 char 类型变量 i
    unsigned long int j = 0;              //声明无符号 long int 类型变量 j
    ADC_CONTR &= !ADC_FLAG;               //清 ADC_FLAG 变量
    if(ch == 2)                           //如果是参考电压源 TL431 通道
    {
       ref = (ADC_RES * 4 + ADC_RESL);    //将参考电压所对应的数字量保存到变量 ref 中
    }
    else if(ch == 3)                      //如果是热敏电阻分压输入通道
    {
    vin = (ADC_RES * 4 + ADC_RESL);       //将分压所对应的数字量保存到变量 vin 中
    voltage = (2.5 * vin)/ref;            //计算分压的浮点电压值
    sprintf(tstr,"%1.4f",voltage);        //转换成对应的字符串 tstr
    SendData('\r');                       //串口发送回车符
    SendData('\n');                       //串口发送换行符
    for(i = 0;i < 5;i++)
    SendData(tstr[i]);                    //串口发送分压对应的 ASCII 字符
    }
    if(ch == 2)                           //如果当前通道是 2
       ch = 3;                            //则将通道号修改为 3
    else if(ch == 3)                      //如果当前通道是 3
       ch = 2;                            //则将通道号修改为 2
    for(j = 0;j <= 80000;j++);            //延迟一段时间
    ADC_RES = 0;                          //ADC_RES 寄存器清 0
    ADC_RESL = 0;                         //ADC_RESL 寄存器清 0
    ADC_CONTR = ADC_POWER |ADC_SPEEDLL | ADC_START | ch;     //启动 ADC
```

```
    }

    void main()
    {
        unsigned int i;
        SCON = 0x5A;                        //串口 1 为 8 位可变波特率模式
        T2L = 65536 - OSC/4/BAUD;           //写定时器 2 低 8 位寄存器 T2L
        T2H = (65536 - OSC/4/BAUD)>> 8;     //写定时器 2 高 8 位寄存器 T2H
        AUXR = 0x14;                        //定时器 2 不分频,启动定时器 2
        AUXR| = 0x01;                       //选择定时器 2 为串口 1 的波特率发生器
        P1ASF = 0xFF;                       //P1 端口作为模拟输入
        ADC_RES = 0;                        //清 ADC_RES 寄存器
        ADC_CONTR = ADC_POWER|ADC_SPEEDLL | ADC_START | ch;     //启动 ADC
        for(i = 0;i < 10000;i++);           //延迟
        IE = 0xA0;                          //CPU 允许响应中断请求,使能 ADC 中断
        while(1);                           //无限循环
    }
```

注意：读者可以进入本书所提供资料的 STC_example\例子 13-4 目录下，打开并参考该设计。

下载和分析设计的步骤主要包括：

（1）打开 STC-ISP 软件，在该软件界面左侧窗口内，选择硬件选项卡。在该选项卡界面中，将“输入用户程序运行时的 IRC 频率”设置为 18.432MHz。

（2）单击“下载/编程”按钮，将设计下载到 STC 单片机。

（3）在 STC-ISP 软件右侧窗口中，选择“串口助手”选项卡，按下面设置参数：

① 串口：COM3（根据自己计算机识别出来的 COM 端口号进行设置）。

② 波特率：9600。

③ 校验位：无校验。

④ 停止位：1 位。

⑤ 单击“打开串口”按钮。

（4）用电热吹风或电烙铁接近 STC 学习板上的热敏电阻——黑圈的位置，如图 13.32 所示。

（5）观察串口助手界面中的输出结果，如图 13.33 所示。

图 13.32　STC 学习板上热敏电阻的位置

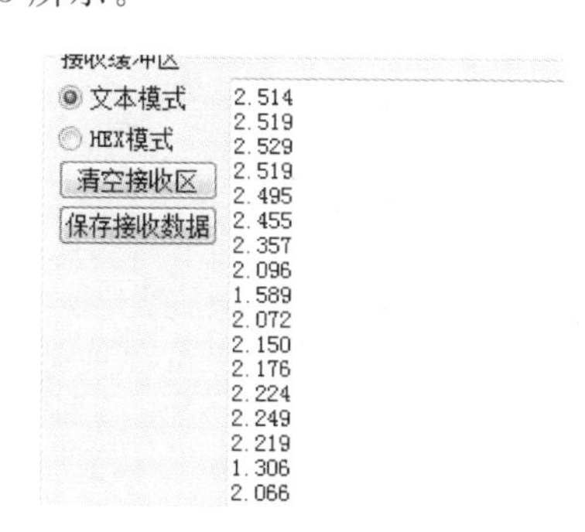

图 13.33　串口上输出的电压值(1)

当电烙铁瞬间接触热敏电阻时，其电压可以降低到1.306V。

(6) 将单片机的供电电压通过J12插座上的插针和导线连接到P1.3插孔上，观察串口输出结果，如图13.34所示。

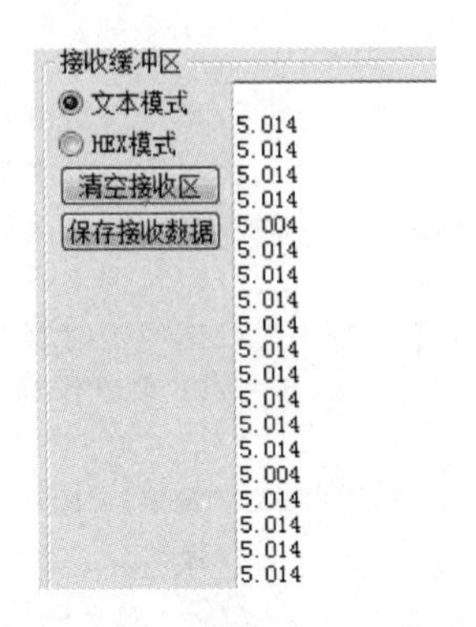

图13.34 串口上输出的电压值(2)

从图中可以看出，单片机的供电电压非常稳定，值的变化范围为0.01V之内，即10mV。

思考与练习13-16：根据校准的参考信号，计算测得供电电压的相对误差和绝对误差。

第14章 STC单片机增强型PWM发生器原理及实现

CHAPTER 14

增强型脉冲宽度调制(Pulse Width Modulation,PWM)发生器增加了PWM控制的灵活性。本章介绍STC15系列单片机增强型PWM发生器的原理和使用方法,内容包括脉冲宽度调制原理、增强型PWM发生器功能、增强型PWM发生器寄存器集、生成单路PWM信号、生成两路互补PWM信号以及步进电机的驱动和控制。

通过本章内容的学习,理解增强型PWM发生器的原理,并能够掌握通过PWM实现对电机等设备进行控制的方法。

14.1 脉冲宽度调制原理

数字设备(如MCU、DSP和FPGA)可产生用于控制电机速度或者LED灯发光强度的PWM信号,如图14.1所示。

对于PWM而言,脉冲周期是恒定的。通常,将一个脉冲周期内维持高电平的时间称为占空,通过数字设备可以改变占空值。占空比表示为

图14.1 PWM信号

$$占空比=\frac{占空时间}{脉冲周期}\times 100\%$$

PWM信号的直流平均值与占空是成正比的。一个占空比为50%的PWM信号,其直流值为PWM信号幅度最大值的1/2。因此,通过改变PWM的占空比,就可以改变PWM信号中所含的直流信号分量的大小。

通过模拟有源/无源低通滤波器,就可以从PWM信号中提取出直流分量。如果将这个直流分量进行功率放大,并施加在直流电机的两端,就可以改变直流电机的转速。因此,PWM是连接数字世界与模拟世界的桥梁,其作用就类似于数模转换器(Digital to Analog Converter,DAC)。

14.2 增强型PWM发生器模块

本节介绍PWM模块的整体功能和用于设置增强型PWM发生器工作模式的寄存器集。

14.2.1 增强型PWM发生器功能

STC15W4K32S4系列的单片机内部集成了一组(各自独立的6路)增强型PWM波形发生器。在PWM波形发生器内,提供一个15位的PWM计数器,它用于6路PWM(即PWM2～PWM7)。用户可以设置每路PWM的初始电平。

此外,PWM波形发生器为每路PWM又设计了两个用于控制波形翻转的计数器T1/T2,可以更加灵活地控制每路PWM高低电平的宽度,从而达到对PWM占空比一级PWM输出延迟进行控制的目的。

由于每路PWM相对独立,且可以设置每路PWM的初始状态。所以,用户可以将其中的任意两路PWM信号组合在一起使用。因此,可以实现互补对称输出以及死区控制等特殊的应用。

增强型PWM波形发生器还设计了对外部异常事件(包括外部端口P2.4电平异常和比较器比较结果异常)进行监控的能力,当出现外部异常事件时可紧急关闭PWM模块的输出。此外,PWM波形发生器还可在15位PWM计数器归零时触发外部事件,如启动ADC。

STC15W4K32S4系列增强型PWM模块的输出可以使用PWM2/P3.7、PWM3/P2.1、PWM4/P2.2、PWM5/P2.3、PWM6/P1.6、PWM7/P1.7等端口;此外,还可以通过寄存器将PWM输出切换到第2组端口,即PWM2_2/P2.7、PWM3_2/P4.5、PWM4_2/P4.4、PWM5_2/P4.2、PWM6_2/P0.7、PWM7_2/P0.6。

注:所有与PWM相关的端口,在加电后均为高阻输入状态,必须在程序中通过端口模式寄存器将这些端口设置为双向端口/强推挽模式,才可以正常输出波形。

14.2.2 增强型PWM发生器寄存器集

本节介绍增强型PWM发生器的相关寄存器组。

1. 端口配置寄存器

前面已经介绍过端口配置寄存器P_SW2,本节只介绍与PWM模块相关的位,如表14.1所示。该寄存器位于STC单片机特殊功能寄存器地址为0xBA的位置。当复位后,该寄存器的值为000x0000B。

表14.1 端口配置寄存器P_SW2各位的含义

比特	B7	B6	B5	B4	B3	B2	B1	B0
名字	EAXSFR	0	0	0	—	S4_S	S3_S	S2_S

其中:EAXSFR为访问扩展SFR使能控制位。当该位为0时,指令MOVX A,@DPTR或者MOVX @DPTR,A,操作对象为扩展RAM(XRAM);当该位为1时,指令MOVX A,@DPTR或者MOVX @DPTR,A,操作对象为扩展SFR(XSFR)。

注:如果要访问PWM在扩展RAM区的特殊功能寄存器,必须先将EAXSFR位置1。

2. PWM配置寄存器

PWM配置寄存器PWMCFG,如表14.2所示。该寄存器位于STC单片机特殊功能寄存器地址为0xF1的位置。当复位后,该寄存器的值为x0000000B。

表 14.2 PWM 配置寄存器 PWMCFG 各位的含义

比特	B7	B6	B5	B4	B3	B2	B1	B0
名字	—	CBTADC	C7INI	C6INI	C5INI	C4INI	C3INI	C2INI

其中：

1）CBTADC

PWM 计数器归零触发 ADC 转换控制位。当该位为 0 时，PWM 计数器归零不触发 ADC 转换；当该位为 1 时，PWM 计数器归零触发 ADC 转换。

注：前提条件是必须使能 PWM 和 ADC，即 ENPWM=1，且 ADCON=1。

2）CxINI（x 表示对应的 PWM 的通道号，x 为 2、3、4、5、6 或 7）

设置 PWMx 输出端口的初始电平。当该位为 0 时，PWM7 输出端口的初始电平为低电平；当该位为 1 时，PWM7 输出端口的初始电平为高电平。

3. PWM 控制寄存器

PWM 控制寄存器 PWMCR，如表 14.3 所示。该寄存器位于 STC 单片机特殊功能寄存器地址为 0xF5 的位置。当复位后，该寄存器的值为 00000000B。

表 14.3 PWM 控制寄存器 PWMCR 各位的含义

比特	B7	B6	B5	B4	B3	B2	B1	B0
名字	ENPWM	ECBI	ENC7O	ENC6O	ENC5O	ENC4O	ENC3O	ENC2O

其中：

1）ENPWM

使能增强 PWM 波形发生器。当该位为 0 时，关闭 PWM 波形发生器；当该位为 1 时，使能 PWM 波形发生器，PWM 计数器开始计数。

2）ECBI

PWM 计数器归零中断使能位。当该位为 0 时，关闭 PWM 计数器归零中断（CBIF 依然会被硬件置位）；当该位为 1 时，使能 PWM 计数器归零中断。

3）ENCxO（x 表示对应的 PWM 通道号，x 为 2、3、4、5、6 或 7）

PWMx 输出使能位。当该位为 0 时，PWM 通道 x 的端口为 GPIO；当该位为 1 时，PWM 通道 x 的端口为 PWM 输出口，即受控于 PWM 波形发生器。

4. PWM 中断标志寄存器

PWM 中断标志寄存器 PWMIF 如表 14.4 所示。该寄存器位于 STC 单片机特殊功能寄存器地址为 0xF6 的位置。当复位后，该寄存器的值为 x0000000B。

表 14.4 PWM 中断标志寄存器 PWMIF 各位的含义

比特	B7	B6	B5	B4	B3	B2	B1	B0
名字	—	CBIF	C7IF	C6IF	C5IF	C4IF	C3IF	C2IF

其中：

1) CBIF

PWM 计数器归零中断标志位。当 PWM 计数器归零时，硬件将此位置为 1。当 ECBI 为 1 时，程序会跳转到相应的中断入口执行中断服务程序。

注：该位需要软件清 0。

2) CxIF(x 表示对应 PWM 的通道号，x 为 2、3、4、5、6 或 7)

第 x 通道的 PWM 中断标志位。可设置在翻转点 1 和翻转点 2 触发 CxIF。当 PWM 发生翻转时，硬件自动将该位置 1。当 EPWMxI 位为 1 时(x 表示 PWM 通道号)，程序会跳转到相应中断入口执行中断服务程序。

注：该位需要软件清 0。

5. PWM 外部异常控制寄存器

PWM 外部异常控制寄存器 PWMFDCR 如表 14.5 所示。该寄存器位于 STC 单片机特殊功能寄存器地址为 0xF7 的位置。当复位后，该寄存器的值为 xx000000B。

表 14.5 PWM 外部异常控制寄存器 PWMFDCR 各位的含义

比特	B7	B6	B5	B4	B3	B2	B1	B0
名字	—	—	ENFD	FLTFLIO	EFDI	FDCMP	FDIO	FDIF

其中：

1) ENFD

PWM 外部异常检测功能控制位。当该位为 0 时，关闭 PWM 外部异常检测功能；当该位为 1 时，使能 PWM 外部异常检测功能。

2) FLTFLIO

发生 PWM 外部异常时，对 PWM 输出口控制位。当该位为 0 时，发生 PWM 外部异常时，PWM 的输出口不作任何改变；当该位为 1 时，发生 PWM 外部异常时，PWM 的输出口立即被设置为高阻输入模式。

注：只有 ENCnO=1 所对应的端口才会被强制悬空。当 PWM 外部异常状态消失后，相应 PWM 输出口会自动恢复以前的 I/O 设置。

3) EFDI

PWM 异常检测中断使能位。当该位为 0 时，关闭 PWM 异常检测中断(FDIF 仍然会被硬件置位)；当该位为 1 时，使能 PWM 异常检测中断。

4) FDCMP

设定 PWM 异常检测源为比较器的输出。当该位为 0 时，比较器与 PWM 无关。当该位为 1 时，当比较器正极 P5.5/CMP+的电平比比较器负极 P5.4/CMP-的电平高或者比较器正极 P5.5/CMP+的电平比内部参考电压源 1.27V 高时，触发 PWM 异常。

5) FDIO

设定 PWM 异常检测源为端口 P2.4 的状态。当该位为 0 时，P2.4 的状态与 PWM 无关；当该位为1时，P2.4的电平为高时，触发PWM异常。

6）FDIF

PWM异常检测中断标志位。当发生PWM异常，即比较器正极P5.5/CMP+的电平比比较器负极P5.4/CMP−的电平高或者比较器正极P5.5/CMP+的电平比内部参考电压源1.27V高，或者P2.4的电平为高时，硬件自动将该位置1。当EFDI为1时，程序会跳转到中断入口执行中断服务程序。

注：该位需要软件清0。

6. PWM计数器

PWM计数器包含PWM计数器高字节寄存器PWMCH和PWM计数器低字节寄存器PWMCL，分别如表14.6和表14.7所示。

表14.6 PWM计数器高字节寄存器PWMCH各位的含义

比特	B7	B6	B5	B4	B3	B2	B1	B0
名字	—	PWMCH[14:8]						

表14.7 PWM计数器低字节寄存器PWMCL各位的含义

比特	B7	B6	B5	B4	B3	B2	B1	B0
名字	PWMCL[7:0]							

(1) 寄存器PWMCH位于STC单片机扩展特殊功能寄存器XSFR地址为0xFFF0的位置。当复位后，该寄存器的值为x0000000B。

(2) 寄存器PWMCL位于STC单片机扩展特殊功能寄存器XSFR地址为0xFFF1的位置。当复位后，该寄存器的值为00000000B。

PWM计数器是一个15位寄存器，计数范围在1～32768的任意值都可以作为PWM的周期。PWM波形发生器内部的计数器从0开始计数，每个PWM时钟周期递增1。当内部计数器的计数值达到[PWMCH，PWMCL]设置的PWM周期时，PWM波形发生器内部的计数器将从0开始重新计数。硬件会自动将PWM归零中断标志位CBIF置为1，如果ECBI为1，则程序将跳转到相应中断入口执行中断服务程序。

7. PWM时钟选择寄存器

PWM时钟选择寄存器PWMCKS如表14.8所示。该寄存器位于STC单片机扩展特殊功能寄存器XSFR地址为0xFFF2的位置。当复位后，该寄存器的值为xxx00000B。

表14.8 PWM时钟选择寄存器PWMCKS各位的含义

比特	B7	B6	B5	B4	B3	B2	B1	B0
名字	—	—	—	SELT2	PS[3:0]			

其中：

1) SELT2

PWM时钟源选择。当该位为0时，PWM时钟源为系统时钟经过分频器之后的时钟；当该位为1时，PWM时钟源为定时器2的溢出脉冲。

2) PS[3：0]

系统时钟分频参数。当SELT2位为0时，PWM时钟频率＝系统时钟频率/(PS[3：0]＋1)

8. PWMx翻转计数器

下面介绍以PWM2为例PWMx的翻转计数器(x对应于PWM的通道号，x为2、3、4、5、6、或7)。

(1) PWM2第一次翻转高字节寄存器PWM2T1H，如表14.9所示。该寄存器位于STC单片机扩展特殊功能寄存器XSFR地址为0xFF00的位置。当复位后，该寄存器的值为x0000000B。

表14.9 PWM2第一次翻转高字节寄存器PWM2T1H各位的含义

比特	B7	B6	B5	B4	B3	B2	B1	B0
名字	—	PWM2T1H[14:8]						

(2) PWM2第一次翻转低字节寄存器PWM2T1L，如表14.10所示。该寄存器位于STC单片机扩展特殊功能寄存器XSFR地址为0xFF01的位置。当复位后，该寄存器的值为00000000B。

表14.10 PWM2第一次翻转低字节寄存器PWM2T1L各位的含义

比特	B7	B6	B5	B4	B3	B2	B1	B0
名字	PWM2T1L [7:0]							

(3) PWM2第二次翻转高字节寄存器PWM2T2H，如表14.11所示。该寄存器位于STC单片机扩展特殊功能寄存器XSFR地址为0xFF02的位置。当复位后，该寄存器的值为x0000000B。

表14.11 PWM2第二次翻转高字节寄存器PWM2T2H各位的含义

比特	B7	B6	B5	B4	B3	B2	B1	B0
名字	—	PWM2T2H[14:8]						

(4) PWM2第二次翻转低字节寄存器PWM2T2L，如表14.12所示。该寄存器位于STC单片机扩展特殊功能寄存器XSFR地址为0xFF03的位置。当复位后，该寄存器的值为00000000B。

表14.12 PWM2第二次翻转低字节寄存器PWM2T2L各位的含义

比特	B7	B6	B5	B4	B3	B2	B1	B0
名字	PWM2T2L [7:0]							

PWM3、PWM4、PWM5、PWM6 和 PWM7 都包含第一次翻转高字节寄存器 PWMxT1H、第一次翻转低字节寄存器 PWMxT1L、第二次翻转高字节寄存器 PWMxT2H 和第二次翻转低字节寄存器 PWMxT2L，它们的地址映射如表 14.13 所示。

表 14.13　PWMx 翻转计数器地址映射关系

寄存器名字	扩展特殊功能寄存器 XSFR 地址	复位值
PWM3T1H	0xFF10	x0000000B
PWM3T1L	0xFF11	00000000B
PWM3T2H	0xFF12	x0000000B
PWM3T2L	0xFF13	00000000B
PWM4T1H	0xFF20	x0000000B
PWM4T1L	0xFF21	00000000B
PWM4T2H	0xFF22	x0000000B
PWM4T2L	0xFF23	00000000B
PWM5T1H	0xFF30	x0000000B
PWM5T1L	0xFF31	00000000B
PWM5T2H	0xFF32	x0000000B
PWM5T2L	0xFF33	00000000B
PWM6T1H	0xFF40	x0000000B
PWM6T1L	0xFF41	00000000B
PWM6T2H	0xFF42	x0000000B
PWM6T2L	0xFF43	00000000B
PWM7T1H	0xFF50	x0000000B
PWM7T1L	0xFF51	00000000B
PWM7T2H	0xFF52	x0000000B
PWM7T2L	0xFF53	00000000B

9. PWMx 控制寄存器

下面介绍 PWMx 控制寄存器 PWMxCR（x 对应于 PWM 的通道号，x 为 2、3、4、5、6 或 7），PWMxCR 寄存器的地址映射关系如表 14.14 所示。

表 14.14　PWMxCR 寄存器的地址空间映射

寄存器名字	扩展特殊功能寄存器 XSFR 地址	复位值
PWM2CR	0xFF04	xxxx0000B
PWM3CR	0xFF14	xxxx0000B
PWM4CR	0xFF24	xxxx0000B
PWM5CR	0xFF34	xxxx0000B
PWM6CR	0xFF44	xxxx0000B
PWM7CR	0xFF54	xxxx0000B

下面以 PWM2 控制寄存器 PWM2CR 为例，说明该寄存器的功能，如表 14.15 所示。

表 14.15 PWM2 控制寄存器 PWM2CR 各位的含义

比特	B7	B6	B5	B4	B3	B2	B1	B0
名字	—	—	—	—	PWM2_PS	EPWM2I	EC2T2SI	EC2T1SI

其中：

1) PWM2_PS

此为 PWM2 输出引脚选择位。当该位为 0 时，PWM2 的输出引脚为 PWM2/P3.7。当该位为 1 时，PWM2 的输出引脚为 PWM2_2/P2.7。

2) EPWM2I

此为 PWM2 中断使能控制位。当该位为 0 时，关闭 PWM2 中断。当该位为 1 时，使能 PWM2 中断。当 C2IF 被硬件设置为 1 时，程序将跳转到相应的中断服务程序入口执行中断服务程序。

3) EC2T2SI

此为 PWM2 的 T2 匹配发生波形翻转时的中断控制位。当该位为 0 时，关闭 T2 翻转时的中断；当该位为 1 时，使能 T2 翻转时的中断。当 PWM2 波形发生器内部计数值与 T2 计数器所设置的值相匹配时，PWM 的波形发生翻转，同时硬件将 C2IF 置 1。

4) EC2T1SI

此为 PWM2 的 T1 匹配发生波形翻转时的中断控制位。当该位为 0 时，关闭 T1 翻转时的中断；当该位为 1 时，使能 T1 翻转时的中断。当 PWM2 波形发生器内部计数值与 T1 计数器所设置的值相匹配时，PWM 的波形发生翻转，同时硬件将 C2IF 置 1。

10. PWM 中断优先级控制寄存器 2

前面已经介绍 PWM 中断优先级控制寄存器 IP2，这里只介绍与 PWM 发生器相关的位，如表 14.16 所示。该寄存器位于 STC 单片机特殊功能寄存器地址为 0xB5 的位置。当复位后，该寄存器的值为 xxxx0000B。

表 14.16 PWM 中断优先级控制寄存器 IP2 各位的含义

比特	B7	B6	B5	B4	B3	B2	B1	B0
名字	—	—	—	PX4	PPWMFD	PPWM	PSPI	PS2

其中：

1) PPWMFD

此为 PWM 异常检测中断优先级控制位。当该位为 0 时，PWM 异常检测中断为最低优先级(优先级 0)；当该位为 1 时，PWM 异常检测中断为最高优先级(优先级 1)。

2) PPWM

此为 PWM 中断优先级控制位。当该位为 0 时，PWM 中断为最低优先级(优先级 0)；当该位为 1 时，PWM 中断为最高优先级(优先级 1)。

注：在 STC15 系列单片机中，按如下方式声明中断函数：

```
void PWM_Routine(void) interrupt 22;
void PWMFD_Routine(void) interrupt 23;
```

14.3 生成单路 PWM 信号

本节将使用增强型 PWM 发生器产生一个重复的 PWM 波形。该波形特征为：①PWM 波形发生器的时钟频率为系统时钟的 4 分频；②波形由通道 4 输出；③周期为 20 个 PWM 时钟；④占空比为 2/3(高电平在整个周期所占的时间)；⑤有 4 个 PWM 时钟的相位延迟。

【例 14-1】 通过增强型 PWM 发生器产生 PWM 波形 C 语言描述的例子。

代码清单 14-1 register_define.h

```
sfr P2M0        = 0x96;        //声明 P2 端口模式寄存器 P2M0 寄存器地址 0x96
sfr P2M1        = 0X95;        //声明 P2 端口模式寄存器 P2M1 寄存器地址 0x95
sfr  P_SW2      = 0xba;        //声明 P_SW2 寄存器的地址为 0xBA
sfr  PWMCFG     = 0xf1;        //声明 PWMCFG 寄存器的地址为 0xF1
sfr  PWMIF      = 0xf6;        //声明 PWMIF 寄存器的地址为 0xF6
sfr  PWMFDCR    = 0xf7;        //声明 PWMFDCR 寄存器的地址为 0xF7
sfr  PWMCR      = 0xf5;        //声明 PWMCR 寄存器的地址为 0xF5

#define     PWMC        (*(unsigned int volatile xdata *)0xfff0)
#define     PWMCKS      (*(unsigned char volatile xdata *)0xfff2)

#define     PWM2T1      (*(unsigned int volatile xdata *)0xff00)
#define     PWM2T2      (*(unsigned int volatile xdata *)0xff02)
#define     PWM2CR      (*(unsigned char volatile xdata *)0xff04)

#define     PWM3T1      (*(unsigned int volatile xdata *)0xff10)
#define     PWM3T2      (*(unsigned int volatile xdata *)0xff12)
#define     PWM3CR      (*(unsigned char volatile xdata *)0xff14)

#define     PWM4T1      (*(unsigned int volatile xdata *)0xff20)
#define     PWM4T2      (*(unsigned int volatile xdata *)0xff22)
#define     PWM4CR      (*(unsigned char volatile xdata *)0xff24)

#define     PWM5T1      (*(unsigned int volatile xdata *)0xff30)
#define     PWM5T2      (*(unsigned int volatile xdata *)0xff32)
#define     PWM5CR      (*(unsigned char volatile xdata *)0xff34)

#define     PWM6T1      (*(unsigned int volatile xdata *)0xff40)
#define     PWM6T2      (*(unsigned int volatile xdata *)0xff42)
#define     PWM6CR      (*(unsigned char volatile xdata *)0xff44)

#define     PWM7T1      (*(unsigned int volatile xdata *)0xff50)
#define     PWM7T2      (*(unsigned int volatile xdata *)0xff52)
#define     PWM7CR      (*(unsigned char volatile xdata *)0xff54)
```

代码清单 14-2 main.c 文件

```
#include "reg51.h"
#include <register_define.h>
```

```
void main()
{
    P2M0 = 0;                   //通过 P2 端口模式寄存器 P2M0 和 P2M1,将端口 2
    P2M1 = 0;                   //设置为准双向/弱上拉
    P_SW2| = 0x80;              //使能访问扩展 SFR
    PWMCFG& = 0xFB;             //PWM4 输出初始电平为低电平
    PWMCKS = 0x03;              //PWM 时钟为系统时钟/4
    PWMC = 19;                  //PWM 计数器初值计数器[PWMCH,PWMCL] = 19
    PWM4T1 = 3;                 //PWM4 第一次翻转计数器初值[PWM4T1H,PWM4T1L] = 3
    PWM4T2 = 0x10;              //PWM4 第二次翻转计数器初值[PWM4T2H,PWM4T2L] = 16
    PWM4CR = 0;                 //PWM4 输出引脚 P2.2,禁止 PWM4 的中断
    P_SW2& = 0x0F;              //禁止对扩展 SFR 的访问
    PWMCR| = 0x84;              //使能增强型 PWM 波形发生器,PWM4 输出使能
    while(1);
}
```

注：读者可以进入本书所提供资料的 STC_example\例子 14-1 目录下，打开并参考该设计。

下载和分析设计的步骤主要包括：

(1) 打开 STC-ISP 软件，在该软件界面左侧窗口内，选择硬件选项卡。在该选项卡界面中，将“输入用户程序运行时的 IRC 频率设置为 12.0000MHz。

(2) 单击“下载/编程”按钮，将设计下载到 STC 单片机。

(3) 打开示波器，并将示波器的探头连接到 STC 学习板上 J9 插座上标记为 P2.2 的插孔。

注：示波器和 STC 学习板一定要共地。

(4) 调整示波器的量程并观察结果，如图 14.2 所示。

思考与练习 14-1：说明 PWM 的工作原理。

思考与练习 14-2：修改设计代码，将占空比修改为 80%。

思考与练习 14-3：修改设计代码，启动 PWM5 通道，并使用 PWM5_2/P4.2 引脚输出。

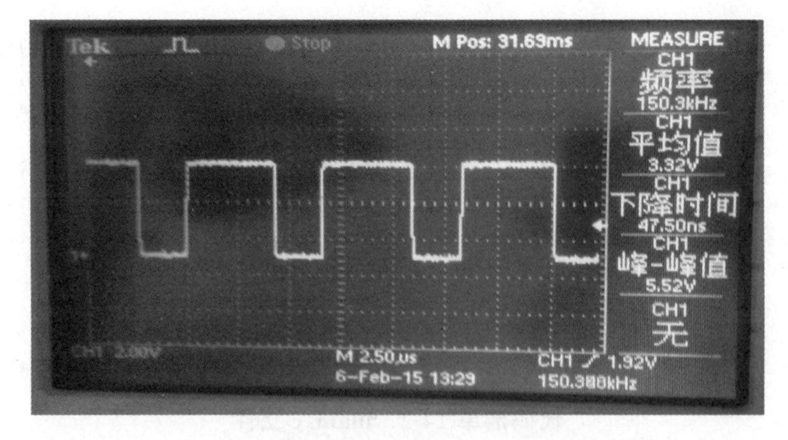

图 14.2　单个 PWM 波形显示界面

14.4　生成两路互补 PWM 信号

本节将使用增强型 PWM 发生器产生两个互补的 PWM 波形。该波形特征为：①PWM 波形发生器为系统时钟的 4 分频；②波形由通道 4 和通道 5 输出；③周期为 20 个 PWM 时钟；④通道 4 的有效高电平为 13 个 PWM 时钟；⑤通道 5 的有效高电平为 10 个 PWM 时钟；⑥前端死区为 2 个 PWM 时钟，末端死区为 1 个 PWM 时钟。

【例 14-2】 通过增强型 PWM 发生器产生两路互补 PWM 波形 C 语言描述的例子。

代码清单 14-3　main.c 文件

```
#include "reg51.h"
#include <register_define.h>

void main()
{
      P2M0 = 0;                  //通过 P2 端口模式寄存器 P2M0 和 P2M1,将端口 2
      P2M1 = 0;                  //设置为准双向/弱上拉
      P_SW2| = 0x80;             //使能访问扩展 SFR
      PWMCFG& = 0xFB;            //PWM4 输出初始电平为低电平
      PWMCFG| = 0x08;            //PWM5 输出初始电平为高电平
      PWMCKS = 0x03;             //PWM 时钟为系统时钟/4
      PWMC = 19;                 //PWM 计数器初值计数器[PWMCH,PWMCL] = 19
      PWM4T1 = 3;                //PWM4 第一次翻转计数器初值[PWM4T1H,PWM4T1L] = 3
      PWM4T2 = 0x10;             //PWM4 第二次翻转计数器初值[PWM4T2H,PWM4T2L] = 16
      PWM4CR = 0;                //PWM4 输出引脚 P2.2,禁止 PWM4 的中断
      PWM5T1 = 3;                //PWM5 第一次翻转计数器初值[PWM5T1H,PWM5T1L] = 3
      PWM5T2 = 0x0f;             //PWM5 第二次翻转计数器初值[PWM5T2H,PWM5T2L] = 15
      PWM5CR = 0;                //PWM5 输出引脚 P2.3,禁止 PWM5 的中断
      P_SW2& = 0x0F;             //禁止对扩展 SFR 的访问
      PWMCR| = 0x8C;             //使能 PWM 波形发生器,PWM4 和 PWM5 输出使能
      while(1);
}
```

注：读者可以进入本书所提供资料的 STC_example\例子 14-2 目录下，打开并参考该设计。

下载和分析设计的步骤主要包括：

(1) 打开 STC-ISP 软件，在该软件界面左侧窗口内，选择硬件选项卡。在该选项卡界面中，将“输入用户程序运行”时的 IRC 频率设置为 12.0000MHz。

(2) 单击“下载/编程”按钮，将设计下载到 STC 单片机。

(3) 打开示波器，并将示波器的两个探头同时连接到 STC 学习板上 J9 插座上标记为 P2.2 的插孔和标记为 P2.3 的插孔。

注：示波器和 STC 学习板一定要共地。

(4) 调整示波器的量程并观察结果，如图 14.3 所示。

思考与练习 14-4：根据波形分析两个 PWM 的死区。

思考与练习 14-5：修改设计代码，启动 PWM3 和 PWM7 通道，并使用 PWM5 和

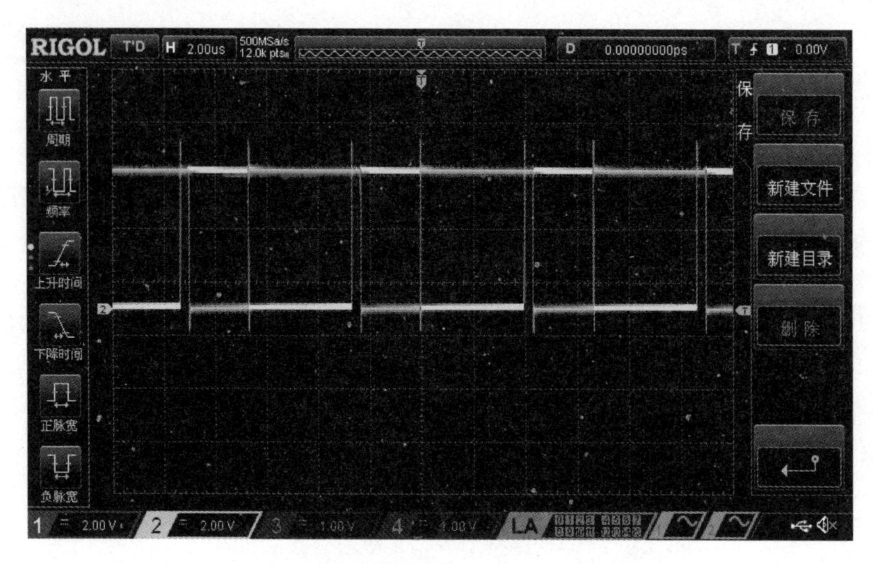

图 14.3　两路互补 PWM 波形显示界面

PWM7 引脚输出两路带死区控制的 PWM 波。

14.5　步进电机的驱动和控制

步进电机是将电脉冲信号转变为角位移或线位移的开环控制电机，是现代数字程序控制系统中的主要执行元件，应用极为广泛。

在非超载的情况下，电机的转速、停止的位置只取决于脉冲信号的频率和脉冲数，而不受负载变化的影响，当步进驱动器接收到一个脉冲信号，它就驱动步进电机按设定的方向转动一个固定的角度，称为“步距角”，它的旋转是以固定的角度一步一步进行的。

通过控制脉冲个数来控制步进电机角位移量，从而达到准确定位的目的。同时，可以通过控制脉冲频率来控制电机转动的速度和加速度，从而达到调速的目的。

由于步进电机是一个将电脉冲转换成离散的机械运动的装置，具有很好的数据控制特性。因此，单片机成为步进电机的理想驱动源。随着微电子和计算机技术的发展，软硬件结合的控制方式成为主流，即通过软件或者硬件(PWM 模块)产生控制脉冲驱动硬件电路。本节分别使用软件和增强型 PWM 硬件模块控制步进电机，并对这两种方法进行比较。

14.5.1　五线四相步进电机的工作原理

五线四相步进电机如图 14.4(a)所示，中间部分是转子，由一个永磁体组成，边上的是定子绕组。当定子的一个绕组通电时，将产生一个方向的电磁场。如果这个磁场的方向和转子磁场方向不在同一条直线上，那么定子和转子的磁场将产生一个扭力将定子扭转。依次改变绕组的磁场，就可以使步进电机正转或反转(例如，通电次序为 A→B→C→D 正转，反之则反转)。而改变磁场切换的时间间隔，就可以控制步进电机的速度，这就是步进电机的驱动原理。

步进电机是一种将电脉冲转化为角位移的执行机构。当步进驱动器接收到一个脉冲信

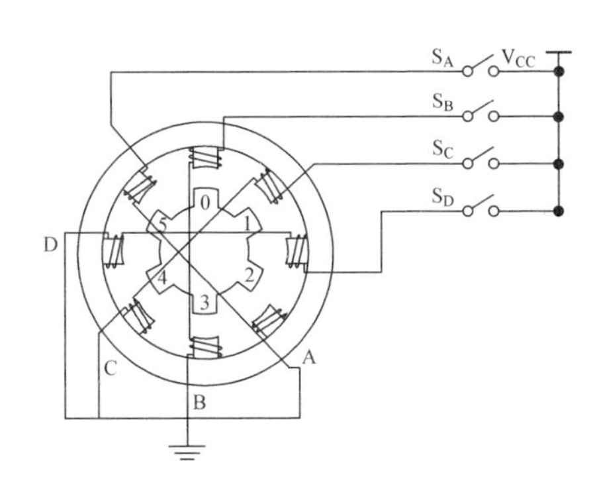

(a) 步进电机内部结构

(b) 步进电机外观

图 14.4 步进电机内部结构和外观

号时，它就驱动步进电机按设定的方向转动一个固定的角度（及步进角）。通过控制脉冲个数来控制角位移量，从而达到准确定位的目的。同时，通过控制脉冲频率来控制电机转动的速度和加速度，从而达到调速的目的。

这里使用的步进电机型号为 28BYJ48。其主要特性包括：①额定电压 5VDC（另有 6V、12V、24V）；②相数 4；③减速比 1/64（另有 1/16、1/32）；④步距角 5.625°/64；⑤驱动方式 4 相 8 拍；⑥直流电阻 200Ω±7%（25℃）；⑦空载牵入频率≥600Hz；⑧空载牵出频率≥1000Hz；⑨牵入转矩≥34.3mN·m（120Hz）；⑩自定位转矩≥34.3mN·m；⑪绝缘电阻>10MΩ（500V）；⑫绝缘介电强度 600VAC/1mA/1S；⑬绝缘等级为 A；⑭温升<50K（120Hz）；⑮噪音<40dB（120Hz）；⑯重量大约 40g；⑰未注公差按 GB 1804-m；⑱转向 CCW。

14.5.2 步进电机的驱动

由于步进电机的驱动电流较大，而单片机 I/O 引脚输出的电流较小，因此单片机不能直接驱动步进电机，所以需要在单片机驱动引脚和步进电机引线之间增加驱动装置。目前，用于驱动小功率步进电机，一般都是使用 ULN2003 达林顿阵列驱动，如图 14.5 所示。

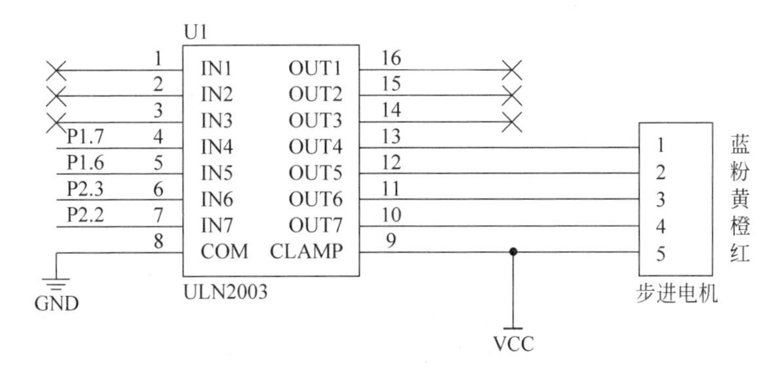

图 14.5 步进电机驱动电路

ULx200xA 器件是高电压、高电流达灵顿晶体管阵列，如图 14.6 所示。七个 NPN 达灵顿管中的每一个管子可以产生高压输出，它们包含共阴极钳位二极管用于切换感性负载。

此外,可以将达灵顿管并联以产生更大的电流,如图 14.7 所示。

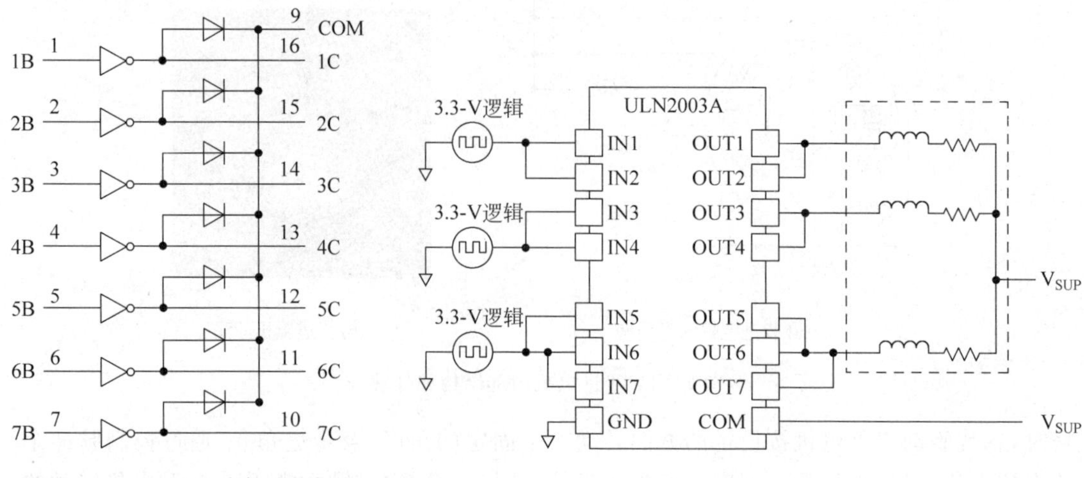

图 14.6 ULN2003 内部功能框图

图 14.7 ULN2003 典型应用

14.5.3 使用软件驱动步进电机

使用软件驱动步进电机,即按照给定的相序直接对与步进电机驱动芯片连接的 I/O 引脚进行置"1"和置"0"的操作,这种方法比较简单。但是,软件驱动步进电机的任务将占用所有的 CPU 资源,不能运行其他任何任务。此外,如果在设计中包含中断程序,则将打断当前所运行的软件步进电机驱动代码,造成对步进电机控制能力变差,控制精度显著降低。

【例 14-3】 使用软件驱动步进电机的程序,如代码清单 14-4 所示。

代码清单 14-4 main.c 程序

```
#include "reg51.h"
unsigned char Step_table[] = {0x01,0x02,0x04,0x08};
void delay(unsigned int a)
{
    while(a--);
}
void main()
{
    unsigned char i;
    unsigned int j;
    j = 1024;
    while(j--)
    {
    for(i = 0;i<4;i++)
        {
          P1 = Step_table[i];
          delay(2000);
        }
    }
    while(1);
}
```

注:(1) 读者可以进入本书所提供资料的 STC_example\例子 14-3 目录下,参考该设计。

(2) 注意 I/O 驱动模式的设置。

14.5.4 使用 PWM 模块驱动步进电机

使用增强型 PWM 模块驱动步进电机的巨大优势在于,在程序代码中只需要对增强型 PWM 模块进行初始化。一旦程序开始运行,在对硬件 PWM 模块初始化完成后,则不需要参与对步进电机的驱动控制,充分释放了 CPU 资源,使得 CPU 可以用于处理其他任务。并且,采用增强型 PWM 模块驱动步进电机,显著提高了步进角的控制精度。

【例 14-4】 使用增强型 PWM 模块驱动步进电机的程序,如代码清单 14-5 所示。

代码清单 14-5 main.c 程序

```
#include "reg51.h"
#include <register_define.h>

void main()
{
  P1M0 = 0;                 //通过 P1 模式寄存器 P1M0 和 P1M1,设置端口 1 为准双向/弱上拉
  P1M1 = 0;
  P2M0 = 0;                 //通过 P2 模式寄存器 P2M0 和 P2M1,设置端口 2 为准双向/弱上拉
  P2M1 = 0;
  P_SW2| = 0x80;            //使能访问扩展 SFR
  PWMCFG| = 0x08;           //PWM5 输出初始电平为高电平
  PWMCFG& = 0xCB;           //PWM4、PWM6、PWM7 输出初始电平为低电平
  PWMCKS = 0x0F;            //PWM 时钟为系统时钟的 1/16
  PWMC = 0x0BFF;            //PWM 计数器初值计数器[PWMCH,PWMCL] = 3071
  PWM4T1 = 0x08FF;          //PWM4 第一次翻转计数器初值[PWM4T1H,PWM4T1L] = 2303
  PWM4T2 = 0x0B7F;          //PWM4 第二次翻转计数器初值[PWM4T2H,PWM4T2L] = 2943
  PWM4CR = 0;               //PWM4 输出引脚 P2.2,禁止 PWM4 中断
  PWM5T1 = 0x0BFF;          //PWM5 第一次翻转计数器初值[PWM5T1H,PWM5T1L] = 3071
  PWM5T2 = 0x027F;          //PWM5 第二次翻转计数器初值[PWM5T2H,PWM5T2L] = 639
  PWM5CR = 0;               //PWM5 输出引脚 P2.3,禁止 PWM5 中断
  PWM6T1 = 0x02FF;          //PWM6 第一次翻转计数器初值[PWM6T1H,PWM6T1L] = 767
  PWM6T2 = 0x057F;          //PWM6 第二次翻转计数器初值[PWM6T2H,PWM6T2L] = 1407
  PWM6CR = 0;               //PWM6 输出引脚 P1.6,禁止 PWM6 中断
  PWM7T1 = 0x05FF;          //PWM7 第一次翻转计数器初值[PWM7T1H,PWM7T1L] = 1535
  PWM7T2 = 0x087F;          //PWM7 第二次翻转计数器初值[PWM7T2H,PWM7T2L] = 2175
  PWM7CR = 0;               //PWM7 输出引脚 P1.7,禁止 PWM7 中断
  P_SW2& = 0x0F;            //禁止对扩展 SFR 访问
  PWMCR| = 0xBC;            //使能 PWM 波形发生器,PWM4、PWM5、PWM6、PWM7 输出使能
  while(1);
}
```

注:读者可以进入本书所提供资料的 STC_example\例子 14-4 目录下,参考该设计。

14.5.5 设计下载和验证

本节对使用增强型 PWM 模块驱动步进电机的设计进行了验证,主要步骤包括:

(1) 按照图 14.5 将步进电机通过 ULN2003 连接到单片机的 P2.2、P2.3、P1.6 和 P1.7 引脚。

(2) 打开 STC-ISP 软件，在该软件界面左侧窗口内，选择硬件选项卡。在该选项卡界面中，将“输入用户程序运行时的 IRC 频率”设置为 6.0000MHz。

(3) 单击“下载/编程”按钮，将设计下载到 STC 单片机。

(4) 观察步进电机转动现象。

(5) 使用示波器同时测量单片机 P2.2、P2.3、P1.6、P1.7 引脚的输出波形，如图 14.8 所示。

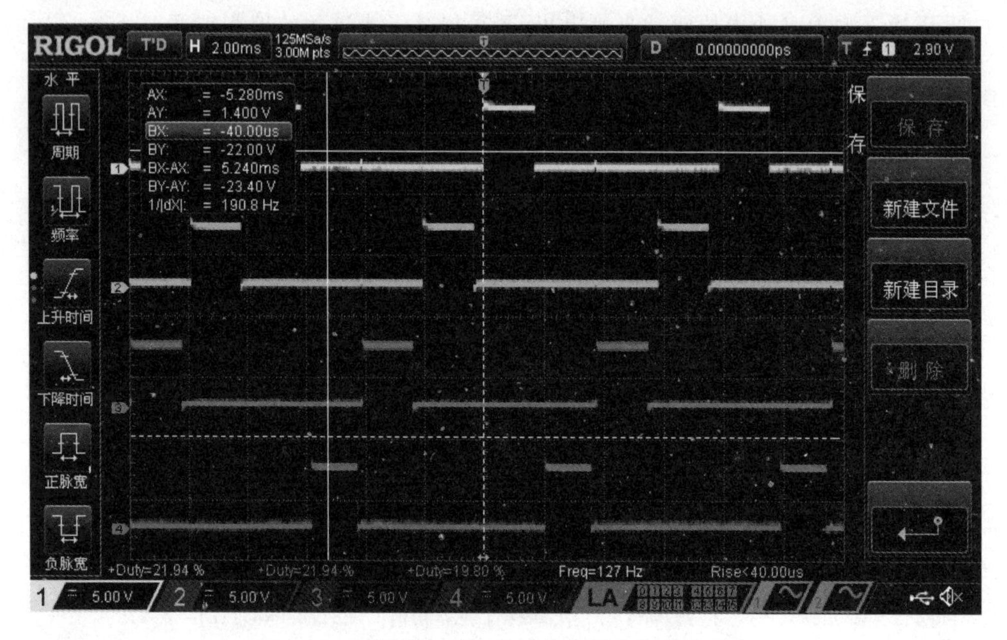

图 14.8　示波器上显示的四相步进电机驱动时序

从上面的测试结果可知，当使用硬件 PWM 模块驱动步进电机时，极大地提高了对步进电机的控制精度，同时释放了可用的 CPU 资源。

第15章 STC单片机SPI原理及实现

CHAPTER 15

本章介绍STC单片机集成的SPI模块的原理,并通过例子说明实现SPI通信的方法,内容包括SPI模块结构及功能、SPI模块寄存器组、SPI模块配置及时序和7段数码管的驱动与显示。

基于SPI接口的器件广泛应用于各个领域。通过本章内容的学习理解并掌握SPI接口的工作原理,以及STC单片机SPI接口通信的具体实现方式,从而实现SPI设备之间的高效率通信。

15.1 SPI模块结构及功能

SPI英文全称是Serial Peripheral Interface,中文称为串行外设接口,该接口是Motorola(摩托罗拉)公司首先在其MC68HCXX系列处理器上定义并实现的。SPI用于在两个设备之间进行高速数据传输。

15.1.1 SPI传输特点

与前面所介绍的异步串行通信有着本质的区别,使用SPI进行数据的传输,不但需要源方(发送数据的一方)提供时钟信号。而且,源方(发送数据的一方)还需要提供同步信号。同步信号的主要作用是要告诉信宿(目的)什么时候应该接收源方发送过来的数据,以及信宿如何将数据返回给信源。所以,基于SPI的通信方式是典型的高速同步双向数据传输方式。这种通信方式在工业界应用非常广泛。典型地,SPI接口主要用于在EEPROM、Flash、实时时钟、AD转换器、数字信号处理器和数字信号解码器之间的数据传输。

15.1.2 SPI模块功能

STC公司15系列单片机提供了另一种高速串行通信接口——SPI接口。SPI接口为数据传输提供了主模式和从模式两种工作模式。

(1) 在主模式下,支持高达3MHz的数据传输率。如果单片机的主频为20～36MHz,工作频率为12MHz时,可以提供更高的工作速度。

(2) 在从模式下,速度受限,STC推荐数据率在SYSclk/4内的数据传输率。

此外,SPI接口提供了完成标志和写冲突标志保护。

注意：通过寄存器的控制，STC15W4K32S4 系列单片机的 SPI 接口信号可以选择使用三组不同的引脚。

15.1.3 SPI 接口信号

在 SPI 接口中，提供了 4 个信号用于进行高速同步数据传输。

1) MOSI

主设备输出和从设备输入信号，实现主设备(发出数据)到从设备(接收数据)的数据传输。

(1) 当 STC 单片机的 SPI 接口作为主设备传输数据时，该信号方向为输出，指向从设备。

(2) 当 STC 单片机的 SPI 接口作为从设备接收数据时，该信号方向为输入，由从设备指向 STC 单片机的 SPI 接口。

2) MISO

主设备输入和从设备输出信号，实现从设备(发出数据)到主设备(接收数据)的数据传输。

(1) 当 STC 单片机的 SPI 接口作为主设备传输数据时，该信号方向为输入，由从设备指向 STC 单片机的 SPI 接口。

(2) 当 STC 单片机的 SPI 接口作为从设备接收数据时，该信号方向为输出，指向主设备。

所以，不管 STC 单片机的 SPI 接口是作为主设备还是从设备，MOSI 和 MISO 传输方向始终都是相反的。

3) SCLK

串行时钟信号，它由主设备发出，指向从设备。在串行时钟的控制下，用于同步主设备和从设备之间 MISO 和 MOSI 信号线上数据的传输过程。当主设备启动一次数据传输过程时，自动产生 8 个 SCLK 信号给从设备。在 SCLK 信号的上升沿或者下降沿到来的时候，移出一位数据。所以，一次可以传输一字节的数据。

注意：(1) 在一些应用中，将多个设备 SPI 接口的 SCLK 和 MOSI、MISO 信号连接在一起。通过 MOSI 信号，将数据从主设备发送到从设备。

(2) 如果将 SPCTL 寄存器的 SPEN 位设置为 0(复位值为 0)，则禁止使用 STC 单片机上的 SPI 接口，分配给这些信号的引脚可以当作普通 I/O 引脚使用。

4) $\overline{SS}$

从设备选择信号。通过该信号，主设备用于选择处于从模式的 SPI 设备。在主模式和从模式下，$\overline{SS}$信号的用法不同。

(1) 在主模式下，SPI 接口只能有一个主设备，不存在选择主机的问题。在主模式下，该位不是必需的。在主模式下，将主设备的$\overline{SS}$引脚通过 10kΩ 电阻上拉到高电平。每一个从设备的$\overline{SS}$信号与主设备的$\overline{SS}$信号连接，由主设备控制电平的高低，以便主设备选择从设备。

(2) 在从模式下，不管接收还是发送$\overline{SS}$信号必须有效。因此，在一次数据开始传输之前必须将$\overline{SS}$信号拉低。

通过$\overline{SS}$信号，确认是否选中 SPI 从设备。如果满足下面的其中一个条件，则忽略该信号：

(1) 如果禁止 SPI 接口。

(2) 如果配置为 SPI 主设备，即 SPCTL 寄存器的 MSTR 位置为 1，并且 P1.2/$\overline{SS}$配置为输出。

(3) 如果 SPCTL 寄存器的 SSIG 位置为 1，该引脚用作普通 I/O 功能。

注意：即使 STC 单片机的 SPI 接口配置为主设备，但是仍然可以通过拉低$\overline{SS}$引脚将其配置为从设备。通过设置寄存器相应的位使能该特性。

15.1.4　SPI 接口的数据通信方式

STC15 系列单片机的 SPI 接口提供了三种数据通信方式。

1) 单一主设备和单一从设备方式

单一主设备和单一从设备配置结构如图 15.1 所示。

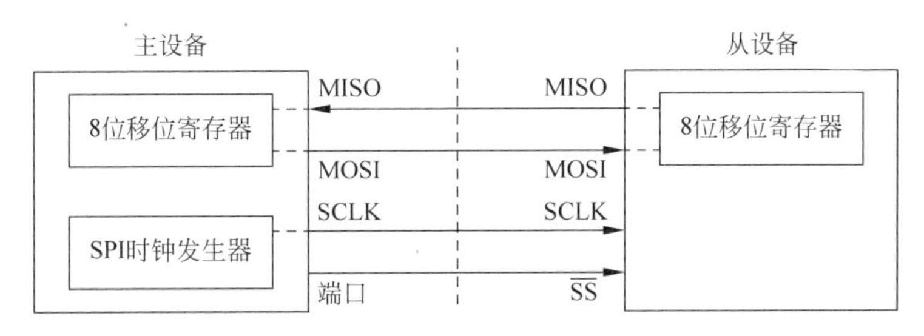

图 15.1　SPI 单一主设备和单一从设备的通信方式

在这种通信配置模式中，从设备的 SSIG 位设置为 0，$\overline{SS}$用于选择从设备。SPI 主设备可以使用任何引脚，包括 P1.2/$\overline{SS}$引脚来驱动$\overline{SS}$信号。主设备的 SPI 接口和从设备的 SPI 的 8 位移位寄存器构成一个循环的 16 位移位寄存器。当主设备向 SPDAT 寄存器写入一字节时，立即启动一个连续的 8 位移位数据传输过程，即主设备的 SCLK 引脚向从设备的 SCLK 引脚发出时钟信号。在该时钟信号的驱动下，主设备 SPI 接口的 8 位移位寄存器中的数据通过 MOSI 信号线进入到从设备 SPI 接口的 8 位寄存器中。同时，从设备 8 位移位寄存器中的数据通过 MISO 信号又移动到了主设备的 8 位移位寄存器中。因此，在该模式下，主设备既可以向从设备发送数据，又可以读取从设备发来的数据。

2) 双设备方式

双设备方式，即设备可以互为主设备和从设备，如图 15.2 所示。

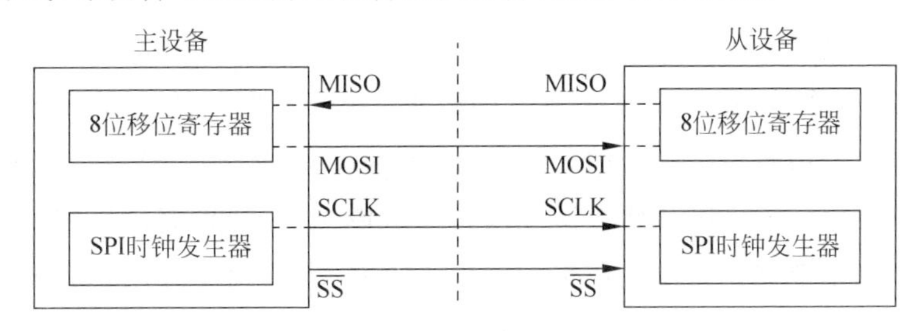

图 15.2　SPI 双设备通信方式

在该配置模式中，当没有 SPI 数据传输时，两个设备均可作为主机，将 SSIG 清 0 并将 P1.2/$\overline{SS}$引脚配置为准双向模式。当其中一个设备启动传输时，它将 P1.2/$\overline{SS}$配置为输出并驱动为低电平，这样就将另一个设备变成从设备。

双方初始化时，将自己配置成忽略$\overline{SS}$引脚的从模式。当一方要主动发送数据时，先检测$\overline{SS}$引脚的电平。如果$\overline{SS}$引脚为高，就将自己设置为忽略$\overline{SS}$引脚的主模式。在平时，通信双方将自己配置成没有选中的从模式。在该模式下，MISO、MOSI、SCLK 信号均为输入。当多个单片机的 SPI 接口以该模式并联时不会发生总线冲突。

注意：在这种模式下，双方的 SPI 速度必须相同。如果使用外部的晶体振荡器，则双方晶体振荡器的频率也要相同。

3）单一主设备和多个从设备方式

单一主设备和多个从设备方式配置结构如图 15.3 所示。

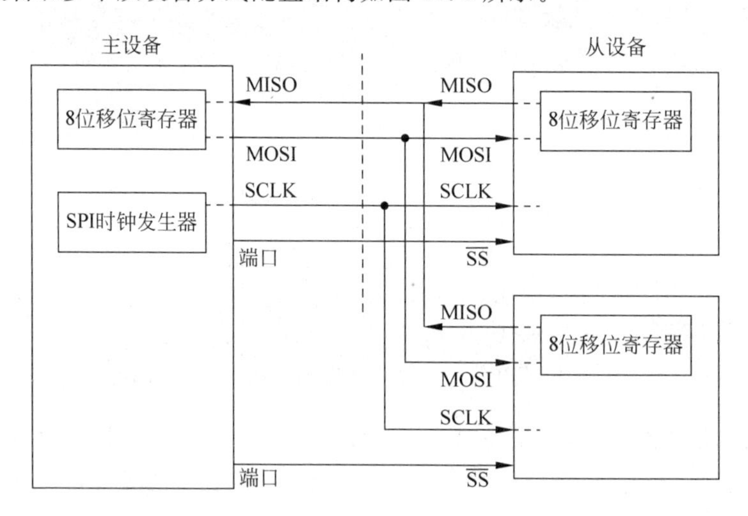

图 15.3　SPI 单一主设备和多个从设备通信方式

在该配置中，从设备的 SSIG 位置为 0，通过$\overline{SS}$信号，选择对应的从设备。主设备的 SPI 接口可以使用任何端口来驱动$\overline{SS}$引脚。

15.1.5　SPI 模块内部结构

SPI 模块内部结构如图 15.4 所示。从图中可以看出，SPI 模块核心是一个 8 位的移位寄存器和数据缓冲器，可以同时接收和发送数据。在数据传输的过程中，将接收和发送的数据保存在数据缓冲器。

对于主模式来说，如果要发送一字节的数据，只需要将该数据写到 SPDAT 寄存器中。在该模式下，$\overline{SS}$信号不是必需的；但是，在从模式下，必须在$\overline{SS}$信号变为有效并接收到合适的时钟信号后，才可以开始数据传输。在从模式下，如果完成一字节的数据传输，则$\overline{SS}$信号变高，这字节立刻被硬件逻辑标记为接收完成。随后，SPI 接口准备接收下一个数据。

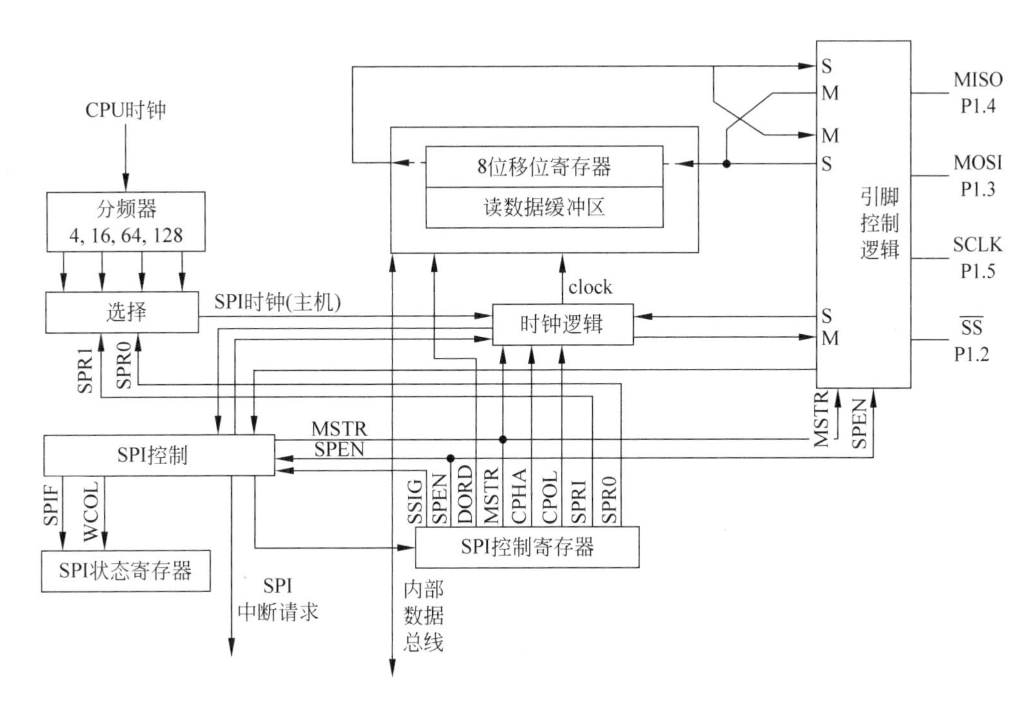

图 15.4 SPI 模块内部结构

15.2 SPI 模块寄存器组

本节介绍与 SPI 模块有关的寄存器。这些寄存器包括 SPI 控制寄存器、SPI 状态寄存器、SPI 数据寄存器、中断允许寄存器、中断优先级寄存器、控制 SPI 引脚位置寄存器。

15.2.1 SPI 控制寄存器

SPI 控制寄存器 SPCTL,如表 15.1 所示。该寄存器位于 STC 单片机特殊功能寄存器地址为 0xCE 的位置。当复位后,该寄存器的值为 00000100B。

表 15.1 SPI 控制寄存器 SPCTL 各位的含义

比特位	B7	B6	B5	B4	B3	B2	B1	B0
名字	SSIG	SPEN	DORD	MSTR	CPOL	CPHA	SPR1	SPR0

其中:

1) SSIG

$\overline{\text{SS}}$引脚忽略控制位。当该位为 1 时,MSTR 位确定单片机是主设备还是从设备;当该位为 0 时,$\overline{\text{SS}}$引脚用于确定单片机是主设备还是从设备。$\overline{\text{SS}}$引脚可作为普通 I/O。

2) SPEN

SPI 使能控制位。当该位为 1 时,使能 SPI 接口;当该位为 0 时,禁止 SPI 接口,此时所有 SPI 接口的信号引脚都可以作为普通 I/O。

3) DORD

设定 SPI 数据发送和接收的位顺序。当该位为 1 时，先发送数据字的最低有效位(LSB)；当该位为 0 时，先发送数据字的最高有效位(MSB)。

4) MSTR

主从模式选择位。当该位为 1 时，主模式；当该位为 0 时，从模式。

5) CPOL

SPI 时钟极性选择位。

(1) 当该位为 1 时，空闲情况下，SCLK 为高电平。SCLK 的前一个时钟沿为下降沿，而后一个时钟沿为上升沿。

(2) 当该位为 0 时，空闲情况下，SCLK 为低电平。SCLK 的前一个时钟沿为上升沿，而后一个时钟沿为下降沿。

6) CPHA

SPI 时钟相位选择位。

(1) 当该位为 1 时，在 SCLK 的前时钟沿驱动数据，并在后时钟沿采样。

(2) 当该位为 0 时，在$\overline{SS}$为低时驱动数据，在 SCLK 的后时钟沿改变数据，并在前时钟沿采样。

注意：当 SSIG=1 时，没有定义操作。

7) SPR1 和 SPR0

时钟速率选择位，如表 15.2 所示。

表 15.2　SPR1 和 SPR0 位的含义

SPR1	SPR0	时钟(SCLK)
0	0	CPU_CLK/4
0	1	CPU_CLK/8
1	0	CPU_CLK/16
1	1	CPU_CLK/32

注意：CPU_CLK 表示 STC 单片机 CPU 的时钟频率。

15.2.2　SPI 状态寄存器

SPI 状态寄存器 SPSTAT，如表 15.3 所示。该寄存器位于 STC 单片机特殊功能寄存器地址为 0xCD 的位置。当复位后，该寄存器的值为 00xxxxxxB。

表 15.3　SPI 状态寄存器 SPSTAT 各位的含义

比特位	B7	B6	B5	B4	B3	B2	B1	B0
名字	SPIF	WCOL	—	—	—	—	—	—

其中：

1) SPIF

SPI 传输完成标志。当完成一次 SPI 数据传输后，硬件将该位设置为 1。此时，如果允许 SPI 中断，则产生中断。当 SPI 处于主模式，且 SSIG 为 0 时，如果$\overline{SS}$引脚为输入并驱动为低电平，则硬件也将该标志置为 1，表示改变模式。

注意：该位由软件写入 1 清 0。

2）WCOL

SPI 写冲突标志。在数据传输的过程中，如果对 SPI 数据寄存器 SPDAT 进行写操作，硬件将该标志置 1。

注意：该位由软件写入 1 清 0。

15.2.3　SPI 数据寄存器

SPI 数据寄存器 SPDAT，如表 15.4 所示。该寄存器位于 STC 单片机特殊功能寄存器地址为 0xCF 的位置。当复位后，该寄存器的值为 00000000B。

表 15.4　SPI 数据寄存器 SPDAT 各位的含义

比特位	B7	B6	B5	B4	B3	B2	B1	B0
名字	8 位数据							

15.2.4　中断允许寄存器

前面已经介绍过中断允许寄存器 IE2，本节仅说明与 SPI 接口有关的比特位含义，如表 15.5 所示。该寄存器位于 STC 单片机特殊功能寄存器地址为 0xAF 的位置。当复位后，该寄存器的值为 x0000000B。

表 15.5　中断允许寄存器 IE2 各位的含义

比特位	B7	B6	B5	B4	B3	B2	B1	B0
名字	—	ET4	ET3	ES4	ES3	ET2	ESPI	ES2

其中，ESPI 为 SPI 中断允许位。当该位为 1 时，允许 SPI 产生中断；当该位为 0 时，禁止 SPI 产生中断。

15.2.5　中断优先级寄存器

前面已经介绍过中断优先级控制寄存器 IP2，本节仅说明与 SPI 接口有关比特位的含义，如表 15.6 所示。该寄存器位于 STC 单片机特殊功能寄存器地址为 0xB5 的位置。当复位后，该寄存器的值为 xxx00000B。

表 15.6　中断优先级控制寄存器 IP2 各位的含义

比特位	B7	B6	B5	B4	B3	B2	B1	B0
名字	—	—	—	PX4	PPWMFD	PPWM	PSPI	PS2

其中，PSPI 为 SPI 中断优先级控制位。当该位为 0 时，SPI 中断为最低优先级中断（优先级为 0）；当该位为 1 时，SPI 中断为最高优先级中断（优先级为 1）。

15.2.6 控制 SPI 引脚位置寄存器

PCA 模块引脚切换寄存器 AUXR1(P_SW1)用于选择 CCP 输出、SPI 接口和串口所使用的引脚在单片机上的位置,如表 15.7 所示。该寄存器位于 STC 单片机特殊功能寄存器地址为 0xA2 的位置。当复位后,该寄存器的值为 00000000B。

表 15.7 PCA 模块引脚切换寄存器 AUXR1(P_SW1)各位的含义

比特位	B7	B6	B5	B4	B3	B2	B1	B0
名字	S1_S1	S1_S0	CCP_S1	CCP_S0	SPI_S1	SPI_S0	0	DPS

其中,SPI_S1 和 SPI_S0 确定 SPI 接口在单片机上引脚的位置,如表 15.8 所示。

表 15.8 SPI_S1 和 SPI_S0 各位的含义

SPI_S1	SPI_S0	功　能
0	0	选择 SPI 接口分别对应于单片机 P1. 2/SS、P1. 3/MOSI、P1. 4/MISO、P1. 5/SCLK 引脚
0	1	选择 SPI 接口分别对应于单片机 P2. 4/SS_2、P2. 3/MOSI_2、P2. 2/MISO_2、P2. 1/SCLK_2 引脚
1	0	选择 SPI 接口分别对应于单片机 P5. 4/SS_3、P4. 0/MOSI_3、P4. 1/MISO_3、P4. 3/SCLK_3 引脚
1	1	无效

15.3 SPI 模块配置及时序

本节介绍 SPI 模块配置及时序问题。

15.3.1 SPI 配置模式

STC15 系列单片机进行 SPI 通信时,通过 SPEN 位、SSIG 位、SS 引脚和 MSTR 位控制其工作模式,如表 15.9 所示。

表 15.9 主从模式的选择

SPEN	SSIG	$\overline{SS}$引脚/P1. 2	MSTR	主/从模式	MISO/P1. 4	MOSI/P1. 3	SCLK/P1. 5	功　能
0	X	P1. 2/$\overline{SS}$	X	禁止 SPI	MISO/P1. 4	MOSI/P1. 3	SCLK/P1. 5	禁止 SPI。SPI 接口的引脚 MISO/P1. 4、MOSI/P1. 3、SCLK/P1. 5 和 $\overline{SS}$/P1. 2 可作为普通 I/O
1	0	0	0	从模式	输出	输入	输入	选择作为从设备
1	0	1	0	从模式,未选中	高阻	输入	输入	未被选中。MISO 为高阻状态,以避免总线冲突

续表

SPEN	SSIG	$\overline{SS}$引脚/P1.2	MSTR	主/从模式	MISO/P1.4	MOSI/P1.3	SCLK/P1.5	功能
1	0	0	1→0	从模式	输出	输入	输入	P1.2/$\overline{SS}$配置为输入或准双向口。SSIG为0。如果将$\overline{SS}$驱动为低，则选择作为从设备。当$\overline{SS}$变为低电平时，将MSTR清0 注意：当$\overline{SS}$处于输入模式时，如果驱动为低，且SSIG为0，则自动清0 MSTR位
1	0	1	1	主(空闲)	输入	高阻	高阻	当主机空闲时，MOSI和SCLK为高阻，以避免总线冲突。用户必须将SCLK上拉或者下拉，以避免SCLK处于悬空状态
				主(活动)		输出	输出	作为主机激活时，MOSI和SCLK为推挽输出
1	1	P1.2/$\overline{SS}$	0	从模式	输出	输入	输入	
1	1	P1.2/$\overline{SS}$	1	主模式	输入	输出	输出	

15.3.2 主/从模式的注意事项

本节介绍SPI接口处于从模式和主模式下的一些注意事项，以避免在使用SPI接口时出现一些未知的错误。

1. 作为从设备时的注意事项

当CPHA为0时，SSIG必须为0，即不能忽略$\overline{SS}$引脚，$\overline{SS}$引脚必须设置为低，并且在每个连续的串行字节发送完后必须重新设置为高电平。如果在$\overline{SS}$低电平有效时，执行对SPDAT寄存器的写操作，将会导致一个写冲突错误。

当CPHA为1时，SSIG可以置1，即可以忽略$\overline{SS}$引脚。如果SSIG为0，在连续传输之间$\overline{SS}$引脚保持低电平有效。这种方式适合具有单个固定主设备和单个固定从设备之间驱动MISO数据线的系统。

2. 作为主设备时的注意事项

在SPI中，总是由主设备发起数据传输过程。如果使能SPI，并将其设置为主设备，主设备对SPI数据寄存器的写操作将启动SPI时钟发生器和数据的传输。在数据写入SPDAT之后的0.5～1个SPI比特位时间后，在MOSI引脚上将出现数据。

注意：主设备可以通过将对应器件的$\overline{SS}$引脚驱动为低实现与从设备的通信。写到主设备SPDAT寄存器的数据从MOSI引脚移出，然后发送到从设备的MOSI引脚。同时，从设备SPDAT寄存器的数据从MISO引脚移出并发送到主设备的MISO引脚。

传输完一字节后，停止SPI时钟，将SPIF标志置1，并产生一个中断。主设备和从设备

CPU 的两个移位寄存器可以看作一个 16 位的循环移位寄存器。当数据从主设备移位传输到从设备的同时,数据以反方向从从设备移位传输到主设备。也就是说,在一个移位周期过程中,主设备和从设备相互交换数据。

15.3.3 通过$\overline{SS}$修改模式

如果 SPEN 为 1,SSIG 为 0 且 MSTR 为 1,则 SPI 为主模式。通过 P2M1 和 P2M0 寄存器(用于设备 P2 端口的输入/输出模式),将$\overline{SS}$引脚配置为输入或者准双向模式。在该模式下,另外一个主设备可以将该引脚驱动为低,从而将该器件选择为 SPI 从设备,并向该从设备发送数据。

为了避免总线冲突,SPI 执行下面的行为:

(1) 清零 MSTR,并且变为从设备。同时,将 MOSI 和 SCLK 强制作为输入模式,而 MISO 作为输出模式。

(2) 将 SPSTAT 寄存器的 SPIF 标志置为 1。如果已经使能 SPI 中断,则产生 SPI 中断。

必须一直检测 MSTR 比特位。如果该位被一个从设备选择清 0,而用户一直想继续将 SPI 作为主设备,则必须重新将 MSTR 置 1。否则,将进入从设备模式。

15.3.4 写冲突

SPI 在发送数据时,为单级缓冲方式;而在接收数据时,为双缓冲方式。因此,在前一次数据发送未结束之前,不能向移位寄存器写入新的数据。如果在发送数据的过程中,向移位寄存器写数据,则将 WCOL 位置 1,表示数据冲突。在这种情况下,继续发送完当前传输的数据,但是新写入的数据丢失。

当对主设备或者从设备进行写冲突检测时,主设备发生写冲突的情况是比较少见的,这是由于主设备拥有数据传输的控制能力。但是,从设备有可能发生写冲突。这是因为当主设备启动数据传输时,从设备无法控制数据的传输过程。

当从设备接收到数据时,将接收到的数据发送到一个并行读数据缓冲区。这样,就释放了移位寄存器用于接收下一个数据。但是,必须在下一个字符完全移入之前从数据寄存器中读出接收到的数据。否则,将丢失前一个数据。

15.3.5 数据模式时序

通过时钟相位控制位 CPHA,允许用户设置采样和改变数据的时钟边沿。此外,时钟极性比特控制位 CPOL 允许用户设置时钟的极性,如图 15.5～图 15.8 所示。

从图中可以看出,当 CPOL 为 0 时,在空闲状态下,SCLK 为低电平;当 CPOL 为 1 时,在空闲状态下,SCLK 为高电平。

注意:从空闲状态到活动状态的变化称为 SCLK 前沿,从活动状态到空闲状态的变化称为 SCLK 后沿。前沿和后沿组合一个 SCLK 周期。一个 SCLK 周期传输一个数据位。

思考与练习 15-1:请分析前面四个 SPI 数据传输时序,完成表 15.10。

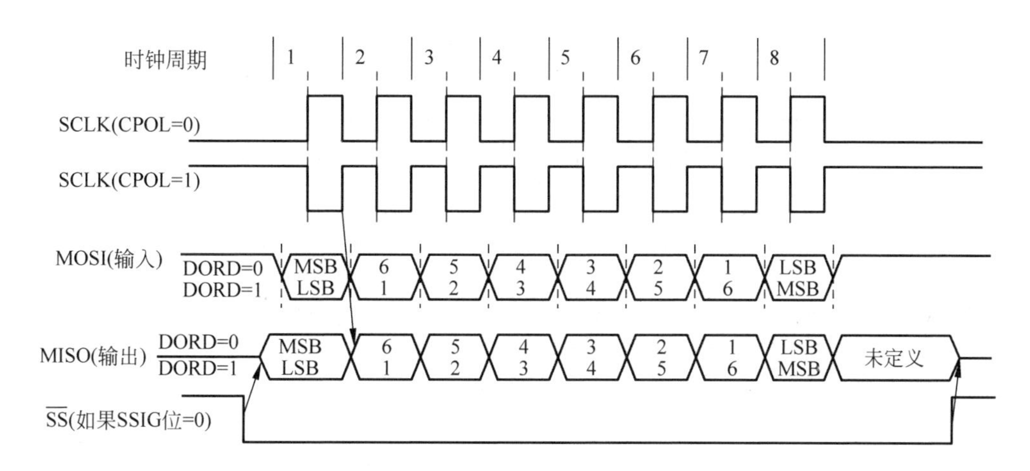

图 15.5 CPHA 为 0 时,从模式数据传输时序

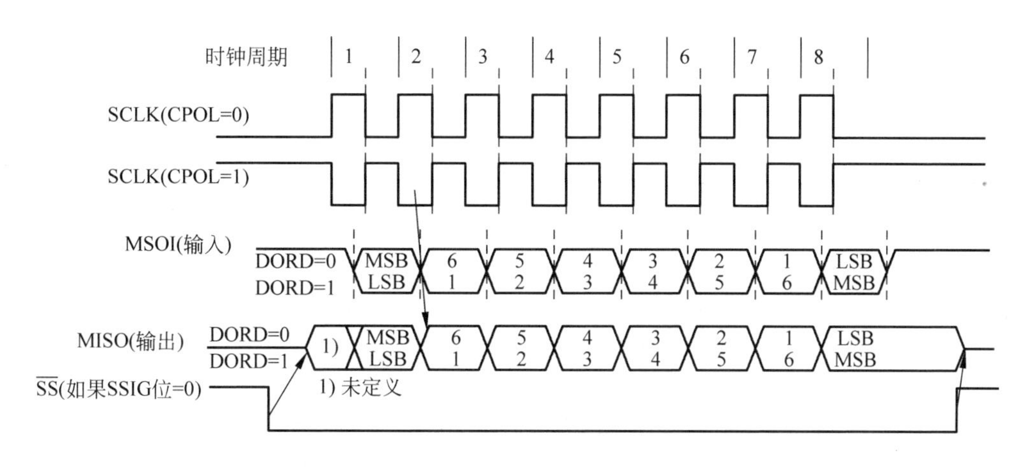

图 15.6 CPHA 为 1 时,从模式数据传输时序

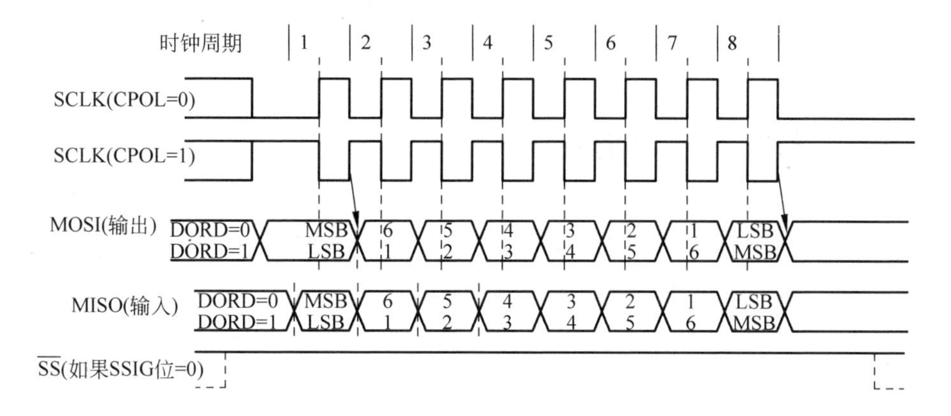

图 15.7 CPHA 为 0 时,主模式数据传输时序

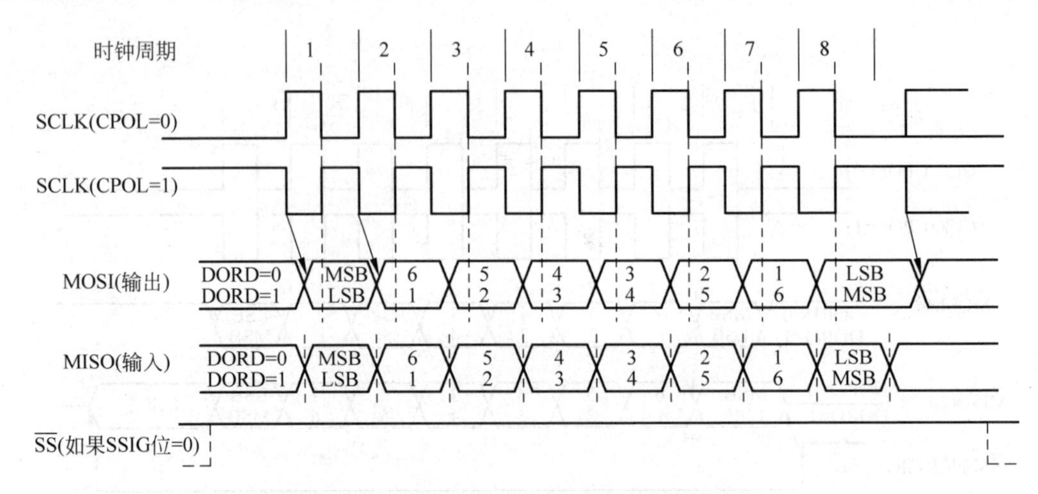

图 15.8　CPHA 为 1 时，主模式数据传输时序

表 15.10　当 SSIG=0 时不同模式下数据发送和采样的时间

模式	CPOL	CPHA	$\overline{SS}$信号	MOSI 方向	MISO 方向	发送数据的边沿
从模式	0	0				
	0	1				
	1	0				
	1	1				
主模式	0	0				
	0	1				
	1	0				
	1	1				

15.4　7 段数码管的驱动与显示

本节将通过设计实例说明 SPI 接口通信的实现方法。在 STC 学习板上，通过 SPI 接口控制 74HC595 芯片，进一步实现对板上 7 段数码管的控制。设置 16 个预置的数字 0,1,2,3,4,5,6,7,8,9,A,B,C,D,E,F，然后在 8 个 7 段数码管上进行滚动显示。在该设计中，滚动显示数字的频率是 1Hz。

15.4.1　系统控制电路原理

在 STC 学习板上，为了减少控制 7 段数码管所使用的引脚的数目，使用两片 74HC595 对 7 段数码管进行控制。其中一片 74HC595 用于产生控制 8 个 7 段数码管的管选信号 COM1～COM8；另一片 74HC595 用于为每个数码管产生段控制信号 A～H，其中一个信号用于控制显示小数点。与 7 段数码管连接的信号线分别通过 8 个电阻进行限流。

74HC595 器件提供了 SPI 接口，与单片机上的 P4.3/SCLK、P5.4/SS 和 P4.0/MOSI 引脚连接在一起，如图 15.9 所示。

从图 15.9 中可以看出，实现设计目标的关键是掌握 7 段数码管和 74HC595 的工作原理。下面对其工作原理进行详细的说明。

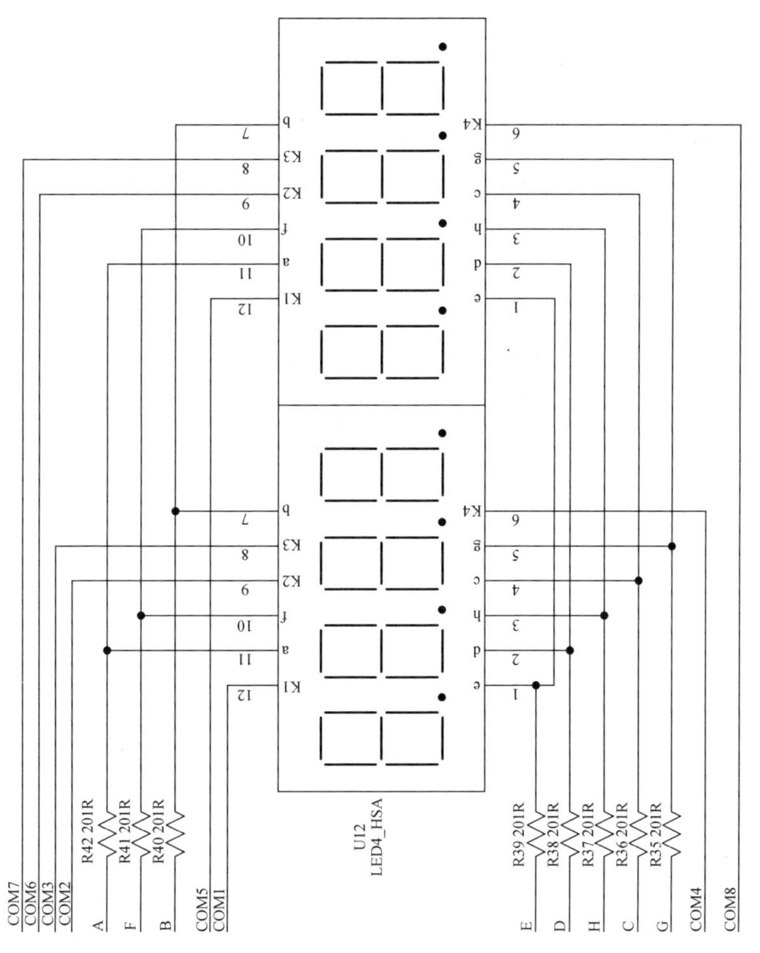

图 15.9 SPI 系统控制电路原理

15.4.2 7段数码管原理

在该设计中采用了共阴极的7段数码管。

1. 单个共阴极7段数码管控制原理

7段数码管亮灭控制的最基本原理就是当有电流流过7段数码管a、b、c、d、e、f、g的某一段时,该段就发光,如图15.10所示。

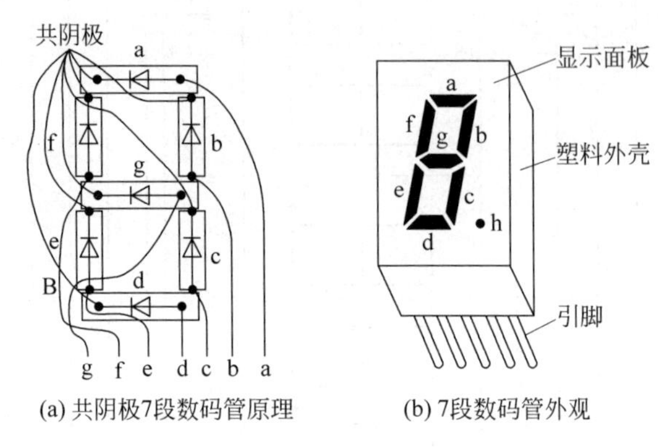

图15.10 共阴极7段数码管原理

(1) $V_a - V_{公共端} < V_{TH}$时,a段灭;否则,a段亮。

(2) $V_b - V_{公共端} < V_{TH}$时,b段灭;否则,b段亮。

(3) $V_c - V_{公共端} < V_{TH}$时,c段灭;否则,c段亮。

(4) $V_d - V_{公共端} < V_{TH}$时,d段灭;否则,d段亮。

(5) $V_e - V_{公共端} < V_{TH}$时,e段灭;否则,e段亮。

(6) $V_f - V_{公共端} < V_{TH}$时,f段灭;否则,f段亮。

(7) $V_g - V_{公共端} < V_{TH}$时,g段灭;否则,g段亮。

注意:V_{TH}为7段数码管各段的门限电压。

控制共阴极7段数码管显示不同的数字和字母时,只要给不同段施加高电平(逻辑1)即可。二进制码编码与所对应的7段码,如表15.11所示。

表15.11 二进制码转换到7段码的对应关系

x_3	x_2	x_1	x_0	g	f	e	d	c	b	a
0	0	0	0	0	1	1	1	1	1	1
0	0	0	1	0	0	0	0	1	1	0
0	0	1	0	1	0	1	1	0	1	1
0	0	1	1	1	0	0	1	1	1	1
0	1	0	0	1	1	0	0	1	1	0
0	1	0	1	1	1	0	1	1	0	1
0	1	1	0	1	1	1	1	1	0	1
0	1	1	1	0	0	0	0	1	1	1
1	0	0	0	1	1	1	1	1	1	1
1	0	0	1	1	1	0	1	1	1	1

续表

x_3	x_2	x_1	x_0	g	f	e	d	c	b	a
1	0	1	0	1	1	1	0	1	1	1
1	0	1	1	1	1	1	1	1	0	0
1	1	0	0	0	1	1	1	0	0	1
1	1	0	1	1	0	1	1	1	1	0
1	1	1	0	1	1	1	1	0	0	1
1	1	1	1	1	1	1	0	0	0	1

2. 多个共阴极7段数码管控制原理

对于多个共阴极7段数码管，从图15.9可以看到段信号A～H被复用到8个数码管上。同时，每个数码管都有自己独立的管选信号。由于使用的是共阴极的7段数码管，所以只有当管选信号COM_i为0(i=0,1,2,3,4,5,6,7)时，段信号对该数码管有效。因此，在7段数码管上显示不同的数字/字母时，满足条件：COM_i为0(i=0,1,2,3,4,5,6,7)时，对应给出合适的A～H信号。也就是在不同的时刻，使得i在0～7之间快速地进行递增变化，如图15.11所示。导通频率大约在100kHz的量级。导通频率越高，人眼看到数码管上显示的数字/字母越稳定。

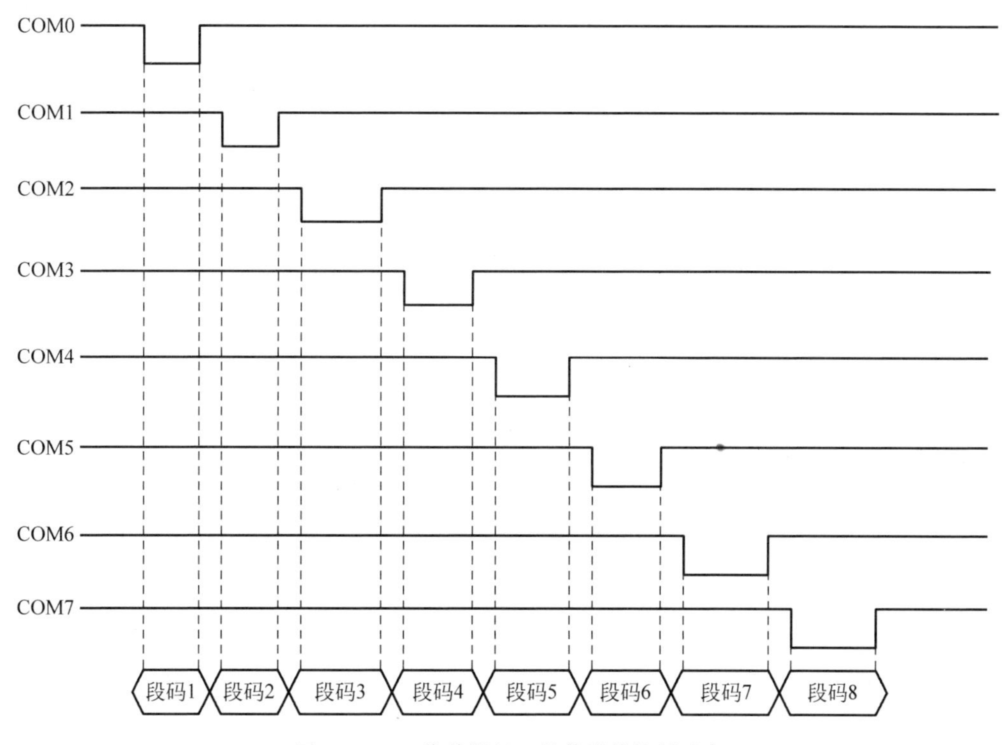

图15.11 8位共阴极7段数码管控制时序

15.4.3 74HC595原理

74HC595芯片是一个带有3态输出寄存器的8位移位寄存器，如图15.12所示。该芯片的功能如表15.12所示，详细的控制顺序如图15.13所示。

表 15.12　74HC595 功能

输入					输　　出
SER	SRCLK	$\overline{\text{SRCLR}}$	RCLK	$\overline{\text{OE}}$	
X	X	X	X	H	禁止 $Q_A \sim Q_H$ 输出
X	X	X	X	L	使能 $Q_A \sim Q_H$ 输出
X	X	L	X	X	清除移位寄存器
L	↑	H	X	X	第一个移位寄存器变低，其他保存以前的数据
H	↑	H	X	X	第一个移位寄存器变高，其他保存以前的数据
X	X	X	↑	↑	移位寄存器的数据保存在存储寄存器中

再次分析图 15.9 所示的电路，数据从标记为 U6 的 74HC595 器件的 SER 引脚输入，在每个 SRCLK 的上升沿，将 SER 引脚上的数据移入到移位寄存器，在第 9 个 SRCLK 的第 9 个上升沿，数据开始从$\overline{\text{Q7}}$移出。由于将 U6 的$\overline{\text{Q7}}$和 U5 的 SER 引脚连接在一起，数据开始移入标记为 U5 的 74HC595 器件内部的移位寄存器，如此下去。当在第 16 个上升沿的时候，16 位数据充满移位寄存器。之后，给 RCLK 一个上升沿，就将寄存器中的数据同时保存到存储寄存器中。由于设计中$\overline{\text{OE}}$始终为低电平。所以，数据直接从 Q0～Q7 引脚输出。

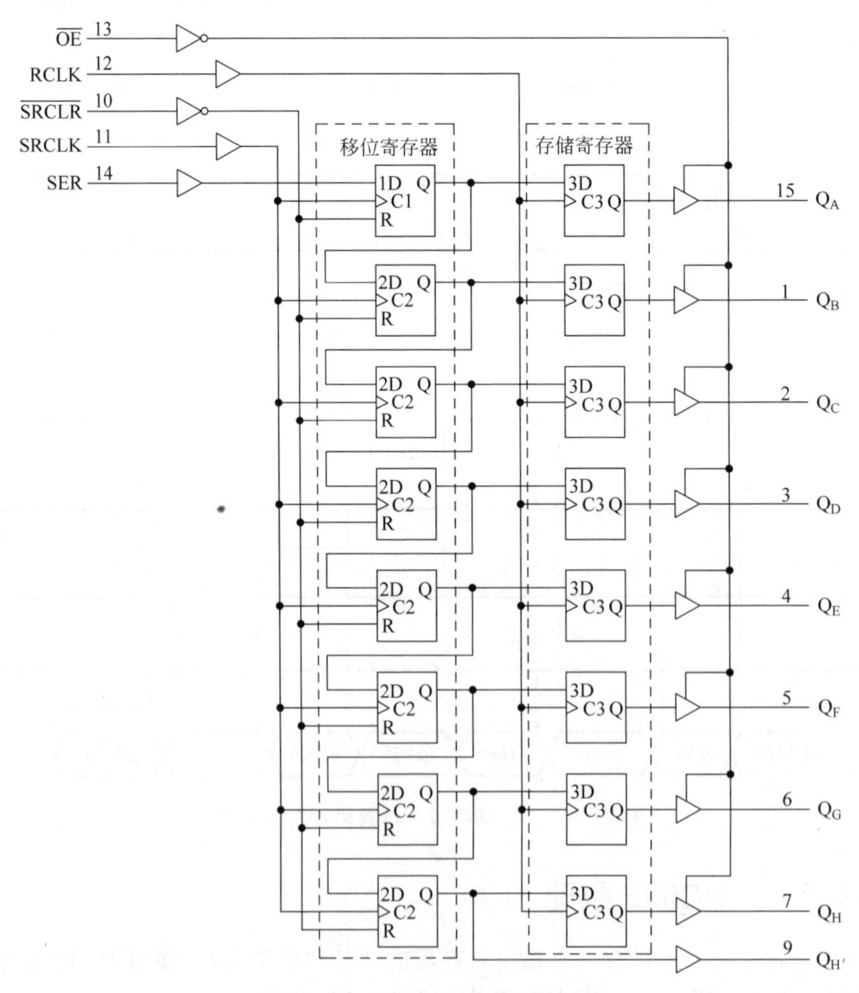

图 15.12　74HC595 芯片内部结构

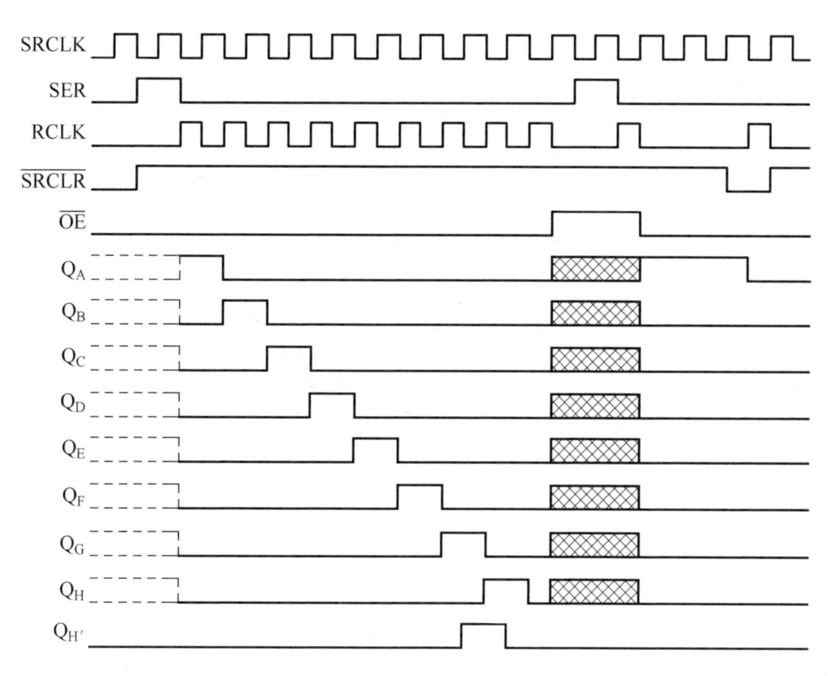

图 15.13 74HC595 控制时序

思考与练习 15-2：通过上面的分析，给出通过 8 片 74HC595 扩展出 64 个 I/O 端口的方案，画出电路结构，并进行说明。

15.4.4 系统软件控制流程

软件控制流程如图 15.14 所示。定时器 0 频率很高，用于轮流导通 8 个 7 段数码管；定时器 1 频率大约为 1Hz，用于控制每个数码管上显示的数字。

15.4.5 程序具体实现

【例 15-1】 通过 SPI 接口和 74HC595 芯片控制 7 段数码管 C 语言描述的例子。

注意：在该设计中，为了阅读程序的方便，添加了 spi.h 头文件，包含宏定义、寄存器定义和引脚定义等。

代码清单 15-1(a) spi.h 文件

```
#define TIMS 65500              //定义定时器 0 的计数初值
#define TIMS1 3036              //定义定时器 1 的计数初值
#define SSIG        1           //定义 SPCTL 寄存器 SSIG 位的值,主模式
#define SPEN        1           //定义 SPCTL 寄存器 SPEN 位的值,使能 SPI
#define DORD        0           //定义 SPCTL 寄存器 DORD 位的值,先送 MSB
#define MSTR        1           //定义 SPCTL 寄存器 MSTR 位的值,SPI 为主机
#define CPOL        1           //定义 SPCTL 寄存器 CPOL 位的值,空闲为高电平
#define CPHA        1           //定义 SPCTL 寄存器 CPHA 位的值,前沿驱动数据
#define SPR1        0           //与 SPECTL 寄存器 SPR0 一起确定 SPI 的时钟频率
#define SPR0        0           //SPI 时钟频率为 CPU 时钟的 1/4
#define SPEED_4     0
#define SPEED_16    1
```

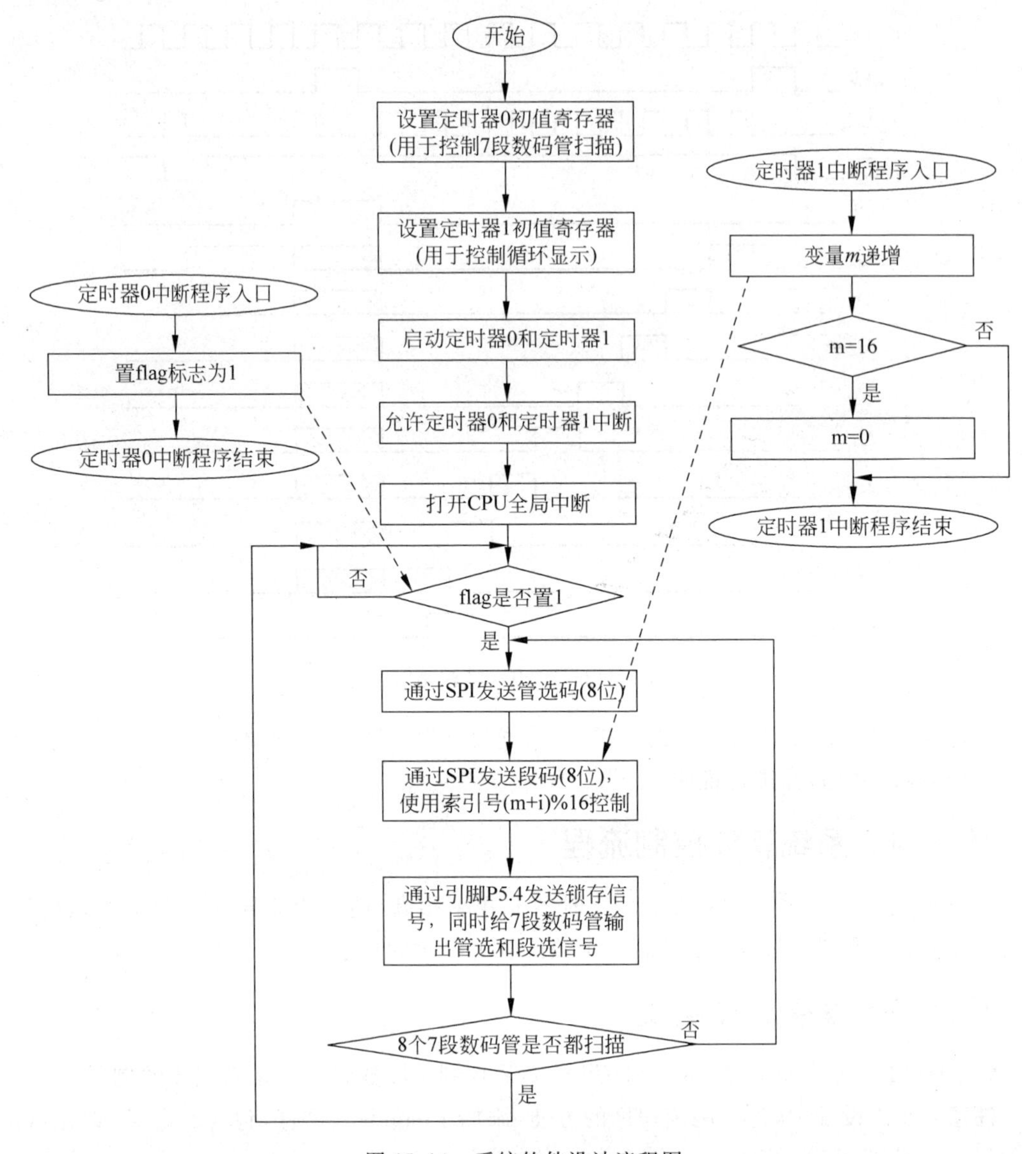

图 15.14　系统软件设计流程图

```
#define SPEED_64   2
#define SPEED_128  3

#define SPIF        0x80                    //定义 SPSTAT 寄存器 SPIF 标志的值
#define WCOL        0x40                    //定义 SPSTAT 寄存器 WCOL 标志的值

sfr SPSTAT = 0xCD;                          //定义 SPSTAT 寄存器的地址 0xCD
sfr SPCTL = 0xCE;                           //定义 SPCTL 寄存器的地址 0xCE
sfr SPDAT = 0xCF;                           //定义 SPDAT 寄存器的地址 0xCF

sfr AUXR = 0x8E;                            //定义 AUXR 寄存器的地址 0x8E
sfr AUXR1 = 0xA2;                           //定义 AUXR1 寄存器的地址 0xA2
sfr CLK_DIV = 0x97;                         //定义 CLK_DIV 寄存器的地址 0x97
```

```
sfr P5 = 0xC8;                              //定义 P5 端口寄存器的地址 0xC8

sbit HC595_RCLK = P5 ^ 4;                   //定义 P5.4 引脚
```

代码清单 15-1(b) main.c 头文件

```
#include "reg51.h"
#include "spi.h"                            //包含自定义头文件
//t_display 数组保存着 0~9,A~F 的段码,顺序 h,g,f,e,d,c,b,a
unsigned char code t_display[16] = {0x3F,0x06,0x5B,0x4F,
                                    0x66,0x6D,0x7D,0x07,
                                    0x7F,0x6F,0x77,0x7C,
                                    0x39,0x5E,0x79,0x71};
//T-COM 数组保存着管选码的反码,在一个时刻只有一个管选信号为低,其余为高
unsigned char code T_COM[8] = {0x01,0x02,0x04,0x08,0x10,0x20,0x40,0x80};
bit flag = 0;                               //定义全局位变量 flag
unsigned m = 0;                             //定义全局无符号变量 m
void SPI_SendByte(unsigned char dat)        //定义 SPI 数据发送函数
{
    SPSTAT = SPIF + WCOL;                   //写 1 清零 SPSTAT 寄存器内容
    SPDAT = dat;                            //dat 写入 SPDAT SPI 数据寄存器
    while((SPSTAT & SPIF) == 0);            //判断发送是否完成,没有则等待
    SPSTAT = SPIF + WCOL;                   //写 1 清零 SPSTAT 寄存器内容
}
//定义用于写 7 段数码管的子函数 seg7scan,index1 参数控制管选,index2 控制段码
void seg7scan(unsigned char index1,unsigned char index2)
{
    SPI_SendByte(~T_COM[index1]);           //向 74HC595(U5)写入管选信号
    SPI_SendByte(t_display[index2]);        //向 74HC595(U6)写入段码数据
    HC595_RCLK = 1;                         //通过 P5.4 端口向两片 74HC595 发数据锁存
    HC595_RCLK = 0;                         //上升沿有效
}
void timer_0() interrupt 1                  //声明定时器 0 的中断服务程序
{
    flag = 1;                               //置 flag 标志为 1
}
void timer_1() interrupt 3                  //声明定时器 1 的中断服务程序
{
    P46 = !P46;                             //P4.6 引脚取反
    m++;                                    //全局变量 m 递增
    if(m == 16) m = 0;                      //如果 m 等于 16,则 m 置为 0
}
void main()
{
    unsigned char i = 0;                    //定义本地字符型变量 char
    SPCTL = (SSIG << 7) + (SPEN << 6) + (DORD << 5) + (MSTR << 4)          //给寄存器 SPCTL 赋值
          + (CPOL << 3) + (CPHA << 2) + SPEED_4;
    CLK_DIV = 0x03;                         //主时钟 8 分频作为 SYSclk 频率
    TL0 = TIMS;                             //TIMS 写入定时器 0 低 8 位寄存器 TL0
    TH0 = TIMS >> 8;                        //TIMS 写入定时器 0 高 8 位寄存器 TH0
    TL1 = TIMS1;                            //TIMS1 写入定时器 1 低 8 位寄存器 TL1
```

```
    TH1 = TIMS1 > 8;                       //TIMS1 写入定时器 1 高 8 位寄存器 TH1
    AUXR& = 0x3F;                          //定时器 0 和 1 是 12 分频
    AUXR1 = 0x08;                          //将 SPI 接口信号切换到第 3 组引脚上
    TMOD = 0x00;                           //定时器 0/1,16 位重加载定时器模式
    TR0 = 1;                               //启动定时器 0
    TR1 = 1;                               //启动定时器 1
    ET0 = 1;                               //允许定时器 0 溢出中断
    ET1 = 1;                               //允许定时器 1 溢出中断
    EA = 1;                                //CPU 允许响应中断请求

    while(1)                               //无限循环
    {
        if(flag == 1)                      //如果 flag 为 1,表示定时器 0 中断
        {
          flag = 0;                        //将 flag 标志清 0
           for(i = 0;i < 8;i++)            //轮流导通 7 段数码管,需要 8 次
          {
             seg7scan(i,(m + i) % 16);     //控制其中一个数码管,送管选和段码
          }                                //(m + i) % 16 为了控制每个 7 段数码管
         }                                 //上显示的数字
    }
}
```

注意：读者可以进入本书所提供资料的 STC_example\例子 15-1 目录下，打开并参考该设计。

思考与练习 15-3：假设在烧写程序时，将 IRC 频率设置为 12MHz，则定时器 0 的溢出率＝________ Hz；定时器 1 的溢出率＝________ Hz。

思考与练习 15-4：说明程序中(m＋i)％16 的作用________________。

思考与练习 15-5：说明在该程序中 SPI 接口对 74HC595 的控制时序。

思考与练习 15-6：添加代码，使用串口 2 设置需要循环显示的 16 个数字/字符。

第16章 STC 单片机 CCP/PCA/PWM 模块原理及实现

CHAPTER 16

本章介绍 STC 单片机内部比较捕获脉冲宽度调制(Compare Capture Pulse width modulation,CCP)/可编程计数器阵列(Programmable Counter Array,PCA)/脉冲宽度调制(Pulse Width Modulation,PWM)模块原理及实现方法,内容包括 CCP/PCA/PWM 结构、CCP/PCA/PWM 寄存器组和 CCP/PCA/PWM 工作模式。

CCP/PCA/PWM 模块可用于软件定时器、外部脉冲的捕获、高速脉冲的输出以及 PWM 的输出。

16.1 CCP/PCA/PWM 结构

STC15 系列部分单片机内部集成了三路 CCP/PCA/PWM 模块,如图 16.1 所示。

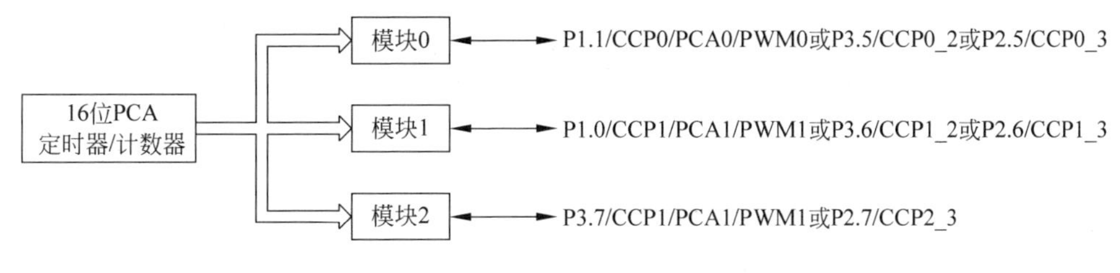

图 16.1 PCA 模块结构

注意:(1) STC15W1K16S、STC15W404S、STC15W201S、STC15F100W 系列单片机无 CCP/PCA/PWM 模块。

(2) STC15W4K32S4 系列单片机,只有两路 CCP 输出。

PCA 模块包含一个特殊的 16 位定时器,有 3 个 16 位的捕获/比较模块与该定时器/计数器模块相连。通过软件程序,每个模块可以设置工作在下面四种模式中的一种:上升/下降沿捕获、软件定时器、高速脉冲输出、可调脉冲输出。

通过 AUXR1(P_SW1)寄存器可以控制这三路 CCP/PCA/PWM 输出所使用单片机上的引脚位置。

1) CCP/PCA/PWM 的输出

(1) 对于 CCP/PCA/PWM 模块 0 的输出,可以选择使用 P1.1、P3.5 或者 P2.5 引脚。

(2) 对于 CCP/PCA/PWM 模块 1 的输出,可以选择使用 P1.0、P3.6、P2.6 引脚。

(3) 对于 CCP/PCA/PWM 模块 2 的输出,可以选择使用 P3.7 或者 P2.7 引脚。

注意：对于 STC15W4K32S4 系列单片机来说，不存在模块 2 的输出。

可以看出，输出可以选择使用 P1 口、P2 口或者 P3 口的某些引脚，也就是输出可以在 P1、P2 和 P3 口之间进行切换。因此，也就增加了使用模块输出的灵活性。

2）CCP/PCA/PWM 的外部脉冲输入

对于 CCP/PCA/PWM 不同模块使用一个外部脉冲输入，该输入信号可以选择使用 P1.2、P3.4 或者 P2.4 引脚，也就是输入可以在 P1、P2 和 P3 口之间进行切换。因此，也就增加了使用模块输入的灵活性。

下面对 16 位 PCA 计数器/定时器的结构进行详细说明，如图 16.2 所示。其中，计数器 CH 和 CL 的内容是正在自由递增计数的 16 位 PCA 定时器的值。PCA 定时器是三个模块的公共时间基准。通过 CMOD 寄存器 CPS2、CPS1 和 CPS0 位，选择 16 位 PCA 定时器/计数器的时钟源，包括 SYSclk/1、SYSclk/2、SYSclk/4、SYSclk/6、SYSclk/8、SYSclk/12、定时器 0 溢出和外部脉冲输入。

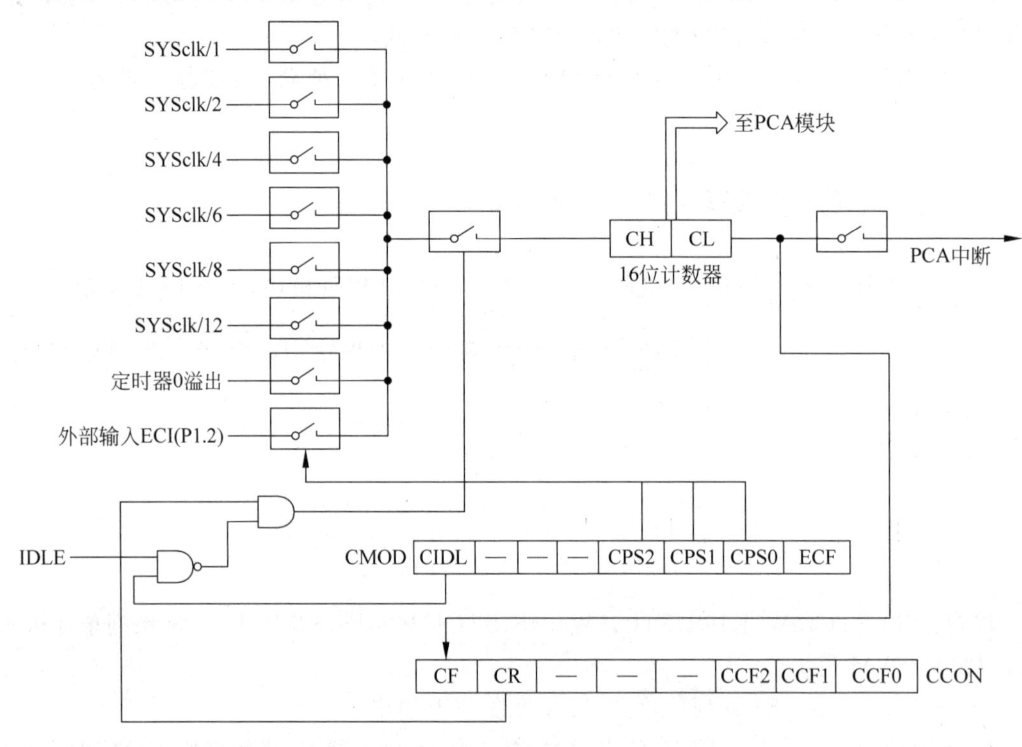

图 16.2　16 位 PCA 定时器/计数器内部结构

此外，CMOD 寄存器还有两位与 PCA 有关。

（1）CIDL，空闲模式下允许停止控制位。

（2）ECF，PCA 中断使能位，即当 PCA 定时器溢出时，将 CCON 寄存器的 PCA 计数溢出标志位 CF 置位。

CCON 寄存器包含 PCA 的运行控制位 CR 和 PCA 定时器标志 CF 以及各个模块的标志 CCF2、CCF1 和 CCF0。

（1）当 CR 位为 1(CCON.6)，使能运行 PCA；当 CR 位为 0 时，禁止运行 PCA。

（2）当 PCA 计数器溢出时，置位 CF。如果 CMOD 寄存器的 ECF 位为 1，则产生 PCA

中断。

注意：CF 只能通过软件清除。

CCON 寄存器的第 2～第 0 位是 PCA 各个模块的标志位。从图中可以看出，第 0 位对应于模块 0；第 1 位对应于模块 1；第 2 位对应于模块 2。当发生匹配或者比较时，由硬件置位这些比特位。

注意：这些位只能通过软件清除。

PCA 的每个模块都分别对应一个寄存器。

(1) 模块 0 对应于 CCAPM0。

(2) 模块 1 对应于 CCAPM1。

(3) 模块 2 对应于 CCAPM2。

此外，每个模块还对应于另外两个寄存器——CCAPnH 和 CCAPnL。当出现捕获或者比较时，它们可以用来保存 16 位的计数值。当 PCA 模块用于 PWM 模式时，用来控制输出的占空比。

16.2　CCP/PCA/PWM 寄存器组

本节将介绍 CCP/PCA/PWM 模块寄存器组中的各个寄存器的功能，包括 PCA 工作模式寄存器、PCA 控制寄存器、PCA 比较捕获寄存器、PCA 的 16 位计数器、PCA 捕获/比较寄存器、PCA 模块 PWM 寄存器、PCA 模块引脚切换寄存器。

16.2.1　PCA 工作模式寄存器

PCA 工作模式寄存器 CMOD，如表 16.1 所示。该寄存器位于 STC 单片机特殊功能寄存器地址为 0xD9 的位置。当复位后，该寄存器的值为 0xxx0000B。

表 16.1　PCA 工作模式寄存器 CMOD 各位的含义

比特位	B7	B6	B5	B4	B3	B2	B1	B0
名字	CIDL	—	—	—	CPS2	CPS1	CPS0	ECF

其中：

1) CIDL

空闲模式下是否停止 PCA 计数的控制位。当该位为 0 时，空闲模式下 PCA 计数器继续工作；当该位为 1 时，空闲模式下 PCA 计数器停止工作。

2) CPS2～CPS0

PCA 计数脉冲源选择控制位，如表 16.2 所示。

表 16.2　CPS2、CPS1 和 CPS0 各位的含义

CPS2	CPS1	CPS0	选择 PCA 定时器的输入源
0	0	0	SYSclk/12
0	0	1	SYSclk/2
0	1	0	定时器溢出脉冲

续表

CPS2	CPS1	CPS0	选择 PCA 定时器的输入源
0	1	1	外部控制脉冲输入 ECI(最高速度=SYSclk/2)
1	0	0	SYSclk
1	0	1	SYSclk/4
1	1	0	SYSclk/6
1	1	1	SYSclk/8

3) ECF

PCA 计数溢出中断使能位。当该位为 0 时，禁止寄存器 CCON 中 CF 位的中断；当该位为 1 时，允许寄存器 CCON 中 CF 位的中断。

16.2.2 PCA 控制寄存器

PCA 控制寄存器 CCON，如表 16.3 所示。该寄存器位于 STC 单片机特殊功能寄存器地址为 0xD8 的位置。当复位后，该寄存器的值为 00xxx000B。

表 16.3 PCA 控制寄存器 CCON 各位的含义

比特位	B7	B6	B5	B4	B3	B2	B1	B0
名字	CF	CR	—	—	—	CCF2	CCF1	CCF0

其中：

1) CF

PCA 计数器阵列溢出标志位。当 PCA 计数器溢出时，硬件将该位置 1。此时，如果 CMOD 寄存器的 ECF 位为 1，则 CF 标志位可用于产生中断。可以通过软件或者硬件给 CF 位置 1，但是只能通过软件将 CF 位清 0。

2) CR

PCA 计数器阵列运行控制位。当该位为 1 时，启动 PCA 计数器阵列；当该位为 0 时，关闭 PCA 计数器阵列。

3) CCF2/CCF1/CCF0

PCA 模块 2/1/0 中断标志。当出现匹配或者捕获时，由硬件将该位置 1。该位必须通过软件清 0。

16.2.3 PCA 比较捕获寄存器

PCA 比较捕获寄存器 CCAPM 包括三个寄存器，即 CCAPM0、CCAPM1、CCAPM2。

注意：STC15W4K32S4 系列单片机没有 CCAPM2 寄存器。

本节以 PCA 比较捕获寄存器 CCAPM0 为例，如表 16.4 所示。该寄存器位于 STC 单片机特殊功能寄存器地址为 0xDA 的位置。当复位后，该寄存器的值为 x0000000B。

表 16.4 PCA 比较捕获寄存器 CCAPM0 各位的含义

比特位	B7	B6	B5	B4	B3	B2	B1	B0
名字	—	ECOM0	CAPP0	CAPN0	MAT0	TOG0	PWM0	ECCF0

其中：

1）ECOM0

允许比较器功能控制位。当该位为 1 时，允许比较器功能；当该位为 0 时，禁止比较器功能。

2）CAPP0

上升沿控制位。当该位为 1 时，允许上升沿捕获；当该位为 0 时，禁止上升沿捕获。

3）CAPN0

下降沿控制位。当该位为 1 时，允许下降沿捕获；当该位为 0 时，禁止下降沿捕获。

4）MAT0

匹配控制位。当该位为 1 时，PCA 计数值与模块的比较/捕获寄存器值的匹配将置位 CCON 寄存器的中断标志 CCF0。

5）TOG0

翻转控制位。当该位为 1 时，工作在 PCA 高速脉冲输出模式，PCA 计数器的值与模块的比较/捕获寄存器值的匹配将使 CCP0 引脚翻转。

6）PWM0

脉冲宽度调节模式。当该位为 1 时，允许 CCP0 用于 PWM 输出；当该位为 0 时，禁止 CCP0 用于 PWM 输出。

7）ECCF0

使能 CCF0 中断。当该位为 1 时，使能寄存器 CCON 的比较/捕获标志 CCF0 产生中断。

16.2.4 PCA 的 16 位计数器

PCA 的 16 位计数器分别用 CL 寄存器和 CH 寄存器表示，如表 16.5 和表 16.6 所示。CL 和 CH 寄存器分别位于 STC 单片机特殊功能寄存器地址为 0xE9 和 0xF9 的位置。当复位后，CL 和 CH 寄存器的值均为 00000000B。

表 16.5 PCA 的寄存器 CL 各位的含义

比特位	B7	B6	B5	B4	B3	B2	B1	B0
名字	16 位计数值的低 8 位							

表 16.6 PCA 的寄存器 CH 各位的含义

比特位	B7	B6	B5	B4	B3	B2	B1	B0
名字	16 位计数值的高 8 位							

16.2.5 PCA 捕获/比较寄存器

PCA 捕获/比较寄存器分别对应于每个模块，即 CCAP0、CCAP1 和 CCAP2。当 PCA

模块用于捕获或者比较时，它们用于保存各个模块的16位捕捉计数值；当PCA模块用于PWM时，它们用来控制输出的占空比。

1. PCA捕获/比较寄存器CCAP0

PCA捕获/比较寄存器CCAP0分别用CCAP0L寄存器和CCAP0H寄存器表示，如表16.7和表16.8所示。CCAP0L和CCAP0H寄存器分别位于STC单片机特殊功能寄存器地址为0xEA和0xFA的位置。当复位后，CCAP0L和CCAP0H寄存器的值均为00000000B。

表16.7 PCA捕获/比较寄存器CCAP0L各位的含义

比特位	B7	B6	B5	B4	B3	B2	B1	B0
名字	捕获/比较寄存器CCAP0低8位							

表16.8 PCA捕获/比较寄存器CCAP0H各位的含义

比特位	B7	B6	B5	B4	B3	B2	B1	B0
名字	捕获/比较寄存器CCAP0高8位							

2. PCA捕获/比较寄存器CCAP1

PCA捕获/比较寄存器CCAP1分别用CCAP1L寄存器和CCAP1H寄存器表示。CCAP1L和CCAP1H寄存器分别位于STC单片机特殊功能寄存器地址为0xEB和0xFB的位置。当复位后，CCAP1L和CCAP1H寄存器的值均为00000000B。

3. PCA捕获/比较寄存器CCAP2

PCA捕获/比较寄存器CCAP2分别用CCAP2L寄存器和CCAP2H寄存器表示。CCAP2L和CCAP2H寄存器分别位于STC单片机特殊功能寄存器地址为0xEC和0xFC的位置。当复位后，CCAP2L和CCAP2H寄存器的值均为00000000B。

16.2.6 PCA模块PWM寄存器

本节介绍PCA模块PWM寄存器PCA_PWM，它包含PCA_PWM0、PCA_PWM1和PCA_PWM2，这些寄存器分别对应一个模块。

1. PCA模块PWM寄存器PCA_PWM0

PCA模块PWM寄存器PCA_PWM0，如表16.9所示。该寄存器位于STC单片机特殊功能寄存器地址为0xF2的位置。当复位后，该寄存器的值为00xxxx00B。

表16.9 PCA模块PWM寄存器PCA_PWM0各位的含义

比特位	B7	B6	B5	B4	B3	B2	B1	B0
名字	EBS0_1	EBS0_0	—	—	—	—	EPC0H	EPC0L

其中：

1) EBS0_1和EBS0_0

当PCA模块工作在PWM模式时的功能选择位如表16.10所示。

表 16.10 EBS0_1 和 EBS0_0 各位含义

EBS0_1	EBS0_0	功 能
0	0	PCA 模块 0 工作于 8 位 PWM 功能
0	1	PCA 模块 0 工作于 7 位 PWM 功能
1	0	PCA 模块 0 工作于 6 位 PWM 功能
1	1	无效,PCA 模块 0 仍工作于 8 位 PWM 功能

2）EPC0H

在 PWM 模式下,与 CCAP0H 组成 9 位数。

3）EPC0L

在 PWM 模式下,与 CCAP0L 组成 9 位数。

2. PCA 模块 PWM 寄存器 PCA_PWM1

PCA 模块 PWM 寄存器 PCA_PWM1,各位含义同 PCA_PWM0。该寄存器位于 STC 单片机特殊功能寄存器地址为 0xF3 的位置。当复位后,该寄存器的值为 00xxxx00B。

3. PCA 模块 PWM 寄存器 PCA_PWM2

PCA 模块 PWM 寄存器 PCA_PWM2 各位含义同 PCA_PWM0。该寄存器位于 STC 单片机特殊功能寄存器地址为 0xF4 的位置。当复位后,该寄存器的值为 00xxxx00B。

16.2.7 PCA 模块引脚切换寄存器

PCA 模块引脚切换寄存器 AUXR1(P_SW1)用于选择 CCP 输出、SPI 接口和串口所用的引脚在单片机上的位置,如表 16.11 所示。该寄存器位于 STC 单片机特殊功能寄存器地址为 0xA2 的位置。当复位后,该寄存器的值为 00000000B。

表 16.11 PCA 模块引脚切换寄存器 AUXR1(P_SW1)各位的含义

比特位	B7	B6	B5	B4	B3	B2	B1	B0
名字	S1_S1	S1_S0	CCP_S1	CCP_S0	SPI_S1	SPI_S0	0	DPS

其中:

(1) S1_S1 和 S1_S0 确定串口 1 在单片机上引脚的位置,如表 16.12 所示。

表 16.12 S1_S1 和 S1_S0 各位的含义

S1_S1	S1_S0	功 能
0	0	选择串口 1 分别对应于单片机 P3.0/RxD 和 P3.1/TxD 引脚
0	1	选择串口 1 分别对应于单片机 P3.6/RxD_2 和 P3.7/TxD_2 引脚
1	0	选择串口 1 分别对应于单片机 P1.6/RxD_3 和 P1.7/TxD_3 引脚
1	1	无效

(2) CCP_S1 和 CCP_S0 确定 CCP 输出在单片机上引脚的位置,如表 16.13 所示。

表 16.13 CCP_S1 和 CCP_S0 各位的含义

CCP_S1	CCP_S0	功　能
0	0	选择 CCP 输入对应于单片机 P1.2/ECI 引脚,同时选择 CCP 三个输出分别对应于单片机的 P1.1/CCP0、P1.0/CCP1 和 P3.7/CCP2 引脚
0	1	选择 CCP 输入对应于单片机 P3.4/ECI_2 引脚,同时选择 CCP 三个输出分别对应于单片机的 P3.5/CCP0_2、P3.6/CCP1_2 和 P3.7/CCP2_2 引脚
1	0	选择 CCP 输入对应于单片机 P2.4/ECI_3 引脚,同时选择 CCP 三个输出分别对应于单片机的 P2.5/CCP0_3、P2.6/CCP1_3 和 P2.7/CCP2_3 引脚
1	1	无效

注意:STC15W4K32S4 系列单片机只存在 2 个 CCP 通道。

(3) SPI_S1 和 SPI_S0 确定 SPI 接口在单片机上引脚的位置,如表 16.14 所示。

表 16.14 SPI_S1 和 SPI_S0 各位的含义

SPI_S1	SPI_S0	功　能
0	0	选择 SPI 接口分别对应于单片机 P1.2/SS、P1.3/MOSI、P1.4/MISO、P1.5/SCLK 引脚
0	1	选择 SPI 接口分别对应于单片机 P2.4/SS_2、P2.3/MOSI_2、P2.2/MISO_2、P2.1/SCLK_2 引脚
1	0	选择 SPI 接口分别对应于单片机 P5.4/SS_3、P4.0/MOSI_3、P4.1/MISO_3、P4.3/SCLK_3 引脚
1	1	无效

(4) DPS 为 DPTR 寄存器选择位。当该位为 0 时,选择 DPTR0;当该位为 1 时,选择 DPTR1。

16.3 CCP/PCA/PWM 工作模式

本节详细介绍 CCP/PCA/PWM 模块的四种工作模式,包括捕获模式、16 位软件定时器模式、高速脉冲输出模式和脉冲宽度调制模式。

16.3.1 捕获模式

PCA 模块工作于捕获模式的内部结构如图 16.3 所示。从图中可以看出,要想工作在该模式,寄存器 CCAPM*n* 的两位(CAPN*n* 和 CAPP*n*)或者其中一位必须置为 1。当该模块工作于捕获模式时,对模块外部 CCP*n* 输入(可选择 CCP0/P1.1、CCP1/P1.0 或 CCP2/P3.7)的跳变进行采样。当采样到有效跳变时,PCA 硬件就将 PCA 计数器阵列寄存器(CH 和 CL)的值加载到模块的捕获寄存器 CCAP*n*L 和 CCAP*n*H 中。

如果将 CCON 寄存器中 CCF*n* 和 CCAPM*n* 寄存器中的 ECCF*n* 置位为 1,则产生中断。可在中断服务程序中,判断产生中断的模块,并注意中断标志的清零问题。

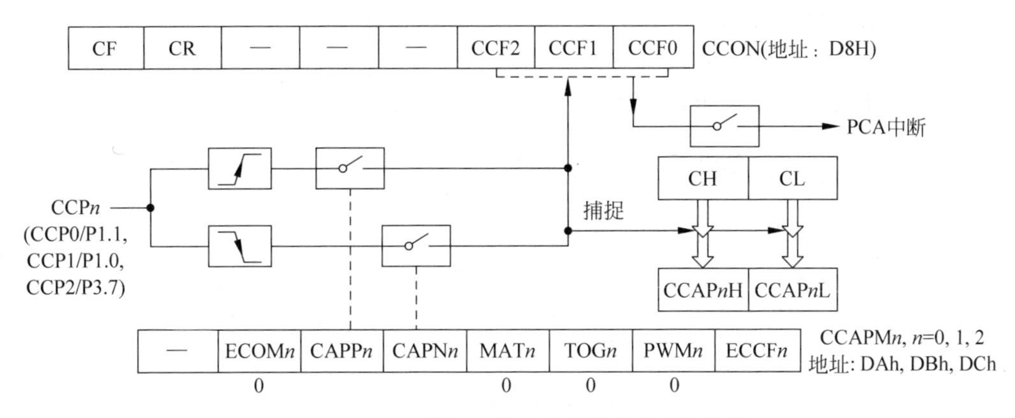

图 16.3　PCA 模块工作在捕获模式的内部结构

【例 16-1】 捕获模式 C 语言描述的例子。

代码清单 16-1　main.c 文件

```
#include "reg51.h"

sfr P_SW1 = 0xA2;                         //声明 P_SW1 寄存器的地址 0xA2
sfr CCON = 0xD8;                          //声明 CCON 寄存器的地址 0xD8
sfr CMOD = 0xD9;                          //声明 CMOD 寄存器的地址 0xD9
sfr CL = 0xE9;                            //声明 CL 寄存器的地址 0xE9
sfr CH = 0xF9;                            //声明 CH 寄存器的地址 0xF9
sfr CCAPM0 = 0xDA;                        //声明 CCAPM0 寄存器的地址 0xDA
sbit CCF0 = CCON^0;                       //声明 CCF0 标志位
sbit CCF1 = CCON^1;                       //声明 CCF1 标志位
sbit CR = CCON^6;                         //声明 CR 标志位
sbit CF = CCON^7;                         //声明 CF 标志位

void PCA_int() interrupt 7                //声明 PCA 中断服务程序
{
    CCF0 = 0;                             //CCF0 标志清零
    P46 = !P46;                           //P4.6 端口取反
    P47 = !P47;                           //P4.7 端口取反
}

void main()
{
    P46 = 0;                              //P4.6 端口置 0,灯亮
    P47 = 0;                              //P4.7 端口置 0,灯亮
    P_SW1 = 0x00;                         //CCP_S0 = 0,CCP_S1 = 0
    CCON = 0;                             //停止 PCA 定时器,清除 CF 和 CCF0 标志
    CL = 0;                               //CL 寄存器清零
    CH = 0;                               //CH 寄存器清零
    CMOD = 0x00;                          //设置时钟源,禁止 CF 溢出中断
    CCAPM0 = 0x11;                        //PCA 模块下降沿触发
    CR = 1;                               //启动 PCA 定时器
    EA = 1;                               //CPU 允许响应中断请求
    while(1);
}
```

注意：读者可以进入本书所提供资料的STC_example\例子16-1目录下打开并参考该设计，由于STC提供的学习板没有外部CCP输入信号源，所以本书不对该设计进行验证。

思考与练习16-1：请读者根据图16.3和上面的代码分析捕获模式的工作原理。

16.3.2 16位软件定时器模式

16位软件定时器模式结构如图16.4所示。

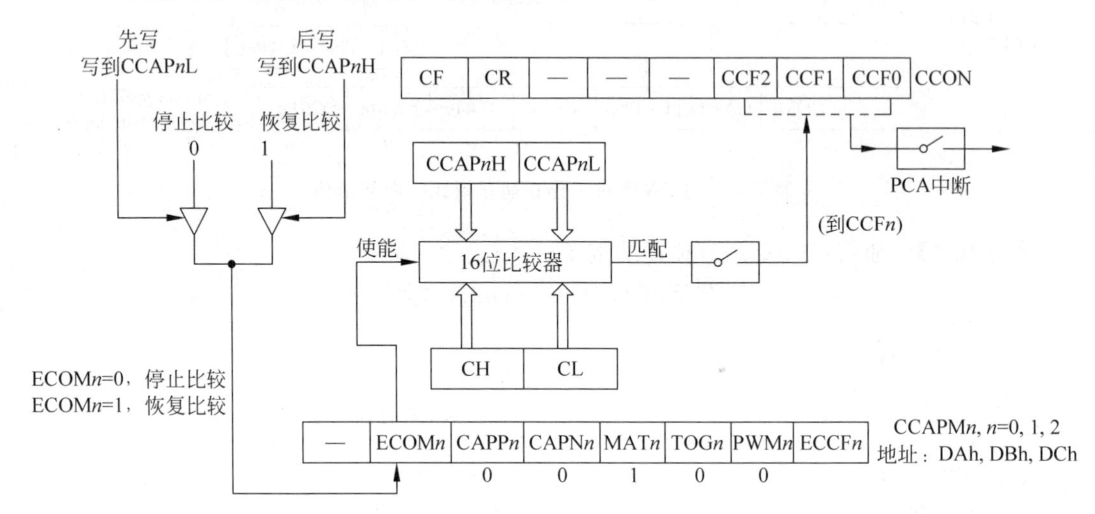

图16.4 PCA模块工作在16位软件定时器模式

通过设置CCAPM*n*寄存器中的ECOM和MAT位，使得PCA模块工作在16位软件定时器模式。PCA定时器的值与模块捕获寄存器的值进行比较，当它们相等时，如果CCON寄存器的CCF*n*位和CCAPM*n*寄存器的ECCF*n*位都置位，则将产生中断。

在16位软件定时器模式下，每个时钟节拍(由所选择时钟源确定)到来时，自动加1。当[CH,CL]增加到等于[CCAP*n*H,CCAP*n*L]时，CCF*n*=1，产生中断请求。如果每次PCA模块中断后，在中断服务程序给[CCAP*n*H,CCAP*n*L]增加相同的值时，下次中断来临的间隔时间也是相同的，从而实现了定时功能。定时时间的长短取决于时钟源的选择和PCA计数器计数值的设置。

【**例16-2**】 16位软件定时器模式C语言描述的例子。

代码清单16-2 main.c文件

```
#include "reg51.h"
#define value 3906                    //定义 value 为 3906
sfr P_SW1 = 0xA2;                     //声明 P_SW1 寄存器的地址为 0xA2
sfr CCON = 0xD8;                      //声明 CCON 寄存器的地址为 0xD8
sfr CMOD = 0xD9;                      //声明 CMOD 寄存器的地址为 0xD9
sfr CL = 0xE9;                        //声明 CL 寄存器的地址为 0xE9
sfr CH = 0xF9;                        //声明 CH 寄存器的地址为 0xF9
sfr CCAPM0 = 0xDA;                    //声明 CCAPM0 寄存器的地址为 0xDA
sfr CCAP0L = 0xEA;                    //声明 CCAP0L 寄存器的地址为 0xEA
sfr CCAP0H = 0xFA;                    //声明 CCAP0H 寄存器的地址为 0xFA
sfr CLK_DIV = 0x97;                   //声明 CLK_DIV 寄存器的地址为 0x97
sbit CCF0 = CCON^0;                   //声明 CCON 寄存器内的 CCF0 位
```

```
sbit CCF1 = CCON ^ 1;                    //声明 CCON 寄存器内的 CCF1 位
sbit CR = CCON ^ 6;                      //声明 CCON 寄存器内的 CR 位
sbit CF = CCON ^ 7;                      //声明 CCON 寄存器内的 CF 位

void PCA_int() interrupt 7               //声明 PCA 中断服务程序
{
    CCF0 = 0;                            //CCF0 标志清零
    CL = 0;                              //CL 寄存器清零
    CH = 0;                              //CH 寄存器清零
    P46 = !P46;                          //P4.6 端口取反
    P47 = !P47;                          //P4.7 端口取反
}

void main()
{
    P46 = 0;                             //P4.6 端口置 0,灯亮
    P47 = 0;                             //P4.7 端口置 0,灯亮
    CLK_DIV = 0x07;                      //设置 SYSclk 频率 = 主时钟频率/128
    P_SW1 = 0x00;                        //CCP_S0 = 0,CCP_S1 = 0
    CCON = 0;                            //停止 PCA 计数器,清除 CF 和 CCF0 标志
    CL = 0;                              //CL 寄存器清零
    CH = 0;                              //CH 寄存器清零
    CMOD = 0x00;                         //设置 PCA 时钟源 SYSclk/12
    CCAP0L = value;                      //value 低 8 位赋值给 CCAP0L 寄存器
    CCAP0H = value >> 8;                 //value 高 8 位赋值给 CCAP0H 寄存器
    CCAPM0 = 0x49;                       //打开比较器,使能匹配控制,使能 CCF0 中断
    CR = 1;                              //启动 PCA 定时器/计数器
    EA = 1;                              //CPU 允许响应中断请求
    while(1);
}
```

注意：读者可以进入本书所提供资料的 STC_example\例子 16-2 目录下打开并参考该设计。

下面对该设计进行验证和分析。步骤主要包括：

(1) 在 STC-ISP 软件中，将 IRC 频率设置为 12MHz。

(2) 下载设计到 STC 学习板。

思考与练习 16-2：观察实验现象，说明灯的变化规律________。

思考与练习 16-3：打开示波器，并将探头接入 STC 学习板的 P4.6 引脚上，测出该信号的变化频率为________ Hz。理论计算得到的信号变化频率为________ Hz。理论和实际测试结果是否一致？

提示：定时时间频率$=[(12\times10^6/128)/12]/3906=2$Hz，等于 0.5s。因此，灯的闪烁频率为 1s。

16.3.3　高速脉冲输出模式

高速脉冲输出模式结构如图 16.5 所示。

当 PCA 计数器的计数值与模块捕获寄存器的值匹配时，PCA 模块的 CCPn 输出将发

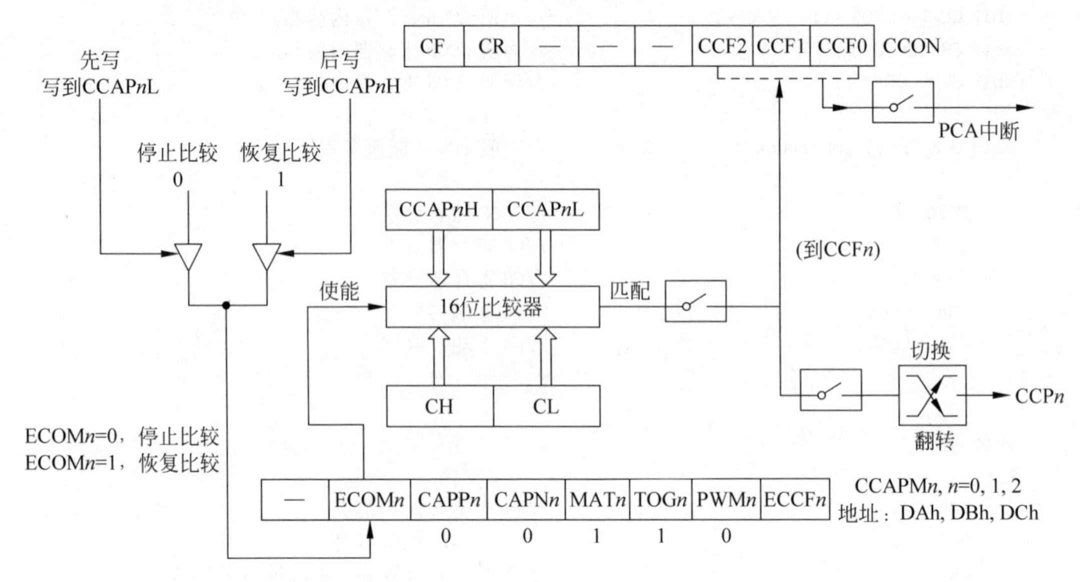

图 16.5　PCA 模块工作在高速脉冲输出模式结构

生翻转。当 CCAPMn 寄存器的 TOGn 位、MATn 位和 ECOMn 位都置为 1 时，PCA 模块工作在高速脉冲模式。

CCAPnL 的值决定了 PCA 模块 n 的输出脉冲频率。当 PCA 时钟源是 SYSclk/2 时，输出脉冲的频率为

$$f = \text{SYSclk}/(4 \times \text{CCAP}n\text{L})$$

因此，就可以得到对应的 CCAPnL 寄存器的值。

【例 16-3】 高速脉冲输出模式 C 语言描述的例子。

代码清单 16-3　main.c 文件

```
#include "reg51.h"
#define value 3906
sfr P_SW1 = 0xA2;                       //声明 P_SW1 寄存器的地址 0xA2
sfr CCON = 0xD8;                        //声明 CCON 寄存器的地址 0xD8
sfr CMOD = 0xD9;                        //声明 CMOD 寄存器的地址 0xD9
sfr CL = 0xE9;                          //声明 CL 寄存器的地址 0xE9
sfr CH = 0xF9;                          //声明 CH 寄存器的地址 0xF9
sfr CCAPM0 = 0xDA;                      //声明 CCAPM0 寄存器的地址 0xDA
sfr CCAP0L = 0xEA;                      //声明 CCAP0L 寄存器的地址 0xEA
sfr CCAP0H = 0xFA;                      //声明 CCAP0H 寄存器的地址 0xFA
sfr CLK_DIV = 0x97;                     //声明 CLK_DIV 寄存器的地址 0x97
sbit CCF0 = CCON^0;                     //声明 CCON 寄存器的 CCF0 位
sbit CCF1 = CCON^1;                     //声明 CCON 寄存器的 CCF1 位
sbit CR = CCON^6;                       //声明 CCON 寄存器的 CR 位
sbit CF = CCON^7;                       //声明 CCON 寄存器的 CF 位

void PCA_int() interrupt 7              //声明中断服务程序
{
    CCF0 = 0;                           //CCF0 标志清零
```

```
    CL = 0;                                //CL 寄存器清零
    CH = 0;                                //CH 寄存器清零
    P46 = !P46;                            //P4.6 端口取反
    P47 = !P47;                            //P4.7 端口取反
}

void main()
{
    P46 = 0;                               //P4.6 端口置 0,灯亮
    P47 = 0;                               //P4.7 端口置 0,灯亮
    CLK_DIV = 0x07;                        //SYSclk 频率 = 主时钟频率/128
    P_SW1 = 0x00;                          //CCP_S0 = 0,CCP_S1 = 0
    CCON = 0;                              //停止 PCA 定时器,清除 CF 和 CCF0 位
    CL = 0;                                //CL 寄存器清空
    CH = 0;                                //CH 寄存器清空
    CMOD = 0x00;                           //设置时钟源,SYSclk/12
    CCAP0L = value;                        //value 的低 8 位赋值给 CCAP0L
    CCAP0H = value >> 8;                   //value 的高 8 位赋值给 CCAP0H
    CCAPM0 = 0x4d;                         //PCA 模块为 16 位定时器模式,同时翻转 CCP0
    CR = 1;                                //启动 PCA 定时器
    EA = 1;                                //CPU 允许响应中断请求
    while(1);
}
```

注意：读者可以进入本书所提供资料的 STC_example\例子 16-3 目录下打开并参考该设计。

下面对该设计进行验证和分析。步骤主要包括：

(1) 在 STC-ISP 软件中，将 IRC 频率设置为 12MHz。

(2) 下载设计到 STC 学习板。

思考与练习 16-4：观察实验现象，说明灯的变化规律________。

思考与练习 16-5：打开示波器，并将探头接入 STC 学习板的 P1.1 引脚上(该引脚为默认的 CCP0 信号的输出引脚)，测出该信号的变化频率为________Hz。理论计算得到的信号变化频率为________Hz。理论和实际测试结果是否一致?

16.3.4 脉冲宽度调制模式

通过设置 PCA 各个模块 CCAPMn 寄存器的 PWMn 和 ECOMn 比特位，使得 PCA 模块工作在 PWM 模式。此外，通过设置 PCA 模块各自 PCA_PWMn(n=0,1,2)寄存器中的 EBSn_1 以及 EBSn_0 比特位，使得 PCA 模块工作在 8 位、7 位或者 6 位 PWM 模式。

1) 8 位脉冲宽度调节方式

当设置[EBSn_1,EBSn_0]=[0,0]或者[1,1]时，PCA 模块工作在 8 位 PWM 模式，如图 16.6 所示。此时，{0,CL[7:0]}与捕获寄存器{EPCnL,CCAPnL[7:0]}进行比较。

当 PCA 模块工作于 8 位模式时，由于所有模块共用仅有的 PCA 定时器，因此它们的输出频率相同。每个模块的占空比各自独立，只与该模块的捕获寄存器{EPCnL,CCAPnL[7:0]}有关。

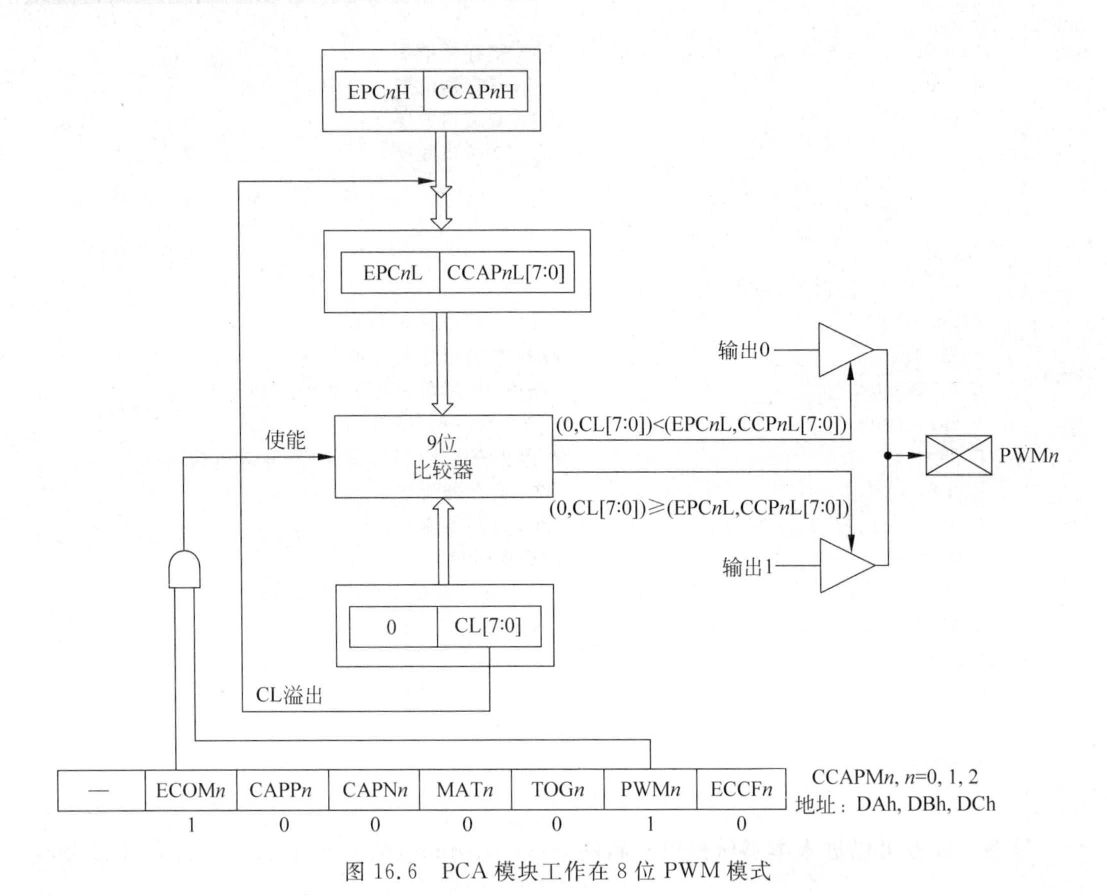

图 16.6　PCA 模块工作在 8 位 PWM 模式

(1) 当{0,CL[7:0]}的值<{EPCnL,CCAPnL[7:0]}时，输出为低。

(2) 当{0,CL[7:0]}的值≥{EPCnL,CCAPnL[7:0]}时，输出为高。

当 CL 的值由 FF 变成 00 溢出时，将{EPCnH,CCAPnH[7:0]}的内容加载到{EPCnL,CCAPnL[7:0]}中，就可以实现无干扰更新 PWM。

在 8 位模式下，PWM 的频率由下式确定：

$$f_{\mathrm{PWM}}=\text{PCA 时钟输入源频率}/256$$

2) 7 位脉冲宽度调节方式

当设置[EBSn_1,EBSn_0]=[0,1]时，PCA 模块工作在 7 位 PWM 模式，如图 16.7 所示。此时，{0,CL[6:0]}与捕获寄存器{EPCnL,CCAPnL[6:0]}进行比较。

当 PCA 模块工作于 7 位模式时，由于所有模块共用仅有的 PCA 定时器，因此它们的输出频率相同。每个模块的占空比各自独立，只与该模块的捕获寄存器{EPCnL,CCAPnL[6:0]}有关。

(1) 当{0,CL[6:0]}的值<{EPCnL,CCAPnL[6:0]}时，输出为低。

(2) 当{0,CL[6:0]}的值≥{EPCnL,CCAPnL[6:0]}时，输出为高。

当 CL 的值由 7F 变成 00 溢出时，将{EPCnH,CCAPnH[6:0]}的内容加载到{EPCnL,CCAPnL[6:0]}中，就可以实现无干扰更新 PWM。

在 7 位模式下，PWM 的频率由下式确定：

$$f_{\mathrm{PWM}}=\text{PCA 时钟输入源频率}/128$$

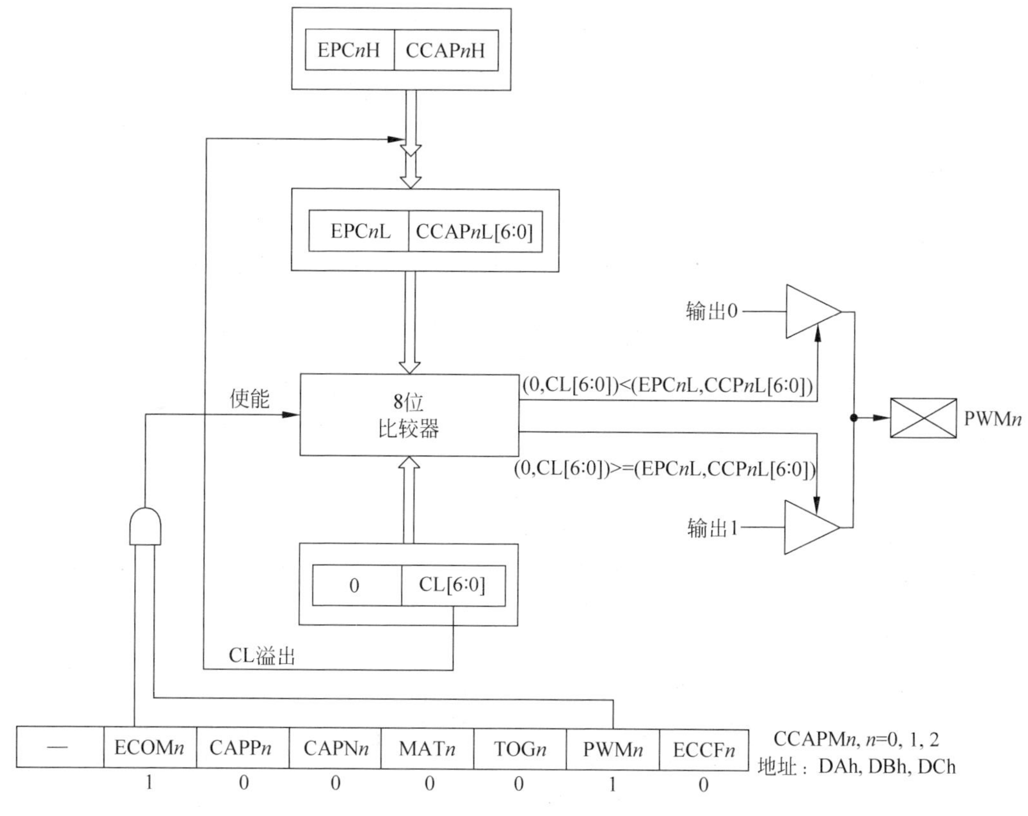

图 16.7　PCA 模块工作在 7 位 PWM 模式

3）6 位脉冲宽度调节方式

当设置[EBSn_1,EBSn_0]＝［1,0］时，PCA 模块工作在 6 位 PWM 模式，如图 16.8 所示。此时，{0,CL[5:0]}与捕获寄存器{EPCnL,CCAPnL[5:0]}进行比较。

当 PCA 模块工作于 6 位模式时，由于所有模块共用仅有的 PCA 定时器，因此它们的输出频率相同。每个模块的占空比各自独立，只与该模块的捕获寄存器{EPCnL,CCAPnL[5:0]}有关。

（1）当{0,CL[5:0]}的值＜{EPCnL,CCAPnL[5:0]}时，输出为低。

（2）当{0,CL[5:0]}的值≥{EPCnL,CCAPnL[5:0]}时，输出为高。

当 CL 的值由 3F 变成 00 溢出时，将{EPCnH,CCAPnH[5:0]}的内容加载到{EPCnL,CCAPnL[5:0]}中，就可以实现无干扰更新 PWM。

在 6 位模式下，PWM 的频率由下式确定：

$$f_{PWM} = \text{PCA 时钟输入源频率}/64$$

【例 16-4】 脉冲宽度调制模式 C 语言描述的例子。

代码清单 16-4　main.c 文件

```
#include "reg51.h"
#define value 3906
sfr P_SW1 = 0xA2;                    //声明 P_SW1 寄存器的地址 0xA2
sfr CCON = 0xD8;                     //声明 CCON 寄存器的地址 0xD8
```

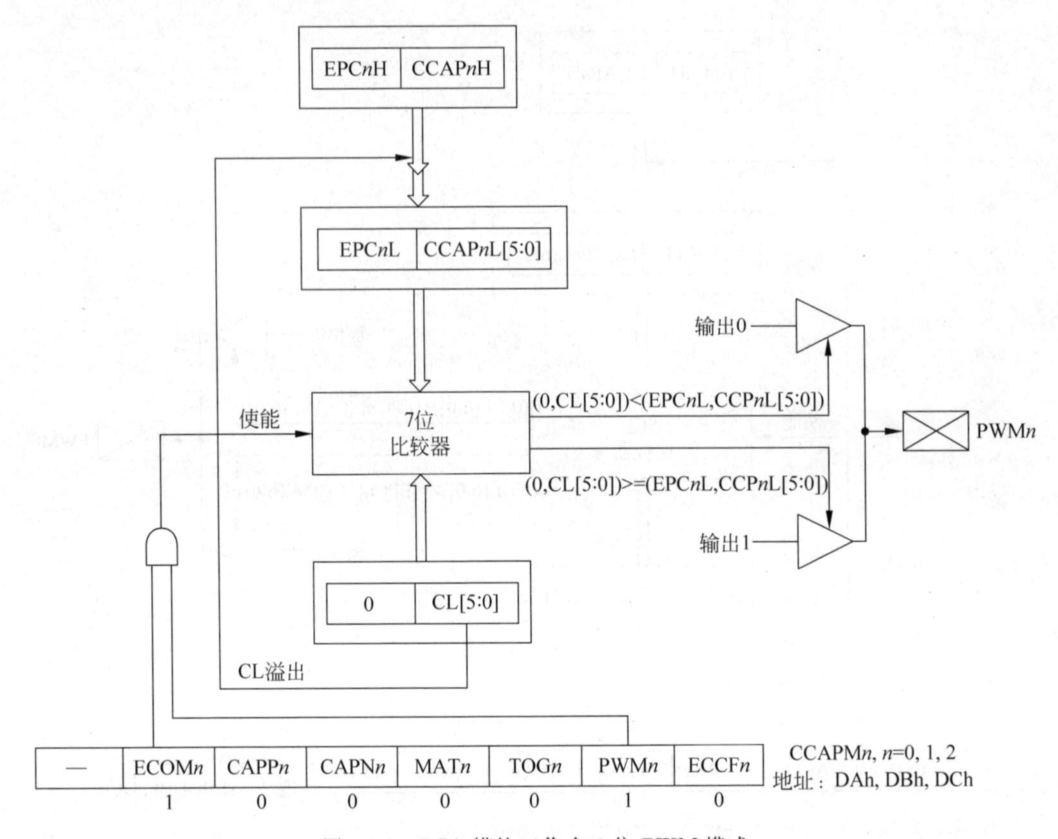

图 16.8　PCA 模块工作在 6 位 PWM 模式

```
sfr CMOD = 0xD9;                          //声明 CMOD 寄存器的地址 0xD9
sfr CL = 0xE9;                            //声明 CL 寄存器的地址 0xE9
sfr CH = 0xF9;                            //声明 CH 寄存器的地址 0xF9
sfr CCAPM0 = 0xDA;                        //声明 CCAMP0 寄存器的地址 0xDA
sfr CCAP0L = 0xEA;                        //声明 CCAP0L 寄存器的地址 0xEA
sfr CCAP0H = 0xFA;                        //声明 CCAP0H 寄存器的地址 0xFA
sfr PCA_PWM0 = 0xF2;                      //声明 PCA_PWM0 寄存器的地址 0xF2
sbit CCF0 = CCON^0;                       //声明 CCON 寄存器的 CCF0 比特位
sbit CCF1 = CCON^1;                       //声明 CCON 寄存器的 CCF1 比特位
sbit CR = CCON^6;                         //声明 CCON 寄存器的 CR 比特位
sbit CF = CCON^7;                         //声明 CCON 寄存器的 CF 比特位
unsigned char i = 0;                      //声明无符号的 8 位全局变量 i
void PCA_int() interrupt 7                //声明 PCA 中断服务程序
{
  CF = 0;                                 //CF 标志清零
  CCAP0H = i;                             //i 赋值给 CCAP0H 寄存器
  CCAP0L = i;                             //i 赋值给 CCAP0L 寄存器
  if(i<255) i++;                          //如果 i<255,则 i 递增
  else i = 0;                             //否则,i = 0

}
void main()
{
```

```
    P_SW1 = 0x00;                            //CCP_S0 = 0,CCP_S1 = 0
    CCON = 0;                                //停止 PCA 定时器,清除 CF 和 CCF0 标志
    CL = 0;                                  //CL 寄存器清零
    CH = 0;                                  //CH 寄存器清零
    CMOD = 0x03;                             //时钟源主时钟/2,允许 CF 中断
    PCA_PWM0 = 0x00;                         //PCA 模块 0,工作于 8 位的 PWM 模式
    CCAP0L = 0x10;                           //CCAP0L 赋初值 0x10
    CCAP0H = 0x10;                           //CCAP0H 赋初值 0x10
    CCAPM0 = 0x42;                           //使能比较,脉宽调制模式
    CR = 1;                                  //启动 PCA 定时器工作
    EA = 1;                                  //CPU 允许响应中断请求
    while(1);
}
```

注意：读者可以进入本书所提供资料的 STC_example\例子 16-4 目录下打开并参考该设计。

下面对该设计进行验证和分析。步骤主要包括：

(1) 在 STC-ISP 软件中，将 IRC 频率设置为 12MHz。

(2) 下载设计到 STC 学习板。

思考与练习 16-6：打开示波器，并将探头接入 STC 学习板的 P1.1 引脚上(该引脚为默认的 CCP0 信号的输出引脚)，观察占空变化规律，并根据设计代码进行分析。

思考与练习 16-7：在 P1.1 引脚外部通过限流电阻接一个发光二极管，观察灯的变化规律。

提示：变化规律就是呼吸灯。

第17章 RTX51操作系统原理及实现

CHAPTER 17

RTX51 Tiny 是一个实时的内核，由 Keil 发布(被 arm 公司收购)，它用于对代码长度敏感的那些应用。RTX51 包含在 Keil μVision5 开发工具中，并且它是免费的，其特点包括：

(1) RTX51 Tiny 支持 C51 编译器所有的存储器模型(小的、压缩的和大的存储模型)。

(2) RTX51 Tiny 可以配置成轮询和合作的多任务，但它不支持抢占任务切换和任务优先级。

(3) RTX51 Tiny 只使用一个定时器，它用于操作系统的定时器滴答，并不使用其他硬件资源。

注意：RTX51 有两个版本——RTX51 FULL 和 RTX51 Tiny。本章只介绍 RTX51 Tiny。

17.1 操作系统的必要性

在不使用操作系统的传统单片机应用开发中，常使用单任务程序或者轮询程序。

17.1.1 单任务程序

一个标准的 C 程序用 main 函数启动执行。在嵌入式应用中，main 函数通常设计为一个无限循环。它是一个典型的单任务，这个任务连续不断地运行。

【例 17-1】 单任务程序 C 语言描述的例子。

代码清单 17-1　单任务程序

```
int counter;
void main (void) {
counter = 0;
while (1) {                          //无限循环
            counter++;               //递增计数器
          }
      }
```

很明显，一旦 CPU 开始运行这个程序，除非强行退出，永远无法释放 CPU 资源，所以其他程序永远不能得到 CPU 的服务(执行)。

17.1.2 轮询程序

当不使用实时操作系统 RTOS 时，解决单任务程序的一个方法就是将需要 CPU 执行的一些程序代码编写成为子程序，然后采用轮询预先安排的多任务机制，实现一个更复杂的 C 程序。在这个机制中，在一个无限循环中重复地调用任务或者函数。

【例 17-2】 轮询程序 C 语言描述的例子。

代码清单 17-2 轮询程序

```
int counter;
void main(void) {
counter = 0;
while (1) {                          //无限循环
          check_serial_io();         //检查串行 I/O 设备
          process_serial_cmds();     //处理串行输入
          check_kbd_io();            //检查键盘 I/O 设备
          process_kbd_cmds();        //处理键盘输入
          adjust_ctrlr_parms();      //调整控制器
          counter++;                 //递增计数器
            }
        }
```

与前面的单任务程序相比，本质还是一样，即除非强行退出，CPU 永远运行该程序。但其改进之处是，在运行程序的时候，可以按一定的顺序轮流地执行其他功能，如处理串行输入、键盘输入等。但是，响应事件的能力较差，如硬件上已经出现了键盘按键的事件，但是必须等待程序轮询执行到 process_kbd_cmds 子程序时才能进行处理该事件。

从这两个例子可以看出，采用单任务和轮询程序的运行方式效率很低、响应事件的时间较长，并且不能同时运行多个程序，也不能有效地管理计算机的硬件资源，因此就需要引入操作系统来解决这些问题。

17.2 操作系统基本知识

操作系统是管理和控制计算机硬件与软件资源的计算机程序，是直接运行在计算机硬件上的最基本的系统软件，任何其他软件都必须在操作系统的支持下才能运行。

操作系统运行在硬件系统上，它常驻留在内存，并提供给上层两种接口，即操作接口和编程接口。操作接口由一系列操作指令构成，用户通过操作接口可以方便地使用计算机。编程接口由一系列的系统调用组成，各种程序可以使用这些系统调用让操作系统为其服务，并通过操作系统来使用硬件和软件资源。所以，其他程序是在操作系统提供的功能基础上运行的。

17.2.1 操作系统的作用

操作系统的作用主要体现在以下两方面：

(1) 屏蔽硬件物理特性和操作细节，为用户使用计算机提供了便利。对于一个复杂的 CPU 来说，其指令系统有多达成千上万条机器指令，它们的执行由微程序的指令解释系统实现。在早期的计算机中，计算机程序设计者就是在计算机硬件上直接通过汇编语言和C语言编写程序。这种方式在早期的计算机系统中没有任何问题。但是，随着计算机硬件体系结构越来越复杂，这种直接在计算机硬件上编程的设计方式就会遇到很多困难。典型地，如何高效地管理计算机硬件系统的各个功能部件，包括存储器、外设等。

(2) 有效管理系统资源，提高系统资源使用效率。如何有效地管理和合理地分配系统资源，提高系统资源的使用效率是操作系统必须发挥的主要作用。资源利用率和系统吞吐量是衡量计算机性能的两个重要的指标。

要想使计算机系统能满足这两个性能指标，就要求计算机系统能同时为多个程序共同使用提供环境。当一个计算机系统中运行多个程序的时候，需要解决资源共享，以及如何分配和管理有限资源的问题。

17.2.2 操作系统的功能

操作系统位于底层硬件与用户之间，是两者沟通的桥梁。用户可以通过操作系统的用户界面输入指令。操作系统则对指令进行解释，通过驱动硬件设备来实现用户要求。以现代观点而言，一个完整的OS应该提供以下功能。

1. 资源管理

系统的设备资源和信息资源都是操作系统根据用户需求按一定的策略来进行分配和调度的。操作系统的存储管理就负责把内存单元分配给需要内存的程序以便让它执行，在程序执行结束后将它占用的内存单元收回以便再使用。对于提供虚拟存储的计算机系统，操作系统还要与硬件配合做好页面调度工作，根据执行程序的要求分配页面，在执行中将页面调入和调出内存以及回收页面等。

处理器管理或称处理器调度，是操作系统资源管理功能的另一个重要内容。在一个允许同时执行多道程序的系统里，操作系统会根据一定的策略将处理器交替地分配给系统内等待运行的程序。只有在获得了处理器资源后，才能运行一个正在等待运行的程序。当一个程序在运行中若遇到某个事件时(例如启动外部设备而暂时不能继续运行下去，或发生一个外部事件等等)，就需要操作系统来处理相应的事件，并重新分配处理器资源。

操作系统的设备管理功能主要是分配和回收外部设备以及控制外部设备按用户程序的要求进行操作等。对于非存储型外部设备，如打印机、显示器等，它们可以直接作为一个设备分配给一个用户程序，在使用完毕后将其回收以便提供给另一个需要的用户使用。对于存储型的外部设备，如磁盘、磁带等，则给用户提供存储空间，用来存放文件和数据。存储型外部设备的管理与信息管理是密切结合的。

信息管理是操作系统的一个重要功能，主要是向用户提供一个文件系统。一般来说，一个文件系统向用户提供创建文件、撤销文件、读写文件，以及打开和关闭文件等功能。有了文件系统后，用户可按文件名存取数据而无须知道这些数据所存放的地方。这种做法不仅便于用户使用而且还有利于用户共享公共数据。此外，由于建立文件时允许创建者规定使用权限，这就可以保证数据的安全性。

2. 程序控制

一个用户程序的执行自始至终是在操作系统控制下进行的。一个用户将他要解决的问题用某一种程序设计语言描述后就将该程序连同对它执行的要求输入到计算机中，操作系统就根据要求来控制这个用户程序的执行，直到用户程序结束为止。操作系统控制用户的执行主要有以下一些内容：

(1) 调入相应的编译程序，将用某种程序设计语言编写的源程序编译成计算机可执行的目标代码。

(2) 分配内存等存储资源将程序调入内存并启动它。

(3) 按用户指定的要求并处理执行中出现的各种事件以及与操作员联系请示有关意外事件的处理等。

3. 人机交互

操作系统的人机交互功能是决定计算机系统友好性的一个重要因素。人机交互功能主要靠可输入/输出的外部设备和相应的软件来完成。可供人机交互使用的设备主要有键盘、显示器、鼠标，以及各种模式识别设备等。与这些设备有关的软件就是操作系统提供人机交互功能的一部分。人机交互部分的主要作用是控制有关设备的运行以及理解并执行通过人机交互设备传来的各种指令和要求。

4. 进程管理

不管常驻程序还是应用程序，它们都是以进程为标准的执行单位。进程就是当前正在运行的程序。在早期使用冯·诺依曼理论构建计算机系统时，每个中央处理器最多只能同时执行一个进程。早期的操作系统，如 DOS 不允许任何程序打破这个限制，且 DOS 同时只能执行一个进程。而现代的操作系统，即便只有一个 CPU，但是它也可以利用多任务功能同时执行多个进程。进程管理是指操作系统管理多个进程的准备、运行、挂起和退出。

由于绝大多数的计算机系统只有一个 CPU，在单核 CPU 的情况下多进程只是简单迅速地切换各进程，让每个进程都能够执行；而在多内核或多处理器的情况下，所有进程通过许多协同技术在各处理器或内核上转换。同时执行的进程越多，每个进程能分配到的时间片就越少。进程管理通常使用分时复用的调度机制，大部分的操作系统可以为不同进程指定不同的优先级，从而改变为这些进程所分配的时间片。在进程管理中，最先调度优先级高的进程。

5. 内存管理

程序员通常希望系统给进程分配尽可能多且尽可能快的存储器资源。现代计算机存储器架构大部分都是层次结构式的，存储器层次按下面排列：寄存器、高速缓存、内存和外存。寄存器容量最小，而外存容量最大；寄存器速度最快，而外存速度最慢。操作系统的存储器管理功能主要包括：

(1) 查找可用的存储空间。

(2) 配置与释放存储空间。

(3) 交换内存和外存的内容。

(4) 存储器访问的权限。

6. 虚拟内存

虚拟内存是计算机系统内存管理的一种技术。它使得应用程序认为它拥有连续的可用的内存(一个连续完整的地址空间)。而实际上，将它通常分隔成多个物理内存碎片，还有部分暂时存储在外部磁盘存储器上，在需要时进行数据交换。

7. 用户接口

用户接口包括作业一级接口和程序一级接口。作业一级接口为了便于用户直接或间接地控制自己的作业而设置。它通常包括联机用户接口与脱机用户接口。程序一级接口是为用户程序在执行中访问系统资源而设置的，通常由一组系统调用组成。

在早期的单用户单任务操作系统中，每台计算机只有一个用户，每次运行一个程序，且程序不是很大，单个程序完全可以存放在实际内存中。这时虚拟内存并没有太大的用处。但随着程序占用存储器容量的增长以及多用户多任务操作系统的出现，当设计程序时，在程序所需要的存储空间与计算机系统实际提供的主存储器容量之间往往存在着矛盾。例如，在某些计算机系统中，所提供的物理内存容量较小，而某些程序却需要很大的内存空间才能运行；而在多用户多任务系统中，多个用户或多个任务更新全部主存，要求同时互斥(排他性)执行程序。这些同时运行的程序到底占用实际内存中的哪一部分，在编写程序时是无法预先确定的，必须等到运行程序时才能进行分配(动态分配)。

8. 用户界面

用户界面(User Interface，UI)是系统和用户之间进行交互和信息交换的媒介，它实现信息的内部形式与人类可以接受形式之间的转换。

用户界面是介于用户与硬件之间交互沟通而设计软件，目的在于使得用户能够方便高效地去操作硬件以达成双向交互，完成需要硬件才能完成的工作。用户界面定义广泛，包含了人机交互与图形用户接口，凡参与人类与信息交流的领域都存在着用户界面。用户和系统之间一般用面向问题的自然语言进行交互。目前有系统开始利用多媒体技术开发新一代的用户界面。

17.3 RTX51 操作系统的任务

本节介绍 RTX51 操作系统的定义任务、管理任务和切换任务。

17.3.1 定义任务

实时或者多任务应用是由一个或多个执行指定操作的任务所构成的。RTX51 Tiny 允许最多 16 个任务。任务是简单的 C 函数，返回类型为 void，有一个 void 参数列表。使用 _task_ 函数属性声明。格式如下：

```
void func(void) _task_ num
```

其中，func 为任务的函数名；_task_是定义任务的关键字；num 是任务 ID 号，取值为 0～15，每一个任务必须有一个唯一的任务号。

注意：RTX51 Tiny 的任务没有返回值和参数，因此定义任务时必须要明确定义为 void 类型。

【例 17-3】 定义任务 C 语言描述的例子。

代码清单 17-3 定义任务

```
void job0 (void) _task_ 0 {
  while(1) {
```

```
        counter0++;                        //计数器递增
    }
}
```

17.3.2 管理任务

在 RTX51 Tiny 中定义的每个任务，都应该处于下面状态中的某个状态。RTX51 Tiny 内核能够保证每个任务的正确状态，如表 17.1 所示。

表 17.1 不同状态的描述

状态	描 述
RUNNING	在 RUNNING 状态时，处理器正在执行当前任务。在一个时刻，只允许处理器执行一个任务
READY	在 READY 状态，等待处理器执行任务。当处理完当前运行的任务后，RTX51 Tiny 启动下一个准备好的任务
WAITING	在 WAITING 状态，任务等待一个事件。如果发生一个事件，任务则进入 READY 状态
DELETED	在 DELETED 状态，没有启动任务
TIME-OUT	在 TIME-OUT 状态，任务被轮询超时打断。这个状态等同于 READY 状态

17.3.3 切换任务

RTX51 Tiny 执行轮询多任务调度，这样允许模拟并行执行多个无限循环或者任务。任务不是并发执行的，而是按时间片执行的。将可用的 CPU 时间划分为时间片，RTX51 Tiny 为每个任务分配一个时间片。每个任务允许执行预先确定的时间长度。然后，RTX51 Tiny 切换到其他准备运行的任务，使这个任务运行一段时间。使用变量 TIMESHARING 定义时间片的长度。

如果不是等待一个任务的时间片超时，那么可以使用 os_wait()系统函数来通知 RTX51 Tiny 让另一个任务开始执行。os_wait()停止执行当前的任务，等待一个指定时间的产生。在这段时间内，可以执行任意个数的任务。

在 RTX51 Tiny 中，负责将处理器分配给一个任务的模块称为调度器。根据下面的规则，RTX51 Tiny 调度器定义所运行的任务。

如果发生下面的情况，则打断当前正在运行的任务：

(1) 任务调用 os_wait 函数，并且没有产生指定的事件。

(2) 执行任务的时间大于所定义的轮询超时时间。

如果发生下面的情况，则启动其他任务：

(1) 没有运行其他任务。

(2) 将要启动的任务处于 READY 或者 TIME_OUT 状态。

17.4 RTX51 操作系统内核函数

本节对 RTX51 Tiny 内核函数进行说明。

注意：在调用这些内核函数时，必须包含头文件 rtx51tny.h。

1. char isr_send_signal(unsigned char task_id)

功能：该函数发送信号到task_id所确定的任务。如果指定的任务已经在等待信号，则该函数调用将准备用于执行的任务；否则，将信号保存到任务的信号标志内。该函数只能由中断函数调用。

返回：0，表示成功；－1，表示任务不存在。

【例17-4】 调用isr_send_signal()函数的例子。

代码清单17-4 调用isr_send_signal()函数

```
#include <rtx51tny.h>
void tst_isr_send_signal(void) interrupt 2
{
isr_send_signal(8);                    //向任务8发送信号
}
```

2. char os_clear_signal(unsigned char task_id)

功能：清除task_id指定任务的信号标志。

返回：0，表示成功清除信号标志；－1，表示任务不存在。

【例17-5】 调用os_clear_signal()函数的例子。

代码清单17-5 调用os_clear_signal()函数

```
#include <rtx51tny.h>

void tst_os_clear_signal(void) _task_ 8
{
    …
    os_clear_signal(5);                //清除任务5中的信号标志
    …
}
```

3. char os_create_task(unsigned char task_id)

功能：启动由task_id指定的任务。将该任务标记为准备状态，并且根据RTX51 Tiny指定的规则执行该任务。

返回：0，表示成功启动任务；－1，表示没有启动任务，或者不存在task_id定义的任务。

【例17-6】 调用os_create_task()函数的例子。

代码清单17-6 调用os_create_task()函数

```
#include <rtx51tny.h>
#include <stdio.h>

void new_task(void) _task_ 2
{
    …
}

void tst_os_create_task(void) _task_ 0
{
```

```
    ...
if (os_create_task(2))
  {
  printf ("Couldn't start task 2\n");
  }
    ...
}
```

4. char os_delete_task(unsigned char task_id)

功能：停止 task_id 指定的任务，从任务列表中删除由 task_id 指定的任务。

返回：0，表示任务成功停止和删除；－1，表示指定的任务不存在或者没有启动 task_id 定义的任务。

【例 17-7】 调用 os_delete_task()函数的例子。

代码清单 17-7　调用 os_delete_task()函数

```
#include <rtx51tny.h>
#include <stdio.h>

void tst_os_delete_task(void) _task_ 0
{
    ...
if (os_delete_task(2))
  {
  printf ("Couldn't stop task 2\n");
  }
  ...
}
```

5. char os_running_task_id(void)

功能：确定当前运行任务的 ID 号。

返回：当前所运行的任务 ID 号，值的范围为 0～15。

【例 17-8】 调用 os_running_task_id()函数的例子。

代码清单 17-8　调用 os_running_task_id()函数

```
#include <rtx51tny.h>

void tst_os_running_task(void) _task_ 3
{
unsigned char tid;

tid = os_running_task_id();            // tid = 3
}
```

6. char os_send_signal(unsigned char task_id)

功能：将信号发送到 task_id 任务。如果指定的任务已经在等待信号，则调用该函数将执行准备运行的任务。否则，将信号保存到任务的信号标志内。

注意：只能从任务函数中调用 os_send_signal 函数。

返回：0，表示成功；－1，表示任务不存在。

【例 17-9】 调用 os_send_signal()函数的例子。

代码清单 17-9 调用 os_send_signal()函数

```
#include <rtx51tny.h>

void signal_func(void) _task_ 2
{
   …
os_send_signal(8);                    //向任务 8 发送信号
   …
}

void tst_os_send_signal(void) _task_ 8
{
   …
os_send_signal(2);                    //向任务 2 发送信号
   …
}
```

7. char os_wait(unsigned char event_sel, unsigned char ticks, unsigned int dummy)

功能：os_wait 函数停止当前的任务，等待一个或多个事件，如时间间隔、超时、其他任务或者中断。

1) event_sel

该参数指定了时间或者等待事件，可以是下面常数的任何组合：

(1) K_IVL：等待一个定时器滴答间隔。

(2) K_SIG：等待一个信号。

(3) K_TMO：等待一个超时。

注意：可以使用"|"符号将上面的这些事件进行逻辑或运算。例如，K_TMO|K_SIG 表示等待一个超时或者一个信号。

2) ticks

该参数指定用于等待一个间隔事件(K_IVL)或者超时事件(K_TMO)的定时器滴答的数目。

3) dummy

提供与 RTX51 的兼容性，RTX51 Tiny 不使用。

返回：指定事件发生时，使能用于执行的任务，恢复执行它。可能的返回值：

(1) SIG_EVENT：接收到一个信号。

(2) TMO_EVENT：完成超时，或者间隔过期。

(3) NOT_OK：event_sel 参数无效。

【例 17-10】 调用 os_wait()函数的例子。

代码清单 17-10 调用 os_wait ()函数

```
#include <rtx51tny.h>
#include <stdio.h>
```

```
void tst_os_wait (void) _task_ 9 {
  while (1) {
    char event;
    event = os_wait (K_SIG | K_TMO, 50, 0);

    switch (event) {
    default:                           //空操作
      break;

    case TMO_EVENT:                    //超时
      break;

    case SIG_EVENT:                    //收到信号
      os_reset_interval (100);         //必须使用 os_reset_interval 调整延迟
      break;
    }
  }
}
```

8. char os_wait1(unsigned char event_sel)

功能：os_wait1 停止当前的任务，等待发生一个事件。os_wait1 函数是 os_wait 函数的子集，不允许 os_wait 所提供的所有事件。

其中，event_sel 指定等待的事件，只能有 K_SIG，即等待信号。

返回：当发生信号事件时，使能用于执行的任务，恢复执行它。可能的返回值为 SIG_EVENT 或者 NOT_OK。

9. char os_wait2(unsigned char event_sel, unsigned char ticks)

功能：os_wait2 函数停止当前的任务，等待一个或多个事件，如时间间隔、超时、其他任务或者中断。

(1) event_sel 参数指定了时间或者等待事件，可能是下面常数的任何组合：

① K_IVL：等待一个定时器滴答间隔。

② K_SIG：等待一个信号。

③ K_TMO：等待一个超时。

注意：可以使用“|”符号将上面的这些事件进行逻辑或运算。例如，K_TMO|K_SIG，表示等待一个超时或者一个信号。

(2) ticks 参数指定用于等待一个间隔事件(K_IVL)或者超时事件(K_TMO)的定时器滴答数目。

返回：发生指定事件时，使能用于执行的任务，恢复执行它。可能的返回值：

① SIG_EVENT：接收到一个信号。

② TMO_EVENT：完成超时，或者间隔过期。

③ NOT_OK：event_sel 参数无效。

17.5 RTX51 操作系统实现

本节将通过几个不同的例子说明实现 RTX51 操作系统的方法。

17.5.1 RTX51 操作系统实现 1

在这个例子中所创建的任务是实现简单的循环计数。RTX51 启动执行名字为 job0 的任务 0。这个函数添加另一个名字为 job1 的任务。当执行 job0 一段时间后,RTX51 切换到 job1。当执行 job1 一段时间后,RTX51 重新切换回 job0。这个过程无限重复。

【例 17-11】 使用 RTX51 Tiny 内核函数调用实现轮询调度 C 语言描述的例子

代码清单 17-11　main.c 文件

```
#include <rtx51tny.h>                    //包含头文件 rtx51tny.h
unsigned char counter0;                  //定义无符号 char 类型变量 counter0
unsigned char counter1;                  //定义无符号 char 类型变量 counter1
void job0 (void) _task_ 0                //定义任务 0
 {
    os_create_task (1);                  //创建一个任务
    while (1)                            //无限循环
         {
             counter0++;                 //更新计数器
         }
 }

 void job1 (void) _task_ 1               //定义任务 1
 {
   while (1)
         {                               //无限循环
             counter1++;                 //更新计数器
         }
 }
```

注意:(1) 读者可以进入本书所提供资料的 STC_example\例子 17-11 目录下,打开并参考该设计。

(2) 在使用 RTX51 操作系统时,需要在 Options for Target 'Target 1'对话框中,选择 Target 选项卡。在该选项卡 Operating system 右侧的下拉框中选择 RTX-51 Tiny 选项,如图 17.1 所示。

下面通过 Keil μVision 调试器说明 RTX51 的运行机制。步骤主要包括:

(1) 在例子 17-11 目录下打开该设计。

(2) 在 Keil μVision 当前设计主界面主菜单下,选择 Debug→Start/Stop Debug Session 命令,进入调试器模式。

(3) 在当前调试器主界面主菜单下,选择 View→Logic Analyzer 命令。

(4) 在当前调试器主界面右侧上方,出现 Logic Analyzer 界面。

(5) 在该界面中,添加 counter0 和 counter1 两个变量,如图 17.2 所示。

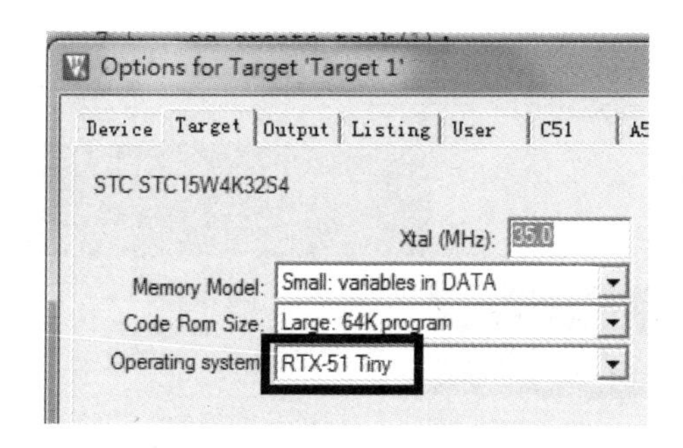

图 17.1　在目标对话框中包含 RTX51 操作系统

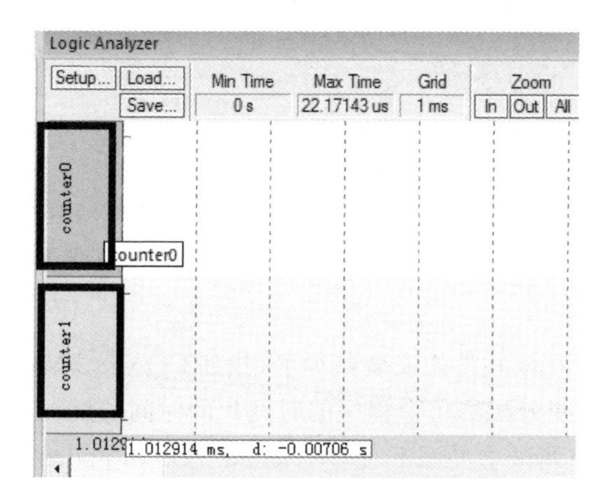

图 17.2　在 Logic Analyzer 界面中添加 counter0 和 counter1 变量

(6) 右击 counter0 和 counter1，出现快捷菜单，选择 state 命令。

(7) 在当前调试器主界面主菜单下，选择 View→Watch Windows→Watch 1 命令。

(8) 在当前调试器主界面右下方出现 Watch 1 窗口界面。在该界面中，添加 counter0 和 counter1 两个变量，如图 17.3 所示。

Watch 1

Name	Value	Type
counter0	0	uchar
counter1	0	uchar
<Enter expression>		

图 17.3　在 Watch 1 窗口中添加 counter0 和 counter1 变量

(9) 按 F5 键或者在当前调试主界面主菜单下，选择 Debug→Run 命令，运行该程序。

(10) 观察 Logic Analyzer 窗口，如图 17.4 所示。通过观察 counter0 和 counter1 可知，两个任务——job0 和 job1 在分时运行。

(11) 观察 Watch 1 窗口可知，两个变量 counter0 和 counter1 的值在交替变化，如图 17.5 所示。

思考与练习 17-1：停止运行程序，在 Logic Analyzer 窗口中，通过标尺测量每个程序运行的时间片，并给出具体的时间值。

思考与练习 17-2：添加 RTX-Tiny-Tasklist 窗口，并运行程序，观察运行程序时任务之

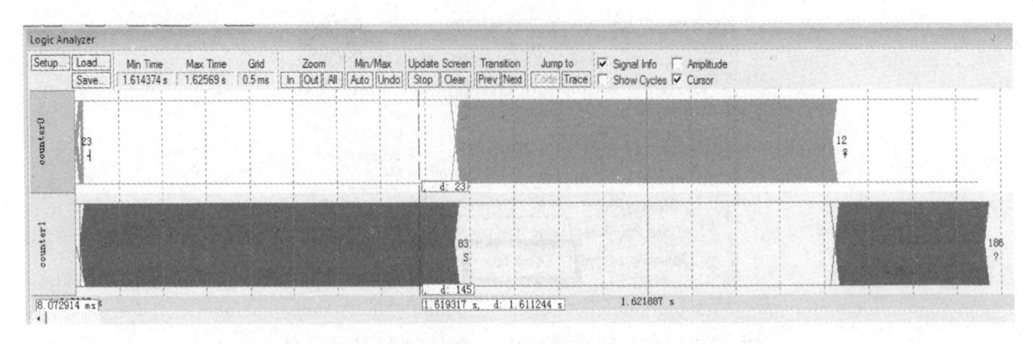

图 17.4 在 Logic Analyzer 窗口中观察 counter0 和 counter1 变量

Watch 1

Name	Value	Type
counter0	93 ']'	uchar
counter1	135 '?'	uchar
<Enter expression>		

图 17.5 Watch 1 窗口中观察 counter0 和 counter1 变量的变化

间的相互切换。

注意：(1) 读者可以在该软件的安装路径下，找到 CONF_TNY. A51 文件，并修改该文件内的时间片常数，以改变分配给每个程序的时间片的时间长度。

(2) 读者可以在当前调试主界面下，选择 Debug→OS Support→RTX-Tiny Tasklist，打开 RTX-Tiny-Tasklist 窗口界面。

17.5.2 RTX51 操作系统实现 2

在这个例子中，job0 使能 job1。但是在该例子中，当递增 counter0 后，job0 调用 os_wait 函数暂停 3 个时钟滴答。在这个时间间隔内，RTX51 切换到下一个任务 job1。当 job1 递增 counter1 后，它也调用 os_wait 暂停 5 个时钟滴答。此时，由于 RTX51 不需要执行其他任务，因而它进入空闲状态 3 个时钟滴答，然后继续执行 job0。

【例 17-12】 使用 RTX51 内的 os_wait 函数延迟执行 C 语言描述的例子。

代码清单 17-12 main. c 文件

```
#include <rtx51tny.h>                  //包含头文件 rtx51tny.h
unsigned char counter0;                //定义无符号 char 类型变量 counter0
unsigned char counter1;                //定义无符号 char 类型变量 counter1
void job0 (void) _task_ 0              //定义任务 0
  {
      os_create_task (1);              //创建任务 1
      while (1)                        //无限循环
      {
          counter0++;                  //更新计数器
          os_wait (K_TMO,3,1);         //暂停 3 个时钟滴答
       }
  }
```

```
void job1 (void) _task_ 1                //定义任务 1
  {
     while (1)                           //无限循环
     {
         counter1++;                     //更新计数器
         os_wait (K_TMO,5,1);            //暂停 5 个时钟滴答
       }
  }
```

注意：(1) 读者可以进入本书所提供资料的 STC_example\例子 17-12 目录下，打开并参考该设计。

(2) 在使用 RTX51 操作系统时，需要在 Options for Target 'Target 1'对话框中，选择 Target 选项卡，在该选项卡界面 Operating system 右侧的下拉框中选择 RTX-51 Tiny 选项。

下面通过 Keil μVision 调试器说明 RTX51 的运行机制。步骤主要包括：

(1) 在例子 17-12 目录下打开该设计。

(2) 在 Keil μVision 当前设计主界面主菜单下，选择 Debug→Start/Stop Debug Session 命令，进入调试器模式。

(3) 在当前调试器主界面主菜单下，选择 View→Logic Analyzer 命令。

(4) 在当前调试器主界面右侧上方，出现 Logic Analyzer 界面。

(5) 在该界面中，添加 counter0 和 counter1 两个变量。

(6) 右击 counter0 和 counter1，出现快捷菜单，选择 state 命令。

(7) 在当前调试器主界面主菜单下，选择 View→Watch Windows→Watch 1 命令。

(8) 在当前调试器主界面右下方出现 Watch 1 窗口界面。在该界面中，添加 counter0 和 counter1 两个变量。

(9) 按 F5 键或者在当前调试主界面主菜单下，选择 Debug→Run 命令，运行该程序。

(10) 观察 Logic Analyzer 窗口，如图 17.6 所示。通过观察 counter0 和 counter1 可知，每 3 个定时器滴答后递增 counter0，每 5 个定时器滴答后递增 counter1。

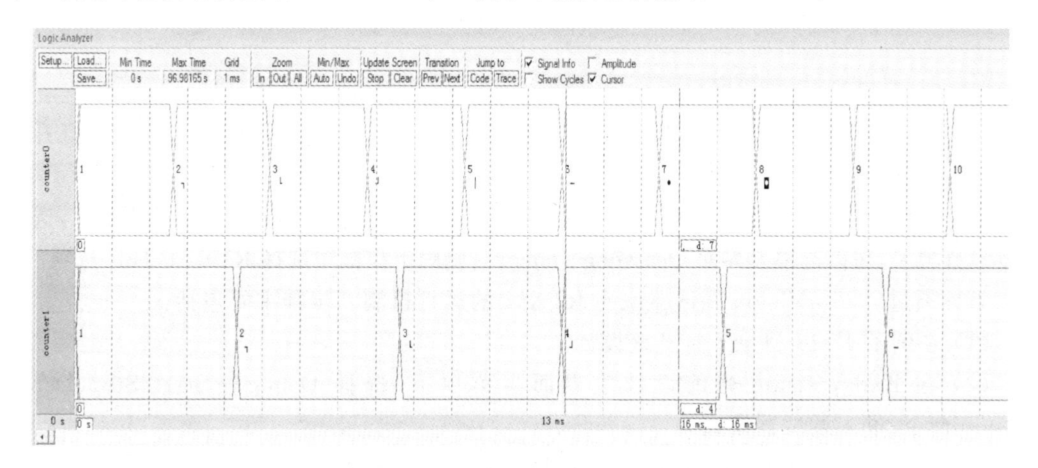

图 17.6 在 Logic Analyzer 窗口中观察 counter0 和 counter1 变量

(11) 观察 Watch 1 窗口，可以看到两个变量 counter0 和 counter1 的值在交替变化，很明显，变量 counter0 变化的比变量 counter1 要快。

思考与练习 17-3：添加 RTX-Tiny-Tasklist 窗口，并运行程序，观察运行程序时任务之间的相互切换。

17.5.3 RTX51 操作系统实现 3

在这个例子中，任务 job1 等待从其他任务接收到信号。当它接收到一个信号时，递增 counter1。job0 连续地递增 counter0，直到溢出到 0。当发生这种情况时，job0 发送信号到 job1，RTX51 让 job1 准备运行。job1 不会启动，直到 RTX51 得到它的下一个定时器“滴答”。

【例 17-13】 RTX51 使用信号调度两个任务 C 语言描述的例子。

代码清单 17-13　main.c 文件

```
#include <rtx51tny.h>                   //包含头文件
unsigned char counter0;                 //定义无符号 char 类型变量 counter0
unsigned char counter1;                 //定义无符号 char 类型变量 counter1
void job0 (void) _task_ 0               //定义任务 0
{
    os_create_task (1);                 //创建任务 1
    while (1)                           //无限循环
     {
        if (++counter0 == 0)            //更新计数器
        os_send_signal (1);             //给任务 1 发送信号
     }
}

void job1 (void) _task_ 1               //定义任务 1
{
    while (1)                           //无限循环
     {
        os_wait (K_SIG, 0, 0);          //等待信号
        counter1++;                     //更新计数器
     }
}
```

注意：(1) 读者可以进入本书所提供资料的 STC_example\例子 17-13 目录下，打开并参考该设计。

(2) 在使用 RTX51 操作系统时，需要在 Options for Target ‘Target 1’对话框中，选择 Target 选项卡，在该选项卡界面 Operating system 右侧的下拉框中选择 RTX-51 Tiny 选项。

下面通过 Keil μVision 调试器说明 RTX51 的运行机制。步骤主要包括：

(1) 在例子 17-13 目录下打开该设计。

(2) 在 Keil μVision 当前设计主界面主菜单下，选择 Debug→Start/Stop Debug Session 命令，进入调试器模式。

(3) 在当前调试器主界面主菜单下，选择 View→Logic Analyzer 命令。

(4) 在当前调试器主界面右侧上方，出现 Logic Analyzer 界面。

(5) 在该界面中，添加 counter0 和 counter1 两个变量。

(6) 右击 counter0 和 counter1，出现快捷菜单，选择 state 命令。

（7）在当前调试器主界面主菜单下，选择 View→Watch Windows→Watch 1 命令。

（8）在当前调试器主界面右下方出现 Watch 1 窗口界面。在该界面中，添加 counter0 和 counter1 两个变量。

（9）按 F5 键或者在当前调试主界面主菜单下，选择 Debug→Run 命令，运行该程序。

（10）观察 Logic Analyzer 窗口，如图 17.7 所示。

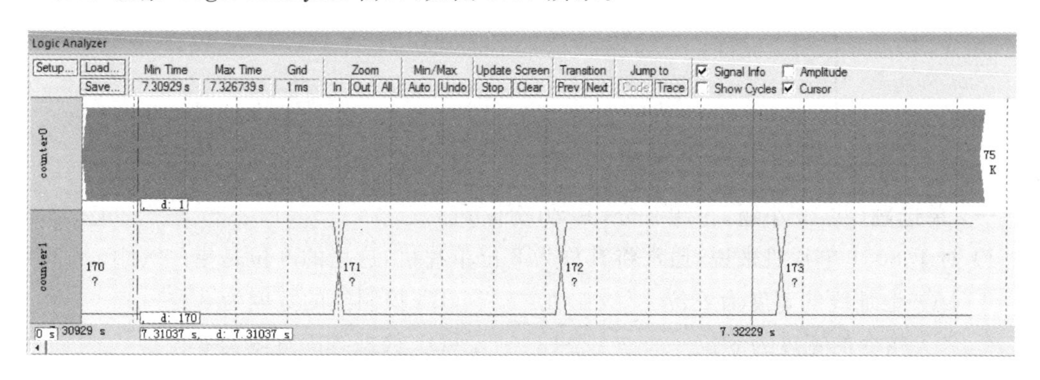

图 17.7　在 Logic Analyzer 窗口中观察 counter0 和 counter1 变量

思考与练习 17-4：观察程序运行时，counter0 和 counter1 变量的变化，分析任务 0 和任务 1 之间发送信号和接收信号，并控制任务 1 运行的情况。

思考与练习 17-5：添加 RTX-Tiny-Tasklist 窗口，并运行程序，观察程序运行时进程之间的相互切换。

思考与练习 17-6：使用 RTX51 操作系统设计一个交通信号灯。设计要求：

（1）绿灯和红灯亮 10s，黄灯亮 2s。

（2）包含夜间黄灯双闪模式。

（3）包含自动和手动模式。

（4）在 STC 学习板上进行验证。

附录A STC单片机考试样题

Appendix A

一、单选题(共10小题,每题2分,共20分)

1) 对于8051单片机来说,通常将其称为8位单片机,这里的8位是指(　　)。

(A) 地址线的宽度为8位　　(B) 控制线的宽度为8位

(C) 指令的宽度为8位　　(D) 数据线的宽度为8位

2) 对于8051单片机来说,程序计数器的作用是(　　)。

(A) 指向当前执行指令的存储器地址

(B) 指向下一条要执行指令的存储器地址

(C) 指向算术逻辑单元

(D) 指向端口数据寄存器

3) 对于8051单片机内的中断系统来说,下面说法正确的是(　　)。

(A) 若要使CPU响应外部中断,只需设置全局中断使能标志或者相应的外部中断使能标志二者之一即可

(B) 中断向量表分配在单片机程序存储器的高地址空间区域

(C) 中断向量表中保存着用于处理中断事件的中断服务程序跳转/入口地址

(D) 在STC单片机中,从中断服务程序返回的时候,不必使用RETI指令

4) 对于STC单片机访问IO口来说,下面说法正确的是(　　)。

(A) 当设置为准双向模式时,在读取外部设备的状态前,需要将相应的端口置为低,才能正确地读取外部设备的状态

(B) 当设置为开漏输出模式时,不需要在相应端口的外部添加上拉电阻

(C) 当设置为强推挽模式时,该端口可以提供较大的输出电流

(D) 当单片机读写IO端口时,是通过读写端口模式寄存器实现的

5) 对于STC单片机的程序存储器来说,下面说法正确的是(　　)。

(A) 程序存储器采用的是Flash工艺,当掉电的时候程序不会丢失

(B) 程序存储器的地址线共有16位,其最大的寻址地址空间为0x0000～0x3FFF

(C) 如果单片机要访问程序存储器,应该采用直接寻址模式

(D) 如果单片机要访问程序存储器,应该使用的是MOV指令

6) 对于STC单片机内的内部RAM存储器来说,下面说法正确的是(　　)。

(A) 内部基本RAM的容量为256字节,它分为三个部分

(B) 内部基本RAM存在可位寻址区域,其大小为32字节

(C) 内部基本 RAM 的高 128 字节区域和特殊功能寄存器 SFR 在物理上并不是相互独立的，而是复用的

(D) 单片机访问内部扩展 RAM 的方法和传统 8051 单片机访问外部扩展 RAM 的方法并不一样

7) 对于 8051 汇编语言助记符指令来说，下面说法正确的是(　　)。

(A) 它们统一都是 8 位宽度的指令

(B) 助记符指令的宽度是不一样的，包含单字节、双字节、三字节和四字节指令

(C) 助记符指令可以直接运行在 8051 CPU 上

(D) 汇编语言助记符指令是对机器指令的抽象描述

8) 对于 STC15W4K32S4 系列单片机来说，下面说法不正确的是(　　)。

(A) 提供了内部主时钟电路，并可通过 stc-isp 软件对内部主时钟频率进行设置

(B) 外部 RST 引脚复位属于冷启动复位的一种

(C) 提供了软件复位功能，通过程序设置相应的寄存器实现软件对单片机进行复位的功能

(D) 提供了看门狗定时器。当 CPU 处于异常工作状态时，看门狗就会强迫 MCU/CPU 复位

9) 对 STC15W4K32S4 系列单片机定时器描述不正确的是(　　)。

(A) 提供 5 个 16 位定时器/计数器

(B) 通过设置寄存器使得它们可以工作在定时器或者计数器模式

(C) 当工作在计数器模式时，实现对内部时钟脉冲的计数

(D) 定时器 0 提供了四种工作模式

10) 对于 STC15W4K32S4 系列单片机通用异步串口描述不正确的是(　　)。

(A) 提供 4 个通用异步收发器 UART

(B) 串口 1 有三种工作模式

(C) 串口 2/3/4 只有两种工作模式

(D) 对于不同的串口，在单片机上提供了多个引脚位置供它们使用

二、判断题(共 20 小题，每题 1 分)

(1) 8051 CPU 包含运算器、控制器、特殊功能寄存器和存储器等功能部件。(　　)

(2) 在 8051 单片机中，特殊功能寄存器 SFR 是具有特殊功能的 RAM 区域。(　　)

(3) 在 8051 单片机中，程序状态字 PSW 用于反映当前 8051 CPU 内的工作状态。(　　)

(4) 汇编语言指令 MOV A，#3BH，属于直接寻址模式。(　　)

(5) 汇编语言指令 JNZ rel，表示当累加器的内容为 0 时，跳转到(PC)+rel 指向的目标地址。(　　)

(6) 对于汇编语言中的汇编命令来说，通过 Keil 软件的处理，可以转换成运行在 CPU 上的机器指令。(　　)

(7) STC 单片机 IAP15W4K58S4 不但提供了软件仿真，而且还提供了硬件仿真的功能。(　　)

(8) 对于 8051 单片机来说，在 C 语言中，短整型数据占用 2 字节的存储空间。(　　)

(9) 对于8051单片机来说,在C语言中,sbit类型可以访问RAM中的任意可寻址空间。( )

(10) 对于8051单片机来说,在C语言中的输入函数,默认使用串口作为标准的输入输出设备。( )

(11) 对于8051单片机来说,在C语言中的指针对应于单片机内的一个功能部件。( )

(12) 对于8051单片机来说,在C语言中尽管可以声明多维数组,但它们在存储器中是按照一维的方式进行排列。( )

(13) 对于8051单片机来说,在C语言中的静态变量,可以在两次函数调用之间仍然可以保留局部变量的值。( )

(14) 在Keil C51编译器中,当在small模式下,函数参数和局部变量位于单片机的扩展数据RAM中。( )

(15) 对于8051单片机来说,在C语言中当使用指针类型传递参数时,实际上是实参和形参指向了相同的存储空间的地址。( )

(16) 对于8051单片机来说,在C语言中结构体内部的各个元素没有独立的分配存储空间,而是共享同一个存储空间。( )

(17) 在STC15W4K32S4系列的单片机内,内部集成了8路10位ADC模块。( )

(18) 当STC单片机进入掉电模式时,单片机所使用的时钟仍然能正常地工作。( )

(19) STC单片机内的定时器/计数器模块,提供了与传统8051单片机定时器/计数器兼容的工作方式。( )

(20) 在串口模块中,经常要设置波特率,它是指每秒钟发送的字节的个数。( )

三、填空题(20分,每个填空1分)

(1) 机器语言/汇编语言指令中,包含________和________。

(2) 从最终的表现形式上来说,软件本质上是________________。

(3) 在STC单片中,使用Px.y表示一个端口,x表示________,y表示________。

(4) 当数据宽度为8位时,对于-120来说,用幅度符号表示法表示为________,用二进制补码表示为________。

(5) 在STC单片机中,DPTR的功能是________。

(6) 在STC单片机中,堆栈指针总是指向________(栈顶/栈底)。

(7) 在STC单片机中,当实现乘法运算时,高8位结果保存在________,低8位结果保存在________。

(8) 在STC单片机中,共有________组通用寄存器,每组中包含________个寄存器。

(9) 对于STC单片机来说,提供了内部扩展的RAM,可以使用________指令来访问它们。

(10) 对于STC单片机来说,中断源定义为________。

(11) 对于STC单片机来说,MOV A,@R1指令寻址模式为________。

(12) 对于STC单片机来说,如果累加器A的内容为5AH,执行完指令SWAP A后,累加器A的内容为________。

(13) 在 RS-232 标准中，逻辑 1 的电压范围是________，逻辑 0 的电压范围是________。

(14) 在 STC 单片机中，可以产生脉冲宽度调制波 PWM，通过改变它的________，就可以实现对电机的调速控制。

四、问答/计算题(20 分)

(1) 简述单片机和嵌入式系统这两个概念的联系和区别。(5 分)

(2) 简述 STC 单片机的硬件开发流程。(5 分)

(3) 假设当前(SP)＝0x70，给出三个数 0x12、0x34 和 0x90，用图说明这三个数入栈和出栈的过程。(6 分)

(4) 假设累加器 A 的内容为 0x70H，寄存器 R0 的内容为 0x6FH，当执行指令 ADD A，Rn 时，给出该指令的运算过程，以及执行完该指令后，CY 和 OV 标志。(4 分)

五、程序设计题(20 分)

注：在试卷上给出相关寄存器的说明。

1) 假设使用定时器/计数器 0，给出下面的条件：

(1) STC 单片内的主时钟为 12MHz，对该主时钟进行 8 分频后，得到 SYSclk，它用于定时器/计数器 0。

(2) 定时器 0 是传统 8051 单片机的速度。

(3) 将 P3.5 引脚配置为定时器 0 的时钟输出 T0CLKO，其输出频率为 2Hz。

要求使用汇编语言/C 语言，给出对定时器/计数器 0 的初始化过程。(10 分)

2) 编写串口通信程序，使用 STC15W32S4 系列单片机的异步串口 1，将字符串“STC MCU TEST”发送到上位机上。给出设计条件：

(1) 串口 1 采用 9600 波特率，8 个数据位，一个停止位，无奇偶校验。

(2) 串口 1 采用定时器 2 作为波特率时钟发生器。

(3) 采用中断/轮询的方式向上位机发送字符串。

要求使用汇编语言/C 语言实现该串口通信过程。(10 分)

STC 单片机考试样题
参考答案

一、单选题(共 10 小题，每题 2 分，共 20 分)

1) D　2) B　3) C　4) C　5) A

6) A　7) D　8) B　9) C　10) B

二、判断题(共 20 小题，每题 1 分)

(1) ×　(2) √　(3) √　(4) ×　(5) ×

(6) ×　(7) √　(8) √　(9) ×　(10) √

(11) ×　(12) √　(13) √　(14) ×　(15) √

(16) ×　(17) √　(18) ×　(19) √　(20) ×

三、填空题(20 分,每个填空 1 分)

(1) 操作码　操作数

(2) 保存在存储器不同位置的二进制 0 和 1 比特流

(3) 第 x 组　第 y 位

(4) 11111000　10001000

(5) 16 位的专用寄存器,可以进行 16 位操作

(6) 栈顶

(7) B 寄存器　A 寄存器

(8) 4　8

(9) MOVX

(10) 可以打断当前正在执行程序的紧急事件

(11) 间接寻址

(12) A5H

(13) －15～－3V　＋3～＋15V

(14) 占空比

四、问答/计算题(20 分)

(1) 答案要点包括:

① 单片机是芯片级概念,嵌入式系统是系统级概念。

② 单片机是从物理的角度来说,嵌入式系统是从应用的角度来说。

③ 单片机是实现嵌入式系统的一种手段和方法。

④ 在实际中,不加以区分,把没有搭载操作系统的嵌入式系统笼统称为单片机。

(2) 参考教材 1.3 节内容。

(3) 参考教材 3.1.1 节内容。

(4) 运算过程描述如下:

```
   01110000
+  01001111
-----------
   10111111
```

运算后的标志为:(CY)＝0,(OV)＝1

五、程序设计题(20 分)

1) 参考教材中例 8-1。

2) 参考教材中例 10-1。

附录 B

Appendix B

STC 单片机选型表

STC15F100W 系列选型表

型号	工作电压/V	Flash 程序存储器字节/KB	SRAM 字节/B	串行口	SPI	定时器计数器 T0/T2	CCP PCA PWM	掉电唤醒专用定时器	标准外部中断	A/D 8 路	DPTR	EEP ROM	内部低压检测中断	看门狗	内部高可靠复位	内部高精准时钟	可对外输出时钟及复位	程序加密后传输	可设置下次更新程序所需口令	支持 RS485 下载
STC15F100W	3.8～5.5	0.5	128	—	—	2	—	有	5	—	1	—	有	有	8 级	有	是	有	是	是
STC15F101W	3.8～5.5	1	128	—	—	2	—	有	5	—	1	4K	有	有	8 级	有	是	有	是	是
STC15F102W	3.8～5.5	2	128	—	—	2	—	有	5	—	1	3K	有	有	8 级	有	是	有	是	是
STC15F103W	3.8～5.5	3	128	—	—	2	—	有	5	—	1	2K	有	有	8 级	有	是	有	是	是
STC15F104W	3.8～5.5	4	128	—	—	2	—	有	5	—	1	1K	有	有	8 级	有	是	有	是	是
IAP15F105W	3.8～5.5	5	128	—	—	2	—	有	5	—	1	IAP	有	有	8 级	有	是	有	是	是
IRC15F107W	3.8～5.5	7	128	—	—	2	—	有	5	—	1	IAP	有	有	固定	有	是	无	否	否

STC15L100W 系列选型表

型号	工作电压/V	Flash程序存储器字节/KB	SRAM字节/B	串行口	SPI	定时器计数器T0/T2	CCP PCA PWM	掉电唤醒专用定时器	标准外部中断	A/D 8路	DPTR	EEP ROM	内部低压检测中断	看门狗	内部高可靠复位	内部高精准时钟	可对外输出时钟及复位	程序加密后传输	可设置下次更新程序所需口令	支持RS485下载
STC15L100W	2.4～3.6	0.5	128	—	—	2	—	有	5	—	1	—	有	有	8级	有	是	有	是	是
STC15L101W	2.4～3.6	1	128	—	—	2	—	有	5	—	1	4K	有	有	8级	有	是	有	是	是
STC15L102W	2.4～3.6	2	128	—	—	2	—	有	5	—	1	3K	有	有	8级	有	是	有	是	是
STC15L104W	2.4～3.6	4	128	—	—	2	—	有	5	—	1	1K	有	有	8级	有	是	有	是	是
IAP15L105W	2.4～3.6	5	128	—	—	2	—	有	5	—	1	IAP	有	有	8级	有	是	有	是	是

STC15W401AS 系列选型表

型号	工作电压/V	Flash程序存储器字节/KB	SRAM字节/B	串行口	SPI	定时器计数器T0/T2	CCP PCA PWM	掉电唤醒专用定时器	标准外部中断	A/D 8路	DPTR	EEP ROM	内部低压检测中断	看门狗	内部高可靠复位	内部高精准时钟	可对外输出时钟及复位	程序加密后传输	可设置下次更新程序所需口令	支持RS485下载	比较器
STC15W401AS	2.5～5.5	1	512	1	有	2	3-ch	有	5	10-bit	1	5K	有	有	16级	有	是	有	是	是	有
STC15W402AS	2.5～5.5	2	512	1	有	2	3-ch	有	5	10-bit	1	5K	有	有	16级	有	是	有	是	是	有
STC15W404AS	2.5～5.5	4	512	1	有	2	3-ch	有	5	10-bit	1	9K	有	有	16级	有	是	有	是	是	有
STC15W408AS	2.5～5.5	8	512	1	有	2	3-ch	有	5	10-bit	1	5K	有	有	16级	有	是	有	是	是	有
IAP15W413AS	2.5～5.5	13	512	1	有	2	3-ch	有	5	10-bit	1	IAP	有	有	16级	有	是	有	是	是	有
IRC15W415AS	2.5～5.5	15.5	512	1	有	2	3-ch	有	5	10-bit	1	IAP	有	有	16级	有	是	无	否	否	有

STC15W404S 系列选型表

型号	工作电压/V	Flash程序存储器字节/KB	SRAM字节/B	串行口	SPI	定时器计数器T0/T2	CCP PCA PWM	掉电唤醒专用定时器	标准外部中断	A/D 8路	DPTR	EEPROM	内部低压检测中断	看门狗	内部高可靠复位	内部高精准时钟	可对外输出时钟及复位	程序加密后传输	可设置下次更新程序所需口令	支持RS485下载	比较器
STC15W404S	2.5～5.5	4	512	1	有	3	—	有	5	—	2	9K	有	有	16级	有	是	有	是	是	有
STC15W408S	2.5～5.5	8	512	1	有	3	—	有	5	—	2	5K	有	有	16级	有	是	有	是	是	有
STC15W410S	2.5～5.5	10	512	1	有	3	—	有	5	—	2	3K	有	有	16级	有	是	有	是	是	有
IAP15W413S	2.5～5.5	13	512	1	有	3	—	有	5	—	2	IAP	有	有	16级	有	是	有	是	是	有
IRC15W415S	2.5～5.5	15.5	512	1	有	3	—	有	5	—	2	IAP	有	有	固定	有	是	无	否	否	有

STC15F2K60S2 系列选型表

型号	工作电压/V	Flash程序存储器字节/KB	SRAM字节/B	串行口	SPI	定时器计数器T0/T2	CCP PCA PWM	掉电唤醒专用定时器	标准外部中断	A/D 8路	DPTR	EEPROM	内部低压检测中断	看门狗	内部高可靠复位	内部高精准时钟	可对外输出时钟及复位	程序加密后传输	可设置下次更新程序所需口令	支持RS485下载	比较器
STC15F2K08S2	4.5～5.5	8	2	2	有	3	3-ch	有	5	10位	—	53K	有	有	8级	有	是	有	是	是	—
STC15F2K16S2	4.5～5.5	16	2	2	有	3	3-ch	有	5	10位	—	45K	有	有	8级	有	是	有	是	是	—
STC15F2K32S2	4.5～5.5	32	2	2	有	3	3-ch	有	5	10位	—	29K	有	有	8级	有	是	有	是	是	—
STC15F2K48S2	4.5～5.5	48	2	2	有	3	3-ch	有	5	10位	—	13K	有	有	8级	有	是	有	是	是	—
STC15F2K60S2	4.5～5.5	60	2	2	有	3	3-ch	有	5	10位	—	1K	有	有	8级	有	是	有	是	是	—
IAP15F2K61S2	4.5～5.5	61	2	2	有	3	3-ch	有	5	10位	—	IAP	有	有	8级	有	是	有	是	是	—

续表

型号	工作电压/V	Flash程序存储器字节/KB	SRAM字节/B	串行口	SPI	定时器计数器T0/T2	CCP PCA PWM	掉电唤醒专用定时器	标准外部中断	A/D 8路	DPTR	EEPROM	内部低压检测中断	看门狗	内部高可靠复位	内部高精准时钟	可对外输出时钟及复位	程序加密后传输	可设置下次更新程序所需口令	支持RS485下载	比较器
IRC15F2K63S2	4.5～5.5	63.5	2	2	有	3	3-ch	有	5	10位	—	IAP	有	有	固定	有	是	无	否	否	—
STC15F2K32S	4.5～5.5	32	2	2	有	3	3-ch	有	5	10位	—	29K	有	有	8级	有	是	有	是	是	—
STC15F2K60S	4.5～5.5	60	2	2	有	3	3-ch	有	5	10位	—	1K	有	有	8级	有	是	有	是	是	—
IAP15F2K61S	4.5～5.5	61	2	2	有	3	3-ch	有	5	10位	—	IAP	有	有	8级	有	是	有	是	是	—
STC15F2K24AS	4.5～5.5	24	2	2	有	3	3-ch	有	5	10位	—	37K	有	有	8级	有	是	有	是	是	—
STC15F2K48AS	4.5～5.5	48	2	2	有	3	3-ch	有	5	10位	—	13K	有	有	8级	有	是	有	是	是	—

STC15L2K60S2 系列选型表

型号	工作电压/V	Flash程序存储器字节/KB	SRAM字节/B	串行口	SPI	定时器计数器T0/T2	CCP PCA PWM	掉电唤醒专用定时器	标准外部中断	A/D 8路	DPTR	EEPROM	内部低压检测中断	看门狗	内部高可靠复位	内部高精准时钟	可对外输出时钟及复位	程序加密后传输	可设置下次更新程序所需口令	支持RS485下载	比较器
STC15L2K08S2	2.4～3.6	8	2	2	有	3	3-ch	有	5	10位	2	53K	有	有	8级	有	是	有	是	是	—
STC15L2K16S2	2.4～3.6	16	2	2	有	3	3-ch	有	5	10位	2	45K	有	有	8级	有	是	有	是	是	—
STC15L2K24S2	2.4～3.6	24	2	2	有	3	3-ch	有	5	10位	2	37K	有	有	8级	有	是	有	是	是	—
STC15L2K32S2	2.4～3.6	32	2	2	有	3	3-ch	有	5	10位	2	29K	有	有	8级	有	是	有	是	是	—
STC15L2K40S2	2.4～3.6	40	2	2	有	3	3-ch	有	5	10位	2	21K	有	有	8级	有	是	有	是	是	—

续表

型号	工作电压/V	Flash程序存储器字节/KB	SRAM字节/B	串行口	SPI	定时器计数器T0/T2	CCP PCA PWM	掉电唤醒专用定时器	标准外部中断	A/D 8路	DPTR	EEPROM	内部低压检测中断	看门狗	内部高可靠复位	内部高精准时钟	可对外输出时钟及复位	程序加密后传输	可设置下次更新程序所需口令	支持RS485下载	比较器
STC15L2K48S2	2.4～3.6	48	2	2	有	3	3-ch	有	5	10位	2	13K	有	有	8级	有	是	有	是	是	—
STC15L2K56S2	2.4～3.6	56	2	2	有	3	3-ch	有	5	10位	2	5K	有	有	8级	有	是	有	是	是	—
STC15L2K60S2	2.4～3.6	60	2	2	有	3	3-ch	有	5	10位	2	1K	有	有	8级	有	是	有	是	是	—
IAP15L2K61S2	2.4～3.6	61	2	2	有	3	3-ch	有	5	10位	2	IAP	有	有	8级	有	是	有	是	是	—
STC15L2K32S	2.4～3.6	32	2	1	有	3	—	有	5	—	2	29K	有	有	8级	有	是	有	是	是	—
STC15L2K60S	2.4～3.6	60	2	1	有	3	—	有	5	—	2	1K	有	有	8级	有	是	有	是	是	—
IAP15L2K61S	2.4～3.6	61	2	1	有	3	—	有	5	—	2	IAP	有	有	8级	有	是	有	是	是	—
STC15L2K24AS	2.4～3.6	24	2	1	有	3	3-ch	有	5	10位	2	37K	有	有	8级	有	是	有	是	是	
STC15L2K48AS	2.4～3.6	48	2	1	有	3	3-ch	有	5	10位	2	13K	有	有	8级	有	是	有	是	是	

STC15W4K32S4 系列选型表型号

型号	工作电压/V	Flash程序存储器字节/KB	SRAM字节/B	串行口	SPI	定时器计数器T0/T2	CCP PCA PWM	掉电唤醒专用定时器	标准外部中断	A/D 8路	DPTR	EEPROM	内部低压检测中断	看门狗	内部高可靠复位	内部高精准时钟	可对外输出时钟及复位	程序加密后传输	可设置下次更新程序所需口令	支持RS485下载	比较器	支持USB直接下载
STC15W4K16S4	2.5～5.5	16	4	4	有	5	6/2-ch	有	有	10位	2	42K	有	有	16级	有	是	有	是	是	有	是

续表

型号	工作电压/V	Flash程序存储器字节/KB	SRAM字节/B	串行口	SPI	定时器计数器T0/T2	CCP PCA PWM	掉电唤醒专用定时器	标准外部中断	A/D 8路	DPTR	EEP ROM	内部低压检测中断	看门狗	内部高可靠复位	内部高精准时钟	可对外输出时钟及复位	程序加密后传输	可设置下次更新程序所需口令	支持RS485下载	比较器	支持USB直接下载
STC15W4K32S4	2.5～5.5	32	4	4	有	5	6/2-ch	有	有	10位	2	26K	有	有	16级	有	是	有	是	是	有	是
STC15W4K40S4	2.5～5.5	40	4	4	有	5	6/2-ch	有	有	10位	2	18K	有	有	16级	有	是	有	是	是	有	是
STC15W4K48S4	2.5～5.5	48	4	4	有	5	6/2-ch	有	有	10位	2	10K	有	有	16级	有	是	有	是	是	有	是
STC15W4K56S4	2.5～5.5	56	4	4	有	5	6/2-ch	有	有	10位	2	2K	有	有	16级	有	是	有	是	是	有	是
IAP15W4K58S4	2.5～5.5	58	4	4	有	5	6/2-ch	有	有	10位	2	IAP	有	有	16级	有	是	有	是	是	有	是
IAP15W4K61S4	2.5～5.5	61	4	4	有	5	6/2-ch	有	有	10位	2	IAP	有	有	16级	有	是	有	是	是	有	否
IRC15W4K63S4	2.5～5.5	63.5	4	4	有	5	6/2-ch	有	有	10位	2	IAP	有	有	固定	有	是	无	否	否	有	否